上海市住房和城乡建设管理委员会

上海市室外排水管道工程预算组合定额

SHA 8—31(04)—2020

同济大学出版社

2020 上海

图书在版编目(CIP)数据

上海市室外排水管道工程预算组合定额 / 上海市水务工程定额管理站主编.--上海:同济大学出版社，2020.5

ISBN 978-7-5608-9223-8

I.①上…　Ⅱ.①上…　Ⅲ.①排水管道—管道工程—预算定额—上海　Ⅳ.①TU992.23

中国版本图书馆 CIP 数据核字(2020)第 058687 号

上海市室外排水管道工程预算组合定额

上海市水务工程定额管理站　主编

责任编辑　朱　勇　**责任校对**　徐春莲　　**封面设计**　陈益平

出版发行　同济大学出版社　　www.tongjipress.com.cn
　　　　　(地址:上海市四平路 1239 号　邮编: 200092　电话: 021-65985622)
经　　销　全国各地新华书店
印　　刷　常熟市大宏印刷有限公司
开　　本　890mm×1240mm　1/16
印　　张　34
字　　数　1 088 000
版　　次　2020 年 5 月第 1 版　2020 年 5 月第 1 次印刷
书　　号　ISBN 978-7-5608-9223-8

定　　价　280.00 元

上海市室外排水管道工程预算组合定额

发 布 部 门：上海市住房和城乡建设管理委员会

主 管 部 门：上海市水务局

主 编 单 位：上海市水务工程定额管理站

参 编 单 位：隧道股份上海市城市建设设计研究总院（集团）有限公司

上海城济工程造价咨询有限公司

编 委 会 主 任：周建国

编委会副主任：陈 雷 魏梓兴 崔海灵 庄敏捷 王肖军 汪结春 姜 弘

编 委 会 委 员：方 琪 苏耀军 孙晓东 徐一枝 夏 杰 胡 挺 王洁琼

朱 迪 宋 玮 陈国华 梁珊珊

主 编 人 员：黄 英 汤继平 赵 丹 梁 辰 宋 奕 宋德琴

参 编 人 员：刘凤仙 严嘉敏 曹超慧 刘红林 朱霞雁 陈建明 陈 新

季洪金

审 查 专 家：戴富元 汪一江 姚 婷 江伟东 王家华 陆勇雄 于振华

上海市住房和城乡建设管理委员会文件

沪建标定〔2020〕90 号

上海市住房和城乡建设管理委员会
关于批准发布《上海市室外排水管道工程预算
组合定额(SHA 8—31(04)—2020)》的通知

各有关单位：

为进一步完善本市建设工程计价依据,满足工程建设计价的需要,根据市住房城乡建设管理委《关于印发 2019 年度上海市工程建设及城市基础设施养护维修定额编制计划的通知》(沪建标定〔2018〕488 号)及《上海市建设工程定额体系表 2018》(沪建标定〔2018〕564号),上海市水务工程定额管理站组织编制了《上海市室外排水管道工程预算组合定额(SHA 8—31(04)—2020)》,经审核,现予以批准发布,自 2020 年 4 月 1 日起实施。原《上海市市政工程预算组合定额—室外管道工程(2000)》同时废止。

本次发布的定额由上海市住房和城乡建设管理委员会负责管理,上海市水务工程定额管理站负责组织实施和解释。

特此通知。

上海市住房和城乡建设管理委员会
二〇二〇年二月二十八日

目　录

说　明 ………………………………… 1

第一章　开槽埋管 ………………………… 7

一、φ600～φ2400 钢筋混凝土管 ………… 9

二、φ600～φ3000 F 型钢承口式钢筋混凝土管 … 70

三、DN225～DN400 硬聚氯乙烯加筋管
　　（PVC-U） ……………………… 107

四、DN225～DN2500 高密度聚乙烯双壁
　　缠绕管（HDPE） ……………… 118

五、DN300～DN2500 玻璃纤维增强塑料
　　夹砂管（FRPM） 208

六、雨水连管 ……………………… 293

第二章　排水检查井 ……………………… 295

一、混凝土基础砖砌直线不落底排水检查井 … 297

二、混凝土基础砖砌直线落底排水检查井 … 333

三、钢筋混凝土基础砖砌直线不落底排水
　　检查井 ……………………… 369

四、钢筋混凝土基础砖砌直线落底排水检查井 … 405

五、二通转折排水检查井（交汇角为 90°）…… 441

六、二通转折排水检查井（交汇角为 115°）… 462

七、二通转折排水检查井（交汇角为 135°）… 483

八、二通转折排水检查井（交汇角为 155°）… 504

第三章　雨水口 ……………………… 525

一、砖砌雨水口 ……………………… 527

二、预制混凝土雨水口 ……………… 528

三、预制塑料雨水口 ………………… 531

说　明

一、《上海市室外排水管道工程预算组合定额》(SHA 8−31(04)−2020)(以下简称"本组合定额")是根据《上海市城镇给排水工程预算定额》(SHA 8−31−2016),结合《排水管道图集》(DBJT 08−123−2016)、《雨水口标准图》(DBJT 08−120−2015)、《道路检查井通用图集》(DBJT 08−119−2015)以及《上海市排水管道通用图》(1992)等国家、行业及上海市(以下简称"本市")现行技术规范标准,按照合理的施工工艺和正常的施工条件下组合编制的。

二、本组合定额适用于本市范围内新建、改建、扩建采用开槽埋管施工的城镇排水管道工程。

三、本组合定额是本市编制施工图预算、最高投标限价的依据,是编制本市建设工程概算定额、估算指标的基础,也可作为工程结算的参考依据。

四、本组合定额内容包括开槽埋管、排水检查井及雨水口。

五、本组合定额编码形式:

Z52−*−*−***,其中Z52代表排水管道工程预算组合定额,具体表现形式如下。

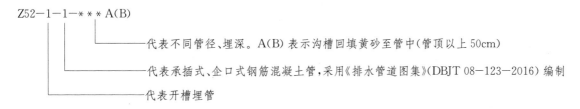

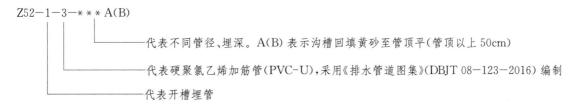

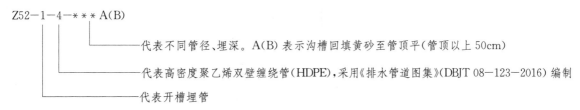

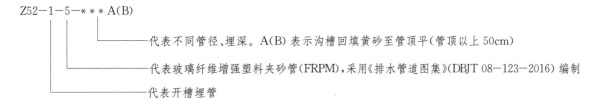

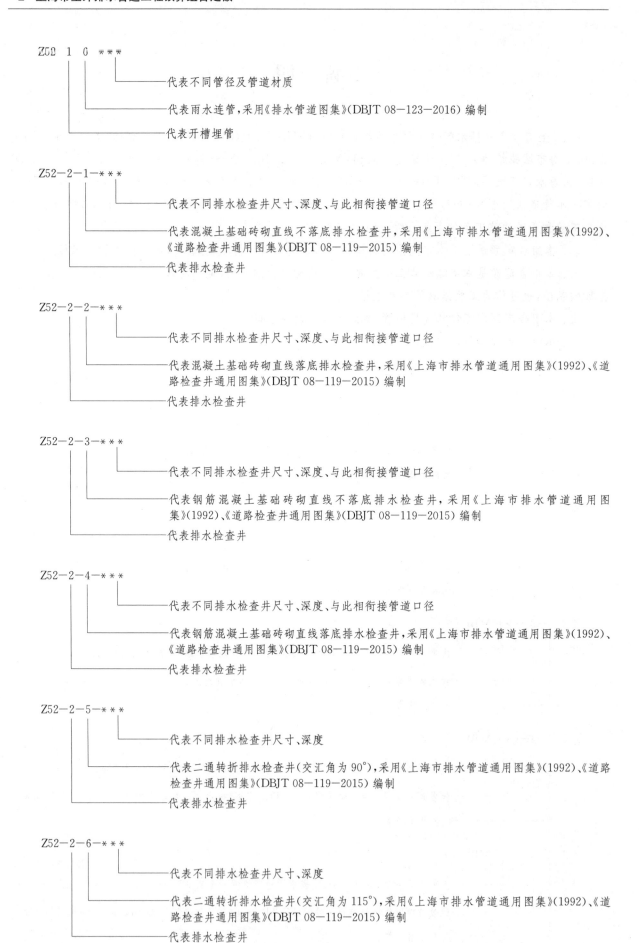

Z52　1　0　***
　　　　　└──── 代表不同管径及管道材质
　　　　└──── 代表雨水连管,采用《排水管道图集》(DBJT 08—123—2016)编制
　　└──── 代表开槽埋管

Z52—2—1—***
　　　　　└──── 代表不同排水检查井尺寸、深度、与此相衔接管道口径
　　　　└──── 代表混凝土基础砖砌直线不落底排水检查井,采用《上海市排水管道通用图集》(1992)、《道路检查井通用图集》(DBJT 08—119—2015)编制
　　└──── 代表排水检查井

Z52—2—2—***
　　　　　└──── 代表不同排水检查井尺寸、深度、与此相衔接管道口径
　　　　└──── 代表混凝土基础砖砌直线落底排水检查井,采用《上海市排水管道通用图集》(1992)、《道路检查井通用图集》(DBJT 08—119—2015)编制
　　└──── 代表排水检查井

Z52—2—3—***
　　　　　└──── 代表不同排水检查井尺寸、深度、与此相衔接管道口径
　　　　└──── 代表钢筋混凝土基础砖砌直线不落底排水检查井,采用《上海市排水管道通用图集》(1992)、《道路检查井通用图集》(DBJT 08—119—2015)编制
　　└──── 代表排水检查井

Z52—2—4—***
　　　　　└──── 代表不同排水检查井尺寸、深度、与此相衔接管道口径
　　　　└──── 代表钢筋混凝土基础砖砌直线落底排水检查井,采用《上海市排水管道通用图集》(1992)、《道路检查井通用图集》(DBJT 08—119—2015)编制
　　└──── 代表排水检查井

Z52—2—5—***
　　　　　└──── 代表不同排水检查井尺寸、深度
　　　　└──── 代表二通转折排水检查井(交汇角为90°),采用《上海市排水管道通用图集》(1992)、《道路检查井通用图集》(DBJT 08—119—2015)编制
　　└──── 代表排水检查井

Z52—2—6—***
　　　　　└──── 代表不同排水检查井尺寸、深度
　　　　└──── 代表二通转折排水检查井(交汇角为115°),采用《上海市排水管道通用图集》(1992)、《道路检查井通用图集》(DBJT 08—119—2015)编制
　　└──── 代表排水检查井

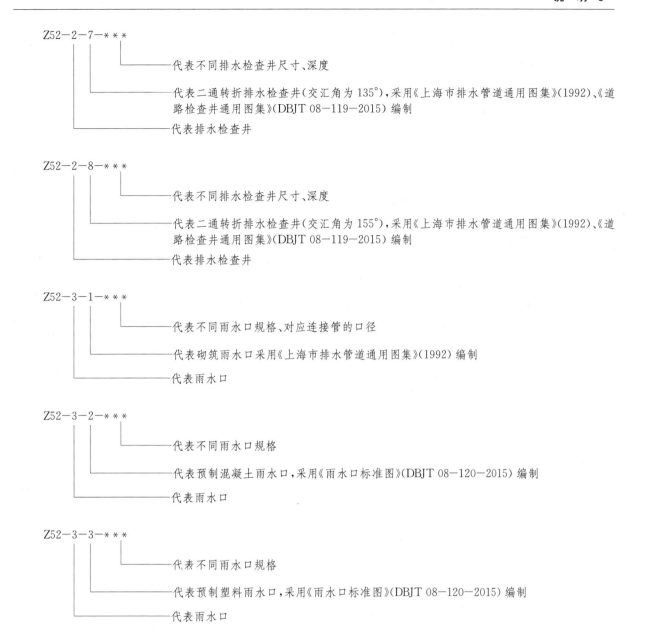

Z52-2-7-***
├── 代表不同排水检查井尺寸、深度
├── 代表二通转折排水检查井(交汇角为135°),采用《上海市排水管道通用图集》(1992)、《道路检查井通用图集》(DBJT 08-119-2015)编制
└── 代表排水检查井

Z52-2-8-***
├── 代表不同排水检查井尺寸、深度
├── 代表二通转折排水检查井(交汇角为155°),采用《上海市排水管道通用图集》(1992)、《道路检查井通用图集》(DBJT 08-119-2015)编制
└── 代表排水检查井

Z52-3-1-***
├── 代表不同雨水口规格、对应连接管的口径
├── 代表砌筑雨水口采用《上海市排水管道通用图集》(1992)编制
└── 代表雨水口

Z52-3-2-***
├── 代表不同雨水口规格
├── 代表预制混凝土雨水口,采用《雨水口标准图》(DBJT 08-120-2015)编制
└── 代表雨水口

Z52-3-3-***
├── 代表不同雨水口规格
├── 代表预制塑料雨水口,采用《雨水口标准图》(DBJT 08-120-2015)编制
└── 代表雨水口

六、本组合定额有支撑的沟槽宽度按《排水管道图集》(DBJT 08-123-2016)计算。

七、开槽埋管按实际深度(原地面标高至沟槽底部标高的距离)计算,在套用本组合定额时,按实际深度与定额规定深度对应表(表1)进行列项。

表1　实际深度与定额规定深度对应表

实际深度(m)	≤1.75	≤2.25	≤2.75	≤3.0	≤3.25	≤3.75
定额规定深度(m)	1.5	2.0	2.5	≤3.0	>3.0	3.5
实际深度(m)	≤4.0	≤4.25	≤4.75	≤5.25	≤5.75	≤6.0
定额规定深度(m)	≤4.0	>4.0	4.5	5.0	5.5	≤6.0
实际深度(m)	≤6.25	≤6.75	≤7.25	≤7.75	≤8.25	
定额规定深度(m)	>6.0	6.5	7.0	7.5	8.0	

八、排水检查井深度按设计深度(排水检查井盖板顶面标高至沟管内底标高的距离)计算,在套用本组合定额时,按设计深度与定额规定深度对应表(表2)进行列项。

表2　设计深度与定额规定深度对应表

设计深度(m)	≤1.25	≤1.75	≤2.25	≤2.75	≤3.25	≤3.75
定额规定深度(m)	1.0	1.5	2.0	2.5	3.0	3.5
设计深度(m)	≤4.25	≤4.75	≤5.25	≤5.75	≤6.25	≤6.75
定额规定深度(m)	4.0	4.5	5.0	5.5	6.0	6.5
设计深度(m)	≤7.25	≤7.75	≤8.25	≤8.75		
定额规定深度(m)	7.0	7.5	8.0	8.5		

九、本组合定额的组成内容:

1. 开槽埋管:沟槽挖土、沟槽排水、沟槽支撑、铺筑砂石基础、浇筑管道基础、铺设管道、沟槽回填(黄砂或素土)等工作内容。

2. 排水检查井:

(1)直线检查井:铺筑砂石基础、浇筑混凝土垫层、浇筑混凝土(钢筋混凝土)基础、砖砌排水检查井及流槽、安装排水检查井盖板和盖座、砂浆抹面抹角等工作内容。

(2)转折检查井:铺筑砂石基础、浇筑混凝土垫层、浇筑混凝土(钢筋混凝土)基础、砖砌排水检查井、安装排水检查井盖板和盖座、砂浆抹面抹角、浇筑钢筋混凝土墙板、顶板及流槽等工作内容。

3. 雨水口:

(1)砖砌雨水口:铺筑砾石砂垫层、浇筑混凝土基础、砖砌雨水口、水泥砂浆抹面、安装雨水口盖座等工作内容。

(2)预制混凝土雨水口:浇筑混凝土基础、安装预制钢筋混凝土井圈、安装预制钢筋混凝土井筒、安装成品算子、安装成品盖板、细石混凝土嵌实等工作内容。

(3)预制塑料雨水口:铺筑砾石砂垫层、安装预制塑料井、安装成品算子、预制钢筋混凝土中板、塑料挡圈等工作内容。

十、当设计对结构的混凝土强度等级、垫层厚度或材质等有特殊规定时,应对本组合定额进行调整。

十一、本组合定额的表现形式包括基本组合项目和调整组合项目两部分。其中,调整组合项目包括沟槽支撑、井点降水以及沟槽基础混凝土强度等级,可以根据实际情况及设计要求进行组合。

十二、本组合定额沟槽支撑形式的规定:

沟槽深度≤3 m时,采用列板支撑;沟槽深度>3 m时,采用钢板桩支撑。钢板桩类型及长度应满足(表3)规定的沟槽深度。

表3　开槽埋管深度与钢板桩支撑对应表

钢板桩类型及长度(m)	开槽埋管深度(m)
槽型钢板桩4.00~6.00	3.01~4.00
槽型钢板桩6.01~9.00	4.01~6.00
槽型钢板桩9.01~12.00	6.01~8.00

十三、工程量计算规则：

1. 管道长度按设计长度（两检查井之间的中心距离）计算。

2. 排水检查井、雨水口按设计图示数量以"座"计算。

3. 雨水连管长度按实际长度计算。

4. 预留管道长度：ϕ450 以内按一节管子的长度乘以 1.02 计算；ϕ600 及以上按一节管子的长度乘以 1.03 计算。

十四、本组合定额未包含翻挖及修复路面结构、原管道结构拆除、土方及旧料场内外运输、预拌混凝土泵送费、管道及检查井防腐、管道封堵及管堵拆除、检查井凿洞、管道闭水试验、管道检测、临时排水、施工便道、机械进出场费等内容，实际发生时，应根据《上海市城镇给排水工程预算定额》（SHA 8—31—2016）或其他相关定额另行计算。

十五、本组合定额中出现的材料编码，均指成品构件，其中的安装人工及安装机械设备已包含在定额中。

十六、费用计算说明：

本组合定额的费用由直接费、企业管理费和利润、安全防护及文明施工措施费、施工措施费、规费和增值税等组成。

1. 直接费指施工过程中的耗费，构成工程实体和部分有助于工程形成的各项费用，包括人工费、材料费和施工机械使用费。其中材料费和施工机具使用费不包含增值税可抵扣进项税额。

2. 企业管理费和利润：

（1）企业管理费：企业管理费是指建筑安装企业组织施工生产和经营管理所需的费用。企业管理费包括：管理人员工资、办公费、差旅交通费、固定资产使用费、工具用具使用费、劳动保险和职工福利费、劳动保护费、材料采购和保管费、检验试验费、工会经费、职工教育经费、财产保险费、财务费、税金、其他等。企业管理费不包含增值税可抵扣进项税额。

此外，城市维护建设税、教育附加费、地方教育附加和河道管理费等附加税费计入企业管理费。

（2）利润：利润是指施工企业完成所承包工程所获得的盈利。

3. 安全防护、文明施工措施费指按照国家现行的建筑施工安全、施工现场环境与卫生标准等有关规定，用于购置和更新施工安全防护用具及设施、改善安全生产条件和作业环境所需要的费用，不包含增值税可抵扣进项税额。

4. 施工措施费是指施工企业为完成建筑产品时，为承担社会义务、施工准备、施工方案发生的所有措施费用（不包括已列定额子目和企业管理费所包括的费用），不包含增值税可抵扣进项税额。

施工措施费一般包括：夜间施工，非夜间施工照明，二次搬运，冬雨季施工，地上、地下设施、建筑物的临时保护设施（施工场地内）、已完工程及设备保护、树木、道路、桥梁、管道、电力、通信等改道、迁移等措施费；施工干扰费；工程监测费；特殊条件下施工措施费；特殊要求的保险费；港监及交通秩序维持费等。

5. 规费是指按本市规定必须缴纳或计取的费用。主要包括社会保险费和住房公积金。

（1）社会保险费是指企业按规定标准为职工缴纳的各项社会保险费，一般包括养老保险费、失业保险费、医疗保险费、生育保险费、工伤保险费。

（2）住房公积金指企业按规定标准为职工缴纳的住房公积金。

6. 增值税即为当期销项税额，应按国家规定的计算方法计算，列入工程造价。简易计税方式按照财政部、国家税务总局的规定执行。

十七、上海市室外排水管道工程费用计算顺序表（详见表 4）。

表 4　上海市室外排水管道工程费用计算顺序表

序号	项目		计算式	备注
一	直接费		直接费	
二	其中人工费		定额人工费	
三	企业管理费和利润		（二）×约定费率	不包含增值税可抵扣进项税额
四	安全防护、文明施工措施费		［（一）＋（三）］×约定费率	费率按有关规定
五	施工措施费		按实计算	由双方合同约定,不包含增值税可抵扣进项税额
六	小计		（一）＋（三）＋（四）＋（五）	
七	规费	社会保险费	（二）×约定费率	费率按有关规定
八		住房公积金	（二）×约定费率	
九	增值税		［（六）＋（七）＋（八）］×增值税费率	费率按有关规定
十	税后项目		章说明明确内容	按实发生
十一	总造价		（六）＋（七）＋（八）＋（九）＋（十）	

第一章　开槽埋管

一、$\phi600\sim\phi2400$ 钢筋混凝土管

（一）$\phi600$ 承插式钢筋混凝土管

单位：100m

序号	定额编号	基本组合项目名称	单位	Z52-1-1-1A	Z52-1-1-1B	Z52-1-1-2A	Z52-1-1-2B
				2.0m	2.0m	2.5m	2.5m
1	52-1-2-1	机械挖沟槽土方 深≤3m 现场抛土	m³	420	420	525	525
2	53-9-1-1	施工排水、降水 湿土排水	m³	210	210	315	315
3	52-1-4-3	管道砾石砂垫层	m³	18.76	18.76	18.76	18.76
4	52-1-5-1	管道基座 混凝土 C20	m³	18.99	18.99	18.99	18.99
5	52-4-5-1	管道基座 模板工程	m²	28.14	28.14	28.14	28.14
6	52-1-6-1	管道铺设 承插式钢筋混凝土管 $\phi600$	100m	0.975	0.975	0.975	0.975
7	52-1-3-4	沟槽回填 黄砂	m³	89.56	245.92	89.56	245.92
8	52-1-3-1	沟槽回填 夯填土	m³	234.18	77.82	336.44	180.08
9	53-9-1-3	施工排水、降水 筑拆竹箩滤井	座	2.5	2.5	2.5	2.5
序号	定额编号	调整组合项目名称	单位	数量	数量	数量	数量
		围护支撑					
1	52-4-2-2	撑拆列板 深≤2.0m，双面	100m	1	1		
2	52-4-2-3	撑拆列板 深≤2.5m，双面	100m			1	1
3	52-4-2-5	列板使用费	t·d	203	203	232	232
4	52-4-2-6	列板支撑使用费	t·d	71	71	89	89

单位:100m

序号	定额编号	基本组合项目名称	单位	Z52-1-1-3A ≤3.0m	Z52-1-1-3B ≤3.0m	Z52-1-1-4A >3.0m	Z52-1-1-4B >3.0m
1	52-1-2-1	机械挖沟槽土方 深≤3m 现场抛土	m³	603.75	603.75		
2	52-1-2-3	机械挖沟槽土方 深≤6m 现场抛土	m³			656.25	656.25
3	53-9-1-1	施工排水、降水 湿土排水	m³	393.75	393.75	446.25	446.25
4	52-1-4-3	管道砾石砂垫层	m³	18.63	18.63	18.63	18.63
5	52-1-5-1	管道基座 混凝土 C20	m³	18.86	18.86	18.86	18.86
6	52-4-5-1	管道基座 模板工程	m²	27.95	27.95	27.95	27.95
7	52-1-6-1	管道铺设 承插式钢筋混凝土管 φ600	100m	0.975	0.975	0.975	0.975
8	52-1-3-4	沟槽回填 黄砂	m³	89.69	246.05	89.69	246.05
9	52-1-3-1	沟槽回填 夯填土	m³	407.8	251.44	460.3	303.94
10	53-9-1-3	施工排水、降水 筑拆竹笋滤井	座	2.5	2.5	2.5	2.5

序号	定额编号	调整组合项目名称	单位	数量	数量	数量	数量
		井点降水					
1	53-9-1-5	施工排水、降水 轻型井点安装	根	83	83	83	83
2	53-9-1-6	施工排水、降水 轻型井点拆除	根	83	83	83	83
3	53-9-1-7	施工排水、降水 轻型井点使用	套·天	30	30	30	30
4	53-9-1-1	施工排水、降水 湿土排水	m³	−393.75	−393.75	−446.25	−446.25
		围护支撑					
1	52-4-2-4	撑拆列板 深≤3.0m,双面	100m	1	1		
2	52-4-3-1	打槽型钢板桩 长 4.00～6.00m,单面	100m			2	2
3	52-4-3-6	拔槽型钢板桩 长 4.00～6.00m,单面	100m			2	2
4	52-4-4-1	安拆钢板桩支撑 槽宽≤3.0m 深 3.01～4.00m	100m			1	1
5	52-4-2-5	列板使用费	t·d	280	280		
6	52-4-2-6	列板支撑使用费	t·d	106	106		
7	52-4-3-11	槽型钢板桩使用费	t·d			2469	2469
8	52-4-4-14	钢板桩支撑使用费	t·d			116	116

单位:100m

序号	定额编号	基本组合项目名称	单位	Z52-1-1-5A	Z52-1-1-5B	Z52-1-1-6A	Z52-1-1-6B
				3.5m	3.5m	≤4.0m	≤4.0m
1	52-1-2-3	机械挖沟槽土方 深≤6m 现场抛土	m³	735	735	813.75	813.75
2	53-9-1-1	施工排水、降水 湿土排水	m³	525	525	603.75	603.75
3	52-1-4-3	管道砾石砂垫层	m³	18.63	18.63	18.63	18.63
4	52-1-5-1	管道基座 混凝土 C20	m³	18.86	18.86	18.86	18.86
5	52-4-5-1	管道基座 模板工程	m²	27.95	27.95	27.95	27.95
6	52-1-6-1	管道铺设 承插式钢筋混凝土管 φ600	100m	0.975	0.975	0.975	0.975
7	52-1-3-4	沟槽回填 黄砂	m³	89.69	246.05	89.69	246.05
8	52-1-3-1	沟槽回填 夯填土	m³	535.65	379.29	611.66	455.3
9	53-9-1-3	施工排水、降水 筑拆竹箩滤井	座	2.5	2.5	2.5	2.5
序号	定额编号	调整组合项目名称	单位	数量	数量	数量	数量
		井点降水					
1	53-9-1-5	施工排水、降水 轻型井点安装	根	83	83	83	83
2	53-9-1-6	施工排水、降水 轻型井点拆除	根	83	83	83	83
3	53-9-1-7	施工排水、降水 轻型井点使用	套·天	30	30	30	30
4	53-9-1-1	施工排水、降水 湿土排水	m³	−525	−525	−603.75	−603.75
		围护支撑					
1	52-4-3-1	打槽型钢板桩 长 4.00~6.00m,单面	100m	2	2	2	2
2	52-4-3-6	拔槽型钢板桩 长 4.00~6.00m,单面	100m	2	2	2	2
3	52-4-4-1	安拆钢板桩支撑 槽宽≤3.0m 深3.01~4.00m	100m	1	1	1	1
4	52-4-3-11	槽型钢板桩使用费	t·d	2469	2469	2469	2469
5	52-4-4-14	钢板桩支撑使用费	t·d	116	116	116	116

单位:100m

序号	定额编号	基本组合项目名称	单位	Z52-1-1-7A	Z52-1-1-7B	Z52-1-1-8A	Z52-1-1-8B
				>4.0m	>4.0m	4.5m	4.5m
1	52-1-2-3	机械挖沟槽土方 深≤6m 现场抛土	m³	866.25	866.25	945	945
2	53-9-1-1	施工排水、降水 湿土排水	m³	656.25	656.25	735	735
3	52-1-4-3	管道砾石砂垫层	m³	18.63	18.63	18.63	18.63
4	52-1-5-1	管道基座 混凝土 C20	m³	18.86	18.86	18.86	18.86
5	52-4-5-1	管道基座 模板工程	m²	27.95	27.95	27.95	27.95
6	52-1-6-1	管道铺设 承插式钢筋混凝土管 φ600	100m	0.975	0.975	0.975	0.975
7	52-1-3-4	沟槽回填 黄砂	m³	89.69	246.05	89.69	246.05
8	52-1-3-1	沟槽回填 夯填土	m³	664.16	507.8	739.75	583.39
9	53-9-1-3	施工排水、降水 筑拆竹箩滤井	座	2.5	2.5	2.5	2.5
序号	定额编号	调整组合项目名称	单位	数量	数量	数量	数量
		井点降水					
1	53-9-1-5	施工排水、降水 轻型井点安装	根	83	83	83	83
2	53-9-1-6	施工排水、降水 轻型井点拆除	根	83	83	83	83
3	53-9-1-7	施工排水、降水 轻型井点使用	套·天	30	30	30	30
4	53-9-1-1	施工排水、降水 湿土排水	m³	−656.25	−656.25	−735	−735
		围护支撑					
1	52-4-3-2	打槽型钢板桩 长 6.01～9.00m，单面	100m	2	2	2	2
2	52-4-3-7	拔槽型钢板桩 长 6.01～9.00m，单面	100m	2	2	2	2
3	52-4-4-2	安拆钢板桩支撑 槽宽≤3.0m 深 4.01～6.00m	100m	1	1	1	1
4	52-4-3-11	槽型钢板桩使用费	t·d	5488	5488	5488	5488
5	52-4-4-14	钢板桩支撑使用费	t·d	352	352	352	352

单位:100m

序号	定额编号	基本组合项目名称	单位	Z52-1-1-9A 5.0m	Z52-1-1-9B 5.0m	Z52-1-1-10A 5.5m	Z52-1-1-10B 5.5m
1	52-1-2-3	机械挖沟槽土方 深≤6m 现场抛土	m³	1050	1050	1155	1155
2	53-9-1-1	施工排水、降水 湿土排水	m³	840	840	945	945
3	52-1-4-3	管道砾石砂垫层	m³	18.63	18.63	18.63	18.63
4	52-1-5-1	管道基座 混凝土 C20	m³	18.86	18.86	18.86	18.86
5	52-4-5-1	管道基座 模板工程	m²	27.95	27.95	27.95	27.95
6	52-1-6-1	管道铺设 承插式钢筋混凝土管 φ600	100m	0.975	0.975	0.975	0.975
7	52-1-3-4	沟槽回填 黄砂	m³	89.69	246.05	89.69	246.05
8	52-1-3-1	沟槽回填 夯填土	m³	840.97	684.61	942.18	785.82
9	53-9-1-3	施工排水、降水 筑拆竹箩滤井	座	2.5	2.5	2.5	2.5

序号	定额编号	调整组合项目名称	单位	数量	数量	数量	数量
		井点降水					
1	53-9-1-5	施工排水、降水 轻型井点安装	根	83	83	83	83
2	53-9-1-6	施工排水、降水 轻型井点拆除	根	83	83	83	83
3	53-9-1-7	施工排水、降水 轻型井点使用	套·天	30	30	30	30
4	53-9-1-1	施工排水、降水 湿土排水	m³	−840	−840	−945	−945
		围护支撑					
1	52-4-3-2	打槽型钢板桩 长 6.01～9.00m, 单面	100m	2	2	2	2
2	52-4-3-7	拔槽型钢板桩 长 6.01～9.00m, 单面	100m	2	2	2	2
3	52-4-4-2	安拆钢板桩支撑 槽宽≤3.0m 深 4.01～6.00m	100m	1	1	1	1
4	52-4-3-11	槽型钢板桩使用费	t·d	5488	5488	5488	5488
5	52-4-4-14	钢板桩支撑使用费	t·d	352	352	352	352

（二）φ800承插式钢筋混凝土管

单位：100m

序号	定额编号	基本组合项目名称	单位	Z52-1-1-11A	Z52-1-1-11B	Z52-1-1-12A	Z52-1-1-12B
				2.0m	2.0m	2.5m	2.5m
1	52-1-2-1	机械挖沟槽土方 深≤3m 现场抛土	m³	462	462	577.5	577.5
2	53-9-1-1	施工排水、降水 湿土排水	m³	231	231	346.5	346.5
3	52-1-4-3	管道砾石砂垫层	m³	20.64	20.64	20.64	20.64
4	52-1-5-1	管道基座 混凝土 C20	m³	22.51	22.51	22.51	22.51
5	52-4-5-1	管道基座 模板工程	m²	28.14	28.14	28.14	28.14
6	52-1-6-2	管道铺设 承插式钢筋混凝土管 φ800	100m	0.975	0.975	0.975	0.975
7	52-1-3-4	沟槽回填 黄砂	m³	110.94	297.12	110.94	297.12
8	52-1-3-1	沟槽回填 夯填土	m³	218.13	31.95	330.89	144.71
9	53-9-1-3	施工排水、降水 筑拆竹箩滤井	座	2.5	2.5	2.5	2.5
序号	定额编号	调整组合项目名称	单位	数量	数量	数量	数量
		围护支撑					
1	52-4-2-2	撑拆列板 深≤2.0m,双面	100m	1	1		
2	52-4-2-3	撑拆列板 深≤2.5m,双面	100m			1	1
3	52-4-2-5	列板使用费	t·d	220	220	273	273
4	52-4-2-6	列板支撑使用费	t·d	77	77	96	96

单位:100m

序号	定额编号	基本组合项目名称	单位	Z52-1-1-13A	Z52-1-1-13B	Z52-1-1-14A	Z52-1-1-14B
				≤3.0m	≤3.0m	>3.0m	>3.0m
1	52-1-2-1	机械挖沟槽土方 深≤3m 现场抛土	m³	664.13	664.13		
2	52-1-2-3	机械挖沟槽土方 深≤6m 现场抛土	m³			721.88	721.88
3	53-9-1-1	施工排水、降水 湿土排水	m³	433.13	433.13	490.88	490.88
4	52-1-4-3	管道砾石砂垫层	m³	20.49	20.49	20.49	20.49
5	52-1-5-1	管道基座 混凝土 C20	m³	22.36	22.36	22.36	22.36
6	52-4-5-1	管道基座 模板工程	m²	27.95	27.95	27.95	27.95
7	52-1-6-2	管道铺设 承插式钢筋混凝土管 φ800	100m	0.975	0.975	0.975	0.975
8	52-1-3-4	沟槽回填 黄砂	m³	111.09	297.27	111.09	297.27
9	52-1-3-1	沟槽回填 夯填土	m³	410.11	223.93	467.86	281.68
10	53-9-1-3	施工排水、降水 筑拆竹箩滤井	座	2.5	2.5	2.5	2.5

序号	定额编号	调整组合项目名称	单位	数量	数量	数量	数量
		井点降水					
1	53-9-1-5	施工排水、降水 轻型井点安装	根	83	83	83	83
2	53-9-1-6	施工排水、降水 轻型井点拆除	根	83	83	83	83
3	53-9-1-7	施工排水、降水 轻型井点使用	套·天	33	33	33	33
4	53-9-1-1	施工排水、降水 湿土排水	m³	−433.13	−433.13	−490.88	−490.88
		围护支撑					
1	52-4-2-4	撑拆列板 深≤3.0m,双面	100m	1	1		
2	52-4-3-1	打槽型钢板桩 长 4.00～6.00m,单面	100m			2	2
3	52-4-3-6	拔槽型钢板桩 长 4.00～6.00m,单面	100m			2	2
4	52-4-4-1	安拆钢板桩支撑 槽宽≤3.0m 深3.01～4.00m	100m			1	1
5	52-4-2-5	列板使用费	t·d	303	303		
6	52-4-2-6	列板支撑使用费	t·d	115	115		
7	52-4-3-11	槽型钢板桩使用费	t·d			2469	2469
8	52-4-4-14	钢板桩支撑使用费	t·d			116	116

单位:100m

序号	定额编号	基本组合项目名称	单位	Z52-1-1-15A	Z52-1-1-15B	Z52-1-1-16A	Z52-1-1-16B
				3.5m	3.5m	≤4.0m	≤4.0m
1	52-1-2-3	机械挖沟槽土方 深≤6m 现场抛土	m³	808.5	808.5	895.13	895.13
2	53-9-1-1	施工排水、降水 湿土排水	m³	577.5	577.5	664.13	664.13
3	52-1-4-3	管道砾石砂垫层	m³	20.49	20.49	20.49	20.49
4	52-1-5-1	管道基座 混凝土 C20	m³	22.36	22.36	22.36	22.36
5	52-4-5-1	管道基座 模板工程	m²	27.95	27.95	27.95	27.95
6	52-1-6-2	管道铺设 承插式钢筋混凝土管 φ800	100m	0.975	0.975	0.975	0.975
7	52-1-3-4	沟槽回填 黄砂	m³	111.09	297.27	111.09	297.27
8	52-1-3-1	沟槽回填 夯填土	m³	551.08	364.9	634.97	448.79
9	53-9-1-3	施工排水、降水 筑拆竹笼滤井	座	2.5	2.5	2.5	2.5

序号	定额编号	调整组合项目名称	单位	数量	数量	数量	数量
		井点降水					
1	53-9-1-5	施工排水、降水 轻型井点安装	根	83	83	83	83
2	53-9-1-6	施工排水、降水 轻型井点拆除	根	83	83	83	83
3	53-9-1-7	施工排水、降水 轻型井点使用	套·天	33	33	33	33
4	53-9-1-1	施工排水、降水 湿土排水	m³	−577.5	−577.5	−664.13	−664.13
		围护支撑					
1	52-4-3-1	打槽型钢板桩 长 4.00～6.00m,单面	100m	2	2	2	2
2	52-4-3-6	拔槽型钢板桩 长 4.00～6.00m,单面	100m	2	2	2	2
3	52-4-4-1	安拆钢板桩支撑 槽宽≤3.0m 深 3.01～4.00m	100m	1	1	1	1
4	52-4-3-11	槽型钢板桩使用费	t·d	2469	2469	2469	2469
5	52-4-4-14	钢板桩支撑使用费	t·d	116	116	116	116

单位:100m

序号	定额编号	基本组合项目名称	单位	Z52-1-1-17A	Z52-1-1-17B	Z52-1-1-18A	Z52-1-1-18B
				>4.0m	>4.0m	4.5m	4.5m
1	52-1-2-3	机械挖沟槽土方 深≤6m 现场抛土	m³	952.88	952.88	1039.5	1039.5
2	53-9-1-1	施工排水、降水 湿土排水	m³	721.88	721.88	808.5	808.5
3	52-1-4-3	管道砾石砂垫层	m³	20.49	20.49	20.49	20.49
4	52-1-5-1	管道基座 混凝土 C20	m³	22.36	22.36	22.36	22.36
5	52-4-5-1	管道基座 模板工程	m²	27.95	27.95	27.95	27.95
6	52-1-6-2	管道铺设 承插式钢筋混凝土管 ϕ800	100m	0.975	0.975	0.975	0.975
7	52-1-3-4	沟槽回填 黄砂	m³	111.09	297.27	111.09	297.27
8	52-1-3-1	沟槽回填 夯填土	m³	692.72	506.54	776.18	590
9	53-9-1-3	施工排水、降水 筑拆竹箩滤井	座	2.5	2.5	2.5	2.5

序号	定额编号	调整组合项目名称	单位	数量	数量	数量	数量
		井点降水					
1	53 9-1-5	施工排水、降水 轻型井点安装	根	83	83	83	83
2	53-9-1-6	施工排水、降水 轻型井点拆除	根	83	83	83	83
3	53-9-1-7	施工排水、降水 轻型井点使用	套·天	33	33	33	33
4	53-9-1-1	施工排水、降水 湿土排水	m³	−721.88	−721.88	−808.5	−808.5
		围护支撑					
1	52-4-3-2	打槽型钢板桩 长 6.01～9.00m,单面	100m	2	2	2	2
2	52-4-3-7	拔槽型钢板桩 长 6.01～9.00m,单面	100m	2	2	2	2
3	52-4-4-2	安拆钢板桩支撑 槽宽≤3.0m 深 4.01～6.00m	100m	1	1	1	1
4	52-4-3-11	槽型钢板桩使用费	t·d	5488	5488	5488	5488
5	52-4-4-14	钢板桩支撑使用费	t·d	352	352	352	352

单位:100m

序号	定额编号	基本组合项目名称	单位	Z52-1-1-19A 5.0m	Z52-1-1-19B 5.0m	Z52-1-1-20A 5.5m	Z52-1-1-20B 5.5m
1	52-1-2-3	机械挖沟槽土方 深≤6m 现场抛土	m³	1155	1155	1270.5	1270.5
2	53-9-1-1	施工排水、降水 湿土排水	m³	924	924	1039.5	1039.5
3	52-1-4-3	管道砾石砂垫层	m³	20.49	20.49	20.49	20.49
4	52-1-5-1	管道基座 混凝土 C20	m³	22.36	22.36	22.36	22.36
5	52-4-5-1	管道基座 模板工程	m²	27.95	27.95	27.95	27.95
6	52-1-6-2	管道铺设 承插式钢筋混凝土管 ϕ800	100m	0.975	0.975	0.975	0.975
7	52-1-3-4	沟槽回填 黄砂	m³	111.09	297.27	111.09	297.27
8	52-1-3-1	沟槽回填 夯填土	m³	887.9	701.72	998.95	812.77
9	53-9-1-3	施工排水、降水 筑拆竹箩滤井	座	2.5	2.5	2.5	2.5
序号	定额编号	调整组合项目名称	单位	数量	数量	数量	数量
		井点降水					
1	53-9-1-5	施工排水、降水 轻型井点安装	根	83	83	83	83
2	53-9-1-6	施工排水、降水 轻型井点拆除	根	83	83	83	83
3	53-9-1-7	施工排水、降水 轻型井点使用	套·天	33	33	33	33
4	53-9-1-1	施工排水、降水 湿土排水	m³	−924	−924	−1039.5	−1039.5
		围护支撑					
1	52-4-3-2	打槽型钢板桩 长 6.01～9.00m，单面	100m	2	2	2	2
2	52-4-3-7	拔槽型钢板桩 长 6.01～9.00m，单面	100m	2	2	2	2
3	52-4-4-2	安拆钢板桩支撑 槽宽≤3.0m 深 4.01～6.00m	100m	1	1	1	1
4	52-4-3-11	槽型钢板桩使用费	t·d	5488	5488	5488	5488
5	52-4-4-14	钢板桩支撑使用费	t·d	352	352	352	352

（三）φ1000承插式钢筋混凝土管

单位：100m

序号	定额编号	基本组合项目名称	单位	Z52-1-1-21A	Z52-1-1-21B	Z52-1-1-22A	Z52-1-1-22B
				2.5m	2.5m	≤3.0m	≤3.0m
1	52-1-2-1	机械挖沟槽土方 深≤3m 现场抛土	m³	656.25	656.25	754.69	754.69
2	53-9-1-1	施工排水、降水 湿土排水	m³	393.75	393.75	492.19	492.19
3	52-1-4-3	管道砾石砂垫层	m³	23.45	23.45	23.29	23.29
4	52-1-5-1	管道基座 混凝土 C20	m³	26.03	26.03	25.85	25.85
5	52-4-5-1	管道基座 模板工程	m²	28.14	28.14	27.95	27.95
6	52-1-6-3	管道铺设 承插式钢筋混凝土管 φ1000	100m	0.975	0.975	0.975	0.975
7	52-1-3-4	沟槽回填 黄砂	m³	138.39	365.66	138.57	365.84
8	52-1-3-1	沟槽回填 夯填土	m³	332.92	105.65	423.49	196.22
9	53-9-1-3	施工排水、降水 筑拆竹笼滤井	座	2.5	2.5	2.5	2.5
序号	定额编号	调整组合项目名称	单位	数量	数量	数量	数量
		井点降水					
1	53-9-1-5	施工排水、降水 轻型井点安装	根			83	83
2	53-9-1-6	施工排水、降水 轻型井点拆除	根			83	83
3	53-9-1-7	施工排水、降水 轻型井点使用	套·天			37	37
4	53-9-1-1	施工排水、降水 湿土排水	m³			−492.19	−492.19
		围护支撑					
1	52-4-2-3	撑拆列板 深≤2.5m,双面	100m	1	1		
2	52-4-2-4	撑拆列板 深≤3.0m,双面	100m			1	1
3	52-4-2-5	列板使用费	t·d	273	273	303	303
4	52-4-2-6	列板支撑使用费	t·d	96	96	115	115

单位:100m

序号	定额编号	基本组合项目名称	单位	Z52-1-1-23A	Z52-1-1-23B	Z52-1-1-24A	Z52-1-1-24B
				>3.0m	>3.0m	3.5m	3.5m
1	52-1-2-3	机械挖沟槽土方 深≤6m 现场抛土	m³	820.31	820.31	918.75	918.75
2	53-9-1-1	施工排水、降水 湿土排水	m³	557.81	557.81	656.25	656.25
3	52-1-4-3	管道砾石砂垫层	m³	23.29	23.29	23.29	23.29
4	52-1-5-1	管道基座 混凝土 C20	m³	25.85	25.85	25.85	25.85
5	52-4-5-1	管道基座 模板工程	m²	27.95	27.95	27.95	27.95
6	52-1-6-3	管道铺设 承插式钢筋混凝土管 ϕ1000	100m	0.975	0.975	0.975	0.975
7	52-1-3-4	沟槽回填 黄砂	m³	138.57	365.84	138.57	365.84
8	52-1-3-1	沟槽回填 夯填土	m³	489.11	261.84	584.04	356.77
9	53-9-1-3	施工排水、降水 筑拆竹箩滤井	座	2.5	2.5	2.5	2.5

序号	定额编号	调整组合项目名称	单位	数量	数量	数量	数量
		井点降水					
1	53-9-1-5	施工排水、降水 轻型井点安装	根	83	83	83	83
2	53-9-1-6	施工排水、降水 轻型井点拆除	根	83	83	83	83
3	53-9-1-7	施工排水、降水 轻型井点使用	套·天	37	37	37	37
4	53-9-1-1	施工排水、降水 湿土排水	m³	−557.81	−557.81	−656.25	−656.25
		围护支撑					
1	52-4-3-1	打槽型钢板桩 长 4.00～6.00m,单面	100m	2	2	2	2
2	52-4-3-6	拔槽型钢板桩 长 4.00～6.00m,单面	100m	2	2	2	2
3	52-4-4-1	安拆钢板桩支撑 槽宽≤3.0m 深 3.01～4.00m	100m	1	1	1	1
4	52-4-3-11	槽型钢板桩使用费	t·d	2469	2469	2469	2469
5	52-4-4-14	钢板桩支撑使用费	t·d	116	116	116	116

单位:100m

序号	定额编号	基本组合项目名称	单位	Z52-1-1-25A ≤4.0m	Z52-1-1-25B ≤4.0m	Z52-1-1-26A >4.0m	Z52-1-1-26B >4.0m
1	52-1-2-3	机械挖沟槽土方 深≤6m 现场抛土	m³	1017.19	1017.19	1082.81	1082.81
2	53-9-1-1	施工排水、降水 湿土排水	m³	754.69	754.69	820.31	820.31
3	52-1-4-3	管道砾石砂垫层	m³	23.29	23.29	23.29	23.29
4	52-1-5-1	管道基座 混凝土 C20	m³	25.85	25.85	25.85	25.85
5	52-4-5-1	管道基座 模板工程	m²	27.95	27.95	27.95	27.95
6	52-1-6-3	管道铺设 承插式钢筋混凝土管 φ1000	100m	0.975	0.975	0.975	0.975
7	52-1-3-4	沟槽回填 黄砂	m³	138.57	365.84	138.57	365.84
8	52-1-3-1	沟槽回填 夯填土	m³	679.74	452.47	745.36	518.09
9	53-9-1-3	施工排水、降水 筑拆竹箩滤井	座	2.5	2.5	2.5	2.5

序号	定额编号	调整组合项目名称	单位	数量	数量	数量	数量
		井点降水					
1	53-9-1-5	施工排水、降水 轻型井点安装	根	83	83	83	83
2	53-9-1-6	施工排水、降水 轻型井点拆除	根	83	83	83	83
3	53-9-1-7	施工排水、降水 轻型井点使用	套·天	37	37	37	37
4	53-9-1-1	施工排水、降水 湿土排水	m³	−754.69	−754.69	−820.31	−820.31
		围护支撑					
1	52-4-3-1	打槽型钢板桩 长 4.00～6.00m，单面	100m	2	2		
2	52-4-3-2	打槽型钢板桩 长 6.01～9.00m，单面	100m			2	2
3	52-4-3-6	拔槽型钢板桩 长 4.00～6.00m，单面	100m	2	2		
4	52-4-3-7	拔槽型钢板桩 长 6.01～9.00m，单面	100m			2	2
5	52-4-4-1	安拆钢板桩支撑 槽宽≤3.0m 深 3.01～4.00m	100m	1	1		
6	52-4-4-2	安拆钢板桩支撑 槽宽≤3.0m 深 4.01～6.00m	100m			1	1
7	52-4-3-11	槽型钢板桩使用费	t·d	2469	2469	5488	5488
8	52-4-4-14	钢板桩支撑使用费	t·d	116	116	352	352

单位:100m

序号	定额编号	基本组合项目名称	单位	Z52-1-1-27A 4.5m	Z52-1-1-27B 4.5m	Z52-1-1-28A 5.0m	Z52-1-1-28B 5.0m
1	52-1-2-3	机械挖沟槽土方 深≤6m 现场抛土	m³	1181.25	1181.25	1365	1365
2	53-9-1-1	施工排水、降水 湿土排水	m³	918.75	918.75	1092	1092
3	52-1-4-3	管道砾石砂垫层	m³	23.29	23.29	24.22	24.22
4	52-1-5-1	管道基座 混凝土 C20	m³	25.85	25.85	25.85	25.85
5	52-4-5-1	管道基座 模板工程	m²	27.95	27.95	27.95	27.95
6	52-1-6-3	管道铺设 承插式钢筋混凝土管 φ1000	100m	0.975	0.975	0.975	0.975
7	52-1-3-4	沟槽回填 黄砂	m³	138.57	365.84	147.7	386.63
8	52-1-3-1	沟槽回填 夯填土	m³	840.65	613.38	1010.55	771.62
9	53-9-1-3	施工排水、降水 筑拆竹箩滤井	座	2.5	2.5	2.5	2.5

序号	定额编号	调整组合项目名称	单位	数量	数量	数量	数量
		井点降水					
1	53-9-1-5	施工排水、降水 轻型井点安装	根	83	83	83	83
2	53-9-1-6	施工排水、降水 轻型井点拆除	根	83	83	83	83
3	53-9-1-7	施工排水、降水 轻型井点使用	套·天	37	37	37	37
4	53-9-1-1	施工排水、降水 湿土排水	m³	−918.75	−918.75	−1092	−1092
		围护支撑					
1	52-4-3-2	打槽型钢板桩 长 6.01～9.00m,单面	100m	2	2	2	2
2	52-4-3-7	拔槽型钢板桩 长 6.01～9.00m,单面	100m	2	2	2	2
3	52-4-4-2	安拆钢板桩支撑 槽宽≤3.0m 深4.01～6.00m	100m	1	1	1	1
4	52-4-3-11	槽型钢板桩使用费	t·d	5488	5488	5488	5488
5	52-4-4-14	钢板桩支撑使用费	t·d	352	352	352	352

单位:100m

序号	定额编号	基本组合项目名称	单位	Z52-1-1-29A	Z52-1-1-29B	Z52-1-1-30A	Z52-1-1-30B
				5.5m	5.5m	≤6.0m	≤6.0m
1	52-1-2-3	机械挖沟槽土方 深≤6m 现场抛土	m³	1501.5	1501.5	1603.88	1603.88
2	53-9-1-1	施工排水、降水 湿土排水	m³	1228.5	1228.5	1330.88	1330.88
3	52-1-4-3	管道砾石砂垫层	m³	24.22	24.22	24.22	24.22
4	52-1-5-1	管道基座 混凝土 C20	m³	25.85	25.85	25.85	25.85
5	52-4-5-1	管道基座 模板工程	m²	27.95	27.95	27.95	27.95
6	52-1-6-3	管道铺设 承插式钢筋混凝土管 ϕ1000	100m	0.975	0.975	0.975	0.975
7	52-1-3-4	沟槽回填 黄砂	m³	147.7	386.63	147.7	386.63
8	52-1-3-1	沟槽回填 夯填土	m³	1142.5	903.57	1241.1	1002.17
9	53-9-1-3	施工排水、降水 筑拆竹箩滤井	座	2.5	2.5	2.5	2.5
序号	定额编号	调整组合项目名称	单位	数量	数量	数量	数量
		井点降水					
1	53-9-1-5	施工排水、降水 轻型井点安装	根	83	83	83	83
2	53-9-1-6	施工排水、降水 轻型井点拆除	根	83	83	83	83
3	53-9-1-7	施工排水、降水 轻型井点使用	套·天	37	37	37	37
4	53-9-1-1	施工排水、降水 湿土排水	m³	−1228.5	−1228.5	−1330.88	−1330.88
		围护支撑					
1	52-4-3-2	打槽型钢板桩 长 6.01~9.00m, 单面	100m	2	2	2	2
2	52-4-3-7	拔槽型钢板桩 长 6.01~9.00m, 单面	100m	2	2	2	2
3	52-4-4-2	安拆钢板桩支撑 槽宽≤3.0m 深 4.01~6.00m	100m	1	1	1	1
4	52-4-3-11	槽型钢板桩使用费	t·d	5488	5488	5488	5488
5	52-4-4-14	钢板桩支撑使用费	t·d	352	352	352	352

单位:100m

序号	定额编号	基本组合项目名称	单位	Z52-1-1-31A	Z52-1-1-31B
				＞6.0m	＞6.0m
1	52-1-2-3	机械挖沟槽土方 深≤6m 现场抛土	m³	1638	1638
2	52-1-2-3系	机械挖沟槽土方 深≤7m 现场抛土	m³	34.13	34.13
3	53-9-1-1	施工排水、降水 湿土排水	m³	1399.13	1399.13
4	52-1-4-3	管道砾石砂垫层	m³	24.22	24.22
5	52-1-5-1	管道基座 混凝土 C20	m³	25.85	25.85
6	52-4-5-1	管道基座 模板工程	m²	27.95	27.95
7	52-1-6-3	管道铺设 承插式钢筋混凝土管 φ1000	100m	0.975	0.975
8	52-1-3-4	沟槽回填 黄砂	m³	147.7	386.63
9	52-1-3-1	沟槽回填 夯填土	m³	1309.35	1070.42
10	53-9-1-3	施工排水、降水 筑拆竹箩滤井	座	2.5	2.5

序号	定额编号	调整组合项目名称	单位	数量	数量
		井点降水			
1	53-9-1-8	施工排水、降水 喷射井点安装 10m	根	40	40
2	53-9-1-9	施工排水、降水 喷射井点拆除 10m	根	40	40
3	53-9-1-10	施工排水、降水 喷射井点使用 10m	套·天	23	23
4	53-9-1-1	施工排水、降水 湿土排水	m³	−1399.13	−1399.13
		围护支撑			
1	52-4-3-3	打槽型钢板桩 长 9.01～12.00m,单面	100m	2	2
2	52-4-3-8	拔槽型钢板桩 长 9.01～12.00m,单面	100m	2	2
3	52-4-4-3	安拆钢板桩支撑 槽宽≤3.0m 深6.01～8.00m	100m	1	1
4	52-4-3-11	槽型钢板桩使用费	t·d	7603	7603
5	52-4-4-14	钢板桩支撑使用费	t·d	558	558

（四）φ1200承插式钢筋混凝土管

单位：100m

序号	定额编号	基本组合项目名称	单位	Z52-1-1-32A	Z52-1-1-32B	Z52-1-1-33A	Z52-1-1-33B
				2.5m	2.5m	≤3.0m	≤3.0m
1	52-1-2-1	机械挖沟槽土方 深≤3m 现场抛土	m³	708.75	708.75	815.06	815.06
2	53-9-1-1	施工排水、降水 湿土排水	m³	425.25	425.25	531.56	531.56
3	52-1-4-3	管道砾石砂垫层	m³	25.33	25.33	25.15	25.15
4	52-1-5-1	管道基座 混凝土 C20	m³	29.55	29.55	29.34	29.34
5	52-4-5-1	管道基座 模板工程	m²	28.14	28.14	27.95	27.95
6	52-1-6-4	管道铺设 承插式钢筋混凝土管 φ1200	100m	0.975	0.975	0.975	0.975
7	52-1-3-4	沟槽回填 黄砂	m³	161.9	418.91	162.11	419.12
8	52-1-3-1	沟槽回填 夯填土	m³	307.02	50.01	405.07	148.06
9	53-9-1-3	施工排水、降水 筑拆竹箩滤井	座	2.5	2.5	2.5	2.5
序号	定额编号	调整组合项目名称	单位	数量	数量	数量	数量
		井点降水					
1	53-9-1-5	施工排水、降水 轻型井点安装	根			83	83
2	53-9-1-6	施工排水、降水 轻型井点拆除	根			83	83
3	53-9-1-7	施工排水、降水 轻型井点使用	套·天			37	37
4	53-9-1-1	施工排水、降水 湿土排水	m³			−531.56	−531.56
		围护支撑					
1	52-4-2-3	撑拆列板 深≤2.5m,双面	100m	1	1		
2	52-4-2-4	撑拆列板 深≤3.0m,双面	100m			1	1
3	52-4-2-5	列板使用费	t·d	273	273	303	303
4	52-4-2-6	列板支撑使用费	t·d	96	96	115	115

单位:100m

序号	定额编号	基本组合项目名称	单位	Z52-1-1-34A	Z52-1-1-34B	Z52-1-1-35A	Z52-1-1-35B
				>3.0m	>3.0m	3.5m	3.5m
1	52-1-2-3	机械挖沟槽土方 深≤6m 现场抛土	m³	885.94	885.94	992.25	992.25
2	53-9-1-1	施工排水、降水 湿土排水	m³	602.44	602.44	708.75	708.75
3	52-1-4-3	管道砾石砂垫层	m³	25.15	25.15	25.15	25.15
4	52-1-5-1	管道基座 混凝土 C20	m³	29.34	29.34	29.34	29.34
5	52-4-5-1	管道基座 模板工程	m²	27.95	27.95	27.95	27.95
6	52-1-6-4	管道铺设 承插式钢筋混凝土管 φ1200	100m	0.975	0.975	0.975	0.975
7	52-1-3-4	沟槽回填 黄砂	m³	162.11	419.12	162.11	419.12
8	52-1-3-1	沟槽回填 夯填土	m³	475.95	218.94	578.67	321.66
9	53-9-1-3	施工排水、降水 筑拆竹笼滤井	座	2.5	2.5	2.5	2.5
序号	定额编号	调整组合项目名称	单位	数量	数量	数量	数量
		井点降水					
1	53-9-1-5	施工排水、降水 轻型井点安装	根	83	83	83	83
2	53-9-1-6	施工排水、降水 轻型井点拆除	根	83	83	83	83
3	53-9-1-7	施工排水、降水 轻型井点使用	套·天	37	37	37	37
4	53-9-1-1	施工排水、降水 湿土排水	m³	-602.44	-602.44	-708.75	-708.75
		围护支撑					
1	52-4-3-1	打槽型钢板桩 长 4.00~6.00m，单面	100m	2	2	2	2
2	52-4-3-6	拔槽型钢板桩 长 4.00~6.00m，单面	100m	2	2	2	2
3	52-4-4-1	安拆钢板桩支撑 槽宽≤3.0m 深3.01~4.00m	100m	1	1	1	1
4	52-4-3-11	槽型钢板桩使用费	t·d	2469	2469	2469	2469
5	52-4-4-14	钢板桩支撑使用费	t·d	116	116	116	116

单位:100m

序号	定额编号	基本组合项目名称	单位	Z52-1-1-36A	Z52-1-1-36B	Z52-1-1-37A	Z52-1-1-37B
				≤4.0m	≤4.0m	>4.0m	>4.0m
1	52-1-2-3	机械挖沟槽土方 深≤6m 现场抛土	m³	1098.56	1098.56	1169.44	1169.44
2	53-9-1-1	施工排水、降水 湿土排水	m³	815.06	815.06	885.94	885.94
3	52-1-4-3	管道砾石砂垫层	m³	25.15	25.15	25.15	25.15
4	52-1-5-1	管道基座 混凝土 C20	m³	29.34	29.34	29.34	29.34
5	52-4-5-1	管道基座 模板工程	m²	27.95	27.95	27.95	27.95
6	52-1-6-4	管道铺设 承插式钢筋混凝土管 φ1200	100m	0.975	0.975	0.975	0.975
7	52-1-3-4	沟槽回填 黄砂	m³	162.11	419.12	162.11	419.12
8	52-1-3-1	沟槽回填 夯填土	m³	682.25	425.24	753.13	496.12
9	53-9-1-3	施工排水、降水 筑拆竹箩滤井	座	2.5	2.5	2.5	2.5

序号	定额编号	调整组合项目名称	单位	数量	数量	数量	数量
		井点降水					
1	53-9-1-5	施工排水、降水 轻型井点安装	根	83	83	83	83
2	53-9-1-6	施工排水、降水 轻型井点拆除	根	83	83	83	83
3	53-9-1-7	施工排水、降水 轻型井点使用	套·天	37	37	37	37
4	53-9-1-1	施工排水、降水 湿土排水	m³	−815.06	−815.06	885.94	−885.94
		围护支撑					
1	52-4-3-1	打槽型钢板桩 长 4.00~6.00m，单面	100m	2	2		
2	52-4-3-2	打槽型钢板桩 长 6.01~9.00m，单面	100m			2	2
3	52-4-3-6	拔槽型钢板桩 长 4.00~6.00m，单面	100m	2	2		
4	52-4-3-7	拔槽型钢板桩 长 6.01~9.00m，单面	100m			2	2
5	52-4-4-1	安拆钢板桩支撑 槽宽≤3.0m 深 3.01~4.00m	100m	1	1		
6	52-4-4-2	安拆钢板桩支撑 槽宽≤3.0m 深 4.01~6.00m	100m			1	1
7	52-4-3-11	槽型钢板桩使用费	t·d	2469	2469	5488	5488
8	52-4-4-14	钢板桩支撑使用费	t·d	116	116	352	352

单位·100m

序号	定额编号	基本组合项目名称	单位	Z52-1-1-38A	Z52-1-1-38B	Z52-1-1-39A	Z52-1-1-39B
				4.5m	4.5m	5.0m	5.0m
1	52-1-2-3	机械挖沟槽土方 深≤6m 现场抛土	m³	1275.75	1275.75	1470	1470
2	53-9-1-1	施工排水、降水 湿土排水	m³	992.25	992.25	1176	1176
3	52-1-4-3	管道砾石砂垫层	m³	25.15	25.15	26.08	26.08
4	52-1-5-1	管道基座 混凝土 C20	m³	29.34	29.34	29.34	29.34
5	52-4-5-1	管道基座 模板工程	m²	27.95	27.95	27.95	27.95
6	52-1-6-4	管道铺设 承插式钢筋混凝土管 φ1200	100m	0.975	0.975	0.975	0.975
7	52-1-3-4	沟槽回填 黄砂	m³	162.11	419.12	172.5	442.32
8	52-1-3-1	沟槽回填 夯填土	m³	856.28	599.27	1034.57	764.75
9	53-9-1-3	施工排水、降水 筑拆竹笼滤井	座	2.5	2.5	2.5	2.5

序号	定额编号	调整组合项目名称	单位	数量	数量	数量	数量
		井点降水					
1	53-9-1-5	施工排水、降水 轻型井点安装	根	83	83	83	83
2	53-9-1-6	施工排水、降水 轻型井点拆除	根	83	83	83	83
3	53-9-1-7	施工排水、降水 轻型井点使用	套·天	37	37	37	37
4	53-9-1-1	施工排水、降水 湿土排水	m³	−992.25	−992.25	−1176	−1176
		围护支撑					
1	52-4-3-2	打槽型钢板桩 长 6.01～9.00m，单面	100m	2	2	2	2
2	52-4-3-7	拔槽型钢板桩 长 6.01～9.00m，单面	100m	2	2	2	2
3	52-4-4-2	安拆钢板桩支撑 槽宽≤3.0m 深 4.01～6.00m	100m	1	1	1	1
4	52-4-3-11	槽型钢板桩使用费	t·d	5488	5488	5488	5488
5	52-4-4-14	钢板桩支撑使用费	t·d	352	352	352	352

单位:100m

序号	定额编号	基本组合项目名称	单位	Z52-1-1-40A	Z52-1-1-40B	Z52-1-1-41A	Z52-1-1-41B
				5.5m	5.5m	≤6.0m	≤6.0m
1	52-1-2-3	机械挖沟槽土方 深≤6m 现场抛土	m³	1617	1617	1727.25	1727.25
2	53-9-1-1	施工排水、降水 湿土排水	m³	1323	1323	1433.25	1433.25
3	52-1-4-3	管道砾石砂垫层	m³	26.08	26.08	26.08	26.08
4	52-1-5-1	管道基座 混凝土 C20	m³	29.34	29.34	29.34	29.34
5	52-4-5-1	管道基座 模板工程	m²	27.95	27.95	27.95	27.95
6	52-1-6-4	管道铺设 承插式钢筋混凝土管 ϕ1200	100m	0.975	0.975	0.975	0.975
7	52-1-3-4	沟槽回填 黄砂	m³	172.5	442.32	172.5	442.32
8	52-1-3-1	沟槽回填 夯填土	m³	1177.79	907.97	1284.25	1014.43
9	53-9-1-3	施工排水、降水 筑拆竹箩滤井	座	2.5	2.5	2.5	2.5

序号	定额编号	调整组合项目名称	单位	数量	数量	数量	数量
		井点降水					
1	53-9-1-5	施工排水、降水 轻型井点安装	根	83	83	83	83
2	53-9-1-6	施工排水、降水 轻型井点拆除	根	83	83	83	83
3	53-9-1-7	施工排水、降水 轻型井点使用	套·天	37	37	37	37
4	53-9-1-1	施工排水、降水 湿土排水	m³	−1323	−1323	−1433.25	−1433.25
		围护支撑					
1	52-4-3-2	打槽型钢板桩 长 6.01～9.00m,单面	100m	2	2	2	2
2	52-4-3-7	拔槽型钢板桩 长 6.01～9.00m,单面	100m	2	2	2	2
3	52-4-4-2	安拆钢板桩支撑 槽宽≤3.0m 深4.01～6.00m	100m	1	1	1	1
4	52-4-3-11	槽型钢板桩使用费	t·d	5488	5488	5488	5488
5	52-4-4-14	钢板桩支撑使用费	t·d	352	352	352	352

单位：100m

序号	定额编号	基本组合项目名称	单位	Z52-1-1-42A	Z52-1-1-42B	Z52-1-1-43A	Z52-1-1-43B
				＞6.0m	＞6.0m	6.5m	6.5m
1	52-1-2-3	机械挖沟槽土方 深≤6m 现场抛土	m³	1764	1764	1764	1764
2	52-1-2-3系	机械挖沟槽土方 深≤7m 现场抛土	m³	36.75	36.75	147	147
3	53-9-1-1	施工排水、降水 湿土排水	m³	1506.75	1506.75	1617	1617
4	52-1-4-3	管道砾石砂垫层	m³	26.08	26.08	25.91	25.91
5	52-1-5-1	管道基座 混凝土 C20	m³	29.34	29.34	29.15	29.15
6	52-4-5-1	管道基座 模板工程	m²	27.95	27.95	27.77	27.77
7	52-1-6-4	管道铺设 承插式钢筋混凝土管 φ1200	100m	0.975	0.975	0.975	0.975
8	52-1-3-4	沟槽回填 黄砂	m³	172.5	442.32	172.69	442.51
9	52-1-3-1	沟槽回填 夯填土	m³	1357.75	1087.93	1461.77	1191.95
10	53-9-1-3	施工排水、降水 筑拆竹篓滤井	座	2.5	2.5	2.5	2.5

序号	定额编号	调整组合项目名称	单位	数量	数量	数量	数量
		井点降水					
1	53-9-1-8	施工排水、降水 喷射井点安装 10m	根	40	40	40	40
2	53-9-1-9	施工排水、降水 喷射井点拆除 10m	根	40	40	40	40
3	53-9-1-10	施工排水、降水 喷射井点使用 10m	套·天	24	24	24	24
4	53-9-1-1	施工排水、降水 湿土排水	m³	−1506.75	−1506.75	−1617	−1617
		围护支撑					
1	52-4-3-3	打槽型钢板桩 长 9.01～12.00m，单面	100m	2	2	2	2
2	52-4-3-8	拔槽型钢板桩 长 9.01～12.00m，单面	100m	2	2	2	2
3	52-4-4-3	安拆钢板桩支撑 槽宽≤3.0m 深 6.01～8.00m	100m	1	1	1	1
4	52-4-3-11	槽型钢板桩使用费	t·d	7603	7603	7603	7603
5	52-4-4-14	钢板桩支撑使用费	t·d	558	558	558	558

（五）φ1350 企口式钢筋混凝土管

单位：100m

序号	定额编号	基本组合项目名称	单位	Z52-1-1-44A	Z52-1-1-44B	Z52-1-1-45A	Z52-1-1-45B
				≤3.0m	≤3.0m	>3.0m	>3.0m
1	52-1-2-1	机械挖沟槽土方 深≤3m 现场抛土	m³	845.25	845.25		
2	52-1-2-3	机械挖沟槽土方 深≤6m 现场抛土	m³			918.75	918.75
3	53-9-1-1	施工排水、降水 湿土排水	m³	551.25	551.25	624.75	624.75
4	52-1-4-3	管道砾石砂垫层	m³	26.01	26.01	26.01	26.01
5	52-1-5-1	管道基座 混凝土 C20	m³	42.73	42.73	42.73	42.73
6	52-4-5-1	管道基座 模板工程	m²	37.16	37.16	37.16	37.16
7	52-1-6-5	管道铺设 企口式钢筋混凝土管 φ1350	100m	0.9725	0.9725	0.9725	0.9725
8	52-1-3-4	沟槽回填 黄砂	m³	177.4	452.47	177.4	452.47
9	52-1-3-1	沟槽回填 夯填土	m³	344.39	69.32	417.89	142.82
10	53-9-1-3	施工排水、降水 筑拆竹箩滤井	座	2.5	2.5	2.5	2.5

序号	定额编号	调整组合项目名称	单位	数量	数量	数量	数量
		井点降水					
1	53-9-1-5	施工排水、降水 轻型井点安装	根	83	83	83	83
2	53-9-1-6	施工排水、降水 轻型井点拆除	根	83	83	83	83
3	53-9-1-7	施工排水、降水 轻型井点使用	套·天	40	40	40	40
4	53-9-1-1	施工排水、降水 湿土排水	m³	−551.25	−551.25	−624.75	−624.75
		围护支撑					
1	52-4-2-4	撑拆列板 深≤3.0m,双面	100m	1	1		
2	52-4-3-1	打槽型钢板桩 长 4.00～6.00m,单面	100m			2	2
3	52-4-3-6	拔槽型钢板桩 长 4.00～6.00m,单面	100m			2	2
4	52-4-4-1	安拆钢板桩支撑 槽宽≤3.0m 深3.01～4.00m	100m			1	1
5	52-4-2-5	列板使用费	t·d	343	343		
6	52-4-2-6	列板支撑使用费	t·d	130	130		
7	52-4-3-11	槽型钢板桩使用费	t·d			3291	3291
8	52-4-4-14	钢板桩支撑使用费	t·d			216	216

单位:100m

序号	定额编号	基本组合项目名称	单位	Z52-1-1-46A	Z52-1-1-46B	Z52-1-1-47A	Z52-1-1-47B
				3.5m	3.5m	≤4.0m	≤4.0m
1	52-1-2-3	机械挖沟槽土方 深≤6m 现场抛土	m³	1029	1029	1139.25	1139.25
2	53-9-1-1	施工排水、降水 湿土排水	m³	735	735	845.25	845.25
3	52-1-4-3	管道砾石砂垫层	m³	26.01	26.01	26.01	26.01
4	52-1-5-1	管道基座 混凝土 C20	m³	42.73	42.73	42.73	42.73
5	52-4-5-1	管道基座 模板工程	m²	37.16	37.16	37.16	37.16
6	52-1-6-5	管道铺设 企口式钢筋混凝土管 ϕ1350	100m	0.9725	0.9725	0.9725	0.9725
7	52-1-3-4	沟槽回填 黄砂	m³	177.4	452.47	177.4	452.47
8	52-1-3-1	沟槽回填 夯填土	m³	525.22	250.15	632.55	357.48
9	53-9-1-3	施工排水、降水 筑拆竹笼滤井	座	2.5	2.5	2.5	2.5
序号	定额编号	调整组合项目名称	单位	数量	数量	数量	数量
		井点降水					
1	53-9-1-5	施工排水、降水 轻型井点安装	根	83	83	83	83
2	53-9-1-6	施工排水、降水 轻型井点拆除	根	83	83	83	83
3	53-9-1-7	施工排水、降水 轻型井点使用	套·天	40	40	40	40
4	53-9-1-1	施工排水、降水 湿土排水	m³	−735	−735	−845.25	−845.25
		围护支撑					
1	52-4-3-1	打槽型钢板桩 长 4.00~6.00m,单面	100m	2	2	2	2
2	52-4-3-6	拔槽型钢板桩 长 4.00~6.00m,单面	100m	2	2	2	2
3	52-4-4-1	安拆钢板桩支撑 槽宽≤3.0m 深3.01~4.00m	100m	1	1	1	1
4	52-4-3-11	槽型钢板桩使用费	t·d	3291	3291	3291	3291
5	52-4-4-14	钢板桩支撑使用费	t·d	216	216	216	216

单位:100m

序号	定额编号	基本组合项目名称	单位	Z52-1-1-48A	Z52-1-1-48B	Z52-1-1-49A	Z52-1-1-49B
				>4.0m	>4.0m	4.5m	4.5m
1	52-1-2-3	机械挖沟槽土方 深≤6m 现场抛土	m³	1212.75	1212.75	1323	1323
2	53-9-1-1	施工排水、降水 湿土排水	m³	918.75	918.75	1029	1029
3	52-1-4-3	管道砾石砂垫层	m³	26.01	26.01	25.84	25.84
4	52-1-5-1	管道基座 混凝土 C20	m³	42.73	42.73	42.46	42.46
5	52-4-5-1	管道基座 模板工程	m²	37.16	37.16	36.92	36.92
6	52-1-6-5	管道铺设 企口式钢筋混凝土管 ϕ1350	100m	0.9725	0.9725	0.9725	0.9725
7	52-1-3-4	沟槽回填 黄砂	m³	177.4	452.47	177.67	452.74
8	52-1-3-1	沟槽回填 夯填土	m³	706.05	430.98	808.33	533.26
9	53-9-1-3	施工排水、降水 筑拆竹箩滤井	座	2.5	2.5	2.5	2.5
序号	定额编号	调整组合项目名称	单位	数量	数量	数量	数量
		井点降水					
1	53-9-1-5	施工排水、降水 轻型井点安装	根	83	83	83	83
2	53-9-1-6	施工排水、降水 轻型井点拆除	根	83	83	83	83
3	53-9-1-7	施工排水、降水 轻型井点使用	套·天	40	40	40	40
4	53-9-1-1	施工排水、降水 湿土排水	m³	−918.75	−918.75	−1029	−1029
		围护支撑					
1	52-4-3-2	打槽型钢板桩 长 6.01～9.00m,单面	100m	2	2	2	2
2	52-4-3-7	拔槽型钢板桩 长 6.01～9.00m,单面	100m	2	2	2	2
3	52-4-4-2	安拆钢板桩支撑 槽宽≤3.0m 深4.01～6.00m	100m	1	1	1	1
4	52-4-3-11	槽型钢板桩使用费	t·d	7317	7317	7317	7317
5	52-4-4-14	钢板桩支撑使用费	t·d	432	432	432	432

单位:100m

序号	定额编号	基本组合项目名称	单位	Z52-1-1-50A 5.0m	Z52-1-1-50B 5.0m	Z52-1-1-51A 5.5m	Z52-1-1-51B 5.5m
1	52-1-2-3	机械挖沟槽土方 深≤6m 现场抛土	m³	1522.5	1522.5	1674.75	1674.75
2	53-9-1-1	施工排水、降水 湿土排水	m³	1218	1218	1370.25	1370.25
3	52-1-4-3	管道砾石砂垫层	m³	26.77	26.77	26.77	26.77
4	52-1-5-1	管道基座 混凝土 C20	m³	42.46	42.46	42.46	42.46
5	52-4-5-1	管道基座 模板工程	m²	36.92	36.92	36.92	36.92
6	52-1-6-5	管道铺设 企口式钢筋混凝土管 φ1350	100m	0.9725	0.9725	0.9725	0.9725
7	52-1-3-4	沟槽回填 黄砂	m³	189.96	479.1	189.96	479.1
8	52-1-3-1	沟槽回填 夯填土	m³	989.46	700.32	1136.55	847.41
9	53-9-1-3	施工排水、降水 筑拆竹箩滤井	座	2.5	2.5	2.5	2.5
序号	定额编号	调整组合项目名称	单位	数量	数量	数量	数量
		井点降水					
1	53-9-1-5	施工排水、降水 轻型井点安装	根	83	83	83	83
2	53-9-1-6	施工排水、降水 轻型井点拆除	根	83	83	83	83
3	53-9-1-7	施工排水、降水 轻型井点使用	套·天	40	40	40	40
4	53-9-1-1	施工排水、降水 湿土排水	m³	−1218	−1218	−1370.25	−1370.25
		围护支撑					
1	52-4-3-2	打槽型钢板桩 长 6.01～9.00m,单面	100m	2	2	2	2
2	52-4-3-7	拔槽型钢板桩 长 6.01～9.00m,单面	100m	2	2	2	2
3	52-4-4-2	安拆钢板桩支撑 槽宽≤3.0m 深4.01～6.00m	100m	1	1	1	1
4	52-4-3-11	槽型钢板桩使用费	t·d	7317	7317	7317	7317
5	52-4-4-14	钢板桩支撑使用费	t·d	432	432	432	432

单位:100m

序号	定额编号	基本组合项目名称	单位	Z52-1-1-52A	Z52-1-1-52B	Z52-1-1-53A	Z52-1-1-53B
				≤6.0m	≤6.0m	>6.0m	>6.0m
1	52-1-2-3	机械挖沟槽土方 深≤6m 现场抛土	m³	1788.94	1788.94	1827	1827
2	52-1-2-3系	机械挖沟槽土方 深≤7m 现场抛土	m³			38.06	38.06
3	53-9-1-1	施工排水、降水 湿土排水	m³	1484.44	1484.44	1560.56	1560.56
4	52-1-4-3	管道砾石砂垫层	m³	26.77	26.77	26.77	26.77
5	52-1-5-1	管道基座 混凝土 C20	m³	42.46	42.46	42.46	42.46
6	52-4-5-1	管道基座 模板工程	m²	36.92	36.92	36.92	36.92
7	52-1-6-5	管道铺设 企口式钢筋混凝土管 φ1350	100m	0.9725	0.9725	0.9725	0.9725
8	52-1-3-4	沟槽回填 黄砂	m³	189.96	479.1	189.96	479.1
9	52-1-3-1	沟槽回填 夯填土	m³	1245.59	956.45	1321.71	1032.57
10	53-9-1-3	施工排水、降水 筑拆竹笼滤井	座	2.5	2.5	2.5	2.5

序号	定额编号	调整组合项目名称	单位	数量	数量	数量	数量
		井点降水					
1	53-9-1-5	施工排水、降水 轻型井点安装	根	83	83		
2	53-9-1-6	施工排水、降水 轻型井点拆除	根	83	83		
3	53-9-1-7	施工排水、降水 轻型井点使用	套·天	40	40		
4	53-9-1-8	施工排水、降水 喷射井点安装 10m	根			40	40
5	53-9-1-9	施工排水、降水 喷射井点拆除 10m	根			40	40
6	53-9-1-10	施工排水、降水 喷射井点使用 10m	套·天			27	27
7	53-9-1-1	施工排水、降水 湿土排水	m³	−1484.44	−1484.44	−1560.56	−1560.56
		围护支撑					
1	52-4-3-2	打槽型钢板桩 长 6.01~9.00m，单面	100m	2	2		
2	52-4-3-3	打槽型钢板桩 长 9.01~12.00m，单面	100m			2	2
3	52-4-3-7	拔槽型钢板桩 长 6.01~9.00m，单面	100m	2	2		
4	52-4-3-8	拔槽型钢板桩 长 9.01~12.00m，单面	100m			2	2
5	52-4-4-2	安拆钢板桩支撑 槽宽≤3.0m 深 4.01~6.00m	100m	1	1		
6	52-4-4-3	安拆钢板桩支撑 槽宽≤3.0m 深 6.01~8.00m	100m			1	1
7	52-4-3-11	槽型钢板桩使用费	t·d	7317	7317	10139	10139
8	52-4-4-14	钢板桩支撑使用费	t·d	432	432	682	682

单位:100m

序号	定额编号	基本组合项目名称	单位	Z52-1-1-54A 6.5m	Z52-1-1-54B 6.5m	Z52-1-1-55A 7.0m	Z52-1-1-55B 7.0m
1	52-1-2-3	机械挖沟槽土方 深≤6m 现场抛土	m³	1827	1827	1890	1890
2	52-1-2-3系	机械挖沟槽土方 深≤7m 现场抛土	m³	152.25	152.25	315	315
3	53-9-1-1	施工排水、降水 湿土排水	m³	1674.75	1674.75	1890	1890
4	52-1-4-3	管道砾石砂垫层	m³	26.77	26.77	27.69	27.69
5	52-1-5-1	管道基座 混凝土 C20	m³	42.46	42.46	42.46	42.46
6	52-4-5-1	管道基座 模板工程	m²	36.92	36.92	36.92	36.92
7	52-1-6-5	管道铺设 企口式钢筋混凝土管 φ1350	100m	0.9725	0.9725	0.9725	0.9725
8	52-1-3-4	沟槽回填 黄砂	m³	189.96	479.1	202.24	505.45
9	52-1-3-1	沟槽回填 夯填土	m³	1429.37	1140.23	1636.15	1332.94
10	53-9-1-3	施工排水、降水 筑拆竹箩滤井	座	2.5	2.5	2.5	2.5

序号	定额编号	调整组合项目名称	单位	数量	数量	数量	数量
		井点降水					
1	53-9-1-8	施工排水、降水 喷射井点安装 10m	根	40	40	40	40
2	53-9-1-9	施工排水、降水 喷射井点拆除 10m	根	40	40	40	40
3	53-9-1-10	施工排水、降水 喷射井点使用 10m	套·天	27	27	27	27
4	53-9-1-1	施工排水、降水 湿土排水	m³	−1674.75	−1674.75	−1890	−1890
		围护支撑					
1	52-4-3-3	打槽型钢板桩 长9.01~12.00m，单面	100m	2	2	2	2
2	52-4-3-8	拔槽型钢板桩 长9.01~12.00m，单面	100m	2	2	2	2
3	52-4-4-3	安拆钢板桩支撑 槽宽≤3.0m 深6.01~8.00m	100m	1	1	1	1
4	52-4-3-11	槽型钢板桩使用费	t·d	10139	10139	10139	10139
5	52-4-4-14	钢板桩支撑使用费	t·d	682	682	682	682

（六）φ1500企口式钢筋混凝土管

单位：100m

序号	定额编号	基本组合项目名称	单位	Z52-1-1-56A	Z52-1-1-56B	Z52-1-1-57A	Z52-1-1-57B
				≤3.0m	≤3.0m	>3.0m	>3.0m
1	52-1-2-1	机械挖沟槽土方 深≤3m 现场抛土	m³	905.63	905.63		
2	52-1-2-3	机械挖沟槽土方 深≤6m 现场抛土	m³			984.38	984.38
3	53-9-1-1	施工排水、降水 湿土排水	m³	590.63	590.63	669.38	669.38
4	52-1-4-3	管道砾石砂垫层	m³	27.87	27.87	27.87	27.87
5	52-1-5-1	管道基座 混凝土 C20	m³	45.52	45.52	45.52	45.52
6	52-4-5-1	管道基座 模板工程	m²	37.16	37.16	37.16	37.16
7	52-1-6-6	管道铺设 企口式钢筋混凝土管 φ1500	100m	0.9725	0.9725	0.9725	0.9725
8	52-1-3-4	沟槽回填 黄砂	m³	199.26	507.43	199.26	507.43
9	52-1-3-1	沟槽回填 夯填土	m³	328.83	20.66	407.58	99.41
10	53-9-1-3	施工排水、降水 筑拆竹箩滤井	座	2.5	2.5	2.5	2.5

序号	定额编号	调整组合项目名称	单位	数量	数量	数量	数量
		井点降水					
1	53-9-1-5	施工排水、降水 轻型井点安装	根	83	83	83	83
2	53-9-1-6	施工排水、降水 轻型井点拆除	根	83	83	83	83
3	53-9-1-7	施工排水、降水 轻型井点使用	套·天	43	43	43	43
4	53-9-1-1	施工排水、降水 湿土排水	m³	−590.63	−590.63	−669.38	−669.38
		围护支撑					
1	52-4-2-4	撑拆列板 深≤3.0m，双面	100m	1	1		
2	52-4-3-1	打槽型钢板桩 长 4.00～6.00m，单面	100m			2	2
3	52-4-3-6	拔槽型钢板桩 长 4.00～6.00m，单面	100m			2	2
4	52-4-4-1	安拆钢板桩支撑 槽宽≤3.0m 深3.01～4.00m	100m			1	1
5	52-4-2-5	列板使用费	t·d	343	343		
6	52-4-2-6	列板支撑使用费	t·d	130	130		
7	52-4-3-11	槽型钢板桩使用费	t·d			3291	3291
8	52-4-4-14	钢板桩支撑使用费	t·d			216	216

单位:100m

序号	定额编号	基本组合项目名称	单位	Z52-1-1-58A	Z52-1-1-58B	Z52-1-1-59A	Z52-1-1-59B
				3.5m	3.5m	≤4.0m	≤4.0m
1	52-1-2-3	机械挖沟槽土方 深≤6m 现场抛土	m³	1102.5	1102.5	1220.63	1220.63
2	53-9-1-1	施工排水、降水 湿土排水	m³	787.5	787.5	905.63	905.63
3	52-1-4-3	管道砾石砂垫层	m³	27.87	27.87	27.87	27.87
4	52-1-5-1	管道基座 混凝土 C20	m³	45.52	45.52	45.52	45.52
5	52-4-5-1	管道基座 模板工程	m²	37.16	37.16	37.16	37.16
6	52-1-6-6	管道铺设 企口式钢筋混凝土管 φ1500	100m	0.9725	0.9725	0.9725	0.9725
7	52-1-3-4	沟槽回填 黄砂	m³	199.26	507.43	199.26	507.43
8	52-1-3-1	沟槽回填 夯填土	m³	521.75	213.58	636.95	328.78
9	53-9-1-3	施工排水、降水 筑拆竹箩滤井	座	2.5	2.5	2.5	2.5

序号	定额编号	调整组合项目名称	单位	数量	数量	数量	数量
		井点降水					
1	53-9-1-5	施工排水、降水 轻型井点安装	根	83	83	83	83
2	53-9-1-6	施工排水、降水 轻型井点拆除	根	83	83	83	83
3	53-9-1-7	施工排水、降水 轻型井点使用	套·天	43	43	43	43
4	53-9-1-1	施工排水、降水 湿土排水	m³	−787.5	−787.5	−905.63	−905.63
		围护支撑					
1	52-4-3-1	打槽型钢板桩 长 4.00～6.00m, 单面	100m	2	2	2	2
2	52-4-3-6	拔槽型钢板桩 长 4.00～6.00m, 单面	100m	2	2	2	2
3	52-4-4-1	安拆钢板桩支撑 槽宽≤3.0m 深 3.01～4.00m	100m	1	1	1	1
4	52-4-3-11	槽型钢板桩使用费	t·d	3291	3291	3291	3291
5	52-4-4-14	钢板桩支撑使用费	t·d	216	216	216	216

单位:100m

序号	定额编号	基本组合项目名称	单位	Z52-1-1-60A	Z52-1-1-60B	Z52-1-1-61A	Z52-1-1-61B
				>4.0m	>4.0m	4.5m	4.5m
1	52-1-2-3	机械挖沟槽土方 深≤6m 现场抛土	m³	1299.38	1299.38	1417.5	1417.5
2	53-9-1-1	施工排水、降水 湿土排水	m³	984.38	984.38	1102.5	1102.5
3	52-1-4-3	管道砾石砂垫层	m³	27.87	27.87	27.69	27.69
4	52-1-5-1	管道基座 混凝土 C20	m³	45.52	45.52	45.23	45.23
5	52-4-5-1	管道基座 模板工程	m²	37.16	37.16	36.92	36.92
6	52-1-6-6	管道铺设 企口式钢筋混凝土管 φ1500	100m	0.9725	0.9725	0.9725	0.9725
7	52-1-3-4	沟槽回填 黄砂	m³	199.26	507.43	199.55	507.72
8	52-1-3-1	沟槽回填 夯填土	m³	715.7	407.53	825.78	517.61
9	53-9-1-3	施工排水、降水 筑拆竹箩滤井	座	2.5	2.5	2.5	2.5
序号	定额编号	调整组合项目名称	单位	数量	数量	数量	数量
		井点降水					
1	53-9-1-5	施工排水、降水 轻型井点安装	根	83	83	83	83
2	53-9-1-6	施工排水、降水 轻型井点拆除	根	83	83	83	83
3	53-9-1-7	施工排水、降水 轻型井点使用	套·天	43	43	43	43
4	53-9-1-1	施工排水、降水 湿土排水	m³	−984.38	−984.38	−1102.5	−1102.5
		围护支撑					
1	52-4-3-2	打槽型钢板桩 长 6.01～9.00m，单面	100m	2	2	2	2
2	52-4-3-7	拔槽型钢板桩 长 6.01～9.00m，单面	100m	2	2	2	2
3	52-4-4-2	安拆钢板桩支撑 槽宽≤3.0m 深4.01～6.00m	100m	1	1	1	1
4	52-4-3-11	槽型钢板桩使用费	t·d	7317	7317	7317	7317
5	52-4-4-14	钢板桩支撑使用费	t·d	432	432	432	432

单位:100m

序号	定额编号	基本组合项目名称	单位	Z52-1-1-62A	Z52-1-1-62B	Z52-1-1-63A	Z52-1-1-63B
				5.0m	5.0m	5.5m	5.5m
1	52-1-2-3	机械挖沟槽土方 深≤6m 现场抛土	m³	1627.5	1627.5	1790.25	1790.25
2	53-9-1-1	施工排水、降水 湿土排水	m³	1302	1302	1464.75	1464.75
3	52-1-4-3	管道砾石砂垫层	m³	28.61	28.61	28.61	28.61
4	52-1-5-1	管道基座 混凝土 C20	m³	45.23	45.23	45.23	45.23
5	52-4-5-1	管道基座 模板工程	m²	36.92	36.92	36.92	36.92
6	52-1-6-6	管道铺设 企口式钢筋混凝土管 $\phi1500$	100m	0.9725	0.9725	0.9725	0.9725
7	52-1-3-4	沟槽回填 黄砂	m³	212.68	535.86	212.68	535.86
8	52-1-3-1	沟槽回填 夯填土	m³	1016.62	693.44	1174.22	851.04
9	53-9-1-3	施工排水、降水 筑拆竹箩滤井	座	2.5	2.5	2.5	2.5

序号	定额编号	调整组合项目名称	单位	数量	数量	数量	数量
		井点降水					
1	53-9-1-5	施工排水、降水 轻型井点安装	根	83	83	83	83
2	53-9-1-6	施工排水、降水 轻型井点拆除	根	83	83	83	83
3	53-9-1-7	施工排水、降水 轻型井点使用	套·天	43	43	43	43
4	53-9-1-1	施工排水、降水 湿土排水	m³	−1302	−1302	−1464.75	−1464.75
		围护支撑					
1	52-4-3-2	打槽型钢板桩 长 6.01～9.00m，单面	100m	2	2	2	2
2	52-4-3-7	拔槽型钢板桩 长 6.01～9.00m，单面	100m	2	2	2	2
3	52-4-4-5	安拆钢板桩支撑 槽宽≤3.8m 深4.01～6.00m	100m	1	1	1	1
4	52-4-3-11	槽型钢板桩使用费	t·d	7317	7317	7317	7317
5	52-4-4-14	钢板桩支撑使用费	t·d	432	432	432	432

单位:100m

序号	定额编号	基本组合项目名称	单位	Z52-1-1-64A ≤6.0m	Z52-1-1-64B ≤6.0m	Z52-1-1-65A >6.0m	Z52-1-1-65B >6.0m
1	52-1-2-3	机械挖沟槽土方 深≤6m 现场抛土	m³	1912.31	1912.31	1953	1953
2	52-1-2-3系	机械挖沟槽土方 深≤7m 现场抛土	m³			40.69	40.69
3	53-9-1-1	施工排水、降水 湿土排水	m³	1586.81	1586.81	1668.19	1668.19
4	52-1-4-3	管道砾石砂垫层	m³	28.61	28.61	28.61	28.61
5	52-1-5-1	管道基座 混凝土 C20	m³	45.23	45.23	45.23	45.23
6	52-4-5-1	管道基座 模板工程	m²	36.92	36.92	36.92	36.92
7	52-1-6-6	管道铺设 企口式钢筋混凝土管 φ1500	100m	0.9725	0.9725	0.9725	0.9725
8	52-1-3-4	沟槽回填 黄砂	m³	212.68	535.86	212.68	535.86
9	52-1-3-1	沟槽回填 夯填土	m³	1291.13	967.95	1372.51	1049.33
10	53-9-1-3	施工排水、降水 筑拆竹箩滤井	座	2.5	2.5	2.5	2.5

序号	定额编号	调整组合项目名称	单位	数量	数量	数量	数量
		井点降水					
1	53-9-1-5	施工排水、降水 轻型井点安装	根	83	83		
2	53-9-1-6	施工排水、降水 轻型井点拆除	根	83	83		
3	53-9-1-7	施工排水、降水 轻型井点使用	套·天	43	43		
4	53-9-1-8	施工排水、降水 喷射井点安装 10m	根			40	40
5	53 9-1-9	施工排水.降水 喷射井点拆除 10m	根			40	40
6	53-9-1-10	施工排水、降水 喷射井点使用 10m	套·天			28	28
7	53-9-1-1	施工排水、降水 湿土排水	m³	−1586.81	−1586.81	−1668.19	−1668.19
		围护支撑					
1	52-4-3-2	打槽型钢板桩 长 6.01~9.00m, 单面	100m	2	2		
2	52-4-3-3	打槽型钢板桩 长 9.01~12.00m, 单面	100m			2	2
3	52-4-3-7	拔槽型钢板桩 长 6.01~9.00m, 单面	100m	2	2		
4	52-4-3-8	拔槽型钢板桩 长 9.01~12.00m, 单面	100m			2	2
5	52-4-4-5	安拆钢板桩支撑 槽宽≤3.8m 深4.01~6.00m	100m	1	1		
6	52-4-4-6	安拆钢板桩支撑 槽宽≤3.8m 深6.01~8.00m	100m			1	1
7	52-4-3-11	槽型钢板桩使用费	t·d	7317	7317	10139	10139
8	52-4-4-14	钢板桩支撑使用费	t·d	432	432	682	682

单位:100m

序号	定额编号	基本组合项目名称	单位	Z52-1-1-66A	Z52-1-1-66B	Z52-1-1-67A	Z52-1-1-67B
				6.5m	6.5m	7.0m	7.0m
1	52-1-2-3	机械挖沟槽土方 深≤6m 现场抛土	m³	1953	1953	2016	2016
2	52-1-2-3系	机械挖沟槽土方 深≤7m 现场抛土	m³	162.75	162.75	336	336
3	53-9-1-1	施工排水、降水 湿土排水	m³	1790.25	1790.25	2016	2016
4	52-1-4-3	管道砾石砂垫层	m³	28.61	28.61	29.54	29.54
5	52-1-5-1	管道基座 混凝土 C20	m³	45.23	45.23	45.23	45.23
6	52-4-5-1	管道基座 模板工程	m²	36.92	36.92	36.92	36.92
7	52-1-6-6	管道铺设 企口式钢筋混凝土管 φ1500	100m	0.9725	0.9725	0.9725	0.9725
8	52-1-3-4	沟槽回填 黄砂	m³	212.68	535.86	225.8	564
9	52-1-3-1	沟槽回填 夯填土	m³	1487.95	1164.77	1704.37	1366.17
10	53-9-1-3	施工排水、降水 筑拆竹箩滤井	座	2.5	2.5	2.5	2.5

序号	定额编号	调整组合项目名称	单位	数量	数量	数量	数量
		井点降水					
1	53-9-1-8	施工排水、降水 喷射井点安装 10m	根	40	40	40	40
2	53-9-1-9	施工排水、降水 喷射井点拆除 10m	根	40	40	40	40
3	53-9-1-10	施工排水、降水 喷射井点使用 10m	套·天	28	28	28	28
4	53-9-1-1	施工排水、降水 湿土排水	m³	−1790.25	−1790.25	−2016	−2016
		围护支撑					
1	52-4-3-3	打槽型钢板桩 长 9.01~12.00m，单面	100m	2	2	2	2
2	52-4-3-8	拔槽型钢板桩 长 9.01~12.00m，单面	100m	2	2	2	2
3	52-4-4-6	安拆钢板桩支撑 槽宽≤3.8m 深 6.01~8.00m	100m	1	1	1	1
4	52-4-3-11	槽型钢板桩使用费	t·d	10139	10139	10139	10139
5	52-4-4-14	钢板桩支撑使用费	t·d	682	682	682	682

（七）ϕ1650 企口式钢筋混凝土管

单位：100m

序号	定额编号	基本组合项目名称	单位	Z52-1-1-68A ≤3.0m	Z52-1-1-69A >3.0m	Z52-1-1-69B >3.0m
1	52-1-2-1	机械挖沟槽土方 深≤3m 现场抛土	m³	966		
2	52-1-2-3	机械挖沟槽土方 深≤6m 现场抛土	m³		1050	1050
3	53-9-1-1	施工排水、降水 湿土排水	m³	630	714	714
4	52-1-4-3	管道砾石砂垫层	m³	29.73	29.73	29.73
5	52-1-5-1	管道基座 混凝土 C20	m³	49.24	49.24	49.24
6	52-4-5-1	管道基座 模板工程	m²	37.16	37.16	37.16
7	52-1-6-7	管道铺设 企口式钢筋混凝土管 ϕ1650	100m	0.9725	0.9725	0.9725
8	52-1-3-4	沟槽回填 黄砂	m³	223.22	223.22	564.81
9	52-1-3-1	沟槽回填 夯填土	m³	303.07	387.07	45.48
10	53-9-1-3	施工排水、降水 筑拆竹箩滤井	座	2.5	2.5	2.5
序号	定额编号	调整组合项目名称	单位	数量	数量	数量
		井点降水				
1	53-9-1-5	施工排水、降水 轻型井点安装	根	83	83	83
2	53-9-1-6	施工排水、降水 轻型井点拆除	根	83	83	83
3	53-9-1-7	施工排水、降水 轻型井点使用	套·天	45	45	45
4	53-9-1-1	施工排水、降水 湿土排水	m³	−630	−714	−714
		围护支撑				
1	52-4-2-4	撑拆列板 深≤3.0m，双面	100m	1		
2	52-4-3-1	打槽型钢板桩 长 4.00～6.00m，单面	100m		2	2
3	52-4-3-6	拔槽型钢板桩 长 4.00～6.00m，单面	100m		2	2
4	52-4-4-4	安拆钢板桩支撑 槽宽≤3.8m 深3.01～4.00m	100m		1	1
5	52-4-2-5	列板使用费	t·d	343		
6	52-4-2-6	列板支撑使用费	t·d	130		
7	52-4-3-11	槽型钢板桩使用费	t·d		3291	3291
8	52-4-4-14	钢板桩支撑使用费	t·d		216	216

单位:100m

序号	定额编号	基本组合项目名称	单位	Z52-1-1-70A	Z52-1-1-70B	Z52-1-1-71A	Z52-1-1-71B
				3.5m	3.5m	≤4.0m	≤4.0m
1	52-1-2-3	机械挖沟槽土方 深≤6m 现场抛土	m³	1176	1176	1302	1302
2	53-9-1-1	施工排水、降水 湿土排水	m³	840	840	966	966
3	52-1-4-3	管道砾石砂垫层	m³	29.73	29.73	29.73	29.73
4	52-1-5-1	管道基座 混凝土 C20	m³	49.24	49.24	49.24	49.24
5	52-4-5-1	管道基座 模板工程	m²	37.16	37.16	37.16	37.16
6	52-1-6-7	管道铺设 企口式钢筋混凝土管 φ1650	100m	0.9725	0.9725	0.9725	0.9725
7	52-1-3-4	沟槽回填 黄砂	m³	223.22	564.81	223.22	564.81
8	52-1-3-1	沟槽回填 夯填土	m³	509.06	167.47	632.14	290.55
9	53-9-1-3	施工排水、降水 筑拆竹箩滤井	座	2.5	2.5	2.5	2.5

序号	定额编号	调整组合项目名称	单位	数量	数量	数量	数量
		井点降水					
1	53-9-1-5	施工排水、降水 轻型井点安装	根	83	83	83	83
2	53-9-1-6	施工排水、降水 轻型井点拆除	根	83	83	83	83
3	53-9-1-7	施工排水、降水 轻型井点使用	套·天	45	45	45	45
4	53-9-1-1	施工排水、降水 湿土排水	m³	−840	−840	−966	−966
		围护支撑					
1	52-4-3-1	打槽型钢板桩 长 4.00～6.00m,单面	100m	2	2	2	2
2	52-4-3-6	拔槽型钢板桩 长 4.00～6.00m,单面	100m	2	2	2	2
3	52-4-4-4	安拆钢板桩支撑 槽宽≤3.8m 深3.01～4.00m	100m	1	1	1	1
4	52-4-3-11	槽型钢板桩使用费	t·d	3291	3291	3291	3291
5	52-4-4-14	钢板桩支撑使用费	t·d	216	216	216	216

单位:100m

序号	定额编号	基本组合项目名称	单位	Z52-1-1-72A	Z52-1-1-72B	Z52-1-1-73A	Z52-1-1-73B
				>4.0m	>4.0m	4.5m	4.5m
1	52-1-2-3	机械挖沟槽土方 深≤6m 现场抛土	m³	1386	1386	1512	1512
2	53-9-1-1	施工排水、降水 湿土排水	m³	1050	1050	1176	1176
3	52-1-4-3	管道砾石砂垫层	m³	29.73	29.73	29.54	29.54
4	52-1-5-1	管道基座 混凝土 C20	m³	49.24	49.24	48.92	48.92
5	52-4-5-1	管道基座 模板工程	m²	37.16	37.16	36.92	36.92
6	52-1-6-7	管道铺设 企口式钢筋混凝土管 φ1650	100m	0.9725	0.9725	0.9725	0.9725
7	52-1-3-4	沟槽回填 黄砂	m³	223.22	564.81	223.54	565.13
8	52-1-3-1	沟槽回填 夯填土	m³	716.14	374.55	833.54	491.95
9	53-9-1-3	施工排水、降水 筑拆竹箩滤井	座	2.5	2.5	2.5	2.5
序号	定额编号	调整组合项目名称	单位	数量	数量	数量	数量
		井点降水					
1	53-9-1-5	施工排水、降水 轻型井点安装	根	83	83	83	83
2	53-9-1-6	施工排水、降水 轻型井点拆除	根	83	83	83	83
3	53-9-1-7	施工排水、降水 轻型井点使用	套·天	45	45	45	45
4	53-9-1-1	施工排水、降水 湿土排水	m³	−1050	−1050	−1176	−1176
		围护支撑					
1	52-4-3-2	打槽型钢板桩 长 6.01～9.00m，单面	100m	2	2	2	2
2	52-4-3-7	拔槽型钢板桩 长 6.01～9.00m，单面	100m	2	2	2	2
3	52-4-4-5	安拆钢板桩支撑 槽宽≤3.8m 深4.01～6.00m	100m	1	1	1	1
4	52-4-3-11	槽型钢板桩使用费	t·d	7317	7317	7317	7317
5	52-4-4-14	钢板桩支撑使用费	t·d	432	432	432	432

单位：100m

序号	定额编号	基本组合项目名称	单位	Z52-1-1-74A	Z52-1-1-74B	Z52-1-1-75A	Z52-1-1-75B
				5.0m	5.0m	5.5m	5.5m
1	52-1-2-3	机械挖沟槽土方 深≤6m 现场抛土	m³	1732.5	1732.5	1905.75	1905.75
2	53-9-1-1	施工排水、降水 湿土排水	m³	1386	1386	1559.25	1559.25
3	52-1-4-3	管道砾石砂垫层	m³	30.46	30.46	30.46	30.46
4	52-1-5-1	管道基座 混凝土 C20	m³	48.92	48.92	48.92	48.92
5	52-4-5-1	管道基座 模板工程	m²	36.92	36.92	36.92	36.92
6	52-1-6-7	管道铺设 企口式钢筋混凝土管 φ1650	100m	0.9725	0.9725	0.9725	0.9725
7	52-1-3-4	沟槽回填 黄砂	m³	237.61	595.16	237.61	595.16
8	52-1-3-1	沟槽回填 夯填土	m³	1034.61	677.06	1202.7	845.15
9	53-9-1-3	施工排水、降水 筑拆竹箩滤井	座	2.5	2.5	2.5	2.5

序号	定额编号	调整组合项目名称	单位	数量	数量	数量	数量
		井点降水					
1	53-9-1-5	施工排水、降水 轻型井点安装	根	83	83	83	83
2	53-9-1-6	施工排水、降水 轻型井点拆除	根	83	83	83	83
3	53-9-1-7	施工排水、降水 轻型井点使用	套·天	45	45	45	45
4	53-9-1-1	施工排水、降水 湿土排水	m³	−1386	−1386	−1559.25	−1559.25
		围护支撑					
1	52-4-3-2	打槽型钢板桩 长 6.01～9.00m，单面	100m	2	2	2	2
2	52-4-3-7	拔槽型钢板桩 长 6.01～9.00m，单面	100m	2	2	2	2
3	52-4-4-5	安拆钢板桩支撑 槽宽≤3.8m 深4.01～6.00m	100m	1	1	1	1
4	52-4-3-11	槽型钢板桩使用费	t·d	7317	7317	7317	7317
5	52-4-4-14	钢板桩支撑使用费	t·d	432	432	432	432

单位:100m

序号	定额编号	基本组合项目名称	单位	Z52-1-1-76A	Z52-1-1-76B	Z52-1-1-77A	Z52-1-1-77B
				≤6.0m	≤6.0m	>6.0m	>6.0m
1	52-1-2-3	机械挖沟槽土方 深≤6m 现场抛土	m³	2035.69	2035.69	2079	2079
2	52-1-2-3系	机械挖沟槽土方 深≤7m 现场抛土	m³			43.31	43.31
3	53-9-1-1	施工排水、降水 湿土排水	m³	1689.19	1689.19	1775.81	1775.81
4	52-1-4-3	管道砾石砂垫层	m³	30.46	30.46	30.46	30.46
5	52-1-5-1	管道基座 混凝土 C20	m³	48.92	48.92	48.92	48.92
6	52-4-5-1	管道基座 模板工程	m²	36.92	36.92	36.92	36.92
7	52-1-6-7	管道铺设 企口式钢筋混凝土管 φ1650	100m	0.9725	0.9725	0.9725	0.9725
8	52-1-3-4	沟槽回填 黄砂	m³	237.61	595.16	237.61	595.16
9	52-1-3-1	沟槽回填 夯填土	m³	1327.49	969.94	1414.11	1056.56
10	53-9-1-3	施工排水、降水 筑拆竹笼滤井	座	2.5	2.5	2.5	2.5

序号	定额编号	调整组合项目名称	单位	数量	数量	数量	数量
		井点降水					
1	53-9-1-5	施工排水、降水 轻型井点安装	根	83	83		
2	53-9-1-6	施工排水、降水 轻型井点拆除	根	83	83		
3	53-9-1-7	施工排水、降水 轻型井点使用	套·天	45	45		
4	53-9-1-8	施工排水、降水 喷射井点安装 10m	根			40	40
5	53 9 1 9	施工排水、降水 喷射井点拆除 10m	根			40	40
6	53-9-1-10	施工排水、降水 喷射井点使用 10m	套·天			31	31
7	53-9-1-1	施工排水、降水 湿土排水	m³	−1689.19	−1689.19	−1775.81	−1775.81
		围护支撑					
1	52-4-3-2	打槽型钢板桩 长 6.01～9.00m,单面	100m	2	2		
2	52-4-3-3	打槽型钢板桩 长 9.01～12.00m,单面	100m			2	2
3	52-4-3-7	拔槽型钢板桩 长 6.01～9.00m,单面	100m	2	2		
4	52-4-3-8	拔槽型钢板桩 长 9.01～12.00m,单面	100m			2	2
5	52-4-4-5	安拆钢板桩支撑 槽宽≤3.8m 深4.01～6.00m	100m	1	1		
6	52-4-4-6	安拆钢板桩支撑 槽宽≤3.8m 深6.01～8.00m	100m			1	1
7	52-4-3-11	槽型钢板桩使用费	t·d	7317	7317	10139	10139
8	52-4-4-14	钢板桩支撑使用费	t·d	432	432	682	682

单位：100m

序号	定额编号	基本组合项目名称	单位	Z52-1-1-78A	Z52-1-1-78B	Z52-1-1-79A	Z52-1-1-79B
				6.5m	6.5m	7.0m	7.0m
1	52-1-2-3	机械挖沟槽土方 深≤6m 现场抛土	m³	2079	2079	2142	2142
2	52-1-2-3系	机械挖沟槽土方 深≤7m 现场抛土	m³	173.25	173.25	357	357
3	53-9-1-1	施工排水、降水 湿土排水	m³	1905.75	1905.75	2142	2142
4	52-1-4-3	管道砾石砂垫层	m³	30.46	30.46	31.38	31.38
5	52-1-5-1	管道基座 混凝土 C20	m³	48.92	48.92	48.92	48.92
6	52-4-5-1	管道基座 模板工程	m²	36.92	36.92	36.92	36.92
7	52-1-6-7	管道铺设 企口式钢筋混凝土管 φ1650	100m	0.9725	0.9725	0.9725	0.9725
8	52-1-3-4	沟槽回填 黄砂	m³	237.61	595.16	251.68	625.19
9	52-1-3-1	沟槽回填 夯填土	m³	1537.43	1179.88	1763.42	1389.91
10	53-9-1-3	施工排水、降水 筑拆竹箩滤井	座	2.5	2.5	2.5	2.5
序号	定额编号	调整组合项目名称	单位	数量	数量	数量	数量
		井点降水					
1	53-9-1-8	施工排水、降水 喷射井点安装 10m	根	40	40	40	40
2	53-9-1-9	施工排水、降水 喷射井点拆除 10m	根	40	40	40	40
3	53-9-1-10	施工排水、降水 喷射井点使用 10m	套·天	31	31	31	31
4	53-9-1-1	施工排水、降水 湿土排水	m³	−1905.75	−1905.75	−2142	−2142
		围护支撑					
1	52-4-3-3	打槽型钢板桩 长 9.01～12.00m，单面	100m	2	2	2	2
2	52-4-3-8	拔槽型钢板桩 长 9.01～12.00m，单面	100m	2	2	2	2
3	52-4-4-6	安拆钢板桩支撑 槽宽≤3.8m 深 6.01～8.00m	100m	1	1	1	1
4	52-4-3-11	槽型钢板桩使用费	t·d	10139	10139	10139	10139
5	52-4-4-14	钢板桩支撑使用费	t·d	682	682	682	682

(八) φ1800 企口式钢筋混凝土管

单位:100m

序号	定额编号	基本组合项目名称	单位	Z52-1-1-80A	Z52-1-1-81A
				≤3.0m	>3.0m
1	52-1-2-1	机械挖沟槽土方 深≤3m 现场抛土	m³	1026.38	
2	52-1-2-3	机械挖沟槽土方 深≤6m 现场抛土	m³		1115.63
3	53-9-1-1	施工排水、降水 湿土排水	m³	669.38	758.63
4	52-1-4-3	管道砾石砂垫层	m³	31.59	31.59
5	52-1-5-1	管道基座 混凝土 C20	m³	52.02	52.02
6	52-4-5-1	管道基座 模板工程	m²	37.16	37.16
7	52-1-6-8	管道铺设 企口式钢筋混凝土管 φ1800	100m	0.9725	0.9725
8	52-1-3-4	沟槽回填 黄砂	m³	250.74	250.74
9	52-1-3-1	沟槽回填 夯填土	m³	271.04	360.29
10	53-9-1-3	施工排水、降水 筑拆竹箩滤井	座	2.5	2.5

序号	定额编号	调整组合项目名称	单位	数量	数量
		井点降水			
1	53-9-1-5	施工排水、降水 轻型井点安装	根	83	83
2	53-9-1-6	施工排水、降水 轻型井点拆除	根	83	83
3	53-9-1-7	施工排水、降水 轻型井点使用	套·天	45	45
4	53-9-1-1	施工排水、降水 湿土排水	m³	−669.38	−758.63
		围护支撑			
1	52-4-2-4	撑拆列板 深≤3.0m,双面	100m	1	
2	52-4-3-1	打槽型钢板桩 长 4.00～6.00m,单面	100m		2
3	52-4-3-6	拔槽型钢板桩 长 4.00～6.00m,单面	100m		2
4	52-4-4-4	安拆钢板桩支撑 槽宽≤3.8m 深 3.01～4.00m	100m		1
5	52-4-2-5	列板使用费	t·d	343	
6	52-4-2-6	列板支撑使用费	t·d	130	
7	52-4-3-11	槽型钢板桩使用费	t·d		3291
8	52-4-4-14	钢板桩支撑使用费	t·d		216

单位:100m

序号	定额编号	基本组合项目名称	单位	Z52-1-1-82A	Z52-1-1-82B	Z52-1-1-83A	Z52-1-1-83B
				3.5m	3.5m	≤4.0m	≤4.0m
1	52-1-2-3	机械挖沟槽土方 深≤6m 现场抛土	m³	1249.5	1249.5	1383.38	1383.38
2	53-9-1-1	施工排水、降水 湿土排水	m³	892.5	892.5	1026.38	1026.38
3	52-1-4-3	管道砾石砂垫层	m³	31.59	31.59	31.59	31.59
4	52-1-5-1	管道基座 混凝土 C20	m³	52.02	52.02	52.02	52.02
5	52-4-5-1	管道基座 模板工程	m²	37.16	37.16	37.16	37.16
6	52-1-6-8	管道铺设 企口式钢筋混凝土管 φ1800	100m	0.9725	0.9725	0.9725	0.9725
7	52-1-3-4	沟槽回填 黄砂	m³	250.74	625.17	250.74	625.17
8	52-1-3-1	沟槽回填 夯填土	m³	491.24	116.81	622.19	247.76
9	53-9-1-3	施工排水、降水 筑拆竹篓滤井	座	2.5	2.5	2.5	2.5
序号	定额编号	调整组合项目名称	单位	数量	数量	数量	数量
		井点降水					
1	53-9-1-5	施工排水、降水 轻型井点安装	根	83	83	83	83
2	53-9-1-6	施工排水、降水 轻型井点拆除	根	83	83	83	83
3	53-9-1-7	施工排水、降水 轻型井点使用	套·天	45	45	45	45
4	53-9-1-1	施工排水、降水 湿土排水	m³	−892.5	−892.5	−1026.38	−1026.38
		围护支撑					
1	52-4-3-1	打槽型钢板桩 长 4.00~6.00m,单面	100m	2	2	2	2
2	52-4-3-6	拔槽型钢板桩 长 4.00~6.00m,单面	100m	2	2	2	2
3	52-4-4-4	安拆钢板桩支撑 槽宽≤3.8m 深3.01~4.00m	100m	1	1	1	1
4	52-4-3-11	槽型钢板桩使用费	t·d	3291	3291	3291	3291
5	52-4-4-14	钢板桩支撑使用费	t·d	216	216	216	216

单位：100m

序号	定额编号	基本组合项目名称	单位	Z52-1-1-84A	Z52-1-1-84B	Z52-1-1-85A	Z52-1-1-85B
				＞4.0m	＞4.0m	4.5m	4.5m
1	52-1-2-3	机械挖沟槽土方　深≤6m　现场抛土	m³	1472.63	1472.63	1606.5	1606.5
2	53-9-1-1	施工排水、降水　湿土排水	m³	1115.63	1115.63	1249.5	1249.5
3	52-1-4-3	管道砾石砂垫层	m³	31.59	31.59	31.38	31.38
4	52-1-5-1	管道基座　混凝土 C20	m³	52.02	52.02	51.69	51.69
5	52-4-5-1	管道基座　模板工程	m²	37.16	37.16	36.92	36.92
6	52-1-6-8	管道铺设　企口式钢筋混凝土管 φ1800	100m	0.9725	0.9725	0.9725	0.9725
7	52-1-3-4	沟槽回填　黄砂	m³	250.74	625.17	251.07	625.5
8	52-1-3-1	沟槽回填　夯填土	m³	711.44	337.01	836.02	461.59
9	53-9-1-3	施工排水、降水　筑拆竹箩滤井	座	2.5	2.5	2.5	2.5
序号	定额编号	调整组合项目名称	单位	数量	数量	数量	数量
		井点降水					
1	53 9 1-5	施工排水,降水　轻型井点安装	根	83	83	83	83
2	53-9-1-6	施工排水、降水　轻型井点拆除	根	83	83	83	83
3	53-9-1-7	施工排水、降水　轻型井点使用	套·天	45	45	45	45
4	53-9-1-1	施工排水、降水　湿土排水	m³	−1115.63	−1115.63	−1249.5	−1249.5
		围护支撑					
1	52-4-3-2	打槽型钢板桩　长 6.01～9.00m，单面	100m	2	2	2	2
2	52-4-3-7	拔槽型钢板桩　长 6.01～9.00m，单面	100m	2	2	2	2
3	52-4-4-5	安拆钢板桩支撑　槽宽≤3.8m 深 4.01～6.00m	100m	1	1	1	1
4	52-4-3-11	槽型钢板桩使用费	t·d	7317	7317	7317	7317
5	52-4-4-14	钢板桩支撑使用费	t·d	432	432	432	432

单位:100m

序号	定额编号	基本组合项目名称	单位	Z52-1-1-86A	Z52-1-1-86B	Z52-1-1-87A	Z52-1-1-87B
				5.0m	5.0m	5.5m	5.5m
1	52-1-2-3	机械挖沟槽土方 深≤6m 现场抛土	m³	1837.5	1837.5	2021.25	2021.25
2	53-9-1-1	施工排水、降水 湿土排水	m³	1470	1470	1653.75	1653.75
3	52-1-4-3	管道砾石砂垫层	m³	32.31	32.31	32.31	32.31
4	52-1-5-1	管道基座 混凝土 C20	m³	51.69	51.69	51.69	51.69
5	52-4-5-1	管道基座 模板工程	m²	36.92	36.92	36.92	36.92
6	52-1-6-8	管道铺设 企口式钢筋混凝土管 ϕ1800	100m	0.9725	0.9725	0.9725	0.9725
7	52-1-3-4	沟槽回填 黄砂	m³	266.09	657.32	266.09	657.32
8	52-1-3-1	沟槽回填 夯填土	m³	1047.3	656.07	1225.9	834.67
9	53-9-1-3	施工排水、降水 筑拆竹箩滤井	座	2.5	2.5	2.5	2.5

序号	定额编号	调整组合项目名称	单位	数量	数量	数量	数量
		井点降水					
1	53-9-1-5	施工排水、降水 轻型井点安装	根	83	83	83	83
2	53-9-1-6	施工排水、降水 轻型井点拆除	根	83	83	83	83
3	53-9-1-7	施工排水、降水 轻型井点使用	套·天	45	45	45	45
4	53-9-1-1	施工排水、降水 湿土排水	m³	−1470	−1470	−1653.75	−1653.75
		围护支撑					
1	52-4-3-2	打槽型钢板桩 长 6.01~9.00m,单面	100m	2	2	2	2
2	52-4-3-7	拔槽型钢板桩 长 6.01~9.00m,单面	100m	2	2	2	2
3	52-4-4-5	安拆钢板桩支撑 槽宽≤3.8m 深4.01~6.00m	100m	1	1	1	1
4	52-4-3-11	槽型钢板桩使用费	t·d	7317	7317	7317	7317
5	52-4-4-14	钢板桩支撑使用费	t·d	432	432	432	432

单位:100m

序号	定额编号	基本组合项目名称	单位	Z52-1-1-88A ≤6.0m	Z52-1-1-88B ≤6.0m	Z52-1-1-89A >6.0m	Z52-1-1-89B >6.0m
1	52-1-2-3	机械挖沟槽土方 深≤6m 现场抛土	m³	2159.06	2159.06	2205	2205
2	52-1-2-3系	机械挖沟槽土方 深≤7m 现场抛土	m³			45.94	45.94
3	53-9-1-1	施工排水、降水 湿土排水	m³	1791.56	1791.56	1883.44	1883.44
4	52-1-4-3	管道砾石砂垫层	m³	32.31	32.31	32.31	32.31
5	52-1-5-1	管道基座 混凝土 C20	m³	51.69	51.69	51.69	51.69
6	52-4-5-1	管道基座 模板工程	m²	36.92	36.92	36.92	36.92
7	52-1-6-8	管道铺设 企口式钢筋混凝土管 φ1800	100m	0.9725	0.9725	0.9725	0.9725
8	52-1-3-4	沟槽回填 黄砂	m³	266.09	657.32	266.09	657.32
9	52-1-3-1	沟槽回填 夯填土	m³	1358.56	967.33	1450.44	1059.21
10	53-9-1-3	施工排水、降水 筑拆竹笼滤井	座	2.5	2.5	2.5	2.5

序号	定额编号	调整组合项目名称	单位	数量	数量	数量	数量
		井点降水					
1	53-9-1-5	施工排水、降水 轻型井点安装	根	83	83		
2	53-9-1-6	施工排水、降水 轻型井点拆除	根	83	83		
3	53-9-1-7	施工排水、降水 轻型井点使用	套·天	45	45		
4	53-9-1-8	施工排水、降水 喷射井点安装 10m	根			40	40
5	53-9-1-9	施工排水、降水 喷射井点拆除 10m	根			40	40
6	53-9-1-10	施工排水、降水 喷射井点使用 10m	套·天			31	31
7	53-9-1-1	施工排水、降水 湿土排水	m³	−1791.56	−1791.56	−1883.44	−1883.44
		围护支撑					
1	52-4-3-2	打槽型钢板桩 长 6.01~9.00m,单面	100m	2	2		
2	52-4-3-3	打槽型钢板桩 长 9.01~12.00m,单面	100m			2	2
3	52-4-3-7	拔槽型钢板桩 长 6.01~9.00m,单面	100m	2	2		
4	52-4-3-8	拔槽型钢板桩 长 9.01~12.00m,单面	100m			2	2
5	52-4-4-5	安拆钢板桩支撑 槽宽≤3.8m 深 4.01~6.00m	100m	1	1		
6	52-4-4-6	安拆钢板桩支撑 槽宽≤3.8m 深 6.01~8.00m	100m			1	1
7	52-4-3-11	槽型钢板桩使用费	t·d	7317	7317	10139	10139
8	52-4-4-14	钢板桩支撑使用费	t·d	432	432	682	682

单位:100m

序号	定额编号	基本组合项目名称	单位	Z52-1-1-90A	Z52-1-1-90B	Z52-1-1-91A	Z52-1-1-91B
				6.5m	6.5m	7.0m	7.0m
1	52-1-2-3	机械挖沟槽土方 深≤6m 现场抛土	m³	2205	2205	2268	2268
2	52-1-2-3系	机械挖沟槽土方 深≤7m 现场抛土	m³	183.75	183.75	378	378
3	53-9-1-1	施工排水、降水 湿土排水	m³	2021.25	2021.25	2268	2268
4	52-1-4-3	管道砾石砂垫层	m³	32.31	32.31	33.23	33.23
5	52-1-5-1	管道基座 混凝土 C20	m³	51.69	51.69	51.69	51.69
6	52-4-5-1	管道基座 模板工程	m²	36.92	36.92	36.92	36.92
7	52-1-6-8	管道铺设 企口式钢筋混凝土管 φ1800	100m	0.9725	0.9725	0.9725	0.9725
8	52-1-3-4	沟槽回填 黄砂	m³	266.09	657.32	281.1	689.13
9	52-1-3-1	沟槽回填 夯填土	m³	1581.63	1190.4	1817.17	1409.14
10	53-9-1-3	施工排水、降水 筑拆竹箩滤井	座	2.5	2.5	2.5	2.5

序号	定额编号	调整组合项目名称	单位	数量	数量	数量	数量
		井点降水					
1	53-9-1-8	施工排水、降水 喷射井点安装 10m	根	40	40	40	40
2	53-9-1-9	施工排水、降水 喷射井点拆除 10m	根	40	40	40	40
3	53-9-1-10	施工排水、降水 喷射井点使用 10m	套·天	31	31	31	31
4	53-9-1-1	施工排水、降水 湿土排水	m³	−2021.25	−2021.25	−2268	−2268
		围护支撑					
1	52-4-3-3	打槽型钢板桩 长 9.01~12.00m,单面	100m	2	2	2	2
2	52-4-3-8	拔槽型钢板桩 长 9.01~12.00m,单面	100m	2	2	2	2
3	52-4-4-6	安拆钢板桩支撑 槽宽≤3.8m 深 6.01~8.00m	100m	1	1	1	1
4	52-4-3-11	槽型钢板桩使用费	t·d	10139	10139	10139	10139
5	52-4-4-14	钢板桩支撑使用费	t·d	682	682	682	682

（九）φ2000 企口式钢筋混凝土管

单位：100m

序号	定额编号	基本组合项目名称	单位	Z52-1-1-92A	Z52-1-1-92B	Z52-1-1-93A	Z52-1-1-93B
				3.5m	3.5m	≤4.0m	≤4.0m
1	52-1-2-3	机械挖沟槽土方 深≤6m 现场抛土	m³	1359.75	1359.75	1505.44	1505.44
2	53-9-1-1	施工排水、降水 湿土排水	m³	971.25	971.25	1116.94	1116.94
3	52-1-4-3	管道砾石砂垫层	m³	34.37	34.37	34.37	34.37
4	52-1-5-1	管道基座 混凝土 C20	m³	56.67	56.67	56.67	56.67
5	52-4-5-1	管道基座 模板工程	m²	37.16	37.16	37.16	37.16
6	52-1-6-9	管道铺设 企口式钢筋混凝土管 φ2000	100m	0.9725	0.9725	0.9725	0.9725
7	52-1-3-4	沟槽回填 黄砂	m³	291.24	720.08	291.24	720.08
8	52-1-3-1	沟槽回填 夯填土	m³	470.08	41.24	611.62	182.78
9	53-9-1-3	施工排水、降水 筑拆竹笼滤井	座	2.5	2.5	2.5	2.5
序号	定额编号	调整组合项目名称	单位	数量	数量	数量	数量
		井点降水					
1	53-9-1-5	施工排水、降水 轻型井点安装	根	83	83	83	83
2	53-9-1-6	施工排水、降水 轻型井点拆除	根	83	83	83	83
3	53-9-1-7	施工排水、降水 轻型井点使用	套·天	53	53	53	53
4	53-9-1-1	施工排水、降水 湿土排水	m³	−971.25	−971.25	−1116.94	−1116.94
		围护支撑					
1	52-4-3-1	打槽型钢板桩 长 4.00～6.00m，单面	100m	2	2	2	2
2	52-4-3-6	拔槽型钢板桩 长 4.00～6.00m，单面	100m	2	2	2	2
3	52-4-4-4	安拆钢板桩支撑 槽宽≤3.8m 深3.01～4.00m	100m	1	1	1	1
4	52-4-3-11	槽型钢板桩使用费	t·d	3456	3456	3456	3456
5	52-4-4-14	钢板桩支撑使用费	t·d	307	307	307	307

单位：100m

序号	定额编号	基本组合项目名称	单位	Z52-1-1-94A	Z52-1-1-94B	Z52-1-1-95A	Z52-1-1-95B
				>4.0m	>4.0m	4.5m	4.5m
1	52-1-2-3	机械挖沟槽土方 深≤6m 现场抛土	m³	1602.56	1602.56	1748.25	1748.25
2	53-9-1-1	施工排水、降水 湿土排水	m³	1214.06	1214.06	1359.75	1359.75
3	52-1-4-3	管道砾石砂垫层	m³	34.37	34.37	34.15	34.15
4	52-1-5-1	管道基座 混凝土 C20	m³	56.67	56.67	56.3	56.3
5	52-4-5-1	管道基座 模板工程	m²	37.16	37.16	36.92	36.92
6	52-1-6-9	管道铺设 企口式钢筋混凝土管 ϕ2000	100m	0.9725	0.9725	0.9725	0.9725
7	52-1-3-4	沟槽回填 黄砂	m³	291.24	720.08	291.61	720.45
8	52-1-3-1	沟槽回填 夯填土	m³	708.74	279.9	845.52	416.68
9	53-9-1-3	施工排水、降水 筑拆竹箩滤井	座	2.5	2.5	2.5	2.5

序号	定额编号	调整组合项目名称	单位	数量	数量	数量	数量
		井点降水					
1	53-9-1-5	施工排水、降水 轻型井点安装	根	83	83	83	83
2	53-9-1-6	施工排水、降水 轻型井点拆除	根	83	83	83	83
3	53-9-1-7	施工排水、降水 轻型井点使用	套·天	53	53	53	53
4	53-9-1-1	施工排水、降水 湿土排水	m³	−1214.06	−1214.06	−1359.75	−1359.75
		围护支撑					
1	52-4-3-2	打槽型钢板桩 长 6.01～9.00m，单面	100m	2	2	2	2
2	52-4-3-7	拔槽型钢板桩 长 6.01～9.00m，单面	100m	2	2	2	2
3	52-4-4-5	安拆钢板桩支撑 槽宽≤3.8m 深 4.01～6.00m	100m	1	1	1	1
4	52-4-3-11	槽型钢板桩使用费	t·d	7683	7683	7683	7683
5	52-4-4-14	钢板桩支撑使用费	t·d	614	614	614	614

单位:100m

序号	定额编号	基本组合项目名称	单位	Z52-1-1-96A 5.0m	Z52-1-1-96B 5.0m	Z52-1-1-97A 5.5m	Z52-1-1-97B 5.5m
1	52-1-2-3	机械挖沟槽土方 深≤6m 现场抛土	m³	1995	1995	2194.5	2194.5
2	53-9-1-1	施工排水、降水 湿土排水	m³	1596	1596	1795.5	1795.5
3	52-1-4-3	管道砾石砂垫层	m³	35.07	35.07	35.07	35.07
4	52-1-5-1	管道基座 混凝土 C20	m³	56.3	56.3	56.3	56.3
5	52-4-5-1	管道基座 模板工程	m²	36.92	36.92	36.92	36.92
6	52-1-6-9	管道铺设 企口式钢筋混凝土管 φ2000	100m	0.9725	0.9725	0.9725	0.9725
7	52-1-3-4	沟槽回填 黄砂	m³	307.78	754.57	307.78	754.57
8	52-1-3-1	沟槽回填 夯填土	m³	1072.26	625.47	1266.65	819.86
9	53-9-1-3	施工排水、降水 筑拆竹箩滤井	座	2.5	2.5	2.5	2.5
序号	定额编号	调整组合项目名称	单位	数量	数量	数量	数量
		井点降水					
1	53-9-1-5	施工排水、降水 轻型井点安装	根	83	83	83	83
2	53-9-1-6	施工排水、降水 轻型井点拆除	根	83	83	83	83
3	53-9-1-7	施工排水、降水 轻型井点使用	套·天	53	53	53	53
4	53-9-1-1	施工排水、降水 湿土排水	m³	−1596	−1596	−1795.5	−1795.5
		围护支撑					
1	52-4-3-2	打槽型钢板桩 长 6.01～9.00m,单面	100m	2	2	2	2
2	52-4-3-7	拔槽型钢板桩 长 6.01～9.00m,单面	100m	2	2	2	2
3	52-4-4-5	安拆钢板桩支撑 槽宽≤3.8m 深4.01～6.00m	100m	1	1	1	1
4	52-4-3-11	槽型钢板桩使用费	t·d	7683	7683	7683	7683
5	52-4-4-14	钢板桩支撑使用费	t·d	614	614	614	614

单位:100m

序号	定额编号	基本组合项目名称	单位	Z52-1-1-98A ≤6.0m	Z52-1-1-98B ≤6.0m	Z52-1-1-99A ＞6.0m	Z52-1-1-99B ＞6.0m
1	52-1-2-3	机械挖沟槽土方 深≤6m 现场抛土	m³	2344.13	2344.13	2394	2394
2	52-1-2-3系	机械挖沟槽土方 深≤7m 现场抛土	m³			49.88	49.88
3	53-9-1-1	施工排水、降水 湿土排水	m³	1945.13	1945.13	2044.88	2044.88
4	52-1-4-3	管道砾石砂垫层	m³	35.07	35.07	35.07	35.07
5	52-1-5-1	管道基座 混凝土 C20	m³	56.3	56.3	56.3	56.3
6	52-4-5-1	管道基座 模板工程	m²	36.92	36.92	36.92	36.92
7	52-1-6-9	管道铺设 企口式钢筋混凝土管 φ2000	100m	0.9725	0.9725	0.9725	0.9725
8	52-1-3-4	沟槽回填 黄砂	m³	307.78	754.57	307.78	754.57
9	52-1-3-1	沟槽回填 夯填土	m³	1411.13	964.34	1510.88	1064.09
10	53-9-1-3	施工排水、降水 筑拆竹篓滤井	座	2.5	2.5	2.5	2.5
序号	定额编号	调整组合项目名称	单位	数量	数量	数量	数量
		井点降水					
1	53-9-1-5	施工排水、降水 轻型井点安装	根	83	83		
2	53-9-1-6	施工排水、降水 轻型井点拆除	根	83	83		
3	53-9-1-7	施工排水、降水 轻型井点使用	套·天	53	53		
4	53-9-1-8	施工排水、降水 喷射井点安装 10m	根			40	40
5	53-9-1-9	施工排水、降水 喷射井点拆除 10m	根			40	40
6	53-9-1-10	施工排水、降水 喷射井点使用 10m	套·天			37	37
7	53-9-1-1	施工排水、降水 湿土排水	m³	−1945.13	−1945.13	−2044.88	−2044.88
		围护支撑					
1	52-4-3-2	打槽型钢板桩 长 6.01～9.00m,单面	100m	2	2		
2	52-4-3-3	打槽型钢板桩 长 9.01～12.00m,单面	100m			2	2
3	52-4-3-7	拔槽型钢板桩 长 6.01～9.00m,单面	100m	2	2		
4	52-4-3-8	拔槽型钢板桩 长 9.01～12.00m,单面	100m			2	2
5	52-4-4-5	安拆钢板桩支撑 槽宽≤3.8m 深 4.01～6.00m	100m	1	1		
6	52-4-4-6	安拆钢板桩支撑 槽宽≤3.8m 深 6.01～8.00m	100m			1	1
7	52-4-3-11	槽型钢板桩使用费	t·d	7683	7683	10645	10645
8	52-4-4-14	钢板桩支撑使用费	t·d	614	614	1067	1067

单位:100m

序号	定额编号	基本组合项目名称	单位	Z52-1-1-100A	Z52-1-1-100B	Z52-1-1-101A	Z52-1-1-101B
				6.5m	6.5m	7.0m	7.0m
1	52-1-2-3	机械挖沟槽土方 深≤6m 现场抛土	m³	2394	2394	2457	2457
2	52-1-2-3系	机械挖沟槽土方 深≤7m 现场抛土	m³	199.5	199.5	409.5	409.5
3	53-9-1-1	施工排水、降水 湿土排水	m³	2194.5	2194.5	2457	2457
4	52-1-4-3	管道砾石砂垫层	m³	35.07	35.07	36	36
5	52-1-5-1	管道基座 混凝土 C20	m³	56.3	56.3	56.3	56.3
6	52-4-5-1	管道基座 模板工程	m²	36.92	36.92	36.92	36.92
7	52-1-6-9	管道铺设 企口式钢筋混凝土管 φ2000	100m	0.9725	0.9725	0.9725	0.9725
8	52-1-3-4	沟槽回填 黄砂	m³	307.78	754.57	323.95	788.7
9	52-1-3-1	沟槽回填 夯填土	m³	1653.88	1207.09	1904	1439.25
10	53-9-1-3	施工排水、降水 筑拆竹箩滤井	座	2.5	2.5	2.5	2.5

序号	定额编号	调整组合项目名称	单位	数量	数量	数量	数量
		井点降水					
1	53-9-1-8	施工排水、降水 喷射井点安装 10m	根	40	40	40	40
2	53-9-1-9	施工排水、降水 喷射井点拆除 10m	根	40	40	40	40
3	53-9-1-10	施工排水、降水 喷射井点使用 10m	套·天	37	37	37	37
4	53-9-1-1	施工排水、降水 湿土排水	m³	−2194.5	−2194.5	−2457	−2457
		围护支撑					
1	52-4-3-3	打槽型钢板桩 长 9.01~12.00m，单面	100m	2	2	2	2
2	52-4-3-8	拔槽型钢板桩 长 9.01~12.00m，单面	100m	2	2	2	2
3	52-4-4-6	安拆钢板桩支撑 槽宽≤3.8m 深6.01~8.00m	100m	1	1		
4	52-4-4-9	安拆钢板桩支撑 槽宽≤4.5m 深6.01~8.00m	100m			1	1
5	52-4-3-11	槽型钢板桩使用费	t·d	10645	10645	10645	10645
6	52-4-4-14	钢板桩支撑使用费	t·d	1067	1067	1067	1067

（十）φ2200 企口式钢筋混凝土管

单位：100m

序号	定额编号	基本组合项目名称	单位	Z52-1-1-102A 3.5m	Z52-1-1-103A ≤4.0m	Z52-1-1-103B ≤4.0m
1	52-1-2-3	机械挖沟槽土方 深≤6m 现场抛土	m³	1433.25	1586.81	1586.81
2	53-9-1-1	施工排水、降水 湿土排水	m³	1023.75	1177.31	1177.31
3	52-1-4-3	管道砾石砂垫层	m³	36.23	36.23	36.23
4	52-1-5-1	管道基座 混凝土 C20	m³	60.39	60.39	60.39
5	52-4-5-1	管道基座 模板工程	m²	37.16	37.16	37.16
6	52-1-6-10	管道铺设 企口式钢筋混凝土管 φ2200	100m	0.9725	0.9725	0.9725
7	52-1-3-4	沟槽回填 黄砂	m³	318.72	318.72	786.27
8	52-1-3-1	沟槽回填 夯填土	m³	417.85	568.48	100.93
9	53-9-1-3	施工排水、降水 筑拆竹箩滤井	座	2.5	2.5	2.5

序号	定额编号	调整组合项目名称	单位	数量	数量	数量
		井点降水				
1	53-9-1-5	施工排水、降水 轻型井点安装	根	83	83	83
2	53-9-1-6	施工排水、降水 轻型井点拆除	根	83	83	83
3	53-9-1-7	施工排水、降水 轻型井点使用	套·天	56	56	56
4	53-9-1-1	施工排水、降水 湿土排水	m³	−1023.75	−1177.31	−1177.31
		围护支撑				
1	52-4-3-1	打槽型钢板桩 长 4.00～6.00m，单面	100m	2	2	2
2	52-4-3-6	拔槽型钢板桩 长 4.00～6.00m，单面	100m	2	2	2
3	52-4-4-7	安拆钢板桩支撑 槽宽≤4.5m 深 3.01～4.00m	100m	1	1	1
4	52-4-3-11	槽型钢板桩使用费	t·d	3456	3456	3456
5	52-4-4-14	钢板桩支撑使用费	t·d	307	307	307

单位：100m

序号	定额编号	基本组合项目名称	单位	Z52-1-1-104A >4.0m	Z52-1-1-104B >4.0m	Z52-1-1-105A 4.5m	Z52-1-1-105B 4.5m
1	52-1-2-3	机械挖沟槽土方 深≤6m 现场抛土	m³	1689.19	1689.19	1842.75	1842.75
2	53-9-1-1	施工排水、降水 湿土排水	m³	1279.69	1279.69	1433.25	1433.25
3	52-1-4-3	管道砾石砂垫层	m³	36.23	36.23	36	36
4	52-1-5-1	管道基座 混凝土 C20	m³	60.39	60.39	60	60
5	52-4-5-1	管道基座 模板工程	m²	37.16	37.16	36.92	36.92
6	52-1-6-10	管道铺设 企口式钢筋混凝土管 φ2200	100m	0.9725	0.9725	0.9725	0.9725
7	52-1-3-4	沟槽回填 黄砂	m³	318.72	786.27	319.11	786.66
8	52-1-3-1	沟槽回填 夯填土	m³	670.86	203.31	814.59	347.04
9	53-9-1-3	施工排水、降水 筑拆竹笼滤井	座	2.5	2.5	2.5	2.5

序号	定额编号	调整组合项目名称	单位	数量	数量	数量	数量
		井点降水					
1	53-9-1-5	施工排水、降水 轻型井点安装	根	83	83	83	83
2	53-9-1-6	施工排水、降水 轻型井点拆除	根	83	83	83	83
3	53-9-1-7	施工排水、降水 轻型井点使用	套·天	56	56	56	56
4	53-9-1-1	施工排水、降水 湿土排水	m³	−1279.69	−1279.69	−1433.25	−1433.25
		围护支撑					
1	52-4-3-2	打槽型钢板桩 长 6.01～9.00m，单面	100m	2	2	2	2
2	52-4-3-7	拔槽型钢板桩 长 6.01～9.00m，单面	100m	2	2	2	2
3	52-4-4-8	安拆钢板桩支撑 槽宽≤4.5m 深4.01～6.00m	100m	1	1	1	1
4	52-4-3-11	槽型钢板桩使用费	t·d	7683	7683	7683	7683
5	52-4-4-14	钢板桩支撑使用费	t·d	614	614	614	614

单位:100m

序号	定额编号	基本组合项目名称	单位	Z52-1-1-106A	Z52-1-1-106B	Z52-1-1-107A	Z52-1-1-107B
				5.0m	5.0m	5.5m	5.5m
1	52-1-2-3	机械挖沟槽土方 深≤6m 现场抛土	m³	2100	2100	2310	2310
2	53-9-1-1	施工排水、降水 湿土排水	m³	1680	1680	1890	1890
3	52-1-4-3	管道砾石砂垫层	m³	36.92	36.92	36.92	36.92
4	52-1-5-1	管道基座 混凝土 C20	m³	60	60	60	60
5	52-4-5-1	管道基座 模板工程	m²	36.92	36.92	36.92	36.92
6	52-1-6-10	管道铺设 企口式钢筋混凝土管 ϕ2200	100m	0.9725	0.9725	0.9725	0.9725
7	52-1-3-4	沟槽回填 黄砂	m³	336.43	823.09	336.43	823.09
8	52-1-3-1	沟槽回填 夯填土	m³	1050.67	564.01	1256.46	769.8
9	53-9-1-3	施工排水、降水 筑拆竹箩滤井	座	2.5	2.5	2.5	2.5

序号	定额编号	调整组合项目名称	单位	数量	数量	数量	数量
		井点降水					
1	53-9-1-5	施工排水、降水 轻型井点安装	根	83	83	83	83
2	53-9-1-6	施工排水、降水 轻型井点拆除	根	83	83	83	83
3	53-9-1-7	施工排水、降水 轻型井点使用	套·天	56	56	56	56
4	53-9-1-1	施工排水、降水 湿土排水	m³	−1680	−1680	−1890	−1890
		围护支撑					
1	52-4-3-2	打槽型钢板桩 长 6.01~9.00m,单面	100m	2	2	2	2
2	52-4-3-7	拔槽型钢板桩 长 6.01~9.00m,单面	100m	2	2	2	2
3	52-4-4-8	安拆钢板桩支撑 槽宽≤4.5m 深 4.01~6.00m	100m	1	1	1	1
4	52-4-3-11	槽型钢板桩使用费	t·d	7683	7683	7683	7683
5	52-4-4-14	钢板桩支撑使用费	t·d	614	614	614	614

单位:100m

序号	定额编号	基本组合项目名称	单位	Z52-1-1-108A ≤6.0m	Z52-1-1-108B ≤6.0m	Z52-1-1-109A >6.0m	Z52-1-1-109B >6.0m
1	52-1-2-3	机械挖沟槽土方 深≤6m 现场抛土	m³	2467.5	2467.5	2520	2520
2	52-1-2-3系	机械挖沟槽土方 深≤7m 现场抛土	m³			52.5	52.5
3	53-9-1-1	施工排水、降水 湿土排水	m³	2047.5	2047.5	2152.5	2152.5
4	52-1-4-3	管道砾石砂垫层	m³	36.92	36.92	36.92	36.92
5	52-1-5-1	管道基座 混凝土 C20	m³	60	60	60	60
6	52-4-5-1	管道基座 模板工程	m²	36.92	36.92	36.92	36.92
7	52-1-6-10	管道铺设 企口式钢筋混凝土管 φ2200	100m	0.9725	0.9725	0.9725	0.9725
8	52-1-3-4	沟槽回填 黄砂	m³	336.43	823.09	336.43	823.09
9	52-1-3-1	沟槽回填 夯填土	m³	1408.81	922.15	1513.81	1027.15
10	53-9-1-3	施工排水、降水 筑拆竹箩滤井	座	2.5	2.5	2.5	2.5

序号	定额编号	调整组合项目名称	单位	数量	数量	数量	数量
		井点降水					
1	53-9-1-5	施工排水、降水 轻型井点安装	根	83	83		
2	53-9-1-6	施工排水、降水 轻型井点拆除	根	83	83		
3	53-9-1-7	施工排水、降水 轻型井点使用	套·天	56	56		
4	53-9-1-8	施工排水、降水 喷射井点安装 10m	根			40	40
5	53-9-1-9	施工排水、降水 喷射井点拆除 10m	根			40	40
6	53-9-1-10	施工排水、降水 喷射井点使用 10m	套·天			39	39
7	53-9-1-1	施工排水、降水 湿土排水	m³	−2047.5	−2047.5	−2152.5	−2152.5
		围护支撑					
1	52-4-3-2	打槽型钢板桩 长 6.01~9.00m,单面	100m	2	2		
2	52-4-3-3	打槽型钢板桩 长 9.01~12.00m,单面	100m			2	2
3	52-4-3-7	拔槽型钢板桩 长 6.01~9.00m,单面	100m	2	2		
4	52-4-3-8	拔槽型钢板桩 长 9.01~12.00m,单面	100m			2	2
5	52-4-4-8	安拆钢板桩支撑 槽宽≤4.5m 深 4.01~6.00m	100m	1	1		
6	52-4-4-9	安拆钢板桩支撑 槽宽≤4.5m 深 6.01~8.00m	100m			1	1
7	52-4-3-11	槽型钢板桩使用费	t·d	7683	7683	10645	10645
8	52-4-4-14	钢板桩支撑使用费	t·d	614	614	1067	1067

单位:100m

序号	定额编号	基本组合项目名称	单位	Z52-1-1-110A	Z52-1-1-110B	Z52-1-1-111A	Z52-1-1-111B
				6.5m	6.5m	7.0m	7.0m
1	52-1-2-3	机械挖沟槽土方 深≤6m 现场抛土	m³	2520	2520	2583	2583
2	52-1-2-3系	机械挖沟槽土方 深≤7m 现场抛土	m³	210	210	430.5	430.5
3	53-9-1-1	施工排水、降水 湿土排水	m³	2310	2310	2583	2583
4	52-1-4-3	管道砾石砂垫层	m³	36.92	36.92	37.84	37.84
5	52-1-5-1	管道基座 混凝土 C20	m³	60	60	60	60
6	52-4-5-1	管道基座 模板工程	m²	36.92	36.92	36.92	36.92
7	52-1-6-10	管道铺设 企口式钢筋混凝土管 φ2200	100m	0.9725	0.9725	0.9725	0.9725
8	52-1-3-4	沟槽回填 黄砂	m³	336.43	823.09	353.76	859.53
9	52-1-3-1	沟槽回填 夯填土	m³	1664.69	1178.03	1924.16	1418.39
10	53-9-1-3	施工排水、降水 筑拆竹笿滤井	座	2.5	2.5	2.5	2.5

序号	定额编号	调整组合项目名称	单位	数量	数量	数量	数量
		井点降水					
1	53-9-1-8	施工排水、降水 喷射井点安装 10m	根	40	40	40	40
2	53-9-1-9	施工排水、降水 喷射井点拆除 10m	根	40	40	40	40
3	53-9-1-10	施工排水、降水 喷射井点使用 10m	套·天	39	39	39	39
4	53-9-1-1	施工排水、降水 湿土排水	m³	−2310	−2310	−2583	−2583
		围护支撑					
1	52-4-3-3	打槽型钢板桩 长 9.01～12.00m，单面	100m	2	2	2	2
2	52-4-3-8	拔槽型钢板桩 长 9.01～12.00m，单面	100m	2	2	2	2
3	52-4-4-9	安拆钢板桩支撑 槽宽≤4.5m 深 6.01～8.00m	100m	1	1	1	1
4	52-4-3-11	槽型钢板桩使用费	t·d	10645	10645	10645	10645
5	52-4-4-14	钢板桩支撑使用费	t·d	1067	1067	1067	1067

(十一) $\phi 2400$ 企口式钢筋混凝土管

单位:100m

序号	定额编号	基本组合项目名称	单位	Z52-1-1-112A	Z52-1-1-112B	Z52-1-1-113A	Z52-1-1-113B
				≤4.0m	≤4.0m	>4.0m	>4.0m
1	52-1-2-3	机械挖沟槽土方 深≤6m 现场抛土	m³	1668.19	1668.19	1775.81	1775.81
2	53-9-1-1	施工排水、降水 湿土排水	m³	1237.69	1237.69	1345.31	1345.31
3	52-1-4-3	管道砾石砂垫层	m³	38.09	38.09	38.09	38.09
4	52-1-5-1	管道基座 混凝土 C20	m³	65.03	65.03	65.03	65.03
5	52-4-5-1	管道基座 模板工程	m²	37.16	37.16	37.16	37.16
6	52-1-6-11	管道铺设 企口式钢筋混凝土管 $\phi 2400$	100m	0.9725	0.9725	0.9725	0.9725
7	52-1-3-4	沟槽回填 黄砂	m³	346.35	853.79	346.35	853.79
8	52-1-3-1	沟槽回填 夯填土	m³	515.88	8.44	623.5	116.06
9	53-9-1-3	施工排水、降水 筑拆竹箩滤井	座	2.5	2.5	2.5	2.5

序号	定额编号	调整组合项目名称	单位	数量	数量	数量	数量
		井点降水					
1	53-9-1-5	施工排水、降水 轻型井点安装	根	83	83	83	83
2	53-9-1-6	施工排水、降水 轻型井点拆除	根	83	83	83	83
3	53-9-1-7	施工排水、降水 轻型井点使用	套·天	56	56	56	56
4	53-9-1-1	施工排水、降水 湿土排水	m³	−1237.69	−1237.69	−1345.31	−1345.31
		围护支撑					
1	52-4-3-1	打槽型钢板桩 长 4.00～6.00m,单面	100m	2	2		
2	52-4-3-2	打槽型钢板桩 长 6.01～9.00m,单面	100m			2	2
3	52-4-3-6	拔槽型钢板桩 长 4.00～6.00m,单面	100m	2	2		
4	52-4-3-7	拔槽型钢板桩 长 6.01～9.00m,单面	100m			2	2
5	52-4-4-7	安拆钢板桩支撑 槽宽≤4.5m 深 3.01～4.00m	100m	1	1		
6	52-4-4-8	安拆钢板桩支撑 槽宽≤4.5m 深 4.01～6.00m	100m			1	1
7	52-4-3-11	槽型钢板桩使用费	t·d	3456	3456	7683	7683
8	52-4-4-14	钢板桩支撑使用费	t·d	307	307	614	614

单位:100m

序号	定额编号	基本组合项目名称	单位	Z52-1-1-114A 4.5m	Z52-1-1-114B 4.5m	Z52-1-1-115A 5.0m	Z52-1-1-115B 5.0m
1	52-1-2-3	机械挖沟槽土方 深≤6m 现场抛土	m³	1937.25	1937.25	2205	2205
2	53-9-1-1	施工排水、降水 湿土排水	m³	1506.75	1506.75	1764	1764
3	52-1-4-3	管道砾石砂垫层	m³	37.84	37.84	38.77	38.77
4	52-1-5-1	管道基座 混凝土 C20	m³	64.61	64.61	64.61	64.61
5	52-4-5-1	管道基座 模板工程	m²	36.92	36.92	36.92	36.92
6	52-1-6-11	管道铺设 企口式钢筋混凝土管 φ2400	100m	0.9725	0.9725	0.9725	0.9725
7	52-1-3-4	沟槽回填 黄砂	m³	346.77	854.21	365.25	892.95
8	52-1-3-1	沟槽回填 夯填土	m³	774.12	266.68	1019.53	491.83
9	53-9-1-3	施工排水、降水 筑拆竹箩滤井	座	2.5	2.5	2.5	2.5

序号	定额编号	调整组合项目名称	单位	数量	数量	数量	数量
		井点降水					
1	53-9-1-5	施工排水、降水 轻型井点安装	根	83	83	83	83
2	53-9-1-6	施工排水、降水 轻型井点拆除	根	83	83	83	83
3	53-9-1-7	施工排水、降水 轻型井点使用	套·天	56	56	56	56
4	53-9-1-1	施工排水、降水 湿土排水	m³	−1506.75	−1506.75	−1764	−1764
		围护支撑					
1	52-4-3-2	打槽型钢板桩 长 6.01～9.00m,单面	100m	2	2	2	2
2	52-4-3-7	拔槽型钢板桩 长 6.01～9.00m,单面	100m	2	2	2	2
3	52-4-4-8	安拆钢板桩支撑 槽宽≤4.5m 深 4.01～6.00m	100m	1	1	1	1
4	52-4-3-11	槽型钢板桩使用费	t·d	7683	7683	7683	7683
5	52-4-4-14	钢板桩支撑使用费	t·d	614	614	614	614

单位:100m

序号	定额编号	基本组合项目名称	单位	Z52-1-1-116A	Z52-1-1-116B	Z52-1-1-117A	Z52-1-1-117B
				5.5m	5.5m	≤6.0m	≤6.0m
1	52-1-2-3	机械挖沟槽土方 深≤6m 现场抛土	m³	2425.5	2425.5	2590.88	2590.88
2	53-9-1-1	施工排水、降水 湿土排水	m³	1984.5	1984.5	2149.88	2149.88
3	52-1-4-3	管道砾石砂垫层	m³	38.77	38.77	38.77	38.77
4	52-1-5-1	管道基座 混凝土 C20	m³	64.61	64.61	64.61	64.61
5	52-4-5-1	管道基座 模板工程	m²	36.92	36.92	36.92	36.92
6	52-1-6-11	管道铺设 企口式钢筋混凝土管 $\phi2400$	100m	0.9725	0.9725	0.9725	0.9725
7	52-1-3-4	沟槽回填 黄砂	m³	365.25	892.95	365.25	892.95
8	52-1-3-1	沟槽回填 夯填土	m³	1237.11	709.41	1396.94	869.24
9	53-9-1-3	施工排水、降水 筑拆竹笼滤井	座	2.5	2.5	2.5	2.5

序号	定额编号	调整组合项目名称	单位	数量	数量	数量	数量
		井点降水					
1	53-9-1-5	施工排水、降水 轻型井点安装	根	83	83	83	83
2	53-9-1-6	施工排水、降水 轻型井点拆除	根	83	83	83	83
3	53-9-1-7	施工排水、降水 轻型井点使用	套·天	56	56	56	56
4	53-9-1-1	施工排水、降水 湿土排水	m³	−1984.5	−1984.5	−2149.88	−2149.88
		围护支撑					
1	52-4-3-2	打槽型钢板桩 长 6.01～9.00m,单面	100m	2	2	2	2
2	52-4-3-7	拔槽型钢板桩 长 6.01～9.00m,单面	100m	2	2	2	2
3	52-4-4-8	安拆钢板桩支撑 槽宽≤4.5m 深4.01～6.00m	100m	1	1	1	1
4	52-4-3-11	槽型钢板桩使用费	t·d	7683	7683	7683	7683
5	52-4-4-14	钢板桩支撑使用费	t·d	614	614	614	614

单位:100m

序号	定额编号	基本组合项目名称	单位	Z52-1-1-118A	Z52-1-1-118B	Z52-1-1-119A	Z52-1-1-119B
				>6.0m	>6.0m	6.5m	6.5m
1	52-1-2-3	机械挖沟槽土方 深≤6m 现场抛土	m³	2646	2646	2646	2646
2	52-1-2-3系	机械挖沟槽土方 深≤7m 现场抛土	m³	55.13	55.13	220.5	220.5
3	53-9-1-1	施工排水、降水 湿土排水	m³	2260.13	2260.13	2425.5	2425.5
4	52-1-4-3	管道砾石砂垫层	m³	38.77	38.77	38.77	38.77
5	52-1-5-1	管道基座 混凝土 C20	m³	64.61	64.61	64.61	64.61
6	52-4-5-1	管道基座 模板工程	m²	36.92	36.92	36.92	36.92
7	52-1-6-11	管道铺设 企口式钢筋混凝土管 ϕ2400	100m	0.9725	0.9725	0.9725	0.9725
8	52-1-3-4	沟槽回填 黄砂	m³	365.25	892.95	365.25	892.95
9	52-1-3-1	沟槽回填 夯填土	m³	1507.19	979.49	1665.85	1138.15
10	53-9-1-3	施工排水、降水 筑拆竹箩滤井	座	2.5	2.5	2.5	2.5
序号	定额编号	调整组合项目名称	单位	数量	数量	数量	数量
		井点降水					
1	53-9-1-8	施工排水、降水 喷射井点安装 10m	根	40	40	40	40
2	53-9-1-9	施工排水、降水 喷射井点拆除 10m	根	40	40	40	40
3	53-9-1-10	施工排水、降水 喷射井点使用 10m	套·天	39	39	39	39
4	53-9-1-1	施工排水、降水 湿土排水	m³	−2260.13	−2260.13	−2425.5	−2425.5
		围护支撑					
1	52-4-3-3	打槽型钢板桩 长 9.01～12.00m,单面	100m	2	2	2	2
2	52-4-3-8	拔槽型钢板桩 长 9.01～12.00m,单面	100m	2	2	2	2
3	52-4-4-9	安拆钢板桩支撑 槽宽≤4.5m 深 6.01～8.00m	100m	1	1	1	1
4	52-4-3-11	槽型钢板桩使用费	t·d	10645	10645	10645	10645
5	52-4-4-14	钢板桩支撑使用费	t·d	1067	1067	1067	1067

单位:100m

序号	定额编号	基本组合项目名称	单位	Z52-1-1-120A	Z52-1-1-120B
				7.0m	7.0m
1	52-1-2-3	机械挖沟槽土方 深≤6m 现场抛土	m³	2709	2709
2	52-1-2-3系	机械挖沟槽土方 深≤7m 现场抛土	m³	451.5	451.5
3	53-9-1-1	施工排水、降水 湿土排水	m³	2709	2709
4	52-1-4-3	管道砾石砂垫层	m³	39.69	39.69
5	52-1-5-1	管道基座 混凝土 C20	m³	64.61	64.61
6	52-4-5-1	管道基座 模板工程	m²	36.92	36.92
7	52-1-6-11	管道铺设 企口式钢筋混凝土管 ϕ2400	100m	0.9725	0.9725
8	52-1-3-4	沟槽回填 黄砂	m³	383.73	931.7
9	52-1-3-1	沟槽回填 夯填土	m³	1934.67	1386.7
10	53-9-1-3	施工排水、降水 筑拆竹箩滤井	座	2.5	2.5

序号	定额编号	调整组合项目名称	单位	数量	数量
		井点降水			
1	53-9-1-8	施工排水、降水 喷射井点安装 10m	根	40	40
2	53-9-1-9	施工排水、降水 喷射井点拆除 10m	根	40	40
3	53-9-1-10	施工排水、降水 喷射井点使用 10m	套·天	39	39
4	53-9-1-1	施工排水、降水 湿土排水	m³	−2709	−2709
		围护支撑			
1	52-4-3-3	打槽型钢板桩 长 9.01～12.00m，单面	100m	2	2
2	52-4-3-8	拔槽型钢板桩 长 9.01～12.00m，单面	100m	2	2
3	52-4-4-9	安拆钢板桩支撑 槽宽≤4.5m 深6.01～8.00m	100m	1	1
4	52-4-3-11	槽型钢板桩使用费	t·d	10645	10645
5	52-4-4-14	钢板桩支撑使用费	t·d	1067	1067

二、φ600～φ3000 F型钢承口式钢筋混凝土管

(一) φ600 F型钢承口式钢筋混凝土管

单位:100m

序号	定额编号	基本组合项目名称	单位	Z52-1-2-1	Z52-1-2-2	Z52-1-2-3	Z52-1-2-4
				2.0m	2.5m	≤3.0m	>3.0m
1	52-1-2-1	机械挖沟槽土方 深≤3m 现场抛土	m³	420	525	603.75	
2	52-1-2-3	机械挖沟槽土方 深≤6m 现场抛土	m³				656.25
3	53-9-1-1	施工排水、降水 湿土排水	m³	210	315	393.75	446.25
4	52-1-4-3	管道砾石砂垫层	m³	18.76	18.76	18.63	18.63
5	52-1-5-1	管道基座 混凝土 C20	m³	4.97	4.97	4.94	4.94
6	52-1-5-1换	管道基座 混凝土 C25	m³	27.39	27.39	27.2	27.2
7	52-4-5-1	管道基座 模板工程	m²	71.29	71.29	70.79	70.79
8	52-1-5-2	管道基座 钢筋	t	1.219	1.219	1.211	1.211
9	52-1-6-12	管道铺设 F型钢承口式钢筋混凝土管 φ600	100m	0.975	0.975	0.975	0.975
10	52-1-3-1	沟槽回填 夯填土	m³	324.65	429.65	508.75	561.25
11	53-9-1-3	施工排水、降水 筑拆竹箩滤井	座	2.5	2.5	2.5	2.5

序号	定额编号	调整组合项目名称	单位	数量	数量	数量	数量
		井点降水					
1	53-9-1-5	施工排水、降水 轻型井点安装	根			83	83
2	53-9-1-6	施工排水、降水 轻型井点拆除	根			83	83
3	53-9-1-7	施工排水、降水 轻型井点使用	套·天			37	37
4	53-9-1-1	施工排水、降水 湿土排水	m³			−393.75	−446.25
		围护支撑					
1	52-4-2-2	撑拆列板 深≤2.0m,双面	100m	1			
2	52-4-2-3	撑拆列板 深≤2.5m,双面	100m		1		
3	52-4-2-4	撑拆列板 深≤3.0m,双面	100m			1	
4	52-4-3-1	打槽型钢板桩 长 4.00～6.00m,单面	100m				2
5	52-4-3-6	拔槽型钢板桩 长 4.00～6.00m,单面	100m				2
6	52-4-4-1	安拆钢板桩支撑 槽宽≤3.0m 深 3.01～4.00m	100m				1
7	52-4-2-5	列板使用费	t·d	254	290	350	
8	52-4-2-6	列板支撑使用费	t·d	89	111	133	
9	52-4-3-11	槽型钢板桩使用费	t·d				3086
10	52-4-4-14	钢板桩支撑使用费	t·d				145
		素混凝土基础					
1	52-1-5-1	管道基座 混凝土 C20	m³	22.42	22.42	22.26	22.26
2	52-1-5-1换	管道基座 混凝土 C25	m³	−27.39	−27.39	−27.2	−27.2
3	52-1-5-2	管道基座 钢筋	t	−1.219	−1.219	−1.211	−1.211
4	52-1-3-1	沟槽回填 夯填土	m³	4.97	4.97	4.94	4.94

单位:100m

序号	定额编号	基本组合项目名称	单位	Z52-1-2-5 3.5m	Z52-1-2-6 ≤4.0m	Z52-1-2-7 >4.0m	Z52-1-2-8 4.5m
1	52-1-2-3	机械挖沟槽土方 深≤6m 现场抛土	m³	735	813.75	866.25	945
2	53-9-1-1	施工排水、降水 湿土排水	m³	525	603.75	656.25	735
3	52-1-4-3	管道砾石砂垫层	m³	18.63	18.63	18.63	18.63
4	52-1-5-1	管道基座 混凝土 C20	m³	4.94	4.94	4.94	4.94
5	52-1-5-1换	管道基座 混凝土 C25	m³	27.2	27.2	27.2	27.2
6	52-4-5-1	管道基座 模板工程	m²	70.79	70.79	70.79	70.79
7	52-1-5-2	管道基座 钢筋	t	1.211	1.211	1.211	1.211
8	52-1-6-12	管道铺设 F型钢承口式钢筋混凝土管 φ600	100m	0.975	0.975	0.975	0.975
9	52-1-3-1	沟槽回填 夯填土	m³	640	718.75	771.25	850
10	53-9-1-3	施工排水、降水 筑拆竹篓滤井	座	2.5	2.5	2.5	2.5

序号	定额编号	调整组合项目名称	单位	数量	数量	数量	数量
		井点降水					
1	53-9-1-5	施工排水、降水 轻型井点安装	根	83	83	83	83
2	53-9-1-6	施工排水、降水 轻型井点拆除	根	83	83	83	83
3	53-9-1-7	施工排水、降水 轻型井点使用	套·天	37	37	37	37
4	53-9-1-1	施工排水、降水 湿土排水	m³	−525	−603.75	−656.25	−735
		围护支撑					
1	52-4-3-1	打槽型钢板桩 长 4.00～6.00m,单面	100m	2	2		
2	52-4-3-2	打槽型钢板桩 长 6.01～9.00m,单面	100m			2	2
3	52-4-3-6	拔槽型钢板桩 长 4.00～6.00m,单面	100m	2	2		
4	52-4-3-7	拔槽型钢板桩 长 6.01～9.00m,单面	100m			2	2
5	52-4-4-1	安拆钢板桩支撑 槽宽≤3.0m 深 3.01～4.00m	100m	1	1		
6	52-4-4-2	安拆钢板桩支撑 槽宽≤3.0m 深 4.01～6.00m	100m			1	1
7	52-4-3-11	槽型钢板桩使用费	t·d	3086	3086	6860	6860
8	52-4-4-14	钢板桩支撑使用费	t·d	145	145	440	440
		素混凝土基础					
1	52-1-5-1	管道基座 混凝土 C20	m³	22.26	22.26	22.26	22.26
2	52-1-5-1换	管道基座 混凝土 C25	m³	−27.2	−27.2	−27.2	−27.2
3	52-1-5-2	管道基座 钢筋	t	−1.211	−1.211	−1.211	−1.211
4	52-1-3-1	沟槽回填 夯填土	m³	4.94	4.94	4.94	4.94

单位:100m

序号	定额编号	基本组合项目名称	单位	Z52-1-2-9 5.0m	Z52-1-2-10 5.5m
1	52-1-2-3	机械挖沟槽土方 深≤6m 现场抛土	m³	1050	1155
2	53-9-1-1	施工排水、降水 湿土排水	m³	840	945
3	52-1-4-3	管道砾石砂垫层	m³	18.63	18.63
4	52-1-5-1	管道基座 混凝土 C20	m³	4.94	4.94
5	52-1-5-1换	管道基座 混凝土 C25	m³	27.2	27.2
6	52-4-5-1	管道基座 模板工程	m²	70.79	70.79
7	52-1-5-2	管道基座 钢筋	t	1.211	1.211
8	52-1-6-12	管道铺设 F 型钢承口式钢筋混凝土管 φ600	100m	0.975	0.975
9	52-1-3-1	沟槽回填 夯填土	m³	955	1060
10	53-9-1-3	施工排水、降水 筑拆竹箩滤井	座	2.5	2.5

序号	定额编号	调整组合项目名称	单位	数量	数量
		井点降水			
1	53-9-1-5	施工排水、降水 轻型井点安装	根	83	83
2	53-9-1-6	施工排水、降水 轻型井点拆除	根	83	83
3	53-9-1-7	施工排水、降水 轻型井点使用	套·天	37	37
4	53-9-1-1	施工排水、降水 湿土排水	m³	−840	−945
		围护支撑			
1	52-4-3-2	打槽型钢板桩 长 6.01～9.00m,单面	100m	2	2
2	52-4-3-7	拔槽型钢板桩 长 6.01～9.00m,单面	100m	2	2
3	52-4-4-2	安拆钢板桩支撑 槽宽≤3.0m 深4.01～6.00m	100m	1	1
4	52-4-3-11	槽型钢板桩使用费	t·d	6860	6860
5	52-4-4-14	钢板桩支撑使用费	t·d	440	440
		素混凝土基础			
1	52-1-5-1	管道基座 混凝土 C20	m³	22.26	22.26
2	52-1-5-1换	管道基座 混凝土 C25	m³	−27.2	−27.2
3	52-1-5-2	管道基座 钢筋	t	−1.211	−1.211
4	52-1-3-1	沟槽回填 夯填土	m³	4.94	4.94

（二）φ800 F型钢承口式钢筋混凝土管

单位：100m

序号	定额编号	基本组合项目名称	单位	Z52-1-2-11 2.0m	Z52-1-2-12 2.5m	Z52-1-2-13 ≤3.0m	Z52-1-2-14 ＞3.0m
1	52-1-2-1	机械挖沟槽土方 深≤3m 现场抛土	m³	462	577.5	664.13	
2	52-1-2-3	机械挖沟槽土方 深≤6m 现场抛土	m³				721.88
3	53-9-1-1	施工排水、降水 湿土排水	m³	231	346.5	433.13	490.88
4	52-1-4-3	管道砾石砂垫层	m³	20.64	20.64	20.49	20.49
5	52-1-5-1	管道基座 混凝土 C20	m³	5.91	5.91	5.87	5.87
6	52-1-5-1换	管道基座 混凝土 C25	m³	35.46	35.46	35.21	35.21
7	52-4-5-1	管道基座 模板工程	m²	82.54	82.54	81.97	81.97
8	52-1-5-2	管道基座 钢筋	t	1.369	1.369	1.36	1.36
9	52-1-6-13	管道铺设 F型钢承口式钢筋混凝土管 φ800	100m	0.975	0.975	0.975	0.975
10	52-1-3-1	沟槽回填 夯填土	m³	329.42	444.92	531.99	589.74
11	53-9-1-3	施工排水、降水 筑拆竹箩滤井	座	2.5	2.5	2.5	2.5

序号	定额编号	调整组合项目名称	单位	数量	数量	数量	数量
		井点降水					
1	53-9-1-5	施工排水、降水 轻型井点安装	根			83	83
2	53-9-1-6	施工排水、降水 轻型井点拆除	根			83	83
3	53-9-1-7	施工排水、降水 轻型井点使用	套·天			42	42
4	53-9-1-1	施工排水、降水 湿土排水	m³			−433.13	−490.88
		围护支撑					
1	52-4-2-2	撑拆列板 深≤2.0m，双面	100m	1			
2	52-4-2-3	撑拆列板 深≤2.5m，双面	100m		1		
3	52-4-2-4	撑拆列板 深≤3.0m，双面	100m			1	
4	52-4-3-1	打槽型钢板桩 长4.00～6.00m，单面	100m				2
5	52-4-3-6	拔槽型钢板桩 长4.00～6.00m，单面	100m				2
6	52-4-4-1	安拆钢板桩支撑 槽宽≤3.0m 深3.01～4.00m	100m				1
7	52-4-2-5	列板使用费	t·d	275	341	379	
8	52-4-2-6	列板支撑使用费	t·d	96	120	144	
9	52-4-3-11	槽型钢板桩使用费	t·d				3086
10	52-4-4-14	钢板桩支撑使用费	t·d				145
		素混凝土基础					
1	52-1-5-1	管道基座 混凝土 C20	m³	29.55	29.55	29.34	29.34
2	52-1-5-1换	管道基座 混凝土 C25	m³	−35.46	−35.46	−35.21	−35.21
3	52-1-5-2	管道基座 钢筋	t	−1.369	−1.369	−1.36	−1.36
4	52-1-3-1	沟槽回填 夯填土	m³	5.91	5.91	5.87	5.87

单位：100m

序号	定额编号	基本组合项目名称	单位	Z52-1-2-15	Z52-1-2-16	Z52-1-2-17	Z52-1-2-18
				3.5m	≤4.0m	>4.0m	4.5m
1	52-1-2-3	机械挖沟槽土方 深≤6m 现场抛土	m³	808.5	895.13	952.88	1039.5
2	53-9-1-1	施工排水、降水 湿土排水	m³	577.5	664.13	721.88	808.5
3	52-1-4-3	管道砾石砂垫层	m³	20.49	20.49	20.49	20.49
4	52-1-5-1	管道基座 混凝土 C20	m³	5.87	5.87	5.87	5.87
5	52-1-5-1换	管道基座 混凝土 C25	m³	35.21	35.21	35.21	35.21
6	52-4-5-1	管道基座 模板工程	m²	81.97	81.97	81.97	81.97
7	52-1-5-2	管道基座 钢筋	t	1.36	1.36	1.36	1.36
8	52-1-6-13	管道铺设 F 型钢承口式钢筋混凝土管 φ800	100m	0.975	0.975	0.975	0.975
9	52-1-3-1	沟槽回填 夯填土	m³	676.36	762.99	820.74	907.36
10	53-9-1-3	施工排水、降水 筑拆竹箩滤井	座	2.5	2.5	2.5	2.5

序号	定额编号	调整组合项目名称	单位	数量	数量	数量	数量
		井点降水					
1	53-9-1-5	施工排水、降水 轻型井点安装	根	83	83	83	83
2	53-9-1-6	施工排水、降水 轻型井点拆除	根	83	83	83	83
3	53-9-1-7	施工排水、降水 轻型井点使用	套·天	42	42	42	42
4	53-9-1-1	施工排水、降水 湿土排水	m³	−577.5	−664.13	−721.88	−808.5
		围护支撑					
1	52-4-3-1	打槽型钢板桩 长 4.00～6.00m，单面	100m	2	2		
2	52-4-3-2	打槽型钢板桩 长 6.01～9.00m，单面	100m			2	2
3	52-4-3-6	拔槽型钢板桩 长 4.00～6.00m，单面	100m	2	2		
4	52-4-3-7	拔槽型钢板桩 长 6.01～9.00m，单面	100m			2	2
5	52-4-4-1	安拆钢板桩支撑 槽宽≤3.0m 深 3.01～4.00m	100m	1	1		
6	52-4-4-2	安拆钢板桩支撑 槽宽≤3.0m 深 4.01～6.00m	100m			1	1
7	52-4-3-11	槽型钢板桩使用费	t·d	3086	3086	6860	6860
8	52-4-4-14	钢板桩支撑使用费	t·d	145	145	440	440
		素混凝土基础					
1	52-1-5-1	管道基座 混凝土 C20	m³	29.34	29.34	29.34	29.34
2	52-1-5-1换	管道基座 混凝土 C25	m³	−35.21	−35.21	−35.21	−35.21
3	52-1-5-2	管道基座 钢筋	t	−1.36	−1.36	−1.36	−1.36
4	52-1-3-1	沟槽回填 夯填土	m³	5.87	5.87	5.87	5.87

单位：100m

序号	定额编号	基本组合项目名称	单位	Z52-1-2-19	Z52-1-2-20
				5.0m	5.5m
1	52-1-2-3	机械挖沟槽土方 深≤6m 现场抛土	m³	1155	1270.5
2	53-9-1-1	施工排水、降水 湿土排水	m³	924	1039.5
3	52-1-4-3	管道砾石砂垫层	m³	20.49	20.49
4	52-1-5-1	管道基座 混凝土 C20	m³	5.87	5.87
5	52-1-5-1换	管道基座 混凝土 C25	m³	35.21	35.21
6	52-4-5-1	管道基座 模板工程	m²	81.97	81.97
7	52-1-5-2	管道基座 钢筋	t	1.36	1.36
8	52-1-6-13	管道铺设 F型钢承口式钢筋混凝土管 φ800	100m	0.975	0.975
9	52-1-3-1	沟槽回填 夯填土	m³	1022.86	1138.36
10	53-9-1-3	施工排水、降水 筑拆竹篓滤井	座	2.5	2.5

序号	定额编号	调整组合项目名称	单位	数量	数量
		井点降水			
1	53-9-1-5	施工排水、降水 轻型井点安装	根	83	83
2	53-9-1-6	施工排水、降水 轻型井点拆除	根	83	83
3	53-9-1-7	施工排水、降水 轻型井点使用	套·天	42	42
4	53-9-1-1	施工排水、降水 湿土排水	m³	−924	−1039.5
		围护支撑			
1	52-4-3-2	打槽型钢板桩 长 6.01~9.00m, 单面	100m	2	2
2	52-4-3-7	拔槽型钢板桩 长 6.01~9.00m, 单面	100m	2	2
3	52-4-4-2	安拆钢板桩支撑 槽宽≤3.0m 深 4.01~6.00m	100m	1	1
4	52-4-3-11	槽型钢板桩使用费	t·d	6860	6860
5	52-4-4-14	钢板桩支撑使用费	t·d	440	440
		素混凝土基础			
1	52-1-5-1	管道基座 混凝土 C20	m³	29.34	29.34
2	52-1-5-1换	管道基座 混凝土 C25	m³	−35.21	−35.21
3	52-1-5-2	管道基座 钢筋	t	−1.36	−1.36
4	52-1-3-1	沟槽回填 夯填土	m³	5.87	5.87

（三）φ1000 F型钢承口式钢筋混凝土管

单位：100m

序号	定额编号	基本组合项目名称	单位	Z52-1-2-21 2.5m	Z52-1-2-22 ≤3.0m	Z52-1-2-23 >3.0m	Z52-1-2-24 3.5m
1	52-1-2-1	机械挖沟槽土方 深≤3m 现场抛土	m³	656.25	754.69		
2	52-1-2-3	机械挖沟槽土方 深≤6m 现场抛土	m³			820.31	918.75
3	53-9-1-1	施工排水、降水 湿土排水	m³	393.75	492.19	557.81	656.25
4	52-1-4-3	管道砾石砂垫层	m³	23.45	23.29	23.29	23.29
5	52-1-5-1	管道基座 混凝土 C20	m³	7.04	6.99	6.99	6.99
6	52-1-5-1换	管道基座 混凝土 C25	m³	46.24	45.92	45.92	45.92
7	52-4-5-1	管道基座 模板工程	m²	95.68	95.01	95.01	95.01
8	52-1-5-2	管道基座 钢筋	t	1.548	1.537	1.537	1.537
9	52-1-6-14	管道铺设 F型钢承口式钢筋混凝土管 φ1000	100m	0.975	0.975	0.975	0.975
10	52-1-3-1	沟槽回填 夯填土	m³	469.25	568.22	633.84	732.28
11	53-9-1-3	施工排水、降水 筑拆竹箩滤井	座	2.5	2.5	2.5	2.5
序号	定额编号	调整组合项目名称	单位	数量	数量	数量	数量
		井点降水					
1	53-9-1-5	施工排水、降水 轻型井点安装	根		83	83	83
2	53-9-1-6	施工排水、降水 轻型井点拆除	根		83	83	83
3	53-9-1-7	施工排水、降水 轻型井点使用	套·天		45	45	45
4	53-9-1-1	施工排水、降水 湿土排水	m³		−492.19	−557.81	−656.25
		围护支撑					
1	52-4-2-3	撑拆列板 深≤2.5m，双面	100m	1			
2	52-4-2-4	撑拆列板 深≤3.0m，双面	100m		1		
3	52-4-3-1	打槽型钢板桩 长4.00～6.00m，单面	100m			2	2
4	52-4-3-6	拔槽型钢板桩 长4.00～6.00m，单面	100m			2	2
5	52-4-4-1	安拆钢板桩支撑 槽宽≤3.0m 深3.01～4.00m	100m			1	1
6	52-4-2-5	列板使用费	t·d	341	379		
7	52-4-2-6	列板支撑使用费	t·d	120	144		
8	52-4-3-11	槽型钢板桩使用费	t·d			3086	3086
9	52-4-4-14	钢板桩支撑使用费	t·d			145	145
		素混凝土基础					
1	52-1-5-1	管道基座 混凝土 C20	m³	39.2	38.93	38.93	38.93
2	52-1-5-1换	管道基座 混凝土 C25	m³	−46.24	−45.92	−45.92	−45.92
3	52-1-5-2	管道基座 钢筋	t	−1.548	−1.537	−1.537	−1.537
4	52-1-3-1	沟槽回填 夯填土	m³	7.04	6.99	6.99	6.99

单位:100m

序号	定额编号	基本组合项目名称	单位	Z52-1-2-25 ≤4.0m	Z52-1-2-26 >4.0m	Z52-1-2-27 4.5m	Z52-1-2-28 5.0m
1	52-1-2-3	机械挖沟槽土方 深≤6m 现场抛土	m³	1017.19	1082.81	1181.25	1365
2	53-9-1-1	施工排水、降水 湿土排水	m³	754.69	820.31	918.75	1092
3	52-1-4-3	管道砾石砂垫层	m³	23.29	23.29	23.29	24.22
4	52-1-5-1	管道基座 混凝土 C20	m³	6.99	6.99	6.99	6.99
5	52-1-5-1换	管道基座 混凝土 C25	m³	45.92	45.92	45.92	45.92
6	52-4-5-1	管道基座 模板工程	m²	95.01	95.01	95.01	95.01
7	52-1-5-2	管道基座 钢筋	t	1.537	1.537	1.537	1.537
8	52-1-6-14	管道铺设 F型钢承口式钢筋混凝土管 φ1000	100m	0.975	0.975	0.975	0.975
9	52-1-3-1	沟槽回填 夯填土	m³	830.72	896.34	994.78	1177.6
10	53-9-1-3	施工排水、降水 筑拆竹笋滤井	座	2.5	2.5	2.5	2.5

序号	定额编号	调整组合项目名称	单位	数量	数量	数量	数量
		井点降水					
1	53-9-1-5	施工排水、降水 轻型井点安装	根	83	83	83	83
2	53-9-1-6	施工排水、降水 轻型井点拆除	根	83	83	83	83
3	53-9-1-7	施工排水、降水 轻型井点使用	套·天	45	45	45	45
4	53-9-1-1	施工排水、降水 湿土排水	m³	−754.69	−820.31	−918.75	−1092
		围护支撑					
1	52-4-3-1	打槽型钢板桩 长4.00~6.00m,单面	100m	2			
2	52-4-3-2	打槽型钢板桩 长6.01~9.00m,单面	100m		2	2	2
3	52-4-3-6	拔槽型钢板桩 长4.00~6.00m,单面	100m	2			
4	52-4-3-7	拔槽型钢板桩 长6.01~9.00m,单面	100m		2	2	2
5	52-4-4-1	安拆钢板桩支撑 槽宽≤3.0m 深3.01~4.00m	100m	1			
6	52-4-4-2	安拆钢板桩支撑 槽宽≤3.0m 深4.01~6.00m	100m		1	1	1
7	52-4-3-11	槽型钢板桩使用费	t·d	3086	6860	6860	6860
8	52-4-4-14	钢板桩支撑使用费	t·d	145	440	440	440
		素混凝土基础					
1	52-1-5-1	管道基座 混凝土 C20	m³	38.93	38.93	38.93	38.93
2	52-1-5-1换	管道基座 混凝土 C25	m³	−45.92	−45.92	−45.92	−45.92
3	52-1-5-2	管道基座 钢筋	t	−1.537	−1.537	−1.537	−1.537
4	52-1-3-1	沟槽回填 夯填土	m³	6.99	6.99	6.99	6.99

单位:100m

序号	定额编号	基本组合项目名称	单位	Z52-1-2-29	Z52-1-2-30	Z52-1-2-31
				5.5m	≤6.0m	＞6.0m
1	52-1-2-3	机械挖沟槽土方 深≤6m 现场抛土	m³	1501.5	1603.88	1638
2	52-1-2-3系	机械挖沟槽土方 深≤7m 现场抛土	m³			34.13
3	53-9-1-1	施工排水、降水 湿土排水	m³	1228.5	1330.88	1399.13
4	52-1-4-3	管道砾石砂垫层	m³	24.22	24.22	24.22
5	52-1-5-1	管道基座 混凝土 C20	m³	6.99	6.99	6.99
6	52-1-5-1换	管道基座 混凝土 C25	m³	45.92	45.92	45.92
7	52-4-5-1	管道基座 模板工程	m²	95.01	95.01	95.01
8	52-1-5-2	管道基座 钢筋	t	1.537	1.537	1.537
9	52-1-6-14	管道铺设 F型钢承口式钢筋混凝土管 φ1000	100m	0.975	0.975	0.975
10	52-1-3-1	沟槽回填 夯填土	m³	1314.1	1416.48	1484.73
11	53-9-1-3	施工排水、降水 筑拆竹箩滤井	座	2.5	2.5	2.5

序号	定额编号	调整组合项目名称	单位	数量	数量	数量
		井点降水				
1	53-9-1-5	施工排水、降水 轻型井点安装	根	83	83	
2	53-9-1-6	施工排水、降水 轻型井点拆除	根	83	83	
3	53-9-1-7	施工排水、降水 轻型井点使用	套·天	45	45	
4	53-9-1-8	施工排水、降水 喷射井点安装 10m	根			40
5	53-9-1-9	施工排水、降水 喷射井点拆除 10m	根			40
6	53-9-1-10	施工排水、降水 喷射井点使用 10m	套·天			29
7	53-9-1-1	施工排水、降水 湿土排水	m³	−1228.5	−1330.88	−1399.13
		围护支撑				
1	52-4-3-2	打槽型钢板桩 长6.01～9.00m,单面	100m	2	2	
2	52-4-3-3	打槽型钢板桩 长9.01～12.00m,单面	100m			2
3	52-4-3-7	拔槽型钢板桩 长6.01～9.00m,单面	100m	2	2	
4	52-4-3-8	拔槽型钢板桩 长9.01～12.00m,单面	100m			2
5	52-4-4-2	安拆钢板桩支撑 槽宽≤3.0m 深4.01～6.00m	100m	1	1	
6	52-4-4-3	安拆钢板桩支撑 槽宽≤3.0m 深6.01～8.00m	100m			1
7	52-4-3-11	槽型钢板桩使用费	t·d	6860	6860	9504
8	52-4-4-14	钢板桩支撑使用费	t·d	440	440	698
		素混凝土基础				
1	52-1-5-1	管道基座 混凝土 C20	m³	38.93	38.93	38.93
2	52-1-5-1换	管道基座 混凝土 C25	m³	−45.92	−45.92	−45.92
3	52-1-5-2	管道基座 钢筋	t	−1.537	−1.537	−1.537
4	52-1-3-1	沟槽回填 夯填土	m³	6.99	6.99	6.99

(四) φ1200 F型钢承口式钢筋混凝土管

单位:100m

序号	定额编号	基本组合项目名称	单位	Z52-1-2-32	Z52-1-2-33	Z52-1-2-34	Z52-1-2-35
				2.5m	≤3.0m	>3.0m	3.5m
1	52-1-2-1	机械挖沟槽土方 深≤3m 现场抛土	m³	708.75	815.06		
2	52-1-2-3	机械挖沟槽土方 深≤6m 现场抛土	m³			885.94	992.25
3	53-9-1-1	施工排水、降水 湿土排水	m³	425.25	531.56	602.44	708.75
4	52-1-4-3	管道砾石砂垫层	m³	25.33	25.15	25.15	25.15
5	52-1-5-1	管道基座 混凝土 C20	m³	8.16	8.1	8.1	8.1
6	52-1-5-1换	管道基座 混凝土 C25	m³	65.85	65.39	65.39	65.39
7	52-4-5-1	管道基座 模板工程	m²	118.19	117.37	117.37	117.37
8	52-1-5-2	管道基座 钢筋	t	1.745	1.733	1.733	1.733
9	52-1-6-15	管道铺设 F型钢承口式钢筋混凝土管 φ1200	100m	0.975	0.975	0.975	0.975
10	52-1-3-1	沟槽回填 夯填土	m³	450.62	557.63	628.51	734.82
11	53-9-1-3	施工排水、降水 筑拆竹笼滤井	座	2.5	2.5	2.5	2.5

序号	定额编号	调整组合项目名称	单位	数量	数量	数量	数量
		井点降水					
1	53-9-1-5	施工排水、降水 轻型井点安装	根		83	83	83
2	53-9-1-6	施工排水、降水 轻型井点拆除	根		83	83	83
3	53-9-1-7	施工排水、降水 轻型井点使用	套·天		46	46	46
4	53-9-1-1	施工排水、降水 湿土排水	m³		−531.56	−602.44	−708.75
		围护支撑					
1	52-4-2-3	撑拆列板 深≤2.5m,双面	100m	1			
2	52-4-2-4	撑拆列板 深≤3.0m,双面	100m		1		
3	52-4-3-1	打槽型钢板桩 长4.00~6.00m,单面	100m			2	2
4	52-4-3-6	拔槽型钢板桩 长4.00~6.00m,单面	100m			2	2
5	52-4-4-1	安拆钢板桩支撑 槽宽≤3.0m 深3.01~4.00m	100m			1	1
6	52-4-2-5	列板使用费	t·d	341	379		
7	52-4-2-6	列板支撑使用费	t·d	120	144		
8	52-4-3-11	槽型钢板桩使用费	t·d			3086	3086
9	52-4-4-14	钢板桩支撑使用费	t·d			145	145
		素混凝土基础					
1	52-1-5-1	管道基座 混凝土 C20	m³	57.69	57.29	57.29	57.29
2	52-1-5-1换	管道基座 混凝土 C25	m³	−65.85	−65.39	−65.39	−65.39
3	52-1-5-2	管道基座 钢筋	t	−1.745	−1.733	−1.733	−1.733
4	52-1-3-1	沟槽回填 夯填土	m³	8.16	8.1	8.1	8.1

单位：100m

序号	定额编号	基本组合项目名称	单位	Z52-1-2-36	Z52-1-2-37	Z52-1-2-38	Z52-1-2-39
				≤4.0m	>4.0m	4.5m	5.0m
1	52-1-2-3	机械挖沟槽土方 深≤6m 现场抛土	m³	1098.56	1169.44	1275.75	1470
2	53-9-1-1	施工排水、降水 湿土排水	m³	815.06	885.94	992.25	1176
3	52-1-4-3	管道砾石砂垫层	m³	25.15	25.15	25.15	26.08
4	52-1-5-1	管道基座 混凝土 C20	m³	8.1	8.1	8.1	8.1
5	52-1-5-1换	管道基座 混凝土 C25	m³	65.39	65.39	65.39	65.39
6	52-4-5-1	管道基座 模板工程	m²	117.37	117.37	117.37	117.37
7	52-1-5-2	管道基座 钢筋	t	1.733	1.733	1.733	1.733
8	52-1-6-15	管道铺设 F 型钢承口式钢筋混凝土管 φ1200	100m	0.975	0.975	0.975	0.975
9	52-1-3-1	沟槽回填 夯填土	m³	841.13	912.01	1018.32	1211.64
10	53-9-1-3	施工排水、降水 筑拆竹箩滤井	座	2.5	2.5	2.5	2.5

序号	定额编号	调整组合项目名称	单位	数量	数量	数量	数量
		井点降水					
1	53-9-1-5	施工排水、降水 轻型井点安装	根	83	83	83	83
2	53-9-1-6	施工排水、降水 轻型井点拆除	根	83	83	83	83
3	53-9-1-7	施工排水、降水 轻型井点使用	套·天	46	46	46	46
4	53-9-1-1	施工排水、降水 湿土排水	m³	−815.06	−885.94	−992.25	−1176
		围护支撑					
1	52-4-3-1	打槽型钢板桩 长 4.00～6.00m，单面	100m	2			
2	52-4-3-2	打槽型钢板桩 长 6.01～9.00m，单面	100m		2	2	2
3	52-4-3-6	拔槽型钢板桩 长 4.00～6.00m，单面	100m	2			
4	52-4-3-7	拔槽型钢板桩 长 6.01～9.00m，单面	100m		2	2	2
5	52-4-4-1	安拆钢板桩支撑 槽宽≤3.0m 深 3.01～4.00m	100m	1			
6	52-4-4-2	安拆钢板桩支撑 槽宽≤3.0m 深 4.01～6.00m	100m		1	1	1
7	52-4-3-11	槽型钢板桩使用费	t·d	3086	6860	6860	6860
8	52-4-4-14	钢板桩支撑使用费	t·d	145	440	440	440
		素混凝土基础					
1	52-1-5-1	管道基座 混凝土 C20	m³	57.29	57.29	57.29	57.29
2	52-1-5-1换	管道基座 混凝土 C25	m³	−65.39	−65.39	−65.39	−65.39
3	52-1-5-2	管道基座 钢筋	t	−1.733	−1.733	−1.733	−1.733
4	52-1-3-1	沟槽回填 夯填土	m³	8.1	8.1	8.1	8.1

单位:100m

序号	定额编号	基本组合项目名称	单位	Z52-1-2-40 5.5m	Z52-1-2-41 ≤6.0m	Z52-1-2-42 >6.0m	Z52-1-2-43 6.5m
1	52-1-2-3	机械挖沟槽土方 深≤6m 现场抛土	m³	1617	1727.25	1764	1764
2	52-1-2-3系	机械挖沟槽土方 深≤7m 现场抛土	m³			36.75	147
3	53-9-1-1	施工排水、降水 湿土排水	m³	1323	1433.25	1506.75	1617
4	52-1-4-3	管道砾石砂垫层	m³	26.08	26.08	26.08	25.91
5	52-1-5-1	管道基座 混凝土 C20	m³	8.1	8.1	8.1	8.05
6	52-1-5-1换	管道基座 混凝土 C25	m³	65.39	65.39	65.39	64.97
7	52-4-5-1	管道基座 模板工程	m²	117.37	117.37	117.37	116.61
8	52-1-5-2	管道基座 钢筋	t	1.733	1.733	1.733	1.721
9	52-1-6-15	管道铺设 F 型钢承口式钢筋混凝土管 φ1200	100m	0.975	0.975	0.975	0.975
10	52-1-3-1	沟槽回填 夯填土	m³	1358.64	1468.89	1542.39	1653.28
11	53-9-1-3	施工排水、降水 筑拆竹篓滤井	座	2.5	2.5	2.5	2.5
序号	定额编号	调整组合项目名称	单位	数量	数量	数量	数量
		井点降水					
1	53-9-1-5	施工排水、降水 轻型井点安装	根	83	83		
2	53-9-1-6	施工排水、降水 轻型井点拆除	根	83	83		
3	53-9-1-7	施工排水、降水 轻型井点使用	套·天	46	46		
4	53-9-1-8	施工排水、降水 喷射井点安装 10m	根			40	40
5	53-9-1-9	施工排水、降水 喷射井点拆除 10m	根			40	40
6	53-9-1-10	施工排水、降水 喷射井点使用 10m	套·天			31	31
7	53-9-1-1	施工排水、降水 湿土排水	m³	−1323	−1433.25	−1506.75	−1617
		围护支撑					
1	52-4-3-2	打槽型钢板桩 长 6.01～9.00m,单面	100m	2	2		
2	52-4-3-3	打槽型钢板桩 长 9.01～12.00m,单面	100m			2	2
3	52-4-3-7	拔槽型钢板桩 长 6.01～9.00m,单面	100m	2	2		
4	52-4-3-8	拔槽型钢板桩 长 9.01～12.00m,单面	100m			2	2
5	52-4-4-2	安拆钢板桩支撑 槽宽≤3.0m 深 4.01～6.00m	100m	1	1		
6	52-4-4-3	安拆钢板桩支撑 槽宽≤3.0m 深 6.01～8.00m	100m			1	1
7	52-4-3-11	槽型钢板桩使用费	t·d	6860	6860	9504	9504
8	52-4-4-14	钢板桩支撑使用费	t·d	440	440	698	698
		素混凝土基础					
1	52-1-5-1	管道基座 混凝土 C20	m³	57.29	57.29	57.29	56.92
2	52-1-5-1换	管道基座 混凝土 C25	m³	−65.39	−65.39	−65.39	−64.97
3	52-1-5-2	管道基座 钢筋	t	−1.733	−1.733	−1.733	−1.721
4	52-1-3-1	沟槽回填 夯填土	m³	8.1	8.1	8.1	8.05

（五）φ1350 F 型钢承口式钢筋混凝土管

单位：100m

序号	定额编号	基本组合项目名称	单位	Z52-1-2-44	Z52-1-2-45	Z52-1-2-46	Z52-1-2-47
				≤3.0m	>3.0m	3.5m	≤4.0m
1	52-1-2-1	机械挖沟槽土方 深≤3m 现场抛土	m³	845.25			
2	52-1-2-3	机械挖沟槽土方 深≤6m 现场抛土	m³		918.75	1029	1139.25
3	53-9-1-1	施工排水、降水 湿土排水	m³	551.25	624.75	735	845.25
4	52-1-4-3	管道砾石砂垫层	m³	26.01	26.01	26.01	26.01
5	52-1-5-1	管道基座 混凝土 C20	m³	9.48	9.48	9.48	9.48
6	52-1-5-1换	管道基座 混凝土 C25	m³	83.05	83.05	83.05	83.05
7	52-4-5-1	管道基座 模板工程	m²	128.2	128.2	128.2	128.2
8	52-1-5-2	管道基座 钢筋	t	1.988	1.988	1.988	1.988
9	52-1-6-16	管道铺设 F 型钢承口式钢筋混凝土管 φ1350	100m	0.9725	0.9725	0.9725	0.9725
10	52-1-3-1	沟槽回填 夯填土	m³	511.14	584.64	694.89	805.14
11	53-9-1-3	施工排水、降水 筑拆竹箩滤井	座	2.5	2.5	2.5	2.5

序号	定额编号	调整组合项目名称	单位	数量	数量	数量	数量
		井点降水					
1	53-9-1-5	施工排水、降水 轻型井点安装	根	83	83	83	83
2	53-9-1-6	施工排水、降水 轻型井点拆除	根	83	83	83	83
3	53-9-1-7	施工排水、降水 轻型井点使用	套·天	50	50	50	50
4	53-9-1-1	施工排水、降水 湿土排水	m³	−551.25	−624.75	−735	−845.25
		围护支撑					
1	52-4-2-4	撑拆列板 深≤3.0m，双面	100m	1			
2	52-4-3-1	打槽型钢板桩 长 4.00～6.00m，单面	100m		2	2	2
3	52-4-3-6	拔槽型钢板桩 长 4.00～6.00m，单面	100m		2	2	2
4	52-4-4-1	安拆钢板桩支撑 槽宽≤3.0m 深 3.01～4.00m	100m		1	1	1
5	52-4-2-5	列板使用费	t·d	429			
6	52-4-2-6	列板支撑使用费	t·d	163			
7	52-4-3-11	槽型钢板桩使用费	t·d		4114	4114	4114
8	52-4-4-14	钢板桩支撑使用费	t·d		270	270	270
		素混凝土基础					
1	52-1-5-1	管道基座 混凝土 C20	m³	73.57	73.57	73.57	73.57
2	52-1-5-1换	管道基座 混凝土 C25	m³	−83.05	−83.05	−83.05	−83.05
3	52-1-5-2	管道基座 钢筋	t	−1.988	−1.988	−1.988	−1.988
4	52-1-3-1	沟槽回填 夯填土	m³	9.48	9.48	9.48	9.48

单位:100m

序号	定额编号	基本组合项目名称	单位	Z52-1-2-48 ＞4.0m	Z52-1-2-49 4.5m	Z52-1-2-50 5.0m	Z52-1-2-51 5.5m
1	52-1-2-3	机械挖沟槽土方 深≤6m 现场抛土	m³	1212.75	1323	1522.5	1674.75
2	53-9-1-1	施工排水、降水 湿土排水	m³	918.75	1029	1218	1370.25
3	52-1-4-3	管道砾石砂垫层	m³	26.01	25.84	26.77	26.77
4	52-1-5-1	管道基座 混凝土 C20	m³	9.48	9.41	9.41	9.41
5	52-1-5-1换	管道基座 混凝土 C25	m³	83.05	82.52	82.52	82.52
6	52-4-5-1	管道基座 模板工程	m²	128.2	127.37	127.37	127.37
7	52-1-5-2	管道基座 钢筋	t	1.988	1.975	1.975	1.975
8	52-1-6-16	管道铺设 F 型钢承口式钢筋混凝土管 φ1350	100m	0.9725	0.9725	0.9725	0.9725
9	52-1-3-1	沟槽回填 夯填土	m³	878.64	989.66	1188.23	1340.48
10	53-9-1-3	施工排水、降水 筑拆竹篓滤井	座	2.5	2.5	2.5	2.5

序号	定额编号	调整组合项目名称	单位	数量	数量	数量	数量
		井点降水					
1	53-9-1-5	施工排水、降水 轻型井点安装	根	83	83	83	83
2	53-9-1-6	施工排水、降水 轻型井点拆除	根	83	83	83	83
3	53-9-1-7	施工排水、降水 轻型井点使用	套·天	50	50	50	50
4	53-9-1-1	施工排水、降水 湿土排水	m³	−918.75	−1029	−1218	−1370.25
		围护支撑					
1	52-4-3-2	打槽型钢板桩 长 6.01～9.00m，单面	100m	2	2	2	2
2	52-4-3-7	拔槽型钢板桩 长 6.01～9.00m，单面	100m	2	2	2	2
3	52-4-4-2	安拆钢板桩支撑 槽宽≤3.0m 深 4.01～6.00m	100m	1	1	1	1
4	52-4-3-11	槽型钢板桩使用费	t·d	9146	9146	9146	9146
5	52-4-4-14	钢板桩支撑使用费	t·d	540	540	540	540
		素混凝土基础					
1	52-1-5-1	管道基座 混凝土 C20	m³	73.57	73.11	73.11	73.11
2	52-1-5-1换	管道基座 混凝土 C25	m³	−83.05	−82.52	−82.52	−82.52
3	52-1-5-2	管道基座 钢筋	t	−1.988	−1.975	−1.975	−1.975
4	52-1-3-1	沟槽回填 夯填土	m³	9.48	9.41	9.41	9.41

单位：100m

序号	定额编号	基本组合项目名称	单位	Z52-1-2-52 ≤6.0m	Z52-1-2-53 >6.0m	Z52-1-2-54 6.5m	Z52-1-2-55 7.0m
1	52-1-2-3	机械挖沟槽土方 深≤6m 现场抛土	m³	1788.94	1827	1827	1890
2	52-1-2-3系	机械挖沟槽土方 深≤7m 现场抛土	m³		38.06	152.25	315
3	53-9-1-1	施工排水、降水 湿土排水	m³	1484.44	1560.56	1674.75	1890
4	52-1-4-3	管道砾石砂垫层	m³	26.77	26.77	26.77	27.69
5	52-1-5-1	管道基座 混凝土 C20	m³	9.41	9.41	9.41	9.41
6	52-1-5-1换	管道基座 混凝土 C25	m³	82.52	82.52	82.52	82.52
7	52-4-5-1	管道基座 模板工程	m²	127.37	127.37	127.37	127.37
8	52-1-5-2	管道基座 钢筋	t	1.975	1.975	1.975	1.975
9	52-1-6-16	管道铺设 F型钢承口式钢筋混凝土管 φ1350	100m	0.9725	0.9725	0.9725	0.9725
10	52-1-3-1	沟槽回填 夯填土	m³	1454.67	1530.79	1644.98	1869.81
11	53-9-1-3	施工排水、降水 筑拆竹笋滤井	座	2.5	2.5	2.5	2.5

序号	定额编号	调整组合项目名称	单位	数量	数量	数量	数量
		井点降水					
1	53-9-1-5	施工排水、降水 轻型井点安装	根	83			
2	53-9-1-6	施工排水、降水 轻型井点拆除	根	83			
3	53-9-1-7	施工排水、降水 轻型井点使用	套·天	50			
4	53-9-1-8	施工排水、降水 喷射井点安装 10m	根		40	40	40
5	53-9-1-9	施工排水、降水 喷射井点拆除 10m	根		40	40	40
6	53-9-1-10	施工排水、降水 喷射井点使用 10m	套·天		33	33	33
7	53-9-1-1	施工排水、降水 湿土排水	m³	−1484.44	−1560.56	−1674.75	−1890
		围护支撑					
1	52-4-3-2	打槽型钢板桩 长6.01~9.00m，单面	100m	2			
2	52-4-3-3	打槽型钢板桩 长9.01~12.00m，单面	100m		2	2	2
3	52-4-3-7	拔槽型钢板桩 长6.01~9.00m，单面	100m	2			
4	52-4-3-8	拔槽型钢板桩 长9.01~12.00m，单面	100m		2	2	2
5	52-4-4-2	安拆钢板桩支撑 槽宽≤3.0m 深4.01~6.00m	100m	1			
6	52-4-4-3	安拆钢板桩支撑 槽宽≤3.0m 深6.01~8.00m	100m		1	1	1
7	52-4-3-11	槽型钢板桩使用费	t·d	9146	12674	12674	12674
8	52-4-4-14	钢板桩支撑使用费	t·d	540	852	852	852
		素混凝土基础					
1	52-1-5-1	管道基座 混凝土 C20	m³	73.11	73.11	73.11	73.11
2	52-1-5-1换	管道基座 混凝土 C25	m³	−82.52	−82.52	−82.52	−82.52
3	52-1-5-2	管道基座 钢筋	t	−1.975	−1.975	−1.975	−1.975
4	52-1-3-1	沟槽回填 夯填土	m³	9.41	9.41	9.41	9.41

（六）φ1500 F型钢承口式钢筋混凝土管

序号	定额编号	基本组合项目名称	单位	Z52-1-2-56 ≤3.0m	Z52-1-2-57 ＞3.0m	Z52-1-2-58 3.5m	Z52-1-2-59 ≤4.0m
1	52-1-2-1	机械挖沟槽土方 深≤3m 现场抛土	m³	905.63			
2	52-1-2-3	机械挖沟槽土方 深≤6m 现场抛土	m³		984.38	1102.5	1220.63
3	53-9-1-1	施工排水、降水 湿土排水	m³	590.63	669.38	787.5	905.63
4	52-1-4-3	管道砾石砂垫层	m³	27.87	27.87	27.87	27.87
5	52-1-5-1	管道基座 混凝土 C20	m³	10.27	10.27	10.27	10.27
6	52-1-5-1换	管道基座 混凝土 C25	m³	93.83	93.83	93.83	93.83
7	52-4-5-1	管道基座 模板工程	m²	137.49	137.49	137.49	137.49
8	52-1-5-2	管道基座 钢筋	t	2.583	2.583	2.583	2.583
9	52-1-6-17	管道铺设 F型钢承口式钢筋混凝土管 φ1500	100m	0.9725	0.9725	0.9725	0.9725
10	52-1-3-1	沟槽回填 夯填土	m³	512.25	591	709.12	827.25
11	53-9-1-3	施工排水、降水 筑拆竹箩滤井	座	2.5	2.5	2.5	2.5

序号	定额编号	调整组合项目名称	单位	数量	数量	数量	数量
		井点降水					
1	53-9-1-5	施工排水、降水 轻型井点安装	根	83	83	83	83
2	53-9-1-6	施工排水、降水 轻型井点拆除	根	83	83	83	83
3	53-9-1-7	施工排水、降水 轻型井点使用	套·天	53	53	53	53
4	53-9-1-1	施工排水、降水 湿土排水	m³	−590.63	−669.38	−787.5	−905.63
		围护支撑					
1	52-4-2-4	撑拆列板 深≤3.0m，双面	100m	1			
2	52-4-3-1	打槽型钢板桩 长 4.00～6.00m，单面	100m		2	2	2
3	52-4-3-6	拔槽型钢板桩 长 4.00～6.00m，单面	100m		2	2	2
4	52-4-4-1	安拆钢板桩支撑 槽宽≤3.0m 深3.01～4.00m	100m		1	1	1
5	52-4-2-5	列板使用费	t·d	429			
6	52-4-2-6	列板支撑使用费	t·d	163			
7	52-4-3-11	槽型钢板桩使用费	t·d		4114	4114	4114
8	52-4-4-14	钢板桩支撑使用费	t·d		270	270	270
		素混凝土基础					
1	52-1-5-1	管道基座 混凝土 C20	m³	83.56	83.56	83.56	83.56
2	52-1-5-1换	管道基座 混凝土 C25	m³	−93.83	−93.83	−93.83	−93.83
3	52-1-5-2	管道基座 钢筋	t	−2.583	−2.583	−2.583	−2.583
4	52-1-3-1	沟槽回填 夯填土	m³	10.27	10.27	10.27	10.27

单位:100m

序号	定额编号	基本组合项目名称	单位	Z52-1-2-60 >4.0m	Z52-1-2-61 4.5m	Z52-1-2-62 5.0m	Z52-1-2-63 5.5m
1	52-1-2-3	机械挖沟槽土方 深≤6m 现场抛土	m³	1299.38	1417.5	1627.5	1790.25
2	53-9-1-1	施工排水、降水 湿土排水	m³	984.38	1102.5	1302	1464.75
3	52-1-4-3	管道砾石砂垫层	m³	27.87	27.69	28.61	28.61
4	52-1-5-1	管道基座 混凝土 C20	m³	10.27	10.2	10.2	10.2
5	52-1-5-1 换	管道基座 混凝土 C25	m³	93.83	93.22	93.22	93.22
6	52-4-5-1	管道基座 模板工程	m²	137.49	136.6	136.6	136.6
7	52-1-5-2	管道基座 钢筋	t	2.583	2.566	2.566	2.566
8	52-1-6-17	管道铺设 F 型钢承口式钢筋混凝土管 φ1500	100m	0.9725	0.9725	0.9725	0.9725
9	52-1-3-1	沟槽回填 夯填土	m³	906	1024.98	1234.06	1396.81
10	53-9-1-3	施工排水、降水 筑拆竹箩滤井	座	2.5	2.5	2.5	2.5

序号	定额编号	调整组合项目名称	单位	数量	数量	数量	数量
		井点降水					
1	53-9-1-5	施工排水、降水 轻型井点安装	根	83	83	83	83
2	53-9-1-6	施工排水、降水 轻型井点拆除	根	83	83	83	83
3	53-9-1-7	施工排水、降水 轻型井点使用	套·天	53	53	53	53
4	53-9-1-1	施工排水、降水 湿土排水	m³	−984.38	−1102.5	−1302	−1464.75
		围护支撑					
1	52-4-3-2	打槽型钢板桩 长 6.01~9.00m,单面	100m	2	2	2	2
2	52-4-3-7	拔槽型钢板桩 长 6.01~9.00m,单面	100m	2	2	2	2
3	52-4-4-2	安拆钢板桩支撑 槽宽≤3.0m 深 4.01~6.00m	100m	1	1		
4	52-4-4-5	安拆钢板桩支撑 槽宽≤3.8m 深 4.01~6.00m	100m			1	1
5	52-4-3-11	槽型钢板桩使用费	t·d	9146	9146	9146	9146
6	52-4-4-14	钢板桩支撑使用费	t·d	540	540	540	540
		素混凝土基础					
1	52-1-5-1	管道基座 混凝土 C20	m³	83.56	83.02	83.02	83.02
2	52-1-5-1 换	管道基座 混凝土 C25	m³	−93.83	−93.22	−93.22	−93.22
3	52-1-5-2	管道基座 钢筋	t	−2.583	−2.566	−2.566	−2.566
4	52-1-3-1	沟槽回填 夯填土	m³	10.27	10.2	10.2	10.2

单位:100m

序号	定额编号	基本组合项目名称	单位	Z52-1-2-64 ≤6.0m	Z52-1-2-65 >6.0m	Z52-1-2-66 6.5m	Z52-1-2-67 7.0m
1	52-1-2-3	机械挖沟槽土方 深≤6m 现场抛土	m³	1912.31	1953	1953	2016
2	52-1-2-3系	机械挖沟槽土方 深≤7m 现场抛土	m³		40.69	162.75	336
3	53-9-1-1	施工排水、降水 湿土排水	m³	1586.81	1668.19	1790.25	2016
4	52-1-4-3	管道砾石砂垫层	m³	28.61	28.61	28.61	29.54
5	52-1-5-1	管道基座 混凝土 C20	m³	10.2	10.2	10.2	10.2
6	52-1-5-1换	管道基座 混凝土 C25	m³	93.22	93.22	93.22	93.22
7	52-4-5-1	管道基座 模板工程	m²	136.6	136.6	136.6	136.6
8	52-1-5-2	管道基座 钢筋	t	2.566	2.566	2.566	2.566
9	52-1-6-17	管道铺设 F型钢承口式钢筋混凝土管 φ1500	100m	0.9725	0.9725	0.9725	0.9725
10	52-1-3-1	沟槽回填 夯填土	m³	1518.87	1600.25	1722.31	1957.63
11	53-9-1-3	施工排水、降水 筑拆竹箩滤井	座	2.5	2.5	2.5	2.5

序号	定额编号	调整组合项目名称	单位	数量	数量	数量	数量
		井点降水					
1	53-9-1-5	施工排水、降水 轻型井点安装	根	83			
2	53-9-1-6	施工排水、降水 轻型井点拆除	根	83			
3	53-9-1-7	施工排水、降水 轻型井点使用	套·天	53			
4	53-9-1-8	施工排水、降水 喷射井点安装 10m	根		40	40	40
5	53-9-1-9	施工排水、降水 喷射井点拆除 10m	根		40	40	40
6	53-9-1-10	施工排水、降水 喷射井点使用 10m	套·天		36	36	36
7	53-9-1-1	施工排水、降水 湿土排水	m³	1586.81	−1668.19	−1790.25	−2016
		围护支撑					
1	52-4-3-2	打槽型钢板桩 长6.01~9.00m，单面	100m	2			
2	52-4-3-3	打槽型钢板桩 长9.01~12.00m，单面	100m		2	2	2
3	52-4-3-7	拔槽型钢板桩 长6.01~9.00m，单面	100m	2			
4	52-4-3-8	拔槽型钢板桩 长9.01~12.00m，单面	100m		2	2	2
5	52-4-4-5	安拆钢板桩支撑 槽宽≤3.8m 深4.01~6.00m	100m	1			
6	52-4-4-6	安拆钢板桩支撑 槽宽≤3.8m 深6.01~8.00m	100m		1	1	1
7	52-4-3-11	槽型钢板桩使用费	t·d	9146	12674	12674	12674
8	52-4-4-14	钢板桩支撑使用费	t·d	540	852	852	852
		素混凝土基础					
1	52-1-5-1	管道基座 混凝土 C20	m³	83.02	83.02	83.02	83.02
2	52-1-5-1换	管道基座 混凝土 C25	m³	−93.22	−93.22	−93.22	−93.22
3	52-1-5-2	管道基座 钢筋	t	−2.566	−2.566	−2.566	−2.566
4	52-1-3-1	沟槽回填 夯填土	m³	10.2	10.2	10.2	10.2

（七）ϕ1650 F 型钢承口式钢筋混凝土管

单位：100m

序号	定额编号	基本组合项目名称	单位	Z52-1-2-68 ≤3.0m	Z52-1-2-69 ＞3.0m	Z52-1-2-70 3.5m	Z52-1-2-71 ≤4.0m
1	52-1-2-1	机械挖沟槽土方 深≤3m 现场抛土	m³	966			
2	52-1-2-3	机械挖沟槽土方 深≤6m 现场抛土	m³		1050	1176	1302
3	53-9-1-1	施工排水、降水 湿土排水	m³	630	714	840	966
4	52-1-4-3	管道砾石砂垫层	m³	29.73	29.73	29.73	29.73
5	52-1-5-1	管道基座 混凝土 C20	m³	11.38	11.38	11.38	11.38
6	52-1-5-1换	管道基座 混凝土 C25	m³	110.27	110.27	110.27	110.27
7	52-4-5-1	管道基座 模板工程	m²	144.92	144.92	144.92	144.92
8	52-1-5-2	管道基座 钢筋	t	2.778	2.778	2.778	2.778
9	52-1-6-18	管道铺设 F 型钢承口式钢筋混凝土管 ϕ1650	100m	0.9725	0.9725	0.9725	0.9725
10	52-1-3-1	沟槽回填 夯填土	m³	499.87	583.87	709.87	835.87
11	53-9-1-3	施工排水、降水 筑拆竹箩滤井	座	2.5	2.5	2.5	2.5

序号	定额编号	调整组合项目名称	单位	数量	数量	数量	数量
		井点降水					
1	53-9-1-5	施工排水、降水 轻型井点安装	根	83	83	83	83
2	53-9-1-6	施工排水、降水 轻型井点拆除	根	83	83	83	83
3	53-9-1-7	施工排水、降水 轻型井点使用	套·天	56	56	56	56
4	53-9-1-1	施工排水、降水 湿土排水	m³	−630	−714	−840	−966
		围护支撑					
1	52-4-2-4	撑拆列板 深≤3.0m，双面	100m	1			
2	52-4-3-1	打槽型钢板桩 长4.00～6.00m，单面	100m		2	2	2
3	52-4-3-6	拔槽型钢板桩 长4.00～6.00m，单面	100m		2	2	2
4	52-4-4-4	安拆钢板桩支撑 槽宽≤3.8m 深3.01～4.00m	100m		1	1	1
5	52-4-2-5	列板使用费	t·d	429			
6	52-4-2-6	列板支撑使用费	t·d	163			
7	52-4-3-11	槽型钢板桩使用费	t·d		4114	4114	4114
8	52-4-4-14	钢板桩支撑使用费	t·d		270	270	270
		素混凝土基础					
1	52-1-5-1	管道基座 混凝土 C20	m³	98.89	98.89	98.89	98.89
2	52-1-5-1换	管道基座 混凝土 C25	m³	−110.27	−110.27	−110.27	−110.27
3	52-1-5-2	管道基座 钢筋	t	−2.778	−2.778	−2.778	−2.778
4	52-1-3-1	沟槽回填 夯填土	m³	11.38	11.38	11.38	11.38

单位：100m

序号	定额编号	基本组合项目名称	单位	Z52-1-2-72 ＞4.0m	Z52-1-2-73 4.5m	Z52-1-2-74 5.0m	Z52-1-2-75 5.5m
1	52-1-2-3	机械挖沟槽土方 深≤6m 现场抛土	m³	1386	1512	1732.5	1905.75
2	53-9-1-1	施工排水、降水 湿土排水	m³	1050	1176	1386	1559.25
3	52-1-4-3	管道砾石砂垫层	m³	29.73	29.54	30.46	30.46
4	52-1-5-1	管道基座 混凝土 C20	m³	11.38	11.31	11.31	11.31
5	52-1-5-1换	管道基座 混凝土 C25	m³	110.27	109.56	109.56	109.56
6	52-4-5-1	管道基座 模板工程	m²	144.92	143.99	143.99	143.99
7	52-1-5-2	管道基座 钢筋	t	2.778	2.76	2.76	2.76
8	52-1-6-18	管道铺设 F型钢承口式钢筋混凝土管 φ1650	100m	0.9725	0.9725	0.9725	0.9725
9	52-1-3-1	沟槽回填 夯填土	m³	919.87	1046.84	1266.42	1439.67
10	53-9-1-3	施工排水、降水 筑拆竹箩滤井	座	2.5	2.5	2.5	2.5

序号	定额编号	调整组合项目名称	单位	数量	数量	数量	数量
		井点降水					
1	53-9-1-5	施工排水、降水 轻型井点安装	根	83	83	83	83
2	53-9-1-6	施工排水、降水 轻型井点拆除	根	83	83	83	83
3	53-9-1-7	施工排水、降水 轻型井点使用	套·天	56	56	56	56
4	53-9-1-1	施工排水、降水 湿土排水	m³	−1050	−1176	−1386	−1559.25
		围护支撑					
1	52-4-3-2	打槽型钢板桩 长 6.01～9.00m，单面	100m	2	2	2	2
2	52-4-3-7	拔槽型钢板桩 长 6.01～9.00m，单面	100m	2	2	2	2
3	52-4-4-5	安拆钢板桩支撑 槽宽≤3.8m 深4.01～6.00m	100m	1	1	1	1
4	52-4-3-11	槽型钢板桩使用费	t·d	9146	9146	9146	9146
5	52-4-4-14	钢板桩支撑使用费	t·d	540	540	540	540
		素混凝土基础					
1	52-1-5-1	管道基座 混凝土 C20	m³	98.89	98.25	98.25	98.25
2	52-1-5-1换	管道基座 混凝土 C25	m³	−110.27	−109.56	−109.56	−109.56
3	52-1-5-2	管道基座 钢筋	t	−2.778	−2.76	−2.76	−2.76
4	52-1-3-1	沟槽回填 夯填土	m³	11.38	11.31	11.31	11.31

单位:100m

序号	定额编号	基本组合项目名称	单位	Z52-1-2-76 ≤6.0m	Z52-1-2-77 >6.0m	Z52-1-2-78 6.5m	Z52-1-2-79 7.0m
1	52-1-2-3	机械挖沟槽土方 深≤6m 现场抛土	m³	2035.69	2079	2079	2142
2	52-1-2-3系	机械挖沟槽土方 深≤7m 现场抛土	m³		43.31	173.25	357
3	53-9-1-1	施工排水、降水 湿土排水	m³	1689.19	1775.81	1905.75	2142
4	52-1-4-3	管道砾石砂垫层	m³	30.46	30.46	30.46	31.38
5	52-1-5-1	管道基座 混凝土 C20	m³	11.31	11.31	11.31	11.31
6	52-1-5-1换	管道基座 混凝土 C25	m³	109.56	109.56	109.56	109.56
7	52-4-5-1	管道基座 模板工程	m²	143.99	143.99	143.99	143.99
8	52-1-5-2	管道基座 钢筋	t	2.76	2.76	2.76	2.76
9	52-1-6-18	管道铺设 F型钢承口式钢筋混凝土管 φ1650	100m	0.9725	0.9725	0.9725	0.9725
10	52-1-3-1	沟槽回填 夯填土	m³	1569.61	1656.23	1786.17	2032
11	53-9-1-3	施工排水、降水 筑拆竹笼滤井	座	2.5	2.5	2.5	2.5

序号	定额编号	调整组合项目名称	单位	数量	数量	数量	数量
		井点降水					
1	53-9-1-5	施工排水、降水 轻型井点安装	根	83			
2	53-9-1-6	施工排水、降水 轻型井点拆除	根	83			
3	53-9-1-7	施工排水、降水 轻型井点使用	套·天	56			
4	53-9-1-8	施工排水、降水 喷射井点安装 10m	根		40	40	40
5	53-9-1-9	施工排水、降水 喷射井点拆除 10m	根		40	40	40
6	53-9-1-10	施工排水、降水 喷射井点使用 10m	套·天		39	39	39
7	53-9-1-1	施工排水、降水 湿土排水	m³	−1689.19	−1775.81	−1905.75	−2142
		围护支撑					
1	52-4-3-2	打槽型钢板桩 长 6.01～9.00m,单面	100m	2			
2	52-4-3-3	打槽型钢板桩 长 9.01～12.00m,单面	100m		2	2	2
3	52-4-3-7	拔槽型钢板桩 长 6.01～9.00m,单面	100m	2			
4	52-4-3-8	拔槽型钢板桩 长 9.01～12.00m,单面	100m		2	2	2
5	52-4-4-5	安拆钢板桩支撑 槽宽≤3.8m 深 4.01～6.00m	100m	1			
6	52-4-4-6	安拆钢板桩支撑 槽宽≤3.8m 深 6.01～8.00m	100m		1	1	1
7	52-4-3-11	槽型钢板桩使用费	t·d	9146	12674	12674	12674
8	52-4-4-14	钢板桩支撑使用费	t·d	540	852	852	852
		素混凝土基础					
1	52-1-5-1	管道基座 混凝土 C20	m³	98.25	98.25	98.25	98.25
2	52-1-5-1换	管道基座 混凝土 C25	m³	−109.56	−109.56	−109.56	−109.56
3	52-1-5-2	管道基座 钢筋	t	−2.76	−2.76	−2.76	−2.76
4	52-1-3-1	沟槽回填 夯填土	m³	11.31	11.31	11.31	11.31

(八) φ1800 F 型钢承口式钢筋混凝土管

单位:100m

序号	定额编号	基本组合项目名称	单位	Z52-1-2-80 ≤3.0m	Z52-1-2-81 >3.0m	Z52-1-2-82 3.5m	Z52-1-2-83 ≤4.0m
1	52-1-2-1	机械挖沟槽土方 深≤3m 现场抛土	m³	1026.38			
2	52-1-2-3	机械挖沟槽土方 深≤6m 现场抛土	m³		1115.63	1249.5	1383.38
3	53-9-1-1	施工排水、降水 湿土排水	m³	669.38	758.63	892.5	1026.38
4	52-1-4-3	管道砾石砂垫层	m³	31.59	31.59	31.59	31.59
5	52-1-5-1	管道基座 混凝土 C20	m³	12.17	12.17	12.17	12.17
6	52-1-5-1换	管道基座 混凝土 C25	m³	134.24	134.24	134.24	134.24
7	52-4-5-1	管道基座 模板工程	m²	163.5	163.5	163.5	163.5
8	52-1-5-2	管道基座 钢筋	t	3.131	3.131	3.131	3.131
9	52-1-6-19	管道铺设 F 型钢承口式钢筋混凝土管 φ1800	100m	0.9725	0.9725	0.9725	0.9725
10	52-1-3-1	沟槽回填 夯填土	m³	478.7	567.95	701.82	835.7
11	53-9-1-3	施工排水、降水 筑拆竹笼滤井	座	2.5	2.5	2.5	2.5

序号	定额编号	调整组合项目名称	单位	数量	数量	数量	数量
		井点降水					
1	53-9-1-5	施工排水、降水 轻型井点安装	根	83	83	83	83
2	53-9-1-6	施工排水、降水 轻型井点拆除	根	83	83	83	83
3	53-9-1-7	施工排水、降水 轻型井点使用	套·天	56	56	56	56
4	53-9-1-1	施工排水、降水 湿土排水	m³	−669.38	−758.63	−892.5	−1026.38
		围护支撑					
1	52-4-2-4	撑拆列板 深≤3.0m,双面	100m	1			
2	52-4-3-1	打槽型钢板桩 长 4.00～6.00m,单面	100m		2	2	2
3	52-4-3-6	拔槽型钢板桩 长 4.00～6.00m,单面	100m		2	2	2
4	52-4-4-4	安拆钢板桩支撑 槽宽≤3.8m 深 3.01～4.00m	100m		1	1	1
5	52-4-2-5	列板使用费	t·d	429			
6	52-4-2-6	列板支撑使用费	t·d	163			
7	52-4-3-11	槽型钢板桩使用费	t·d		4114	4114	4114
8	52-4-4-14	钢板桩支撑使用费	t·d		270	270	270
		素混凝土基础					
1	52-1-5-1	管道基座 混凝土 C20	m³	122.07	122.07	122.07	122.07
2	52-1-5-1换	管道基座 混凝土 C25	m³	−134.24	−134.24	−134.24	−134.24
3	52-1-5-2	管道基座 钢筋	t	−3.131	−3.131	−3.131	−3.131
4	52-1-3-1	沟槽回填 夯填土	m³	12.17	12.17	12.17	12.17

单位:100m

序号	定额编号	基本组合项目名称	单位	Z52-1-2-84 >4.0m	Z52-1-2-85 4.5m	Z52-1-2-86 5.0m	Z52-1-2-87 5.5m
1	52-1-2-3	机械挖沟槽土方 深≤6m 现场抛土	m³	1472.63	1606.5	1837.5	2021.25
2	53-9-1-1	施工排水、降水 湿土排水	m³	1115.63	1249.5	1470	1653.75
3	52-1-4-3	管道砾石砂垫层	m³	31.59	31.38	32.31	32.31
4	52-1-5-1	管道基座 混凝土 C20	m³	12.17	12.09	12.09	12.09
5	52-1-5-1换	管道基座 混凝土 C25	m³	134.24	133.37	133.37	133.37
6	52-4-5-1	管道基座 模板工程	m²	163.5	162.45	162.45	162.45
7	52-1-5-2	管道基座 钢筋	t	3.131	3.111	3.111	3.111
8	52-1-6-19	管道铺设 F型钢承口式钢筋混凝土管 φ1800	100m	0.9725	0.9725	0.9725	0.9725
9	52-1-3-1	沟槽回填 夯填土	m³	924.95	1059.98	1290.05	1473.8
10	53-9-1-3	施工排水、降水 筑拆竹箩滤井	座	2.5	2.5	2.5	2.5

序号	定额编号	调整组合项目名称	单位	数量	数量	数量	数量
		井点降水					
1	53-9-1-5	施工排水、降水 轻型井点安装	根	83	83	83	83
2	53-9-1-6	施工排水、降水 轻型井点拆除	根	83	83	83	83
3	53-9-1-7	施工排水、降水 轻型井点使用	套·天	56	56	56	56
4	53-9-1-1	施工排水、降水 湿土排水	m³	−1115.63	−1249.5	−1470	−1653.75
		围护支撑					
1	52-4-3-2	打槽型钢板桩 长6.01~9.00m, 单面	100m	2	2	2	2
2	52-4-3-7	拔槽型钢板桩 长6.01~9.00m, 单面	100m	2	2	2	2
3	52-4-4-5	安拆钢板桩支撑 槽宽≤3.8m 深4.01~6.00m	100m	1	1	1	1
4	52-4-3-11	槽型钢板桩使用费	t·d	9146	9146	9146	9146
5	52-4-4-14	钢板桩支撑使用费	t·d	540	540	540	540
		素混凝土基础					
1	52-1-5-1	管道基座 混凝土 C20	m³	122.07	121.28	121.28	121.28
2	52-1-5-1换	管道基座 混凝土 C25	m³	−134.24	−133.37	−133.37	−133.37
3	52-1-5-2	管道基座 钢筋	t	−3.131	−3.111	−3.111	−3.111
4	52-1-3-1	沟槽回填 夯填土	m³	12.17	12.09	12.09	12.09

单位：100m

序号	定额编号	基本组合项目名称	单位	Z52-1-2-88 ≤6.0m	Z52-1-2-89 ＞6.0m	Z52-1-2-90 6.5m	Z52-1-2-91 7.0m
1	52-1-2-3	机械挖沟槽土方 深≤6m 现场抛土	m³	2159.06	2205	2205	2268
2	52-1-2-3系	机械挖沟槽土方 深≤7m 现场抛土	m³		45.94	183.75	378
3	53-9-1-1	施工排水、降水 湿土排水	m³	1791.56	1883.44	2021.25	2268
4	52-1-4-3	管道砾石砂垫层	m³	32.31	32.31	32.31	33.23
5	52-1-5-1	管道基座 混凝土 C20	m³	12.09	12.09	12.09	12.09
6	52-1-5-1换	管道基座 混凝土 C25	m³	133.37	133.37	133.37	133.37
7	52-4-5-1	管道基座 模板工程	m²	162.45	162.45	162.45	162.45
8	52-1-5-2	管道基座 钢筋	t	3.111	3.111	3.111	3.111
9	52-1-6-19	管道铺设 F型钢承口式钢筋混凝土管 φ1800	100m	0.9725	0.9725	0.9725	0.9725
10	52-1-3-1	沟槽回填 夯填土	m³	1611.61	1703.49	1841.3	2097.63
11	53-9-1-3	施工排水、降水 筑拆竹笼滤井	座	2.5	2.5	2.5	2.5

序号	定额编号	调整组合项目名称	单位	数量	数量	数量	数量
		井点降水					
1	53-9-1-5	施工排水、降水 轻型井点安装	根	83			
2	53-9-1-6	施工排水、降水 轻型井点拆除	根	83			
3	53-9-1-7	施工排水、降水 轻型井点使用	套·天	56			
4	53-9-1-8	施工排水、降水 喷射井点安装 10m	根		40	40	40
5	53-9-1-9	施工排水、降水 喷射井点拆除 10m	根		40	40	40
6	53-9-1-10	施工排水、降水 喷射井点使用 10m	套·天		39	39	39
7	53-9-1-1	施工排水、降水 湿土排水	m³	−1791.56	−1883.44	−2021.25	−2268
		围护支撑					
1	52-4-3-2	打槽型钢板桩 长6.01~9.00m，单面	100m	2			
2	52-4-3-3	打槽型钢板桩 长9.01~12.00m，单面	100m		2	2	2
3	52-4-3-7	拔槽型钢板桩 长6.01~9.00m，单面	100m	2			
4	52-4-3-8	拔槽型钢板桩 长9.01~12.00m，单面	100m		2	2	2
5	52-4-4-5	安拆钢板桩支撑 槽宽≤3.8m 深4.01~6.00m	100m	1			
6	52-4-4-6	安拆钢板桩支撑 槽宽≤3.8m 深6.01~8.00m	100m		1	1	1
7	52-4-3-11	槽型钢板桩使用费	t·d	9146	12674	12674	12674
8	52-4-4-14	钢板桩支撑使用费	t·d	540	852	852	852
		素混凝土基础					
1	52-1-5-1	管道基座 混凝土 C20	m³	121.28	121.28	121.28	121.28
2	52-1-5-1换	管道基座 混凝土 C25	m³	−133.37	−133.37	−133.37	−133.37
3	52-1-5-2	管道基座 钢筋	t	−3.111	−3.111	−3.111	−3.111
4	52-1-3-1	沟槽回填 夯填土	m³	12.09	12.09	12.09	12.09

（九）φ2000 F 型钢承口式钢筋混凝土管

单位：100m

序号	定额编号	基本组合项目名称	单位	Z52-1-2-92	Z52-1-2-93	Z52-1-2-94	Z52-1-2-95
				3.5m	≤4.0m	>4.0m	4.5m
1	52-1-2-3	机械挖沟槽土方 深≤6m 现场抛土	m³	1359.75	1505.44	1602.56	1748.25
2	53-9-1-1	施工排水、降水 湿土排水	m³	971.25	1116.94	1214.06	1359.75
3	52-1-4-3	管道砾石砂垫层	m³	34.37	34.37	34.37	34.15
4	52-1-5-1	管道基座 混凝土 C20	m³	13.19	13.19	13.19	13.11
5	52-1-5-1换	管道基座 混凝土 C25	m³	151.89	151.89	151.89	150.91
6	52-4-5-1	管道基座 模板工程	m²	174.65	174.65	174.65	173.52
7	52-1-5-2	管道基座 钢筋	t	3.326	3.326	3.326	3.304
8	52-1-6-20	管道铺设 F 型钢承口式钢筋混凝土管 φ2000	100m	0.9725	0.9725	0.9725	0.9725
9	52-1-3-1	沟槽回填 夯填土	m³	712.99	858.68	955.8	1102.77
10	53-9-1-3	施工排水、降水 筑拆竹箩滤井	座	2.5	2.5	2.5	2.5

序号	定额编号	调整组合项目名称	单位	数量	数量	数量	数量
		井点降水					
1	53-9-1-5	施工排水、降水 轻型井点安装	根	83	83	83	83
2	53-9-1-6	施工排水、降水 轻型井点拆除	根	83	83	83	83
3	53-9-1-7	施工排水、降水 轻型井点使用	套·天	66	66	66	66
4	53-9-1-1	施工排水、降水 湿土排水	m³	−971.25	−1116.94	−1214.06	−1359.75
		围护支撑					
1	52-4-3-1	打槽型钢板桩 长 4.00～6.00m，单面	100m	2	2		
2	52-4-3-2	打槽型钢板桩 长 6.01～9.00m，单面	100m			2	2
3	52-4-3-6	拔槽型钢板桩 长 4.00～6.00m，单面	100m	2	2		
4	52-4-3-7	拔槽型钢板桩 长 6.01～9.00m，单面	100m			2	2
5	52-4-4-4	安拆钢板桩支撑 槽宽≤3.8m 深 3.01～4.00m	100m	1	1		
6	52-4-4-5	安拆钢板桩支撑 槽宽≤3.8m 深 4.01～6.00m	100m			1	1
7	52-4-3-11	槽型钢板桩使用费	t·d	4320	4320	9604	9604
8	52-4-4-14	钢板桩支撑使用费	t·d	384	384	767	767
		素混凝土基础					
1	52-1-5-1	管道基座 混凝土 C20	m³	138.7	138.7	138.7	137.8
2	52-1-5-1换	管道基座 混凝土 C25	m³	−151.89	−151.89	−151.89	−150.91
3	52-1-5-2	管道基座 钢筋	t	−3.326	−3.326	−3.326	−3.304
4	52-1-3-1	沟槽回填 夯填土	m³	13.19	13.19	13.19	13.11

单位:100m

序号	定额编号	基本组合项目名称	单位	Z52-1-2-96 5.0m	Z52-1-2-97 5.5m	Z52-1-2-98 ≤6.0m	Z52-1-2-99 >6.0m
1	52-1-2-3	机械挖沟槽土方 深≤6m 现场抛土	m³	1995	2194.5	2344.13	2394
2	52-1-2-3系	机械挖沟槽土方 深≤7m 现场抛土	m³				49.88
3	53-9-1-1	施工排水、降水 湿土排水	m³	1596	1795.5	1945.13	2044.88
4	52-1-4-3	管道砾石砂垫层	m³	35.07	35.07	35.07	35.07
5	52-1-5-1	管道基座 混凝土 C20	m³	13.11	13.11	13.11	13.11
6	52-1-5-1换	管道基座 混凝土 C25	m³	150.91	150.91	150.91	150.91
7	52-4-5-1	管道基座 模板工程	m²	173.52	173.52	173.52	173.52
8	52-1-5-2	管道基座 钢筋	t	3.304	3.304	3.304	3.304
9	52-1-6-20	管道铺设 F型钢承口式钢筋混凝土管 φ2000	100m	0.9725	0.9725	0.9725	0.9725
10	52-1-3-1	沟槽回填 夯填土	m³	1348.6	1548.1	1697.73	1797.48
11	53-9-1-3	施工排水、降水 筑拆竹箩滤井	座	2.5	2.5	2.5	2.5

序号	定额编号	调整组合项目名称	单位	数量	数量	数量	数量
		井点降水					
1	53-9-1-5	施工排水、降水 轻型井点安装	根	83	83	83	
2	53-9-1-6	施工排水、降水 轻型井点拆除	根	83	83	83	
3	53-9-1-7	施工排水、降水 轻型井点使用	套·天	66	66	66	
4	53-9-1-8	施工排水、降水 喷射井点安装 10m	根				40
5	53-9-1-9	施工排水、降水 喷射井点拆除 10m	根				40
6	53-9-1-10	施工排水、降水 喷射井点使用 10m	套·天				47
7	53-9-1-1	施工排水、降水 湿土排水	m³	−1596	−1795.5	−1945.13	−2044.88
		围护支撑					
1	52-4-3-2	打槽型钢板桩 长6.01~9.00m,单面	100m	2	2	2	
2	52-4-3-3	打槽型钢板桩 长9.01~12.00m,单面	100m				2
3	52-4-3-7	拔槽型钢板桩 长6.01~9.00m,单面	100m	2	2	2	
4	52-4-3-8	拔槽型钢板桩 长9.01~12.00m,单面	100m				2
5	52-4-4-5	安拆钢板桩支撑 槽宽≤3.8m 深4.01~6.00m	100m	1	1	1	
6	52-4-4-6	安拆钢板桩支撑 槽宽≤3.8m 深6.01~8.00m	100m				1
7	52-4-3-11	槽型钢板桩使用费	t·d	9604	9604	9604	13306
8	52-4-4-14	钢板桩支撑使用费	t·d	767	767	767	1334
		素混凝土基础					
1	52-1-5-1	管道基座 混凝土 C20	m³	137.8	137.8	137.8	137.8
2	52-1-5-1换	管道基座 混凝土 C25	m³	−150.91	−150.91	−150.91	−150.91
3	52-1-5-2	管道基座 钢筋	t	−3.304	−3.304	−3.304	−3.304
4	52-1-3-1	沟槽回填 夯填土	m³	13.11	13.11	13.11	13.11

单位:100m

序号	定额编号	基本组合项目名称	单位	Z52-1-2-100	Z52-1-2-101
				6.5m	7.0m
1	52-1-2-3	机械挖沟槽土方 深≤6m 现场抛土	m³	2394	2457
2	52-1-2-3系	机械挖沟槽土方 深≤7m 现场抛土	m³	199.5	409.5
3	53-9-1-1	施工排水、降水 湿土排水	m³	2194.5	2457
4	52-1-4-3	管道砾石砂垫层	m³	35.07	36
5	52-1-5-1	管道基座 混凝土 C20	m³	13.11	13.11
6	52-1-5-1换	管道基座 混凝土 C25	m³	150.91	150.91
7	52-4-5-1	管道基座 模板工程	m²	173.52	173.52
8	52-1-5-2	管道基座 钢筋	t	3.304	3.304
9	52-1-6-20	管道铺设 F型钢承口式钢筋混凝土管 φ2000	100m	0.9725	0.9725
10	52-1-3-1	沟槽回填 夯填土	m³	1947.1	2219.17
11	53-9-1-3	施工排水、降水 筑拆竹篓滤井	座	2.5	2.5

序号	定额编号	调整组合项目名称	单位	数量	数量
		井点降水			
1	53-9-1-8	施工排水、降水 喷射井点安装 10m	根	40	40
2	53-9-1-9	施工排水、降水 喷射井点拆除 10m	根	40	40
3	53-9-1-10	施工排水、降水 喷射井点使用 10m	套·天	47	47
4	53-9-1-1	施工排水、降水 湿土排水	m³	−2194.5	−2457
		围护支撑			
1	52-4-3-3	打槽型钢板桩 长9.01~12.00m,单面	100m	2	2
2	52-4-3-8	拔槽型钢板桩 长9.01~12.00m,单面	100m	2	2
3	52-4-4-6	安拆钢板桩支撑 槽宽≤3.8m 深6.01~8.00m	100m	1	
4	52-4-4-9	安拆钢板桩支撑 槽宽≤4.5m 深6.01~8.00m	100m		1
5	52-4-3-11	槽型钢板桩使用费	t·d	13306	13306
6	52-4-4-14	钢板桩支撑使用费	t·d	1334	1334
		素混凝土基础			
1	52-1-5-1	管道基座 混凝土 C20	m³	137.8	137.8
2	52-1-5-1换	管道基座 混凝土 C25	m³	−150.91	−150.91
3	52-1-5-2	管道基座 钢筋	t	−3.304	−3.304
4	52-1-3-1	沟槽回填 夯填土	m³	13.11	13.11

（十）φ2200 F 型钢承口式钢筋混凝土管

单位：100m

序号	定额编号	基本组合项目名称	单位	Z52-1-2-102	Z52-1-2-103	Z52-1-2-104	Z52-1-2-105
				3.5m	≤4.0m	>4.0m	4.5m
1	52-1-2-3	机械挖沟槽土方 深≤6m 现场抛土	m³	1433.25	1586.81	1689.19	1842.75
2	53-9-1-1	施工排水、降水 湿土排水	m³	1023.75	1177.31	1279.69	1433.25
3	52-1-4-3	管道砾石砂垫层	m³	36.23	36.23	36.23	36
4	52-1-5-1	管道基座 混凝土 C20	m³	14.21	14.21	14.21	14.12
5	52-1-5-1换	管道基座 混凝土 C25	m³	184.22	184.22	184.22	183.03
6	52-4-5-1	管道基座 模板工程	m²	196.95	196.95	196.95	195.68
7	52-1-5-2	管道基座 钢筋	t	3.539	3.539	3.539	3.517
8	52-1-6-21	管道铺设 F 型钢承口式钢筋混凝土管 φ2200	100m	0.9725	0.9725	0.9725	0.9725
9	52-1-3-1	沟槽回填 夯填土	m³	666.25	819.81	922.19	1077.26
10	53-9-1-3	施工排水、降水 筑拆竹箩滤井	座	2.5	2.5	2.5	2.5

序号	定额编号	调整组合项目名称	单位	数量	数量	数量	数量
		井点降水					
1	53-9-1-5	施工排水、降水 轻型井点安装	根	83	83	83	83
2	53-9-1-6	施工排水、降水 轻型井点拆除	根	83	83	83	83
3	53-9-1-7	施工排水、降水 轻型井点使用	套·天	70	70	70	70
4	53-9-1-1	施工排水、降水 湿土排水	m³	−1023.75	−1177.31	−1279.69	−1433.25
		围护支撑					
1	52-4-3-1	打槽型钢板桩 长 4.00~6.00m，单面	100m	2	2		
2	52-4-3-2	打槽型钢板桩 长 6.01~9.00m，单面	100m			2	2
3	52-4-3-6	拔槽型钢板桩 长 4.00~6.00m，单面	100m	2	2		
4	52-4-3-7	拔槽型钢板桩 长 6.01~9.00m，单面	100m			2	2
5	52-4-4-7	安拆钢板桩支撑 槽宽≤4.5m 深 3.01~4.00m	100m	1	1		
6	52-4-4-8	安拆钢板桩支撑 槽宽≤4.5m 深 4.01~6.00m	100m			1	1
7	52-4-3-11	槽型钢板桩使用费	t·d	4320	4320	9604	9604
8	52-4-4-14	钢板桩支撑使用费	t·d	384	384	767	767
		素混凝土基础					
1	52-1-5-1	管道基座 混凝土 C20	m³	170.01	170.01	170.01	168.91
2	52-1-5-1换	管道基座 混凝土 C25	m³	−184.22	−184.22	−184.22	−183.03
3	52-1-5-2	管道基座 钢筋	t	−3.539	−3.539	−3.539	−3.517
4	52-1-3-1	沟槽回填 夯填土	m³	14.21	14.21	14.21	14.12

单位:100m

序号	定额编号	基本组合项目名称	单位	Z52-1-2-106 5.0m	Z52-1-2-107 5.5m	Z52-1-2-108 ≤6.0m	Z52-1-2-109 >6.0m
1	52-1-2-3	机械挖沟槽土方 深≤6m 现场抛土	m³	2100	2310	2467.5	2520
2	52-1-2-3系	机械挖沟槽土方 深≤7m 现场抛土	m³				52.5
3	53-9-1-1	施工排水、降水 湿土排水	m³	1680	1890	2047.5	2152.5
4	52-1-4-3	管道砾石砂垫层	m³	36.92	36.92	36.92	36.92
5	52-1-5-1	管道基座 混凝土 C20	m³	14.12	14.12	14.12	14.12
6	52-1-5-1换	管道基座 混凝土 C25	m³	183.03	183.03	183.03	183.03
7	52-4-5-1	管道基座 模板工程	m²	195.68	195.68	195.68	195.68
8	52-1-5-2	管道基座 钢筋	t	3.517	3.517	3.517	3.517
9	52-1-6-21	管道铺设 F型钢承口式钢筋混凝土管 φ2200	100m	0.9725	0.9725	0.9725	0.9725
10	52-1-3-1	沟槽回填 夯填土	m³	1333.59	1543.59	1701.09	1806.09
11	53-9-1-3	施工排水、降水 筑拆竹笼滤井	座	2.5	2.5	2.5	2.5

序号	定额编号	调整组合项目名称	单位	数量	数量	数量	数量
		井点降水					
1	53-9-1-5	施工排水、降水 轻型井点安装	根	83	83	83	
2	53-9-1-6	施工排水、降水 轻型井点拆除	根	83	83	83	
3	53-9-1-7	施工排水、降水 轻型井点使用	套·天	70	70	70	
4	53-9-1-8	施工排水、降水 喷射井点安装 10m	根				40
5	53-9-1-9	施工排水、降水 喷射井点拆除 10m	根				40
6	53-9-1-10	施工排水、降水 喷射井点使用 10m	套·天				49
7	53-9-1-1	施工排水、降水 湿土排水	m³	−1680	−1890	−2047.5	−2152.5
		围护支撑					
1	52-4-3-2	打槽型钢板桩 长6.01~9.00m,单面	100m	2	2	2	
2	52-4-3-3	打槽型钢板桩 长9.01~12.00m,单面	100m				2
3	52-4-3-7	拔槽型钢板桩 长6.01~9.00m,单面	100m	2	2	2	
4	52-4-3-8	拔槽型钢板桩 长9.01~12.00m,单面	100m				2
5	52-4-4-8	安拆钢板桩支撑 槽宽≤4.5m 深4.01~6.00m	100m	1	1	1	
6	52-4-4-9	安拆钢板桩支撑 槽宽≤4.5m 深6.01~8.00m	100m				1
7	52-4-3-11	槽型钢板桩使用费	t·d	9604	9604	9604	13306
8	52-4-4-14	钢板桩支撑使用费	t·d	767	767	767	1334
		素混凝土基础					
1	52-1-5-1	管道基座 混凝土 C20	m³	168.91	168.91	168.91	168.91
2	52-1-5-1换	管道基座 混凝土 C25	m³	−183.03	−183.03	−183.03	−183.03
3	52-1-5-2	管道基座 钢筋	t	−3.517	−3.517	−3.517	−3.517
4	52-1-3-1	沟槽回填 夯填土	m³	14.12	14.12	14.12	14.12

单位:100m

序号	定额编号	基本组合项目名称	单位	Z52-1-2-110	Z52-1-2-111
				6.5m	7.0m
1	52-1-2-3	机械挖沟槽土方 深≤6m 现场抛土	m³	2520	2583
2	52-1-2-3系	机械挖沟槽土方 深≤7m 现场抛土	m³	210	430.5
3	53-9-1-1	施工排水、降水 湿土排水	m³	2310	2583
4	52-1-4-3	管道砾石砂垫层	m³	36.92	37.84
5	52-1-5-1	管道基座 混凝土 C20	m³	14.12	14.12
6	52-1-5-1换	管道基座 混凝土 C25	m³	183.03	183.03
7	52-4-5-1	管道基座 模板工程	m²	195.68	195.68
8	52-1-5-2	管道基座 钢筋	t	3.517	3.517
9	52-1-6-21	管道铺设 F 型钢承口式钢筋混凝土管 φ2200	100m	0.9725	0.9725
10	52-1-3-1	沟槽回填 夯填土	m³	1963.59	2246.17
11	53-9-1-3	施工排水、降水 筑拆竹箩滤井	座	2.5	2.5
序号	定额编号	调整组合项目名称	单位	数量	数量
		井点降水			
1	53-9-1-8	施工排水、降水 喷射井点安装 10m	根	40	40
2	53-9-1-9	施工排水、降水 喷射井点拆除 10m	根	40	40
3	53-9-1-10	施工排水、降水 喷射井点使用 10m	套·天	49	49
4	53-9-1-1	施工排水、降水 湿土排水	m³	−2310	−2583
		围护支撑			
1	52-4-3-3	打槽型钢板桩 长 9.01~12.00m,单面	100m	2	2
2	52-4-3-8	拔槽型钢板桩 长 9.01~12.00m,单面	100m	2	2
3	52-4-4-9	安拆钢板桩支撑 槽宽≤4.5m 深6.01~8.00m	100m	1	1
4	52-4-3-11	槽型钢板桩使用费	t·d	13306	13306
5	52-4-4-14	钢板桩支撑使用费	t·d	1334	1334
		素混凝土基础			
1	52-1-5-1	管道基座 混凝土 C20	m³	168.91	168.91
2	52-1-5-1换	管道基座 混凝土 C25	m³	−183.03	−183.03
3	52-1-5-2	管道基座 钢筋	t	−3.517	−3.517
4	52-1-3-1	沟槽回填 夯填土	m³	14.12	14.12

（十一）φ2400 F 型钢承口式钢筋混凝土管

单位：100m

序号	定额编号	基本组合项目名称	单位	Z52-1-2-112 ≤4.0m	Z52-1-2-113 >4.0m	Z52-1-2-114 4.5m	Z52-1-2-115 5.0m
1	52-1-2-3	机械挖沟槽土方 深≤6m 现场抛土	m³	1668.19	1775.81	1937.25	2205
2	53-9-1-1	施工排水、降水 湿土排水	m³	1237.69	1345.31	1506.75	1764
3	52-1-4-3	管道砾石砂垫层	m³	38.09	38.09	37.84	38.77
4	52-1-5-1	管道基座 混凝土 C20	m³	15.33	15.33	15.23	15.23
5	52-1-5-1换	管道基座 混凝土 C25	m³	206.7	206.7	205.37	205.37
6	52-4-5-1	管道基座 模板工程	m²	209.95	209.95	208.6	208.6
7	52-1-5-2	管道基座 钢筋	t	4.478	4.478	4.449	4.449
8	52-1-6-22	管道铺设 F 型钢承口式钢筋混凝土管 φ2400	100m	0.9725	0.9725	0.9725	0.9725
9	52-1-3-1	沟槽回填 夯填土	m³	774.54	882.16	1045.28	1312.1
10	53-9-1-3	施工排水、降水 筑拆竹箩滤井	座	2.5	2.5	2.5	2.5

序号	定额编号	调整组合项目名称	单位	数量	数量	数量	数量
		井点降水					
1	53-9-1-5	施工排水、降水 轻型井点安装	根	83	83	83	83
2	53-9-1-6	施工排水、降水 轻型井点拆除	根	83	83	83	83
3	53-9-1-7	施工排水、降水 轻型井点使用	套·天	70	70	70	70
4	53-9-1-1	施工排水、降水 湿土排水	m³	−1237.69	−1345.31	−1506.75	−1764
		围护支撑					
1	52-4-3-1	打槽型钢板桩 长 4.00～6.00m，单面	100m	2			
2	52-4-3-2	打槽型钢板桩 长 6.01～9.00m，单面	100m		2	2	2
3	52-4-3-6	拔槽型钢板桩 长 4.00～6.00m，单面	100m	2			
4	52-4-3-7	拔槽型钢板桩 长 6.01～9.00m，单面	100m		2	2	2
5	52-4-4-7	安拆钢板桩支撑 槽宽≤4.5m 深 3.01～4.00m	100m	1			
6	52-4-4-8	安拆钢板桩支撑 槽宽≤4.5m 深 4.01～6.00m	100m		1	1	1
7	52-4-3-11	槽型钢板桩使用费	t·d	4320	9604	9604	9604
8	52-4-4-14	钢板桩支撑使用费	t·d	384	767	767	767
		素混凝土基础					
1	52-1-5-1	管道基座 混凝土 C20	m³	191.37	191.37	190.14	190.14
2	52-1-5-1换	管道基座 混凝土 C25	m³	−206.7	−206.7	−205.37	−205.37
3	52-1-5-2	管道基座 钢筋	t	−4.478	−4.478	−4.449	−4.449
4	52-1-3-1	沟槽回填 夯填土	m³	15.33	15.33	15.23	15.23

单位:100m

序号	定额编号	基本组合项目名称	单位	Z52-1-2-116	Z52-1-2-117	Z52-1-2-118	Z52-1-2-119
				5.5m	≤6.0m	>6.0m	6.5m
1	52-1-2-3	机械挖沟槽土方 深≤6m 现场抛土	m³	2425.5	2590.88	2646	2646
2	52-1-2-3系	机械挖沟槽土方 深≤7m 现场抛土	m³			55.13	220.5
3	53-9-1-1	施工排水、降水 湿土排水	m³	1984.5	2149.88	2260.13	2425.5
4	52-1-4-3	管道砾石砂垫层	m³	38.77	38.77	38.77	38.77
5	52-1-5-1	管道基座 混凝土 C20	m³	15.23	15.23	15.23	15.23
6	52-1-5-1换	管道基座 混凝土 C25	m³	205.37	205.37	205.37	205.37
7	52-4-5-1	管道基座 模板工程	m²	208.6	208.6	208.6	208.6
8	52-1-5-2	管道基座 钢筋	t	4.449	4.449	4.449	4.449
9	52-1-6-22	管道铺设 F型钢承口式钢筋混凝土管 φ2400	100m	0.9725	0.9725	0.9725	0.9725
10	52-1-3-1	沟槽回填 夯填土	m³	1532.6	1697.98	1808.23	1973.6
11	53-9-1-3	施工排水、降水 筑拆竹笼滤井	座	2.5	2.5	2.5	2.5

序号	定额编号	调整组合项目名称	单位	数量	数量	数量	数量
		井点降水					
1	53-9-1-5	施工排水、降水 轻型井点安装	根	83	83		
2	53-9-1-6	施工排水、降水 轻型井点拆除	根	83	83		
3	53-9-1-7	施工排水、降水 轻型井点使用	套·天	70	70		
4	53-9-1-8	施工排水、降水 喷射井点安装 10m	根			40	40
5	53-9-1-9	施工排水、降水 喷射井点拆除 10m	根			40	40
6	53-9-1-10	施工排水、降水 喷射井点使用 10m	套·天			49	49
7	53-9-1-1	施工排水、降水 湿土排水	m³	-1984.5	-2149.88	2260.13	-2425.5
		围护支撑					
1	52-4-3-2	打槽型钢板桩 长6.01~9.00m,单面	100m	2	2		
2	52-4-3-3	打槽型钢板桩 长9.01~12.00m,单面	100m			2	2
3	52-4-3-7	拔槽型钢板桩 长6.01~9.00m,单面	100m	2	2		
4	52-4-3-8	拔槽型钢板桩 长9.01~12.00m,单面	100m			2	2
5	52-4-4-8	安拆钢板桩支撑 槽宽≤4.5m 深4.01~6.00m	100m	1	1		
6	52-4-4-9	安拆钢板桩支撑 槽宽≤4.5m 深6.01~8.00m	100m			1	1
7	52-4-3-11	槽型钢板桩使用费	t·d	9604	9604	13306	13306
8	52-4-4-14	钢板桩支撑使用费	t·d	767	767	1334	1334
		素混凝土基础					
1	52-1-5-1	管道基座 混凝土 C20	m³	190.14	190.14	190.14	190.14
2	52-1-5-1换	管道基座 混凝土 C25	m³	-205.37	-205.37	-205.37	-205.37
3	52-1-5-2	管道基座 钢筋	t	-4.449	-4.449	-4.449	-4.449
4	52-1-3-1	沟槽回填 夯填土	m³	15.23	15.23	15.23	15.23

单位:100m

序号	定额编号	基本组合项目名称	单位	Z52-1-2-120
				7.0m
1	52-1-2-3	机械挖沟槽土方 深≤6m 现场抛土	m³	2709
2	52-1-2-3系	机械挖沟槽土方 深≤7m 现场抛土	m³	451.5
3	53-9-1-1	施工排水、降水 湿土排水	m³	2709
4	52-1-4-3	管道砾石砂垫层	m³	39.69
5	52-1-5-1	管道基座 混凝土 C20	m³	15.23
6	52-1-5-1换	管道基座 混凝土 C25	m³	205.37
7	52-4-5-1	管道基座 模板工程	m²	208.6
8	52-1-5-2	管道基座 钢筋	t	4.449
9	52-1-6-22	管道铺设 F型钢承口式钢筋混凝土管 φ2400	100m	0.9725
10	52-1-3-1	沟槽回填 夯填土	m³	2266.68
11	53-9-1-3	施工排水、降水 筑拆竹箩滤井	座	2.5

序号	定额编号	调整组合项目名称	单位	数量
		井点降水		
1	53-9-1-8	施工排水、降水 喷射井点安装 10m	根	40
2	53-9-1-9	施工排水、降水 喷射井点拆除 10m	根	40
3	53-9-1-10	施工排水、降水 喷射井点使用 10m	套·天	49
4	53-9-1-1	施工排水、降水 湿土排水	m³	−2709
		围护支撑		
1	52-4-3-3	打槽型钢板桩 长9.01~12.00m,单面	100m	2
2	52-4-3-8	拔槽型钢板桩 长9.01~12.00m,单面	100m	2
3	52-4-4-9	安拆钢板桩支撑 槽宽≤4.5m 深6.01~8.00m	100m	1
4	52-4-3-11	槽型钢板桩使用费	t·d	13306
5	52-4-4-14	钢板桩支撑使用费	t·d	1334
		素混凝土基础		
1	52-1-5-1	管道基座 混凝土 C20	m³	190.14
2	52-1-5-1换	管道基座 混凝土 C25	m³	−205.37
3	52-1-5-2	管道基座 钢筋	t	−4.449
4	52-1-3-1	沟槽回填 夯填土	m³	15.23

(十二) φ2700 F型钢承口式钢筋混凝土管

单位：100m

序号	定额编号	基本组合项目名称	单位	Z52-1-2-121	Z52-1-2-122	Z52-1-2-123	Z52-1-2-124
				4.5m	5.0m	5.5m	≤6.0m
1	52-1-2-3	机械挖沟槽土方 深≤6m 现场抛土	m³	2173.5	2467.5	2714.25	2899.31
2	53-9-1-1	施工排水、降水 湿土排水	m³	1690.5	1974	2220.75	2405.81
3	52-1-4-3	管道砾石砂垫层	m³	42.46	43.38	43.38	43.38
4	52-1-5-1	管道基座 混凝土 C20	m³	16.61	16.61	16.61	16.61
5	52-1-5-1换	管道基座 混凝土 C25	m³	247.46	247.46	247.46	247.46
6	52-4-5-1	管道基座 模板工程	m²	234.44	234.44	234.44	234.44
7	52-1-5-2	管道基座 钢筋	t	4.837	4.837	4.837	4.837
8	52-1-6-23	管道铺设 F型钢承口式钢筋混凝土管 φ2700	100m	0.9725	0.9725	0.9725	0.9725
9	52-1-3-1	沟槽回填 夯填土	m³	1084.84	1377.92	1624.67	1809.73
10	53-9-1-3	施工排水、降水 筑拆竹箩滤井	座	2.5	2.5	2.5	2.5
序号	定额编号	调整组合项目名称	单位	数量	数量	数量	数量
		井点降水					
1	53-9-1-5	施工排水、降水 轻型井点安装	根	83	83	83	83
2	53-9-1-6	施工排水、降水 轻型井点拆除	根	83	83	83	83
3	53-9-1-7	施工排水、降水 轻型井点使用	套·天	73	73	73	73
4	53-9-1-1	施工排水、降水 湿土排水	m³	−1690.5	−1974	−2220.75	−2405.81
		围护支撑					
1	52-4-3-2	打槽型钢板桩 长 6.01~9.00m，单面	100m	2	2	2	2
2	52-4-3-7	拔槽型钢板桩 长 6.01~9.00m，单面	100m	2	2	2	2
3	52-4-4-10	安拆钢板桩支撑 槽宽≤6.0m 深 4.01~6.00m	100m	1	1	1	1
4	52-4-3-11	槽型钢板桩使用费	t·d	10384	10384	10384	10384
5	52-4-4-14	钢板桩支撑使用费	t·d	1400	1400	1400	1400
		素混凝土基础					
1	52-1-5-1	管道基座 混凝土 C20	m³	230.85	230.85	230.85	230.85
2	52-1-5-1换	管道基座 混凝土 C25	m³	−247.46	−247.46	−247.46	−247.46
3	52-1-5-2	管道基座 钢筋	t	−4.837	−4.837	−4.837	−4.837
4	52-1-3-1	沟槽回填 夯填土	m³	16.61	16.61	16.61	16.61

单位:100m

序号	定额编号	基本组合项目名称	单位	Z52-1-2-125 >6.0m	Z52-1-2-126 6.5m	Z52-1-2-127 7.0m
1	52-1-2-3	机械挖沟槽土方 深≤6m 现场抛土	m³	2961	2961	3024
2	52-1-2-3系	机械挖沟槽土方 深≤7m 现场抛土	m³	61.69	246.75	504
3	53-9-1-1	施工排水、降水 湿土排水	m³	2529.19	2714.25	3024
4	52-1-4-3	管道砾石砂垫层	m³	43.38	43.38	44.3
5	52-1-5-1	管道基座 混凝土 C20	m³	16.61	16.61	16.61
6	52-1-5-1换	管道基座 混凝土 C25	m³	247.46	247.46	247.46
7	52-4-5-1	管道基座 模板工程	m²	234.44	234.44	234.44
8	52-1-5-2	管道基座 钢筋	t	4.837	4.837	4.837
9	52-1-6-23	管道铺设 F型钢承口式钢筋混凝土管 φ2700	100m	0.9725	0.9725	0.9725
10	52-1-3-1	沟槽回填 夯填土	m³	1933.11	2118.17	2437.5
11	53-9-1-3	施工排水、降水 筑拆竹箩滤井	座	2.5	2.5	2.5

序号	定额编号	调整组合项目名称	单位	数量	数量	数量
		井点降水				
1	53-9-1-8	施工排水、降水 喷射井点安装 10m	根	40	40	40
2	53-9-1-9	施工排水、降水 喷射井点拆除 10m	根	40	40	40
3	53-9-1-10	施工排水、降水 喷射井点使用 10m	套·天	52	52	52
4	53-9-1-1	施工排水、降水 湿土排水	m³	−2529.19	−2714.25	−3024
		围护支撑				
1	52-4-3-3	打槽型钢板桩 长9.01~12.00m,单面	100m	2	2	2
2	52-4-3-8	拔槽型钢板桩 长9.01~12.00m,单面	100m	2	2	2
3	52-4-4-11	安拆钢板桩支撑 槽宽≤6.0m 深6.01~8.00m	100m	1	1	1
4	52-4-3-11	槽型钢板桩使用费	t·d	14536	14536	14536
5	52-4-4-14	钢板桩支撑使用费	t·d	2798	2798	2798
		素混凝土基础				
1	52-1-5-1	管道基座 混凝土 C20	m³	230.85	230.85	230.85
2	52-1-5-1换	管道基座 混凝土 C25	m³	−247.46	−247.46	−247.46
3	52-1-5-2	管道基座 钢筋	t	−4.837	−4.837	−4.837
4	52-1-3-1	沟槽回填 夯填土	m³	16.61	16.61	16.61

(十三) φ3000 F型钢承口式钢筋混凝土管

单位：100m

序号	定额编号	基本组合项目名称	单位	Z52-1-2-128 5.0m	Z52-1-2-129 5.5m	Z52-1-2-130 ≤6.0m	Z52-1-2-131 ＞6.0m
1	52-1-2-3	机械挖沟槽土方 深≤6m 现场抛土	m³	2572.5	2829.75	3022.69	3087
2	52-1-2-3系	机械挖沟槽土方 深≤7m 现场抛土	m³				64.31
3	53-9-1-1	施工排水、降水 湿土排水	m³	2058	2315.25	2508.19	2636.81
4	52-1-4-3	管道砾石砂垫层	m³	45.23	45.23	45.23	45.23
5	52-1-5-1	管道基座 混凝土 C20	m³	18.46	18.46	18.46	18.46
6	52-1-5-1换	管道基座 混凝土 C25	m³	305.88	305.88	305.88	305.88
7	52-4-5-1	管道基座 模板工程	m²	256.59	256.59	256.59	256.59
8	52-1-5-2	管道基座 钢筋	t	5.27	5.27	5.27	5.27
9	52-1-6-24	管道铺设 F型钢承口式钢筋混凝土管 φ3000	100m	0.9725	0.9725	0.9725	0.9725
10	52-1-3-1	沟槽回填 夯填土	m³	1245.77	1503.02	1695.96	1824.58
11	53-9-1-3	施工排水、降水 筑拆竹篓滤井	座	2.5	2.5	2.5	2.5

序号	定额编号	调整组合项目名称	单位	数量	数量	数量	数量
		井点降水					
1	53-9-1-5	施工排水、降水 轻型井点安装	根	83	83	83	
2	53-9-1-6	施工排水、降水 轻型井点拆除	根	83	83	83	
3	53-9-1-7	施工排水、降水 轻型井点使用	套·天	78	78	78	
4	53-9-1-8	施工排水、降水 喷射井点安装 10m	根				40
5	53-9-1-9	施工排水、降水 喷射井点拆除 10m	根				40
6	53-9-1-10	施工排水、降水 喷射井点使用 10m	套·天				56
7	53-9-1-1	施工排水、降水 湿土排水	m³	−2058	−2315.25	−2508.19	−2636.81
		围护支撑					
1	52-4-3-2	打槽型钢板桩 长6.01～9.00m，单面	100m	2	2	2	
2	52-4-3-3	打槽型钢板桩 长9.01～12.00m，单面	100m				2
3	52-4-3-7	拔槽型钢板桩 长6.01～9.00m，单面	100m	2	2	2	
4	52-4-3-8	拔槽型钢板桩 长9.01～12.00m，单面	100m				2
5	52-4-4-10	安拆钢板桩支撑 槽宽≤6.0m 深4.01～6.00m	100m	1	1	1	
6	52-4-4-11	安拆钢板桩支撑 槽宽≤6.0m 深6.01～8.00m	100m				1
7	52-4-3-11	槽型钢板桩使用费	t·d	10384	10384	10384	14536
8	52-4-4-14	钢板桩支撑使用费	t·d	1400	1400	1400	2798
		素混凝土基础					
1	52-1-5-1	管道基座 混凝土 C20	m³	287.42	287.42	287.42	287.42
2	52-1-5-1换	管道基座 混凝土 C25	m³	−305.88	−305.88	−305.88	−305.88
3	52-1-5-2	管道基座 钢筋	t	−5.27	−5.27	−5.27	−5.27
4	52-1-3-1	沟槽回填 夯填土	m³	18.46	18.46	18.46	18.46

单位:100m

序号	定额编号	基本组合项目名称	单位	Z52-1-2-132 6.5m	Z52-1-2-133 7.0m
1	52-1-2-3	机械挖沟槽土方 深≤6m 现场抛土	m³	3087	3150
2	52-1-2-3系	机械挖沟槽土方 深≤7m 现场抛土	m³	257.25	525
3	53-9-1-1	施工排水、降水 湿土排水	m³	2829.75	3150
4	52-1-4-3	管道砾石砂垫层	m³	45.23	46.15
5	52-1-5-1	管道基座 混凝土 C20	m³	18.46	18.46
6	52-1-5-1换	管道基座 混凝土 C25	m³	305.88	305.88
7	52-4-5-1	管道基座 模板工程	m²	256.59	256.59
8	52-1-5-2	管道基座 钢筋	t	5.27	5.27
9	52-1-6-24	管道铺设 F型钢承口式钢筋混凝土管 φ3000	100m	0.9725	0.9725
10	52-1-3-1	沟槽回填 夯填土	m³	2017.52	2347.35
11	53-9-1-3	施工排水、降水 筑拆竹箩滤井	座	2.5	2.5

序号	定额编号	调整组合项目名称	单位	数量	数量
		井点降水			
1	53-9-1-8	施工排水、降水 喷射井点安装 10m	根	40	40
2	53-9-1-9	施工排水、降水 喷射井点拆除 10m	根	40	40
3	53-9-1-10	施工排水、降水 喷射井点使用 10m	套·天	56	56
4	53-9-1-1	施工排水、降水 湿土排水	m³	−2829.75	−3150
		围护支撑			
1	52-4-3-3	打槽型钢板桩 长 9.01～12.00m,单面	100m	2	2
2	52-4-3-8	拔槽型钢板桩 长 9.01～12.00m,单面	100m	2	2
3	52-4-4-11	安拆钢板桩支撑 槽宽≤6.0m 深 6.01～8.00m	100m	1	1
4	52-4-3-11	槽型钢板桩使用费	t·d	14536	14536
5	52-4-4-14	钢板桩支撑使用费	t·d	2798	2798
		素混凝土基础			
1	52-1-5-1	管道基座 混凝土 C20	m³	287.42	287.42
2	52-1-5-1换	管道基座 混凝土 C25	m³	−305.88	−305.88
3	52-1-5-2	管道基座 钢筋	t	−5.27	−5.27
4	52-1-3-1	沟槽回填 夯填土	m³	18.46	18.46

三、DN225～DN400硬聚氯乙烯加筋管(PVC-U)

（一）DN225硬聚氯乙烯加筋管(PVC-U)

单位：100m

序号	定额编号	基本组合项目名称	单位	Z52-1-3-1A	Z52-1-3-1B	Z52-1-3-2A	Z52-1-3-2B
				1.5m	1.5m	2.0m	2.0m
1	52-1-2-1	机械挖沟槽土方　深≤3m　现场抛土	m³	189.00	189.00	252.00	252.00
2	53-9-1-1	施工排水、降水　湿土排水	m³	63.00	63.00	126.00	126.00
3	52-1-4-3	管道砾石砂垫层	m³	11.65	11.65	11.65	11.65
4	52-1-4-1	管道黄砂垫层	m³	5.82	5.82	5.82	5.82
5	52-1-6-25	硬聚氯乙烯加筋管(PVC-U) DN225	100m	0.985	0.985	0.985	0.985
6	52-1-3-4	沟槽回填　黄砂	m³	23.76	85.30	23.76	85.30
7	52-1-3-1	沟槽回填　夯填土	m³	138.35	76.81	199.89	138.35
8	53-9-1-3	施工排水、降水　筑拆竹笋滤井	座	2.5	2.5	2.5	2.5
序号	定额编号	调整组合项目名称	单位	数量	数量	数量	数量
		围护支撑					
1	52-4-2-1	撑拆列板　深≤1.5m,双面	100m	1	1		
2	52-4-2-2	撑拆列板　深≤2.0m,双面	100m			1	1
3	52-4-2-5	列板使用费	t·d	109	109	152	152
4	52-4-2-6	列板支撑使用费	t·d	39	39	53	53
		砾石砂垫层厚度增加5cm					
1	52-1-4-3	管道砾石砂垫层	m³	5.83	5.83	5.83	5.83
2	52-1-3-1	沟槽回填　夯填土	m³	−5.83	−5.83	−5.83	−5.83

单位:100m

序号	定额编号	基本组合项目名称	单位	Z52-1-3-3A	Z52-1-3-3B	Z52-1-3-4A	Z52-1-3-4B
				2.5m	2.5m	≤3.0m	≤3.0m
1	52-1-2-1	机械挖沟槽土方 深≤3m 现场抛土	m³	315.00	315.00	362.25	362.25
2	53-9-1-1	施工排水、降水 湿土排水	m³	189.00	189.00	236.25	236.25
3	52-1-4-3	管道砾石砂垫层	m³	11.65	11.65	11.65	11.65
4	52-1-4-1	管道黄砂垫层	m³	5.82	5.82	5.82	5.82
5	52-1-6-25	硬聚氯乙烯加筋管(PVC-U) DN225	100m	0.985	0.985	0.985	0.985
6	52-1-3-4	沟槽回填 黄砂	m³	23.76	85.30	23.76	85.30
7	52-1-3-1	沟槽回填 夯填土	m³	261.43	199.89	307.22	245.68
8	53-9-1-3	施工排水、降水 筑拆竹箩滤井	座	2.5	2.5	2.5	2.5

序号	定额编号	调整组合项目名称	单位	数量	数量	数量	数量
		井点降水					
1	53-9-1-5	施工排水、降水 轻型井点安装	根			83	83
2	53-9-1-6	施工排水、降水 轻型井点拆除	根			83	83
3	53-9-1-7	施工排水、降水 轻型井点使用	套·天			22	22
4	53-9-1-1	施工排水、降水 湿土排水	m³			−236.25	−236.25
		围护支撑					
1	52-4-2-3	撑拆列板 深≤2.5m,双面	100m	1	1		
2	52-4-2-4	撑拆列板 深≤3.0m,双面	100m			1	1
3	52-4-2-5	列板使用费	t·d	174	174	210	210
4	52-4-2-6	列板支撑使用费	t·d	67	67	80	80
		砾石砂垫层厚度增加5cm					
1	52-1-4-3	管道砾石砂垫层	m³	5.83	5.83	5.83	5.83
2	52-1-3-1	沟槽回填 夯填土	m³	−5.83	−5.83	−5.83	−5.83

单位:100m

序号	定额编号	基本组合项目名称	单位	Z52-1-3-5A	Z52-1-3-5B	Z52-1-3-6A	Z52-1-3-6B
				>3.0m	>3.0m	3.5m	3.5m
1	52-1-2-3	机械挖沟槽土方 深≤6m 现场抛土	m³	393.75	393.75	441.00	441.00
2	53-9-1-1	施工排水、降水 湿土排水	m³	267.75	267.75	315.00	315.00
3	52-1-4-3	管道砾石砂垫层	m³	11.65	11.65	11.65	11.65
4	52-1-4-1	管道黄砂垫层	m³	5.82	5.82	5.82	5.82
5	52-1-6-25	硬聚氯乙烯加筋管(PVC-U) DN225	100m	0.985	0.985	0.985	0.985
6	52-1-3-4	沟槽回填 黄砂	m³	23.76	85.30	23.76	85.30
7	52-1-3-1	沟槽回填 夯填土	m³	338.72	277.18	384.51	322.97
8	53-9-1-3	施工排水、降水 筑拆竹箩滤井	座	2.5	2.5	2.5	2.5

序号	定额编号	调整组合项目名称	单位	数量	数量	数量	数量
		井点降水					
1	53-9-1-5	施工排水、降水 轻型井点安装	根	83	83	83	83
2	53-9-1-6	施工排水、降水 轻型井点拆除	根	83	83	83	83
3	53-9-1-7	施工排水、降水 轻型井点使用	套·天	22	22	22	22
4	53-9-1-1	施工排水、降水 湿土排水	m³	−267.75	−267.75	−315	−315
		围护支撑					
1	52-4-3-1	打槽型钢板桩 长 4.00~6.00m,单面	100m	2	2	2	2
2	52-4-3-6	拔槽型钢板桩 长 4.00~6.00m,单面	100m	2	2	2	2
3	52-4-4-1	安拆钢板桩支撑 槽宽≤3.0m 深3.01~4.00m	100m	1	1	1	1
4	52-4-3-11	槽型钢板桩使用费	t·d	1852	1852	1852	1852
5	52-4-4-14	钢板桩支撑使用费	t·d	87	87	87	87
		砾石砂垫层厚度增加5cm					
1	52-1-4-3	管道砾石砂垫层	m³	5.83	5.83	5.83	5.83
2	52-1-3-1	沟槽回填 夯填土	m³	−5.83	−5.83	−5.83	−5.83

（二）DN300 硬聚氯乙烯加筋管(PVC-U)

单位：100m

序号	定额编号	基本组合项目名称	单位	Z52-1-3-7A 1.5m	Z52-1-3-7B 1.5m	Z52-1-3-8A 2.0m	Z52-1-3-8B 2.0m
1	52-1-2-1	机械挖沟槽土方 深≤3m 现场抛土	m³	204.75	204.75	273.00	273.00
2	53-9-1-1	施工排水、降水 湿土排水	m³	68.25	68.25	136.50	136.50
3	52-1-4-3	管道砾石砂垫层	m³	12.62	12.62	12.62	12.62
4	52-1-4-1	管道黄砂垫层	m³	6.31	6.31	6.31	6.31
5	52-1-6-26	硬聚氯乙烯加筋管(PVC-U) DN300	100m	0.985	0.985	0.985	0.985
6	52-1-3-4	沟槽回填 黄砂	m³	33.50	100.30	33.50	100.30
7	52-1-3-1	沟槽回填 夯填土	m³	139.71	72.91	206.50	139.70
8	53-9-1-3	施工排水、降水 筑拆竹箩滤井	座	2.5	2.5	2.5	2.5
序号	定额编号	调整组合项目名称	单位	数量	数量	数量	数量
		围护支撑					
1	52-4-2-1	撑拆列板 深≤1.5m,双面	100m	1	1		
2	52-4-2-2	撑拆列板 深≤2.0m,双面	100m			1	1
3	52-4-2-5	列板使用费	t·d	109	109	152	152
4	52-4-2-6	列板支撑使用费	t·d	39	39	53	53
		砾石砂垫层厚度增加5cm					
1	52-1-4-3	管道砾石砂垫层	m³	6.31	6.31	6.31	6.31
2	52-1-3-1	沟槽回填 夯填土	m³	−6.31	−6.31	−6.31	−6.31

单位:100m

序号	定额编号	基本组合项目名称	单位	Z52-1-3-9A	Z52-1-3-9B	Z52-1-3-10A	Z52-1-3-10B
				2.5m	2.5m	≤3.0m	≤3.0m
1	52-1-2-1	机械挖沟槽土方 深≤3m 现场抛土	m³	341.25	341.25	392.44	392.44
2	53-9-1-1	施工排水、降水 湿土排水	m³	204.75	204.75	255.94	255.94
3	52-1-4-3	管道砾石砂垫层	m³	12.62	12.62	12.62	12.62
4	52-1-4-1	管道黄砂垫层	m³	6.31	6.31	6.31	6.31
5	52-1-6-26	硬聚氯乙烯加筋管(PVC-U) DN300	100m	0.985	0.985	0.985	0.985
6	52-1-3-4	沟槽回填 黄砂	m³	33.50	100.30	33.50	100.30
7	52-1-3-1	沟槽回填 夯填土	m³	273.29	206.49	323.02	256.22
8	53-9-1-3	施工排水、降水 筑拆竹箩滤井	座	2.5	2.5	2.5	2.5

序号	定额编号	调整组合项目名称	单位	数量	数量	数量	数量
		井点降水					
1	53-9-1-5	施工排水、降水 轻型井点安装	根			83	83
2	53-9-1-6	施工排水、降水 轻型井点拆除	根			83	83
3	53-9-1-7	施工排水、降水 轻型井点使用	套·天			22	22
4	53-9-1-1	施工排水、降水 湿土排水	m³			−255.94	−255.94
		围护支撑					
1	52-4-2-3	撑拆列板 深≤2.5m,双面	100m	1	1		
2	52-4-2-4	撑拆列板 深≤3.0m,双面	100m			1	1
3	52-4-2-5	列板使用费	t·d	174	174	210	210
4	52-4-2-6	列板支撑使用费	t·d	67	67	80	80
		砾石砂垫层厚度增加5cm					
1	52-1-4-3	管道砾石砂垫层	m³	6.31	6.31	6.31	6.31
2	52-1-3-1	沟槽回填 夯填土	m³	−6.31	−6.31	−6.31	−6.31

单位:100m

序号	定额编号	基本组合项目名称	单位	Z52-1-3-11A >3.0m	Z52-1-3-11B >3.0m	Z52-1-3-12A 3.5m	Z52-1-3-12B 3.5m
1	52-1-2-3	机械挖沟槽土方 深≤6m 现场抛土	m³	426.56	426.56	477.75	477.75
2	53-9-1-1	施工排水、降水 湿土排水	m³	290.06	290.06	341.25	341.25
3	52-1-4-3	管道砾石砂垫层	m³	12.62	12.62	12.62	12.62
4	52-1-4-1	管道黄砂垫层	m³	6.31	6.31	6.31	6.31
5	52-1-6-26	硬聚氯乙烯加筋管(PVC-U) DN300	100m	0.985	0.985	0.985	0.985
6	52-1-3-4	沟槽回填 黄砂	m³	33.50	100.30	33.50	100.30
7	52-1-3-1	沟槽回填 夯填土	m³	357.14	290.34	406.87	340.07
8	53-9-1-3	施工排水、降水 筑拆竹箩滤井	座	2.5	2.5	2.5	2.5

序号	定额编号	调整组合项目名称	单位	数量	数量	数量	数量
		井点降水					
1	53-9-1-5	施工排水、降水 轻型井点安装	根	83	83	83	83
2	53-9-1-6	施工排水、降水 轻型井点拆除	根	83	83	83	83
3	53-9-1-7	施工排水、降水 轻型井点使用	套·天	22	22	22	22
4	53-9-1-1	施工排水、降水 湿土排水	m³	−290.06	−290.06	−341.25	−341.25
		围护支撑					
1	52-4-3-1	打槽型钢板桩 长 4.00～6.00m,单面	100m	2	2	2	2
2	52-4-3-6	拔槽型钢板桩 长 4.00～6.00m,单面	100m	2	2	2	2
3	52-4-4-1	安拆钢板桩支撑 槽宽≤3.0m 深 3.01～4.00m	100m	1	1	1	1
4	52-4-3-11	槽型钢板桩使用费	t·d	1852	1852	1852	1852
5	52-4-4-14	钢板桩支撑使用费	t·d	87	87	87	87
		砾石砂垫层厚度增加 5cm					
1	52-1-4-3	管道砾石砂垫层	m³	6.31	6.31	6.31	6.31
2	52-1-3-1	沟槽回填 夯填土	m³	−6.31	−6.31	−6.31	−6.31

单位:100m

序号	定额编号	基本组合项目名称	单位	Z52-1-3-13A ≤4.0m	Z52-1-3-13B ≤4.0m
1	52-1-2-3	机械挖沟槽土方 深≤6m 现场抛土	m³	528.94	528.94
2	53-9-1-1	施工排水、降水 湿土排水	m³	392.44	392.44
3	52-1-4-3	管道砾石砂垫层	m³	12.62	12.62
4	52-1-4-1	管道黄砂垫层	m³	6.31	6.31
5	52-1-6-26	硬聚氯乙烯加筋管(PVC-U) DN300	100m	0.985	0.985
6	52-1-3-4	沟槽回填 黄砂	m³	33.50	100.30
7	52-1-3-1	沟槽回填 夯填土	m³	456.61	389.81
8	53-9-1-3	施工排水、降水 筑拆竹箩滤井	座	2.5	2.5

序号	定额编号	调整组合项目名称	单位	数量	数量
		井点降水			
1	53-9-1-5	施工排水、降水 轻型井点安装	根	83	83
2	53-9-1-6	施工排水、降水 轻型井点拆除	根	83	83
3	53-9-1-7	施工排水、降水 轻型井点使用	套·天	22	22
4	53-9-1-1	施工排水、降水 湿土排水	m³	−392.44	−392.44
		围护支撑			
1	52-4-3-1	打槽型钢板桩 长 4.00~6.00m,单面	100m	2	2
2	52-4-3-6	拔槽型钢板桩 长 4.00~6.00m,单面	100m	2	2
3	52-4-4-1	安拆钢板桩支撑 槽宽≤3.0m 深 3.01~4.00m	100m	1	1
4	52-4-3-11	槽型钢板桩使用费	t·d	1852	1852
5	52-4-4-14	钢板桩支撑使用费	t·d	87	87
		砾石砂垫层厚度增加5cm			
1	52-1-4-3	管道砾石砂垫层	m³	6.31	6.31
2	52-1-3-1	沟槽回填 夯填土	m³	−6.31	−6.31

（三）DN400 硬聚氯乙烯加筋管（PVC-U）

单位：100m

序号	定额编号	基本组合项目名称	单位	Z52-1-3-14A 1.5m	Z52-1-3-14B 1.5m	Z52-1-3-15A 2.0m	Z52-1-3-15B 2.0m
1	52-1-2-1	机械挖沟槽土方 深≤3m 现场抛土	m³	220.50	220.50	294.00	294.00
2	53-9-1-1	施工排水、降水 湿土排水	m³	73.50	73.50	147.00	147.00
3	52-1-4-3	管道砾石砂垫层	m³	13.53	13.53	13.53	13.53
4	52-1-4-1	管道黄砂垫层	m³	6.77	6.77	6.77	6.77
5	52-1-6-27	硬聚氯乙烯加筋管（PVC-U）DN400	100m	0.9813	0.9813	0.9813	0.9813
6	52-1-3-4	沟槽回填 黄砂	m³	45.28	116.89	45.28	116.89
7	52-1-3-1	沟槽回填 夯填土	m³	135.06	63.45	206.67	135.06
8	53-9-1-3	施工排水、降水 筑拆竹箩滤井	座	2.5	2.5	2.5	2.5

序号	定额编号	调整组合项目名称	单位	数量	数量	数量	数量
		围护支撑					
1	52-4-2-1	撑拆列板 深≤1.5m,双面	100m	1	1		
2	52-4-2-2	撑拆列板 深≤2.0m,双面	100m			1	1
3	52-4-2-5	列板使用费	t·d	109	109	152	152
4	52-4-2-6	列板支撑使用费	t·d	39	39	53	53
		砾石砂垫层厚度增加 5cm					
1	52-1-4-3	管道砾石砂垫层	m³	6.77	6.77	6.77	6.77
2	52-1-3-1	沟槽回填 夯填土	m³	−6.77	−6.77	−6.77	−6.77

单位:100m

序号	定额编号	基本组合项目名称	单位	Z52-1-3-16A	Z52-1-3-16B	Z52-1-3-17A	Z52-1-3-17B
				2.5m	2.5m	≤3.0m	≤3.0m
1	52-1-2-1	机械挖沟槽土方 深≤3m 现场抛土	m³	367.50	367.50	422.63	422.63
2	53-9-1-1	施工排水、降水 湿土排水	m³	220.50	220.50	275.63	275.63
3	52-1-4-3	管道砾石砂垫层	m³	13.53	13.53	13.44	13.44
4	52-1-4-1	管道黄砂垫层	m³	6.77	6.77	6.72	6.72
5	52-1-6-27	硬聚氯乙烯加筋管(PVC-U) DN400	100m	0.9813	0.9813	0.9813	0.9813
6	52-1-3-4	沟槽回填 黄砂	m³	45.28	116.89	45.28	116.89
7	52-1-3-1	沟槽回填 夯填土	m³	278.28	206.67	330.21	258.60
8	53-9-1-3	施工排水、降水 筑拆竹箩滤井	座	2.5	2.5	2.5	2.5

序号	定额编号	调整组合项目名称	单位	数量	数量	数量	数量
		井点降水					
1	53-9-1-5	施工排水、降水 轻型井点安装	根			83	83
2	53-9-1-6	施工排水、降水 轻型井点拆除	根			83	83
3	53-9-1-7	施工排水、降水 轻型井点使用	套·天			22	22
4	53-9-1-1	施工排水、降水 湿土排水	m³			−275.63	−275.63
		围护支撑					
1	52-4-2-3	撑拆列板 深≤2.5m,双面	100m	1	1		
2	52-4-2-4	撑拆列板 深≤3.0m,双面	100m			1	1
3	52-4-2-5	列板使用费	t·d	174	174	210	210
4	52-4-2-6	列板支撑使用费	t·d	67	67	80	80
		砾石砂垫层厚度增加5cm					
1	52-1-4-3	管道砾石砂垫层	m³	6.77	6.77	6.72	6.72
2	52-1-3-1	沟槽回填 夯填土	m³	−6.77	−6.77	−6.72	−6.72

单位：100m

序号	定额编号	基本组合项目名称	单位	Z52-1-3-18A	Z52-1-3-18B	Z52-1-3-19A	Z52-1-3-19B
				＞3.0m	＞3.0m	3.5m	3.5m
1	52-1-2-3	机械挖沟槽土方 深≤6m 现场抛土	m³	459.38	459.38	514.50	514.50
2	53-9-1-1	施工排水、降水 湿土排水	m³	312.38	312.38	367.50	367.50
3	52-1-4-3	管道砾石砂垫层	m³	13.44	13.44	13.44	13.44
4	52-1-4-1	管道黄砂垫层	m³	6.72	6.72	6.72	6.72
5	52-1-6-27	硬聚氯乙烯加筋管(PVC-U) DN400	100m	0.9813	0.9813	0.9813	0.9813
6	52-1-3-4	沟槽回填 黄砂	m³	45.28	116.89	45.28	116.89
7	52-1-3-1	沟槽回填 夯填土	m³	366.96	295.35	419.30	347.69
8	53-9-1-3	施工排水、降水 筑拆竹篓滤井	座	2.5	2.5	2.5	2.5

序号	定额编号	调整组合项目名称	单位	数量	数量	数量	数量
		井点降水					
1	53-9-1-5	施工排水、降水 轻型井点安装	根	83	83	83	83
2	53-9-1-6	施工排水、降水 轻型井点拆除	根	83	83	83	83
3	53-9-1-7	施工排水、降水 轻型井点使用	套·天	22	22	22	22
4	53-9-1-1	施工排水、降水 湿土排水	m³	−312.38	−312.38	−367.5	−367.5
		围护支撑					
1	52-4-3-1	打槽型钢板桩 长 4.00～6.00m，单面	100m	2	2	2	2
2	52-4-3-6	拔槽型钢板桩 长 4.00～6.00m，单面	100m	2	2	2	2
3	52-4-4-1	安拆钢板桩支撑 槽宽≤3.0m 深3.01～4.00m	100m	1	1	1	1
4	52-4-3-11	槽型钢板桩使用费	t·d	1852	1852	1852	1852
5	52-4-4-14	钢板桩支撑使用费	t·d	87	87	87	87
		砾石砂垫层厚度增加5cm					
1	52-1-4-3	管道砾石砂垫层	m³	6.72	6.72	6.72	6.72
2	52-1-3-1	沟槽回填 夯填土	m³	−6.72	−6.72	−6.72	−6.72

单位：100m

序号	定额编号	基本组合项目名称	单位	Z52-1-3-20A	Z52-1-3-20B
				≤4.0m	≤4.0m
1	52-1-2-3	机械挖沟槽土方 深≤6m 现场抛土	m³	569.63	569.63
2	53-9-1-1	施工排水、降水 湿土排水	m³	422.63	422.63
3	52-1-4-3	管道砾石砂垫层	m³	13.44	13.44
4	52-1-4-1	管道黄砂垫层	m³	6.72	6.72
5	52-1-6-27	硬聚氯乙烯加筋管(PVC-U) DN400	100m	0.9813	0.9813
6	52-1-3-4	沟槽回填 黄砂	m³	45.28	116.89
7	52-1-3-1	沟槽回填 夯填土	m³	471.66	400.05
8	53-9-1-3	施工排水、降水 筑拆竹笼滤井	座	2.5	2.5

序号	定额编号	调整组合项目名称	单位	数量	数量
		井点降水			
1	53-9-1-5	施工排水、降水 轻型井点安装	根	83	83
2	53-9-1-6	施工排水、降水 轻型井点拆除	根	83	83
3	53-9-1-7	施工排水、降水 轻型井点使用	套·天	22	22
4	53-9-1-1	施工排水、降水 湿土排水	m³	−422.63	−422.63
		围护支撑			
1	52-4-3-1	打槽型钢板桩 长 4.00~6.00m，单面	100m	2	2
2	52-4-3-6	拔槽型钢板桩 长 4.00~6.00m，单面	100m	2	2
3	52-4-4-1	安拆钢板桩支撑 槽宽≤3.0m 深 3.01~4.00m	100m	1	1
4	52-4-3-11	槽型钢板桩使用费	t·d	1852	1852
5	52-4-4-14	钢板桩支撑使用费	t·d	87	87
		砾石砂垫层厚度增加5cm			
1	52-1-4-3	管道砾石砂垫层	m³	6.72	6.72
2	52-1-3-1	沟槽回填 夯填土	m³	−6.72	−6.72

四、DN225～DN2500 高密度聚乙烯双壁缠绕管(HDPE)

(一) DN225 高密度聚乙烯双壁缠绕管(HDPE)

单位:100m

序号	定额编号	基本组合项目名称	单位	Z52-1-4-1A	Z52-1-4-1B	Z52-1-4-2A	Z52-1-4-2B
				1.5m	1.5m	2.0m	2.0m
1	52-1-2-1	机械挖沟槽土方 深≤3m 现场抛土	m³	189.00	189.00	252.00	252.00
2	53-9-1-1	施工排水、降水 湿土排水	m³	63.00	63.00	126.00	126.00
3	52-1-4-3	管道砾石砂垫层	m³	11.65	11.65	11.65	11.65
4	52-1-4-1	管道黄砂垫层	m³	5.82	5.82	5.82	5.82
5	52-1-6-67	高密度聚乙烯双壁缠绕管(HDPE) 每节 3m 以下 DN225	100m	0.0985	0.0985	0.0985	0.0985
6	52-1-6-84	高密度聚乙烯双壁缠绕管(HDPE) 每节 3m 以上 DN225	100m	0.8865	0.8865	0.8865	0.8865
7	52-1-3-4	沟槽回填 黄砂	m³	23.21	84.76	23.21	84.76
8	52-1-3-1	沟槽回填 夯填土	m³	139.11	77.56	200.65	139.10
9	53-9-1-3	施工排水、降水 筑拆竹箩滤井	座	2.5	2.5	2.5	2.5
序号	定额编号	调整组合项目名称	单位	数量	数量	数量	数量
		围护支撑					
1	52-4-2-1	撑拆列板 深≤1.5m,双面	100m	1	1		
2	52-4-2-2	撑拆列板 深≤2.0m,双面	100m			1	1
3	52-4-2-5	列板使用费	t·d	109	109	152	152
4	52-4-2-6	列板支撑使用费	t·d	39	39	53	53
		砾石砂垫层厚度增加 5cm					
1	52-1-4-3	管道砾石砂垫层	m³	5.83	5.83	5.83	5.83
2	52-1-3-1	沟槽回填 夯填土	m³	−5.83	−5.83	−5.83	−5.83

单位:100m

序号	定额编号	基本组合项目名称	单位	Z52-1-4-3A	Z52-1-4-3B	Z52-1-4-4A	Z52-1-4-4B
				2.5m	2.5m	≤3.0m	≤3.0m
1	52-1-2-1	机械挖沟槽土方 深≤3m 现场抛土	m³	315.00	315.00	362.25	362.25
2	53-9-1-1	施工排水、降水 湿土排水	m³	189.00	189.00	236.25	236.25
3	52-1-4-3	管道砾石砂垫层	m³	11.65	11.65	11.65	11.65
4	52-1-4-1	管道黄砂垫层	m³	5.82	5.82	5.82	5.82
5	52-1-6-67	高密度聚乙烯双壁缠绕管(HDPE) 每节 3m 以下 DN225	100m	0.0985	0.0985	0.0985	0.0985
6	52-1-6-84	高密度聚乙烯双壁缠绕管(HDPE) 每节 3m 以上 DN225	100m	0.8865	0.8865	0.8865	0.8865
7	52-1-3-4	沟槽回填 黄砂	m³	23.21	84.76	23.21	84.76
8	52-1-3-1	沟槽回填 夯填土	m³	262.19	200.64	307.98	246.43
9	53-9-1-3	施工排水、降水 筑拆竹篓滤井	座	2.5	2.5	2.5	2.5

序号	定额编号	调整组合项目名称	单位	数量	数量	数量	数量
		井点降水					
1	53-9-1-5	施工排水、降水 轻型井点安装	根			83	83
2	53-9-1-6	施工排水、降水 轻型井点拆除	根			83	83
3	53-9-1-7	施工排水、降水 轻型井点使用	套·天			22	22
4	53-9-1-1	施工排水、降水 湿土排水	m³			−236.25	−236.25
		围护支撑					
1	52-4-2-3	撑拆列板 深≤2.5m,双面	100m	1	1		
2	52-4-2-4	撑拆列板 深≤3.0m,双面	100m			1	1
3	52-4-2-5	列板使用费	t·d	174	174	210	210
4	52-4-2-6	列板支撑使用费	t·d	67	67	80	80
		砾石砂垫层厚度增加 5cm					
1	52-1-4-3	管道砾石砂垫层	m³	5.83	5.83	5.83	5.83
2	52-1-3-1	沟槽回填 夯填土	m³	−5.83	−5.83	−5.83	−5.83

单位:100m

序号	定额编号	基本组合项目名称	单位	Z52-1-4-5A	Z52-1-4-5B	Z52-1-4-6A	Z52-1-4-6B
				>3.0m	>3.0m	3.5m	3.5m
1	52-1-2-3	机械挖沟槽土方 深≤6m 现场抛土	m³	393.75	393.75	441.00	441.00
2	53-9-1-1	施工排水、降水 湿土排水	m³	267.75	267.75	315.00	315.00
3	52-1-4-3	管道砾石砂垫层	m³	11.65	11.65	11.65	11.65
4	52-1-4-1	管道黄砂垫层	m³	5.82	5.82	5.82	5.82
5	52-1-6-67	高密度聚乙烯双壁缠绕管(HDPE)每节3m以下 DN225	100m	0.0985	0.0985	0.0985	0.0985
6	52-1-6-84	高密度聚乙烯双壁缠绕管(HDPE)每节3m以上 DN225	100m	0.8865	0.8865	0.8865	0.8865
7	52-1-3-4	沟槽回填 黄砂	m³	23.21	84.76	23.21	84.76
8	52-1-3-1	沟槽回填 夯填土	m³	339.48	277.93	385.27	323.72
9	53-9-1-3	施工排水、降水 筑拆竹箩滤井	座	2.5	2.5	2.5	2.5
序号	定额编号	调整组合项目名称	单位	数量	数量	数量	数量
		井点降水					
1	53-9-1-5	施工排水、降水 轻型井点安装	根	83	83	83	83
2	53-9-1-6	施工排水、降水 轻型井点拆除	根	83	83	83	83
3	53-9-1-7	施工排水、降水 轻型井点使用	套·天	22	22	22	22
4	53-9-1-1	施工排水、降水 湿土排水	m³	−267.75	−267.75	−315	−315
		围护支撑					
1	52-4-3-1	打槽型钢板桩 长4.00~6.00m,单面	100m	2	2	2	2
2	52-4-3-6	拔槽型钢板桩 长4.00~6.00m,单面	100m	2	2	2	2
3	52-4-4-1	安拆钢板桩支撑 槽宽≤3.0m 深3.01~4.00m	100m	1	1	1	1
4	52-4-3-11	槽型钢板桩使用费	t·d	1852	1852	1852	1852
5	52-4-4-14	钢板桩支撑使用费	t·d	87	87	87	87
		砾石砂垫层厚度增加5cm					
1	52-1-4-3	管道砾石砂垫层	m³	5.83	5.83	5.83	5.83
2	52-1-3-1	沟槽回填 夯填土	m³	−5.83	−5.83	−5.83	−5.83

（二）DN300 高密度聚乙烯双壁缠绕管（HDPE）

单位：100m

序号	定额编号	基本组合项目名称	单位	Z52-1-4-7A 1.5m	Z52-1-4-7B 1.5m	Z52-1-4-8A 2.0m	Z52-1-4-8B 2.0m
1	52-1-2-1	机械挖沟槽土方 深≤3m 现场抛土	m³	204.75	204.75	273.00	273.00
2	53-9-1-1	施工排水、降水 湿土排水	m³	68.25	68.25	136.50	136.50
3	52-1-4-3	管道砾石砂垫层	m³	12.62	12.62	12.62	12.62
4	52-1-4-1	管道黄砂垫层	m³	6.31	6.31	6.31	6.31
5	52-1-6-68	高密度聚乙烯双壁缠绕管（HDPE）每节 3m 以下 DN300	100m	0.0985	0.0985	0.0985	0.0985
6	52-1-6-85	高密度聚乙烯双壁缠绕管（HDPE）每节 3m 以上 DN300	100m	0.8865	0.8865	0.8865	0.8865
7	52-1-3-4	沟槽回填 黄砂	m³	32.84	99.64	32.84	99.64
8	52-1-3-1	沟槽回填 夯填土	m³	140.72	73.92	207.51	140.71
9	53-9-1-3	施工排水、降水 筑拆竹笼滤井	座	2.5	2.5	2.5	2.5
序号	定额编号	调整组合项目名称	单位	数量	数量	数量	数量
		围护支撑					
1	52-4-2-1	撑拆列板 深≤1.5m，双面	100m	1	1		
2	52-4-2-2	撑拆列板 深≤2.0m，双面	100m			1	1
3	52-4-2-5	列板使用费	t·d	109	109	152	152
4	52-4-2-6	列板支撑使用费	t·d	39	39	53	53
		砾石砂垫层厚度增加5cm					
1	52-1-4-3	管道砾石砂垫层	m³	6.31	6.31	6.31	6.31
2	52-1-3-1	沟槽回填 夯填土	m³	−6.31	−6.31	−6.31	−6.31

单位:100m

序号	定额编号	基本组合项目名称	单位	Z52-1-4-9A	Z52-1-4-9B	Z52-1-4-10A	Z52-1-4-10B
				2.5m	2.5m	≤3.0m	≤3.0m
1	52-1-2-1	机械挖沟槽土方 深≤3m 现场抛土	m³	341.25	341.25	392.44	392.44
2	53-9-1-1	施工排水、降水 湿土排水	m³	204.75	204.75	255.94	255.94
3	52-1-4-3	管道砾石砂垫层	m³	12.62	12.62	12.62	12.62
4	52-1-4-1	管道黄砂垫层	m³	6.31	6.31	6.31	6.31
5	52-1-6-68	高密度聚乙烯双壁缠绕管(HDPE) 每节3m以下 DN300	100m	0.0985	0.0985	0.0985	0.0985
6	52-1-6-85	高密度聚乙烯双壁缠绕管(HDPE) 每节3m以上 DN300	100m	0.8865	0.8865	0.8865	0.8865
7	52-1-3-4	沟槽回填 黄砂	m³	32.84	99.64	32.84	99.64
8	52-1-3-1	沟槽回填 夯填土	m³	274.30	207.50	324.03	257.23
9	53-9-1-3	施工排水、降水 筑拆竹箩滤井	座	2.5	2.5	2.5	2.5

序号	定额编号	调整组合项目名称	单位	数量	数量	数量	数量
		井点降水					
1	53-9-1-5	施工排水、降水 轻型井点安装	根			83	83
2	53-9-1-6	施工排水、降水 轻型井点拆除	根			83	83
3	53-9-1-7	施工排水、降水 轻型井点使用	套·天			22	22
4	53-9-1-1	施工排水、降水 湿土排水	m³			−255.94	−255.94
		围护支撑					
1	52-4-2-3	撑拆列板 深≤2.5m,双面	100m	1	1		
2	52-4-2-4	撑拆列板 深≤3.0m,双面	100m			1	1
3	52-4-2-5	列板使用费	t·d	174	174	210	210
4	52-4-2-6	列板支撑使用费	t·d	67	67	80	80
		砾石砂垫层厚度增加5cm					
1	52-1-4-3	管道砾石砂垫层	m³	6.31	6.31	6.31	6.31
2	52-1-3-1	沟槽回填 夯填土	m³	−6.31	−6.31	−6.31	−6.31

单位:100m

序号	定额编号	基本组合项目名称	单位	Z52-1-4-11A	Z52-1-4-11B	Z52-1-4-12A	Z52-1-4-12B
				>3.0m	>3.0m	3.5m	3.5m
1	52-1-2-3	机械挖沟槽土方 深≤6m 现场抛土	m³	426.56	426.56	477.75	477.75
2	53-9-1-1	施工排水、降水 湿土排水	m³	290.06	290.06	341.25	341.25
3	52-1-4-3	管道砾石砂垫层	m³	12.62	12.62	12.62	12.62
4	52-1-4-1	管道黄砂垫层	m³	6.31	6.31	6.31	6.31
5	52-1-6-68	高密度聚乙烯双壁缠绕管(HDPE)每节 3m 以下 DN300	100m	0.0985	0.0985	0.0985	0.0985
6	52-1-6-85	高密度聚乙烯双壁缠绕管(HDPE)每节 3m 以上 DN300	100m	0.8865	0.8865	0.8865	0.8865
7	52-1-3-4	沟槽回填 黄砂	m³	32.84	99.64	32.84	99.64
8	52-1-3-1	沟槽回填 夯填土	m³	358.15	291.35	407.88	341.08
9	53-9-1-3	施工排水、降水 筑拆竹箩滤井	座	2.5	2.5	2.5	2.5
序号	定额编号	调整组合项目名称	单位	数量	数量	数量	数量
		井点降水					
1	53-9-1-5	施工排水、降水 轻型井点安装	根	83	83	83	83
2	53-9-1-6	施工排水、降水 轻型井点拆除	根	83	83	83	83
3	53-9-1-7	施工排水、降水 轻型井点使用	套·天	22	22	22	22
4	53-9-1-1	施工排水、降水 湿土排水	m³	−290.06	−290.06	−341.25	−341.25
		围护支撑					
1	52-4-3-1	打槽型钢板桩 长 4.00~6.00m,单面	100m	2	2	2	2
2	52-4-3-6	拔槽型钢板桩 长 4.00~6.00m,单面	100m	2	2	2	2
3	52-4-4-1	安拆钢板桩支撑 槽宽≤3.0m 深 3.01~4.00m	100m	1	1	1	1
4	52-4-3-11	槽型钢板桩使用费	t·d	1852	1852	1852	1852
5	52-4-4-14	钢板桩支撑使用费	t·d	87	87	87	87
		砾石砂垫层厚度增加 5cm					
1	52-1-4-3	管道砾石砂垫层	m³	6.31	6.31	6.31	6.31
2	52-1-3-1	沟槽回填 夯填土	m³	−6.31	−6.31	−6.31	−6.31

单位:100m

序号	定额编号	基本组合项目名称	单位	Z52-1-4-13A	Z52-1-4-13B
				≤4.0m	≤4.0m
1	52-1-2-3	机械挖沟槽土方 深≤6m 现场抛土	m³	528.94	528.94
2	53-9-1-1	施工排水、降水 湿土排水	m³	392.44	392.44
3	52-1-4-3	管道砾石砂垫层	m³	12.62	12.62
4	52-1-4-1	管道黄砂垫层	m³	6.31	6.31
5	52-1-6-68	高密度聚乙烯双壁缠绕管(HDPE) 每节 3m 以下 DN300	100m	0.0985	0.0985
6	52-1-6-85	高密度聚乙烯双壁缠绕管(HDPE) 每节 3m 以上 DN300	100m	0.8865	0.8865
7	52-1-3-4	沟槽回填 黄砂	m³	32.84	99.64
8	52-1-3-1	沟槽回填 夯填土	m³	457.62	390.82
9	53-9-1-3	施工排水、降水 筑拆竹箩滤井	座	2.5	2.5

序号	定额编号	调整组合项目名称	单位	数量	数量
		井点降水			
1	53-9-1-5	施工排水、降水 轻型井点安装	根	83	83
2	53-9-1-6	施工排水、降水 轻型井点拆除	根	83	83
3	53-9-1-7	施工排水、降水 轻型井点使用	套·天	22	22
4	53-9-1-1	施工排水、降水 湿土排水	m³	−392.44	−392.44
		围护支撑			
1	52-4-3-1	打槽型钢板桩 长 4.00～6.00m,单面	100m	2	2
2	52-4-3-6	拔槽型钢板桩 长 4.00～6.00m,单面	100m	2	2
3	52-4-4-1	安拆钢板桩支撑 槽宽≤3.0m 深3.01～4.00m	100m	1	1
4	52-4-3-11	槽型钢板桩使用费	t·d	1852	1852
5	52-4-4-14	钢板桩支撑使用费	t·d	87	87
		砾石砂垫层厚度增加 5cm			
1	52-1-4-3	管道砾石砂垫层	m³	6.31	6.31
2	52-1-3-1	沟槽回填 夯填土	m³	−6.31	−6.31

（三）DN400 高密度聚乙烯双壁缠绕管(HDPE)

单位：100m

序号	定额编号	基本组合项目名称	单位	Z52-1-4-14A	Z52-1-4-14B	Z52-1-4-15A	Z52-1-4-15B
				1.5m	1.5m	2.0m	2.0m
1	52-1-2-1	机械挖沟槽土方 深≤3m 现场抛土	m³	220.50	220.50	294.00	294.00
2	53-9-1-1	施工排水、降水 湿土排水	m³	73.50	73.50	147.00	147.00
3	52-1-4-3	管道砾石砂垫层	m³	13.53	13.53	13.53	13.53
4	52-1-4-1	管道黄砂垫层	m³	6.77	6.77	6.77	6.77
5	52-1-6-69	高密度聚乙烯双壁缠绕管(HDPE) 每节 3m 以下 DN400	100m	0.0981	0.0981	0.0981	0.0981
6	52-1-6-86	高密度聚乙烯双壁缠绕管(HDPE) 每节 3m 以上 DN400	100m	0.8831	0.8831	0.8831	0.8831
7	52-1-3-4	沟槽回填 黄砂	m³	44.34	115.95	44.34	115.95
8	52-1-3-1	沟槽回填 夯填土	m³	136.69	65.08	208.30	136.69
9	53-9-1-3	施工排水、降水 筑拆竹箩滤井	座	2.5	2.5	2.5	2.5
序号	定额编号	调整组合项目名称	单位	数量	数量	数量	数量
		围护支撑					
1	52-4-2-1	撑拆列板 深≤1.5m,双面	100m	1	1		
2	52-4-2-2	撑拆列板 深≤2.0m,双面	100m			1	1
3	52-4-2-5	列板使用费	t·d	109	109	152	152
4	52-4-2-6	列板支撑使用费	t·d	39	39	53	53
		砾石砂垫层厚度增加 5cm					
1	52-1-4-3	管道砾石砂垫层	m³	6.77	6.77	6.77	6.77
2	52-1-3-1	沟槽回填 夯填土	m³	−6.77	−6.77	−6.77	−6.77

单位：100m

序号	定额编号	基本组合项目名称	单位	Z52-1-4-16A	Z52-1-4-16B	Z52-1-4-17A	Z52-1-4-17B
				2.5m	2.5m	≤3.0m	≤3.0m
1	52-1-2-1	机械挖沟槽土方 深≤3m 现场抛土	m³	367.50	367.50	422.63	422.63
2	53-9-1-1	施工排水、降水 湿土排水	m³	220.50	220.50	275.63	275.63
3	52-1-4-3	管道砾石砂垫层	m³	13.53	13.53	13.44	13.44
4	52-1-4-1	管道黄砂垫层	m³	6.77	6.77	6.72	6.72
5	52-1-6-69	高密度聚乙烯双壁缠绕管(HDPE) 每节 3m 以下 DN400	100m	0.0981	0.0981	0.0981	0.0981
6	52-1-6-86	高密度聚乙烯双壁缠绕管(HDPE) 每节 3m 以上 DN400	100m	0.8831	0.8831	0.8831	0.8831
7	52-1-3-4	沟槽回填 黄砂	m³	44.34	115.95	44.34	115.95
8	52-1-3-1	沟槽回填 夯填土	m³	279.91	208.30	331.84	260.23
9	53-9-1-3	施工排水、降水 筑拆竹箩滤井	座	2.5	2.5	2.5	2.5
序号	定额编号	调整组合项目名称	单位	数量	数量	数量	数量
		井点降水					
1	53-9-1-5	施工排水、降水 轻型井点安装	根			83	83
2	53-9-1-6	施工排水、降水 轻型井点拆除	根			83	83
3	53-9-1-7	施工排水、降水 轻型井点使用	套·天			22	22
4	53-9-1-1	施工排水、降水 湿土排水	m³			−275.63	−275.63
		围护支撑					
1	52-4-2-3	撑拆列板 深≤2.5m,双面	100m	1	1		
2	52-4-2-4	撑拆列板 深≤3.0m,双面	100m			1	1
3	52-4-2-5	列板使用费	t·d	174	174	210	210
4	52-4-2-6	列板支撑使用费	t·d	67	67	80	80
		砾石砂垫层厚度增加 5cm					
1	52-1-4-3	管道砾石砂垫层	m³	6.77	6.77	6.72	6.72
2	52-1-3-1	沟槽回填 夯填土	m³	−6.77	−6.77	−6.72	−6.72

单位:100m

序号	定额编号	基本组合项目名称	单位	Z52-1-4-18A >3.0m	Z52-1-4-18B >3.0m	Z52-1-4-19A 3.5m	Z52-1-4-19B 3.5m
1	52-1-2-3	机械挖沟槽土方 深≤6m 现场抛土	m³	459.38	459.38	514.50	514.50
2	53-9-1-1	施工排水、降水 湿土排水	m³	312.38	312.38	367.50	367.50
3	52-1-4-3	管道砾石砂垫层	m³	13.44	13.44	13.44	13.44
4	52-1-4-1	管道黄砂垫层	m³	6.72	6.72	6.72	6.72
5	52-1-6-69	高密度聚乙烯双壁缠绕管(HDPE) 每节3m以下 DN400	100m	0.0981	0.0981	0.0981	0.0981
6	52-1-6-86	高密度聚乙烯双壁缠绕管(HDPE) 每节3m以上 DN400	100m	0.8831	0.8831	0.8831	0.8831
7	52-1-3-4	沟槽回填 黄砂	m³	44.34	115.95	44.34	115.95
8	52-1-3-1	沟槽回填 夯填土	m³	368.59	296.98	420.93	349.32
9	53-9-1-3	施工排水、降水 筑拆竹笼滤井	座	2.5	2.5	2.5	2.5

序号	定额编号	调整组合项目名称	单位	数量	数量	数量	数量
		井点降水					
1	53-9-1-5	施工排水、降水 轻型井点安装	根	83	83	83	83
2	53-9-1-6	施工排水、降水 轻型井点拆除	根	83	83	83	83
3	53-9-1-7	施工排水、降水 轻型井点使用	套·天	22	22	22	22
4	53-9-1-1	施工排水、降水 湿土排水	m³	−312.38	−312.38	−367.5	−367.5
		围护支撑					
1	52-4-3-1	打槽型钢板桩 长4.00~6.00m,单面	100m	2	2	2	2
2	52-4-3-6	拔槽型钢板桩 长4.00~6.00m,单面	100m	2	2	2	2
3	52-4-4-1	安拆钢板桩支撑 槽宽≤3.0m 深3.01~4.00m	100m	1	1	1	1
4	52-4-3-11	槽型钢板桩使用费	t·d	1852	1852	1852	1852
5	52-4-4-14	钢板桩支撑使用费	t·d	87	87	87	87
		砾石砂垫层厚度增加5cm					
1	52-1-4-3	管道砾石砂垫层	m³	6.72	6.72	6.72	6.72
2	52-1-3-1	沟槽回填 夯填土	m³	−6.72	−6.72	−6.72	−6.72

单位:100m

序号	定额编号	基本组合项目名称	单位	Z52-1-4-20A ≤4.0m	Z52-1-4-20B ≤4.0m
1	52-1-2-3	机械挖沟槽土方 深≤6m 现场抛土	m³	569.63	569.63
2	53-9-1-1	施工排水、降水 湿土排水	m³	422.63	422.63
3	52-1-4-3	管道砾石砂垫层	m³	13.44	13.44
4	52-1-4-1	管道黄砂垫层	m³	6.72	6.72
5	52-1-6-69	高密度聚乙烯双壁缠绕管(HDPE) 每节 3m 以下 DN400	100m	0.0981	0.0981
6	52-1-6-86	高密度聚乙烯双壁缠绕管(HDPE) 每节 3m 以上 DN400	100m	0.8831	0.8831
7	52-1-3-4	沟槽回填 黄砂	m³	44.34	115.95
8	52-1-3-1	沟槽回填 夯填土	m³	473.29	401.68
9	53-9-1-3	施工排水、降水 筑拆竹箩滤井	座	2.5	2.5

序号	定额编号	调整组合项目名称	单位	数量	数量
		井点降水			
1	53-9-1-5	施工排水、降水 轻型井点安装	根	83	83
2	53-9-1-6	施工排水、降水 轻型井点拆除	根	83	83
3	53-9-1-7	施工排水、降水 轻型井点使用	套·天	22	22
4	53-9-1-1	施工排水、降水 湿土排水	m³	−422.63	−422.63
		围护支撑			
1	52-4-3-1	打槽型钢板桩 长 4.00~6.00m，单面	100m	2	2
2	52-4-3-6	拔槽型钢板桩 长 4.00~6.00m，单面	100m	2	2
3	52-4-4-1	安拆钢板桩支撑 槽宽≤3.0m 深 3.01~4.00m	100m	1	1
4	52-4-3-11	槽型钢板桩使用费	t·d	1852	1852
5	52-4-4-14	钢板桩支撑使用费	t·d	87	87
		砾石砂垫层厚度增加 5cm			
1	52-1-4-3	管道砾石砂垫层	m³	6.72	6.72
2	52-1-3-1	沟槽回填 夯填土	m³	−6.72	−6.72

（四）DN500 高密度聚乙烯双壁缠绕管（HDPE）

单位：100m

序号	定额编号	基本组合项目名称	单位	Z52-1-4-21A 1.5m	Z52-1-4-21B 1.5m	Z52-1-4-22A 2.0m	Z52-1-4-22B 2.0m
1	52-1-2-1	机械挖沟槽土方 深≤3m 现场抛土	m³	252.00	252.00	336.00	336.00
2	53-9-1-1	施工排水、降水 湿土排水	m³	84.00	84.00	168.00	168.00
3	52-1-4-3	管道砾石砂垫层	m³	15.47	15.47	15.47	15.47
4	52-1-4-1	管道黄砂垫层	m³	7.73	7.73	7.73	7.73
5	52-1-6-70	高密度聚乙烯双壁缠绕管（HDPE）每节 3m 以下 DN500	100m	0.0975	0.0975	0.0975	0.0975
6	52-1-6-87	高密度聚乙烯双壁缠绕管（HDPE）每节 3m 以上 DN500	100m	0.8775	0.8775	0.8775	0.8775
7	52-1-3-4	沟槽回填 黄砂	m³	62.62	144.72	62.62	144.72
8	52-1-3-1	沟槽回填 夯填土	m³	140.32	58.22	222.43	140.33
9	53-9-1-3	施工排水、降水 筑拆竹笼滤井	座	2.5	2.5	2.5	2.5
序号	定额编号	调整组合项目名称	单位	数量	数量	数量	数量
		围护支撑					
1	52-4-2-1	撑拆列板 深≤1.5m,双面	100m	1	1		
2	52-4-2-2	撑拆列板 深≤2.0m,双面	100m			1	1
3	52-4-2-5	列板使用费	t·d	109	109	152	152
4	52-4-2-6	列板支撑使用费	t·d	39	39	53	53
		砾石砂垫层厚度增加 5cm					
1	52-1-4-3	管道砾石砂垫层	m³	7.74	7.74	7.74	7.74
2	52-1-3-1	沟槽回填 夯填土	m³	−7.74	−7.74	−7.74	−7.74

单位:100m

序号	定额编号	基本组合项目名称	单位	Z52-1-4-23A	Z52-1-4-23B	Z52-1-4-24A	Z52-1-4-24B
				2.5m	2.5m	≤3.0m	≤3.0m
1	52-1-2-1	机械挖沟槽土方 深≤3m 现场抛土	m³	420.00	420.00	483.00	483.00
2	53-9-1-1	施工排水、降水 湿土排水	m³	252.00	252.00	315.00	315.00
3	52-1-4-3	管道砾石砂垫层	m³	15.47	15.47	15.36	15.36
4	52-1-4-1	管道黄砂垫层	m³	7.73	7.73	7.68	7.68
5	52-1-6-70	高密度聚乙烯双壁缠绕管(HDPE) 每节 3m 以下 DN500	100m	0.0975	0.0975	0.0975	0.0975
6	52-1-6-87	高密度聚乙烯双壁缠绕管(HDPE) 每节 3m 以上 DN500	100m	0.8775	0.8775	0.8775	0.8775
7	52-1-3-4	沟槽回填 黄砂	m³	62.62	144.72	62.62	144.72
8	52-1-3-1	沟槽回填 夯填土	m³	304.54	222.44	364.36	282.26
9	53-9-1-3	施工排水、降水 筑拆竹箩滤井	座	2.5	2.5	2.5	2.5

序号	定额编号	调整组合项目名称	单位	数量	数量	数量	数量
		井点降水					
1	53-9-1-5	施工排水、降水 轻型井点安装	根			83	83
2	53-9-1-6	施工排水、降水 轻型井点拆除	根			83	83
3	53-9-1-7	施工排水、降水 轻型井点使用	套·天			22	22
4	53-9-1-1	施工排水、降水 湿土排水	m³			−315	−315
		围护支撑					
1	52-4-2-3	撑拆列板 深≤2.5m,双面	100m	1	1		
2	52-4-2-4	撑拆列板 深≤3.0m,双面	100m			1	1
3	52-4-2-5	列板使用费	t·d	174	174	210	210
4	52-4-2-6	列板支撑使用费	t·d	67	67	80	80
		砾石砂垫层厚度增加5cm					
1	52-1-4-3	管道砾石砂垫层	m³	7.74	7.74	7.68	7.68
2	52-1-3-1	沟槽回填 夯填土	m³	−7.74	−7.74	−7.68	−7.68

单位：100m

序号	定额编号	基本组合项目名称	单位	Z52-1-4-25A	Z52-1-4-25B	Z52-1-4-26A	Z52-1-4-26B
				＞3.0m	＞3.0m	3.5m	3.5m
1	52-1-2-3	机械挖沟槽土方 深≤6m 现场抛土	m³	525.00	525.00	588.00	588.00
2	53-9-1-1	施工排水、降水 湿土排水	m³	357.00	357.00	420.00	420.00
3	52-1-4-3	管道砾石砂垫层	m³	15.36	15.36	15.36	15.36
4	52-1-4-1	管道黄砂垫层	m³	7.68	7.68	7.68	7.68
5	52-1-6-70	高密度聚乙烯双壁缠绕管（HDPE）每节 3m 以下 DN500	100m	0.0975	0.0975	0.0975	0.0975
6	52-1-6-87	高密度聚乙烯双壁缠绕管（HDPE）每节 3m 以上 DN500	100m	0.8775	0.8775	0.8775	0.8775
7	52-1-3-4	沟槽回填 黄砂	m³	62.62	144.72	62.62	144.72
8	52-1-3-1	沟槽回填 夯填土	m³	406.36	324.26	466.58	384.48
9	53-9-1-3	施工排水、降水 筑拆竹笼滤井	座	2.5	2.5	2.5	2.5

序号	定额编号	调整组合项目名称	单位	数量	数量	数量	数量
		井点降水					
1	53-9-1-5	施工排水、降水 轻型井点安装	根	83	83	83	83
2	53-9-1-6	施工排水、降水 轻型井点拆除	根	83	83	83	83
3	53-9-1-7	施工排水、降水 轻型井点使用	套·天	22	22	22	22
4	53-9-1-1	施工排水、降水 湿土排水	m³	−357	−357	−420	−420
		围护支撑					
1	52-4-3-1	打槽型钢板桩 长 4.00～6.00m，单面	100m	2	2	2	2
2	52-4-3-6	拔槽型钢板桩 长 4.00～6.00m，单面	100m	2	2	2	2
3	52-4-4-1	安拆钢板桩支撑 槽宽≤3.0m 深 3.01～4.00m	100m	1	1	1	1
4	52-4-3-11	槽型钢板桩使用费	t·d	1852	1852	1852	1852
5	52-4-4-14	钢板桩支撑使用费	t·d	87	87	87	87
		砾石砂垫层厚度增加 5cm					
1	52-1-4-3	管道砾石砂垫层	m³	7.68	7.68	7.68	7.68
2	52-1-3-1	沟槽回填 夯填土	m³	−7.68	−7.68	−7.68	−7.68

单位:100m

序号	定额编号	基本组合项目名称	单位	Z52-1-4-27A ≤4.0m	Z52-1-4-27B ≤4.0m	Z52-1-4-28A >4.0m	Z52-1-4-28B >4.0m
1	52-1-2-3	机械挖沟槽土方 深≤6m 现场抛土	m³	651.00	651.00	693.00	693.00
2	53-9-1-1	施工排水、降水 湿土排水	m³	483.00	483.00	525.00	525.00
3	52-1-4-3	管道砾石砂垫层	m³	15.36	15.36	15.36	15.36
4	52-1-4-1	管道黄砂垫层	m³	7.68	7.68	7.68	7.68
5	52-1-6-70	高密度聚乙烯双壁缠绕管(HDPE)每节 3m 以下 DN500	100m	0.0975	0.0975	0.0975	0.0975
6	52-1-6-87	高密度聚乙烯双壁缠绕管(HDPE)每节 3m 以上 DN500	100m	0.8775	0.8775	0.8775	0.8775
7	52-1-3-4	沟槽回填 黄砂	m³	62.62	144.72	62.62	144.72
8	52-1-3-1	沟槽回填 夯填土	m³	526.81	444.71	566.03	483.93
9	53-9-1-3	施工排水、降水 筑拆竹箩滤井	座	2.5	2.5	2.5	2.5

序号	定额编号	调整组合项目名称	单位	数量	数量	数量	数量
		井点降水					
1	53-9-1-5	施工排水、降水 轻型井点安装	根	83	83	83	83
2	53-9-1-6	施工排水、降水 轻型井点拆除	根	83	83	83	83
3	53-9-1-7	施工排水、降水 轻型井点使用	套·天	22	22	22	22
4	53-9-1-1	施工排水、降水 湿土排水	m³	−483	−483	−525	−525
		围护支撑					
1	52-4-3-1	打槽型钢板桩 长 4.00~6.00m,单面	100m	2	2		
2	52-4-3-2	打槽型钢板桩 长 6.01~9.00m,单面	100m			2	2
3	52-4-3-6	拔槽型钢板桩 长 4.00~6.00m,单面	100m	2	2		
4	52-4-3-7	拔槽型钢板桩 长 6.01~9.00m,单面	100m			2	2
5	52-4-4-1	安拆钢板桩支撑 槽宽≤3.0m 深 3.01~4.00m	100m	1	1		
6	52-4-4-2	安拆钢板桩支撑 槽宽≤3.0m 深 4.01~6.00m	100m			1	1
7	52-4-3-11	槽型钢板桩使用费	t·d	1852	1852	4116	4116
8	52-4-4-14	钢板桩支撑使用费	t·d	87	87	264	264
		砾石砂垫层厚度增加 5cm					
1	52-1-4-3	管道砾石砂垫层	m³	7.68	7.68	7.68	7.68
2	52-1-3-1	沟槽回填 夯填土	m³	−7.68	−7.68	−7.68	−7.68

单位:100m

序号	定额编号	基本组合项目名称	单位	Z52-1-4-29A	Z52-1-4-29B	Z52-1-4-30A	Z52-1-4-30B
				4.5m	4.5m	5.0m	5.0m
1	52-1-2-3	机械挖沟槽土方 深≤6m 现场抛土	m³	756.00	756.00	892.50	892.50
2	53-9-1-1	施工排水、降水 湿土排水	m³	588.00	588.00	714.00	714.00
3	52-1-4-3	管道砾石砂垫层	m³	15.36	15.36	16.32	16.32
4	52-1-4-1	管道黄砂垫层	m³	7.68	7.68	8.16	8.16
5	52-1-6-70	高密度聚乙烯双壁缠绕管(HDPE) 每节 3m 以下 DN500	100m	0.0975	0.0975	0.0975	0.0975
6	52-1-6-87	高密度聚乙烯双壁缠绕管(HDPE) 每节 3m 以上 DN500	100m	0.8775	0.8775	0.8775	0.8775
7	52-1-3-4	沟槽回填 黄砂	m³	62.62	144.72	67.82	155.18
8	52-1-3-1	沟槽回填 夯填土	m³	626.26	544.16	753.34	665.98
9	53-9-1-3	施工排水、降水 筑拆竹笼滤井	座	2.5	2.5	2.5	2.5
序号	定额编号	调整组合项目名称	单位	数量	数量	数量	数量
		井点降水					
1	53-9-1-5	施工排水、降水 轻型井点安装	根	83	83	83	83
2	53-9-1-6	施工排水、降水 轻型井点拆除	根	83	83	83	83
3	53-9-1-7	施工排水、降水 轻型井点使用	套·天	22	22	22	22
4	53-9-1-1	施工排水、降水 湿土排水	m³	−588	−588	−714	−714
		围护支撑					
1	52-4-3-2	打槽型钢板桩 长 6.01～9.00m,单面	100m	2	2	2	2
2	52-4-3-7	拔槽型钢板桩 长 6.01～9.00m,单面	100m	2	2	2	2
3	52-4-4-2	安拆钢板桩支撑 槽宽≤3.0m 深 4.01～6.00m	100m	1	1	1	1
4	52-4-3-11	槽型钢板桩使用费	t·d	4116	4116	4116	4116
5	52-4-4-14	钢板桩支撑使用费	t·d	264	264	264	264
		砾石砂垫层厚度增加 5cm					
1	52-1-4-3	管道砾石砂垫层	m³	7.68	7.68	8.16	8.16
2	52-1-3-1	沟槽回填 夯填土	m³	−7.68	−7.68	−8.16	−8.16

（五）DN600 高密度聚乙烯双壁缠绕管(HDPE)

单位:100m

序号	定额编号	基本组合项目名称	单位	Z52-1-4-31A	Z52-1-4-31B	Z52-1-4-32A	Z52-1-4-32B
				1.5m	1.5m	2.0m	2.0m
1	52-1-2-1	机械挖沟槽土方 深≤3m 现场抛土	m³	283.50	283.50	378.00	378.00
2	53-9-1-1	施工排水、降水 湿土排水	m³	94.50	94.50	189.00	189.00
3	52-1-4-3	管道砾石砂垫层	m³	16.88	16.88	16.88	16.88
4	52-1-4-1	管道黄砂垫层	m³	8.44	8.44	8.44	8.44
5	52-1-6-71	高密度聚乙烯双壁缠绕管(HDPE) 每节 3m 以下 DN600	100m	0.0975	0.0975	0.0975	0.0975
6	52-1-6-88	高密度聚乙烯双壁缠绕管(HDPE) 每节 3m 以上 DN600	100m	0.8775	0.8775	0.8775	0.8775
7	52-1-3-4	沟槽回填 黄砂	m³	81.73	173.49	81.73	173.49
8	52-1-3-1	沟槽回填 夯填土	m³	137.45	45.69	229.22	137.46
9	53-9-1-3	施工排水、降水 筑拆竹笼滤井	座	2.5	2.5	2.5	2.5
序号	定额编号	调整组合项目名称	单位	数量	数量	数量	数量
		围护支撑					
1	52-4-2-1	撑拆列板 深≤1.5m,双面	100m	1	1		
2	52-4-2-2	撑拆列板 深≤2.0m,双面	100m			1	1
3	52-4-2-5	列板使用费	t·d	109	109	152	152
4	52-4-2-6	列板支撑使用费	t·d	39	39	53	53
		砾石砂垫层厚度增加 5cm					
1	52-1-4-3	管道砾石砂垫层	m³	8.44	8.44	8.44	8.44
2	52-1-3-1	沟槽回填 夯填土	m³	−8.44	−8.44	−8.44	−8.44

单位:100m

序号	定额编号	基本组合项目名称	单位	Z52-1-4-33A	Z52-1-4-33B	Z52-1-4-34A	Z52-1-4-34B
				2.5m	2.5m	≤3.0m	≤3.0m
1	52-1-2-1	机械挖沟槽土方 深≤3m 现场抛土	m³	472.50	472.50	543.38	543.38
2	53-9-1-1	施工排水、降水 湿土排水	m³	283.50	283.50	354.38	354.38
3	52-1-4-3	管道砾石砂垫层	m³	16.88	16.88	16.77	16.77
4	52-1-4-1	管道黄砂垫层	m³	8.44	8.44	8.38	8.38
5	52-1-6-71	高密度聚乙烯双壁缠绕管(HDPE)每节3m以下 DN600	100m	0.0975	0.0975	0.0975	0.0975
6	52-1-6-88	高密度聚乙烯双壁缠绕管(HDPE)每节3m以上 DN600	100m	0.8775	0.8775	0.8775	0.8775
7	52-1-3-4	沟槽回填 黄砂	m³	81.73	173.49	81.73	173.49
8	52-1-3-1	沟槽回填 夯填土	m³	320.98	229.22	384.51	292.75
9	53-9-1-3	施工排水、降水 筑拆竹箩滤井	座	2.5	2.5	2.5	2.5
序号	定额编号	调整组合项目名称	单位	数量	数量	数量	数量
		井点降水					
1	53-9-1-5	施工排水、降水 轻型井点安装	根			83	83
2	53-9-1-6	施工排水、降水 轻型井点拆除	根			83	83
3	53-9-1-7	施工排水、降水 轻型井点使用	套·天			22	22
4	53-9-1-1	施工排水、降水 湿土排水	m³			−354.38	−354.38
		围护支撑					
1	52-4-2-3	撑拆列板 深≤2.5m,双面	100m	1	1		
2	52-4-2-4	撑拆列板 深≤3.0m,双面	100m			1	1
3	52-4-2-5	列板使用费	t·d	174	174	210	210
4	52-4-2-6	列板支撑使用费	t·d	67	67	80	80
		砾石砂垫层厚度增加5cm					
1	52-1-4-3	管道砾石砂垫层	m³	8.44	8.44	8.39	8.39
2	52-1-3-1	沟槽回填 夯填土	m³	−8.44	−8.44	−8.39	−8.39

单位：100m

序号	定额编号	基本组合项目名称	单位	Z52-1-4-35A	Z52-1-4-35B	Z52-1-4-36A	Z52-1-4-36B
				＞3.0m	＞3.0m	3.5m	3.5m
1	52-1-2-3	机械挖沟槽土方 深≤6m 现场抛土	m³	590.63	590.63	661.50	661.50
2	53-9-1-1	施工排水、降水 湿土排水	m³	401.63	401.63	472.50	472.50
3	52-1-4-3	管道砾石砂垫层	m³	16.77	16.77	16.77	16.77
4	52-1-4-1	管道黄砂垫层	m³	8.38	8.38	8.38	8.38
5	52-1-6-71	高密度聚乙烯双壁缠绕管(HDPE) 每节 3m 以下 DN600	100m	0.0975	0.0975	0.0975	0.0975
6	52-1-6-88	高密度聚乙烯双壁缠绕管(HDPE) 每节 3m 以上 DN600	100m	0.8775	0.8775	0.8775	0.8775
7	52-1-3-4	沟槽回填 黄砂	m³	81.73	173.49	81.73	173.49
8	52-1-3-1	沟槽回填 夯填土	m³	431.76	340.00	499.23	407.47
9	53-9-1-3	施工排水、降水 筑拆竹笼滤井	座	2.5	2.5	2.5	2.5
序号	定额编号	调整组合项目名称	单位	数量	数量	数量	数量
		井点降水					
1	53-9-1-5	施工排水、降水 轻型井点安装	根	83	83	83	83
2	53-9-1-6	施工排水、降水 轻型井点拆除	根	83	83	83	83
3	53-9-1-7	施工排水、降水 轻型井点使用	套·天	22	22	22	22
4	53-9-1-1	施工排水、降水 湿土排水	m³	−401.63	−401.63	−472.5	−472.5
		围护支撑					
1	52-4-3-1	打槽型钢板桩 长 4.00～6.00m，单面	100m	2	2	2	2
2	52-4-3-6	拔槽型钢板桩 长 4.00～6.00m，单面	100m	2	2	2	2
3	52-4-4-1	安拆钢板桩支撑 槽宽≤3.0m 深 3.01～4.00m	100m	1	1	1	1
4	52-4-3-11	槽型钢板桩使用费	t·d	1852	1852	1852	1852
5	52-4-4-14	钢板桩支撑使用费	t·d	87	87	87	87
		砾石砂垫层厚度增加 5cm					
1	52-1-4-3	管道砾石砂垫层	m³	8.39	8.39	8.39	8.39
2	52-1-3-1	沟槽回填 夯填土	m³	−8.39	−8.39	−8.39	−8.39

单位:100m

序号	定额编号	基本组合项目名称	单位	Z52-1-4-37A	Z52-1-4-37B	Z52-1-4-38A	Z52-1-4-38B
				≤4.0m	≤4.0m	＞4.0m	＞4.0m
1	52-1-2-3	机械挖沟槽土方 深≤6m 现场抛土	m³	732.38	732.38	779.63	779.63
2	53-9-1-1	施工排水、降水 湿土排水	m³	543.38	543.38	590.63	590.63
3	52-1-4-3	管道砾石砂垫层	m³	16.77	16.77	16.77	16.77
4	52-1-4-1	管道黄砂垫层	m³	8.38	8.38	8.38	8.38
5	52-1-6-71	高密度聚乙烯双壁缠绕管(HDPE) 每节 3m 以下 DN600	100m	0.0975	0.0975	0.0975	0.0975
6	52-1-6-88	高密度聚乙烯双壁缠绕管(HDPE) 每节 3m 以上 DN600	100m	0.8775	0.8775	0.8775	0.8775
7	52-1-3-4	沟槽回填 黄砂	m³	81.73	173.49	81.73	173.49
8	52-1-3-1	沟槽回填 夯填土	m³	567.37	475.61	614.62	522.86
9	53-9-1-3	施工排水、降水 筑拆竹箩滤井	座	2.5	2.5	2.5	2.5

序号	定额编号	调整组合项目名称	单位	数量	数量	数量	数量
		井点降水					
1	53-9-1-5	施工排水、降水 轻型井点安装	根	83	83	83	83
2	53-9-1-6	施工排水、降水 轻型井点拆除	根	83	83	83	83
3	53-9-1-7	施工排水、降水 轻型井点使用	套·天	22	22	22	22
4	53-9-1-1	施工排水、降水 湿土排水	m³	−543.38	−543.38	−590.63	−590.63
		围护支撑					
1	52-4-3-1	打槽型钢板桩 长 4.00～6.00m,单面	100m	2	2		
2	52-4-3-2	打槽型钢板桩 长 6.01～9.00m,单面	100m			2	2
3	52-4-3-6	拔槽型钢板桩 长 4.00～6.00m,单面	100m	2	2		
4	52-4-3-7	拔槽型钢板桩 长 6.01～9.00m,单面	100m			2	2
5	52-4-4-1	安拆钢板桩支撑 槽宽≤3.0m 深 3.01～4.00m	100m	1	1		
6	52-4-4-2	安拆钢板桩支撑 槽宽≤3.0m 深 4.01～6.00m	100m			1	1
7	52-4-3-11	槽型钢板桩使用费	t·d	1852	1852	4116	4116
8	52-4-4-14	钢板桩支撑使用费	t·d	87	87	264	264
		砾石砂垫层厚度增加 5cm					
1	52-1-4-3	管道砾石砂垫层	m³	8.39	8.39	8.39	8.39
2	52-1-3-1	沟槽回填 夯填土	m³	−8.39	−8.39	−8.39	−8.39

单位:100m

序号	定额编号	基本组合项目名称	单位	Z52-1-4-39A	Z52-1-4-39B	Z52-1-4-40A	Z52-1-4-40B
				4.5m	4.5m	5.0m	5.0m
1	52-1-2-3	机械挖沟槽土方 深≤6m 现场抛土	m³	850.50	850.50	997.50	997.50
2	53-9-1-1	施工排水、降水 湿土排水	m³	661.50	661.50	798.00	798.00
3	52-1-4-3	管道砾石砂垫层	m³	16.77	16.77	17.70	17.70
4	52-1-4-1	管道黄砂垫层	m³	8.38	8.38	8.85	8.85
5	52-1-6-71	高密度聚乙烯双壁缠绕管(HDPE) 每节 3m 以下 DN600	100m	0.0975	0.0975	0.0975	0.0975
6	52-1-6-88	高密度聚乙烯双壁缠绕管(HDPE) 每节 3m 以上 DN600	100m	0.8775	0.8775	0.8775	0.8775
7	52-1-3-4	沟槽回填 黄砂	m³	81.73	173.49	87.98	184.99
8	52-1-3-1	沟槽回填 夯填土	m³	682.33	590.57	817.90	720.89
9	53-9-1-3	施工排水、降水 筑拆竹箩滤井	座	2.5	2.5	2.5	2.5
序号	定额编号	调整组合项目名称	单位	数量	数量	数量	数量
		井点降水					
1	53-9-1-5	施工排水、降水 轻型井点安装	根	83	83	83	83
2	53-9-1-6	施工排水、降水 轻型井点拆除	根	83	83	83	83
3	53-9-1-7	施工排水、降水 轻型井点使用	套·天	22	22	22	22
4	53-9-1-1	施工排水、降水 湿土排水	m³	−661.5	−661.5	−798	−798
		围护支撑					
1	52-4-3-2	打槽型钢板桩 长 6.01～9.00m,单面	100m	2	2	2	2
2	52-4-3-7	拔槽型钢板桩 长 6.01～9.00m,单面	100m	2	2	2	2
3	52-4-4-2	安拆钢板桩支撑 槽宽≤3.0m 深4.01～6.00m	100m	1	1	1	1
4	52-4-3-11	槽型钢板桩使用费	t·d	4116	4116	4116	4116
5	52-4-4-14	钢板桩支撑使用费	t·d	264	264	264	264
		砾石砂垫层厚度增加 5cm					
1	52-1-4-3	管道砾石砂垫层	m³	8.39	8.39	8.85	8.85
2	52-1-3-1	沟槽回填 夯填土	m³	−8.39	−8.39	−8.85	−8.85

（六）DN700 高密度聚乙烯双壁缠绕管（HDPE）

单位:100m

序号	定额编号	基本组合项目名称	单位	Z52-1-4-41A	Z52-1-4-41B	Z52-1-4-42A	Z52-1-4-42B
				2.0m	2.0m	2.5m	2.5m
1	52-1-2-1	机械挖沟槽土方 深≤3m 现场抛土	m³	399.00	399.00	498.75	498.75
2	53-9-1-1	施工排水、降水 湿土排水	m³	199.50	199.50	299.25	299.25
3	52-1-4-3	管道砾石砂垫层	m³	17.82	17.82	17.82	17.82
4	52-1-4-1	管道黄砂垫层	m³	8.91	8.91	8.91	8.91
5	52-1-6-72	高密度聚乙烯双壁缠绕管（HDPE）每节3m以下 DN700	100m	0.0975	0.0975	0.0975	0.0975
6	52-1-6-89	高密度聚乙烯双壁缠绕管（HDPE）每节3m以上 DN700	100m	0.8775	0.8775	0.8775	0.8775
7	52-1-3-4	沟槽回填 黄砂	m³	95.53	192.54	95.53	192.54
8	52-1-3-1	沟槽回填 夯填土	m³	226.50	129.49	323.51	226.50
9	53-9-1-3	施工排水、降水 筑拆竹箩滤井	座	2.5	2.5	2.5	2.5
序号	定额编号	调整组合项目名称	单位	数量	数量	数量	数量
		围护支撑					
1	52-4-2-2	撑拆列板 深≤2.0m,双面	100m	1	1		
2	52-4-2-3	撑拆列板 深≤2.5m,双面	100m			1	1
3	52-4-2-5	列板使用费	t·d	165	165	205	205
4	52-4-2-6	列板支撑使用费	t·d	58	58	72	72
		砾石砂垫层厚度增加5cm					
1	52-1-4-3	管道砾石砂垫层	m³	8.91	8.91	8.91	8.91
2	52-1-3-1	沟槽回填 夯填土	m³	−8.91	−8.91	−8.91	−8.91

单位：100m

序号	定额编号	基本组合项目名称	单位	Z52-1-4-43A	Z52-1-4-43B	Z52-1-4-44A	Z52-1-4-44B
				≤3.0m	≤3.0m	>3.0m	>3.0m
1	52-1-2-1	机械挖沟槽土方 深≤3m 现场抛土	m³	573.56	573.56		
2	52-1-2-3	机械挖沟槽土方 深≤6m 现场抛土	m³			623.44	623.44
3	53-9-1-1	施工排水、降水 湿土排水	m³	374.06	374.06	423.94	423.94
4	52-1-4-3	管道砾石砂垫层	m³	17.70	17.70	17.70	17.70
5	52-1-4-1	管道黄砂垫层	m³	8.85	8.85	8.85	8.85
6	52-1-6-72	高密度聚乙烯双壁缠绕管（HDPE）每节3m以下 DN700	100m	0.0975	0.0975	0.0975	0.0975
7	52-1-6-89	高密度聚乙烯双壁缠绕管（HDPE）每节3m以上 DN700	100m	0.8775	0.8775	0.8775	0.8775
8	52-1-3-4	沟槽回填 黄砂	m³	95.53	192.54	95.53	192.54
9	52-1-3-1	沟槽回填 夯填土	m³	390.94	293.93	440.82	343.81
10	53-9-1-3	施工排水、降水 筑拆竹箩滤井	座	2.5	2.5	2.5	2.5

序号	定额编号	调整组合项目名称	单位	数量	数量	数量	数量
		井点降水					
1	53-9-1-5	施工排水、降水 轻型井点安装	根	83	83	83	83
2	53-9-1-6	施工排水、降水 轻型井点拆除	根	83	83	83	83
3	53-9-1-7	施工排水、降水 轻型井点使用	套·天	25	25	25	25
4	53-9-1-1	施工排水、降水 湿土排水	m³	−374.06	−374.06	−423.94	−423.94
		围护支撑					
1	52-4-2-4	撑拆列板 深≤3.0m,双面	100m	1	1		
2	52-4-3-1	打槽型钢板桩 长4.00～6.00m,单面	100m			2	2
3	52-4-3-6	拔槽型钢板桩 长4.00～6.00m,单面	100m			2	2
4	52-4-4-1	安拆钢板桩支撑 槽宽≤3.0m 深3.01～4.00m	100m			1	1
5	52-4-2-5	列板使用费	t·d	227	227		
6	52-4-2-6	列板支撑使用费	t·d	86	86		
7	52-4-3-11	槽型钢板桩使用费	t·d			1852	1852
8	52-4-4-14	钢板桩支撑使用费	t·d			87	87
		砾石砂垫层厚度增加5cm					
1	52-1-4-3	管道砾石砂垫层	m³	8.85	8.85	8.85	8.85
2	52-1-3-1	沟槽回填 夯填土	m³	−8.85	−8.85	−8.85	−8.85

单位:100m

序号	定额编号	基本组合项目名称	单位	Z52-1-4-45A 3.5m	Z52-1-4-45B 3.5m	Z52-1-4-46A ≤4.0m	Z52-1-4-46B ≤4.0m
1	52-1-2-3	机械挖沟槽土方 深≤6m 现场抛土	m³	698.25	698.25	773.06	773.06
2	53-9-1-1	施工排水、降水 湿土排水	m³	498.75	498.75	573.56	573.56
3	52-1-4-3	管道砾石砂垫层	m³	17.70	17.70	17.70	17.70
4	52-1-4-1	管道黄砂垫层	m³	8.85	8.85	8.85	8.85
5	52-1-6-72	高密度聚乙烯双壁缠绕管(HDPE) 每节3m以下 DN700	100m	0.0975	0.0975	0.0975	0.0975
6	52-1-6-89	高密度聚乙烯双壁缠绕管(HDPE) 每节3m以上 DN700	100m	0.8775	0.8775	0.8775	0.8775
7	52-1-3-4	沟槽回填 黄砂	m³	95.53	192.54	95.53	192.54
8	52-1-3-1	沟槽回填 夯填土	m³	512.23	415.22	584.30	487.29
9	53-9-1-3	施工排水、降水 筑拆竹箩滤井	座	2.5	2.5	2.5	2.5

序号	定额编号	调整组合项目名称	单位	数量	数量	数量	数量
		井点降水					
1	53-9-1-5	施工排水、降水 轻型井点安装	根	83	83	83	83
2	53-9-1-6	施工排水、降水 轻型井点拆除	根	83	83	83	83
3	53-9-1-7	施工排水、降水 轻型井点使用	套·天	25	25	25	25
4	53-9-1-1	施工排水、降水 湿土排水	m³	−498.75	−498.75	−573.56	−573.56
		围护支撑					
1	52-4-3-1	打槽型钢板桩 长4.00~6.00m,单面	100m	2	2	2	2
2	52-4-3-6	拔槽型钢板桩 长4.00~6.00m,单面	100m	2	2	2	2
3	52-4-4-1	安拆钢板桩支撑 槽宽≤3.0m 深3.01~4.00m	100m	1	1	1	1
4	52-4-3-11	槽型钢板桩使用费	t·d	1852	1852	1852	1852
5	52-4-4-14	钢板桩支撑使用费	t·d	87	87	87	87
		砾石砂垫层厚度增加5cm					
1	52-1-4-3	管道砾石砂垫层	m³	8.85	8.85	8.85	8.85
2	52-1-3-1	沟槽回填 夯填土	m³	−8.85	−8.85	−8.85	−8.85

单位:100m

序号	定额编号	基本组合项目名称	单位	Z52-1-4-47A	Z52-1-4-47B	Z52-1-4-48A	Z52-1-4-48B
				>4.0m	>4.0m	4.5m	4.5m
1	52-1-2-3	机械挖沟槽土方 深≤6m 现场抛土	m³	822.94	822.94	897.75	897.75
2	53-9-1-1	施工排水、降水 湿土排水	m³	623.44	623.44	698.25	698.25
3	52-1-4-3	管道砾石砂垫层	m³	17.70	17.70	17.70	17.70
4	52-1-4-1	管道黄砂垫层	m³	8.85	8.85	8.85	8.85
5	52-1-6-72	高密度聚乙烯双壁缠绕管(HDPE)每节 3m 以下 DN700	100m	0.0975	0.0975	0.0975	0.0975
6	52-1-6-89	高密度聚乙烯双壁缠绕管(HDPE)每节 3m 以上 DN700	100m	0.8775	0.8775	0.8775	0.8775
7	52-1-3-4	沟槽回填 黄砂	m³	95.53	192.54	95.53	192.54
8	52-1-3-1	沟槽回填 夯填土	m³	634.18	537.17	705.83	608.82
9	53-9-1-3	施工排水、降水 筑拆竹箩滤井	座	2.5	2.5	2.5	2.5
序号	定额编号	调整组合项目名称	单位	数量	数量	数量	数量
		井点降水					
1	53-9-1-5	施工排水、降水 轻型井点安装	根	83	83	83	83
2	53-9-1-6	施工排水、降水 轻型井点拆除	根	83	83	83	83
3	53-9-1-7	施工排水、降水 轻型井点使用	套·天	25	25	25	25
4	53-9-1-1	施工排水、降水 湿土排水	m³	−623.44	−623.44	−698.25	−698.25
		围护支撑					
1	52-4-3-2	打槽型钢板桩 长 6.01～9.00m，单面	100m	2	2	2	2
2	52-4-3-7	拔槽型钢板桩 长 6.01～9.00m，单面	100m	2	2	2	2
3	52-4-4-2	安拆钢板桩支撑 槽宽≤3.0m 深 4.01～6.00m	100m	1	1	1	1
4	52-4-3-11	槽型钢板桩使用费	t·d	4116	4116	4116	4116
5	52-4-4-14	钢板桩支撑使用费	t·d	264	264	264	264
		砾石砂垫层厚度增加 5cm					
1	52-1-4-3	管道砾石砂垫层	m³	8.85	8.85	8.85	8.85
2	52-1-3-1	沟槽回填 夯填土	m³	−8.85	−8.85	−8.85	−8.85

单位:100m

序号	定额编号	基本组合项目名称	单位	Z52-1-4-49A	Z52-1-4-49B
				5.0m	5.0m
1	52-1-2-3	机械挖沟槽土方　深≤6m　现场抛土	m³	1050.00	1050.00
2	53-9-1-1	施工排水、降水　湿土排水	m³	840.00	840.00
3	52-1-4-3	管道砾石砂垫层	m³	18.63	18.63
4	52-1-4-1	管道黄砂垫层	m³	9.32	9.32
5	52-1-6-72	高密度聚乙烯双壁缠绕管（HDPE）每节 3m 以下 DN700	100m	0.0975	0.0975
6	52-1-6-89	高密度聚乙烯双壁缠绕管（HDPE）每节 3m 以上 DN700	100m	0.8775	0.8775
7	52-1-3-4	沟槽回填　黄砂	m³	102.68	204.94
8	52-1-3-1	沟槽回填　夯填土	m³	845.75	743.49
9	53-9-1-3	施工排水、降水　筑拆竹箩滤井	座	2.5	2.5
序号	定额编号	调整组合项目名称	单位	数量	数量
		井点降水			
1	53-9-1-5	施工排水、降水　轻型井点安装	根	83	83
2	53-9-1-6	施工排水、降水　轻型井点拆除	根	83	83
3	53-9-1-7	施工排水、降水　轻型井点使用	套·天	25	25
4	53-9-1-1	施工排水、降水　湿土排水	m³	−840	−840
		围护支撑			
1	52-4-3-2	打槽型钢板桩　长 6.01～9.00m，单面	100m	2	2
2	52-4-3-7	拔槽型钢板桩　长 6.01～9.00m，单面	100m	2	2
3	52-4-4-2	安拆钢板桩支撑　槽宽≤3.0m　深 4.01～6.00m	100m	1	1
4	52-4-3-11	槽型钢板桩使用费	t·d	4116	4116
5	52-4-4-14	钢板桩支撑使用费	t·d	264	264
		砾石砂垫层厚度增加 5cm			
1	52-1-4-3	管道砾石砂垫层	m³	9.32	9.32
2	52-1-3-1	沟槽回填　夯填土	m³	−9.32	−9.32

（七）DN800 高密度聚乙烯双壁缠绕管(HDPE)

单位:100m

序号	定额编号	基本组合项目名称	单位	Z52-1-4-50A	Z52-1-4-50B	Z52-1-4-51A	Z52-1-4-51B
				2.0m	2.0m	2.5m	2.5m
1	52-1-2-1	机械挖沟槽土方 深≤3m 现场抛土	m³	420.00	420.00	525.00	525.00
2	53-9-1-1	施工排水、降水 湿土排水	m³	210.00	210.00	315.00	315.00
3	52-1-4-3	管道砾石砂垫层	m³	18.76	18.76	18.76	18.76
4	52-1-4-1	管道黄砂垫层	m³	9.38	9.38	9.38	9.38
5	52-1-6-73	高密度聚乙烯双壁缠绕管(HDPE) 每节 3m 以下 DN800	100m	0.0975	0.0975	0.0975	0.0975
6	52-1-6-90	高密度聚乙烯双壁缠绕管(HDPE) 每节 3m 以上 DN800	100m	0.8775	0.8775	0.8775	0.8775
7	52-1-3-4	沟槽回填 黄砂	m³	113.64	215.90	113.64	215.90
8	52-1-3-1	沟槽回填 夯填土	m³	215.21	112.95	317.47	215.21
9	53-9-1-3	施工排水、降水 筑拆竹箩滤井	座	2.5	2.5	2.5	2.5
序号	定额编号	调整组合项目名称	单位	数量	数量	数量	数量
		围护支撑					
1	52-4-2-2	撑拆列板 深≤2.0m,双面	100m	1	1		
2	52-4-2-3	撑拆列板 深≤2.5m,双面	100m			1	1
3	52-4-2-5	列板使用费	t·d	165	165	205	205
4	52-4-2-6	列板支撑使用费	t·d	58	58	72	72
		砾石砂垫层厚度增加 5cm					
1	52-1-4-3	管道砾石砂垫层	m³	9.38	9.38	9.38	9.38
2	52-1-3-1	沟槽回填 夯填土	m³	−9.38	−9.38	−9.38	−9.38

单位:100m

序号	定额编号	基本组合项目名称	单位	Z52-1-4-52A	Z52-1-4-52B	Z52-1-4-53A	Z52-1-4-53B
				≤3.0m	≤3.0m	>3.0m	>3.0m
1	52-1-2-1	机械挖沟槽土方 深≤3m 现场抛土	m³	603.75	603.75		
2	52-1-2-3	机械挖沟槽土方 深≤6m 现场抛土	m³			656.25	656.25
3	53-9-1-1	施工排水、降水 湿土排水	m³	393.75	393.75	446.25	446.25
4	52-1-4-3	管道砾石砂垫层	m³	18.63	18.63	18.63	18.63
5	52-1-4-1	管道黄砂垫层	m³	9.32	9.32	9.32	9.32
6	52-1-6-73	高密度聚乙烯双壁缠绕管(HDPE) 每节3m以下 DN800	100m	0.0975	0.0975	0.0975	0.0975
7	52-1-6-90	高密度聚乙烯双壁缠绕管(HDPE) 每节3m以上 DN800	100m	0.8775	0.8775	0.8775	0.8775
8	52-1-3-4	沟槽回填 黄砂	m³	113.64	215.90	113.64	215.90
9	52-1-3-1	沟槽回填 夯填土	m³	388.85	286.59	441.35	339.09
10	53-9-1-3	施工排水、降水 筑拆竹箩滤井	座	2.5	2.5	2.5	2.5
序号	定额编号	调整组合项目名称	单位	数量	数量	数量	数量
		井点降水					
1	53-9-1-5	施工排水、降水 轻型井点安装	根	83	83	83	83
2	53-9-1-6	施工排水、降水 轻型井点拆除	根	83	83	83	83
3	53-9-1-7	施工排水、降水 轻型井点使用	套·天	25	25	25	25
4	53-9-1-1	施工排水、降水 湿土排水	m³	−393.75	−393.75	−446.25	−446.25
		围护支撑					
1	52-4-2-4	撑拆列板 深≤3.0m,双面	100m	1	1		
2	52-4-3-1	打槽型钢板桩 长4.00~6.00m,单面	100m			2	2
3	52-4-3-6	拔槽型钢板桩 长4.00~6.00m,单面	100m			2	2
4	52-4-4-1	安拆钢板桩支撑 槽宽≤3.0m 深3.01~4.00m	100m			1	1
5	52-4-2-5	列板使用费	t·d	227	227		
6	52-4-2-6	列板支撑使用费	t·d	86	86		
7	52-4-3-11	槽型钢板桩使用费	t·d			1852	1852
8	52-4-4-14	钢板桩支撑使用费	t·d			87	87
		砾石砂垫层厚度增加5cm					
1	52-1-4-3	管道砾石砂垫层	m³	9.32	9.32	9.32	9.32
2	52-1-3-1	沟槽回填 夯填土	m³	−9.32	−9.32	−9.32	−9.32

单位:100m

序号	定额编号	基本组合项目名称	单位	Z52-1-4-54A	Z52-1-4-54B	Z52-1-4-55A	Z52-1-4-55B
				3.5m	3.5m	≤4.0m	≤4.0m
1	52-1-2-3	机械挖沟槽土方 深≤6m 现场抛土	m³	735.00	735.00	813.75	813.75
2	53-9-1-1	施工排水、降水 湿土排水	m³	525.00	525.00	603.75	603.75
3	52-1-4-3	管道砾石砂垫层	m³	18.63	18.63	18.63	18.63
4	52-1-4-1	管道黄砂垫层	m³	9.32	9.32	9.32	9.32
5	52-1-6-73	高密度聚乙烯双壁缠绕管(HDPE)每节 3m 以下 DN800	100m	0.0975	0.0975	0.0975	0.0975
6	52-1-6-90	高密度聚乙烯双壁缠绕管(HDPE)每节 3m 以上 DN800	100m	0.8775	0.8775	0.8775	0.8775
7	52-1-3-4	沟槽回填 黄砂	m³	113.64	215.90	113.64	215.90
8	52-1-3-1	沟槽回填 夯填土	m³	516.70	414.44	592.71	490.45
9	53-9-1-3	施工排水、降水 筑拆竹篓滤井	座	2.5	2.5	2.5	2.5
序号	定额编号	调整组合项目名称	单位	数量	数量	数量	数量
		井点降水					
1	53-9-1-5	施工排水、降水 轻型井点安装	根	83	83	83	83
2	53-9-1-6	施工排水、降水 轻型井点拆除	根	83	83	83	83
3	53-9-1-7	施工排水、降水 轻型井点使用	套·天	25	25	25	25
4	53-9-1-1	施工排水、降水 湿土排水	m³	-525	-525	-603.75	-603.75
		围护支撑					
1	52-4-3-1	打槽型钢板桩 长 4.00～6.00m,单面	100m	2	2	2	2
2	52-4-3-6	拔槽型钢板桩 长 4.00～6.00m,单面	100m	2	2	2	2
3	52-4-4-1	安拆钢板桩支撑 槽宽≤3.0m 深 3.01～4.00m	100m	1	1	1	1
4	52-4-3-11	槽型钢板桩使用费	t·d	1852	1852	1852	1852
5	52-4-4-14	钢板桩支撑使用费	t·d	87	87	87	87
		砾石砂垫层厚度增加5cm					
1	52-1-4-3	管道砾石砂垫层	m³	9.32	9.32	9.32	9.32
2	52-1-3-1	沟槽回填 夯填土	m³	-9.32	-9.32	-9.32	-9.32

单位:100m

序号	定额编号	基本组合项目名称	单位	Z52-1-4-56A	Z52-1-4-56B	Z52-1-4-57A	Z52-1-4-57B
				>4.0m	>4.0m	4.5m	4.5m
1	52-1-2-3	机械挖沟槽土方 深≤6m 现场抛土	m³	866.25	866.25	945.00	945.00
2	53-9-1-1	施工排水、降水 湿土排水	m³	656.25	656.25	735.00	735.00
3	52-1-4-3	管道砾石砂垫层	m³	18.63	18.63	18.63	18.63
4	52-1-4-1	管道黄砂垫层	m³	9.32	9.32	9.32	9.32
5	52-1-6-73	高密度聚乙烯双壁缠绕管(HDPE) 每节 3m 以下 DN800	100m	0.0975	0.0975	0.0975	0.0975
6	52-1-6-90	高密度聚乙烯双壁缠绕管(HDPE) 每节 3m 以上 DN800	100m	0.8775	0.8775	0.8775	0.8775
7	52-1-3-4	沟槽回填 黄砂	m³	113.64	215.90	113.64	215.90
8	52-1-3-1	沟槽回填 夯填土	m³	645.21	542.95	720.80	618.54
9	53-9-1-3	施工排水、降水 筑拆竹箩滤井	座	2.5	2.5	2.5	2.5

序号	定额编号	调整组合项目名称	单位	数量	数量	数量	数量
		井点降水					
1	53-9-1-5	施工排水、降水 轻型井点安装	根	83	83	83	83
2	53-9-1-6	施工排水、降水 轻型井点拆除	根	83	83	83	83
3	53-9-1-7	施工排水、降水 轻型井点使用	套·天	25	25	25	25
4	53-9-1-1	施工排水、降水 湿土排水	m³	−656.25	−656.25	−735	−735
		围护支撑					
1	52-4-3-2	打槽型钢板桩 长 6.01~9.00m，单面	100m	2	2	2	2
2	52-4-3-7	拔槽型钢板桩 长 6.01~9.00m，单面	100m	2	2	2	2
3	52-4-4-2	安拆钢板桩支撑 槽宽≤3.0m 深4.01~6.00m	100m	1	1	1	1
4	52-4-3-11	槽型钢板桩使用费	t·d	4116	4116	4116	4116
5	52-4-4-14	钢板桩支撑使用费	t·d	264	264	264	264
		砾石砂垫层厚度增加 5cm					
1	52-1-4-3	管道砾石砂垫层	m³	9.32	9.32	9.32	9.32
2	52-1-3-1	沟槽回填 夯填土	m³	−9.32	−9.32	−9.32	−9.32

单位：100m

序号	定额编号	基本组合项目名称	单位	Z52-1-4-58A	Z52-1-4-58B
				5.0m	5.0m
1	52-1-2-3	机械挖沟槽土方 深≤6m 现场抛土	m³	1102.50	1102.50
2	53-9-1-1	施工排水、降水 湿土排水	m³	882.00	882.00
3	52-1-4-3	管道砾石砂垫层	m³	19.56	19.56
4	52-1-4-1	管道黄砂垫层	m³	9.78	9.78
5	52-1-6-73	高密度聚乙烯双壁缠绕管（HDPE）每节 3m 以下 DN800	100m	0.0975	0.0975
6	52-1-6-90	高密度聚乙烯双壁缠绕管（HDPE）每节 3m 以上 DN800	100m	0.8775	0.8775
7	52-1-3-4	沟槽回填 黄砂	m³	121.98	229.49
8	52-1-3-1	沟槽回填 夯填土	m³	864.79	757.28
9	53-9-1-3	施工排水、降水 筑拆竹箩滤井	座	2.5	2.5

序号	定额编号	调整组合项目名称	单位	数量	数量
		井点降水			
1	53-9-1-5	施工排水、降水 轻型井点安装	根	83	83
2	53-9-1-6	施工排水、降水 轻型井点拆除	根	83	83
3	53-9-1-7	施工排水、降水 轻型井点使用	套·天	25	25
4	53-9-1-1	施工排水、降水 湿土排水	m³	−882	−882
		围护支撑			
1	52-4-3-2	打槽型钢板桩 长 6.01～9.00m，单面	100m	2	2
2	52-4-3-7	拔槽型钢板桩 长 6.01～9.00m，单面	100m	2	2
3	52-4-4-2	安拆钢板桩支撑 槽宽≤3.0m 深 4.01～6.00m	100m	1	1
4	52-4-3-11	槽型钢板桩使用费	t·d	4116	4116
5	52-4-4-14	钢板桩支撑使用费	t·d	264	264
		砾石砂垫层厚度增加 5cm			
1	52-1-4-3	管道砾石砂垫层	m³	9.78	9.78
2	52-1-3-1	沟槽回填 夯填土	m³	−9.78	−9.78

（八）DN1000 高密度聚乙烯双壁缠绕管（HDPE）

单位：100m

序号	定额编号	基本组合项目名称	单位	Z52-1-4-59A	Z52-1-4-59B	Z52-1-4-60A	Z52-1-4-60B
				2.0m	2.0m	2.5m	2.5m
1	52-1-2-1	机械挖沟槽土方 深≤3m 现场抛土	m³	462.00	462.00	577.50	577.50
2	53-9-1-1	施工排水、降水 湿土排水	m³	231.00	231.00	346.50	346.50
3	52-1-4-3	管道砾石砂垫层	m³	20.64	20.64	20.64	20.64
4	52-1-4-1	管道黄砂垫层	m³	10.32	10.32	10.32	10.32
5	52-1-6-74	高密度聚乙烯双壁缠绕管（HDPE）每节 3m 以下 DN1000	100m	0.0975	0.0975	0.0975	0.0975
6	52-1-6-91	高密度聚乙烯双壁缠绕管（HDPE）每节 3m 以上 DN1000	100m	0.8775	0.8775	0.8775	0.8775
7	52-1-3-4	沟槽回填 黄砂	m³	146.79	259.00	146.79	259.00
8	52-1-3-1	沟槽回填 夯填土	m³	190.92	78.71	303.68	191.47
9	53 9 1 3	施工排水、降水 筑拆竹箩滤井	座	2.5	2.5	2.5	2.5
序号	定额编号	调整组合项目名称	单位	数量	数量	数量	数量
		围护支撑					
1	52-4-2-2	撑拆列板 深≤2.0m，双面	100m	1	1		
2	52-4-2-3	撑拆列板 深≤2.5m，双面	100m			1	1
3	52-4-2-5	列板使用费	t·d	165	165	205	205
4	52-4-2-6	列板支撑使用费	t·d	58	58	72	72
		砾石砂垫层厚度增加 5cm					
1	52-1-4-3	管道砾石砂垫层	m³	10.32	10.32	10.32	10.32
2	52-1-3-1	沟槽回填 夯填土	m³	−10.32	−10.32	−10.32	−10.32

单位:100m

序号	定额编号	基本组合项目名称	单位	Z52-1-4-61A	Z52-1-4-61B	Z52-1-4-62A	Z52-1-4-62B
				≤3.0m	≤3.0m	>3.0m	>3.0m
1	52-1-2-1	机械挖沟槽土方 深≤3m 现场抛土	m³	664.13	664.13		
2	52-1-2-3	机械挖沟槽土方 深≤6m 现场抛土	m³			721.88	721.88
3	53-9-1-1	施工排水、降水 湿土排水	m³	433.13	433.13	490.88	490.88
4	52-1-4-3	管道砾石砂垫层	m³	20.49	20.49	20.49	20.49
5	52-1-4-1	管道黄砂垫层	m³	10.25	10.25	10.25	10.25
6	52-1-6-74	高密度聚乙烯双壁缠绕管(HDPE) 每节3m以下 DN1000	100m	0.0975	0.0975	0.0975	0.0975
7	52-1-6-91	高密度聚乙烯双壁缠绕管(HDPE) 每节3m以上 DN1000	100m	0.8775	0.8775	0.8775	0.8775
8	52-1-3-4	沟槽回填 黄砂	m³	146.79	259.00	146.79	259.00
9	52-1-3-1	沟槽回填 夯填土	m³	382.50	270.29	440.25	328.04
10	53-9-1-3	施工排水、降水 筑拆竹笼滤井	座	2.5	2.5	2.5	2.5
序号	定额编号	调整组合项目名称	单位	数量	数量	数量	数量
		井点降水					
1	53-9-1-5	施工排水、降水 轻型井点安装	根	83	83	83	83
2	53-9-1-6	施工排水、降水 轻型井点拆除	根	83	83	83	83
3	53-9-1-7	施工排水、降水 轻型井点使用	套·天	27	27	27	27
4	53-9-1-1	施工排水、降水 湿土排水	m³	−433.13	−433.13	−490.88	−490.88
		围护支撑					
1	52-4-2-4	撑拆列板 深≤3.0m,双面	100m	1	1		
2	52-4-3-1	打槽型钢板桩 长4.00~6.00m,单面	100m			2	2
3	52-4-3-6	拔槽型钢板桩 长4.00~6.00m,单面	100m			2	2
4	52-4-4-1	安拆钢板桩支撑 槽宽≤3.0m 深3.01~4.00m	100m			1	1
5	52-4-2-5	列板使用费	t·d	227	227		
6	52-4-2-6	列板支撑使用费	t·d	86	86		
7	52-4-3-11	槽型钢板桩使用费	t·d			1852	1852
8	52-4-4-14	钢板桩支撑使用费	t·d			87	87
		砾石砂垫层厚度增加5cm					
1	52-1-4-3	管道砾石砂垫层	m³	10.25	10.25	10.25	10.25
2	52-1-3-1	沟槽回填 夯填土	m³	−10.25	−10.25	−10.25	−10.25

单位:100m

序号	定额编号	基本组合项目名称	单位	Z52-1-4-63A	Z52-1-4-63B	Z52-1-4-64A	Z52-1-4-64B
				3.5m	3.5m	≤4.0m	≤4.0m
1	52-1-2-3	机械挖沟槽土方 深≤6m 现场抛土	m³	808.50	808.50	895.13	895.13
2	53-9-1-1	施工排水、降水 湿土排水	m³	577.50	577.50	664.13	664.13
3	52-1-4-3	管道砾石砂垫层	m³	20.49	20.49	20.49	20.49
4	52-1-4-1	管道黄砂垫层	m³	10.25	10.25	10.25	10.25
5	52-1-6-74	高密度聚乙烯双壁缠绕管(HDPE) 每节 3m 以下 DN1000	100m	0.0975	0.0975	0.0975	0.0975
6	52-1-6-91	高密度聚乙烯双壁缠绕管(HDPE) 每节 3m 以上 DN1000	100m	0.8775	0.8775	0.8775	0.8775
7	52-1-3-4	沟槽回填 黄砂	m³	146.79	259.00	146.79	259.00
8	52-1-3-1	沟槽回填 夯填土	m³	523.36	411.15	607.25	495.04
9	53-9-1-3	施工排水、降水 筑拆竹笼滤井	座	2.5	2.5	2.5	2.5

序号	定额编号	调整组合项目名称	单位	数量	数量	数量	数量
		井点降水					
1	53-9-1-5	施工排水、降水 轻型井点安装	根	83	83	83	83
2	53-9-1-6	施工排水、降水 轻型井点拆除	根	83	83	83	83
3	53-9-1-7	施工排水、降水 轻型井点使用	套·天	27	27	27	27
4	53-9-1-1	施工排水、降水 湿土排水	m³	−577.5	−577.5	−664.13	−664.13
		围护支撑					
1	52-4-3-1	打槽型钢板桩 长 4.00～6.00m,单面	100m	2	2	2	2
2	52-4-3-6	拔槽型钢板桩 长 4.00～6.00m,单面	100m	2	2	2	2
3	52-4-4-1	安拆钢板桩支撑 槽宽≤3.0m 深 3.01～4.00m	100m	1	1	1	1
4	52-4-3-11	槽型钢板桩使用费	t·d	1852	1852	1852	1852
5	52-4-4-14	钢板桩支撑使用费	t·d	87	87	87	87
		砾石砂垫层厚度增加 5cm					
1	52-1-4-3	管道砾石砂垫层	m³	10.25	10.25	10.25	10.25
2	52-1-3-1	沟槽回填 夯填土	m³	−10.25	−10.25	−10.25	−10.25

单位:100m

序号	定额编号	基本组合项目名称	单位	Z52-1-4-65A	Z52-1-4-65B	Z52-1-4-66A	Z52-1-4-66B
				>4.0m	>4.0m	4.5m	4.5m
1	52-1-2-3	机械挖沟槽土方 深≤6m 现场抛土	m³	952.88	952.88	1039.50	1039.50
2	53-9-1-1	施工排水、降水 湿土排水	m³	721.88	721.88	808.50	808.50
3	52-1-4-3	管道砾石砂垫层	m³	20.49	20.49	20.49	20.49
4	52-1-4-1	管道黄砂垫层	m³	10.25	10.25	10.25	10.25
5	52-1-6-74	高密度聚乙烯双壁缠绕管(HDPE) 每节 3m 以下 DN1000	100m	0.0975	0.0975	0.0975	0.0975
6	52-1-6-91	高密度聚乙烯双壁缠绕管(HDPE) 每节 3m 以上 DN1000	100m	0.8775	0.8775	0.8775	0.8775
7	52-1-3-4	沟槽回填 黄砂	m³	146.79	259.00	146.79	259.00
8	52-1-3-1	沟槽回填 夯填土	m³	665.00	552.79	748.47	636.26
9	53-9-1-3	施工排水、降水 筑拆竹箩滤井	座	2.5	2.5	2.5	2.5
序号	定额编号	调整组合项目名称	单位	数量	数量	数量	数量
		井点降水					
1	53-9-1-5	施工排水、降水 轻型井点安装	根	83	83	83	83
2	53-9-1-6	施工排水、降水 轻型井点拆除	根	83	83	83	83
3	53-9-1-7	施工排水、降水 轻型井点使用	套·天	27	27	27	27
4	53-9-1-1	施工排水、降水 湿土排水	m³	−721.88	−721.88	−808.5	−808.5
		围护支撑					
1	52-4-3-2	打槽型钢板桩 长 6.01～9.00m,单面	100m	2	2	2	2
2	52-4-3-7	拔槽型钢板桩 长 6.01～9.00m,单面	100m	2	2	2	2
3	52-4-4-2	安拆钢板桩支撑 槽宽≤3.0m 深4.01～6.00m	100m	1	1	1	1
4	52-4-3-11	槽型钢板桩使用费	t·d	4116	4116	4116	4116
5	52-4-4-14	钢板桩支撑使用费	t·d	264	264	264	264
		砾石砂垫层厚度增加 5cm					
1	52-1-4-3	管道砾石砂垫层	m³	10.25	10.25	10.25	10.25
2	52-1-3-1	沟槽回填 夯填土	m³	−10.25	−10.25	−10.25	−10.25

单位：100m

序号	定额编号	基本组合项目名称	单位	Z52-1-4-67A	Z52-1-4-67B	Z52-1-4-68A	Z52-1-4-68B
				5.0m	5.0m	5.5m	5.5m
1	52-1-2-3	机械挖沟槽土方 深≤6m 现场抛土	m³	1207.50	1207.50	1328.25	1328.25
2	53-9-1-1	施工排水、降水 湿土排水	m³	966.00	966.00	1086.75	1086.75
3	52-1-4-3	管道砾石砂垫层	m³	21.42	21.42	21.42	21.42
4	52-1-4-1	管道黄砂垫层	m³	10.71	10.71	10.71	10.71
5	52-1-6-74	高密度聚乙烯双壁缠绕管(HDPE) 每节 3m 以下 DN1000	100m	0.0975	0.0975	0.0975	0.0975
6	52-1-6-91	高密度聚乙烯双壁缠绕管(HDPE) 每节 3m 以上 DN1000	100m	0.8775	0.8775	0.8775	0.8775
7	52-1-3-4	沟槽回填 黄砂	m³	157.24	274.69	157.24	274.69
8	52-1-3-1	沟槽回填 夯填土	m³	900.84	783.39	1017.04	899.59
9	53-9-1-3	施工排水、降水 筑拆竹笋滤井	座	2.5	2.5	2.5	2.5

序号	定额编号	调整组合项目名称	单位	数量	数量	数量	数量
		井点降水					
1	53-9-1-5	施工排水、降水 轻型井点安装	根	83	83	83	83
2	53-9-1-6	施工排水、降水 轻型井点拆除	根	83	83	83	83
3	53-9-1-7	施工排水、降水 轻型井点使用	套·天	27	27	27	27
4	53-9-1-1	施工排水、降水 湿土排水	m³	−966	−966	−1086.75	−1086.75
		围护支撑					
1	52-4-3-2	打槽型钢板桩 长 6.01～9.00m，单面	100m	2	2	2	2
2	52-4-3-7	拔槽型钢板桩 长 6.01～9.00m，单面	100m	2	2	2	2
3	52-4-4-2	安拆钢板桩支撑 槽宽≤3.0m 深 4.01～6.00m	100m	1	1	1	1
4	52-4-3-11	槽型钢板桩使用费	t·d	4116	4116	4116	4116
5	52-4-4-14	钢板桩支撑使用费	t·d	264	264	264	264
		砾石砂垫层厚度增加 5cm					
1	52-1-4-3	管道砾石砂垫层	m³	10.71	10.71	10.71	10.71
2	52-1-3-1	沟槽回填 夯填土	m³	−10.71	−10.71	−10.71	−10.71

单位:100m

序号	定额编号	基本组合项目名称	单位	Z52-1-4-69A	Z52-1-4-69B
				≤6.0m	≤6.0m
1	52-1-2-3	机械挖沟槽土方 深≤6m 现场抛土	m³	1418.81	1418.81
2	53-9-1-1	施工排水、降水 湿土排水	m³	1177.31	1177.31
3	52-1-4-3	管道砾石砂垫层	m³	21.42	21.42
4	52-1-4-1	管道黄砂垫层	m³	10.71	10.71
5	52-1-6-74	高密度聚乙烯双壁缠绕管(HDPE) 每节 3m 以下 DN1000	100m	0.0975	0.0975
6	52-1-6-91	高密度聚乙烯双壁缠绕管(HDPE) 每节 3m 以上 DN1000	100m	0.8775	0.8775
7	52-1-3-4	沟槽回填 黄砂	m³	157.24	274.69
8	52-1-3-1	沟槽回填 夯填土	m³	1103.82	986.37
9	53-9-1-3	施工排水、降水 筑拆竹笋滤井	座	2.5	2.5

序号	定额编号	调整组合项目名称	单位	数量	数量
		井点降水			
1	53-9-1-5	施工排水、降水 轻型井点安装	根	83	83
2	53-9-1-6	施工排水、降水 轻型井点拆除	根	83	83
3	53-9-1-7	施工排水、降水 轻型井点使用	套·天	27	27
4	53-9-1-1	施工排水、降水 湿土排水	m³	−1177.31	−1177.31
		围护支撑			
1	52-4-3-2	打槽型钢板桩 长 6.01～9.00m,单面	100m	2	2
2	52-4-3-7	拔槽型钢板桩 长 6.01～9.00m,单面	100m	2	2
3	52-4-4-2	安拆钢板桩支撑 槽宽≤3.0m 深 4.01～6.00m	100m	1	1
4	52-4-3-11	槽型钢板桩使用费	t·d	4116	4116
5	52-4-4-14	钢板桩支撑使用费	t·d	264	264
		砾石砂垫层厚度增加 5cm			
1	52-1-4-3	管道砾石砂垫层	m³	10.71	10.71
2	52-1-3-1	沟槽回填 夯填土	m³	−10.71	−10.71

（九）DN1200 高密度聚乙烯双壁缠绕管（HDPE）

单位：100m

序号	定额编号	基本组合项目名称	单位	Z52-1-4-70A	Z52-1-4-70B	Z52-1-4-71A	Z52-1-4-71B
				2.0m	2.0m	2.5m	2.5m
1	52-1-2-1	机械挖沟槽土方 深≤3m 现场抛土	m³	546.00	546.00	682.50	682.50
2	53-9-1-1	施工排水、降水 湿土排水	m³	273.00	273.00	409.50	409.50
3	52-1-4-3	管道砾石砂垫层	m³	24.39	24.39	24.39	24.39
4	52-1-4-1	管道黄砂垫层	m³	12.19	12.19	12.19	12.19
5	52-1-6-75	高密度聚乙烯双壁缠绕管（HDPE）每节 3m 以下 DN1200	100m	0.0975	0.0975	0.0975	0.0975
6	52-1-6-92	高密度聚乙烯双壁缠绕管（HDPE）每节 3m 以上 DN1200	100m	0.8775	0.8775	0.8775	0.8775
7	52-1-3-4	沟槽回填 黄砂	m³	206.97	339.76	206.97	339.76
8	52-1-3-1	沟槽回填 夯填土	m³	173.19	40.40	306.95	174.16
9	53-9-1-3	施工排水、降水 筑拆竹箩滤井	座	2.5	2.5	2.5	2.5

序号	定额编号	调整组合项目名称	单位	数量	数量	数量	数量
		围护支撑					
1	52-4-2-2	撑拆列板 深≤2.0m，双面	100m	1	1		
2	52-4-2-3	撑拆列板 深≤2.5m，双面	100m			1	1
3	52-4-2-5	列板使用费	t·d	165	165	205	205
4	52-4-2-6	列板支撑使用费	t·d	58	58	72	72
		砾石砂垫层厚度增加 5cm					
1	52-1-4-3	管道砾石砂垫层	m³	12.20	12.20	12.20	12.20
2	52-1-3-1	沟槽回填 夯填土	m³	−12.20	−12.20	−12.20	−12.20

单位:100m

序号	定额编号	基本组合项目名称	单位	Z52-1-4-72A	Z52-1-4-72B	Z52-1-4-73A	Z52-1-4-73B
				≤3.0m	≤3.0m	>3.0m	>3.0m
1	52-1-2-1	机械挖沟槽土方 深≤3m 现场抛土	m³	784.88	784.88		
2	52-1-2-3	机械挖沟槽土方 深≤6m 现场抛土	m³			853.13	853.13
3	53-9-1-1	施工排水、降水 湿土排水	m³	511.88	511.88	580.13	580.13
4	52-1-4-3	管道砾石砂垫层	m³	24.22	24.22	24.22	24.22
5	52-1-4-1	管道黄砂垫层	m³	12.11	12.11	12.11	12.11
6	52-1-6-75	高密度聚乙烯双壁缠绕管(HDPE) 每节3m以下 DN1200	100m	0.0975	0.0975	0.0975	0.0975
7	52-1-6-92	高密度聚乙烯双壁缠绕管(HDPE) 每节3m以上 DN1200	100m	0.8775	0.8775	0.8775	0.8775
8	52-1-3-4	沟槽回填 黄砂	m³	206.97	339.76	206.97	339.76
9	52-1-3-1	沟槽回填 夯填土	m³	401.14	268.35	469.39	336.60
10	53-9-1-3	施工排水、降水 筑拆竹笼滤井	座	2.5	2.5	2.5	2.5
序号	定额编号	调整组合项目名称	单位	数量	数量	数量	数量
		井点降水					
1	53-9-1-5	施工排水、降水 轻型井点安装	根	83	83	83	83
2	53-9-1-6	施工排水、降水 轻型井点拆除	根	83	83	83	83
3	53-9-1-7	施工排水、降水 轻型井点使用	套·天	28	28	28	28
4	53-9-1-1	施工排水、降水 湿土排水	m³	−511.88	−511.88	−580.13	−580.13
		围护支撑					
1	52-4-2-4	撑拆列板 深≤3.0m,双面	100m	1	1		
2	52-4-3-1	打槽型钢板桩 长4.00~6.00m,单面	100m			2	2
3	52-4-3-6	拔槽型钢板桩 长4.00~6.00m,单面	100m			2	2
4	52-4-4-1	安拆钢板桩支撑 槽宽≤3.0m 深3.01~4.00m	100m			1	1
5	52-4-2-5	列板使用费	t·d	227	227		
6	52-4-2-6	列板支撑使用费	t·d	86	86		
7	52-4-3-11	槽型钢板桩使用费	t·d			1852	1852
8	52-4-4-14	钢板桩支撑使用费	t·d			87	87
		砾石砂垫层厚度增加5cm					
1	52-1-4-3	管道砾石砂垫层	m³	12.11	12.11	12.11	12.11
2	52-1-3-1	沟槽回填 夯填土	m³	−12.11	−12.11	−12.11	−12.11

单位:100m

序号	定额编号	基本组合项目名称	单位	Z52-1-4-74A 3.5m	Z52-1-4-74B 3.5m	Z52-1-4-75A ≤4.0m	Z52-1-4-75B ≤4.0m
1	52-1-2-3	机械挖沟槽土方 深≤6m 现场抛土	m³	955.50	955.50	1057.88	1057.88
2	53-9-1-1	施工排水、降水 湿土排水	m³	682.50	682.50	784.88	784.88
3	52-1-4-3	管道砾石砂垫层	m³	24.22	24.22	24.22	24.22
4	52-1-4-1	管道黄砂垫层	m³	12.11	12.11	12.11	12.11
5	52-1-6-75	高密度聚乙烯双壁缠绕管(HDPE)每节 3m 以下 DN1200	100m	0.0975	0.0975	0.0975	0.0975
6	52-1-6-92	高密度聚乙烯双壁缠绕管(HDPE)每节 3m 以上 DN1200	100m	0.8775	0.8775	0.8775	0.8775
7	52-1-3-4	沟槽回填 黄砂	m³	206.97	339.76	206.97	339.76
8	52-1-3-1	沟槽回填 夯填土	m³	568.17	435.38	667.82	535.03
9	53-9-1-3	施工排水、降水 筑拆竹箩滤井	座	2.5	2.5	2.5	2.5

序号	定额编号	调整组合项目名称	单位	数量	数量	数量	数量
		井点降水					
1	53-9-1-5	施工排水、降水 轻型井点安装	根	83	83	83	83
2	53-9-1-6	施工排水、降水 轻型井点拆除	根	83	83	83	83
3	53-9-1-7	施工排水、降水 轻型井点使用	套·天	28	28	28	28
4	53-9-1-1	施工排水、降水 湿土排水	m³	−682.5	−682.5	−784.88	−784.88
		围护支撑					
1	52-4-3-1	打槽型钢板桩 长 4.00～6.00m,单面	100m	2	2	2	2
2	52-4-3-6	拔槽型钢板桩 长 4.00～6.00m,单面	100m	2	2	2	2
3	52-4-4-1	安拆钢板桩支撑 槽宽≤3.0m 深 3.01～4.00m	100m	1	1	1	1
4	52-4-3-11	槽型钢板桩使用费	t·d	1852	1852	1852	1852
5	52-4-4-14	钢板桩支撑使用费	t·d	87	87	87	87
		砾石砂垫层厚度增加 5cm					
1	52-1-4-3	管道砾石砂垫层	m³	12.11	12.11	12.11	12.11
2	52-1-3-1	沟槽回填 夯填土	m³	−12.11	−12.11	−12.11	−12.11

单位：100m

序号	定额编号	基本组合项目名称	单位	Z52-1-4-76A	Z52-1-4-76B	Z52-1-4-77A	Z52-1-4-77B
				>4.0m	>4.0m	4.5m	4.5m
1	52-1-2-3	机械挖沟槽土方 深≤6m 现场抛土	m³	1126.13	1126.13	1228.50	1228.50
2	53-9-1-1	施工排水、降水 湿土排水	m³	853.13	853.13	955.50	955.50
3	52-1-4-3	管道砾石砂垫层	m³	24.22	24.22	24.22	24.22
4	52-1-4-1	管道黄砂垫层	m³	12.11	12.11	12.11	12.11
5	52-1-6-75	高密度聚乙烯双壁缠绕管(HDPE) 每节 3m 以下 DN1200	100m	0.0975	0.0975	0.0975	0.0975
6	52-1-6-92	高密度聚乙烯双壁缠绕管(HDPE) 每节 3m 以上 DN1200	100m	0.8775	0.8775	0.8775	0.8775
7	52-1-3-4	沟槽回填 黄砂	m³	206.97	339.76	206.97	339.76
8	52-1-3-1	沟槽回填 夯填土	m³	736.07	603.28	835.28	702.49
9	53-9-1-3	施工排水、降水 筑拆竹箩滤井	座	2.5	2.5	2.5	2.5

序号	定额编号	调整组合项目名称	单位	数量	数量	数量	数量
		井点降水					
1	53-9-1-5	施工排水、降水 轻型井点安装	根	83	83	83	83
2	53-9-1-6	施工排水、降水 轻型井点拆除	根	83	83	83	83
3	53-9-1-7	施工排水、降水 轻型井点使用	套·天	28	28	28	28
4	53-9-1-1	施工排水、降水 湿土排水	m³	−853.13	−853.13	−955.5	−955.5
		围护支撑					
1	52-4-3-2	打槽型钢板桩 长 6.01～9.00m，单面	100m	2	2	2	2
2	52-4-3-7	拔槽型钢板桩 长 6.01～9.00m，单面	100m	2	2	2	2
3	52-4-4-2	安拆钢板桩支撑 槽宽≤3.0m 深 4.01～6.00m	100m	1	1	1	1
4	52-4-3-11	槽型钢板桩使用费	t·d	4116	4116	4116	4116
5	52-4-4-14	钢板桩支撑使用费	t·d	264	264	264	264
		砾石砂垫层厚度增加 5cm					
1	52-1-4-3	管道砾石砂垫层	m³	12.11	12.11	12.11	12.11
2	52-1-3-1	沟槽回填 夯填土	m³	−12.11	−12.11	−12.11	−12.11

单位：100m

序号	定额编号	基本组合项目名称	单位	Z52-1-4-78A 5.0m	Z52-1-4-78B 5.0m	Z52-1-4-79A 5.5m	Z52-1-4-79B 5.5m
1	52-1-2-3	机械挖沟槽土方 深≤6m 现场抛土	m³	1417.50	1417.50	1559.25	1559.25
2	53-9-1-1	施工排水、降水 湿土排水	m³	1134.00	1134.00	1275.75	1275.75
3	52-1-4-3	管道砾石砂垫层	m³	25.15	25.15	25.15	25.15
4	52-1-4-1	管道黄砂垫层	m³	12.58	12.58	12.58	12.58
5	52-1-6-75	高密度聚乙烯双壁缠绕管（HDPE）每节 3m 以下 DN1200	100m	0.0975	0.0975	0.0975	0.0975
6	52-1-6-92	高密度聚乙烯双壁缠绕管（HDPE）每节 3m 以上 DN1200	100m	0.8775	0.8775	0.8775	0.8775
7	52-1-3-4	沟槽回填 黄砂	m³	219.52	357.55	219.52	357.55
8	52-1-3-1	沟槽回填 夯填土	m³	1005.69	867.66	1143.66	1005.63
9	53-9-1-3	施工排水、降水 筑拆竹箩滤井	座	2.5	2.5	2.5	2.5

序号	定额编号	调整组合项目名称	单位	数量	数量	数量	数量
		井点降水					
1	53-9-1-5	施工排水、降水 轻型井点安装	根	83	83	83	83
2	53-9-1-6	施工排水、降水 轻型井点拆除	根	83	83	83	83
3	53-9-1-7	施工排水、降水 轻型井点使用	套·天	28	28	28	28
4	53-9-1-1	施工排水、降水 湿土排水	m³	−1134	−1134	−1275.75	−1275.75
		围护支撑					
1	52-4-3-2	打槽型钢板桩 长 6.01～9.00m，单面	100m	2	2	2	2
2	52-4-3-7	拔槽型钢板桩 长 6.01～9.00m，单面	100m	2	2	2	2
3	52-4-4-2	安拆钢板桩支撑 槽宽≤3.0m 深 4.01～6.00m	100m	1	1	1	1
4	52-4-3-11	槽型钢板桩使用费	t·d	4116	4116	4116	4116
5	52-4-4-14	钢板桩支撑使用费	t·d	264	264	264	264
		砾石砂垫层厚度增加 5cm					
1	52-1-4-3	管道砾石砂垫层	m³	12.58	12.58	12.58	12.58
2	52-1-3-1	沟槽回填 夯填土	m³	−12.58	−12.58	−12.58	−12.58

单位:100m

序号	定额编号	基本组合项目名称	单位	Z52-1-4-80A ≤6.0m	Z52-1-4-80B ≤6.0m
1	52-1-2-3	机械挖沟槽土方 深≤6m 现场抛土	m³	1665.56	1665.56
2	53-9-1-1	施工排水、降水 湿土排水	m³	1382.06	1382.06
3	52-1-4-3	管道砾石砂垫层	m³	25.15	25.15
4	52-1-4-1	管道黄砂垫层	m³	12.58	12.58
5	52-1-6-75	高密度聚乙烯双壁缠绕管(HDPE) 每节 3m 以下 DN1200	100m	0.0975	0.0975
6	52-1-6-92	高密度聚乙烯双壁缠绕管(HDPE) 每节 3m 以上 DN1200	100m	0.8775	0.8775
7	52-1-3-4	沟槽回填 黄砂	m³	219.52	357.55
8	52-1-3-1	沟槽回填 夯填土	m³	1246.18	1108.15
9	53-9-1-3	施工排水、降水 筑拆竹箩滤井	座	2.5	2.5

序号	定额编号	调整组合项目名称	单位	数量	数量
		井点降水			
1	53-9-1-5	施工排水、降水 轻型井点安装	根	83	83
2	53-9-1-6	施工排水、降水 轻型井点拆除	根	83	83
3	53-9-1-7	施工排水、降水 轻型井点使用	套·天	28	28
4	53-9-1-1	施工排水、降水 湿土排水	m³	−1382.06	−1382.06
		围护支撑			
1	52-4-3-2	打槽型钢板桩 长 6.01～9.00m,单面	100m	2	2
2	52-4-3-7	拔槽型钢板桩 长 6.01～9.00m,单面	100m	2	2
3	52-4-4-2	安拆钢板桩支撑 槽宽≤3.0m 深 4.01～6.00m	100m	1	1
4	52-4-3-11	槽型钢板桩使用费	t·d	4116	4116
5	52-4-4-14	钢板桩支撑使用费	t·d	264	264
		砾石砂垫层厚度增加 5cm			
1	52-1-4-3	管道砾石砂垫层	m³	12.58	12.58
2	52-1-3-1	沟槽回填 夯填土	m³	−12.58	−12.58

（十）DN1400 高密度聚乙烯双壁缠绕管（HDPE）

单位：100m

序号	定额编号	基本组合项目名称	单位	Z52-1-4-81A	Z52-1-4-81B	Z52-1-4-82A	Z52-1-4-82B
				2.5m	2.5m	≤3.0m	≤3.0m
1	52-1-2-1	机械挖沟槽土方 深≤3m 现场抛土	m³	735.00	735.00	845.25	845.25
2	53-9-1-1	施工排水、降水 湿土排水	m³	441.00	441.00	551.25	551.25
3	52-1-4-3	管道砾石砂垫层	m³	26.01	26.01	26.01	26.01
4	52-1-4-1	管道黄砂垫层	m³	13.01	13.01	13.01	13.01
5	52-1-6-76	高密度聚乙烯双壁缠绕管（HDPE）每节 3m 以下 DN1400	100m	0.0973	0.0973	0.0973	0.0973
6	52-1-6-93	高密度聚乙烯双壁缠绕管（HDPE）每节 3m 以上 DN1400	100m	0.8753	0.8753	0.8753	0.8753
7	52-1-3-4	沟槽回填 黄砂	m³	241.07	384.30	241.07	384.30
8	52-1-3-1	沟槽回填 夯填土	m³	269.01	125.78	376.53	233.30
9	53-9-1-3	施工排水、降水 筑拆竹箩滤井	座	2.5	2.5	2.5	2.5
序号	定额编号	调整组合项目名称	单位	数量	数量	数量	数量
		井点降水					
1	53-9-1-5	施工排水、降水 轻型井点安装	根			83	83
2	53-9-1-6	施工排水、降水 轻型井点拆除	根			83	83
3	53-9-1-7	施工排水、降水 轻型井点使用	套·天			30	30
4	53-9-1-1	施工排水、降水 湿土排水	m³			−551.25	−551.25
		围护支撑					
1	52-4-2-3	撑拆列板 深≤2.5m，双面	100m	1	1		
2	52-4-2-4	撑拆列板 深≤3.0m，双面	100m			1	1
3	52-4-2-5	列板使用费	t·d	213	213	257	257
4	52-4-2-6	列板支撑使用费	t·d	81	81	98	98
		砾石砂垫层厚度增加 5cm					
1	52-1-4-3	管道砾石砂垫层	m³	13.01	13.01	13.01	13.01
2	52-1-3-1	沟槽回填 夯填土	m³	−13.01	−13.01	−13.01	−13.01

单位：100m

序号	定额编号	基本组合项目名称	单位	Z52-1-4-83A	Z52-1-4-83B	Z52-1-4-84A	Z52-1-4-84B
				>3.0m	>3.0m	3.5m	3.5m
1	52-1-2-3	机械挖沟槽土方 深≤6m 现场抛土	m³	918.75	918.75	1029.00	1029.00
2	53-9-1-1	施工排水、降水 湿土排水	m³	624.75	624.75	735.00	735.00
3	52-1-4-3	管道砾石砂垫层	m³	26.01	26.01	26.01	26.01
4	52-1-4-1	管道黄砂垫层	m³	13.01	13.01	13.01	13.01
5	52-1-6-76	高密度聚乙烯双壁缠绕管(HDPE) 每节 3m 以下 DN1400	100m	0.0973	0.0973	0.0973	0.0973
6	52-1-6-93	高密度聚乙烯双壁缠绕管(HDPE) 每节 3m 以上 DN1400	100m	0.8753	0.8753	0.8753	0.8753
7	52-1-3-4	沟槽回填 黄砂	m³	241.07	384.30	241.07	384.30
8	52-1-3-1	沟槽回填 夯填土	m³	450.03	306.80	556.33	413.10
9	53-9-1-3	施工排水、降水 筑拆竹笼滤井	座	2.5	2.5	2.5	2.5
序号	定额编号	调整组合项目名称	单位	数量	数量	数量	数量
		井点降水					
1	53-9-1-5	施工排水、降水 轻型井点安装	根	83	83	83	83
2	53-9-1-6	施工排水、降水 轻型井点拆除	根	83	83	83	83
3	53-9-1-7	施工排水、降水 轻型井点使用	套·天	30	30	30	30
4	53-9-1-1	施工排水、降水 湿土排水	m³	−624.75	−624.75	−735	−735
		围护支撑					
1	52-4-3-1	打槽型钢板桩 长 4.00～6.00m，单面	100m	2	2	2	2
2	52-4-3-6	拔槽型钢板桩 长 4.00～6.00m，单面	100m	2	2	2	2
3	52-4-4-1	安拆钢板桩支撑 槽宽≤3.0m 深 3.01～4.00m	100m	1	1	1	1
4	52-4-3-11	槽型钢板桩使用费	t·d	2468	2468	2468	2468
5	52-4-4-14	钢板桩支撑使用费	t·d	162	162	162	162
		砾石砂垫层厚度增加 5cm					
1	52-1-4-3	管道砾石砂垫层	m³	13.01	13.01	13.01	13.01
2	52-1-3-1	沟槽回填 夯填土	m³	−13.01	−13.01	−13.01	−13.01

单位:100m

序号	定额编号	基本组合项目名称	单位	Z52-1-4-85A ≤4.0m	Z52-1-4-85B ≤4.0m	Z52-1-4-86A >4.0m	Z52-1-4-86B >4.0m
1	52-1-2-3	机械挖沟槽土方 深≤6m 现场抛土	m³	1139.25	1139.25	1212.75	1212.75
2	53-9-1-1	施工排水、降水 湿土排水	m³	845.25	845.25	918.75	918.75
3	52-1-4-3	管道砾石砂垫层	m³	26.01	26.01	26.01	26.01
4	52-1-4-1	管道黄砂垫层	m³	13.01	13.01	13.01	13.01
5	52-1-6-76	高密度聚乙烯双壁缠绕管(HDPE) 每节 3m 以下 DN1400	100m	0.0973	0.0973	0.0973	0.0973
6	52-1-6-93	高密度聚乙烯双壁缠绕管(HDPE) 每节 3m 以上 DN1400	100m	0.8753	0.8753	0.8753	0.8753
7	52-1-3-4	沟槽回填 黄砂	m³	241.07	384.30	241.07	384.30
8	52-1-3-1	沟槽回填 夯填土	m³	663.65	520.42	737.15	593.92
9	53-9-1-3	施工排水、降水 筑拆竹箩滤井	座	2.5	2.5	2.5	2.5

序号	定额编号	调整组合项目名称	单位	数量	数量	数量	数量
		井点降水					
1	53-9-1-5	施工排水、降水 轻型井点安装	根	83	83	83	83
2	53-9-1-6	施工排水、降水 轻型井点拆除	根	83	83	83	83
3	53-9-1-7	施工排水、降水 轻型井点使用	套·天	30	30	30	30
4	53-9-1-1	施工排水、降水 湿土排水	m³	−845.25	−845.25	−918.75	−918.75
		围护支撑					
1	52-4-3-1	打槽型钢板桩 长 4.00~6.00m,单面	100m	2	2		
2	52-4-3-2	打槽型钢板桩 长 6.01~9.00m,单面	100m			2	2
3	52-4-3-6	拔槽型钢板桩 长 4.00~6.00m,单面	100m	2	2		
4	52-4-3-7	拔槽型钢板桩 长 6.01~9.00m,单面	100m			2	2
5	52-4-4-1	安拆钢板桩支撑 槽宽≤3.0m 深 3.01~4.00m	100m	1	1		
6	52-4-4-2	安拆钢板桩支撑 槽宽≤3.0m 深 4.01~6.00m	100m			1	1
7	52-4-3-11	槽型钢板桩使用费	t·d	2468	2468	5488	5488
8	52-4-4-14	钢板桩支撑使用费	t·d	162	162	324	324
		砾石砂垫层厚度增加 5cm					
1	52-1-4-3	管道砾石砂垫层	m³	13.01	13.01	13.01	13.01
2	52-1-3-1	沟槽回填 夯填土	m³	−13.01	−13.01	−13.01	−13.01

单位:100m

序号	定额编号	基本组合项目名称	单位	Z52-1-4-87A	Z52-1-4-87B	Z52-1-4-88A	Z52-1-4-88B
				4.5m	4.5m	5.0m	5.0m
1	52-1-2-3	机械挖沟槽土方 深≤6m 现场抛土	m³	1323.00	1323.00	1522.50	1522.50
2	53-9-1-1	施工排水、降水 湿土排水	m³	1029.00	1029.00	1218.00	1218.00
3	52-1-4-3	管道砾石砂垫层	m³	25.84	25.84	26.77	26.77
4	52-1-4-1	管道黄砂垫层	m³	12.92	12.92	13.38	13.38
5	52-1-6-76	高密度聚乙烯双壁缠绕管（HDPE）每节3m以下 DN1400	100m	0.0973	0.0973	0.0973	0.0973
6	52-1-6-93	高密度聚乙烯双壁缠绕管（HDPE）每节3m以上 DN1400	100m	0.8753	0.8753	0.8753	0.8753
7	52-1-3-4	沟槽回填 黄砂	m³	241.07	384.30	255.72	404.20
8	52-1-3-1	沟槽回填 夯填土	m³	839.44	696.21	1017.79	869.31
9	53-9-1-3	施工排水、降水 筑拆竹箩滤井	座	2.5	2.5	2.5	2.5

序号	定额编号	调整组合项目名称	单位	数量	数量	数量	数量
		井点降水					
1	53-9-1-5	施工排水、降水 轻型井点安装	根	83	83	83	83
2	53-9-1-6	施工排水、降水 轻型井点拆除	根	83	83	83	83
3	53-9-1-7	施工排水、降水 轻型井点使用	套·天	30	30	30	30
4	53-9-1-1	施工排水、降水 湿土排水	m³	−1029	−1029	−1218	−1218
		围护支撑					
1	52-4-3-2	打槽型钢板桩 长6.01～9.00m，单面	100m	2	2	2	2
2	52-4-3-7	拔槽型钢板桩 长6.01～9.00m，单面	100m	2	2	2	2
3	52-4-4-2	安拆钢板桩支撑 槽宽≤3.0m 深4.01～6.00m	100m	1	1	1	1
4	52-4-3-11	槽型钢板桩使用费	t·d	5488	5488	5488	5488
5	52-4-4-14	钢板桩支撑使用费	t·d	324	324	324	324
		砾石砂垫层厚度增加5cm					
1	52-1-4-3	管道砾石砂垫层	m³	12.92	12.92	13.39	13.39
2	52-1-3-1	沟槽回填 夯填土	m³	−12.92	−12.92	−13.39	−13.39

单位:100m

序号	定额编号	基本组合项目名称	单位	Z52-1-4-89A	Z52-1-4-89B	Z52-1-4-90A	Z52-1-4-90B
				5.5m	5.5m	≤6.0m	≤6.0m
1	52-1-2-3	机械挖沟槽土方 深≤6m 现场抛土	m³	1674.75	1674.75	1788.94	1788.94
2	53-9-1-1	施工排水、降水 湿土排水	m³	1370.25	1370.25	1484.44	1484.44
3	52-1-4-3	管道砾石砂垫层	m³	26.77	26.77	26.77	26.77
4	52-1-4-1	管道黄砂垫层	m³	13.38	13.38	13.38	13.38
5	52-1-6-76	高密度聚乙烯双壁缠绕管(HDPE)每节 3m 以下 DN1400	100m	0.0973	0.0973	0.0973	0.0973
6	52-1-6-93	高密度聚乙烯双壁缠绕管(HDPE)每节 3m 以上 DN1400	100m	0.8753	0.8753	0.8753	0.8753
7	52-1-3-4	沟槽回填 黄砂	m³	255.72	404.20	255.72	404.20
8	52-1-3-1	沟槽回填 夯填土	m³	1164.89	1016.41	1273.93	1125.45
9	53-9-1-3	施工排水、降水 筑拆竹箩滤井	座	2.5	2.5	2.5	2.5
序号	定额编号	调整组合项目名称	单位	数量	数量	数量	数量
		井点降水					
1	53-9-1-5	施工排水、降水 轻型井点安装	根	83	83	83	83
2	53-9-1-6	施工排水、降水 轻型井点拆除	根	83	83	83	83
3	53-9-1-7	施工排水、降水 轻型井点使用	套·天	30	30	30	30
4	53-9-1-1	施工排水、降水 湿土排水	m³	−1370.25	−1370.25	−1484.44	−1484.44
		围护支撑					
1	52-4-3-2	打槽型钢板桩 长 6.01～9.00m，单面	100m	2	2	2	2
2	52-4-3-7	拔槽型钢板桩 长 6.01～9.00m，单面	100m	2	2	2	2
3	52-4-4-2	安拆钢板桩支撑 槽宽≤3.0m 深 4.01～6.00m	100m	1	1	1	1
4	52-4-3-11	槽型钢板桩使用费	t·d	5488	5488	5488	5488
5	52-4-4-14	钢板桩支撑使用费	t·d	324	324	324	324
		砾石砂垫层厚度增加 5cm					
1	52-1-4-3	管道砾石砂垫层	m³	13.39	13.39	13.39	13.39
2	52-1-3-1	沟槽回填 夯填土	m³	−13.39	−13.39	−13.39	−13.39

单位：100m

序号	定额编号	基本组合项目名称	单位	Z52-1-4-91A	Z52-1-4-91B	Z52-1-4-92A	Z52-1-4-92B
				＞6.0m	＞6.0m	6.5m	6.5m
1	52-1-2-3	机械挖沟槽土方 深≤6m 现场抛土	m³	1827.00	1827.00	1827.00	1827.00
2	52-1-2-3系	机械挖沟槽土方 深≤7m 现场抛土	m³	38.06	38.06	152.25	152.25
3	53-9-1-1	施工排水、降水 湿土排水	m³	1560.56	1560.56	1674.75	1674.75
4	52-1-4-3	管道砾石砂垫层	m³	26.77	26.77	26.77	26.77
5	52-1-4-1	管道黄砂垫层	m³	13.38	13.38	13.38	13.38
6	52-1-6-76	高密度聚乙烯双壁缠绕管（HDPE）每节 3m 以下 DN1400	100m	0.0973	0.0973	0.0973	0.0973
7	52-1-6-93	高密度聚乙烯双壁缠绕管（HDPE）每节 3m 以上 DN1400	100m	0.8753	0.8753	0.8753	0.8753
8	52-1-3-4	沟槽回填 黄砂	m³	255.72	404.20	255.72	404.20
9	52-1-3-1	沟槽回填 夯填土	m³	1350.05	1201.57	1457.62	1309.14
10	53-9-1-3	施工排水、降水 筑拆竹箩滤井	座	2.5	2.5	2.5	2.5

序号	定额编号	调整组合项目名称	单位	数量	数量	数量	数量
		井点降水					
1	53-9-1-8	施工排水、降水 喷射井点安装 10m	根	40	40	40	40
2	53-9-1-9	施工排水、降水 喷射井点拆除 10m	根	40	40	40	40
3	53-9-1-10	施工排水、降水 喷射井点使用 10m	套·天	20	20	20	20
4	53-9-1-1	施工排水、降水 湿土排水	m³	−1560.56	−1560.56	−1674.75	−1674.75
		围护支撑					
1	52-4-3-3	打槽型钢板桩 长 9.01～12.00m，单面	100m	2	2	2	2
2	52-4-3-8	拔槽型钢板桩 长 9.01～12.00m，单面	100m	2	2	2	2
3	52-4-4-3	安拆钢板桩支撑 槽宽≤3.0m 深 6.01～8.00m	100m	1	1	1	1
4	52-4-3-11	槽型钢板桩使用费	t·d	7604	7604	7604	7604
5	52-4-4-14	钢板桩支撑使用费	t·d	511	511	511	511
		砾石砂垫层厚度增加 5cm					
1	52-1-4-3	管道砾石砂垫层	m³	13.39	13.39	13.39	13.39
2	52-1-3-1	沟槽回填 夯填土	m³	−13.39	−13.39	−13.39	−13.39

(十一) DN1500 高密度聚乙烯双壁缠绕管(HDPE)

单位:100m

序号	定额编号	基本组合项目名称	单位	Z52-1-4-93A	Z52-1-4-93B	Z52-1-4-94A	Z52-1-4-94B
				2.5m	2.5m	≤3.0m	≤3.0m
1	52-1-2-1	机械挖沟槽土方 深≤3m 现场抛土	m³	840.00	840.00	966.00	966.00
2	53-9-1-1	施工排水、降水 湿土排水	m³	504.00	504.00	630.00	630.00
3	52-1-4-3	管道砾石砂垫层	m³	29.73	29.73	29.73	29.73
4	52-1-4-1	管道黄砂垫层	m³	14.86	14.86	14.86	14.86
5	52-1-6-77	高密度聚乙烯双壁缠绕管(HDPE) 每节 3m 以下 DN1500	100m	0.0973	0.0973	0.0973	0.0973
6	52-1-6-94	高密度聚乙烯双壁缠绕管(HDPE) 每节 3m 以上 DN1500	100m	0.8753	0.8753	0.8753	0.8753
7	52-1-3-4	沟槽回填 黄砂	m³	311.19	475.42	311.19	475.42
8	52-1-3-1	沟槽回填 夯填土	m³	276.25	112.02	399.52	235.29
9	53-9-1-3	施工排水、降水 筑拆竹笼滤井	座	2.5	2.5	2.5	2.5
序号	定额编号	调整组合项目名称	单位	数量	数量	数量	数量
		井点降水					
1	53-9-1-5	施工排水、降水 轻型井点安装	根			83	83
2	53-9-1-6	施工排水、降水 轻型井点拆除	根			83	83
3	53-9-1-7	施工排水、降水 轻型井点使用	套·天			32	32
4	53-9-1-1	施工排水、降水 湿土排水	m³			−630	−630
		围护支撑					
1	52-4-2-3	撑拆列板 深≤2.5m,双面	100m	1	1		
2	52-4-2-4	撑拆列板 深≤3.0m,双面	100m			1	1
3	52-4-2-5	列板使用费	t·d	213	213	257	257
4	52-4-2-6	列板支撑使用费	t·d	81	81	98	98
		砾石砂垫层厚度增加 5cm					
1	52-1-4-3	管道砾石砂垫层	m³	14.87	14.87	14.87	14.87
2	52-1-3-1	沟槽回填 夯填土	m³	−14.87	−14.87	−14.87	−14.87

单位:100m

序号	定额编号	基本组合项目名称	单位	Z52-1-4-95A	Z52-1-4-95B	Z52-1-4-96A	Z52-1-4-96B
				>3.0m	>3.0m	3.5m	3.5m
1	52-1-2-3	机械挖沟槽土方 深≤6m 现场抛土	m³	1050.00	1050.00	1176.00	1176.00
2	53-9-1-1	施工排水、降水 湿土排水	m³	714.00	714.00	840.00	840.00
3	52-1-4-3	管道砾石砂垫层	m³	29.73	29.73	29.73	29.73
4	52-1-4-1	管道黄砂垫层	m³	14.86	14.86	14.86	14.86
5	52-1-6-77	高密度聚乙烯双壁缠绕管(HDPE) 每节 3m 以下 DN1500	100m	0.0973	0.0973	0.0973	0.0973
6	52-1-6-94	高密度聚乙烯双壁缠绕管(HDPE) 每节 3m 以上 DN1500	100m	0.8753	0.8753	0.8753	0.8753
7	52-1-3-4	沟槽回填 黄砂	m³	311.19	475.42	311.19	475.42
8	52-1-3-1	沟槽回填 夯填土	m³	483.52	319.29	605.57	441.34
9	53-9-1-3	施工排水、降水 筑拆竹笼滤井	座	2.5	2.5	2.5	2.5
序号	定额编号	调整组合项目名称	单位	数量	数量	数量	数量
		井点降水					
1	53-9-1-5	施工排水、降水 轻型井点安装	根	83	83	83	83
2	53-9-1-6	施工排水、降水 轻型井点拆除	根	83	83	83	83
3	53-9-1-7	施工排水、降水 轻型井点使用	套·天	32	32	32	32
4	53-9-1-1	施工排水、降水 湿土排水	m³	−714	−714	−840	−840
		围护支撑					
1	52-4-3-1	打槽型钢板桩 长 4.00~6.00m,单面	100m	2	2	2	2
2	52-4-3-6	拔槽型钢板桩 长 4.00~6.00m,单面	100m	2	2	2	2
3	52-4-4-4	安拆钢板桩支撑 槽宽≤3.8m 深 3.01~4.00m	100m	1	1	1	1
4	52-4-3-11	槽型钢板桩使用费	t·d	2468	2468	2468	2468
5	52-4-4-14	钢板桩支撑使用费	t·d	162	162	162	162
		砾石砂垫层厚度增加 5cm					
1	52-1-4-3	管道砾石砂垫层	m³	14.87	14.87	14.87	14.87
2	52-1-3-1	沟槽回填 夯填土	m³	−14.87	−14.87	−14.87	−14.87

单位:100m

序号	定额编号	基本组合项目名称	单位	Z52-1-4-97A	Z52-1-4-97B	Z52-1-4-98A	Z52-1-4-98B
				≤4.0m	≤4.0m	>4.0m	>4.0m
1	52-1-2-3	机械挖沟槽土方 深≤6m 现场抛土	m³	1302.00	1302.00	1386.00	1386.00
2	53-9-1-1	施工排水、降水 湿土排水	m³	966.00	966.00	1050.00	1050.00
3	52-1-4-3	管道砾石砂垫层	m³	29.73	29.73	29.73	29.73
4	52-1-4-1	管道黄砂垫层	m³	14.86	14.86	14.86	14.86
5	52-1-6-77	高密度聚乙烯双壁缠绕管(HDPE) 每节 3m 以下 DN1500	100m	0.0973	0.0973	0.0973	0.0973
6	52-1-6-94	高密度聚乙烯双壁缠绕管(HDPE) 每节 3m 以上 DN1500	100m	0.8753	0.8753	0.8753	0.8753
7	52-1-3-4	沟槽回填 黄砂	m³	311.19	475.42	311.19	475.42
8	52-1-3-1	沟槽回填 夯填土	m³	728.64	564.41	812.64	648.41
9	53-9-1-3	施工排水、降水 筑拆竹箩滤井	座	2.5	2.5	2.5	2.5
序号	定额编号	调整组合项目名称	单位	数量	数量	数量	数量
		井点降水					
1	53-9-1-5	施工排水、降水 轻型井点安装	根	83	83	83	83
2	53-9-1-6	施工排水、降水 轻型井点拆除	根	83	83	83	83
3	53-9-1-7	施工排水、降水 轻型井点使用	套·天	32	32	32	32
4	53-9-1-1	施工排水、降水 湿土排水	m³	−966	−966	−1050	−1050
		围护支撑					
1	52-4-3-1	打槽型钢板桩 长 4.00～6.00m,单面	100m	2	2		
2	52-4-3-2	打槽型钢板桩 长 6.01～9.00m,单面	100m			2	2
3	52-4-3-6	拔槽型钢板桩 长 4.00～6.00m,单面	100m	2	2		
4	52-4-3-7	拔槽型钢板桩 长 6.01～9.00m,单面	100m			2	2
5	52-4-4-4	安拆钢板桩支撑 槽宽≤3.8m 深 3.01～4.00m	100m	1	1		
6	52-4-4-5	安拆钢板桩支撑 槽宽≤3.8m 深 4.01～6.00m	100m			1	1
7	52-4-3-11	槽型钢板桩使用费	t·d	2468	2468	5488	5488
8	52-4-4-14	钢板桩支撑使用费	t·d	162	162	324	324
		砾石砂垫层厚度增加 5cm					
1	52-1-4-3	管道砾石砂垫层	m³	14.87	14.87	14.87	14.87
2	52-1-3-1	沟槽回填 夯填土	m³	−14.87	−14.87	−14.87	−14.87

单位:100m

序号	定额编号	基本组合项目名称	单位	Z52-1-4-99A 4.5m	Z52-1-4-99B 4.5m	Z52-1-4-100A 5.0m	Z52-1-4-100B 5.0m
1	52-1-2-3	机械挖沟槽土方 深≤6m 现场抛土	m³	1512.00	1512.00	1732.50	1732.50
2	53-9-1-1	施工排水、降水 湿土排水	m³	1176.00	1176.00	1386.00	1386.00
3	52-1-4-3	管道砾石砂垫层	m³	29.54	29.54	30.46	30.46
4	52-1-4-1	管道黄砂垫层	m³	14.77	14.77	15.23	15.23
5	52-1-6-77	高密度聚乙烯双壁缠绕管(HDPE) 每节 3m 以下 DN1500	100m	0.0973	0.0973	0.0973	0.0973
6	52-1-6-94	高密度聚乙烯双壁缠绕管(HDPE) 每节 3m 以上 DN1500	100m	0.8753	0.8753	0.8753	0.8753
7	52-1-3-4	沟槽回填 黄砂	m³	311.19	475.42	326.89	496.37
8	52-1-3-1	沟槽回填 夯填土	m³	930.70	766.47	1129.01	959.53
9	53-9-1-3	施工排水、降水 筑拆竹篓滤井	座	2.5	2.5	2.5	2.5
序号	定额编号	调整组合项目名称	单位	数量	数量	数量	数量
		井点降水					
1	53-9-1-5	施工排水、降水 轻型井点安装	根	83	83	83	83
2	53-9-1-6	施工排水、降水 轻型井点拆除	根	83	83	83	83
3	53-9-1-7	施工排水、降水 轻型井点使用	套·天	32	32	32	32
4	53-9-1-1	施工排水、降水 湿土排水	m³	−1176	−1176	−1386	−1386
		围护支撑					
1	52-4-3-2	打槽型钢板桩 长 6.01～9.00m,单面	100m	2	2	2	2
2	52-4-3-7	拔槽型钢板桩 长 6.01～9.00m,单面	100m	2	2	2	2
3	52-4-4-5	安拆钢板桩支撑 槽宽≤3.8m 深 4.01～6.00m	100m	1	1	1	1
4	52-4-3-11	槽型钢板桩使用费	t·d	5488	5488	5488	5488
5	52-4-4-14	钢板桩支撑使用费	t·d	324	324	324	324
		砾石砂垫层厚度增加 5cm					
1	52-1-4-3	管道砾石砂垫层	m³	14.77	14.77	15.23	15.23
2	52-1-3-1	沟槽回填 夯填土	m³	−14.77	−14.77	−15.23	−15.23

单位:100m

序号	定额编号	基本组合项目名称	单位	Z52-1-4-101A	Z52-1-4-101B	Z52-1-4-102A	Z52-1-4-102B
				5.5m	5.5m	≤6.0m	≤6.0m
1	52-1-2-3	机械挖沟槽土方 深≤6m 现场抛土	m³	1905.75	1905.75	2035.69	2035.69
2	53-9-1-1	施工排水、降水 湿土排水	m³	1559.25	1559.25	1689.19	1689.19
3	52-1-4-3	管道砾石砂垫层	m³	30.46	30.46	30.46	30.46
4	52-1-4-1	管道黄砂垫层	m³	15.23	15.23	15.23	15.23
5	52-1-6-77	高密度聚乙烯双壁缠绕管(HDPE) 每节3m以下 DN1500	100m	0.0973	0.0973	0.0973	0.0973
6	52-1-6-94	高密度聚乙烯双壁缠绕管(HDPE) 每节3m以上 DN1500	100m	0.8753	0.8753	0.8753	0.8753
7	52-1-3-4	沟槽回填 黄砂	m³	326.89	496.37	326.89	496.37
8	52-1-3-1	沟槽回填 夯填土	m³	1297.11	1127.63	1421.90	1252.42
9	53-9-1-3	施工排水、降水 筑拆竹箩滤井	座	2.5	2.5	2.5	2.5

序号	定额编号	调整组合项目名称	单位	数量	数量	数量	数量
		井点降水					
1	53-9-1-5	施工排水、降水 轻型井点安装	根	83	83	83	83
2	53-9-1-6	施工排水、降水 轻型井点拆除	根	83	83	83	83
3	53-9-1-7	施工排水、降水 轻型井点使用	套·天	32	32	32	32
4	53-9-1-1	施工排水、降水 湿土排水	m³	−1559.25	−1559.25	−1689.19	−1689.19
		围护支撑					
1	52-4-3-2	打槽型钢板桩 长6.01～9.00m,单面	100m	2	2	2	2
2	52-4-3-7	拔槽型钢板桩 长6.01～9.00m,单面	100m	2	2	2	2
3	52-4-4-5	安拆钢板桩支撑 槽宽≤3.8m 深4.01～6.00m	100m	1	1	1	1
4	52-4-3-11	槽型钢板桩使用费	t·d	5488	5488	5488	5488
5	52-4-4-14	钢板桩支撑使用费	t·d	324	324	324	324
		砾石砂垫层厚度增加5cm					
1	52-1-4-3	管道砾石砂垫层	m³	15.23	15.23	15.23	15.23
2	52-1-3-1	沟槽回填 夯填土	m³	−15.23	−15.23	−15.23	−15.23

单位:100m

序号	定额编号	基本组合项目名称	单位	Z52-1-4-103A	Z52-1-4-103B	Z52-1-4-104A	Z52-1-4-104B
				＞6.0m	＞6.0m	6.5m	6.5m
1	52-1-2-3	机械挖沟槽土方 深≤6m 现场抛土	m³	2079.00	2079.00	2079.00	2079.00
2	52-1-2-3系	机械挖沟槽土方 深≤7m 现场抛土	m³	43.31	43.31	173.25	173.25
3	53-9-1-1	施工排水、降水 湿土排水	m³	1775.81	1775.81	1905.75	1905.75
4	52-1-4-3	管道砾石砂垫层	m³	30.46	30.46	30.46	30.46
5	52-1-4-1	管道黄砂垫层	m³	15.23	15.23	15.23	15.23
6	52-1-6-77	高密度聚乙烯双壁缠绕管(HDPE) 每节 3m 以下 DN1500	100m	0.0973	0.0973	0.0973	0.0973
7	52-1-6-94	高密度聚乙烯双壁缠绕管(HDPE) 每节 3m 以上 DN1500	100m	0.8753	0.8753	0.8753	0.8753
8	52-1-3-4	沟槽回填 黄砂	m³	326.89	496.37	326.89	496.37
9	52-1-3-1	沟槽回填 夯填土	m³	1508.52	1339.04	1631.84	1462.36
10	53-9-1-3	施工排水、降水 筑拆竹笼滤井	座	2.5	2.5	2.5	2.5
序号	定额编号	调整组合项目名称	单位	数量	数量	数量	数量
		井点降水					
1	53-9-1-8	施工排水、降水 喷射井点安装 10m	根	40	40	40	40
2	53-9-1-9	施工排水、降水 喷射井点拆除 10m	根	40	40	40	40
3	53-9-1-10	施工排水、降水 喷射井点使用 10m	套·天	21	21	21	21
4	53-9-1-1	施工排水、降水 湿土排水	m³	−1775.81	−1775.81	−1905.75	−1905.75
		围护支撑					
1	52-4-3-3	打槽型钢板桩 长 9.01～12.00m, 单面	100m	2	2	2	2
2	52-4-3-8	拔槽型钢板桩 长 9.01～12.00m, 单面	100m	2	2	2	2
3	52-4-4-6	安拆钢板桩支撑 槽宽≤3.8m 深 6.01～8.00m	100m	1	1	1	1
4	52-4-3-11	槽型钢板桩使用费	t·d	7604	7604	7604	7604
5	52-4-4-14	钢板桩支撑使用费	t·d	511	511	511	511
		砾石砂垫层厚度增加 5cm					
1	52-1-4-3	管道砾石砂垫层	m³	15.23	15.23	15.23	15.23
2	52-1-3-1	沟槽回填 夯填土	m³	−15.23	−15.23	−15.23	−15.23

（十二）DN1600 高密度聚乙烯双壁缠绕管(HDPE)

单位:100m

序号	定额编号	基本组合项目名称	单位	Z52-1-4-105A	Z52-1-4-105B	Z52-1-4-106A	Z52-1-4-106B
				2.5m	2.5m	≤3.0m	≤3.0m
1	52-1-2-1	机械挖沟槽土方 深≤3m 现场抛土	m³	866.25	866.25	996.19	996.19
2	53-9-1-1	施工排水、降水 湿土排水	m³	519.75	519.75	649.69	649.69
3	52-1-4-3	管道砾石砂垫层	m³	30.66	30.66	30.66	30.66
4	52-1-4-1	管道黄砂垫层	m³	15.33	15.33	15.33	15.33
5	52-1-6-78	高密度聚乙烯双壁缠绕管(HDPE) 每节 3m 以下 DN1600	100m	0.0973	0.0973	0.0973	0.0973
6	52-1-6-95	高密度聚乙烯双壁缠绕管(HDPE) 每节 3m 以上 DN1600	100m	0.8753	0.8753	0.8753	0.8753
7	52-1-3-4	沟槽回填 黄砂	m³	334.86	505.37	334.86	505.37
8	52-1-3-1	沟槽回填 夯填土	m³	250.44	79.93	377.64	207.13
9	53-9-1-3	施工排水、降水 筑拆竹箩滤井	座	2.5	2.5	2.5	2.5
序号	定额编号	调整组合项目名称	单位	数量	数量	数量	数量
		井点降水					
1	53-9-1-5	施工排水、降水 轻型井点安装	根			83	83
2	53-9-1-6	施工排水、降水 轻型井点拆除	根			83	83
3	53-9-1-7	施工排水、降水 轻型井点使用	套·天			32	32
4	53-9-1-1	施工排水、降水 湿土排水	m³			−649.69	−649.69
		围护支撑					
1	52-4-2-3	撑拆列板 深≤2.5m,双面	100m	1	1		
2	52-4-2-4	撑拆列板 深≤3.0m,双面	100m			1	1
3	52-4-2-5	列板使用费	t·d	213	213	257	257
4	52-4-2-6	列板支撑使用费	t·d	81	81	98	98
		砾石砂垫层厚度增加 5cm					
1	52-1-4-3	管道砾石砂垫层	m³	15.33	15.33	15.33	15.33
2	52-1-3-1	沟槽回填 夯填土	m³	−15.33	−15.33	−15.33	−15.33

单位:100m

序号	定额编号	基本组合项目名称	单位	Z52-1-4-107A	Z52-1-4-107B	Z52-1-4-108A	Z52-1-4-108B
				>3.0m	>3.0m	3.5m	3.5m
1	52-1-2-3	机械挖沟槽土方 深≤6m 现场抛土	m³	1082.81	1082.81	1212.75	1212.75
2	53-9-1-1	施工排水、降水 湿土排水	m³	736.31	736.31	866.25	866.25
3	52-1-4-3	管道砾石砂垫层	m³	30.66	30.66	30.66	30.66
4	52-1-4-1	管道黄砂垫层	m³	15.33	15.33	15.33	15.33
5	52-1-6-78	高密度聚乙烯双壁缠绕管(HDPE) 每节 3m 以下 DN1600	100m	0.0973	0.0973	0.0973	0.0973
6	52-1-6-95	高密度聚乙烯双壁缠绕管(HDPE) 每节 3m 以上 DN1600	100m	0.8753	0.8753	0.8753	0.8753
7	52-1-3-4	沟槽回填 黄砂	m³	334.86	505.37	334.86	505.37
8	52-1-3-1	沟槽回填 夯填土	m³	464.26	293.75	590.19	419.68
9	53-9-1-3	施工排水、降水 筑拆竹篓滤井	座	2.5	2.5	2.5	2.5

序号	定额编号	调整组合项目名称	单位	数量	数量	数量	数量
		井点降水					
1	53-9-1-5	施工排水、降水 轻型井点安装	根	83	83	83	83
2	53-9-1-6	施工排水、降水 轻型井点拆除	根	83	83	83	83
3	53-9-1-7	施工排水、降水 轻型井点使用	套·天	32	32	32	32
4	53-9-1-1	施工排水、降水 湿土排水	m³	−736.31	−736.31	−866.25	−866.25
		围护支撑					
1	52-4-3-1	打槽型钢板桩 长 4.00～6.00m,单面	100m	2	2	2	2
2	52-4-3-6	拔槽型钢板桩 长 4.00～6.00m,单面	100m	2	2	2	2
3	52-4-4-4	安拆钢板桩支撑 槽宽≤3.8m 深 3.01～4.00m	100m	1	1	1	1
4	52-4-3-11	槽型钢板桩使用费	t·d	2468	2468	2468	2468
5	52-4-4-14	钢板桩支撑使用费	t·d	162	162	162	162
		砾石砂垫层厚度增加 5cm					
1	52-1-4-3	管道砾石砂垫层	m³	15.33	15.33	15.33	15.33
2	52-1-3-1	沟槽回填 夯填土	m³	−15.33	−15.33	−15.33	−15.33

单位:100m

序号	定额编号	基本组合项目名称	单位	Z52-1-4-109A ≤4.0m	Z52-1-4-109B ≤4.0m	Z52-1-4-110A >4.0m	Z52-1-4-110B >4.0m
1	52-1-2-3	机械挖沟槽土方 深≤6m 现场抛土	m³	1342.69	1342.69	1429.31	1429.31
2	53-9-1-1	施工排水、降水 湿土排水	m³	996.19	996.19	1082.81	1082.81
3	52-1-4-3	管道砾石砂垫层	m³	30.66	30.66	30.66	30.66
4	52-1-4-1	管道黄砂垫层	m³	15.33	15.33	15.33	15.33
5	52-1-6-78	高密度聚乙烯双壁缠绕管(HDPE) 每节3m以下 DN1600	100m	0.0973	0.0973	0.0973	0.0973
6	52-1-6-95	高密度聚乙烯双壁缠绕管(HDPE) 每节3m以上 DN1600	100m	0.8753	0.8753	0.8753	0.8753
7	52-1-3-4	沟槽回填 黄砂	m³	334.86	505.37	334.86	505.37
8	52-1-3-1	沟槽回填 夯填土	m³	717.21	546.70	803.83	633.32
9	53-9-1-3	施工排水、降水 筑拆竹笼滤井	座	2.5	2.5	2.5	2.5

序号	定额编号	调整组合项目名称	单位	数量	数量	数量	数量
		井点降水					
1	53-9-1-5	施工排水、降水 轻型井点安装	根	83	83	83	83
2	53-9-1-6	施工排水、降水 轻型井点拆除	根	83	83	83	83
3	53-9-1-7	施工排水、降水 轻型井点使用	套·天	32	32	32	32
4	53-9-1-1	施工排水、降水 湿土排水	m³	−996.19	−996.19	−1082.81	−1082.81
		围护支撑					
1	52-4-3-1	打槽型钢板桩 长4.00~6.00m,单面	100m	2	2		
2	52-4-3-2	打槽型钢板桩 长6.01~9.00m,单面	100m			2	2
3	52-4-3-6	拔槽型钢板桩 长4.00~6.00m,单面	100m	2	2		
4	52-4-3-7	拔槽型钢板桩 长6.01~9.00m,单面	100m			2	2
5	52-4-4-4	安拆钢板桩支撑 槽宽≤3.8m 深3.01~4.00m	100m	1	1		
6	52-4-4-5	安拆钢板桩支撑 槽宽≤3.8m 深4.01~6.00m	100m			1	1
7	52-4-3-11	槽型钢板桩使用费	t·d	2468	2468	5488	5488
8	52-4-4-14	钢板桩支撑使用费	t·d	162	162	324	324
		砾石砂垫层厚度增加5cm					
1	52-1-4-3	管道砾石砂垫层	m³	15.33	15.33	15.33	15.33
2	52-1-3-1	沟槽回填 夯填土	m³	−15.33	−15.33	−15.33	−15.33

单位:100m

序号	定额编号	基本组合项目名称	单位	Z52-1-4-111A 4.5m	Z52-1-4-111B 4.5m	Z52-1-4-112A 5.0m	Z52-1-4-112B 5.0m
1	52-1-2-3	机械挖沟槽土方 深≤6m 现场抛土	m³	1559.25	1559.25	1785.00	1785.00
2	53-9-1-1	施工排水、降水 湿土排水	m³	1212.75	1212.75	1428.00	1428.00
3	52-1-4-3	管道砾石砂垫层	m³	30.46	30.46	31.38	31.38
4	52-1-4-1	管道黄砂垫层	m³	15.23	15.23	15.69	15.69
5	52-1-6-78	高密度聚乙烯双壁缠绕管(HDPE) 每节 3m 以下 DN1600	100m	0.0973	0.0973	0.0973	0.0973
6	52-1-6-95	高密度聚乙烯双壁缠绕管(HDPE) 每节 3m 以上 DN1600	100m	0.8753	0.8753	0.8753	0.8753
7	52-1-3-4	沟槽回填 黄砂	m³	334.86	505.37	351.61	527.38
8	52-1-3-1	沟槽回填 夯填土	m³	925.28	754.77	1128.46	952.69
9	53-9-1-3	施工排水、降水 筑拆竹笸滤井	座	2.5	2.5	2.5	2.5
序号	定额编号	调整组合项目名称	单位	数量	数量	数量	数量
		井点降水					
1	53-9-1-5	施工排水、降水 轻型井点安装	根	83	83	83	83
2	53-9-1-6	施工排水、降水 轻型井点拆除	根	83	83	83	83
3	53-9-1-7	施工排水、降水 轻型井点使用	套·天	32	32	32	32
4	53-9-1-1	施工排水、降水 湿土排水	m³	−1212.75	−1212.75	−1428	−1428
		围护支撑					
1	52-4-3-2	打槽型钢板桩 长 6.01～9.00m,单面	100m	2	2	2	2
2	52-4-3-7	拔槽型钢板桩 长 6.01～9.00m,单面	100m	2	2	2	2
3	52-4-4-5	安拆钢板桩支撑 槽宽≤3.8m 深 4.01～6.00m	100m	1	1	1	1
4	52-4-3-11	槽型钢板桩使用费	t·d	5488	5488	5488	5488
5	52-4-4-14	钢板桩支撑使用费	t·d	324	324	324	324
		砾石砂垫层厚度增加 5cm					
1	52-1-4-3	管道砾石砂垫层	m³	15.23	15.23	15.69	15.69
2	52-1-3-1	沟槽回填 夯填土	m³	−15.23	−15.23	−15.69	−15.69

单位:100m

序号	定额编号	基本组合项目名称	单位	Z52-1-4-113A	Z52-1-4-113B	Z52-1-4-114A	Z52-1-4-114B
				5.5m	5.5m	≤6.0m	≤6.0m
1	52-1-2-3	机械挖沟槽土方 深≤6m 现场抛土	m³	1963.50	1963.50	2097.38	2097.38
2	53-9-1-1	施工排水、降水 湿土排水	m³	1606.50	1606.50	1740.38	1740.38
3	52-1-4-3	管道砾石砂垫层	m³	31.38	31.38	31.38	31.38
4	52-1-4-1	管道黄砂垫层	m³	15.69	15.69	15.69	15.69
5	52-1-6-78	高密度聚乙烯双壁缠绕管(HDPE) 每节3m以下 DN1600	100m	0.0973	0.0973	0.0973	0.0973
6	52-1-6-95	高密度聚乙烯双壁缠绕管(HDPE) 每节3m以上 DN1600	100m	0.8753	0.8753	0.8753	0.8753
7	52-1-3-4	沟槽回填 黄砂	m³	351.61	527.38	351.61	527.38
8	52-1-3-1	沟槽回填 夯填土	m³	1301.80	1126.03	1430.53	1254.76
9	53-9-1-3	施工排水、降水 筑拆竹箩滤井	座	2.5	2.5	2.5	2.5
序号	定额编号	调整组合项目名称	单位	数量	数量	数量	数量
		井点降水					
1	53-9-1-5	施工排水、降水 轻型井点安装	根	83	83	83	83
2	53-9-1-6	施工排水、降水 轻型井点拆除	根	83	83	83	83
3	53-9-1-7	施工排水、降水 轻型井点使用	套·大	32	32	32	32
4	53-9-1-1	施工排水、降水 湿土排水	m³	−1606.5	−1606.5	−1740.38	−1740.38
		围护支撑					
1	52-4-3-2	打槽型钢板桩 长6.01～9.00m,单面	100m	2	2	2	2
2	52-4-3-7	拔槽型钢板桩 长6.01～9.00m,单面	100m	2	2	2	2
3	52-4-4-5	安拆钢板桩支撑 槽宽≤3.8m 深4.01～6.00m	100m	1	1	1	1
4	52-4-3-11	槽型钢板桩使用费	t·d	5488	5488	5488	5488
5	52-4-4-14	钢板桩支撑使用费	t·d	324	324	324	324
		砾石砂垫层厚度增加5cm					
1	52-1-4-3	管道砾石砂垫层	m³	15.69	15.69	15.69	15.69
2	52-1-3-1	沟槽回填 夯填土	m³	−15.69	−15.69	−15.69	−15.69

单位：100m

序号	定额编号	基本组合项目名称	单位	Z52-1-4-115A	Z52-1-4-115B	Z52-1-4-116A	Z52-1-4-116B
				＞6.0m	＞6.0m	6.5m	6.5m
1	52-1-2-3	机械挖沟槽土方 深≤6m 现场抛土	m³	2142.00	2142.00	2142.00	2142.00
2	52-1-2-3系	机械挖沟槽土方 深≤7m 现场抛土	m³	44.63	44.63	178.50	178.50
3	53-9-1-1	施工排水、降水 湿土排水	m³	1829.63	1829.63	1963.50	1963.50
4	52-1-4-3	管道砾石砂垫层	m³	31.38	31.38	31.38	31.38
5	52-1-4-1	管道黄砂垫层	m³	15.69	15.69	15.69	15.69
6	52-1-6-78	高密度聚乙烯双壁缠绕管(HDPE) 每节 3m 以下 DN1600	100m	0.0973	0.0973	0.0973	0.0973
7	52-1-6-95	高密度聚乙烯双壁缠绕管(HDPE) 每节 3m 以上 DN1600	100m	0.8753	0.8753	0.8753	0.8753
8	52-1-3-4	沟槽回填 黄砂	m³	351.61	527.38	351.61	527.38
9	52-1-3-1	沟槽回填 夯填土	m³	1519.78	1344.01	1647.03	1471.26
10	53-9-1-3	施工排水、降水 筑拆竹箩滤井	座	2.5	2.5	2.5	2.5
序号	定额编号	调整组合项目名称	单位	数量	数量	数量	数量
		井点降水					
1	53-9-1-8	施工排水、降水 喷射井点安装 10m	根	40	40	40	40
2	53-9-1-9	施工排水、降水 喷射井点拆除 10m	根	40	40	40	40
3	53-9-1-10	施工排水、降水 喷射井点使用 10m	套·天	21	21	21	21
4	53-9-1-1	施工排水、降水 湿土排水	m³	−1829.63	−1829.63	−1963.5	−1963.5
		围护支撑					
1	52-4-3-3	打槽型钢板桩 长 9.01～12.00m，单面	100m	2	2	2	2
2	52-4-3-8	拔槽型钢板桩 长 9.01～12.00m，单面	100m	2	2	2	2
3	52-4-4-6	安拆钢板桩支撑 槽宽≤3.8m 深 6.01～8.00m	100m	1	1	1	1
4	52-4-3-11	槽型钢板桩使用费	t·d	7604	7604	7604	7604
5	52-4-4-14	钢板桩支撑使用费	t·d	511	511	511	511
		砾石砂垫层厚度增加 5cm					
1	52-1-4-3	管道砾石砂垫层	m³	15.69	15.69	15.69	15.69
2	52-1-3-1	沟槽回填 夯填土	m³	−15.69	−15.69	−15.69	−15.69

单位:100m

序号	定额编号	基本组合项目名称	单位	Z52-1-4-117A	Z52-1-4-117B
				7.0m	7.0m
1	52-1-2-3	机械挖沟槽土方 深≤6m 现场抛土	m³	2142.00	2142.00
2	52-1-2-3系	机械挖沟槽土方 深≤7m 现场抛土	m³	357.00	357.00
3	53-9-1-1	施工排水、降水 湿土排水	m³	2142.00	2142.00
4	52-1-4-3	管道砾石砂垫层	m³	31.38	31.38
5	52-1-4-1	管道黄砂垫层	m³	15.69	15.69
6	52-1-6-78	高密度聚乙烯双壁缠绕管(HDPE) 每节3m以下 DN1600	100m	0.0973	0.0973
7	52-1-6-95	高密度聚乙烯双壁缠绕管(HDPE) 每节3m以上 DN1600	100m	0.8753	0.8753
8	52-1-3-4	沟槽回填 黄砂	m³	351.61	527.38
9	52-1-3-1	沟槽回填 夯填土	m³	1819.76	1643.99
10	53-9-1-3	施工排水、降水 筑拆竹箩滤井	座	2.5	2.5
序号	定额编号	调整组合项目名称	单位	数量	数量
		井点降水			
1	53-9-1-8	施工排水、降水 喷射井点安装 10m	根	40	40
2	53-9-1-9	施工排水、降水 喷射井点拆除 10m	根	40	40
3	53-9-1-10	施工排水、降水 喷射井点使用 10m	套·天	21	21
4	53-9-1-1	施工排水、降水 湿土排水	m³	−2142	−2142
		围护支撑			
1	52-4-3-3	打槽型钢板桩 长9.01～12.00m，单面	100m	2	2
2	52-4-3-8	拔槽型钢板桩 长9.01～12.00m，单面	100m	2	2
3	52-4-4-6	安拆钢板桩支撑 槽宽≤3.8m 深6.01～8.00m	100m	1	1
4	52-4-3-11	槽型钢板桩使用费	t·d	7604	7604
5	52-4-4-14	钢板桩支撑使用费	t·d	511	511
		砾石砂垫层厚度增加5cm			
1	52-1-4-3	管道砾石砂垫层	m³	15.69	15.69
2	52-1-3-1	沟槽回填 夯填土	m³	−15.69	−15.69

（十三）DN1800 高密度聚乙烯双壁缠绕管(HDPE)

单位：100m

序号	定额编号	基本组合项目名称	单位	Z52-1-4-118A	Z52-1-4-118B	Z52-1-4-119A	Z52-1-4-119B
				＞3.0m	＞3.0m	3.5m	3.5m
1	52-1-2-3	机械挖沟槽土方 深≤6m 现场抛土	m³	1148.44	1148.44	1286.25	1286.25
2	53-9-1-1	施工排水、降水 湿土排水	m³	780.94	780.94	918.75	918.75
3	52-1-4-3	管道砾石砂垫层	m³	32.52	32.52	32.52	32.52
4	52-1-4-1	管道黄砂垫层	m³	16.26	16.26	16.26	16.26
5	52-1-6-79	高密度聚乙烯双壁缠绕管(HDPE) 每节 3m 以下 DN1800	100m	0.0973	0.0973	0.0973	0.0973
6	52-1-6-96	高密度聚乙烯双壁缠绕管(HDPE) 每节 3m 以上 DN1800	100m	0.8753	0.8753	0.8753	0.8753
7	52-1-3-4	沟槽回填 黄砂	m³	387.59	568.60	387.59	568.60
8	52-1-3-1	沟槽回填 夯填土	m³	417.05	236.04	551.94	370.93
9	53-9-1-3	施工排水、降水 筑拆竹箩滤井	座	2.5	2.5	2.5	2.5

序号	定额编号	调整组合项目名称	单位	数量	数量	数量	数量
		井点降水					
1	53-9-1-5	施工排水、降水 轻型井点安装	根	83	83	83	83
2	53-9-1-6	施工排水、降水 轻型井点拆除	根	83	83	83	83
3	53-9-1-7	施工排水、降水 轻型井点使用	套·天	33	33	33	33
4	53-9-1-1	施工排水、降水 湿土排水	m³	−780.94	−780.94	−918.75	−918.75
		围护支撑					
1	52-4-3-1	打槽型钢板桩 长 4.00～6.00m，单面	100m	2	2	2	2
2	52-4-3-6	拔槽型钢板桩 长 4.00～6.00m，单面	100m	2	2	2	2
3	52-4-4-4	安拆钢板桩支撑 槽宽≤3.8m 深 3.01～4.00m	100m	1	1	1	1
4	52-4-3-11	槽型钢板桩使用费	t·d	2468	2468	2468	2468
5	52-4-4-14	钢板桩支撑使用费	t·d	162	162	162	162
		砾石砂垫层厚度增加 5cm					
1	52-1-4-3	管道砾石砂垫层	m³	16.26	16.26	16.26	16.26
2	52-1-3-1	沟槽回填 夯填土	m³	−16.26	−16.26	−16.26	−16.26

单位:100m

序号	定额编号	基本组合项目名称	单位	Z52-1-4-120A ≤4.0m	Z52-1-4-120B ≤4.0m	Z52-1-4-121A >4.0m	Z52-1-4-121B >4.0m
1	52-1-2-3	机械挖沟槽土方 深≤6m 现场抛土	m³	1424.06	1424.06	1515.94	1515.94
2	53-9-1-1	施工排水、降水 湿土排水	m³	1056.56	1056.56	1148.44	1148.44
3	52-1-4-3	管道砾石砂垫层	m³	32.52	32.52	32.52	32.52
4	52-1-4-1	管道黄砂垫层	m³	16.26	16.26	16.26	16.26
5	52-1-6-79	高密度聚乙烯双壁缠绕管(HDPE)每节 3m 以下 DN1800	100m	0.0973	0.0973	0.0973	0.0973
6	52-1-6-96	高密度聚乙烯双壁缠绕管(HDPE)每节 3m 以上 DN1800	100m	0.8753	0.8753	0.8753	0.8753
7	52-1-3-4	沟槽回填 黄砂	m³	387.59	568.60	387.59	568.60
8	52-1-3-1	沟槽回填 夯填土	m³	686.82	505.81	778.70	597.69
9	53-9-1-3	施工排水、降水 筑拆竹笼滤井	座	2.5	2.5	2.5	2.5
序号	定额编号	调整组合项目名称	单位	数量	数量	数量	数量
		井点降水					
1	53-9-1-5	施工排水、降水 轻型井点安装	根	83	83	83	83
2	53-9-1-6	施工排水、降水 轻型井点拆除	根	83	83	83	83
3	53-9-1-7	施工排水、降水 轻型井点使用	套·天	33	33	33	33
4	53-9-1-1	施工排水、降水 湿土排水	m³	−1056.56	−1056.56	−1148.44	−1148.44
		围护支撑					
1	52-4-3-1	打槽型钢板桩 长 4.00～6.00m,单面	100m	2	2		
2	52-4-3-2	打槽型钢板桩 长 6.01～9.00m,单面	100m			2	2
3	52-4-3-6	拔槽型钢板桩 长 4.00～6.00m,单面	100m	2	2		
4	52-4-3-7	拔槽型钢板桩 长 6.01～9.00m,单面	100m			2	2
5	52-4-4-4	安拆钢板桩支撑 槽宽≤3.8m 深 3.01～4.00m	100m	1	1		
6	52-4-4-5	安拆钢板桩支撑 槽宽≤3.8m 深 4.01～6.00m	100m			1	1
7	52-4-3-11	槽型钢板桩使用费	t·d	2468	2468	5488	5488
8	52-4-4-14	钢板桩支撑使用费	t·d	162	162	324	324
		砾石砂垫层厚度增加 5cm					
1	52-1-4-3	管道砾石砂垫层	m³	16.26	16.26	16.26	16.26
2	52-1-3-1	沟槽回填 夯填土	m³	−16.26	−16.26	−16.26	−16.26

单位:100m

序号	定额编号	基本组合项目名称	单位	Z52-1-4-122A 4.5m	Z52-1-4-122B 4.5m	Z52-1-4-123A 5.0m	Z52-1-4-123B 5.0m
1	52-1-2-3	机械挖沟槽土方 深≤6m 现场抛土	m³	1653.75	1653.75	1890.00	1890.00
2	53-9-1-1	施工排水、降水 湿土排水	m³	1286.25	1286.25	1512.00	1512.00
3	52-1-4-3	管道砾石砂垫层	m³	32.31	32.31	33.23	33.23
4	52-1-4-1	管道黄砂垫层	m³	16.15	16.15	16.61	16.61
5	52-1-6-79	高密度聚乙烯双壁缠绕管(HDPE) 每节3m以下 DN1800	100m	0.0973	0.0973	0.0973	0.0973
6	52-1-6-96	高密度聚乙烯双壁缠绕管(HDPE) 每节3m以上 DN1800	100m	0.8753	0.8753	0.8753	0.8753
7	52-1-3-4	沟槽回填 黄砂	m³	387.59	568.60	406.46	592.72
8	52-1-3-1	沟槽回填 夯填土	m³	907.33	726.32	1119.56	933.30
9	53-9-1-3	施工排水、降水 筑拆竹笼滤井	座	2.5	2.5	2.5	2.5

序号	定额编号	调整组合项目名称	单位	数量	数量	数量	数量
		井点降水					
1	53-9-1-5	施工排水、降水 轻型井点安装	根	83	83	83	83
2	53-9-1-6	施工排水、降水 轻型井点拆除	根	83	83	83	83
3	53-9-1-7	施工排水、降水 轻型井点使用	套•天	33	33	33	33
4	53-9-1-1	施工排水、降水 湿土排水	m³	−1286.25	−1286.25	−1512	−1512
		围护支撑					
1	52-4-3-2	打槽型钢板桩 长6.01~9.00m,单面	100m	2	2	2	2
2	52-4-3-7	拔槽型钢板桩 长6.01~9.00m,单面	100m	2	2	2	2
3	52-4-4-5	安拆钢板桩支撑 槽宽≤3.8m 深4.01~6.00m	100m	1	1	1	1
4	52-4-3-11	槽型钢板桩使用费	t•d	5488	5488	5488	5488
5	52-4-4-14	钢板桩支撑使用费	t•d	324	324	324	324
		砾石砂垫层厚度增加5cm					
1	52-1-4-3	管道砾石砂垫层	m³	16.16	16.16	16.62	16.62
2	52-1-3-1	沟槽回填 夯填土	m³	−16.16	−16.16	−16.62	−16.62

单位:100m

序号	定额编号	基本组合项目名称	单位	Z52-1-4-124A 5.5m	Z52-1-4-124B 5.5m	Z52-1-4-125A ≤6.0m	Z52-1-4-125B ≤6.0m
1	52-1-2-3	机械挖沟槽土方 深≤6m 现场抛土	m³	2079.00	2079.00	2220.75	2220.75
2	53-9-1-1	施工排水、降水 湿土排水	m³	1701.00	1701.00	1842.75	1842.75
3	52-1-4-3	管道砾石砂垫层	m³	33.23	33.23	33.23	33.23
4	52-1-4-1	管道黄砂垫层	m³	16.61	16.61	16.61	16.61
5	52-1-6-79	高密度聚乙烯双壁缠绕管(HDPE) 每节 3m 以下 DN1800	100m	0.0973	0.0973	0.0973	0.0973
6	52-1-6-96	高密度聚乙烯双壁缠绕管(HDPE) 每节 3m 以上 DN1800	100m	0.8753	0.8753	0.8753	0.8753
7	52-1-3-4	沟槽回填 黄砂	m³	406.46	592.72	406.46	592.72
8	52-1-3-1	沟槽回填 夯填土	m³	1303.41	1117.15	1440.01	1253.75
9	53-9-1-3	施工排水、降水 筑拆竹笼滤井	座	2.5	2.5	2.5	2.5

序号	定额编号	调整组合项目名称	单位	数量	数量	数量	数量
		井点降水					
1	53-9-1-5	施工排水、降水 轻型井点安装	根	83	83	83	83
2	53-9-1-6	施工排水、降水 轻型井点拆除	根	83	83	83	83
3	53-9-1-7	施工排水、降水 轻型井点使用	套·天	33	33	33	33
4	53-9-1-1	施工排水、降水 湿土排水	m³	−1701	−1701	−1842.75	−1842.75
		围护支撑					
1	52-4-3-2	打槽型钢板桩 长 6.01~9.00m, 单面	100m	2	2	2	2
2	52-4-3-7	拔槽型钢板桩 长 6.01~9.00m, 单面	100m	2	2	2	2
3	52-4-4-5	安拆钢板桩支撑 槽宽≤3.8m 深 4.01~6.00m	100m	1	1	1	1
4	52-4-3-11	槽型钢板桩使用费	t·d	5488	5488	5488	5488
5	52-4-4-14	钢板桩支撑使用费	t·d	324	324	324	324
		砾石砂垫层厚度增加 5cm					
1	52-1-4-3	管道砾石砂垫层	m³	16.62	16.62	16.62	16.62
2	52-1-3-1	沟槽回填 夯填土	m³	−16.62	−16.62	−16.62	−16.62

单位:100m

序号	定额编号	基本组合项目名称	单位	Z52-1-4-126A >6.0m	Z52-1-4-126B >6.0m	Z52-1-4-127A 6.5m	Z52-1-4-127B 6.5m
1	52-1-2-3	机械挖沟槽土方 深≤6m 现场抛土	m³	2268.00	2268.00	2268.00	2268.00
2	52-1-2-3系	机械挖沟槽土方 深≤7m 现场抛土	m³	47.25	47.25	189.00	189.00
3	53-9-1-1	施工排水、降水 湿土排水	m³	1937.25	1937.25	2079.00	2079.00
4	52-1-4-3	管道砾石砂垫层	m³	33.23	33.23	33.23	33.23
5	52-1-4-1	管道黄砂垫层	m³	16.61	16.61	16.61	16.61
6	52-1-6-79	高密度聚乙烯双壁缠绕管(HDPE) 每节 3m 以下 DN1800	100m	0.0973	0.0973	0.0973	0.0973
7	52-1-6-96	高密度聚乙烯双壁缠绕管(HDPE) 每节 3m 以上 DN1800	100m	0.8753	0.8753	0.8753	0.8753
8	52-1-3-4	沟槽回填 黄砂	m³	406.46	592.72	406.46	592.72
9	52-1-3-1	沟槽回填 夯填土	m³	1534.51	1348.25	1669.64	1483.38
10	53-9-1-3	施工排水、降水 筑拆竹箩滤井	座	2.5	2.5	2.5	2.5

序号	定额编号	调整组合项目名称	单位	数量	数量	数量	数量
		井点降水					
1	53-9-1-8	施工排水、降水 喷射井点安装 10m	根	40	40	40	40
2	53-9-1-9	施工排水、降水 喷射井点拆除 10m	根	40	40	40	40
3	53-9-1-10	施工排水、降水 喷射井点使用 10m	套·天	23	23	23	23
4	53-9-1-1	施工排水、降水 湿土排水	m³	−1937.25	−1937.25	−2079	−2079
		围护支撑					
1	52-4-3-3	打槽型钢板桩 长 9.01~12.00m,单面	100m	2	2	2	2
2	52-4-3-8	拔槽型钢板桩 长 9.01~12.00m,单面	100m	2	2	2	2
3	52-4-4-6	安拆钢板桩支撑 槽宽≤3.8m 深 6.01~8.00m	100m	1	1	1	1
4	52-4-3-11	槽型钢板桩使用费	t·d	7604	7604	7604	7604
5	52-4-4-14	钢板桩支撑使用费	t·d	511	511	511	511
		砾石砂垫层厚度增加 5cm					
1	52-1-4-3	管道砾石砂垫层	m³	16.62	16.62	16.62	16.62
2	52-1-3-1	沟槽回填 夯填土	m³	−16.62	−16.62	−16.62	−16.62

单位:100m

序号	定额编号	基本组合项目名称	单位	Z52-1-4-128A 7.0m	Z52-1-4-128B 7.0m
1	52-1-2-3	机械挖沟槽土方 深≤6m 现场抛土	m³	2268.00	2268.00
2	52-1-2-3系	机械挖沟槽土方 深≤7m 现场抛土	m³	378.00	378.00
3	53-9-1-1	施工排水、降水 湿土排水	m³	2268.00	2268.00
4	52-1-4-3	管道砾石砂垫层	m³	33.23	33.23
5	52-1-4-1	管道黄砂垫层	m³	16.61	16.61
6	52-1-6-79	高密度聚乙烯双壁缠绕管(HDPE) 每节 3m 以下 DN1800	100m	0.0973	0.0973
7	52-1-6-96	高密度聚乙烯双壁缠绕管(HDPE) 每节 3m 以上 DN1800	100m	0.8753	0.8753
8	52-1-3-4	沟槽回填 黄砂	m³	406.46	592.72
9	52-1-3-1	沟槽回填 夯填土	m³	1852.86	1666.60
10	53-9-1-3	施工排水、降水 筑拆竹箩滤井	座	2.5	2.5

序号	定额编号	调整组合项目名称	单位	数量	数量
		井点降水			
1	53-9-1-8	施工排水、降水 喷射井点安装 10m	根	40	40
2	53-9-1-9	施工排水、降水 喷射井点拆除 10m	根	40	40
3	53-9-1-10	施工排水、降水 喷射井点使用 10m	套·天	23	23
4	53-9-1-1	施工排水、降水 湿土排水	m³	—2268	—2268
		围护支撑			
1	52-4-3-3	打槽型钢板桩 长 9.01～12.00m,单面	100m	2	2
2	52-4-3-8	拔槽型钢板桩 长 9.01～12.00m,单面	100m	2	2
3	52-4-4-6	安拆钢板桩支撑 槽宽≤3.8m 深6.01～8.00m	100m	1	1
4	52-4-3-11	槽型钢板桩使用费	t·d	7604	7604
5	52-4-4-14	钢板桩支撑使用费	t·d	511	511
		砾石砂垫层厚度增加5cm			
1	52-1-4-3	管道砾石砂垫层	m³	16.62	16.62
2	52-1-3-1	沟槽回填 夯填土	m³	—16.62	—16.62

（十四）DN2000 高密度聚乙烯双壁缠绕管（HDPE）

单位:100m

序号	定额编号	基本组合项目名称	单位	Z52-1-4-129A	Z52-1-4-129B	Z52-1-4-130A	Z52-1-4-130B
				＞3.0m	＞3.0m	3.5m	3.5m
1	52-1-2-3	机械挖沟槽土方 深≤6m 现场抛土	m³	1214.06	1214.06	1359.75	1359.75
2	53-9-1-1	施工排水、降水 湿土排水	m³	825.56	825.56	971.25	971.25
3	52-1-4-3	管道砾石砂垫层	m³	34.37	34.37	34.37	34.37
4	52-1-4-1	管道黄砂垫层	m³	17.19	17.19	17.19	17.19
5	52-1-6-80	高密度聚乙烯双壁缠绕管（HDPE）每节 3m 以下 DN2000	100m	0.0973	0.0973	0.0973	0.0973
6	52-1-6-97	高密度聚乙烯双壁缠绕管（HDPE）每节 3m 以上 DN2000	100m	0.8753	0.8753	0.8753	0.8753
7	52-1-3-4	沟槽回填 黄砂	m³	442.22	633.73	442.22	633.73
8	52-1-3-1	沟槽回填 夯填土	m³	362.15	170.64	505.10	313.59
9	53-9-1-3	施工排水、降水 筑拆竹笼滤井	座	2.5	2.5	2.5	2.5

序号	定额编号	调整组合项目名称	单位	数量	数量	数量	数量
		井点降水					
1	53-9-1-5	施工排水、降水 轻型井点安装	根	83	83	83	83
2	53-9-1-6	施工排水、降水 轻型井点拆除	根	83	83	83	83
3	53-9-1-7	施工排水、降水 轻型井点使用	套·天	40	40	40	40
4	53-9-1-1	施工排水、降水 湿土排水	m³	−825.56	−825.56	−971.25	−971.25
		围护支撑					
1	52-4-3-1	打槽型钢板桩 长 4.00～6.00m，单面	100m	2	2	2	2
2	52-4-3-6	拔槽型钢板桩 长 4.00～6.00m，单面	100m	2	2	2	2
3	52-4-4-4	安拆钢板桩支撑 槽宽≤3.8m 深3.01～4.00m	100m	1	1	1	1
4	52-4-3-11	槽型钢板桩使用费	t·d	2592	2592	2592	2592
5	52-4-4-14	钢板桩支撑使用费	t·d	230	230	230	230
		砾石砂垫层厚度增加 5cm					
1	52-1-4-3	管道砾石砂垫层	m³	17.19	17.19	17.19	17.19
2	52-1-3-1	沟槽回填 夯填土	m³	−17.19	−17.19	−17.19	−17.19

单位:100m

序号	定额编号	基本组合项目名称	单位	Z52-1-4-131A ≤4.0m	Z52-1-4-131B ≤4.0m	Z52-1-4-132A >4.0m	Z52-1-4-132B >4.0m
1	52-1-2-3	机械挖沟槽土方 深≤6m 现场抛土	m³	1505.44	1505.44	1602.56	1602.56
2	53-9-1-1	施工排水、降水 湿土排水	m³	1116.94	1116.94	1214.06	1214.06
3	52-1-4-3	管道砾石砂垫层	m³	34.37	34.37	34.37	34.37
4	52-1-4-1	管道黄砂垫层	m³	17.19	17.19	17.19	17.19
5	52-1-6-80	高密度聚乙烯双壁缠绕管(HDPE) 每节 3m 以下 DN2000	100m	0.0973	0.0973	0.0973	0.0973
6	52-1-6-97	高密度聚乙烯双壁缠绕管(HDPE) 每节 3m 以上 DN2000	100m	0.8753	0.8753	0.8753	0.8753
7	52-1-3-4	沟槽回填 黄砂	m³	442.22	633.73	442.22	633.73
8	52-1-3-1	沟槽回填 夯填土	m³	646.64	455.13	743.76	552.25
9	53-9-1-3	施工排水、降水 筑拆竹箩滤井	座	2.5	2.5	2.5	2.5

序号	定额编号	调整组合项目名称	单位	数量	数量	数量	数量
		井点降水					
1	53-9-1-5	施工排水、降水 轻型井点安装	根	83	83	83	83
2	53-9-1-6	施工排水、降水 轻型井点拆除	根	83	83	83	83
3	53-9-1-7	施工排水、降水 轻型井点使用	套·天	40	40	40	40
4	53-9-1-1	施工排水、降水 湿土排水	m³	−1116.94	−1116.94	−1214.06	−1214.06
		围护支撑					
1	52-4-3-1	打槽型钢板桩 长 4.00～6.00m,单面	100m	2	2		
2	52-4-3-2	打槽型钢板桩 长 6.01～9.00m,单面	100m			2	2
3	52-4-3-6	拔槽型钢板桩 长 4.00～6.00m,单面	100m	2	2		
4	52-4-3-7	拔槽型钢板桩 长 6.01～9.00m,单面	100m			2	2
5	52-4-4-4	安拆钢板桩支撑 槽宽≤3.8m 深 3.01～4.00m	100m	1	1		
6	52-4-4-5	安拆钢板桩支撑 槽宽≤3.8m 深 4.01～6.00m	100m			1	1
7	52-4-3-11	槽型钢板桩使用费	t·d	2592	2592	5762	5762
8	52-4-4-14	钢板桩支撑使用费	t·d	230	230	460	460
		砾石砂垫层厚度增加 5cm					
1	52-1-4-3	管道砾石砂垫层	m³	17.19	17.19	17.19	17.19
2	52-1-3-1	沟槽回填 夯填土	m³	−17.19	−17.19	−17.19	−17.19

单位:100m

序号	定额编号	基本组合项目名称	单位	Z52-1-4-133A	Z52-1-4-133B	Z52-1-4-134A	Z52-1-4-134B
				4.5m	4.5m	5.0m	5.0m
1	52-1-2-3	机械挖沟槽土方 深≤6m 现场抛土	m³	1748.25	1748.25	1995.00	1995.00
2	53-9-1-1	施工排水、降水 湿土排水	m³	1359.75	1359.75	1596.00	1596.00
3	52-1-4-3	管道砾石砂垫层	m³	34.15	34.15	35.07	35.07
4	52-1-4-1	管道黄砂垫层	m³	17.08	17.08	17.54	17.54
5	52-1-6-80	高密度聚乙烯双壁缠绕管(HDPE) 每节 3m 以下 DN2000	100m	0.0973	0.0973	0.0973	0.0973
6	52-1-6-97	高密度聚乙烯双壁缠绕管(HDPE) 每节 3m 以上 DN2000	100m	0.8753	0.8753	0.8753	0.8753
7	52-1-3-4	沟槽回填 黄砂	m³	442.22	633.73	463.19	659.95
8	52-1-3-1	沟槽回填 夯填土	m³	880.65	689.14	1102.13	905.37
9	53-9-1-3	施工排水、降水 筑拆竹笼滤井	座	2.5	2.5	2.5	2.5
序号	定额编号	调整组合项目名称	单位	数量	数量	数量	数量
		井点降水					
1	53-9-1-5	施工排水、降水 轻型井点安装	根	83	83	83	83
2	53-9-1-6	施工排水、降水 轻型井点拆除	根	83	83	83	83
3	53-9-1-7	施工排水、降水 轻型井点使用	套·天	40	40	40	40
4	53-9-1-1	施工排水、降水 湿土排水	m³	−1359.75	−1359.75	−1596	−1596
		围护支撑					
1	52-4-3-2	打槽型钢板桩 长 6.01～9.00m,单面	100m	2	2	2	2
2	52-4-3-7	拔槽型钢板桩 长 6.01～9.00m,单面	100m	2	2	2	2
3	52-4-4-5	安拆钢板桩支撑 槽宽≤3.8m 深 4.01～6.00m	100m	1	1	1	1
4	52-4-3-11	槽型钢板桩使用费	t·d	5762	5762	5762	5762
5	52-4-4-14	钢板桩支撑使用费	t·d	460	460	460	460
		砾石砂垫层厚度增加 5cm					
1	52-1-4-3	管道砾石砂垫层	m³	17.08	17.08	17.54	17.54
2	52-1-3-1	沟槽回填 夯填土	m³	−17.08	−17.08	−17.54	−17.54

单位：100m

序号	定额编号	基本组合项目名称	单位	Z52-1-4-135A	Z52-1-4-135B	Z52-1-4-136A	Z52-1-4-136B
				5.5m	5.5m	≤6.0m	≤6.0m
1	52-1-2-3	机械挖沟槽土方 深≤6m 现场抛土	m³	2194.50	2194.50	2344.13	2344.13
2	53-9-1-1	施工排水、降水 湿土排水	m³	1795.50	1795.50	1945.13	1945.13
3	52-1-4-3	管道砾石砂垫层	m³	35.07	35.07	35.07	35.07
4	52-1-4-1	管道黄砂垫层	m³	17.54	17.54	17.54	17.54
5	52-1-6-80	高密度聚乙烯双壁缠绕管（HDPE）每节 3m 以下 DN2000	100m	0.0973	0.0973	0.0973	0.0973
6	52-1-6-97	高密度聚乙烯双壁缠绕管（HDPE）每节 3m 以上 DN2000	100m	0.8753	0.8753	0.8753	0.8753
7	52-1-3-4	沟槽回填 黄砂	m³	463.19	659.95	463.19	659.95
8	52-1-3-1	沟槽回填 夯填土	m³	1296.52	1099.76	1441.00	1244.24
9	53-9-1-3	施工排水、降水 筑拆竹箩滤井	座	2.5	2.5	2.5	2.5

序号	定额编号	调整组合项目名称	单位	数量	数量	数量	数量
		井点降水					
1	53-9-1-5	施工排水、降水 轻型井点安装	根	83	83	83	83
2	53-9-1-6	施工排水、降水 轻型井点拆除	根	83	83	83	83
3	53-9-1-7	施工排水、降水 轻型井点使用	套·天	40	40	40	40
4	53-9-1-1	施工排水、降水 湿土排水	m³	−1795.5	−1795.5	−1945.13	−1945.13
		围护支撑					
1	52-4-3-2	打槽型钢板桩 长 6.01～9.00m，单面	100m	2	2	2	2
2	52-4-3-7	拔槽型钢板桩 长 6.01～9.00m，单面	100m	2	2	2	2
3	52-4-4-5	安拆钢板桩支撑 槽宽≤3.8m 深 4.01～6.00m	100m	1	1	1	1
4	52-4-3-11	槽型钢板桩使用费	t·d	5762	5762	5762	5762
5	52-4-4-14	钢板桩支撑使用费	t·d	460	460	460	460
		砾石砂垫层厚度增加 5cm					
1	52-1-4-3	管道砾石砂垫层	m³	17.54	17.54	17.54	17.54
2	52-1-3-1	沟槽回填 夯填土	m³	−17.54	−17.54	−17.54	−17.54

单位：100m

序号	定额编号	基本组合项目名称	单位	Z52-1-4-137A	Z52-1-4-137B	Z52-1-4-138A	Z52-1-4-138B
				＞6.0m	＞6.0m	6.5m	6.5m
1	52-1-2-3	机械挖沟槽土方 深≤6m 现场抛土	m³	2394.00	2394.00	2394.00	2394.00
2	52-1-2-3系	机械挖沟槽土方 深≤7m 现场抛土	m³	49.88	49.88	199.50	199.50
3	53-9-1-1	施工排水、降水 湿土排水	m³	2044.88	2044.88	2194.50	2194.50
4	52-1-4-3	管道砾石砂垫层	m³	35.07	35.07	35.07	35.07
5	52-1-4-1	管道黄砂垫层	m³	17.54	17.54	17.54	17.54
6	52-1-6-80	高密度聚乙烯双壁缠绕管（HDPE）每节 3m 以下 DN2000	100m	0.0973	0.0973	0.0973	0.0973
7	52-1-6-97	高密度聚乙烯双壁缠绕管（HDPE）每节 3m 以上 DN2000	100m	0.8753	0.8753	0.8753	0.8753
8	52-1-3-4	沟槽回填 黄砂	m³	463.19	659.95	463.19	659.95
9	52-1-3-1	沟槽回填 夯填土	m³	1540.75	1343.99	1683.75	1486.99
10	53-9-1-3	施工排水、降水 筑拆竹笼滤井	座	2.5	2.5	2.5	2.5

序号	定额编号	调整组合项目名称	单位	数量	数量	数量	数量
		井点降水					
1	53-9-1-8	施工排水、降水 喷射井点安装 10m	根	40	40	40	40
2	53-9-1-9	施工排水、降水 喷射井点拆除 10m	根	40	40	40	40
3	53-9-1-10	施工排水、降水 喷射井点使用 10m	套·天	28	28	28	28
4	53-9-1-1	施工排水、降水 湿土排水	m³	−2044.88	−2044.88	−2194.5	−2194.5
		围护支撑					
1	52-4-3-3	打槽型钢板桩 长 9.01～12.00m，单面	100m	2	2	2	2
2	52-4-3-8	拔槽型钢板桩 长 9.01～12.00m，单面	100m	2	2	2	2
3	52-4-4-6	安拆钢板桩支撑 槽宽≤3.8m 深 6.01～8.00m	100m	1	1	1	1
4	52-4-3-11	槽型钢板桩使用费	t·d	7984	7984	7984	7984
5	52-4-4-14	钢板桩支撑使用费	t·d	800	800	800	800
		砾石砂垫层厚度增加 5cm					
1	52-1-4-3	管道砾石砂垫层	m³	17.54	17.54	17.54	17.54
2	52-1-3-1	沟槽回填 夯填土	m³	−17.54	−17.54	−17.54	−17.54

单位:100m

序号	定额编号	基本组合项目名称	单位	Z52-1-4-139A	Z52-1-4-139B
				7.0m	7.0m
1	52-1-2-3	机械挖沟槽土方 深≤6m 现场抛土	m³	2394.00	2394.00
2	52-1-2-3系	机械挖沟槽土方 深≤7m 现场抛土	m³	399.00	399.00
3	53-9-1-1	施工排水、降水 湿土排水	m³	2394.00	2394.00
4	52-1-4-3	管道砾石砂垫层	m³	35.07	35.07
5	52-1-4-1	管道黄砂垫层	m³	17.54	17.54
6	52-1-6-80	高密度聚乙烯双壁缠绕管(HDPE) 每节3m以下 DN2000	100m	0.0973	0.0973
7	52-1-6-97	高密度聚乙烯双壁缠绕管(HDPE) 每节3m以上 DN2000	100m	0.8753	0.8753
8	52-1-3-4	沟槽回填 黄砂	m³	463.19	659.95
9	52-1-3-1	沟槽回填 夯填土	m³	1877.47	1680.71
10	53-9-1-3	施工排水、降水 筑拆竹箩滤井	座	2.5	2.5

序号	定额编号	调整组合项目名称	单位	数量	数量
		井点降水			
1	53-9-1-8	施工排水、降水 喷射井点安装 10m	根	40	40
2	53-9-1-9	施工排水、降水 喷射井点拆除 10m	根	40	40
3	53-9-1-10	施工排水、降水 喷射井点使用 10m	套·天	28	28
4	53-9-1-1	施工排水、降水 湿土排水	m³	—2394	—2394
		围护支撑			
1	52-4-3-3	打槽型钢板桩 长9.01～12.00m,单面	100m	2	2
2	52-4-3-8	拔槽型钢板桩 长9.01～12.00m,单面	100m	2	2
3	52-4-4-6	安拆钢板桩支撑 槽宽≤3.8m 深6.01～8.00m	100m	1	1
4	52-4-3-11	槽型钢板桩使用费	t·d	7984	7984
5	52-4-4-14	钢板桩支撑使用费	t·d	800	800
		砾石砂垫层厚度增加5cm			
1	52-1-4-3	管道砾石砂垫层	m³	17.54	17.54
2	52-1-3-1	沟槽回填 夯填土	m³	—17.54	—17.54

（十五）DN2200 高密度聚乙烯双壁缠绕管（HDPE）

单位：100m

序号	定额编号	基本组合项目名称	单位	Z52-1-4-140A ＞3.0m	Z52-1-4-140B ＞3.0m	Z52-1-4-141A 3.5m	Z52-1-4-141B 3.5m
1	52-1-2-3	机械挖沟槽土方 深≤6m 现场抛土	m³	1279.69	1279.69	1433.25	1433.25
2	53-9-1-1	施工排水、降水 湿土排水	m³	870.19	870.19	1023.75	1023.75
3	52-1-4-3	管道砾石砂垫层	m³	36.23	36.23	36.23	36.23
4	52-1-4-1	管道黄砂垫层	m³	18.12	18.12	18.12	18.12
5	52-1-6-81	高密度聚乙烯双壁缠绕管（HDPE）每节 3m 以下 DN2200	100m	0.0973	0.0973	0.0973	0.0973
6	52-1-6-98	高密度聚乙烯双壁缠绕管（HDPE）每节 3m 以上 DN2200	100m	0.8753	0.8753	0.8753	0.8753
7	52-1-3-4	沟槽回填 黄砂	m³	498.86	700.87	498.86	700.87
8	52-1-3-1	沟槽回填 夯填土	m³	296.10	94.09	446.92	244.91
9	53-9-1-3	施工排水、降水 筑拆竹箩滤井	座	2.5	2.5	2.5	2.5

序号	定额编号	调整组合项目名称	单位	数量	数量	数量	数量
		井点降水					
1	53-9-1-5	施工排水、降水 轻型井点安装	根	83	83	83	83
2	53-9-1-6	施工排水、降水 轻型井点拆除	根	83	83	83	83
3	53-9-1-7	施工排水、降水 轻型井点使用	套·天	42	42	42	42
4	53-9-1-1	施工排水、降水 湿土排水	m³	−870.19	−870.19	−1023.75	−1023.75
		围护支撑					
1	52-4-3-1	打槽型钢板桩 长 4.00～6.00m，单面	100m	2	2	2	2
2	52-4-3-6	拔槽型钢板桩 长 4.00～6.00m，单面	100m	2	2	2	2
3	52-4-4-7	安拆钢板桩支撑 槽宽≤4.5m 深3.01～4.00m	100m	1	1	1	1
4	52-4-3-11	槽型钢板桩使用费	t·d	2592	2592	2592	2592
5	52-4-4-14	钢板桩支撑使用费	t·d	230	230	230	230
		砾石砂垫层厚度增加 5cm					
1	52-1-4-3	管道砾石砂垫层	m³	18.12	18.12	18.12	18.12
2	52-1-3-1	沟槽回填 夯填土	m³	−18.12	−18.12	−18.12	−18.12

单位:100m

序号	定额编号	基本组合项目名称	单位	Z52-1-4-142A	Z52-1-4-142B	Z52-1-4-143A	Z52-1-4-143B
				≤4.0m	≤4.0m	>4.0m	>4.0m
1	52-1-2-3	机械挖沟槽土方 深≤6m 现场抛土	m³	1586.81	1586.81	1689.19	1689.19
2	53-9-1-1	施工排水、降水 湿土排水	m³	1177.31	1177.31	1279.69	1279.69
3	52-1-4-3	管道砾石砂垫层	m³	36.23	36.23	36.23	36.23
4	52-1-4-1	管道黄砂垫层	m³	18.12	18.12	18.12	18.12
5	52-1-6-81	高密度聚乙烯双壁缠绕管(HDPE) 每节 3m 以下 DN2200	100m	0.0973	0.0973	0.0973	0.0973
6	52-1-6-98	高密度聚乙烯双壁缠绕管(HDPE) 每节 3m 以上 DN2200	100m	0.8753	0.8753	0.8753	0.8753
7	52-1-3-4	沟槽回填 黄砂	m³	498.86	700.87	498.86	700.87
8	52-1-3-1	沟槽回填 夯填土	m³	597.55	395.54	699.93	497.92
9	53-9-1-3	施工排水、降水 筑拆竹箩滤井	座	2.5	2.5	2.5	2.5

序号	定额编号	调整组合项目名称	单位	数量	数量	数量	数量
		井点降水					
1	53-9-1-5	施工排水、降水 轻型井点安装	根	83	83	83	83
2	53-9-1-6	施工排水、降水 轻型井点拆除	根	83	83	83	83
3	53-9-1-7	施工排水、降水 轻型井点使用	套·天	42	42	42	42
4	53-9-1-1	施工排水、降水 湿土排水	m³	−1177.31	−1177.31	−1279.69	−1279.69
		围护支撑					
1	52-4-3-1	打槽型钢板桩 长 4.00～6.00m,单面	100m	2	2		
2	52-4-3-2	打槽型钢板桩 长 6.01～9.00m,单面	100m			2	2
3	52-4-3-6	拔槽型钢板桩 长 4.00～6.00m,单面	100m	2	2		
4	52-4-3-7	拔槽型钢板桩 长 6.01～9.00m,单面	100m			2	2
5	52-4-4-7	安拆钢板桩支撑 槽宽≤4.5m 深 3.01～4.00m	100m	1	1		
6	52-4-4-8	安拆钢板桩支撑 槽宽≤4.5m 深 4.01～6.00m	100m			1	1
7	52-4-3-11	槽型钢板桩使用费	t·d	2592	2592	5762	5762
8	52-4-4-14	钢板桩支撑使用费	t·d	230	230	460	460
		砾石砂垫层厚度增加 5cm					
1	52-1-4-3	管道砾石砂垫层	m³	18.12	18.12	18.12	18.12
2	52-1-3-1	沟槽回填 夯填土	m³	−18.12	−18.12	−18.12	−18.12

单位:100m

序号	定额编号	基本组合项目名称	单位	Z52-1-4-144A	Z52-1-4-144B	Z52-1-4-145A	Z52-1-4-145B
				4.5m	4.5m	5.0m	5.0m
1	52-1-2-3	机械挖沟槽土方 深≤6m 现场抛土	m³	1842.75	1842.75	2100.00	2100.00
2	53-9-1-1	施工排水、降水 湿土排水	m³	1433.25	1433.25	1680.00	1680.00
3	52-1-4-3	管道砾石砂垫层	m³	36.00	36.00	36.92	36.92
4	52-1-4-1	管道黄砂垫层	m³	18.00	18.00	18.46	18.46
5	52-1-6-81	高密度聚乙烯双壁缠绕管(HDPE) 每节 3m 以下 DN2200	100m	0.0973	0.0973	0.0973	0.0973
6	52-1-6-98	高密度聚乙烯双壁缠绕管(HDPE) 每节 3m 以上 DN2200	100m	0.8753	0.8753	0.8753	0.8753
7	52-1-3-4	沟槽回填 黄砂	m³	498.86	700.87	521.95	729.21
8	52-1-3-1	沟槽回填 夯填土	m³	843.78	641.77	1073.63	866.37
9	53-9-1-3	施工排水、降水 筑拆竹笼滤井	座	2.5	2.5	2.5	2.5
序号	定额编号	调整组合项目名称	单位	数量	数量	数量	数量
		井点降水					
1	53-9-1-5	施工排水、降水 轻型井点安装	根	83	83	83	83
2	53-9-1-6	施工排水、降水 轻型井点拆除	根	83	83	83	83
3	53-9-1-7	施工排水、降水 轻型井点使用	套·天	42	42	42	42
4	53-9-1-1	施工排水、降水 湿土排水	m³	−1433.25	−1433.25	−1680	−1680
		围护支撑					
1	52-4-3-2	打槽型钢板桩 长 6.01~9.00m,单面	100m	2	2	2	2
2	52-4-3-7	拔槽型钢板桩 长 6.01~9.00m,单面	100m	2	2	2	2
3	52-4-4-8	安拆钢板桩支撑 槽宽≤4.5m 深 4.01~6.00m	100m	1	1	1	1
4	52-4-3-11	槽型钢板桩使用费	t·d	5762	5762	5762	5762
5	52-4-4-14	钢板桩支撑使用费	t·d	460	460	460	460
		砾石砂垫层厚度增加 5cm					
1	52-1-4-3	管道砾石砂垫层	m³	18.00	18.00	18.46	18.46
2	52-1-3-1	沟槽回填 夯填土	m³	−18.00	−18.00	−18.46	−18.46

单位:100m

序号	定额编号	基本组合项目名称	单位	Z52-1-4-146A	Z52-1-4-146B	Z52-1-4-147A	Z52-1-4-147B
				5.5m	5.5m	≤6.0m	≤6.0m
1	52-1-2-3	机械挖沟槽土方 深≤6m 现场抛土	m³	2310.00	2310.00	2467.50	2467.50
2	53-9-1-1	施工排水、降水 湿土排水	m³	1890.00	1890.00	2047.50	2047.50
3	52-1-4-3	管道砾石砂垫层	m³	36.92	36.92	36.92	36.92
4	52-1-4-1	管道黄砂垫层	m³	18.46	18.46	18.46	18.46
5	52-1-6-81	高密度聚乙烯双壁缠绕管（HDPE）每节 3m 以下 DN2200	100m	0.0973	0.0973	0.0973	0.0973
6	52-1-6-98	高密度聚乙烯双壁缠绕管（HDPE）每节 3m 以上 DN2200	100m	0.8753	0.8753	0.8753	0.8753
7	52-1-3-4	沟槽回填 黄砂	m³	521.95	729.21	521.95	729.21
8	52-1-3-1	沟槽回填 夯填土	m³	1279.42	1072.16	1431.77	1224.51
9	53-9-1-3	施工排水、降水 筑拆竹箩滤井	座	2.5	2.5	2.5	2.5
序号	定额编号	调整组合项目名称	单位	数量	数量	数量	数量
		井点降水					
1	53-9-1-5	施工排水、降水 轻型井点安装	根	83	83	83	83
2	53-9-1-6	施工排水、降水 轻型井点拆除	根	83	83	83	83
3	53-9-1-7	施工排水、降水 轻型井点使用	套·天	42	42	42	42
4	53-9-1-1	施工排水、降水 湿土排水	m³	−1890	−1890	−2047.5	−2047.5
		围护支撑					
1	52-4-3-2	打槽型钢板桩 长 6.01~9.00m，单面	100m	2	2	2	2
2	52-4-3-7	拔槽型钢板桩 长 6.01~9.00m，单面	100m	2	2	2	2
3	52-4-4-8	安拆钢板桩支撑 槽宽≤4.5m 深 4.01~6.00m	100m	1	1	1	1
4	52-4-3-11	槽型钢板桩使用费	t·d	5762	5762	5762	5762
5	52-4-4-14	钢板桩支撑使用费	t·d	460	460	460	460
		砾石砂垫层厚度增加 5cm					
1	52-1-4-3	管道砾石砂垫层	m³	18.46	18.46	18.46	18.46
2	52-1-3-1	沟槽回填 夯填土	m³	−18.46	−18.46	−18.46	−18.46

单位:100m

序号	定额编号	基本组合项目名称	单位	Z52-1-4-148A	Z52-1-4-148B	Z52-1-4-149A	Z52-1-4-149B
				＞6.0m	＞6.0m	6.5m	6.5m
1	52-1-2-3	机械挖沟槽土方 深≤6m 现场抛土	m³	2520.00	2520.00	2520.00	2520.00
2	52-1-2-3系	机械挖沟槽土方 深≤7m 现场抛土	m³	52.50	52.50	210.00	210.00
3	53-9-1-1	施工排水、降水 湿土排水	m³	2152.50	2152.50	2310.00	2310.00
4	52-1-4-3	管道砾石砂垫层	m³	36.92	36.92	36.92	36.92
5	52-1-4-1	管道黄砂垫层	m³	18.46	18.46	18.46	18.46
6	52-1-6-81	高密度聚乙烯双壁缠绕管(HDPE) 每节3m以下 DN2200	100m	0.0973	0.0973	0.0973	0.0973
7	52-1-6-98	高密度聚乙烯双壁缠绕管(HDPE) 每节3m以上 DN2200	100m	0.8753	0.8753	0.8753	0.8753
8	52-1-3-4	沟槽回填 黄砂	m³	521.95	729.21	521.95	729.21
9	52-1-3-1	沟槽回填 夯填土	m³	1536.77	1329.51	1687.65	1480.39
10	53-9-1-3	施工排水、降水 筑拆竹篓滤井	座	2.5	2.5	2.5	2.5

序号	定额编号	调整组合项目名称	单位	数量	数量	数量	数量
		井点降水					
1	53-9-1-8	施工排水、降水 喷射井点安装 10m	根	40	40	40	40
2	53-9-1-9	施工排水、降水 喷射井点拆除 10m	根	40	40	40	40
3	53-9-1-10	施工排水、降水 喷射井点使用 10m	套·天	29	29	29	29
4	53-9-1-1	施工排水、降水 湿土排水	m³	−2152.5	−2152.5	−2310	−2310
		围护支撑					
1	52-4-3-3	打槽型钢板桩 长9.01～12.00m,单面	100m	2	2	2	2
2	52-4-3-8	拔槽型钢板桩 长9.01～12.00m,单面	100m	2	2	2	2
3	52-4-4-9	安拆钢板桩支撑 槽宽≤4.5m 深6.01～8.00m	100m	1	1	1	1
4	52-4-3-11	槽型钢板桩使用费	t·d	7984	7984	7984	7984
5	52-4-4-14	钢板桩支撑使用费	t·d	800	800	800	800
		砾石砂垫层厚度增加5cm					
1	52-1-4-3	管道砾石砂垫层	m³	18.46	18.46	18.46	18.46
2	52-1-3-1	沟槽回填 夯填土	m³	−18.46	−18.46	−18.46	−18.46

单位:100m

序号	定额编号	基本组合项目名称	单位	Z52-1-4-150A	Z52-1-4-150B
				7.0m	7.0m
1	52-1-2-3	机械挖沟槽土方 深≤6m 现场抛土	m³	2520.00	2520.00
2	52-1-2-3系	机械挖沟槽土方 深≤7m 现场抛土	m³	420.00	420.00
3	53-9-1-1	施工排水、降水 湿土排水	m³	2520.00	2520.00
4	52-1-4-3	管道砾石砂垫层	m³	36.92	36.92
5	52-1-4-1	管道黄砂垫层	m³	18.46	18.46
6	52-1-6-81	高密度聚乙烯双壁缠绕管(HDPE)每节 3m 以下 DN2200	100m	0.0973	0.0973
7	52-1-6-98	高密度聚乙烯双壁缠绕管(HDPE)每节 3m 以上 DN2200	100m	0.8753	0.8753
8	52-1-3-4	沟槽回填 黄砂	m³	521.95	729.21
9	52-1-3-1	沟槽回填 夯填土	m³	1891.87	1684.61
10	53-9-1-3	施工排水、降水 筑拆竹笼滤井	座	2.5	2.5

序号	定额编号	调整组合项目名称	单位	数量	数量
		井点降水			
1	53-9-1-8	施工排水、降水 喷射井点安装 10m	根	40	40
2	53-9-1-9	施工排水、降水 喷射井点拆除 10m	根	40	40
3	53-9-1-10	施工排水、降水 喷射井点使用 10m	套·天	29	29
4	53-9-1-1	施工排水、降水 湿土排水	m³	−2520	−2520
		围护支撑			
1	52-4-3-3	打槽型钢板桩 长 9.01~12.00m, 单面	100m	2	2
2	52-4-3-8	拔槽型钢板桩 长 9.01~12.00m, 单面	100m	2	2
3	52-4-4-9	安拆钢板桩支撑 槽宽≤4.5m 深 6.01~8.00m	100m	1	1
4	52-4-3-11	槽型钢板桩使用费	t·d	7984	7984
5	52-4-4-14	钢板桩支撑使用费	t·d	800	800
		砾石砂垫层厚度增加 5cm			
1	52-1-4-3	管道砾石砂垫层	m³	18.46	18.46
2	52-1-3-1	沟槽回填 夯填土	m³	−18.46	−18.46

（十六）DN2400 高密度聚乙烯双壁缠绕管（HDPE）

单位：100m

序号	定额编号	基本组合项目名称	单位	Z52-1-4-151A	Z52-1-4-151B	Z52-1-4-152A	Z52-1-4-152B
				3.5m	3.5m	≤4.0m	≤4.0m
1	52-1-2-3	机械挖沟槽土方 深≤6m 现场抛土	m³	1506.75	1506.75	1668.19	1668.19
2	53-9-1-1	施工排水、降水 湿土排水	m³	1076.25	1076.25	1237.69	1237.69
3	52-1-4-3	管道砾石砂垫层	m³	38.09	38.09	38.09	38.09
4	52-1-4-1	管道黄砂垫层	m³	19.04	19.04	19.04	19.04
5	52-1-6-82	高密度聚乙烯双壁缠绕管（HDPE）每节 3m 以下 DN2400	100m	0.0973	0.0973	0.0973	0.0973
6	52-1-6-99	高密度聚乙烯双壁缠绕管（HDPE）每节 3m 以上 DN2400	100m	0.8753	0.8753	0.8753	0.8753
7	52-1-3-4	沟槽回填 黄砂	m³	558.29	770.80	558.29	770.80
8	52-1-3-1	沟槽回填 夯填土	m³	379.02	166.51	537.72	325.21
9	53-9-1-3	施工排水、降水 筑拆竹箩滤井	座	2.5	2.5	2.5	2.5
序号	定额编号	调整组合项目名称	单位	数量	数量	数量	数量
		井点降水					
1	53-9-1-5	施工排水、降水 轻型井点安装	根	83	83	83	83
2	53-9-1-6	施工排水、降水 轻型井点拆除	根	83	83	83	83
3	53-9-1-7	施工排水、降水 轻型井点使用	套·天	42	42	42	42
4	53-9-1-1	施工排水、降水 湿土排水	m³	−1076.25	−1076.25	−1237.69	−1237.69
		围护支撑					
1	52-4-3-1	打槽型钢板桩 长 4.00～6.00m，单面	100m	2	2	2	2
2	52-4-3-6	拔槽型钢板桩 长 4.00～6.00m，单面	100m	2	2	2	2
3	52-4-4-7	安拆钢板桩支撑 槽宽≤4.5m 深3.01～4.00m	100m	1	1	1	1
4	52-4-3-11	槽型钢板桩使用费	t·d	2592	2592	2592	2592
5	52-4-4-14	钢板桩支撑使用费	t·d	230	230	230	230
		砾石砂垫层厚度增加 5cm					
1	52-1-4-3	管道砾石砂垫层	m³	19.05	19.05	19.05	19.05
2	52-1-3-1	沟槽回填 夯填土	m³	−19.05	−19.05	−19.05	−19.05

单位:100m

序号	定额编号	基本组合项目名称	单位	Z52-1-4-153A	Z52-1-4-153B	Z52-1-4-154A	Z52-1-4-154B
				>4.0m	>4.0m	4.5m	4.5m
1	52-1-2-3	机械挖沟槽土方 深≤6m 现场抛土	m³	1775.81	1775.81	1937.25	1937.25
2	53-9-1-1	施工排水、降水 湿土排水	m³	1345.31	1345.31	1506.75	1506.75
3	52-1-4-3	管道砾石砂垫层	m³	38.09	38.09	37.84	37.84
4	52-1-4-1	管道黄砂垫层	m³	19.04	19.04	18.92	18.92
5	52-1-6-82	高密度聚乙烯双壁缠绕管(HDPE) 每节 3m 以下 DN2400	100m	0.0973	0.0973	0.0973	0.0973
6	52-1-6-99	高密度聚乙烯双壁缠绕管(HDPE) 每节 3m 以上 DN2400	100m	0.8753	0.8753	0.8753	0.8753
7	52-1-3-4	沟槽回填 黄砂	m³	558.29	770.80	558.29	770.80
8	52-1-3-1	沟槽回填 夯填土	m³	645.34	432.83	796.08	583.57
9	53-9-1-3	施工排水、降水 筑拆竹笼滤井	座	2.5	2.5	2.5	2.5
序号	定额编号	调整组合项目名称	单位	数量	数量	数量	数量
		井点降水					
1	53-9-1-5	施工排水、降水 轻型井点安装	根	83	83	83	83
2	53-9-1-6	施工排水、降水 轻型井点拆除	根	83	83	83	83
3	53-9-1-7	施工排水、降水 轻型井点使用	套·天	42	42	42	42
4	53-9-1-1	施工排水、降水 湿土排水	m³	-1345.31	-1345.31	-1506.75	-1506.75
		围护支撑					
1	52-4-3-2	打槽型钢板桩 长 6.01~9.00m,单面	100m	2	2	2	2
2	52-4-3-7	拔槽型钢板桩 长 6.01~9.00m,单面	100m	2	2	2	2
3	52-4-4-8	安拆钢板桩支撑 槽宽≤4.5m 深 4.01~6.00m	100m	1	1	1	1
4	52-4-3-11	槽型钢板桩使用费	t·d	5762	5762	5762	5762
5	52-4-4-14	钢板桩支撑使用费	t·d	460	460	460	460
		砾石砂垫层厚度增加 5cm					
1	52-1-4-3	管道砾石砂垫层	m³	19.05	19.05	18.92	18.92
2	52-1-3-1	沟槽回填 夯填土	m³	-19.05	-19.05	-18.92	-18.92

单位:100m

序号	定额编号	基本组合项目名称	单位	Z52-1-4-155A	Z52-1-4-155B	Z52-1-4-156A	Z52-1-4-156B
				5.0m	5.0m	5.5m	5.5m
1	52-1-2-3	机械挖沟槽土方 深≤6m 现场抛土	m³	2205.00	2205.00	2425.50	2425.50
2	53-9-1-1	施工排水、降水 湿土排水	m³	1764.00	1764.00	1984.50	1984.50
3	52-1-4-3	管道砾石砂垫层	m³	38.77	38.77	38.77	38.77
4	52-1-4-1	管道黄砂垫层	m³	19.38	19.38	19.38	19.38
5	52-1-6-82	高密度聚乙烯双壁缠绕管(HDPE) 每节3m以下 DN2400	100m	0.0973	0.0973	0.0973	0.0973
6	52-1-6-99	高密度聚乙烯双壁缠绕管(HDPE) 每节3m以上 DN2400	100m	0.8753	0.8753	0.8753	0.8753
7	52-1-3-4	沟槽回填 黄砂	m³	583.52	801.28	583.52	801.28
8	52-1-3-1	沟槽回填 夯填土	m³	1034.28	816.52	1251.86	1034.10
9	53-9-1-3	施工排水、降水 筑拆竹笼滤井	座	2.5	2.5	2.5	2.5

序号	定额编号	调整组合项目名称	单位	数量	数量	数量	数量
		井点降水					
1	53-9-1-5	施工排水、降水 轻型井点安装	根	83	83	83	83
2	53-9-1-6	施工排水、降水 轻型井点拆除	根	83	83	83	83
3	53-9-1-7	施工排水、降水 轻型井点使用	套·天	42	42	42	42
4	53-9-1-1	施工排水、降水 湿土排水	m³	−1764	−1764	−1984.5	−1984.5
		围护支撑					
1	52-4-3-2	打槽型钢板桩 长6.01~9.00m,单面	100m	2	2	2	2
2	52-4-3-7	拔槽型钢板桩 长6.01~9.00m,单面	100m	2	2	2	2
3	52-4-4-8	安拆钢板桩支撑 槽宽≤4.5m 深4.01~6.00m	100m	1	1	1	1
4	52-4-3-11	槽型钢板桩使用费	t·d	5762	5762	5762	5762
5	52-4-4-14	钢板桩支撑使用费	t·d	460	460	460	460
		砾石砂垫层厚度增加5cm					
1	52-1-4-3	管道砾石砂垫层	m³	19.39	19.39	19.39	19.39
2	52-1-3-1	沟槽回填 夯填土	m³	−19.39	−19.39	−19.39	−19.39

单位:100m

序号	定额编号	基本组合项目名称	单位	Z52-1-4-157A ≤6.0m	Z52-1-4-157B ≤6.0m	Z52-1-4-158A >6.0m	Z52-1-4-158B >6.0m
1	52-1-2-3	机械挖沟槽土方 深≤6m 现场抛土	m³	2590.88	2590.88	2646.00	2646.00
2	52-1-2-3系	机械挖沟槽土方 深≤7m 现场抛土	m³			55.13	55.13
3	53-9-1-1	施工排水、降水 湿土排水	m³	2149.88	2149.88	2260.13	2260.13
4	52-1-4-3	管道砾石砂垫层	m³	38.77	38.77	38.77	38.77
5	52-1-4-1	管道黄砂垫层	m³	19.38	19.38	19.38	19.38
6	52-1-6-82	高密度聚乙烯双壁缠绕管(HDPE) 每节 3m 以下 DN2400	100m	0.0973	0.0973	0.0973	0.0973
7	52-1-6-99	高密度聚乙烯双壁缠绕管(HDPE) 每节 3m 以上 DN2400	100m	0.8753	0.8753	0.8753	0.8753
8	52-1-3-4	沟槽回填 黄砂	m³	583.52	801.28	583.52	801.28
9	52-1-3-1	沟槽回填 夯填土	m³	1411.69	1193.93	1521.94	1304.18
10	53-9-1-3	施工排水、降水 筑拆竹箩滤井	座	2.5	2.5	2.5	2.5

序号	定额编号	调整组合项目名称	单位	数量	数量	数量	数量
		井点降水					
1	53-9-1-5	施工排水、降水 轻型井点安装	根	83	83		
2	53-9-1-6	施工排水、降水 轻型井点拆除	根	83	83		
3	53-9-1-7	施工排水、降水 轻型井点使用	套·天	42	42		
4	53-9-1-8	施工排水、降水 喷射井点安装 10m	根			40	40
5	53-9-1-9	施工排水、降水 喷射井点拆除 10m	根			40	40
6	53-9-1-10	施工排水、降水 喷射井点使用 10m	套·天			29	29
7	53-9-1-1	施工排水、降水 湿土排水	m³	−2149.88	−2149.88	−2260.13	−2260.13
		围护支撑					
1	52-4-3-2	打槽型钢板桩 长 6.01~9.00m,单面	100m	2	2		
2	52-4-3-3	打槽型钢板桩 长 9.01~12.00m,单面	100m			2	2
3	52-4-3-7	拔槽型钢板桩 长 6.01~9.00m,单面	100m	2	2		
4	52-4-3-8	拔槽型钢板桩 长 9.01~12.00m,单面	100m			2	2
5	52-4-4-8	安拆钢板桩支撑 槽宽≤4.5m 深 4.01~6.00m	100m	1	1		
6	52-4-4-9	安拆钢板桩支撑 槽宽≤4.5m 深 6.01~8.00m	100m			1	1
7	52-4-3-11	槽型钢板桩使用费	t·d	5762	5762	7984	7984
8	52-4-4-14	钢板桩支撑使用费	t·d	460	460	800	800
		砾石砂垫层厚度增加5cm					
1	52-1-4-3	管道砾石砂垫层	m³	19.39	19.39	19.39	19.39
2	52-1-3-1	沟槽回填 夯填土	m³	−19.39	−19.39	−19.39	−19.39

单位:100m

序号	定额编号	基本组合项目名称	单位	Z52-1-4-159A	Z52-1-4-159B	Z52-1-4-160A	Z52-1-4-160B
				6.5m	6.5m	7.0m	7.0m
1	52-1-2-3	机械挖沟槽土方 深≤6m 现场抛土	m³	2646.00	2646.00	2646.00	2646.00
2	52-1-2-3系	机械挖沟槽土方 深≤7m 现场抛土	m³	220.50	220.50	441.00	441.00
3	53-9-1-1	施工排水、降水 湿土排水	m³	2425.50	2425.50	2646.00	2646.00
4	52-1-4-3	管道砾石砂垫层	m³	38.77	38.77	38.77	38.77
5	52-1-4-1	管道黄砂垫层	m³	19.38	19.38	19.38	19.38
6	52-1-6-82	高密度聚乙烯双壁缠绕管(HDPE) 每节3m以下 DN2400	100m	0.0973	0.0973	0.0973	0.0973
7	52-1-6-99	高密度聚乙烯双壁缠绕管(HDPE) 每节3m以上 DN2400	100m	0.8753	0.8753	0.8753	0.8753
8	52-1-3-4	沟槽回填 黄砂	m³	583.52	801.28	583.52	801.28
9	52-1-3-1	沟槽回填 夯填土	m³	1680.60	1462.84	1895.32	1677.56
10	53-9-1-3	施工排水、降水 筑拆竹箩滤井	座	2.5	2.5	2.5	2.5
序号	定额编号	调整组合项目名称	单位	数量	数量	数量	数量
		井点降水					
1	53-9-1-8	施工排水、降水 喷射井点安装 10m	根	40	40	40	40
2	53-9-1-9	施工排水、降水 喷射井点拆除 10m	根	40	40	40	40
3	53-9-1-10	施工排水、降水 喷射井点使用 10m	套·天	29	29	29	29
4	53-9-1-1	施工排水、降水 湿土排水	m³	−2425.5	−2425.5	−2646	−2646
		围护支撑					
1	52-4-3-3	打槽型钢板桩 长9.01~12.00m,单面	100m	2	2	2	2
2	52-4-3-8	拔槽型钢板桩 长9.01~12.00m,单面	100m	2	2	2	2
3	52-4-4-9	安拆钢板桩支撑 槽宽≤4.5m 深6.01~8.00m	100m	1	1	1	1
4	52-4-3-11	槽型钢板桩使用费	t·d	7984	7984	7984	7984
5	52-4-4-14	钢板桩支撑使用费	t·d	800	800	800	800
		砾石砂垫层厚度增加5cm					
1	52-1-4-3	管道砾石砂垫层	m³	19.39	19.39	19.39	19.39
2	52-1-3-1	沟槽回填 夯填土	m³	−19.39	−19.39	−19.39	−19.39

（十七）DN2500 高密度聚乙烯双壁缠绕管（HDPE）

单位：100m

序号	定额编号	基本组合项目名称	单位	Z52-1-4-161A	Z52-1-4-161B	Z52-1-4-162A	Z52-1-4-162B
				3.5m	3.5m	≤4.0m	≤4.0m
1	52-1-2-3	机械挖沟槽土方　深≤6m　现场抛土	m³	1543.50	1543.50	1708.88	1708.88
2	53-9-1-1	施工排水、降水　湿土排水	m³	1102.50	1102.50	1267.88	1267.88
3	52-1-4-3	管道砾石砂垫层	m³	38.77	38.77	38.77	38.77
4	52-1-4-1	管道黄砂垫层	m³	19.38	19.38	19.38	19.38
5	52-1-6-83	高密度聚乙烯双壁缠绕管（HDPE）每节 3m 以下　DN2500	100m	0.0973	0.0973	0.0973	0.0973
6	52-1-6-100	高密度聚乙烯双壁缠绕管（HDPE）每节 3m 以上　DN2500	100m	0.8753	0.8753	0.8753	0.8753
7	52-1-3-4	沟槽回填　黄砂	m³	578.95	796.71	578.95	796.71
8	52-1-3-1	沟槽回填　夯填土	m³	336.34	118.58	498.98	281.22
9	53-9-1-3	施工排水、降水　筑拆竹笼滤井	座	2.5	2.5	2.5	2.5

序号	定额编号	调整组合项目名称	单位	数量	数量	数量	数量
		井点降水					
1	53 9 1-5	施工排水、降水　轻型井点安装	根	83	83	83	83
2	53-9-1-6	施工排水、降水　轻型井点拆除	根	83	83	83	83
3	53-9-1-7	施工排水、降水　轻型井点使用	套·天	43	43	43	43
4	53-9-1-1	施工排水、降水　湿土排水	m³	−1102.5	−1102.5	−1267.88	−1267.88
		围护支撑					
1	52-4-3-1	打槽型钢板桩　长 4.00～6.00m，单面	100m	2	2	2	2
2	52-4-3-6	拔槽型钢板桩　长 4.00～6.00m，单面	100m	2	2	2	2
3	52-4-4-7	安拆钢板桩支撑　槽宽≤4.5m 深 3.01～4.00m	100m	1	1	1	1
4	52-4-3-11	槽型钢板桩使用费	t·d	3114	3114	3114	3114
5	52-4-4-14	钢板桩支撑使用费	t·d	322	322	322	322
		砾石砂垫层厚度增加 5cm					
1	52-1-4-3	管道砾石砂垫层	m³	19.39	19.39	19.39	19.39
2	52-1-3-1	沟槽回填　夯填土	m³	−19.39	−19.39	−19.39	−19.39

单位:100m

序号	定额编号	基本组合项目名称	单位	Z52-1-4-163A	Z52-1-4-163B	Z52-1-4-164A	Z52-1-4-164B
				>4.0m	>4.0m	4.5m	4.5m
1	52-1-2-3	机械挖沟槽土方 深≤6m 现场抛土	m³	1819.13	1819.13	1984.50	1984.50
2	53-9-1-1	施工排水、降水 湿土排水	m³	1378.13	1378.13	1543.50	1543.50
3	52-1-4-3	管道砾石砂垫层	m³	38.77	38.77	38.77	38.77
4	52-1-4-1	管道黄砂垫层	m³	19.38	19.38	19.38	19.38
5	52-1-6-83	高密度聚乙烯双壁缠绕管(HDPE) 每节3m以下 DN2500	100m	0.0973	0.0973	0.0973	0.0973
6	52-1-6-100	高密度聚乙烯双壁缠绕管(HDPE) 每节3m以上 DN2500	100m	0.8753	0.8753	0.8753	0.8753
7	52-1-3-4	沟槽回填 黄砂	m³	578.95	796.71	578.95	796.71
8	52-1-3-1	沟槽回填 夯填土	m³	606.50	388.74	769.13	551.37
9	53-9-1-3	施工排水、降水 筑拆竹笠滤井	座	2.5	2.5	2.5	2.5
序号	定额编号	调整组合项目名称	单位	数量	数量	数量	数量
		井点降水					
1	53-9-1-5	施工排水、降水 轻型井点安装	根	83	83	83	83
2	53-9-1-6	施工排水、降水 轻型井点拆除	根	83	83	83	83
3	53-9-1-7	施工排水、降水 轻型井点使用	套·天	43	43	43	43
4	53-9-1-1	施工排水、降水 湿土排水	m³	−1378.13	−1378.13	−1543.5	−1543.5
		围护支撑					
1	52-4-3-2	打槽型钢板桩 长6.01～9.00m, 单面	100m	2	2	2	2
2	52-4-3-7	拔槽型钢板桩 长6.01～9.00m, 单面	100m	2	2	2	2
3	52-4-4-8	安拆钢板桩支撑 槽宽≤4.5m 深4.01～6.00m	100m	1	1	1	1
4	52-4-3-11	槽型钢板桩使用费	t·d	6230	6230	6230	6230
5	52-4-4-14	钢板桩支撑使用费	t·d	840	840	840	840
		砾石砂垫层厚度增加5cm					
1	52-1-4-3	管道砾石砂垫层	m³	19.39	19.39	19.39	19.39
2	52-1-3-1	沟槽回填 夯填土	m³	−19.39	−19.39	−19.39	−19.39

单位：100m

序号	定额编号	基本组合项目名称	单位	Z52-1-4-165A	Z52-1-4-165B	Z52-1-4-166A	Z52-1-4-166B
				5.0m	5.0m	5.5m	5.5m
1	52-1-2-3	机械挖沟槽土方 深≤6m 现场抛土	m³	2257.50	2257.50	2483.25	2483.25
2	53-9-1-1	施工排水、降水 湿土排水	m³	1806.00	1806.00	2031.75	2031.75
3	52-1-4-3	管道砾石砂垫层	m³	39.69	39.69	39.69	39.69
4	52-1-4-1	管道黄砂垫层	m³	19.84	19.84	19.84	19.84
5	52-1-6-83	高密度聚乙烯双壁缠绕管（HDPE）每节 3m 以下 DN2500	100m	0.0973	0.0973	0.0973	0.0973
6	52-1-6-100	高密度聚乙烯双壁缠绕管（HDPE）每节 3m 以上 DN2500	100m	0.8753	0.8753	0.8753	0.8753
7	52-1-3-4	沟槽回填 黄砂	m³	605.25	828.26	605.25	828.26
8	52-1-3-1	沟槽回填 夯填土	m³	1011.53	788.52	1234.35	1011.34
9	53-9-1-3	施工排水、降水 筑拆竹笼滤井	座	2.5	2.5	2.5	2.5

序号	定额编号	调整组合项目名称	单位	数量	数量	数量	数量
		井点降水					
1	53-9-1-5	施工排水、降水 轻型井点安装	根	83	83	83	83
2	53-9-1-6	施工排水、降水 轻型井点拆除	根	83	83	83	83
3	53-9-1-7	施工排水、降水 轻型井点使用	套·天	43	43	43	43
4	53-9-1-1	施工排水、降水 湿土排水	m³	−1806	−1806	−2031.75	−2031.75
		围护支撑					
1	52-4-3-2	打槽型钢板桩 长 6.01~9.00m，单面	100m	2	2	2	2
2	52-4-3-7	拔槽型钢板桩 长 6.01~9.00m，单面	100m	2	2	2	2
3	52-4-4-8	安拆钢板桩支撑 槽宽≤4.5m 深4.01~6.00m	100m	1	1	1	1
4	52-4-3-11	槽型钢板桩使用费	t·d	6230	6230	6230	6230
5	52-4-4-14	钢板桩支撑使用费	t·d	840	840	840	840
		砾石砂垫层厚度增加 5cm					
1	52-1-4-3	管道砾石砂垫层	m³	19.85	19.85	19.85	19.85
2	52-1-3-1	沟槽回填 夯填土	m³	−19.85	−19.85	−19.85	−19.85

单位:100m

序号	定额编号	基本组合项目名称	单位	Z52-1-4-167A ≤6.0m	Z52-1-4-167B ≤6.0m	Z52-1-4-168A >6.0m	Z52-1-4-168B >6.0m
1	52-1-2-3	机械挖沟槽土方 深≤6m 现场抛土	m³	2652.56	2652.56	2709.00	2709.00
2	52-1-2-3系	机械挖沟槽土方 深≤7m 现场抛土	m³			56.44	56.44
3	53-9-1-1	施工排水、降水 湿土排水	m³	2201.06	2201.06	2313.94	2313.94
4	52-1-4-3	管道砾石砂垫层	m³	39.69	39.69	39.69	39.69
5	52-1-4-1	管道黄砂垫层	m³	19.84	19.84	19.84	19.84
6	52-1-6-83	高密度聚乙烯双壁缠绕管(HDPE)每节 3m 以下 DN2500	100m	0.0973	0.0973	0.0973	0.0973
7	52-1-6-100	高密度聚乙烯双壁缠绕管(HDPE)每节 3m 以上 DN2500	100m	0.8753	0.8753	0.8753	0.8753
8	52-1-3-4	沟槽回填 黄砂	m³	605.25	828.26	605.25	828.26
9	52-1-3-1	沟槽回填 夯填土	m³	1399.45	1176.44	1512.33	1289.32
10	53-9-1-3	施工排水、降水 筑拆竹笼滤井	座	2.5	2.5	2.5	2.5

序号	定额编号	调整组合项目名称	单位	数量	数量	数量	数量
		井点降水					
1	53-9-1-5	施工排水、降水 轻型井点安装	根	83	83		
2	53-9-1-6	施工排水、降水 轻型井点拆除	根	83	83		
3	53-9-1-7	施工排水、降水 轻型井点使用	套·天	43	43		
4	53-9-1-8	施工排水、降水 喷射井点安装 10m	根			40	40
5	53-9-1-9	施工排水、降水 喷射井点拆除 10m	根			40	40
6	53-9-1-10	施工排水、降水 喷射井点使用 10m	套·天			31	31
7	53-9-1-1	施工排水、降水 湿土排水	m³	−2201.06	−2201.06	−2313.94	−2313.94
		围护支撑					
1	52-4-3-2	打槽型钢板桩 长 6.01～9.00m,单面	100m	2	2		
2	52-4-3-3	打槽型钢板桩 长 9.01～12.00m,单面	100m			2	2
3	52-4-3-7	拔槽型钢板桩 长 6.01～9.00m,单面	100m	2	2		
4	52-4-3-8	拔槽型钢板桩 长 9.01～12.00m,单面	100m			2	2
5	52-4-4-8	安拆钢板桩支撑 槽宽≤4.5m深 4.01～6.00m	100m	1	1		
6	52-4-4-9	安拆钢板桩支撑 槽宽≤4.5m深 6.01～8.00m	100m			1	1
7	52-4-3-11	槽型钢板桩使用费	t·d	6230	6230	8722	8722
8	52-4-4-14	钢板桩支撑使用费	t·d	840	840	1679	1679
		砾石砂垫层厚度增加 5cm					
1	52-1-4-3	管道砾石砂垫层	m³	19.85	19.85	19.85	19.85
2	52-1-3-1	沟槽回填 夯填土	m³	−19.85	−19.85	−19.85	−19.85

单位:100m

序号	定额编号	基本组合项目名称	单位	Z52-1-4-169A	Z52-1-4-169B	Z52-1-4-170A	Z52-1-4-170B
				6.5m	6.5m	7.0m	7.0m
1	52-1-2-3	机械挖沟槽土方 深≤6m 现场抛土	m³	2709.00	2709.00	2709.00	2709.00
2	52-1-2-3系	机械挖沟槽土方 深≤7m 现场抛土	m³	225.75	225.75	451.50	451.50
3	53-9-1-1	施工排水、降水 湿土排水	m³	2483.25	2483.25	2709.00	2709.00
4	52-1-4-3	管道砾石砂垫层	m³	39.69	39.69	39.69	39.69
5	52-1-4-1	管道黄砂垫层	m³	19.84	19.84	19.84	19.84
6	52-1-6-83	高密度聚乙烯双壁缠绕管(HDPE) 每节 3m 以下 DN2500	100m	0.0973	0.0973	0.0973	0.0973
7	52-1-6-100	高密度聚乙烯双壁缠绕管(HDPE) 每节 3m 以上 DN2500	100m	0.8753	0.8753	0.8753	0.8753
8	52-1-3-4	沟槽回填 黄砂	m³	605.25	828.26	605.25	828.26
9	52-1-3-1	沟槽回填 夯填土	m³	1674.83	1451.82	1894.81	1671.80
10	53-9-1-3	施工排水、降水 筑拆竹箩滤井	座	2.5	2.5	2.5	2.5

序号	定额编号	调整组合项目名称	单位	数量	数量	数量	数量
		井点降水					
1	53-9-1-8	施工排水、降水 喷射井点安装 10m	根	40	40	40	40
2	53-9-1-9	施工排水、降水 喷射井点拆除 10m	根	40	40	40	40
3	53-9-1-10	施工排水、降水 喷射井点使用 10m	套·天	31	31	31	31
4	53-9-1-1	施工排水、降水 湿土排水	m³	−2483.25	−2483.25	−2709	−2709
		围护支撑					
1	52-4-3-3	打槽型钢板桩 长 9.01~12.00m,单面	100m	2	2	2	2
2	52-4-3-8	拔槽型钢板桩 长 9.01~12.00m,单面	100m	2	2	2	2
3	52-4-4-9	安拆钢板桩支撑 槽宽≤4.5m 深6.01~8.00m	100m	1	1	1	1
4	52-4-3-11	槽型钢板桩使用费	t·d	8722	8722	8722	8722
5	52-4-4-14	钢板桩支撑使用费	t·d	1679	1679	1679	1679
		砾石砂垫层厚度增加 5cm					
1	52-1-4-3	管道砾石砂垫层	m³	19.85	19.85	19.85	19.85
2	52-1-3-1	沟槽回填 夯填土	m³	−19.85	−19.85	−19.85	−19.85

五、DN300～DN2500 玻璃纤维增强塑料夹砂管(FRPM)

（一）DN300 玻璃纤维增强塑料夹砂管(FRPM)

单位:100m

序号	定额编号	基本组合项目名称	单位	Z52-1-5-1A	Z52-1-5-1B	Z52-1-5-2A	Z52-1-5-2B
				1.5m	1.5m	2.0m	2.0m
1	52-1-2-1	机械挖沟槽土方 深≤3m 现场抛土	m³	204.75	204.75	273.00	273.00
2	53-9-1-1	施工排水、降水 湿土排水	m³	68.25	68.25	136.50	136.50
3	52-1-4-3	管道砾石砂垫层	m³	12.62	12.62	12.62	12.62
4	52-1-4-1	管道黄砂垫层	m³	6.31	6.31	6.31	6.31
5	52-1-6-33	玻璃纤维增强塑料夹砂管(FRPM) 每节 3m 以下 DN300	100m	0.0985	0.0985	0.0985	0.0985
6	52-1-6-50	玻璃纤维增强塑料夹砂管(FRPM) 每节 3m 以上 DN300	100m	0.8865	0.8865	0.8865	0.8865
7	52-1-3-4	沟槽回填 黄砂	m³	33.92	100.71	33.92	100.71
8	52-1-3-1	沟槽回填 夯填土	m³	139.08	72.29	205.87	139.08
9	53-9-1-3	施工排水、降水 筑拆竹笿滤井	座	2.5	2.5	2.5	2.5
序号	定额编号	调整组合项目名称	单位	数量	数量	数量	数量
		围护支撑					
1	52-4-2-1	撑拆列板 深≤1.5m,双面	100m	1	1		
2	52-4-2-2	撑拆列板 深≤2.0m,双面	100m			1	1
3	52-4-2-5	列板使用费	t·d	109	109	152	152
4	52-4-2-6	列板支撑使用费	t·d	39	39	53	53
		砾石砂垫层厚度增加 5cm					
1	52-1-4-3	管道砾石砂垫层	m³	6.31	6.31	6.31	6.31
2	52-1-3-1	沟槽回填 夯填土	m³	−6.31	−6.31	−6.31	−6.31

单位：100m

序号	定额编号	基本组合项目名称	单位	Z52-1-5-3A 2.5m	Z52-1-5-3B 2.5m	Z52-1-5-4A ≤3.0m	Z52-1-5-4B ≤3.0m
1	52-1-2-1	机械挖沟槽土方 深≤3m 现场抛土	m³	341.25	341.25	392.44	392.44
2	53-9-1-1	施工排水、降水 湿土排水	m³	204.75	204.75	255.94	255.94
3	52-1-4-3	管道砾石砂垫层	m³	12.62	12.62	12.62	12.62
4	52-1-4-1	管道黄砂垫层	m³	6.31	6.31	6.31	6.31
5	52-1-6-33	玻璃纤维增强塑料夹砂管（FRPM）每节 3m 以下 DN300	100m	0.0985	0.0985	0.0985	0.0985
6	52-1-6-50	玻璃纤维增强塑料夹砂管（FRPM）每节 3m 以上 DN300	100m	0.8865	0.8865	0.8865	0.8865
7	52-1-3-4	沟槽回填 黄砂	m³	33.92	100.71	33.92	100.71
8	52-1-3-1	沟槽回填 夯填土	m³	272.66	205.87	322.39	255.60
9	53-9-1-3	施工排水、降水 筑拆竹箩滤井	座	2.5	2.5	2.5	2.5
序号	定额编号	调整组合项目名称	单位	数量	数量	数量	数量
		井点降水					
1	53-9-1-5	施工排水、降水 轻型井点安装	根			83	83
2	53-9-1-6	施工排水、降水 轻型井点拆除	根			83	83
3	53-9-1-7	施工排水、降水 轻型井点使用	套·天			22	22
4	53-9-1-1	施工排水、降水 湿土排水	m³			−255.94	−255.94
		围护支撑					
1	52-4-2-3	撑拆列板 深≤2.5m,双面	100m	1	1		
2	52-4-2-4	撑拆列板 深≤3.0m,双面	100m			1	1
3	52-4-2-5	列板使用费	t·d	174	174	210	210
4	52-4-2-6	列板支撑使用费	t·d	67	67	80	80
		砾石砂垫层厚度增加 5cm					
1	52-1-4-3	管道砾石砂垫层	m³	6.31	6.31	6.31	6.31
2	52-1-3-1	沟槽回填 夯填土	m³	−6.31	−6.31	−6.31	−6.31

单位：100m

序号	定额编号	基本组合项目名称	单位	Z52-1-5-5A	Z52-1-5-5B	Z52-1-5-6A	Z52-1-5-6B
				>3.0m	>3.0m	3.5m	3.5m
1	52-1-2-3	机械挖沟槽土方 深≤6m 现场抛土	m³	426.56	426.56	477.75	477.75
2	53-9-1-1	施工排水、降水 湿土排水	m³	290.06	290.06	341.25	341.25
3	52-1-4-3	管道砾石砂垫层	m³	12.62	12.62	12.62	12.62
4	52-1-4-1	管道黄砂垫层	m³	6.31	6.31	6.31	6.31
5	52-1-6-33	玻璃纤维增强塑料夹砂管（FRPM）每节 3m 以下 DN300	100m	0.0985	0.0985	0.0985	0.0985
6	52-1-6-50	玻璃纤维增强塑料夹砂管（FRPM）每节 3m 以上 DN300	100m	0.8865	0.8865	0.8865	0.8865
7	52-1-3-4	沟槽回填 黄砂	m³	33.92	100.71	33.92	100.71
8	52-1-3-1	沟槽回填 夯填土	m³	356.51	289.72	406.24	339.45
9	53-9-1-3	施工排水、降水 筑拆竹箩滤井	座	2.5	2.5	2.5	2.5

序号	定额编号	调整组合项目名称	单位	数量	数量	数量	数量
		井点降水					
1	53-9-1-5	施工排水、降水 轻型井点安装	根	83	83	83	83
2	53-9-1-6	施工排水、降水 轻型井点拆除	根	83	83	83	83
3	53-9-1-7	施工排水、降水 轻型井点使用	套·天	22	22	22	22
4	53-9-1-1	施工排水、降水 湿土排水	m³	−290.06	−290.06	−341.25	−341.25
		围护支撑					
1	52-4-3-1	打槽型钢板桩 长 4.00～6.00m，单面	100m	2	2	2	2
2	52-4-3-6	拔槽型钢板桩 长 4.00～6.00m，单面	100m	2	2	2	2
3	52-4-4-1	安拆钢板桩支撑 槽宽≤3.0m 深 3.01～4.00m	100m	1	1	1	1
4	52-4-3-11	槽型钢板桩使用费	t·d	1852	1852	1852	1852
5	52-4-4-14	钢板桩支撑使用费	t·d	87	87	87	87
		砾石砂垫层厚度增加 5cm					
1	52-1-4-3	管道砾石砂垫层	m³	6.31	6.31	6.31	6.31
2	52-1-3-1	沟槽回填 夯填土	m³	−6.31	−6.31	−6.31	−6.31

单位:100m

序号	定额编号	基本组合项目名称	单位	Z52-1-5-7A	Z52-1-5-7B
				≤4.0m	≤4.0m
1	52-1-2-3	机械挖沟槽土方 深≤6m 现场抛土	m³	528.94	528.94
2	53-9-1-1	施工排水、降水 湿土排水	m³	392.44	392.44
3	52-1-4-3	管道砾石砂垫层	m³	12.62	12.62
4	52-1-4-1	管道黄砂垫层	m³	6.31	6.31
5	52-1-6-33	玻璃纤维增强塑料夹砂管(FRPM)每节 3m 以下 DN300	100m	0.0985	0.0985
6	52-1-6-50	玻璃纤维增强塑料夹砂管(FRPM)每节 3m 以上 DN300	100m	0.8865	0.8865
7	52-1-3-4	沟槽回填 黄砂	m³	33.92	100.71
8	52-1-3-1	沟槽回填 夯填土	m³	455.98	389.19
9	53-9-1-3	施工排水、降水 筑拆竹箩滤井	座	2.5	2.5

序号	定额编号	调整组合项目名称	单位	数量	数量
		井点降水			
1	53-9-1-5	施工排水、降水 轻型井点安装	根	83	83
2	53-9-1-6	施工排水、降水 轻型井点拆除	根	83	83
3	53-9-1-7	施工排水、降水 轻型井点使用	套·天	22	22
4	53-9-1-1	施工排水、降水 湿土排水	m³	−392.44	−392.44
		围护支撑			
1	52-4-3-1	打槽型钢板桩 长 4.00～6.00m，单面	100m	2	2
2	52-4-3-6	拔槽型钢板桩 长 4.00～6.00m，单面	100m	2	2
3	52-4-4-1	安拆钢板桩支撑 槽宽≤3.0m 深 3.01～4.00m	100m	1	1
4	52-4-3-11	槽型钢板桩使用费	t·d	1852	1852
5	52-4-4-14	钢板桩支撑使用费	t·d	87	87
		砾石砂垫层厚度增加 5cm			
1	52-1-4-3	管道砾石砂垫层	m³	6.31	6.31
2	52-1-3-1	沟槽回填 夯填土	m³	−6.31	−6.31

（二）DN400 玻璃纤维增强塑料夹砂管(FRPM)

单位：100m

序号	定额编号	基本组合项目名称	单位	Z52-1-5-8A	Z52-1-5-8B	Z52-1-5-9A	Z52-1-5-9B
				1.5m	1.5m	2.0m	2.0m
1	52-1-2-1	机械挖沟槽土方 深≤3m 现场抛土	m³	220.50	220.50	294.00	294.00
2	53-9-1-1	施工排水、降水 湿土排水	m³	73.50	73.50	147.00	147.00
3	52-1-4-3	管道砾石砂垫层	m³	13.53	13.53	13.53	13.53
4	52-1-4-1	管道黄砂垫层	m³	6.77	6.77	6.77	6.77
5	52-1-6-34	玻璃纤维增强塑料夹砂管(FRPM) 每节 3m 以下 DN400	100m	0.0981	0.0981	0.0981	0.0981
6	52-1-6-51	玻璃纤维增强塑料夹砂管(FRPM) 每节 3m 以上 DN400	100m	0.8831	0.8831	0.8831	0.8831
7	52-1-3-4	沟槽回填 黄砂	m³	45.61	117.22	45.61	117.22
8	52-1-3-1	沟槽回填 夯填土	m³	134.49	62.88	206.10	134.49
9	53-9-1-3	施工排水、降水 筑拆竹箩滤井	座	2.5	2.5	2.5	2.5
序号	定额编号	调整组合项目名称	单位	数量	数量	数量	数量
		围护支撑					
1	52-4-2-1	撑拆列板 深≤1.5m,双面	100m	1	1		
2	52-4-2-2	撑拆列板 深≤2.0m,双面	100m			1	1
3	52-4-2-5	列板使用费	t·d	109	109	152	152
4	52-4-2-6	列板支撑使用费	t·d	39	39	53	53
		砾石砂垫层厚度增加 5cm					
1	52-1-4-3	管道砾石砂垫层	m³	6.77	6.77	6.77	6.77
2	52-1-3-1	沟槽回填 夯填土	m³	−6.77	−6.77	−6.77	−6.77

单位:100m

序号	定额编号	基本组合项目名称	单位	Z52-1-5-10A	Z52-1-5-10B	Z52-1-5-11A	Z52-1-5-11B
				2.5m	2.5m	≤3.0m	≤3.0m
1	52-1-2-1	机械挖沟槽土方 深≤3m 现场抛土	m³	367.50	367.50	422.63	422.63
2	53-9-1-1	施工排水、降水 湿土排水	m³	220.50	220.50	275.63	275.63
3	52-1-4-3	管道砾石砂垫层	m³	13.53	13.53	13.44	13.44
4	52-1-4-1	管道黄砂垫层	m³	6.77	6.77	6.72	6.72
5	52-1-6-34	玻璃纤维增强塑料夹砂管(FRPM) 每节 3m 以下 DN400	100m	0.0981	0.0981	0.0981	0.0981
6	52-1-6-51	玻璃纤维增强塑料夹砂管(FRPM) 每节 3m 以上 DN400	100m	0.8831	0.8831	0.8831	0.8831
7	52-1-3-4	沟槽回填 黄砂	m³	45.61	117.22	45.61	117.22
8	52-1-3-1	沟槽回填 夯填土	m³	277.71	206.10	329.64	258.03
9	53-9-1-3	施工排水、降水 筑拆竹箩滤井	座	2.5	2.5	2.5	2.5
序号	定额编号	调整组合项目名称	单位	数量	数量	数量	数量
		井点降水					
1	53-9-1-5	施工排水、降水 轻型井点安装	根			83	83
2	53-9-1-6	施工排水、降水 轻型井点拆除	根			83	83
3	53-9-1-7	施工排水、降水 轻型井点使用	套·天			22	22
4	53-9-1-1	施工排水、降水 湿土排水	m³			−275.63	−275.63
		围护支撑					
1	52-4-2-3	撑拆列板 深≤2.5m,双面	100m	1	1		
2	52-4-2-4	撑拆列板 深≤3.0m,双面	100m			1	1
3	52-4-2-5	列板使用费	t·d	174	174	210	210
4	52-4-2-6	列板支撑使用费	t·d	67	67	80	80
		砾石砂垫层厚度增加 5cm					
1	52-1-4-3	管道砾石砂垫层	m³	6.77	6.77	6.72	6.72
2	52-1-3-1	沟槽回填 夯填土	m³	−6.77	−6.77	−6.72	−6.72

单位:100m

序号	定额编号	基本组合项目名称	单位	Z52-1-5-12A	Z52-1-5-12B	Z52-1-5-13A	Z52-1-5-13B
				>3.0m	>3.0m	3.5m	3.5m
1	52-1-2-3	机械挖沟槽土方 深≤6m 现场抛土	m³	459.38	459.38	514.50	514.50
2	53-9-1-1	施工排水、降水 湿土排水	m³	312.38	312.38	367.50	367.50
3	52-1-4-3	管道砾石砂垫层	m³	13.44	13.44	13.44	13.44
4	52-1-4-1	管道黄砂垫层	m³	6.72	6.72	6.72	6.72
5	52-1-6-34	玻璃纤维增强塑料夹砂管(FRPM) 每节 3m 以下 DN400	100m	0.0981	0.0981	0.0981	0.0981
6	52-1-6-51	玻璃纤维增强塑料夹砂管(FRPM) 每节 3m 以上 DN400	100m	0.8831	0.8831	0.8831	0.8831
7	52-1-3-4	沟槽回填 黄砂	m³	45.61	117.22	45.61	117.22
8	52-1-3-1	沟槽回填 夯填土	m³	366.39	294.78	418.73	347.12
9	53-9-1-3	施工排水、降水 筑拆竹箩滤井	座	2.5	2.5	2.5	2.5

序号	定额编号	调整组合项目名称	单位	数量	数量	数量	数量
		井点降水					
1	53-9-1-5	施工排水、降水 轻型井点安装	根	83	83	83	83
2	53-9-1-6	施工排水、降水 轻型井点拆除	根	83	83	83	83
3	53-9-1-7	施工排水、降水 轻型井点使用	套·天	22	22	22	22
4	53-9-1-1	施工排水、降水 湿土排水	m³	−312.38	−312.38	−367.5	−367.5
		围护支撑					
1	52-4-3-1	打槽型钢板桩 长 4.00~6.00m, 单面	100m	2	2	2	2
2	52-4-3-6	拔槽型钢板桩 长 4.00~6.00m, 单面	100m	2	2	2	2
3	52-4-4-1	安拆钢板桩支撑 槽宽≤3.0m 深 3.01~4.00m	100m	1	1	1	1
4	52-4-3-11	槽型钢板桩使用费	t·d	1852	1852	1852	1852
5	52-4-4-14	钢板桩支撑使用费	t·d	87	87	87	87
		砾石砂垫层厚度增加 5cm					
1	52-1-4-3	管道砾石砂垫层	m³	6.72	6.72	6.72	6.72
2	52-1-3-1	沟槽回填 夯填土	m³	−6.72	−6.72	−6.72	−6.72

单位:100m

序号	定额编号	基本组合项目名称	单位	Z52-1-5-14A ≤4.0m	Z52-1-5-14B ≤4.0m
1	52-1-2-3	机械挖沟槽土方 深≤6m 现场抛土	m³	569.63	569.63
2	53-9-1-1	施工排水、降水 湿土排水	m³	422.63	422.63
3	52-1-4-3	管道砾石砂垫层	m³	13.44	13.44
4	52-1-4-1	管道黄砂垫层	m³	6.72	6.72
5	52-1-6-34	玻璃纤维增强塑料夹砂管(FRPM) 每节3m以下 DN400	100m	0.0981	0.0981
6	52-1-6-51	玻璃纤维增强塑料夹砂管(FRPM) 每节3m以上 DN400	100m	0.8831	0.8831
7	52-1-3-4	沟槽回填 黄砂	m³	45.61	117.22
8	52-1-3-1	沟槽回填 夯填土	m³	471.09	399.48
9	53-9-1-3	施工排水、降水 筑拆竹笼滤井	座	2.5	2.5

序号	定额编号	调整组合项目名称	单位	数量	数量
		井点降水			
1	53-9-1-5	施工排水、降水 轻型井点安装	根	83	83
2	53-9-1-6	施工排水、降水 轻型井点拆除	根	83	83
3	53-9-1-7	施工排水、降水 轻型井点使用	套·大	22	22
4	53-9-1-1	施工排水、降水 湿土排水	m³	−422.63	−422.63
		围护支撑			
1	52-4-3-1	打槽型钢板桩 长4.00~6.00m,单面	100m	2	2
2	52-4-3-6	拔槽型钢板桩 长4.00~6.00m,单面	100m	2	2
3	52-4-4-1	安拆钢板桩支撑 槽宽≤3.0m 深3.01~4.00m	100m	1	1
4	52-4-3-11	槽型钢板桩使用费	t·d	1852	1852
5	52-4-4-14	钢板桩支撑使用费	t·d	87	87
		砾石砂垫层厚度增加5cm			
1	52-1-4-3	管道砾石砂垫层	m³	6.72	6.72
2	52-1-3-1	沟槽回填 夯填土	m³	−6.72	−6.72

（三）DN500 玻璃纤维增强塑料夹砂管(FRPM)

单位：100m

序号	定额编号	基本组合项目名称	单位	Z52-1-5-15A 1.5m	Z52-1-5-15B 1.5m	Z52-1-5-16A 2.0m	Z52-1-5-16B 2.0m
1	52-1-2-1	机械挖沟槽土方 深≤3m 现场抛土	m³	267.75	267.75	357.00	357.00
2	53-9-1-1	施工排水、降水 湿土排水	m³	89.25	89.25	178.50	178.50
3	52-1-4-3	管道砾石砂垫层	m³	16.43	16.43	16.43	16.43
4	52-1-4-1	管道黄砂垫层	m³	8.22	8.22	8.22	8.22
5	52-1-6-35	玻璃纤维增强塑料夹砂管(FRPM) 每节 3m 以下 DN500	100m	0.0975	0.0975	0.0975	0.0975
6	52-1-6-52	玻璃纤维增强塑料夹砂管(FRPM) 每节 3m 以上 DN500	100m	0.8775	0.8775	0.8775	0.8775
7	52-1-3-4	沟槽回填 黄砂	m³	69.65	157.01	69.65	157.01
8	52-1-3-1	沟槽回填 夯填土	m³	146.20	58.84	233.56	146.20
9	53-9-1-3	施工排水、降水 筑拆竹笼滤井	座	2.5	2.5	2.5	2.5
序号	定额编号	调整组合项目名称	单位	数量	数量	数量	数量
		围护支撑					
1	52-4-2-1	撑拆列板 深≤1.5m,双面	100m	1	1		
2	52-4-2-2	撑拆列板 深≤2.0m,双面	100m			1	1
3	52-4-2-5	列板使用费	t·d	109	109	152	152
4	52-4-2-6	列板支撑使用费	t·d	39	39	53	53
		砾石砂垫层厚度增加 5cm					
1	52-1-4-3	管道砾石砂垫层	m³	8.22	8.22	8.22	8.22
2	52-1-3-1	沟槽回填 夯填土	m³	−8.22	−8.22	−8.22	−8.22

单位：100m

序号	定额编号	基本组合项目名称	单位	Z52-1-5-17A	Z52-1-5-17B	Z52-1-5-18A	Z52-1-5-18B
				2.5m	2.5m	≤3.0m	≤3.0m
1	52-1-2-1	机械挖沟槽土方 深≤3m 现场抛土	m³	446.25	446.25	513.19	513.19
2	53-9-1-1	施工排水、降水 湿土排水	m³	267.75	267.75	334.69	334.69
3	52-1-4-3	管道砾石砂垫层	m³	16.43	16.43	16.32	16.32
4	52-1-4-1	管道黄砂垫层	m³	8.22	8.22	8.16	8.16
5	52-1-6-35	玻璃纤维增强塑料夹砂管(FRPM)每节3m以下 DN500	100m	0.0975	0.0975	0.0975	0.0975
6	52-1-6-52	玻璃纤维增强塑料夹砂管(FRPM)每节3m以上 DN500	100m	0.8775	0.8775	0.8775	0.8775
7	52-1-3-4	沟槽回填 黄砂	m³	69.65	157.01	69.65	157.01
8	52-1-3-1	沟槽回填 夯填土	m³	320.92	233.56	384.69	297.33
9	53-9-1-3	施工排水、降水 筑拆竹笼滤井	座	2.5	2.5	2.5	2.5
序号	定额编号	调整组合项目名称	单位	数量	数量	数量	数量
		井点降水					
1	53-9-1-5	施工排水、降水 轻型井点安装	根			83	83
2	53-9-1-6	施工排水、降水 轻型井点拆除	根			83	83
3	53-9-1-7	施工排水、降水 轻型井点使用	套·天			22	22
4	53-9-1-1	施工排水、降水 湿土排水	m³			−334.69	−334.69
		围护支撑					
1	52-4-2-3	撑拆列板 深≤2.5m,双面	100m	1	1		
2	52-4-2-4	撑拆列板 深≤3.0m,双面	100m			1	1
3	52-4-2-5	列板使用费	t·d	174	174	210	210
4	52-4-2-6	列板支撑使用费	t·d	67	67	80	80
		砾石砂垫层厚度增加5cm					
1	52-1-4-3	管道砾石砂垫层	m³	8.22	8.22	8.16	8.16
2	52-1-3-1	沟槽回填 夯填土	m³	−8.22	−8.22	−8.16	−8.16

单位：100m

序号	定额编号	基本组合项目名称	单位	Z52-1-5-19A	Z52-1-5-19B	Z52-1-5-20A	Z52-1-5-20B
				＞3.0m	＞3.0m	3.5m	3.5m
1	52-1-2-3	机械挖沟槽土方 深≤6m 现场抛土	m³	557.81	557.81	624.75	624.75
2	53-9-1-1	施工排水、降水 湿土排水	m³	379.31	379.31	446.25	446.25
3	52-1-4-3	管道砾石砂垫层	m³	16.32	16.32	16.32	16.32
4	52-1-4-1	管道黄砂垫层	m³	8.16	8.16	8.16	8.16
5	52-1-6-35	玻璃纤维增强塑料夹砂管(FRPM) 每节3m以下 DN500	100m	0.0975	0.0975	0.0975	0.0975
6	52-1-6-52	玻璃纤维增强塑料夹砂管(FRPM) 每节3m以上 DN500	100m	0.8775	0.8775	0.8775	0.8775
7	52-1-3-4	沟槽回填 黄砂	m³	69.65	157.01	69.65	157.01
8	52-1-3-1	沟槽回填 夯填土	m³	429.31	341.95	493.47	406.11
9	53-9-1-3	施工排水、降水 筑拆竹笼滤井	座	2.5	2.5	2.5	2.5
序号	定额编号	调整组合项目名称	单位	数量	数量	数量	数量
		井点降水					
1	53-9-1-5	施工排水、降水 轻型井点安装	根	83	83	83	83
2	53-9-1-6	施工排水、降水 轻型井点拆除	根	83	83	83	83
3	53-9-1-7	施工排水、降水 轻型井点使用	套·天	22	22	22	22
4	53-9-1-1	施工排水、降水 湿土排水	m³	−379.31	−379.31	−446.25	−446.25
		围护支撑					
1	52-4-3-1	打槽型钢板桩 长4.00~6.00m, 单面	100m	2	2	2	2
2	52-4-3-6	拔槽型钢板桩 长4.00~6.00m, 单面	100m	2	2	2	2
3	52-4-4-1	安拆钢板桩支撑 槽宽≤3.0m 深3.01~4.00m	100m	1	1	1	1
4	52-4-3-11	槽型钢板桩使用费	t·d	1852	1852	1852	1852
5	52-4-4-14	钢板桩支撑使用费	t·d	87	87	87	87
		砾石砂垫层厚度增加5cm					
1	52-1-4-3	管道砾石砂垫层	m³	8.16	8.16	8.16	8.16
2	52-1-3-1	沟槽回填 夯填土	m³	−8.16	−8.16	−8.16	−8.16

单位:100m

序号	定额编号	基本组合项目名称	单位	Z52-1-5-21A ≤4.0m	Z52-1-5-21B ≤4.0m	Z52-1-5-22A >4.0m	Z52-1-5-22B >4.0m
1	52-1-2-3	机械挖沟槽土方 深≤6m 现场抛土	m³	691.69	691.69	736.31	736.31
2	53-9-1-1	施工排水、降水 湿土排水	m³	513.19	513.19	557.81	557.81
3	52-1-4-3	管道砾石砂垫层	m³	16.32	16.32	16.32	16.32
4	52-1-4-1	管道黄砂垫层	m³	8.16	8.16	8.16	8.16
5	52-1-6-35	玻璃纤维增强塑料夹砂管(FRPM) 每节 3m 以下 DN500	100·m	0.0975	0.0975	0.0975	0.0975
6	52-1-6-52	玻璃纤维增强塑料夹砂管(FRPM) 每节 3m 以上 DN500	100·m	0.8775	0.8775	0.8775	0.8775
7	52-1-3-4	沟槽回填 黄砂	m³	69.65	157.01	69.65	157.01
8	52-1-3-1	沟槽回填 夯填土	m³	557.64	470.28	599.48	512.12
9	53-9-1-3	施工排水、降水 筑拆竹笼滤井	座	2.5	2.5	2.5	2.5
序号	定额编号	调整组合项目名称	单位	数量	数量	数量	数量
		井点降水					
1	53-9-1-5	施工排水、降水 轻型井点安装	根	83	83	83	83
2	53-9-1-6	施工排水、降水 轻型井点拆除	根	83	83	83	83
3	53-9-1-7	施工排水、降水 轻型井点使用	套·天	22	22	22	22
4	53-9-1-1	施工排水、降水 湿土排水	m³	−513.19	−513.19	−557.81	−557.81
		围护支撑					
1	52-4-3-1	打槽型钢板桩 长 4.00～6.00m,单面	100m	2	2		
2	52-4-3-2	打槽型钢板桩 长 6.01～9.00m,单面	100m			2	2
3	52-4-3-6	拔槽型钢板桩 长 4.00～6.00m,单面	100m	2	2		
4	52-4-3-7	拔槽型钢板桩 长 6.01～9.00m,单面	100m			2	2
5	52-4-4-1	安拆钢板桩支撑 槽宽≤3.0m 深 3.01～4.00m	100m	1	1		
6	52-4-4-2	安拆钢板桩支撑 槽宽≤3.0m 深 4.01～6.00m	100m			1	1
7	52-4-3-11	槽型钢板桩使用费	t·d	1852	1852	4116	4116
8	52-4-4-14	钢板桩支撑使用费	t·d	87	87	264	264
		砾石砂垫层厚度增加 5cm					
1	52-1-4-3	管道砾石砂垫层	m³	8.16	8.16	8.16	8.16
2	52-1-3-1	沟槽回填 夯填土	m³	−8.16	−8.16	−8.16	−8.16

单位:100m

序号	定额编号	基本组合项目名称	单位	Z52-1-5-23A 4.5m	Z52-1-5-23B 4.5m
1	52-1-2-3	机械挖沟槽土方 深≤6m 现场抛土	m³	803.25	803.25
2	53-9-1-1	施工排水、降水 湿土排水	m³	624.75	624.75
3	52-1-4-3	管道砾石砂垫层	m³	16.32	16.32
4	52-1-4-1	管道黄砂垫层	m³	8.16	8.16
5	52-1-6-35	玻璃纤维增强塑料夹砂管(FRPM) 每节 3m 以下 DN500	100m	0.0975	0.0975
6	52-1-6-52	玻璃纤维增强塑料夹砂管(FRPM) 每节 3m 以上 DN500	100m	0.8775	0.8775
7	52-1-3-4	沟槽回填 黄砂	m³	69.65	157.01
8	52-1-3-1	沟槽回填 夯填土	m³	663.65	576.29
9	53-9-1-3	施工排水、降水 筑拆竹箩滤井	座	2.5	2.5

序号	定额编号	调整组合项目名称	单位	数量	数量
		井点降水			
1	53-9-1-5	施工排水、降水 轻型井点安装	根	83	83
2	53-9-1-6	施工排水、降水 轻型井点拆除	根	83	83
3	53-9-1-7	施工排水、降水 轻型井点使用	套·天	22	22
4	53-9-1-1	施工排水、降水 湿土排水	m³	−624.75	−624.75
		围护支撑			
1	52-4-3-2	打槽型钢板桩 长 6.01~9.00m，单面	100m	2	2
2	52-4-3-7	拔槽型钢板桩 长 6.01~9.00m，单面	100m	2	2
3	52-4-4-2	安拆钢板桩支撑 槽宽≤3.0m 深 4.01~6.00m	100m	1	1
4	52-4-3-11	槽型钢板桩使用费	t·d	4116	4116
5	52-4-4-14	钢板桩支撑使用费	t·d	264	264
		砾石砂垫层厚度增加 5cm			
1	52-1-4-3	管道砾石砂垫层	m³	8.16	8.16
2	52-1-3-1	沟槽回填 夯填土	m³	−8.16	−8.16

（四）DN600 玻璃纤维增强塑料夹砂管(FRPM)

单位：100m

序号	定额编号	基本组合项目名称	单位	Z52-1-5-24A	Z52-1-5-24B	Z52-1-5-25A	Z52-1-5-25B
				1.5m	1.5m	2.0m	2.0m
1	52-1-2-1	机械挖沟槽土方 深≤3m 现场抛土	m³	283.50	283.50	378.00	378.00
2	53-9-1-1	施工排水、降水 湿土排水	m³	94.50	94.50	189.00	189.00
3	52-1-4-3	管道砾石砂垫层	m³	16.88	16.88	16.88	16.88
4	52-1-4-1	管道黄砂垫层	m³	8.44	8.44	8.44	8.44
5	52-1-6-36	玻璃纤维增强塑料夹砂管(FRPM)每节 3m 以下 DN600	100m	0.0975	0.0975	0.0975	0.0975
6	52-1-6-53	玻璃纤维增强塑料夹砂管(FRPM)每节 3m 以上 DN600	100m	0.8775	0.8775	0.8775	0.8775
7	52-1-3-4	沟槽回填 黄砂	m³	83.75	175.51	83.75	175.51
8	52-1-3-1	沟槽回填 夯填土	m³	133.48	41.72	225.25	133.49
9	53-9-1-3	施工排水、降水 筑拆竹箩滤井	座	2.5	2.5	2.5	2.5
序号	定额编号	调整组合项目名称	单位	数量	数量	数量	数量
		围护支撑					
1	52-4-2-1	撑拆列板 深≤1.5m,双面	100m	1	1		
2	52-4-2-2	撑拆列板 深≤2.0m,双面	100m			1	1
3	52-4-2-5	列板使用费	t·d	109	109	152	152
4	52-4-2-6	列板支撑使用费	t·d	39	39	53	53
		砾石砂垫层厚度增加 5cm					
1	52-1-4-3	管道砾石砂垫层	m³	8.44	8.44	8.44	8.44
2	52-1-3-1	沟槽回填 夯填土	m³	−8.44	−8.44	−8.44	−8.44

单位：100m

序号	定额编号	基本组合项目名称	单位	Z52-1-5-26A	Z52-1-5-26B	Z52-1-5-27A	Z52-1-5-27B
				2.5m	2.5m	≤3.0m	≤3.0m
1	52-1-2-1	机械挖沟槽土方 深≤3m 现场抛土	m³	472.50	472.50	543.38	543.38
2	53-9-1-1	施工排水、降水 湿土排水	m³	283.50	283.50	354.38	354.38
3	52-1-4-3	管道砾石砂垫层	m³	16.88	16.88	16.77	16.77
4	52-1-4-1	管道黄砂垫层	m³	8.44	8.44	8.38	8.38
5	52-1-6-36	玻璃纤维增强塑料夹砂管(FRPM)每节3m以下 DN600	100m	0.0975	0.0975	0.0975	0.0975
6	52-1-6-53	玻璃纤维增强塑料夹砂管(FRPM)每节3m以上 DN600	100m	0.8775	0.8775	0.8775	0.8775
7	52-1-3-4	沟槽回填 黄砂	m³	83.75	175.51	83.75	175.51
8	52-1-3-1	沟槽回填 夯填土	m³	317.01	225.25	380.54	288.78
9	53-9-1-3	施工排水、降水 筑拆竹箩滤井	座	2.5	2.5	2.5	2.5

序号	定额编号	调整组合项目名称	单位	数量	数量	数量	数量
		井点降水					
1	53-9-1-5	施工排水、降水 轻型井点安装	根			83	83
2	53-9-1-6	施工排水、降水 轻型井点拆除	根			83	83
3	53-9-1-7	施工排水、降水 轻型井点使用	套·天			22	22
4	53-9-1-1	施工排水、降水 湿土排水	m³			−354.38	−354.38
		围护支撑					
1	52-4-2-3	撑拆列板 深≤2.5m,双面	100m	1	1		
2	52-4-2-4	撑拆列板 深≤3.0m,双面	100m			1	1
3	52-4-2-5	列板使用费	t·d	174	174	210	210
4	52-4-2-6	列板支撑使用费	t·d	67	67	80	80
		砾石砂垫层厚度增加5cm					
1	52-1-4-3	管道砾石砂垫层	m³	8.44	8.44	8.39	8.39
2	52-1-3-1	沟槽回填 夯填土	m³	−8.44	−8.44	−8.39	−8.39

单位:100m

序号	定额编号	基本组合项目名称	单位	Z52-1-5-28A >3.0m	Z52-1-5-28B >3.0m	Z52-1-5-29A 3.5m	Z52-1-5-29B 3.5m
1	52-1-2-3	机械挖沟槽土方 深≤6m 现场抛土	m³	590.63	590.63	661.50	661.50
2	53-9-1-1	施工排水、降水 湿土排水	m³	401.63	401.63	472.50	472.50
3	52-1-4-3	管道砾石砂垫层	m³	16.77	16.77	16.77	16.77
4	52-1-4-1	管道黄砂垫层	m³	8.38	8.38	8.38	8.38
5	52-1-6-36	玻璃纤维增强塑料夹砂管(FRPM)每节 3m 以下 DN600	100m	0.0975	0.0975	0.0975	0.0975
6	52-1-6-53	玻璃纤维增强塑料夹砂管(FRPM)每节 3m 以上 DN600	100m	0.8775	0.8775	0.8775	0.8775
7	52-1-3-4	沟槽回填 黄砂	m³	83.75	175.51	83.75	175.51
8	52-1-3-1	沟槽回填 夯填土	m³	427.79	336.03	495.26	403.50
9	53-9-1-3	施工排水、降水 筑拆竹笋滤井	座	2.5	2.5	2.5	2.5
序号	定额编号	调整组合项目名称	单位	数量	数量	数量	数量
		井点降水					
1	53-9-1-5	施工排水、降水 轻型井点安装	根	83	83	83	83
2	53-9-1-6	施工排水、降水 轻型井点拆除	根	83	83	83	83
3	53-9-1-7	施工排水、降水 轻型井点使用	套·天	22	22	22	22
4	53-9-1-1	施工排水、降水 湿土排水	m³	−401.63	−401.63	−472.5	−472.5
		围护支撑					
1	52-4-3-1	打槽型钢板桩 长 4.00~6.00m,单面	100m	2	2	2	2
2	52-4-3-6	拔槽型钢板桩 长 4.00~6.00m,单面	100m	2	2	2	2
3	52-4-4-1	安拆钢板桩支撑 槽宽≤3.0m 深3.01~4.00m	100m	1	1	1	1
4	52-4-3-11	槽型钢板桩使用费	t·d	1852	1852	1852	1852
5	52-4-4-14	钢板桩支撑使用费	t·d	87	87	87	87
		砾石砂垫层厚度增加 5cm					
1	52-1-4-3	管道砾石砂垫层	m³	8.39	8.39	8.39	8.39
2	52-1-3-1	沟槽回填 夯填土	m³	−8.39	−8.39	−8.39	−8.39

单位:100m

序号	定额编号	基本组合项目名称	单位	Z52-1-5-30A	Z52-1-5-30B	Z52-1-5-31A	Z52-1-5-31B
				≤4.0m	≤4.0m	>4.0m	>4.0m
1	52-1-2-3	机械挖沟槽土方 深≤6m 现场抛土	m³	732.38	732.38	779.63	779.63
2	53-9-1-1	施工排水、降水 湿土排水	m³	543.38	543.38	590.63	590.63
3	52-1-4-3	管道砾石砂垫层	m³	16.77	16.77	16.77	16.77
4	52-1-4-1	管道黄砂垫层	m³	8.38	8.38	8.38	8.38
5	52-1-6-36	玻璃纤维增强塑料夹砂管(FRPM) 每节3m以下 DN600	100m	0.0975	0.0975	0.0975	0.0975
6	52-1-6-53	玻璃纤维增强塑料夹砂管(FRPM) 每节3m以上 DN600	100m	0.8775	0.8775	0.8775	0.8775
7	52-1-3-4	沟槽回填 黄砂	m³	83.75	175.51	83.75	175.51
8	52-1-3-1	沟槽回填 夯填土	m³	563.40	471.64	610.65	518.89
9	53-9-1-3	施工排水、降水 筑拆竹箩滤井	座	2.5	2.5	2.5	2.5
序号	定额编号	调整组合项目名称	单位	数量	数量	数量	数量
		井点降水					
1	53-9-1-5	施工排水、降水 轻型井点安装	根	83	83	83	83
2	53-9-1-6	施工排水、降水 轻型井点拆除	根	83	83	83	83
3	53-9-1-7	施工排水、降水 轻型井点使用	套·天	22	22	22	22
4	53-9-1-1	施工排水、降水 湿土排水	m³	−543.38	−543.38	−590.63	−590.63
		围护支撑					
1	52-4-3-1	打槽型钢板桩 长4.00~6.00m，单面	100m	2	2		
2	52-4-3-2	打槽型钢板桩 长6.01~9.00m，单面	100m			2	2
3	52-4-3-6	拔槽型钢板桩 长4.00~6.00m，单面	100m	2	2		
4	52-4-3-7	拔槽型钢板桩 长6.01~9.00m，单面	100m			2	2
5	52-4-4-1	安拆钢板桩支撑 槽宽≤3.0m 深3.01~4.00m	100m	1	1		
6	52-4-4-2	安拆钢板桩支撑 槽宽≤3.0m 深4.01~6.00m	100m			1	1
7	52-4-3-11	槽型钢板桩使用费	t·d	1852	1852	4116	4116
8	52-4-4-14	钢板桩支撑使用费	t·d	87	87	264	264
		砾石砂垫层厚度增加5cm					
1	52-1-4-3	管道砾石砂垫层	m³	8.39	8.39	8.39	8.39
2	52-1-3-1	沟槽回填 夯填土	m³	−8.39	−8.39	−8.39	−8.39

单位:100m

序号	定额编号	基本组合项目名称	单位	Z52-1-5-32A	Z52-1-5-32B
				4.5m	4.5m
1	52-1-2-3	机械挖沟槽土方 深≤6m 现场抛土	m³	850.50	850.50
2	53-9-1-1	施工排水、降水 湿土排水	m³	661.50	661.50
3	52-1-4-3	管道砾石砂垫层	m³	16.77	16.77
4	52-1-4-1	管道黄砂垫层	m³	8.38	8.38
5	52-1-6-36	玻璃纤维增强塑料夹砂管(FRPM)每节 3m 以下 DN600	100m	0.0975	0.0975
6	52-1-6-53	玻璃纤维增强塑料夹砂管(FRPM)每节 3m 以上 DN600	100m	0.8775	0.8775
7	52-1-3-4	沟槽回填 黄砂	m³	83.75	175.51
8	52-1-3-1	沟槽回填 夯填土	m³	678.36	586.60
9	53-9-1-3	施工排水、降水 筑拆竹箩滤井	座	2.5	2.5
序号	定额编号	调整组合项目名称	单位	数量	数量
		井点降水			
1	53-9-1-5	施工排水、降水 轻型井点安装	根	83	83
2	53-9-1-6	施工排水、降水 轻型井点拆除	根	83	83
3	53-9-1-7	施工排水、降水 轻型井点使用	套·大	22	22
4	53-9-1-1	施工排水、降水 湿土排水	m³	−661.5	−661.5
		围护支撑			
1	52-4-3-2	打槽型钢板桩 长 6.01～9.00m,单面	100m	2	2
2	52-4-3-7	拔槽型钢板桩 长 6.01～9.00m,单面	100m	2	2
3	52-4-4-2	安拆钢板桩支撑 槽宽≤3.0m 深 4.01～6.00m	100m	1	1
4	52-4-3-11	槽型钢板桩使用费	t·d	4116	4116
5	52-4-4-14	钢板桩支撑使用费	t·d	264	264
		砾石砂垫层厚度增加 5cm			
1	52-1-4-3	管道砾石砂垫层	m³	8.39	8.39
2	52-1-3-1	沟槽回填 夯填土	m³	−8.39	−8.39

（五）DN700 玻璃纤维增强塑料夹砂管(FRPM)

单位:100m

序号	定额编号	基本组合项目名称	单位	Z52-1-5-33A	Z52-1-5-33B	Z52-1-5-34A	Z52-1-5-34B
				2.0m	2.0m	2.5m	2.5m
1	52-1-2-1	机械挖沟槽土方 深≤3m 现场抛土	m³	399.00	399.00	498.75	498.75
2	53-9-1-1	施工排水、降水 湿土排水	m³	199.50	199.50	299.25	299.25
3	52-1-4-3	管道砾石砂垫层	m³	17.82	17.82	17.82	17.82
4	52-1-4-1	管道黄砂垫层	m³	8.91	8.91	8.91	8.91
5	52-1-6-37	玻璃纤维增强塑料夹砂管(FRPM)每节 3m 以下 DN700	100m	0.0975	0.0975	0.0975	0.0975
6	52-1-6-54	玻璃纤维增强塑料夹砂管(FRPM)每节 3m 以上 DN700	100m	0.8775	0.8775	0.8775	0.8775
7	52-1-3-4	沟槽回填 黄砂	m³	98.94	195.95	98.94	195.95
8	52-1-3-1	沟槽回填 夯填土	m³	219.12	122.11	316.13	219.12
9	53-9-1-3	施工排水、降水 筑拆竹箩滤井	座	2.5	2.5	2.5	2.5
序号	定额编号	调整组合项目名称	单位	数量	数量	数量	数量
		围护支撑					
1	52-4-2-2	撑拆列板 深≤2.0m,双面	100m	1	1		
2	52-4-2-3	撑拆列板 深≤2.5m,双面	100m			1	1
3	52-4-2-5	列板使用费	t·d	165	165	205	205
4	52-4-2-6	列板支撑使用费	t·d	58	58	72	72
		砾石砂垫层厚度增加 5cm					
1	52-1-4-3	管道砾石砂垫层	m³	8.91	8.91	8.91	8.91
2	52-1-3-1	沟槽回填 夯填土	m³	−8.91	−8.91	−8.91	−8.91

单位:100m

序号	定额编号	基本组合项目名称	单位	Z52-1-5-35A ≤3.0m	Z52-1-5-35B ≤3.0m	Z52-1-5-36A >3.0m	Z52-1-5-36B >3.0m
1	52-1-2-1	机械挖沟槽土方 深≤3m 现场抛土	m³	573.56	573.56		
2	52-1-2-3	机械挖沟槽土方 深≤6m 现场抛土	m³			623.44	623.44
3	53-9-1-1	施工排水、降水 湿土排水	m³	374.06	374.06	423.94	423.94
4	52-1-4-3	管道砾石砂垫层	m³	17.70	17.70	17.70	17.70
5	52-1-4-1	管道黄砂垫层	m³	8.85	8.85	8.85	8.85
6	52-1-6-37	玻璃纤维增强塑料夹砂管(FRPM) 每节 3m 以下 DN700	100m	0.0975	0.0975	0.0975	0.0975
7	52-1-6-54	玻璃纤维增强塑料夹砂管(FRPM) 每节 3m 以上 DN700	100m	0.8775	0.8775	0.8775	0.8775
8	52-1-3-4	沟槽回填 黄砂	m³	98.94	195.95	98.94	195.95
9	52-1-3-1	沟槽回填 夯填土	m³	383.56	286.55	433.44	336.43
10	53-9-1-3	施工排水、降水 筑拆竹箩滤井	座	2.5	2.5	2.5	2.5

序号	定额编号	调整组合项目名称	单位	数量	数量	数量	数量
		井点降水					
1	53-9-1-5	施工排水、降水 轻型井点安装	根	83	83	83	83
2	53-9-1-6	施工排水、降水 轻型井点拆除	根	83	83	83	83
3	53-9-1-7	施工排水、降水 轻型井点使用	套·天	25	25	25	25
4	53-9-1-1	施工排水、降水 湿土排水	m³	−374.06	−374.06	−423.94	−423.94
		围护支撑					
1	52-4-2-4	撑拆列板 深≤3.0m,双面	100m	1	1		
2	52-4-3-1	打槽型钢板桩 长 4.00～6.00m,单面	100m			2	2
3	52-4-3-6	拔槽型钢板桩 长 4.00～6.00m,单面	100m			2	2
4	52-4-4-1	安拆钢板桩支撑 槽宽≤3.0m 深 3.01～4.00m	100m			1	1
5	52-4-2-5	列板使用费	t·d	227	227		
6	52-4-2-6	列板支撑使用费	t·d	86	86		
7	52-4-3-11	槽型钢板桩使用费	t·d			1852	1852
8	52-4-4-14	钢板桩支撑使用费	t·d			87	87
		砾石砂垫层厚度增加 5cm					
1	52-1-4-3	管道砾石砂垫层	m³	8.85	8.85	8.85	8.85
2	52-1-3-1	沟槽回填 夯填土	m³	−8.85	−8.85	−8.85	−8.85

单位:100m

序号	定额编号	基本组合项目名称	单位	Z52-1-5-37A	Z52-1-5-37B	Z52-1-5-38A	Z52-1-5-38B
				3.5m	3.5m	≤4.0m	≤4.0m
1	52-1-2-3	机械挖沟槽土方 深≤6m 现场抛土	m³	698.25	698.25	773.06	773.06
2	53-9-1-1	施工排水、降水 湿土排水	m³	498.75	498.75	573.56	573.56
3	52-1-4-3	管道砾石砂垫层	m³	17.70	17.70	17.70	17.70
4	52-1-4-1	管道黄砂垫层	m³	8.85	8.85	8.85	8.85
5	52-1-6-37	玻璃纤维增强塑料夹砂管(FRPM)每节 3m 以下 DN700	100m	0.0975	0.0975	0.0975	0.0975
6	52-1-6-54	玻璃纤维增强塑料夹砂管(FRPM)每节 3m 以上 DN700	100m	0.8775	0.8775	0.8775	0.8775
7	52-1-3-4	沟槽回填 黄砂	m³	98.94	195.95	98.94	195.95
8	52-1-3-1	沟槽回填 夯填土	m³	504.85	407.84	576.92	479.91
9	53-9-1-3	施工排水、降水 筑拆竹笋滤井	座	2.5	2.5	2.5	2.5
序号	定额编号	调整组合项目名称	单位	数量	数量	数量	数量
		井点降水					
1	53-9-1-5	施工排水、降水 轻型井点安装	根	83	83	83	83
2	53-9-1-6	施工排水、降水 轻型井点拆除	根	83	83	83	83
3	53-9-1-7	施工排水、降水 轻型井点使用	套·天	25	25	25	25
4	53-9-1-1	施工排水、降水 湿土排水	m³	−498.75	−498.75	−573.56	−573.56
		围护支撑					
1	52-4-3-1	打槽型钢板桩 长 4.00~6.00m,单面	100m	2	2	2	2
2	52-4-3-6	拔槽型钢板桩 长 4.00~6.00m,单面	100m	2	2	2	2
3	52-4-4-1	安拆钢板桩支撑 槽宽≤3.0m 深 3.01~4.00m	100m	1	1	1	1
4	52-4-3-11	槽型钢板桩使用费	t·d	1852	1852	1852	1852
5	52-4-4-14	钢板桩支撑使用费	t·d	87	87	87	87
		砾石砂垫层厚度增加5cm					
1	52-1-4-3	管道砾石砂垫层	m³	8.85	8.85	8.85	8.85
2	52-1-3-1	沟槽回填 夯填土	m³	−8.85	−8.85	−8.85	−8.85

单位:100m

序号	定额编号	基本组合项目名称	单位	Z52-1-5-39A	Z52-1-5-39B	Z52-1-5-40A	Z52-1-5-40B
				>4.0m	>4.0m	4.5m	4.5m
1	52-1-2-3	机械挖沟槽土方 深≤6m 现场抛土	m³	822.94	822.94	897.75	897.75
2	53-9-1-1	施工排水、降水 湿土排水	m³	623.44	623.44	698.25	698.25
3	52-1-4-3	管道砾石砂垫层	m³	17.70	17.70	17.70	17.70
4	52-1-4-1	管道黄砂垫层	m³	8.85	8.85	8.85	8.85
5	52-1-6-37	玻璃纤维增强塑料夹砂管(FRPM) 每节3m以下 DN700	100m	0.0975	0.0975	0.0975	0.0975
6	52-1-6-54	玻璃纤维增强塑料夹砂管(FRPM) 每节3m以上 DN700	100m	0.8775	0.8775	0.8775	0.8775
7	52-1-3-4	沟槽回填 黄砂	m³	98.94	195.95	98.94	195.95
8	52-1-3-1	沟槽回填 夯填土	m³	626.80	529.79	698.45	601.44
9	53-9-1-3	施工排水、降水 筑拆竹笼滤井	座	2.5	2.5	2.5	2.5

序号	定额编号	调整组合项目名称	单位	数量	数量	数量	数量
		井点降水					
1	53-9-1-5	施工排水、降水 轻型井点安装	根	83	83	83	83
2	53-9-1-6	施工排水、降水 轻型井点拆除	根	83	83	83	83
3	53-9-1-7	施工排水、降水 轻型井点使用	套·天	25	25	25	25
4	53-9-1-1	施工排水、降水 湿土排水	m³	−623.44	−623.44	−698.25	−698.25
		围护支撑					
1	52-4-3-2	打槽型钢板桩 长6.01~9.00m,单面	100m	2	2	2	2
2	52-4-3-7	拔槽型钢板桩 长6.01~9.00m,单面	100m	2	2	2	2
3	52-4-4-2	安拆钢板桩支撑 槽宽≤3.0m 深4.01~6.00m	100m	1	1	1	1
4	52-4-3-11	槽型钢板桩使用费	t·d	4116	4116	4116	4116
5	52-4-4-14	钢板桩支撑使用费	t·d	264	264	264	264
		砾石砂垫层厚度增加5cm					
1	52-1-4-3	管道砾石砂垫层	m³	8.85	8.85	8.85	8.85
2	52-1-3-1	沟槽回填 夯填土	m³	−8.85	−8.85	−8.85	−8.85

单位:100m

序号	定额编号	基本组合项目名称	单位	Z52-1-5-41A	Z52-1-5-41B
				5.0m	5.0m
1	52-1-2-3	机械挖沟槽土方 深≤6m 现场抛土	m³	1050.00	1050.00
2	53-9-1-1	施工排水、降水 湿土排水	m³	840.00	840.00
3	52-1-4-3	管道砾石砂垫层	m³	18.63	18.63
4	52-1-4-1	管道黄砂垫层	m³	9.32	9.32
5	52-1-6-37	玻璃纤维增强塑料夹砂管(FRPM) 每节3m以下 DN700	100m	0.0975	0.0975
6	52-1-6-54	玻璃纤维增强塑料夹砂管(FRPM) 每节3m以上 DN700	100m	0.8775	0.8775
7	52-1-3-4	沟槽回填 黄砂	m³	106.48	208.74
8	52-1-3-1	沟槽回填 夯填土	m³	837.98	735.72
9	53-9-1-3	施工排水、降水 筑拆竹箩滤井	座	2.5	2.5

序号	定额编号	调整组合项目名称	单位	数量	数量
		井点降水			
1	53-9-1-5	施工排水、降水 轻型井点安装	根	83	83
2	53-9-1-6	施工排水、降水 轻型井点拆除	根	83	83
3	53-9-1-7	施工排水、降水 轻型井点使用	套·天	25	25
4	53-9-1-1	施工排水、降水 湿土排水	m³	−840	−840
		围护支撑			
1	52-4-3-2	打槽型钢板桩 长6.01~9.00m,单面	100m	2	2
2	52-4-3-7	拔槽型钢板桩 长6.01~9.00m,单面	100m	2	2
3	52-4-4-2	安拆钢板桩支撑 槽宽≤3.0m 深4.01~6.00m	100m	1	1
4	52-4-3-11	槽型钢板桩使用费	t·d	4116	4116
5	52-4-4-14	钢板桩支撑使用费	t·d	264	264
		砾石砂垫层厚度增加5cm			
1	52-1-4-3	管道砾石砂垫层	m³	9.32	9.32
2	52-1-3-1	沟槽回填 夯填土	m³	−9.32	−9.32

（六）DN800 玻璃纤维增强塑料夹砂管(FRPM)

单位:100m

序号	定额编号	基本组合项目名称	单位	Z52-1-5-42A	Z52-1-5-42B	Z52-1-5-43A	Z52-1-5-43B
				2.0m	2.0m	2.5m	2.5m
1	52-1-2-1	机械挖沟槽土方 深≤3m 现场抛土	m³	420.00	420.00	525.00	525.00
2	53-9-1-1	施工排水、降水 湿土排水	m³	210.00	210.00	315.00	315.00
3	52-1-4-3	管道砾石砂垫层	m³	18.76	18.76	18.76	18.76
4	52-1-4-1	管道黄砂垫层	m³	9.38	9.38	9.38	9.38
5	52-1-6-38	玻璃纤维增强塑料夹砂管(FRPM) 每节3m以下 DN800	100m	0.0975	0.0975	0.0975	0.0975
6	52-1-6-55	玻璃纤维增强塑料夹砂管(FRPM) 每节3m以上 DN800	100m	0.8775	0.8775	0.8775	0.8775
7	52-1-3-4	沟槽回填 黄砂	m³	115.89	218.15	115.89	218.15
8	52-1-3-1	沟槽回填 夯填土	m³	209.75	107.49	312.01	209.75
9	53-9-1-3	施工排水、降水 筑拆竹笼滤井	座	2.5	2.5	2.5	2.5
序号	定额编号	调整组合项目名称	单位	数量	数量	数量	数量
		围护支撑					
1	52-4-2-2	撑拆列板 深≤2.0m,双面	100m	1	1		
2	52-4-2-3	撑拆列板 深≤2.5m,双面	100m			1	1
3	52-4-2-5	列板使用费	t·d	165	165	205	205
4	52-4-2-6	列板支撑使用费	t·d	58	58	72	72
		砾石砂垫层厚度增加5cm					
1	52-1-4-3	管道砾石砂垫层	m³	9.38	9.38	9.38	9.38
2	52-1-3-1	沟槽回填 夯填土	m³	−9.38	−9.38	−9.38	−9.38

单位:100m

序号	定额编号	基本组合项目名称	单位	Z52-1-5-44A ≤3.0m	Z52-1-5-44B ≤3.0m	Z52-1-5-45A >3.0m	Z52-1-5-45B >3.0m
1	52-1-2-1	机械挖沟槽土方 深≤3m 现场抛土	m³	603.75	603.75		
2	52-1-2-3	机械挖沟槽土方 深≤6m 现场抛土	m³			656.25	656.25
3	53-9-1-1	施工排水、降水 湿土排水	m³	393.75	393.75	446.25	446.25
4	52-1-4-3	管道砾石砂垫层	m³	18.63	18.63	18.63	18.63
5	52-1-4-1	管道黄砂垫层	m³	9.32	9.32	9.32	9.32
6	52-1-6-38	玻璃纤维增强塑料夹砂管(FRPM) 每节3m以下 DN800	100m	0.0975	0.0975	0.0975	0.0975
7	52-1-6-55	玻璃纤维增强塑料夹砂管(FRPM) 每节3m以上 DN800	100m	0.8775	0.8775	0.8775	0.8775
8	52-1-3-4	沟槽回填 黄砂	m³	115.89	218.15	115.89	218.15
9	52-1-3-1	沟槽回填 夯填土	m³	383.39	281.13	435.89	333.63
10	53-9-1-3	施工排水、降水 筑拆竹箩滤井	座	2.5	2.5	2.5	2.5
序号	定额编号	调整组合项目名称	单位	数量	数量	数量	数量
		井点降水					
1	53-9-1-5	施工排水、降水 轻型井点安装	根	83	83	83	83
2	53-9-1-6	施工排水、降水 轻型井点拆除	根	83	83	83	83
3	53-9-1-7	施工排水、降水 轻型井点使用	套·天	25	25	25	25
4	53-9-1-1	施工排水、降水 湿土排水	m³	−393.75	−393.75	−446.25	−446.25
		围护支撑					
1	52-4-2-4	撑拆列板 深≤3.0m,双面	100m	1	1		
2	52-4-3-1	打槽型钢板桩 长4.00~6.00m,单面	100m			2	2
3	52-4-3-6	拔槽型钢板桩 长4.00~6.00m,单面	100m			2	2
4	52-4-4-1	安拆钢板桩支撑 槽宽≤3.0m 深3.01~4.00m	100m			1	1
5	52-4-2-5	列板使用费	t·d	227	227		
6	52-4-2-6	列板支撑使用费	t·d	86	86		
7	52-4-3-11	槽型钢板桩使用费	t·d			1852	1852
8	52-4-4-14	钢板桩支撑使用费	t·d			87	87
		砾石砂垫层厚度增加5cm					
1	52-1-4-3	管道砾石砂垫层	m³	9.32	9.32	9.32	9.32
2	52-1-3-1	沟槽回填 夯填土	m³	−9.32	−9.32	−9.32	−9.32

单位:100m

序号	定额编号	基本组合项目名称	单位	Z52-1-5-46A	Z52-1-5-46B	Z52-1-5-47A	Z52-1-5-47B
				3.5m	3.5m	≤4.0m	≤4.0m
1	52-1-2-3	机械挖沟槽土方 深≤6m 现场抛土	m³	735.00	735.00	813.75	813.75
2	53-9-1-1	施工排水、降水 湿土排水	m³	525.00	525.00	603.75	603.75
3	52-1-4-3	管道砾石砂垫层	m³	18.63	18.63	18.63	18.63
4	52-1-4-1	管道黄砂垫层	m³	9.32	9.32	9.32	9.32
5	52-1-6-38	玻璃纤维增强塑料夹砂管(FRPM)每节 3m 以下 DN800	100m	0.0975	0.0975	0.0975	0.0975
6	52-1-6-55	玻璃纤维增强塑料夹砂管(FRPM)每节 3m 以上 DN800	100m	0.8775	0.8775	0.8775	0.8775
7	52-1-3-4	沟槽回填 黄砂	m³	115.89	218.15	115.89	218.15
8	52-1-3-1	沟槽回填 夯填土	m³	511.24	408.98	587.25	484.99
9	53-9-1-3	施工排水、降水 筑拆竹箩滤井	座	2.5	2.5	2.5	2.5
序号	定额编号	调整组合项目名称	单位	数量	数量	数量	数量
		井点降水					
1	53-9-1-5	施工排水、降水 轻型井点安装	根	83	83	83	83
2	53-9-1-6	施工排水、降水 轻型井点拆除	根	83	83	83	83
3	53-9-1-7	施工排水、降水 轻型井点使用	套·天	25	25	25	25
4	53-9-1-1	施工排水、降水 湿土排水	m³	−525	−525	−603.75	−603.75
		围护支撑					
1	52-4-3-1	打槽型钢板桩 长 4.00～6.00m,单面	100m	2	2	2	2
2	52-4-3-6	拔槽型钢板桩 长 4.00～6.00m,单面	100m	2	2	2	2
3	52-4-4-1	安拆钢板桩支撑 槽宽≤3.0m 深3.01～4.00m	100m	1	1	1	1
4	52-4-3-11	槽型钢板桩使用费	t·d	1852	1852	1852	1852
5	52-4-4-14	钢板桩支撑使用费	t·d	87	87	87	87
		砾石砂垫层厚度增加 5cm					
1	52-1-4-3	管道砾石砂垫层	m³	9.32	9.32	9.32	9.32
2	52-1-3-1	沟槽回填 夯填土	m³	−9.32	−9.32	−9.32	−9.32

单位:100m

序号	定额编号	基本组合项目名称	单位	Z52-1-5-48A	Z52-1-5-48B	Z52-1-5-49A	Z52-1-5-49B
				>4.0m	>4.0m	4.5m	4.5m
1	52-1-2-3	机械挖沟槽土方 深≤6m 现场抛土	m³	866.25	866.25	945.00	945.00
2	53-9-1-1	施工排水、降水 湿土排水	m³	656.25	656.25	735.00	735.00
3	52-1-4-3	管道砾石砂垫层	m³	18.63	18.63	18.63	18.63
4	52-1-4-1	管道黄砂垫层	m³	9.32	9.32	9.32	9.32
5	52-1-6-38	玻璃纤维增强塑料夹砂管(FRPM) 每节 3m 以下 DN800	100m	0.0975	0.0975	0.0975	0.0975
6	52-1-6-55	玻璃纤维增强塑料夹砂管(FRPM) 每节 3m 以上 DN800	100m	0.8775	0.8775	0.8775	0.8775
7	52-1-3-4	沟槽回填 黄砂	m³	115.89	218.15	115.89	218.15
8	52-1-3-1	沟槽回填 夯填土	m³	639.75	537.49	715.34	613.08
9	53-9-1-3	施工排水、降水 筑拆竹箩滤井	座	2.5	2.5	2.5	2.5
序号	定额编号	调整组合项目名称	单位	数量	数量	数量	数量
		井点降水					
1	53-9-1-5	施工排水、降水 轻型井点安装	根	83	83	83	83
2	53-9-1-6	施工排水、降水 轻型井点拆除	根	83	83	83	83
3	53-9-1-7	施工排水、降水 轻型井点使用	套·天	25	25	25	25
4	53-9-1-1	施工排水、降水 湿土排水	m³	−656.25	−656.25	−735	−735
		围护支撑					
1	52-4-3-2	打槽型钢板桩 长 6.01~9.00m,单面	100m	2	2	2	2
2	52-4-3-7	拔槽型钢板桩 长 6.01~9.00m,单面	100m	2	2	2	2
3	52-4-4-2	安拆钢板桩支撑 槽宽≤3.0m 深4.01~6.00m	100m	1	1	1	1
4	52-4-3-11	槽型钢板桩使用费	t·d	4116	4116	4116	4116
5	52-4-4-14	钢板桩支撑使用费	t·d	264	264	264	264
		砾石砂垫层厚度增加 5cm					
1	52-1-4-3	管道砾石砂垫层	m³	9.32	9.32	9.32	9.32
2	52-1-3-1	沟槽回填 夯填土	m³	−9.32	−9.32	−9.32	−9.32

单位:100m

序号	定额编号	基本组合项目名称	单位	Z52-1-5-50A	Z52-1-5-50B
				5.0m	5.0m
1	52-1-2-3	机械挖沟槽土方 深≤6m 现场抛土	m³	1102.50	1102.50
2	53-9-1-1	施工排水、降水 湿土排水	m³	882.00	882.00
3	52-1-4-3	管道砾石砂垫层	m³	19.56	19.56
4	52-1-4-1	管道黄砂垫层	m³	9.78	9.78
5	52-1-6-38	玻璃纤维增强塑料夹砂管(FRPM) 每节 3m 以下 DN800	100m	0.0975	0.0975
6	52-1-6-55	玻璃纤维增强塑料夹砂管 (FRPM)每节 3m 以上 DN800	100m	0.8775	0.8775
7	52-1-3-4	沟槽回填 黄砂	m³	124.50	232.01
8	52-1-3-1	沟槽回填 夯填土	m³	859.06	751.55
9	53-9-1-3	施工排水、降水 筑拆竹箩滤井	座	2.5	2.5

序号	定额编号	调整组合项目名称	单位	数量	数量
		井点降水			
1	53-9-1-5	施工排水、降水 轻型井点安装	根	83	83
2	53-9-1-6	施工排水、降水 轻型井点拆除	根	83	83
3	53-9-1-7	施工排水、降水 轻型井点使用	套·天	25	25
4	53-9-1-1	施工排水、降水 湿土排水	m³	-882	-882
		围护支撑			
1	52-4-3-2	打槽型钢板桩 长 6.01~9.00m,单面	100m	2	2
2	52-4-3-7	拔槽型钢板桩 长 6.01~9.00m,单面	100m	2	2
3	52-4-4-2	安拆钢板桩支撑 槽宽≤3.0m 深 4.01~6.00m	100m	1	1
4	52-4-3-11	槽型钢板桩使用费	t·d	4116	4116
5	52-4-4-14	钢板桩支撑使用费	t·d	264	264
		砾石砂垫层厚度增加5cm			
1	52-1-4-3	管道砾石砂垫层	m³	9.78	9.78
2	52-1-3-1	沟槽回填 夯填土	m³	-9.78	-9.78

（七）DN900 玻璃纤维增强塑料夹砂管(FRPM)

单位:100m

序号	定额编号	基本组合项目名称	单位	Z52-1-5-51A	Z52-1-5-51B	Z52-1-5-52A	Z52-1-5-52B
				2.0m	2.0m	2.5m	2.5m
1	52-1-2-1	机械挖沟槽土方 深≤3m 现场抛土	m³	462.00	462.00	577.50	577.50
2	53-9-1-1	施工排水、降水 湿土排水	m³	231.00	231.00	346.50	346.50
3	52-1-4-3	管道砾石砂垫层	m³	20.64	20.64	20.64	20.64
4	52-1-4-1	管道黄砂垫层	m³	10.32	10.32	10.32	10.32
5	52-1-6-39	玻璃纤维增强塑料夹砂管(FRPM) 每节 3m 以下 DN900	100m	0.0975	0.0975	0.0975	0.0975
6	52-1-6-56	玻璃纤维增强塑料夹砂管(FRPM) 每节 3m 以上 DN900	100m	0.8775	0.8775	0.8775	0.8775
7	52-1-3-4	沟槽回填 黄砂	m³	140.82	253.03	140.82	253.03
8	52-1-3-1	沟槽回填 夯填土	m³	207.32	95.11	320.08	207.87
9	53-9-1-3	施工排水、降水 筑拆竹箩滤井	座	2.5	2.5	2.5	2.5
序号	定额编号	调整组合项目名称	单位	数量	数量	数量	数量
		围护支撑					
1	52-4-2-2	撑拆列板 深≤2.0m,双面	100m	1	1		
2	52-4-2-3	撑拆列板 深≤2.5m,双面	100m			1	1
3	52-4-2-5	列板使用费	t·d	165	165	205	205
4	52-4-2-6	列板支撑使用费	t·d	58	58	72	72
		砾石砂垫层厚度增加 5cm					
1	52-1-4-3	管道砾石砂垫层	m³	10.32	10.32	10.32	10.32
2	52-1-3-1	沟槽回填 夯填土	m³	−10.32	−10.32	−10.32	−10.32

单位:100m

序号	定额编号	基本组合项目名称	单位	Z52-1-5-53A ≤3.0m	Z52-1-5-53B ≤3.0m	Z52-1-5-54A >3.0m	Z52-1-5-54B >3.0m
1	52-1-2-1	机械挖沟槽土方 深≤3m 现场抛土	m³	664.13	664.13		
2	52-1-2-3	机械挖沟槽土方 深≤6m 现场抛土	m³			721.88	721.88
3	53-9-1-1	施工排水、降水 湿土排水	m³	433.13	433.13	490.88	490.88
4	52-1-4-3	管道砾石砂垫层	m³	20.49	20.49	20.49	20.49
5	52-1-4-1	管道黄砂垫层	m³	10.25	10.25	10.25	10.25
6	52-1-6-39	玻璃纤维增强塑料夹砂管(FRPM)每节 3m 以下 DN900	100m	0.0975	0.0975	0.0975	0.0975
7	52-1-6-56	玻璃纤维增强塑料夹砂管(FRPM)每节 3m 以上 DN900	100m	0.8775	0.8775	0.8775	0.8775
8	52-1-3-4	沟槽回填 黄砂	m³	140.82	253.03	140.82	253.03
9	52-1-3-1	沟槽回填 夯填土	m³	398.90	286.69	456.65	344.44
10	53-9-1-3	施工排水、降水 筑拆竹箩滤井	座	2.5	2.5	2.5	2.5

序号	定额编号	调整组合项目名称	单位	数量	数量	数量	数量
		井点降水					
1	53-9-1-5	施工排水、降水 轻型井点安装	根	83	83	83	83
2	53-9-1-6	施工排水、降水 轻型井点拆除	根	83	83	83	83
3	53-9-1-7	施工排水、降水 轻型井点使用	套·天	27	27	27	27
4	53-9-1-1	施工排水、降水 湿土排水	m³	−433.13	−433.13	−490.88	−490.88
		围护支撑					
1	52-4-2-4	撑拆列板 深≤3.0m,双面	100m	1	1		
2	52-4-3-1	打槽型钢板桩 长 4.00~6.00m,单面	100m			2	2
3	52-4-3-6	拔槽型钢板桩 长 4.00~6.00m,单面	100m			2	2
4	52-4-4-1	安拆钢板桩支撑 槽宽≤3.0m 深 3.01~4.00m	100m			1	1
5	52-4-2-5	列板使用费	t·d	227	227		
6	52-4-2-6	列板支撑使用费	t·d	86	86		
7	52-4-3-11	槽型钢板桩使用费	t·d			1852	1852
8	52-4-4-14	钢板桩支撑使用费	t·d			87	87
		砾石砂垫层厚度增加5cm					
1	52-1-4-3	管道砾石砂垫层	m³	10.25	10.25	10.25	10.25
2	52-1-3-1	沟槽回填 夯填土	m³	−10.25	−10.25	−10.25	−10.25

单位:100m

序号	定额编号	基本组合项目名称	单位	Z52-1-5-55A	Z52-1-5-55B	Z52-1-5-56A	Z52-1-5-56B
				3.5m	3.5m	≤4.0m	≤4.0m
1	52-1-2-3	机械挖沟槽土方 深≤6m 现场抛土	m³	808.50	808.50	895.13	895.13
2	53-9-1-1	施工排水、降水 湿土排水	m³	577.50	577.50	664.13	664.13
3	52-1-4-3	管道砾石砂垫层	m³	20.49	20.49	20.49	20.49
4	52-1-4-1	管道黄砂垫层	m³	10.25	10.25	10.25	10.25
5	52-1-6-39	玻璃纤维增强塑料夹砂管(FRPM) 每节 3m 以下 DN900	100m	0.0975	0.0975	0.0975	0.0975
6	52-1-6-56	玻璃纤维增强塑料夹砂管(FRPM) 每节 3m 以上 DN900	100m	0.8775	0.8775	0.8775	0.8775
7	52-1-3-4	沟槽回填 黄砂	m³	140.82	253.03	140.82	253.03
8	52-1-3-1	沟槽回填 夯填土	m³	539.76	427.55	623.65	511.44
9	53-9-1-3	施工排水、降水 筑拆竹篓滤井	座	2.5	2.5	2.5	2.5
序号	定额编号	调整组合项目名称	单位	数量	数量	数量	数量
		井点降水					
1	53-9-1-5	施工排水、降水 轻型井点安装	根	83	83	83	83
2	53-9-1-6	施工排水、降水 轻型井点拆除	根	83	83	83	83
3	53-9-1-7	施工排水、降水 轻型井点使用	套·天	27	27	27	27
4	53-9-1-1	施工排水、降水 湿土排水	m³	−577.5	−577.5	−664.13	−664.13
		围护支撑					
1	52-4-3-1	打槽型钢板桩 长 4.00～6.00m,单面	100m	2	2	2	2
2	52-4-3-6	拔槽型钢板桩 长 4.00～6.00m,单面	100m	2	2	2	2
3	52-4-4-1	安拆钢板桩支撑 槽宽≤3.0m 深 3.01～4.00m	100m	1	1	1	1
4	52-4-3-11	槽型钢板桩使用费	t·d	1852	1852	1852	1852
5	52-4-4-14	钢板桩支撑使用费	t·d	87	87	87	87
		砾石砂垫层厚度增加 5cm					
1	52-1-4-3	管道砾石砂垫层	m³	10.25	10.25	10.25	10.25
2	52-1-3-1	沟槽回填 夯填土	m³	−10.25	−10.25	−10.25	−10.25

单位:100m

序号	定额编号	基本组合项目名称	单位	Z52-1-5-57A >4.0m	Z52-1-5-57B >4.0m	Z52-1-5-58A 4.5m	Z52-1-5-58B 4.5m
1	52-1-2-3	机械挖沟槽土方 深≤6m 现场抛土	m³	952.88	952.88	1039.50	1039.50
2	53-9-1-1	施工排水、降水 湿土排水	m³	721.88	721.88	808.50	808.50
3	52-1-4-3	管道砾石砂垫层	m³	20.49	20.49	20.49	20.49
4	52-1-4-1	管道黄砂垫层	m³	10.25	10.25	10.25	10.25
5	52-1-6-39	玻璃纤维增强塑料夹砂管(FRPM)每节 3m 以下 DN900	100m	0.0975	0.0975	0.0975	0.0975
6	52-1-6-56	玻璃纤维增强塑料夹砂管(FRPM)每节 3m 以上 DN900	100m	0.8775	0.8775	0.8775	0.8775
7	52-1-3-4	沟槽回填 黄砂	m³	140.82	253.03	140.82	253.03
8	52-1-3-1	沟槽回填 夯填土	m³	681.40	569.19	764.87	652.66
9	53-9-1-3	施工排水、降水 筑拆竹笼滤井	座	2.5	2.5	2.5	2.5
序号	定额编号	调整组合项目名称	单位	数量	数量	数量	数量
		井点降水					
1	53-9-1-5	施工排水、降水 轻型井点安装	根	83	83	83	83
2	53-9-1-6	施工排水、降水 轻型井点拆除	根	83	83	83	83
3	53-9-1-7	施工排水、降水 轻型井点使用	套·天	27	27	27	27
4	53-9-1-1	施工排水、降水 湿土排水	m³	−721.88	−721.88	−808.5	−808.5
		围护支撑					
1	52-4-3-2	打槽型钢板桩 长 6.01～9.00m,单面	100m	2	2	2	2
2	52-4-3-7	拔槽型钢板桩 长 6.01～9.00m,单面	100m	2	2	2	2
3	52-4-4-2	安拆钢板桩支撑 槽宽≤3.0m 深 4.01～6.00m	100m	1	1	1	1
4	52-4-3-11	槽型钢板桩使用费	t·d	4116	4116	4116	4116
5	52-4-4-14	钢板桩支撑使用费	t·d	264	264	264	264
		砾石砂垫层厚度增加 5cm					
1	52-1-4-3	管道砾石砂垫层	m³	10.25	10.25	10.25	10.25
2	52-1-3-1	沟槽回填 夯填土	m³	−10.25	−10.25	−10.25	−10.25

单位:100m

序号	定额编号	基本组合项目名称	单位	Z52-1-5-59A	Z52-1-5-59B	Z52-1-5-60A	Z52-1-5-60B
				5.0m	5.0m	5.5m	5.5m
1	52-1-2-3	机械挖沟槽土方 深≤6m 现场抛土	m³	1207.50	1207.50	1328.25	1328.25
2	53-9-1-1	施工排水、降水 湿土排水	m³	966.00	966.00	1086.75	1086.75
3	52-1-4-3	管道砾石砂垫层	m³	21.42	21.42	21.42	21.42
4	52-1-4-1	管道黄砂垫层	m³	10.71	10.71	10.71	10.71
5	52-1-6-39	玻璃纤维增强塑料夹砂管(FRPM) 每节 3m 以下 DN900	100m	0.0975	0.0975	0.0975	0.0975
6	52-1-6-56	玻璃纤维增强塑料夹砂管(FRPM) 每节 3m 以上 DN900	100m	0.8775	0.8775	0.8775	0.8775
7	52-1-3-4	沟槽回填 黄砂	m³	150.52	267.98	150.52	267.98
8	52-1-3-1	沟槽回填 夯填土	m³	917.99	800.53	1034.19	916.73
9	53-9-1-3	施工排水、降水 筑拆竹笋滤井	座	2.5	2.5	2.5	2.5
序号	定额编号	调整组合项目名称	单位	数量	数量	数量	数量
		井点降水					
1	53-9-1-5	施工排水、降水 轻型井点安装	根	83	83	83	83
2	53-9-1-6	施工排水、降水 轻型井点拆除	根	83	83	83	83
3	53-9-1-7	施工排水、降水 轻型井点使用	套·天	27	27	27	27
4	53-9-1-1	施工排水、降水 湿土排水	m³	−966	−966	−1086.75	−1086.75
		围护支撑					
1	52-4-3-2	打槽型钢板桩 长 6.01～9.00m,单面	100m	2	2	2	2
2	52-4-3-7	拔槽型钢板桩 长 6.01～9.00m,单面	100m	2	2	2	2
3	52-4-4-2	安拆钢板桩支撑 槽宽≤3.0m 深 4.01～6.00m	100m	1	1	1	1
4	52-4-3-11	槽型钢板桩使用费	t·d	4116	4116	4116	4116
5	52-4-4-14	钢板桩支撑使用费	t·d	264	264	264	264
		砾石砂垫层厚度增加 5cm					
1	52-1-4-3	管道砾石砂垫层	m³	10.71	10.71	10.71	10.71
2	52-1-3-1	沟槽回填 夯填土	m³	−10.71	−10.71	−10.71	−10.71

（八）DN1000 玻璃纤维增强塑料夹砂管(FRPM)

单位:100m

序号	定额编号	基本组合项目名称	单位	Z52-1-5-61A 2.0m	Z52-1-5-61B 2.0m	Z52-1-5-62A 2.5m	Z52-1-5-62B 2.5m
1	52-1-2-1	机械挖沟槽土方 深≤3m 现场抛土	m³	504.00	504.00	630.00	630.00
2	53-9-1-1	施工排水、降水 湿土排水	m³	252.00	252.00	378.00	378.00
3	52-1-4-3	管道砾石砂垫层	m³	22.51	22.51	22.51	22.51
4	52-1-4-1	管道黄砂垫层	m³	11.26	11.26	11.26	11.26
5	52-1-6-40	玻璃纤维增强塑料夹砂管(FRPM) 每节 3m 以下 DN1000	100m	0.0975	0.0975	0.0975	0.0975
6	52-1-6-57	玻璃纤维增强塑料夹砂管(FRPM) 每节 3m 以上 DN1000	100m	0.8775	0.8775	0.8775	0.8775
7	52-1-3-4	沟槽回填 黄砂	m³	170.70	293.40	170.70	293.40
8	52-1-3-1	沟槽回填 夯填土	m³	201.40	78.70	324.66	201.96
9	53-9-1-3	施工排水、降水 筑拆竹笼滤井	座	2.5	2.5	2.5	2.5
序号	定额编号	调整组合项目名称	单位	数量	数量	数量	数量
		围护支撑					
1	52-4-2-2	撑拆列板 深≤2.0m,双面	100m	1	1		
2	52-4-2-3	撑拆列板 深≤2.5m,双面	100m			1	1
3	52-4-2-5	列板使用费	t·d	165	165	205	205
4	52-4-2-6	列板支撑使用费	t·d	58	58	72	72
		砾石砂垫层厚度增加 5cm					
1	52-1-4-3	管道砾石砂垫层	m³	11.26	11.26	11.26	11.26
2	52-1-3-1	沟槽回填 夯填土	m³	−11.26	−11.26	−11.26	−11.26

单位:100m

序号	定额编号	基本组合项目名称	单位	Z52-1-5-63A	Z52-1-5-63B	Z52-1-5-64A	Z52-1-5-64B
				≤3.0m	≤3.0m	>3.0m	>3.0m
1	52-1-2-1	机械挖沟槽土方 深≤3m 现场抛土	m³	724.50	724.50		
2	52-1-2-3	机械挖沟槽土方 深≤6m 现场抛土	m³			787.50	787.50
3	53-9-1-1	施工排水、降水 湿土排水	m³	472.50	472.50	535.50	535.50
4	52-1-4-3	管道砾石砂垫层	m³	22.36	22.36	22.36	22.36
5	52-1-4-1	管道黄砂垫层	m³	11.18	11.18	11.18	11.18
6	52-1-6-40	玻璃纤维增强塑料夹砂管(FRPM) 每节 3m 以下 DN1000	100m	0.0975	0.0975	0.0975	0.0975
7	52-1-6-57	玻璃纤维增强塑料夹砂管(FRPM) 每节 3m 以上 DN1000	100m	0.8775	0.8775	0.8775	0.8775
8	52-1-3-4	沟槽回填 黄砂	m³	170.70	293.40	170.70	293.40
9	52-1-3-1	沟槽回填 夯填土	m³	411.36	288.66	474.36	351.66
10	53-9-1-3	施工排水、降水 筑拆竹笆滤井	座	2.5	2.5	2.5	2.5

序号	定额编号	调整组合项目名称	单位	数量	数量	数量	数量
		井点降水					
1	53-9-1-5	施工排水、降水 轻型井点安装	根	83	83	83	83
2	53-9-1-6	施工排水、降水 轻型井点拆除	根	83	83	83	83
3	53-9-1-7	施工排水、降水 轻型井点使用	套·天	27	27	27	27
4	53-9-1-1	施工排水、降水 湿土排水	m³	−472.5	−472.5	−535.5	−535.5
		围护支撑					
1	52-4-2-4	撑拆列板 深≤3.0m,双面	100m	1	1		
2	52-4-3-1	打槽型钢板桩 长 4.00~6.00m, 单面	100m			2	2
3	52-4-3-6	拔槽型钢板桩 长 4.00~6.00m, 单面	100m			2	2
4	52-4-4-1	安拆钢板桩支撑 槽宽≤3.0m 深 3.01~4.00m	100m			1	1
5	52-4-2-5	列板使用费	t·d	227	227		
6	52-4-2-6	列板支撑使用费	t·d	86	86		
7	52-4-3-11	槽型钢板桩使用费	t·d			1852	1852
8	52-4-4-14	钢板桩支撑使用费	t·d			87	87
		砾石砂垫层厚度增加 5cm					
1	52-1-4-3	管道砾石砂垫层	m³	11.18	11.18	11.18	11.18
2	52-1-3-1	沟槽回填 夯填土	m³	−11.18	−11.18	−11.18	−11.18

单位:100m

序号	定额编号	基本组合项目名称	单位	Z52-1-5-65A	Z52-1-5-65B	Z52-1-5-66A	Z52-1-5-66B
				3.5m	3.5m	≤4.0m	≤4.0m
1	52-1-2-3	机械挖沟槽土方 深≤6m 现场抛土	m³	882.00	882.00	976.50	976.50
2	53-9-1-1	施工排水、降水 湿土排水	m³	630.00	630.00	724.50	724.50
3	52-1-4-3	管道砾石砂垫层	m³	22.36	22.36	22.36	22.36
4	52-1-4-1	管道黄砂垫层	m³	11.18	11.18	11.18	11.18
5	52-1-6-40	玻璃纤维增强塑料夹砂管(FRPM) 每节 3m 以下 DN1000	100m	0.0975	0.0975	0.0975	0.0975
6	52-1-6-57	玻璃纤维增强塑料夹砂管(FRPM) 每节 3m 以上 DN1000	100m	0.8775	0.8775	0.8775	0.8775
7	52-1-3-4	沟槽回填 黄砂	m³	170.70	293.40	170.70	293.40
8	52-1-3-1	沟槽回填 夯填土	m³	565.35	442.65	657.11	534.41
9	53-9-1-3	施工排水、降水 筑拆竹箩滤井	座	2.5	2.5	2.5	2.5
序号	定额编号	调整组合项目名称	单位	数量	数量	数量	数量
		井点降水					
1	53-9-1-5	施工排水、降水 轻型井点安装	根	83	83	83	83
2	53-9-1-6	施工排水、降水 轻型井点拆除	根	83	83	83	83
3	53-9-1-7	施工排水、降水 轻型井点使用	套·天	27	27	27	27
4	53-9-1-1	施工排水、降水 湿土排水	m³	−630	−630	−724.5	−724.5
		围护支撑					
1	52-4-3-1	打槽型钢板桩 长 4.00～6.00m,单面	100m	2	2	2	2
2	52-4-3-6	拔槽型钢板桩 长 4.00～6.00m,单面	100m	2	2	2	2
3	52-4-4-1	安拆钢板桩支撑 槽宽≤3.0m 深 3.01～4.00m	100m	1	1	1	1
4	52-4-3-11	槽型钢板桩使用费	t·d	1852	1852	1852	1852
5	52-4-4-14	钢板桩支撑使用费	t·d	87	87	87	87
		砾石砂垫层厚度增加 5cm					
1	52-1-4-3	管道砾石砂垫层	m³	11.18	11.18	11.18	11.18
2	52-1-3-1	沟槽回填 夯填土	m³	−11.18	−11.18	−11.18	−11.18

单位：100m

序号	定额编号	基本组合项目名称	单位	Z52-1-5-67A	Z52-1-5-67B	Z52-1-5-68A	Z52-1-5-68B
				＞4.0m	＞4.0m	4.5m	4.5m
1	52-1-2-3	机械挖沟槽土方 深≤6m 现场抛土	m³	1039.50	1039.50	1134.00	1134.00
2	53-9-1-1	施工排水、降水 湿土排水	m³	787.50	787.50	882.00	882.00
3	52-1-4-3	管道砾石砂垫层	m³	22.36	22.36	22.36	22.36
4	52-1-4-1	管道黄砂垫层	m³	11.18	11.18	11.18	11.18
5	52-1-6-40	玻璃纤维增强塑料夹砂管(FRPM) 每节 3m 以下 DN1000	100m	0.0975	0.0975	0.0975	0.0975
6	52-1-6-57	玻璃纤维增强塑料夹砂管(FRPM) 每节 3m 以上 DN1000	100m	0.8775	0.8775	0.8775	0.8775
7	52-1-3-4	沟槽回填 黄砂	m³	170.70	293.40	170.70	293.40
8	52-1-3-1	沟槽回填 夯填土	m³	720.11	597.41	811.46	688.76
9	53-9-1-3	施工排水、降水 筑拆竹箩滤井	座	2.5	2.5	2.5	2.5

序号	定额编号	调整组合项目名称	单位	数量	数量	数量	数量
		井点降水					
1	53-9-1-5	施工排水、降水 轻型井点安装	根	83	83	83	83
2	53-9-1-6	施工排水、降水 轻型井点拆除	根	83	83	83	83
3	53-9-1-7	施工排水、降水 轻型井点使用	套·天	27	27	27	27
4	53-9-1-1	施工排水、降水 湿土排水	m³	−787.5	−787.5	−882	−882
		围护支撑					
1	52-4-3-2	打槽型钢板桩 长 6.01～9.00m，单面	100m	2	2	2	2
2	52-4-3-7	拔槽型钢板桩 长 6.01～9.00m，单面	100m	2	2	2	2
3	52-4-4-2	安拆钢板桩支撑 槽宽≤3.0m 深 4.01～6.00m	100m	1	1	1	1
4	52-4-3-11	槽型钢板桩使用费	t·d	4116	4116	4116	4116
5	52-4-4-14	钢板桩支撑使用费	t·d	264	264	264	264
		砾石砂垫层厚度增加 5cm					
1	52-1-4-3	管道砾石砂垫层	m³	11.18	11.18	11.18	11.18
2	52-1-3-1	沟槽回填 夯填土	m³	−11.18	−11.18	−11.18	−11.18

单位:100m

序号	定额编号	基本组合项目名称	单位	Z52-1-5-69A	Z52-1-5-69B	Z52-1-5-70A	Z52-1-5-70B
				5.0m	5.0m	5.5m	5.5m
1	52-1-2-3	机械挖沟槽土方 深≤6m 现场抛土	m³	1312.50	1312.50	1443.75	1443.75
2	53-9-1-1	施工排水、降水 湿土排水	m³	1050.00	1050.00	1181.25	1181.25
3	52-1-4-3	管道砾石砂垫层	m³	23.29	23.29	23.29	23.29
4	52-1-4-1	管道黄砂垫层	m³	11.64	11.64	11.64	11.64
5	52-1-6-40	玻璃纤维增强塑料夹砂管(FRPM) 每节 3m 以下 DN1000	100m	0.0975	0.0975	0.0975	0.0975
6	52-1-6-57	玻璃纤维增强塑料夹砂管(FRPM) 每节 3m 以上 DN1000	100m	0.8775	0.8775	0.8775	0.8775
7	52-1-3-4	沟槽回填 黄砂	m³	181.47	309.43	181.47	309.43
8	52-1-3-1	沟槽回填 夯填土	m³	974.01	846.05	1100.71	972.75
9	53-9-1-3	施工排水、降水 筑拆竹箩滤井	座	2.5	2.5	2.5	2.5

序号	定额编号	调整组合项目名称	单位	数量	数量	数量	数量
		井点降水					
1	53-9-1-5	施工排水、降水 轻型井点安装	根	83	83	83	83
2	53-9-1-6	施工排水、降水 轻型井点拆除	根	83	83	83	83
3	53-9-1-7	施工排水、降水 轻型井点使用	套·天	27	27	27	27
4	53-9-1-1	施工排水、降水 湿土排水	m³	−1050	−1050	−1181.25	−1181.25
		围护支撑					
1	52-4-3-2	打槽型钢板桩 长 6.01～9.00m,单面	100m	2	2	2	2
2	52-4-3-7	拔槽型钢板桩 长 6.01～9.00m,单面	100m	2	2	2	2
3	52-4-4-2	安拆钢板桩支撑 槽宽≤3.0m 深 4.01～6.00m	100m	1	1	1	1
4	52-4-3-11	槽型钢板桩使用费	t·d	4116	4116	4116	4116
5	52-4-4-14	钢板桩支撑使用费	t·d	264	264	264	264
		砾石砂垫层厚度增加 5cm					
1	52-1-4-3	管道砾石砂垫层	m³	11.65	11.65	11.65	11.65
2	52-1-3-1	沟槽回填 夯填土	m³	−11.65	−11.65	−11.65	−11.65

（九）DN1200 玻璃纤维增强塑料夹砂管(FRPM)

单位：100m

序号	定额编号	基本组合项目名称	单位	Z52-1-5-71A	Z52-1-5-71B	Z52-1-5-72A	Z52-1-5-72B
				2.0m	2.0m	2.5m	2.5m
1	52-1-2-1	机械挖沟槽土方 深≤3m 现场抛土	m³	546.00	546.00	682.50	682.50
2	53-9-1-1	施工排水、降水 湿土排水	m³	273.00	273.00	409.50	409.50
3	52-1-4-3	管道砾石砂垫层	m³	24.39	24.39	24.39	24.39
4	52-1-4-1	管道黄砂垫层	m³	12.19	12.19	12.19	12.19
5	52-1-6-41	玻璃纤维增强塑料夹砂管(FRPM) 每节 3m 以下 DN1200	100m	0.0975	0.0975	0.0975	0.0975
6	52-1-6-58	玻璃纤维增强塑料夹砂管(FRPM) 每节 3m 以上 DN1200	100m	0.8775	0.8775	0.8775	0.8775
7	52-1-3-4	沟槽回填 黄砂	m³	209.94	342.73	209.94	342.73
8	52-1-3-1	沟槽回填 夯填土	m³	163.91	31.12	297.67	164.88
9	53-9-1-3	施工排水、降水 筑拆竹箩滤井	座	2.5	2.5	2.5	2.5
序号	定额编号	调整组合项目名称	单位	数量	数量	数量	数量
		围护支撑					
1	52-4-2-2	撑拆列板 深≤2.0m,双面	100m	1	1		
2	52-4-2-3	撑拆列板 深≤2.5m,双面	100m			1	1
3	52-4-2-5	列板使用费	t·d	165	165	205	205
4	52-4-2-6	列板支撑使用费	t·d	58	58	72	72
		砾石砂垫层厚度增加 5cm					
1	52-1-4-3	管道砾石砂垫层	m³	12.20	12.20	12.20	12.20
2	52-1-3-1	沟槽回填 夯填土	m³	−12.20	−12.20	−12.20	−12.20

单位:100m

序号	定额编号	基本组合项目名称	单位	Z52-1-5-73A ≤3.0m	Z52-1-5-73B ≤3.0m	Z52-1-5-74A >3.0m	Z52-1-5-74B >3.0m
1	52-1-2-1	机械挖沟槽土方 深≤3m 现场抛土	m³	784.88	784.88		
2	52-1-2-3	机械挖沟槽土方 深≤6m 现场抛土	m³			853.13	853.13
3	53-9-1-1	施工排水、降水 湿土排水	m³	511.88	511.88	580.13	580.13
4	52-1-4-3	管道砾石砂垫层	m³	24.22	24.22	24.22	24.22
5	52-1-4-1	管道黄砂垫层	m³	12.11	12.11	12.11	12.11
6	52-1-6-41	玻璃纤维增强塑料夹砂管(FRPM) 每节 3m 以下 DN1200	100m	0.0975	0.0975	0.0975	0.0975
7	52-1-6-58	玻璃纤维增强塑料夹砂管(FRPM) 每节 3m 以上 DN1200	100m	0.8775	0.8775	0.8775	0.8775
8	52-1-3-4	沟槽回填 黄砂	m³	209.94	342.73	209.94	342.73
9	52-1-3-1	沟槽回填 夯填土	m³	391.86	259.07	460.11	327.32
10	53-9-1-3	施工排水、降水 筑拆竹箩滤井	座	2.5	2.5	2.5	2.5

序号	定额编号	调整组合项目名称	单位	数量	数量	数量	数量
		井点降水					
1	53-9-1-5	施工排水、降水 轻型井点安装	根	83	83	83	83
2	53-9-1-6	施工排水、降水 轻型井点拆除	根	83	83	83	83
3	53-9-1-7	施工排水、降水 轻型井点使用	套·天	28	28	28	28
4	53-9-1-1	施工排水、降水 湿土排水	m³	−511.88	−511.88	−580.13	−580.13
		围护支撑					
1	52-4-2-4	撑拆列板 深≤3.0m,双面	100m	1	1		
2	52-4-3-1	打槽型钢板桩 长 4.00~6.00m,单面	100m			2	2
3	52-4-3-6	拔槽型钢板桩 长 4.00~6.00m,单面	100m			2	2
4	52-4-4-1	安拆钢板桩支撑 槽宽≤3.0m 深 3.01~4.00m	100m			1	1
5	52-4-2-5	列板使用费	t·d	227	227		
6	52-4-2-6	列板支撑使用费	t·d	86	86		
7	52-4-3-11	槽型钢板桩使用费	t·d			1852	1852
8	52-4-4-14	钢板桩支撑使用费	t·d			87	87
		砾石砂垫层厚度增加 5cm					
1	52-1-4-3	管道砾石砂垫层	m³	12.11	12.11	12.11	12.11
2	52-1-3-1	沟槽回填 夯填土	m³	−12.11	−12.11	−12.11	−12.11

单位:100m

序号	定额编号	基本组合项目名称	单位	Z52-1-5-75A	Z52-1-5-75B	Z52-1-5-76A	Z52-1-5-76B
				3.5m	3.5m	≤4.0m	≤4.0m
1	52-1-2-3	机械挖沟槽土方 深≤6m 现场抛土	m³	955.50	955.50	1057.88	1057.88
2	53-9-1-1	施工排水、降水 湿土排水	m³	682.50	682.50	784.88	784.88
3	52-1-4-3	管道砾石砂垫层	m³	24.22	24.22	24.22	24.22
4	52-1-4-1	管道黄砂垫层	m³	12.11	12.11	12.11	12.11
5	52-1-6-41	玻璃纤维增强塑料夹砂管(FRPM) 每节 3m 以下 DN1200	100m	0.0975	0.0975	0.0975	0.0975
6	52-1-6-58	玻璃纤维增强塑料夹砂管(FRPM) 每节 3m 以上 DN1200	100m	0.8775	0.8775	0.8775	0.8775
7	52-1-3-4	沟槽回填 黄砂	m³	209.94	342.73	209.94	342.73
8	52-1-3-1	沟槽回填 夯填土	m³	558.89	426.10	658.54	525.75
9	53-9-1-3	施工排水、降水 筑拆竹箩滤井	座	2.5	2.5	2.5	2.5
序号	定额编号	调整组合项目名称	单位	数量	数量	数量	数量
		井点降水					
1	53-9-1-5	施工排水、降水 轻型井点安装	根	83	83	83	83
2	53-9-1-6	施工排水、降水 轻型井点拆除	根	83	83	83	83
3	53-9-1-7	施工排水、降水 轻型井点使用	套·天	28	28	28	28
4	53-9-1-1	施工排水、降水 湿土排水	m³	−682.5	−682.5	−784.88	−784.88
		围护支撑					
1	52-4-3-1	打槽型钢板桩 长 4.00～6.00m,单面	100m	2	2	2	2
2	52-4-3-6	拔槽型钢板桩 长 4.00～6.00m,单面	100m	2	2	2	2
3	52-4-4-1	安拆钢板桩支撑 槽宽≤3.0m 深 3.01～4.00m	100m	1	1	1	1
4	52-4-3-11	槽型钢板桩使用费	t·d	1852	1852	1852	1852
5	52-4-4-14	钢板桩支撑使用费	t·d	87	87	87	87
		砾石砂垫层厚度增加 5cm					
1	52-1-4-3	管道砾石砂垫层	m³	12.11	12.11	12.11	12.11
2	52-1-3-1	沟槽回填 夯填土	m³	−12.11	−12.11	−12.11	−12.11

单位:100m

序号	定额编号	基本组合项目名称	单位	Z52-1-5-77A	Z52-1-5-77B	Z52-1-5-78A	Z52-1-5-78B
				>4.0m	>4.0m	4.5m	4.5m
1	52-1-2-3	机械挖沟槽土方 深≤6m 现场抛土	m³	1126.13	1126.13	1228.50	1228.50
2	53-9-1-1	施工排水、降水 湿土排水	m³	853.13	853.13	955.50	955.50
3	52-1-4-3	管道砾石砂垫层	m³	24.22	24.22	24.22	24.22
4	52-1-4-1	管道黄砂垫层	m³	12.11	12.11	12.11	12.11
5	52-1-6-41	玻璃纤维增强塑料夹砂管(FRPM) 每节 3m 以下 DN1200	100m	0.0975	0.0975	0.0975	0.0975
6	52-1-6-58	玻璃纤维增强塑料夹砂管(FRPM) 每节 3m 以上 DN1200	100m	0.8775	0.8775	0.8775	0.8775
7	52-1-3-4	沟槽回填 黄砂	m³	209.94	342.73	209.94	342.73
8	52-1-3-1	沟槽回填 夯填土	m³	726.79	594.00	826.00	693.21
9	53-9-1-3	施工排水、降水 筑拆竹笼滤井	座	2.5	2.5	2.5	2.5

序号	定额编号	调整组合项目名称	单位	数量	数量	数量	数量
		井点降水					
1	53-9-1-5	施工排水、降水 轻型井点安装	根	83	83	83	83
2	53-9-1-6	施工排水、降水 轻型井点拆除	根	83	83	83	83
3	53-9-1-7	施工排水、降水 轻型井点使用	套·天	28	28	28	28
4	53-9-1-1	施工排水、降水 湿土排水	m³	−853.13	−853.13	−955.5	−955.5
		围护支撑					
1	52-4-3-2	打槽型钢板桩 长 6.01～9.00m,单面	100m	2	2	2	2
2	52-4-3-7	拔槽型钢板桩 长 6.01～9.00m,单面	100m	2	2	2	2
3	52-4-4-2	安拆钢板桩支撑 槽宽≤3.0m 深4.01～6.00m	100m	1	1	1	1
4	52-4-3-11	槽型钢板桩使用费	t·d	4116	4116	4116	4116
5	52-4-4-14	钢板桩支撑使用费	t·d	264	264	264	264
		砾石砂垫层厚度增加 5cm					
1	52-1-4-3	管道砾石砂垫层	m³	12.11	12.11	12.11	12.11
2	52-1-3-1	沟槽回填 夯填土	m³	−12.11	−12.11	−12.11	−12.11

单位：100m

序号	定额编号	基本组合项目名称	单位	Z52-1-5-79A	Z52-1-5-79B	Z52-1-5-80A	Z52-1-5-80B
				5.0m	5.0m	5.5m	5.5m
1	52-1-2-3	机械挖沟槽土方 深≤6m 现场抛土	m³	1417.50	1417.50	1559.25	1559.25
2	53-9-1-1	施工排水、降水 湿土排水	m³	1134.00	1134.00	1275.75	1275.75
3	52-1-4-3	管道砾石砂垫层	m³	25.15	25.15	25.15	25.15
4	52-1-4-1	管道黄砂垫层	m³	12.58	12.58	12.58	12.58
5	52-1-6-41	玻璃纤维增强塑料夹砂管(FRPM) 每节 3m 以下 DN1200	100m	0.0975	0.0975	0.0975	0.0975
6	52-1-6-58	玻璃纤维增强塑料夹砂管(FRPM) 每节 3m 以上 DN1200	100m	0.8775	0.8775	0.8775	0.8775
7	52-1-3-4	沟槽回填 黄砂	m³	222.85	360.88	222.85	360.88
8	52-1-3-1	沟槽回填 夯填土	m³	996.05	858.02	1134.02	995.99
9	53-9-1-3	施工排水、降水 筑拆竹箩滤井	座	2.5	2.5	2.5	2.5
序号	定额编号	调整组合项目名称	单位	数量	数量	数量	数量
		井点降水					
1	53-9-1-5	施工排水、降水 轻型井点安装	根	83	83	83	83
2	53-9-1-6	施工排水、降水 轻型井点拆除	根	83	83	83	83
3	53-9-1-7	施工排水、降水 轻型井点使用	套·天	28	28	28	28
4	53-9-1-1	施工排水、降水 湿土排水	m³	−1134	−1134	−1275.75	−1275.75
		围护支撑					
1	52-4-3-2	打槽型钢板桩 长 6.01～9.00m，单面	100m	2	2	2	2
2	52-4-3-7	拔槽型钢板桩 长 6.01～9.00m，单面	100m	2	2	2	2
3	52-4-4-2	安拆钢板桩支撑 槽宽≤3.0m 深 4.01～6.00m	100m	1	1	1	1
4	52-4-3-11	槽型钢板桩使用费	t·d	4116	4116	4116	4116
5	52-4-4-14	钢板桩支撑使用费	t·d	264	264	264	264
		砾石砂垫层厚度增加 5cm					
1	52-1-4-3	管道砾石砂垫层	m³	12.58	12.58	12.58	12.58
2	52-1-3-1	沟槽回填 夯填土	m³	−12.58	−12.58	−12.58	−12.58

（十）DN1400 玻璃纤维增强塑料夹砂管(FRPM)

单位:100m

序号	定额编号	基本组合项目名称	单位	Z52-1-5-81A 2.5m	Z52-1-5-81B 2.5m	Z52-1-5-82A ≤3.0m	Z52-1-5-82B ≤3.0m
1	52-1-2-1	机械挖沟槽土方 深≤3m 现场抛土	m³	735.00	735.00	845.25	845.25
2	53-9-1-1	施工排水、降水 湿土排水	m³	441.00	441.00	551.25	551.25
3	52-1-4-3	管道砾石砂垫层	m³	26.01	26.01	26.01	26.01
4	52-1-4-1	管道黄砂垫层	m³	13.01	13.01	13.01	13.01
5	52-1-6-42	玻璃纤维增强塑料夹砂管(FRPM) 每节 3m 以下 DN1400	100m	0.0973	0.0973	0.0973	0.0973
6	52-1-6-59	玻璃纤维增强塑料夹砂管(FRPM) 每节 3m 以上 DN1400	100m	0.8753	0.8753	0.8753	0.8753
7	52-1-3-4	沟槽回填 黄砂	m³	244.12	387.35	244.12	387.35
8	52-1-3-1	沟槽回填 夯填土	m³	257.54	114.31	365.06	221.83
9	53-9-1-3	施工排水、降水 筑拆竹箩滤井	座	2.5	2.5	2.5	2.5
序号	定额编号	调整组合项目名称	单位	数量	数量	数量	数量
		井点降水					
1	53-9-1-5	施工排水、降水 轻型井点安装	根			83	83
2	53-9-1-6	施工排水、降水 轻型井点拆除	根			83	83
3	53-9-1-7	施工排水、降水 轻型井点使用	套·天			30	30
4	53-9-1-1	施工排水、降水 湿土排水	m³			−551.25	−551.25
		围护支撑					
1	52-4-2-3	撑拆列板 深≤2.5m,双面	100m	1	1		
2	52-4-2-4	撑拆列板 深≤3.0m,双面	100m			1	1
3	52-4-2-5	列板使用费	t·d	213	213	257	257
4	52-4-2-6	列板支撑使用费	t·d	81	81	98	98
		砾石砂垫层厚度增加 5cm					
1	52-1-4-3	管道砾石砂垫层	m³	13.01	13.01	13.01	13.01
2	52-1-3-1	沟槽回填 夯填土	m³	−13.01	−13.01	−13.01	−13.01

单位：100m

序号	定额编号	基本组合项目名称	单位	Z52-1-5-83A >3.0m	Z52-1-5-83B >3.0m	Z52-1-5-84A 3.5m	Z52-1-5-84B 3.5m
1	52-1-2-3	机械挖沟槽土方 深≤6m 现场抛土	m³	918.75	918.75	1029.00	1029.00
2	53-9-1-1	施工排水、降水 湿土排水	m³	624.75	624.75	735.00	735.00
3	52-1-4-3	管道砾石砂垫层	m³	26.01	26.01	26.01	26.01
4	52-1-4-1	管道黄砂垫层	m³	13.01	13.01	13.01	13.01
5	52-1-6-42	玻璃纤维增强塑料夹砂管(FRPM)每节3m以下 DN1400	100m	0.0973	0.0973	0.0973	0.0973
6	52-1-6-59	玻璃纤维增强塑料夹砂管(FRPM)每节3m以上 DN1400	100m	0.8753	0.8753	0.8753	0.8753
7	52-1-3-4	沟槽回填 黄砂	m³	244.12	387.35	244.12	387.35
8	52-1-3-1	沟槽回填 夯填土	m³	438.56	295.33	544.86	401.63
9	53-9-1-3	施工排水、降水 筑拆竹箩滤井	座	2.5	2.5	2.5	2.5

序号	定额编号	调整组合项目名称	单位	数量	数量	数量	数量
		井点降水					
1	53-9-1-5	施工排水、降水 轻型井点安装	根	83	83	83	83
2	53-9-1-6	施工排水、降水 轻型井点拆除	根	83	83	83	83
3	53-9-1-7	施工排水、降水 轻型井点使用	套·天	30	30	30	30
4	53-9-1-1	施工排水、降水 湿土排水	m³	−624.75	−624.75	−735	−735
		围护支撑					
1	52-4-3-1	打槽型钢板桩 长4.00～6.00m，单面	100m	2	2	2	2
2	52-4-3-6	拔槽型钢板桩 长4.00～6.00m，单面	100m	2	2	2	2
3	52-4-4-1	安拆钢板桩支撑 槽宽≤3.0m 深3.01～4.00m	100m	1	1	1	1
4	52-4-3-11	槽型钢板桩使用费	t·d	2468	2468	2468	2468
5	52-4-4-14	钢板桩支撑使用费	t·d	162	162	162	162
		砾石砂垫层厚度增加5cm					
1	52-1-4-3	管道砾石砂垫层	m³	13.01	13.01	13.01	13.01
2	52-1-3-1	沟槽回填 夯填土	m³	−13.01	−13.01	−13.01	−13.01

单位：100m

序号	定额编号	基本组合项目名称	单位	Z52-1-5-85A	Z52-1-5-85B	Z52-1-5-86A	Z52-1-5-86B
				≤4.0m	≤4.0m	>4.0m	>4.0m
1	52-1-2-3	机械挖沟槽土方 深≤6m 现场抛土	m³	1139.25	1139.25	1212.75	1212.75
2	53-9-1-1	施工排水、降水 湿土排水	m³	845.25	845.25	918.75	918.75
3	52-1-4-3	管道砾石砂垫层	m³	26.01	26.01	26.01	26.01
4	52-1-4-1	管道黄砂垫层	m³	13.01	13.01	13.01	13.01
5	52-1-6-42	玻璃纤维增强塑料夹砂管（FRPM）每节 3m 以下 DN1400	100m	0.0973	0.0973	0.0973	0.0973
6	52-1-6-59	玻璃纤维增强塑料夹砂管（FRPM）每节 3m 以上 DN1400	100m	0.8753	0.8753	0.8753	0.8753
7	52-1-3-4	沟槽回填 黄砂	m³	244.12	387.35	244.12	387.35
8	52-1-3-1	沟槽回填 夯填土	m³	652.18	508.95	725.68	582.45
9	53-9-1-3	施工排水、降水 筑拆竹箩滤井	座	2.5	2.5	2.5	2.5
序号	定额编号	调整组合项目名称	单位	数量	数量	数量	数量
		井点降水					
1	53-9-1-5	施工排水、降水 轻型井点安装	根	83	83	83	83
2	53-9-1-6	施工排水、降水 轻型井点拆除	根	83	83	83	83
3	53-9-1-7	施工排水、降水 轻型井点使用	套·天	30	30	30	30
4	53-9-1-1	施工排水、降水 湿土排水	m³	−845.25	−845.25	−918.75	−918.75
		围护支撑					
1	52-4-3-1	打槽型钢板桩 长 4.00～6.00m，单面	100m	2	2		
2	52-4-3-2	打槽型钢板桩 长 6.01～9.00m，单面	100m			2	2
3	52-4-3-6	拔槽型钢板桩 长 4.00～6.00m，单面	100m	2	2		
4	52-4-3-7	拔槽型钢板桩 长 6.01～9.00m，单面	100m			2	2
5	52-4-4-1	安拆钢板桩支撑 槽宽≤3.0m 深 3.01～4.00m	100m	1	1		
6	52-4-4-2	安拆钢板桩支撑 槽宽≤3.0m 深 4.01～6.00m	100m			1	1
7	52-4-3-11	槽型钢板桩使用费	t·d	2468	2468	5488	5488
8	52-4-4-14	钢板桩支撑使用费	t·d	162	162	324	324
		砾石砂垫层厚度增加 5cm					
1	52-1-4-3	管道砾石砂垫层	m³	13.01	13.01	13.01	13.01
2	52-1-3-1	沟槽回填 夯填土	m³	−13.01	−13.01	−13.01	−13.01

单位:100m

序号	定额编号	基本组合项目名称	单位	Z52-1-5-87A	Z52-1-5-87B	Z52-1-5-88A	Z52-1-5-88B
				4.5m	4.5m	5.0m	5.0m
1	52-1-2-3	机械挖沟槽土方 深≤6m 现场抛土	m³	1323.00	1323.00	1522.50	1522.50
2	53-9-1-1	施工排水、降水 湿土排水	m³	1029.00	1029.00	1218.00	1218.00
3	52-1-4-3	管道砾石砂垫层	m³	25.84	25.84	26.77	26.77
4	52-1-4-1	管道黄砂垫层	m³	12.92	12.92	13.38	13.38
5	52-1-6-42	玻璃纤维增强塑料夹砂管(FRPM) 每节 3m 以下 DN1400	100m	0.0973	0.0973	0.0973	0.0973
6	52-1-6-59	玻璃纤维增强塑料夹砂管(FRPM) 每节 3m 以上 DN1400	100m	0.8753	0.8753	0.8753	0.8753
7	52-1-3-4	沟槽回填 黄砂	m³	244.12	387.35	259.18	407.65
8	52-1-3-1	沟槽回填 夯填土	m³	827.97	684.74	1005.91	857.44
9	53-9-1-3	施工排水、降水 筑拆竹箩滤井	座	2.5	2.5	2.5	2.5

序号	定额编号	调整组合项目名称	单位	数量	数量	数量	数量
		井点降水					
1	53-9-1-5	施工排水、降水 轻型井点安装	根	83	83	83	83
2	53-9-1-6	施工排水、降水 轻型井点拆除	根	83	83	83	83
3	53-9-1-7	施工排水、降水 轻型井点使用	套·天	30	30	30	30
4	53-9-1-1	施工排水、降水 湿土排水	m³	−1029	−1029	−1218	−1218
		围护支撑					
1	52-4-3-2	打槽型钢板桩 长 6.01~9.00m,单面	100m	2	2	2	2
2	52-4-3-7	拔槽型钢板桩 长 6.01~9.00m,单面	100m	2	2	2	2
3	52-4-4-2	安拆钢板桩支撑 槽宽≤3.0m 深 4.01~6.00m	100m	1	1	1	1
4	52-4-3-11	槽型钢板桩使用费	t·d	5488	5488	5488	5488
5	52-4-4-14	钢板桩支撑使用费	t·d	324	324	324	324
		砾石砂垫层厚度增加 5cm					
1	52-1-4-3	管道砾石砂垫层	m³	12.92	12.92	13.39	13.39
2	52-1-3-1	沟槽回填 夯填土	m³	−12.92	−12.92	−13.39	−13.39

单位:100m

序号	定额编号	基本组合项目名称	单位	Z52-1-5-89A	Z52-1-5-89B	Z52-1-5-90A	Z52-1-5-90B
				5.5m	5.5m	≤6.0m	≤6.0m
1	52-1-2-3	机械挖沟槽土方 深≤6m 现场抛土	m³	1674.75	1674.75	1788.94	1788.94
2	53-9-1-1	施工排水、降水 湿土排水	m³	1370.25	1370.25	1484.44	1484.44
3	52-1-4-3	管道砾石砂垫层	m³	26.77	26.77	26.77	26.77
4	52-1-4-1	管道黄砂垫层	m³	13.38	13.38	13.38	13.38
5	52-1-6-42	玻璃纤维增强塑料夹砂管(FRPM) 每节3m以下 DN1400	100m	0.0973	0.0973	0.0973	0.0973
6	52-1-6-59	玻璃纤维增强塑料夹砂管(FRPM) 每节3m以上 DN1400	100m	0.8753	0.8753	0.8753	0.8753
7	52-1-3-4	沟槽回填 黄砂	m³	259.18	407.65	259.18	407.65
8	52-1-3-1	沟槽回填 夯填土	m³	1153.01	1004.54	1262.05	1113.58
9	53-9-1-3	施工排水、降水 筑拆竹箩滤井	座	2.5	2.5	2.5	2.5
序号	定额编号	调整组合项目名称	单位	数量	数量	数量	数量
		井点降水					
1	53-9-1-5	施工排水、降水 轻型井点安装	根	83	83	83	83
2	53-9-1-6	施工排水、降水 轻型井点拆除	根	83	83	83	83
3	53-9-1-7	施工排水、降水 轻型井点使用	套·天	30	30	30	30
4	53-9-1-1	施工排水、降水 湿土排水	m³	−1370.25	−1370.25	−1484.44	−1484.44
		围护支撑					
1	52-4-3-2	打槽型钢板桩 长6.01~9.00m,单面	100m	2	2	2	2
2	52-4-3-7	拔槽型钢板桩 长6.01~9.00m,单面	100m	2	2	2	2
3	52-4-4-2	安拆钢板桩支撑 槽宽≤3.0m 深4.01~6.00m	100m	1	1	1	1
4	52-4-3-11	槽型钢板桩使用费	t·d	5488	5488	5488	5488
5	52-4-4-14	钢板桩支撑使用费	t·d	324	324	324	324
		砾石砂垫层厚度增加5cm					
1	52-1-4-3	管道砾石砂垫层	m³	13.39	13.39	13.39	13.39
2	52-1-3-1	沟槽回填 夯填土	m³	−13.39	−13.39	−13.39	−13.39

（十一）DN1500玻璃纤维增强塑料夹砂管(FRPM)

单位:100m

序号	定额编号	基本组合项目名称	单位	Z52-1-5-91A	Z52-1-5-91B	Z52-1-5-92A	Z52-1-5-92B
				2.5m	2.5m	≤3.0m	≤3.0m
1	52-1-2-1	机械挖沟槽土方 深≤3m 现场抛土	m³	840.00	840.00	966.00	966.00
2	53-9-1-1	施工排水、降水 湿土排水	m³	504.00	504.00	630.00	630.00
3	52-1-4-3	管道砾石砂垫层	m³	29.73	29.73	29.73	29.73
4	52-1-4-1	管道黄砂垫层	m³	14.86	14.86	14.86	14.86
5	52-1-6-43	玻璃纤维增强塑料夹砂管(FRPM) 每节3m以下 DN1500	100m	0.0973	0.0973	0.0973	0.0973
6	52-1-6-60	玻璃纤维增强塑料夹砂管(FRPM) 每节3m以上 DN1500	100m	0.8753	0.8753	0.8753	0.8753
7	52-1-3-4	沟槽回填 黄砂	m³	315.48	479.71	315.48	479.71
8	52-1-3-1	沟槽回填 夯填土	m³	262.47	98.24	385.74	221.51
9	53-9-1-3	施工排水、降水 筑拆竹箩滤井	座	2.5	2.5	2.5	2.5
序号	定额编号	调整组合项目名称	单位	数量	数量	数量	数量
		井点降水					
1	53-9-1-5	施工排水、降水 轻型井点安装	根			83	83
2	53-9-1-6	施工排水、降水 轻型井点拆除	根			83	83
3	53-9-1-7	施工排水、降水 轻型井点使用	套·天			32	32
4	53-9-1-1	施工排水、降水 湿土排水	m³			−630	−630
		围护支撑					
1	52-4-2-3	撑拆列板 深≤2.5m,双面	100m	1	1		
2	52-4-2-4	撑拆列板 深≤3.0m,双面	100m			1	1
3	52-4-2-5	列板使用费	t·d	213	213	257	257
4	52-4-2-6	列板支撑使用费	t·d	81	81	98	98
		砾石砂垫层厚度增加5cm					
1	52-1-4-3	管道砾石砂垫层	m³	14.87	14.87	14.87	14.87
2	52-1-3-1	沟槽回填 夯填土	m³	−14.87	−14.87	−14.87	−14.87

单位:100m

序号	定额编号	基本组合项目名称	单位	Z52-1-5-93A	Z52-1-5-93B	Z52-1-5-94A	Z52-1-5-94B
				>3.0m	>3.0m	3.5m	3.5m
1	52-1-2-3	机械挖沟槽土方 深≤6m 现场抛土	m³	1050.00	1050.00	1176.00	1176.00
2	53-9-1-1	施工排水、降水 湿土排水	m³	714.00	714.00	840.00	840.00
3	52-1-4-3	管道砾石砂垫层	m³	29.73	29.73	29.73	29.73
4	52-1-4-1	管道黄砂垫层	m³	14.86	14.86	14.86	14.86
5	52-1-6-43	玻璃纤维增强塑料夹砂管(FRPM) 每节 3m 以下 DN1500	100m	0.0973	0.0973	0.0973	0.0973
6	52-1-6-60	玻璃纤维增强塑料夹砂管(FRPM) 每节 3m 以上 DN1500	100m	0.8753	0.8753	0.8753	0.8753
7	52-1-3-4	沟槽回填 黄砂	m³	315.48	479.71	315.48	479.71
8	52-1-3-1	沟槽回填 夯填土	m³	469.74	305.51	591.79	427.56
9	53-9-1-3	施工排水、降水 筑拆竹笋滤井	座	2.5	2.5	2.5	2.5
序号	定额编号	调整组合项目名称	单位	数量	数量	数量	数量
		井点降水					
1	53-9-1-5	施工排水、降水 轻型井点安装	根	83	83	83	83
2	53-9-1-6	施工排水、降水 轻型井点拆除	根	83	83	83	83
3	53-9-1-7	施工排水、降水 轻型井点使用	套·天	32	32	32	32
4	53-9-1-1	施工排水、降水 湿土排水	m³	−714	−714	−840	−840
		围护支撑					
1	52-4-3-1	打槽型钢板桩 长 4.00～6.00m,单面	100m	2	2	2	2
2	52-4-3-6	拔槽型钢板桩 长 4.00～6.00m,单面	100m	2	2	2	2
3	52-4-4-4	安拆钢板桩支撑 槽宽≤3.8m 深 3.01～4.00m	100m	1	1	1	1
4	52-4-3-11	槽型钢板桩使用费	t·d	2468	2468	2468	2468
5	52-4-4-14	钢板桩支撑使用费	t·d	162	162	162	162
		砾石砂垫层厚度增加 5cm					
1	52-1-4-3	管道砾石砂垫层	m³	14.87	14.87	14.87	14.87
2	52-1-3-1	沟槽回填 夯填土	m³	−14.87	−14.87	−14.87	−14.87

单位:100m

序号	定额编号	基本组合项目名称	单位	Z52-1-5-95A	Z52-1-5-95B	Z52-1-5-96A	Z52-1-5-96B
				≤4.0m	≤4.0m	>4.0m	>4.0m
1	52-1-2-3	机械挖沟槽土方 深≤6m 现场抛土	m³	1302.00	1302.00	1386.00	1386.00
2	53-9-1-1	施工排水、降水 湿土排水	m³	966.00	966.00	1050.00	1050.00
3	52-1-4-3	管道砾石砂垫层	m³	29.73	29.73	29.73	29.73
4	52-1-4-1	管道黄砂垫层	m³	14.86	14.86	14.86	14.86
5	52-1-6-43	玻璃纤维增强塑料夹砂管(FRPM) 每节 3m 以下 DN1500	100m	0.0973	0.0973	0.0973	0.0973
6	52-1-6-60	玻璃纤维增强塑料夹砂管(FRPM) 每节 3m 以上 DN1500	100m	0.8753	0.8753	0.8753	0.8753
7	52-1-3-4	沟槽回填 黄砂	m³	315.48	479.71	315.48	479.71
8	52-1-3-1	沟槽回填 夯填土	m³	714.86	550.63	798.86	634.63
9	53-9-1-3	施工排水、降水 筑拆竹篓滤井	座	2.5	2.5	2.5	2.5
序号	定额编号	调整组合项目名称	单位	数量	数量	数量	数量
		井点降水					
1	53-9-1-5	施工排水、降水 轻型井点安装	根	83	83	83	83
2	53-9-1-6	施工排水、降水 轻型井点拆除	根	83	83	83	83
3	53-9-1-7	施工排水、降水 轻型井点使用	套·天	32	32	32	32
4	53-9-1-1	施工排水、降水 湿土排水	m³	−966	−966	−1050	−1050
		围护支撑					
1	52-4-3-1	打槽型钢板桩 长 4.00~6.00m,单面	100m	2	2		
2	52-4-3-2	打槽型钢板桩 长 6.01~9.00m,单面	100m			2	2
3	52-4-3-6	拔槽型钢板桩 长 4.00~6.00m,单面	100m	2	2		
4	52-4-3-7	拔槽型钢板桩 长 6.01~9.00m,单面	100m			2	2
5	52-4-4-4	安拆钢板桩支撑 槽宽≤3.8m 深 3.01~4.00m	100m	1	1		
6	52-4-4-5	安拆钢板桩支撑 槽宽≤3.8m 深 4.01~6.00m	100m			1	1
7	52-4-3-11	槽型钢板桩使用费	t·d	2468	2468	5488	5488
8	52-4-4-14	钢板桩支撑使用费	t·d	162	162	324	324
		砾石砂垫层厚度增加 5cm					
1	52-1-4-3	管道砾石砂垫层	m³	14.87	14.87	14.87	14.87
2	52-1-3-1	沟槽回填 夯填土	m³	−14.87	−14.87	−14.87	−14.87

单位:100m

序号	定额编号	基本组合项目名称	单位	Z52-1-5-97A	Z52-1-5-97B	Z52-1-5-98A	Z52-1-5-98B
				4.5m	4.5m	5.0m	5.0m
1	52-1-2-3	机械挖沟槽土方 深≤6m 现场抛土	m³	1512.00	1512.00	1732.50	1732.50
2	53-9-1-1	施工排水、降水 湿土排水	m³	1176.00	1176.00	1386.00	1386.00
3	52-1-4-3	管道砾石砂垫层	m³	29.54	29.54	30.46	30.46
4	52-1-4-1	管道黄砂垫层	m³	14.77	14.77	15.23	15.23
5	52-1-6-43	玻璃纤维增强塑料夹砂管(FRPM)每节3m以下 DN1500	100m	0.0973	0.0973	0.0973	0.0973
6	52-1-6-60	玻璃纤维增强塑料夹砂管(FRPM)每节3m以上 DN1500	100m	0.8753	0.8753	0.8753	0.8753
7	52-1-3-4	沟槽回填 黄砂	m³	315.48	479.71	331.61	501.08
8	52-1-3-1	沟槽回填 夯填土	m³	916.92	752.69	1114.80	945.33
9	53-9-1-3	施工排水、降水 筑拆竹篓滤井	座	2.5	2.5	2.5	2.5
序号	定额编号	调整组合项目名称	单位	数量	数量	数量	数量
		井点降水					
1	53-9-1-5	施工排水、降水 轻型井点安装	根	83	83	83	83
2	53-9-1-6	施工排水、降水 轻型井点拆除	根	83	83	83	83
3	53-9-1-7	施工排水、降水 轻型井点使用	套·天	32	32	32	32
4	53-9-1-1	施工排水、降水 湿土排水	m³	−1176	−1176	−1386	−1386
		围护支撑					
1	52-4-3-2	打槽型钢板桩 长6.01～9.00m,单面	100m	2	2	2	2
2	52-4-3-7	拔槽型钢板桩 长6.01～9.00m,单面	100m	2	2	2	2
3	52-4-4-5	安拆钢板桩支撑 槽宽≤3.8m 深4.01～6.00m	100m	1	1	1	1
4	52-4-3-11	槽型钢板桩使用费	t·d	5488	5488	5488	5488
5	52-4-4-14	钢板桩支撑使用费	t·d	324	324	324	324
		砾石砂垫层厚度增加5cm					
1	52-1-4-3	管道砾石砂垫层	m³	14.77	14.77	15.23	15.23
2	52-1-3-1	沟槽回填 夯填土	m³	−14.77	−14.77	−15.23	−15.23

单位:100m

序号	定额编号	基本组合项目名称	单位	Z52-1-5-99A	Z52-1-5-99B	Z52-1-5-100A	Z52-1-5-100B
				5.5m	5.5m	≤6.0m	≤6.0m
1	52-1-2-3	机械挖沟槽土方 深≤6m 现场抛土	m³	1905.75	1905.75	2035.69	2035.69
2	53-9-1-1	施工排水、降水 湿土排水	m³	1559.25	1559.25	1689.19	1689.19
3	52-1-4-3	管道砾石砂垫层	m³	30.46	30.46	30.46	30.46
4	52-1-4-1	管道黄砂垫层	m³	15.23	15.23	15.23	15.23
5	52-1-6-43	玻璃纤维增强塑料夹砂管(FRPM) 每节 3m 以下 DN1500	100m	0.0973	0.0973	0.0973	0.0973
6	52-1-6-60	玻璃纤维增强塑料夹砂管(FRPM) 每节 3m 以上 DN1500	100m	0.8753	0.8753	0.8753	0.8753
7	52-1-3-4	沟槽回填 黄砂	m³	331.61	501.08	331.61	501.08
8	52-1-3-1	沟槽回填 夯填土	m³	1282.90	1113.43	1407.69	1238.22
9	53-9-1-3	施工排水、降水 筑拆竹箩滤井	座	2.5	2.5	2.5	2.5
序号	定额编号	调整组合项目名称	单位	数量	数量	数量	数量
		井点降水					
1	53-9-1-5	施工排水、降水 轻型井点安装	根	83	83	83	83
2	53-9-1-6	施工排水、降水 轻型井点拆除	根	83	83	83	83
3	53-9-1-7	施工排水、降水 轻型井点使用	套·天	32	32	32	32
4	53-9-1-1	施工排水、降水 湿土排水	m³	−1559.25	−1559.25	−1689.19	−1689.19
		围护支撑					
1	52-4-3-2	打槽型钢板桩 长 6.01～9.00m, 单面	100m	2	2	2	2
2	52-4-3-7	拔槽型钢板桩 长 6.01～9.00m, 单面	100m	2	2	2	2
3	52-4-4-5	安拆钢板桩支撑 槽宽≤3.8m 深 4.01～6.00m	100m	1	1	1	1
4	52-4-3-11	槽型钢板桩使用费	t·d	5488	5488	5488	5488
5	52-4-4-14	钢板桩支撑使用费	t·d	324	324	324	324
		砾石砂垫层厚度增加 5cm					
1	52-1-4-3	管道砾石砂垫层	m³	15.23	15.23	15.23	15.23
2	52-1-3-1	沟槽回填 夯填土	m³	−15.23	−15.23	−15.23	−15.23

(十二) DN1600 玻璃纤维增强塑料夹砂管(FRPM)

单位:100m

序号	定额编号	基本组合项目名称	单位	Z52-1-5-101A	Z52-1-5-101B	Z52-1-5-102A	Z52-1-5-102B
				2.5m	2.5m	≤3.0m	≤3.0m
1	52-1-2-1	机械挖沟槽土方 深≤3m 现场抛土	m³	866.25	866.25	996.19	996.19
2	53-9-1-1	施工排水、降水 湿土排水	m³	519.75	519.75	649.69	649.69
3	52-1-4-3	管道砾石砂垫层	m³	30.66	30.66	30.66	30.66
4	52-1-4-1	管道黄砂垫层	m³	15.33	15.33	15.33	15.33
5	52-1-6-44	玻璃纤维增强塑料夹砂管(FRPM) 每节 3m 以下 DN1600	100m	0.0973	0.0973	0.0973	0.0973
6	52-1-6-61	玻璃纤维增强塑料夹砂管(FRPM) 每节 3m 以上 DN1600	100m	0.8753	0.8753	0.8753	0.8753
7	52-1-3-4	沟槽回填 黄砂	m³	339.04	509.55	339.04	509.55
8	52-1-3-1	沟槽回填 夯填土	m³	235.89	65.38	363.09	192.58
9	53-9-1-3	施工排水、降水 筑拆竹箩滤井	座	2.5	2.5	2.5	2.5

序号	定额编号	调整组合项目名称	单位	数量	数量	数量	数量
		井点降水					
1	53-9-1-5	施工排水、降水 轻型井点安装	根			83	83
2	53-9-1-6	施工排水、降水 轻型井点拆除	根			83	83
3	53-9-1-7	施工排水、降水 轻型井点使用	套·天			32	32
4	53-9-1-1	施工排水、降水 湿土排水	m³			−649.69	−649.69
		围护支撑					
1	52-4-2-3	撑拆列板 深≤2.5m,双面	100m	1	1		
2	52-4-2-4	撑拆列板 深≤3.0m,双面	100m			1	1
3	52-4-2-5	列板使用费	t·d	213	213	257	257
4	52-4-2-6	列板支撑使用费	t·d	81	81	98	98
		砾石砂垫层厚度增加 5cm					
1	52-1-4-3	管道砾石砂垫层	m³	15.33	15.33	15.33	15.33
2	52-1-3-1	沟槽回填 夯填土	m³	−15.33	−15.33	−15.33	−15.33

单位:100m

序号	定额编号	基本组合项目名称	单位	Z52-1-5-103A	Z52-1-5-103B	Z52-1-5-104A	Z52-1-5-104B
				>3.0m	>3.0m	3.5m	3.5m
1	52-1-2-3	机械挖沟槽土方 深≤6m 现场抛土	m³	1082.81	1082.81	1212.75	1212.75
2	53-9-1-1	施工排水、降水 湿土排水	m³	736.31	736.31	866.25	866.25
3	52-1-4-3	管道砾石砂垫层	m³	30.66	30.66	30.66	30.66
4	52-1-4-1	管道黄砂垫层	m³	15.33	15.33	15.33	15.33
5	52-1-6-44	玻璃纤维增强塑料夹砂管(FRPM) 每节 3m 以下 DN1600	100m	0.0973	0.0973	0.0973	0.0973
6	52-1-6-61	玻璃纤维增强塑料夹砂管(FRPM) 每节 3m 以上 DN1600	100m	0.8753	0.8753	0.8753	0.8753
7	52-1-3-4	沟槽回填 黄砂	m³	339.04	509.55	339.04	509.55
8	52-1-3-1	沟槽回填 夯填土	m³	449.71	279.20	575.64	405.13
9	53-9-1-3	施工排水、降水 筑拆竹笼滤井	座	2.5	2.5	2.5	2.5
序号	定额编号	调整组合项目名称	单位	数量	数量	数量	数量
		井点降水					
1	53-9-1-5	施工排水、降水 轻型井点安装	根	83	83	83	83
2	53-9-1-6	施工排水、降水 轻型井点拆除	根	83	83	83	83
3	53-9-1-7	施工排水、降水 轻型井点使用	套·天	32	32	32	32
4	53-9-1-1	施工排水、降水 湿土排水	m³	−736.31	−736.31	−866.25	−866.25
		围护支撑					
1	52-4-3-1	打槽型钢板桩 长 4.00～6.00m,单面	100m	2	2	2	2
2	52-4-3-6	拔槽型钢板桩 长 4.00～6.00m,单面	100m	2	2	2	2
3	52-4-4-4	安拆钢板桩支撑 槽宽≤3.8m 深3.01～4.00m	100m	1	1	1	1
4	52-4-3-11	槽型钢板桩使用费	t·d	2468	2468	2468	2468
5	52-4-4-14	钢板桩支撑使用费	t·d	162	162	162	162
		砾石砂垫层厚度增加 5cm					
1	52-1-4-3	管道砾石砂垫层	m³	15.33	15.33	15.33	15.33
2	52-1-3-1	沟槽回填 夯填土	m³	−15.33	−15.33	−15.33	−15.33

单位:100m

序号	定额编号	基本组合项目名称	单位	Z52-1-5-105A ≤4.0m	Z52-1-5-105B ≤4.0m	Z52-1-5-106A >4.0m	Z52-1-5-106B >4.0m
1	52-1-2-3	机械挖沟槽土方 深≤6m 现场抛土	m³	1342.69	1342.69	1429.31	1429.31
2	53-9-1-1	施工排水、降水 湿土排水	m³	996.19	996.19	1082.81	1082.81
3	52-1-4-3	管道砾石砂垫层	m³	30.66	30.66	30.66	30.66
4	52-1-4-1	管道黄砂垫层	m³	15.33	15.33	15.33	15.33
5	52-1-6-44	玻璃纤维增强塑料夹砂管(FRPM) 每节 3m 以下 DN1600	100m	0.0973	0.0973	0.0973	0.0973
6	52-1-6-61	玻璃纤维增强塑料夹砂管(FRPM) 每节 3m 以上 DN1600	100m	0.8753	0.8753	0.8753	0.8753
7	52-1-3-4	沟槽回填 黄砂	m³	339.04	509.55	339.04	509.55
8	52-1-3-1	沟槽回填 夯填土	m³	702.66	532.15	789.28	618.77
9	53-9-1-3	施工排水、降水 筑拆竹笼滤井	座	2.5	2.5	2.5	2.5

序号	定额编号	调整组合项目名称	单位	数量	数量	数量	数量
		井点降水					
1	53-9-1-5	施工排水、降水 轻型井点安装	根	83	83	83	83
2	53-9-1-6	施工排水、降水 轻型井点拆除	根	83	83	83	83
3	53-9-1-7	施工排水、降水 轻型井点使用	套·天	32	32	32	32
4	53-9-1-1	施工排水、降水 湿土排水	m³	−996.19	−996.19	−1082.81	−1082.81
		甩护支撑					
1	52-4-3-1	打槽型钢板桩 长 4.00～6.00m,单面	100m	2	2		
2	52-4-3-2	打槽型钢板桩 长 6.01～9.00m,单面	100m			2	2
3	52-4-3-6	拔槽型钢板桩 长 4.00～6.00m,单面	100m	2	2		
4	52-4-3-7	拔槽型钢板桩 长 6.01～9.00m,单面	100m			2	2
5	52-4-4-4	安拆钢板桩支撑 槽宽≤3.8m 深 3.01～4.00m	100m	1	1		
6	52-4-4-5	安拆钢板桩支撑 槽宽≤3.8m 深 4.01～6.00m	100m			1	1
7	52-4-3-11	槽型钢板桩使用费	t·d	2468	2468	5488	5488
8	52-4-4-14	钢板桩支撑使用费	t·d	162	162	324	324
		砾石砂垫层厚度增加 5cm					
1	52-1-4-3	管道砾石砂垫层	m³	15.33	15.33	15.33	15.33
2	52-1-3-1	沟槽回填 夯填土	m³	−15.33	−15.33	−15.33	−15.33

单位:100m

序号	定额编号	基本组合项目名称	单位	Z52-1-5-107A	Z52-1-5-107B	Z52-1-5-108A	Z52-1-5-108B
				4.5m	4.5m	5.0m	5.0m
1	52-1-2-3	机械挖沟槽土方 深≤6m 现场抛土	m³	1559.25	1559.25	1785.00	1785.00
2	53-9-1-1	施工排水、降水 湿土排水	m³	1212.75	1212.75	1428.00	1428.00
3	52-1-4-3	管道砾石砂垫层	m³	30.46	30.46	31.38	31.38
4	52-1-4-1	管道黄砂垫层	m³	15.23	15.23	15.69	15.69
5	52-1-6-44	玻璃纤维增强塑料夹砂管(FRPM)每节3m以下 DN1600	100m	0.0973	0.0973	0.0973	0.0973
6	52-1-6-61	玻璃纤维增强塑料夹砂管(FRPM)每节3m以上 DN1600	100m	0.8753	0.8753	0.8753	0.8753
7	52-1-3-4	沟槽回填 黄砂	m³	339.04	509.55	356.24	532.00
8	52-1-3-1	沟槽回填 夯填土	m³	910.73	740.22	1113.46	937.70
9	53-9-1-3	施工排水、降水 筑拆竹笼滤井	座	2.5	2.5	2.5	2.5
序号	定额编号	调整组合项目名称	单位	数量	数量	数量	数量
		井点降水					
1	53-9-1-5	施工排水、降水 轻型井点安装	根	83	83	83	83
2	53-9-1-6	施工排水、降水 轻型井点拆除	根	83	83	83	83
3	53-9-1-7	施工排水、降水 轻型井点使用	套·天	32	32	32	32
4	53-9-1-1	施工排水、降水 湿土排水	m³	−1212.75	−1212.75	−1428	−1428
		围护支撑					
1	52-4-3-2	打槽型钢板桩 长6.01～9.00m,单面	100m	2	2	2	2
2	52-4-3-7	拔槽型钢板桩 长6.01～9.00m,单面	100m	2	2	2	2
3	52-4-4-5	安拆钢板桩支撑 槽宽≤3.8m 深4.01～6.00m	100m	1	1	1	1
4	52-4-3-11	槽型钢板桩使用费	t·d	5488	5488	5488	5488
5	52-4-4-14	钢板桩支撑使用费	t·d	324	324	324	324
		砾石砂垫层厚度增加5cm					
1	52-1-4-3	管道砾石砂垫层	m³	15.23	15.23	15.69	15.69
2	52-1-3-1	沟槽回填 夯填土	m³	−15.23	−15.23	−15.69	−15.69

单位:100m

序号	定额编号	基本组合项目名称	单位	Z52-1-5-109A	Z52-1-5-109B	Z52-1-5-110A	Z52-1-5-110B
				5.5m	5.5m	≤6.0m	≤6.0m
1	52-1-2-3	机械挖沟槽土方 深≤6m 现场抛土	m³	1963.50	1963.50	2097.38	2097.38
2	53-9-1-1	施工排水、降水 湿土排水	m³	1606.50	1606.50	1740.38	1740.38
3	52-1-4-3	管道砾石砂垫层	m³	31.38	31.38	31.38	31.38
4	52-1-4-1	管道黄砂垫层	m³	15.69	15.69	15.69	15.69
5	52-1-6-44	玻璃纤维增强塑料夹砂管(FRPM) 每节 3m 以下 DN1600	100m	0.0973	0.0973	0.0973	0.0973
6	52-1-6-61	玻璃纤维增强塑料夹砂管(FRPM) 每节 3m 以上 DN1600	100m	0.8753	0.8753	0.8753	0.8753
7	52-1-3-4	沟槽回填 黄砂	m³	356.24	532.00	356.24	532.00
8	52-1-3-1	沟槽回填 夯填土	m³	1286.80	1111.04	1415.53	1239.77
9	53-9-1-3	施工排水、降水 筑拆竹箩滤井	座	2.5	2.5	2.5	2.5

序号	定额编号	调整组合项目名称	单位	数量	数量	数量	数量
		井点降水					
1	53-9-1-5	施工排水、降水 轻型井点安装	根	83	83	83	83
2	53-9-1-6	施工排水、降水 轻型井点拆除	根	83	83	83	83
3	53-9-1-7	施工排水、降水 轻型井点使用	套·天	32	32	32	32
4	53-9-1-1	施工排水、降水 湿土排水	m³	−1606.5	−1606.5	−1740.38	−1740.38
		围护支撑					
1	52-4-3-2	打槽型钢板桩 长 6.01～9.00m, 单面	100m	2	2	2	2
2	52-4-3-7	拔槽型钢板桩 长 6.01～9.00m, 单面	100m	2	2	2	2
3	52-4-4-5	安拆钢板桩支撑 槽宽≤3.8m 深 4.01～6.00m	100m	1	1	1	1
4	52-4-3-11	槽型钢板桩使用费	t·d	5488	5488	5488	5488
5	52-4-4-14	钢板桩支撑使用费	t·d	324	324	324	324
		砾石砂垫层厚度增加 5cm					
1	52-1-4-3	管道砾石砂垫层	m³	15.69	15.69	15.69	15.69
2	52-1-3-1	沟槽回填 夯填土	m³	−15.69	−15.69	−15.69	−15.69

单位:100m

序号	定额编号	基本组合项目名称	单位	Z52-1-5-111A >6.0m	Z52-1-5-111B >6.0m	Z52-1-5-112A 6.5m	Z52-1-5-112B 6.5m
1	52-1-2-3	机械挖沟槽土方 深≤6m 现场抛土	m³	2142.00	2142.00	2142.00	2142.00
2	52-1-2-3系	机械挖沟槽土方 深≤7m 现场抛土	m³	44.63	44.63	178.50	178.50
3	53-9-1-1	施工排水、降水 湿土排水	m³	1829.63	1829.63	1963.50	1963.50
4	52-1-4-3	管道砾石砂垫层	m³	31.38	31.38	31.38	31.38
5	52-1-4-1	管道黄砂垫层	m³	15.69	15.69	15.69	15.69
6	52-1-6-44	玻璃纤维增强塑料夹砂管(FRPM) 每节 3m 以下 DN1600	100m	0.0973	0.0973	0.0973	0.0973
7	52-1-6-61	玻璃纤维增强塑料夹砂管(FRPM) 每节 3m 以上 DN1600	100m	0.8753	0.8753	0.8753	0.8753
8	52-1-3-4	沟槽回填 黄砂	m³	356.24	532.00	356.24	532.00
9	52-1-3-1	沟槽回填 夯填土	m³	1504.78	1329.02	1632.03	1456.27
10	53-9-1-3	施工排水、降水 筑拆竹笋滤井	座	2.5	2.5	2.5	2.5

序号	定额编号	调整组合项目名称	单位	数量	数量	数量	数量
		井点降水					
1	53-9-1-8	施工排水、降水 喷射井点安装 10m	根	40	40	40	40
2	53-9-1-9	施工排水、降水 喷射井点拆除 10m	根	40	40	40	40
3	53-9-1-10	施工排水、降水 喷射井点使用 10m	套·天	21	21	21	21
4	53-9-1-1	施工排水、降水 湿土排水	m³	−1829.63	−1829.63	−1963.5	−1963.5
		围护支撑					
1	52-4-3-3	打槽型钢板桩 长 9.01~12.00m，单面	100m	2	2	2	2
2	52-4-3-8	拔槽型钢板桩 长 9.01~12.00m，单面	100m	2	2	2	2
3	52-4-4-6	安拆钢板桩支撑 槽宽≤3.8m 深 6.01~8.00m	100m	1	1	1	1
4	52-4-3-11	槽型钢板桩使用费	t·d	7604	7604	7604	7604
5	52-4-4-14	钢板桩支撑使用费	t·d	511	511	511	511
		砾石砂垫层厚度增加5cm					
1	52-1-4-3	管道砾石砂垫层	m³	15.69	15.69	15.69	15.69
2	52-1-3-1	沟槽回填 夯填土	m³	−15.69	−15.69	−15.69	−15.69

（十三）DN1800 玻璃纤维增强塑料夹砂管(FRPM)

单位:100m

序号	定额编号	基本组合项目名称	单位	Z52-1-5-113A >3.0m	Z52-1-5-113B >3.0m	Z52-1-5-114A 3.5m	Z52-1-5-114B 3.5m
1	52-1-2-3	机械挖沟槽土方 深≤6m 现场抛土	m³	1148.44	1148.44	1286.25	1286.25
2	53-9-1-1	施工排水、降水 湿土排水	m³	780.94	780.94	918.75	918.75
3	52-1-4-3	管道砾石砂垫层	m³	32.52	32.52	32.52	32.52
4	52-1-4-1	管道黄砂垫层	m³	16.26	16.26	16.26	16.26
5	52-1-6-45	玻璃纤维增强塑料夹砂管(FRPM)每节3m以下 DN1800	100m	0.0973	0.0973	0.0973	0.0973
6	52-1-6-62	玻璃纤维增强塑料夹砂管(FRPM)每节3m以上 DN1800	100m	0.8753	0.8753	0.8753	0.8753
7	52-1-3-4	沟槽回填 黄砂	m³	391.63	572.64	391.63	572.64
8	52-1-3-1	沟槽回填 夯填土	m³	400.51	219.50	535.40	354.39
9	53-9-1-3	施工排水、降水 筑拆竹笼滤井	座	2.5	2.5	2.5	2.5

序号	定额编号	调整组合项目名称	单位	数量	数量	数量	数量
		井点降水					
1	53-9-1-5	施工排水、降水 轻型井点安装	根	83	83	83	83
2	53-9-1-6	施工排水、降水 轻型井点拆除	根	83	83	83	83
3	53-9-1-7	施工排水、降水 轻型井点使用	套·天	33	33	33	33
4	53-9-1-1	施工排水、降水 湿土排水	m³	−780.94	−780.94	−918.75	−918.75
		围护支撑					
1	52-4-3-1	打槽型钢板桩 长4.00~6.00m,单面	100m	2	2	2	2
2	52-4-3-6	拔槽型钢板桩 长4.00~6.00m,单面	100m	2	2	2	2
3	52-4-4-4	安拆钢板桩支撑 槽宽≤3.8m 深3.01~4.00m	100m	1	1	1	1
4	52-4-3-11	槽型钢板桩使用费	t·d	2468	2468	2468	2468
5	52-4-4-14	钢板桩支撑使用费	t·d	162	162	162	162
		砾石砂垫层厚度增加5cm					
1	52-1-4-3	管道砾石砂垫层	m³	16.26	16.26	16.26	16.26
2	52-1-3-1	沟槽回填 夯填土	m³	−16.26	−16.26	−16.26	−16.26

单位:100m

序号	定额编号	基本组合项目名称	单位	Z52-1-5-115A	Z52-1-5-115B	Z52-1-5-116A	Z52-1-5-116B
				≤4.0m	≤4.0m	>4.0m	>4.0m
1	52-1-2-3	机械挖沟槽土方 深≤6m 现场抛土	m³	1424.06	1424.06	1515.94	1515.94
2	53-9-1-1	施工排水、降水 湿土排水	m³	1056.56	1056.56	1148.44	1148.44
3	52-1-4-3	管道砾石砂垫层	m³	32.52	32.52	32.52	32.52
4	52-1-4-1	管道黄砂垫层	m³	16.26	16.26	16.26	16.26
5	52-1-6-45	玻璃纤维增强塑料夹砂管(FRPM) 每节3m以下 DN1800	100m	0.0973	0.0973	0.0973	0.0973
6	52-1-6-62	玻璃纤维增强塑料夹砂管(FRPM) 每节3m以上 DN1800	100m	0.8753	0.8753	0.8753	0.8753
7	52-1-3-4	沟槽回填 黄砂	m³	391.63	572.64	391.63	572.64
8	52-1-3-1	沟槽回填 夯填土	m³	670.28	489.27	762.16	581.15
9	53-9-1-3	施工排水、降水 筑拆竹箩滤井	座	2.5	2.5	2.5	2.5

序号	定额编号	调整组合项目名称	单位	数量	数量	数量	数量
		井点降水					
1	53-9-1-5	施工排水、降水 轻型井点安装	根	83	83	83	83
2	53-9-1-6	施工排水、降水 轻型井点拆除	根	83	83	83	83
3	53-9-1-7	施工排水、降水 轻型井点使用	套·天	33	33	33	33
4	53-9-1-1	施工排水、降水 湿土排水	m³	−1056.56	−1056.56	−1148.44	−1148.44
		围护支撑					
1	52-4-3-1	打槽型钢板桩 长4.00~6.00m,单面	100m	2	2		
2	52-4-3-2	打槽型钢板桩 长6.01~9.00m,单面	100m			2	2
3	52-4-3-6	拔槽型钢板桩 长4.00~6.00m,单面	100m	2	2		
4	52-4-3-7	拔槽型钢板桩 长6.01~9.00m,单面	100m			2	2
5	52-4-4-4	安拆钢板桩支撑 槽宽≤3.8m 深3.01~4.00m	100m	1	1		
6	52-4-4-5	安拆钢板桩支撑 槽宽≤3.8m 深4.01~6.00m	100m			1	1
7	52-4-3-11	槽型钢板桩使用费	t·d	2468	2468	5488	5488
8	52-4-4-14	钢板桩支撑使用费	t·d	162	162	324	324
		砾石砂垫层厚度增加5cm					
1	52-1-4-3	管道砾石砂垫层	m³	16.26	16.26	16.26	16.26
2	52-1-3-1	沟槽回填 夯填土	m³	−16.26	−16.26	−16.26	−16.26

单位:100m

序号	定额编号	基本组合项目名称	单位	Z52-1-5-117A 4.5m	Z52-1-5-117B 4.5m	Z52-1-5-118A 5.0m	Z52-1-5-118B 5.0m
1	52-1-2-3	机械挖沟槽土方 深≤6m 现场抛土	m³	1653.75	1653.75	1890.00	1890.00
2	53-9-1-1	施工排水、降水 湿土排水	m³	1286.25	1286.25	1512.00	1512.00
3	52-1-4-3	管道砾石砂垫层	m³	32.31	32.31	33.23	33.23
4	52-1-4-1	管道黄砂垫层	m³	16.15	16.15	16.61	16.61
5	52-1-6-45	玻璃纤维增强塑料夹砂管(FRPM) 每节3m以下 DN1800	100m	0.0973	0.0973	0.0973	0.0973
6	52-1-6-62	玻璃纤维增强塑料夹砂管(FRPM) 每节3m以上 DN1800	100m	0.8753	0.8753	0.8753	0.8753
7	52-1-3-4	沟槽回填 黄砂	m³	391.63	572.64	410.97	597.23
8	52-1-3-1	沟槽回填 夯填土	m³	890.79	709.78	1102.55	916.29
9	53-9-1-3	施工排水、降水 筑拆竹箩滤井	座	2.5	2.5	2.5	2.5
序号	定额编号	调整组合项目名称	单位	数量	数量	数量	数量
		井点降水					
1	53-9-1-5	施工排水、降水 轻型井点安装	根	83	83	83	83
2	53-9-1-6	施工排水、降水 轻型井点拆除	根	83	83	83	83
3	53-9-1-7	施工排水、降水 轻型井点使用	套·天	33	33	33	33
4	53-9-1-1	施工排水、降水 湿土排水	m³	−1286.25	−1286.25	−1512	−1512
		围护支撑					
1	52-4-3-2	打槽型钢板桩 长6.01～9.00m,单面	100m	2	2	2	2
2	52-4-3-7	拔槽型钢板桩 长6.01～9.00m,单面	100m	2	2	2	2
3	52-4-4-5	安拆钢板桩支撑 槽宽≤3.8m 深4.01～6.00m	100m	1	1	1	1
4	52-4-3-11	槽型钢板桩使用费	t·d	5488	5488	5488	5488
5	52-4-4-14	钢板桩支撑使用费	t·d	324	324	324	324
		砾石砂垫层厚度增加5cm					
1	52-1-4-3	管道砾石砂垫层	m³	16.16	16.16	16.62	16.62
2	52-1-3-1	沟槽回填 夯填土	m³	−16.16	−16.16	−16.62	−16.62

单位:100m

序号	定额编号	基本组合项目名称	单位	Z52-1-5-119A	Z52-1-5-119B	Z52-1-5-120A	Z52-1-5-120B
				5.5m	5.5m	≤6.0m	≤6.0m
1	52-1-2-3	机械挖沟槽土方 深≤6m 现场抛土	m³	2079.00	2079.00	2220.75	2220.75
2	53-9-1-1	施工排水、降水 湿土排水	m³	1701.00	1701.00	1842.75	1842.75
3	52-1-4-3	管道砾石砂垫层	m³	33.23	33.23	33.23	33.23
4	52-1-4-1	管道黄砂垫层	m³	16.61	16.61	16.61	16.61
5	52-1-6-45	玻璃纤维增强塑料夹砂管(FRPM) 每节 3m 以下 DN1800	100m	0.0973	0.0973	0.0973	0.0973
6	52-1-6-62	玻璃纤维增强塑料夹砂管(FRPM) 每节 3m 以上 DN1800	100m	0.8753	0.8753	0.8753	0.8753
7	52-1-3-4	沟槽回填 黄砂	m³	410.97	597.23	410.97	597.23
8	52-1-3-1	沟槽回填 夯填土	m³	1286.40	1100.14	1423.00	1236.74
9	53-9-1-3	施工排水、降水 筑拆竹箩滤井	座	2.5	2.5	2.5	2.5
序号	定额编号	调整组合项目名称	单位	数量	数量	数量	数量
		井点降水					
1	53-9-1-5	施工排水、降水 轻型井点安装	根	83	83	83	83
2	53-9-1-6	施工排水、降水 轻型井点拆除	根	83	83	83	83
3	53-9-1-7	施工排水、降水 轻型井点使用	套·天	33	33	33	33
4	53-9-1-1	施工排水、降水 湿土排水	m³	−1701	−1701	−1842.75	−1842.75
		围护支撑					
1	52-4-3-2	打槽型钢板桩 长 6.01~9.00m,单面	100m	2	2	2	2
2	52-4-3-7	拔槽型钢板桩 长 6.01~9.00m,单面	100m	2	2	2	2
3	52-4-4-5	安拆钢板桩支撑 槽宽≤3.8m 深 4.01~6.00m	100m	1	1	1	1
4	52-4-3-11	槽型钢板桩使用费	t·d	5488	5488	5488	5488
5	52-4-4-14	钢板桩支撑使用费	t·d	324	324	324	324
		砾石砂垫层厚度增加 5cm					
1	52-1-4-3	管道砾石砂垫层	m³	16.62	16.62	16.62	16.62
2	52-1-3-1	沟槽回填 夯填土	m³	−16.62	−16.62	−16.62	−16.62

单位:100m

序号	定额编号	基本组合项目名称	单位	Z52-1-5-121A	Z52-1-5-121B	Z52-1-5-122A	Z52-1-5-122B
				>6.0m	>6.0m	6.5m	6.5m
1	52-1-2-3	机械挖沟槽土方 深≤6m 现场抛土	m³	2268.00	2268.00	2268.00	2268.00
2	52-1-2-3系	机械挖沟槽土方 深≤7m 现场抛土	m³	47.25	47.25	189.00	189.00
3	53-9-1-1	施工排水、降水 湿土排水	m³	1937.25	1937.25	2079.00	2079.00
4	52-1-4-3	管道砾石砂垫层	m³	33.23	33.23	33.23	33.23
5	52-1-4-1	管道黄砂垫层	m³	16.61	16.61	16.61	16.61
6	52-1-6-45	玻璃纤维增强塑料夹砂管(FRPM) 每节 3m 以下 DN1800	100m	0.0973	0.0973	0.0973	0.0973
7	52-1-6-62	玻璃纤维增强塑料夹砂管(FRPM) 每节 3m 以上 DN1800	100m	0.8753	0.8753	0.8753	0.8753
8	52-1-3-4	沟槽回填 黄砂	m³	410.97	597.23	410.97	597.23
9	52-1-3-1	沟槽回填 夯填土	m³	1517.50	1331.24	1652.63	1466.37
10	53-9-1-3	施工排水、降水 筑拆竹箩滤井	座	2.5	2.5	2.5	2.5
序号	定额编号	调整组合项目名称	单位	数量	数量	数量	数量
		井点降水					
1	53-9-1-8	施工排水、降水 喷射井点安装 10m	根	40	40	40	40
2	53 9 1-9	施工排水、降水 喷射井点拆除 10m	根	40	40	40	40
3	53-9-1-10	施工排水、降水 喷射井点使用 10m	套·天	23	23	23	23
4	53-9-1-1	施工排水、降水 湿土排水	m³	−1937.25	−1937.25	−2079	−2079
		围护支撑					
1	52-4-3-3	打槽型钢板桩 长 9.01~12.00m,单面	100m	2	2	2	2
2	52-4-3-8	拔槽型钢板桩 长 9.01~12.00m,单面	100m	2	2	2	2
3	52-4-4-6	安拆钢板桩支撑 槽宽≤3.8m 深 6.01~8.00m	100m	1	1	1	1
4	52-4-3-11	槽型钢板桩使用费	t·d	7604	7604	7604	7604
5	52-4-4-14	钢板桩支撑使用费	t·d	511	511	511	511
		砾石砂垫层厚度增加 5cm					
1	52-1-4-3	管道砾石砂垫层	m³	16.62	16.62	16.62	16.62
2	52-1-3-1	沟槽回填 夯填土	m³	−16.62	−16.62	−16.62	−16.62

（十四）DN2000 玻璃纤维增强塑料夹砂管（FRPM）

单位：100m

序号	定额编号	基本组合项目名称	单位	Z52-1-5-123A	Z52-1-5-123B	Z52-1-5-124A	Z52-1-5-124B
				＞3.0m	＞3.0m	3.5m	3.5m
1	52-1-2-3	机械挖沟槽土方 深≤6m 现场抛土	m³	1214.06	1214.06	1359.75	1359.75
2	53-9-1-1	施工排水、降水 湿土排水	m³	825.56	825.56	971.25	971.25
3	52-1-4-3	管道砾石砂垫层	m³	34.37	34.37	34.37	34.37
4	52-1-4-1	管道黄砂垫层	m³	17.19	17.19	17.19	17.19
5	52-1-6-46	玻璃纤维增强塑料夹砂管（FRPM）每节3m以下 DN2000	100m	0.0973	0.0973	0.0973	0.0973
6	52-1-6-63	玻璃纤维增强塑料夹砂管（FRPM）每节3m以上 DN2000	100m	0.8753	0.8753	0.8753	0.8753
7	52-1-3-4	沟槽回填 黄砂	m³	446.11	637.63	446.11	637.63
8	52-1-3-1	沟槽回填 夯填土	m³	343.12	151.60	486.07	294.55
9	53-9-1-3	施工排水、降水 筑拆竹箩滤井	座	2.5	2.5	2.5	2.5
序号	定额编号	调整组合项目名称	单位	数量	数量	数量	数量
		井点降水					
1	53-9-1-5	施工排水、降水 轻型井点安装	根	83	83	83	83
2	53-9-1-6	施工排水、降水 轻型井点拆除	根	83	83	83	83
3	53-9-1-7	施工排水、降水 轻型井点使用	套·天	40	40	40	40
4	53-9-1-1	施工排水、降水 湿土排水	m³	−825.56	−825.56	−971.25	−971.25
		围护支撑					
1	52-4-3-1	打槽型钢板桩 长4.00～6.00m，单面	100m	2	2	2	2
2	52-4-3-6	拔槽型钢板桩 长4.00～6.00m，单面	100m	2	2	2	2
3	52-4-4-4	安拆钢板桩支撑 槽宽≤3.8m 深3.01～4.00m	100m	1	1	1	1
4	52-4-3-11	槽型钢板桩使用费	t·d	2592	2592	2592	2592
5	52-4-4-14	钢板桩支撑使用费	t·d	230	230	230	230
		砾石砂垫层厚度增加5cm					
1	52-1-4-3	管道砾石砂垫层	m³	17.19	17.19	17.19	17.19
2	52-1-3-1	沟槽回填 夯填土	m³	−17.19	−17.19	−17.19	−17.19

单位:100m

序号	定额编号	基本组合项目名称	单位	Z52-1-5-125A	Z52-1-5-125B	Z52-1-5-126A	Z52-1-5-126B
				≤4.0m	≤4.0m	>4.0m	>4.0m
1	52-1-2-3	机械挖沟槽土方 深≤6m 现场抛土	m³	1505.44	1505.44	1602.56	1602.56
2	53-9-1-1	施工排水、降水 湿土排水	m³	1116.94	1116.94	1214.06	1214.06
3	52-1-4-3	管道砾石砂垫层	m³	34.37	34.37	34.37	34.37
4	52-1-4-1	管道黄砂垫层	m³	17.19	17.19	17.19	17.19
5	52-1-6-46	玻璃纤维增强塑料夹砂管(FRPM) 每节 3m 以下 DN2000	100m	0.0973	0.0973	0.0973	0.0973
6	52-1-6-63	玻璃纤维增强塑料夹砂管(FRPM) 每节 3m 以上 DN2000	100m	0.8753	0.8753	0.8753	0.8753
7	52-1-3-4	沟槽回填 黄砂	m³	446.11	637.63	446.11	637.63
8	52-1-3-1	沟槽回填 夯填土	m³	627.61	436.09	724.73	533.21
9	53-9-1-3	施工排水、降水 筑拆竹箩滤井	座	2.5	2.5	2.5	2.5

序号	定额编号	调整组合项目名称	单位	数量	数量	数量	数量
		井点降水					
1	53-9-1-5	施工排水、降水 轻型井点安装	根	83	83	83	83
2	53-9-1-6	施工排水、降水 轻型井点拆除	根	83	83	83	83
3	53-9-1-7	施工排水、降水 轻型井点使用	套·天	40	40	40	40
4	53-9-1-1	施工排水、降水 湿土排水	m³	−1116.94	−1116.94	−1214.06	−1214.06
		围护支撑					
1	52-4-3-1	打槽型钢板桩 长 4.00~6.00m,单面	100m	2	2		
2	52-4-3-2	打槽型钢板桩 长 6.01~9.00m,单面	100m			2	2
3	52-4-3-6	拔槽型钢板桩 长 4.00~6.00m,单面	100m	2	2		
4	52-4-3-7	拔槽型钢板桩 长 6.01~9.00m,单面	100m			2	2
5	52-4-4-4	安拆钢板桩支撑 槽宽≤3.8m 深 3.01~4.00m	100m	1	1		
6	52-4-4-5	安拆钢板桩支撑 槽宽≤3.8m 深 4.01~6.00m	100m			1	1
7	52-4-3-11	槽型钢板桩使用费	t·d	2592	2592	5762	5762
8	52-4-4-14	钢板桩支撑使用费	t·d	230	230	460	460
		砾石砂垫层厚度增加 5cm					
1	52-1-4-3	管道砾石砂垫层	m³	17.19	17.19	17.19	17.19
2	52-1-3-1	沟槽回填 夯填土	m³	−17.19	−17.19	−17.19	−17.19

单位:100m

序号	定额编号	基本组合项目名称	单位	Z52-1-5-127A	Z52-1-5-127B	Z52-1-5-128A	Z52-1-5-128B
				4.5m	4.5m	5.0m	5.0m
1	52-1-2-3	机械挖沟槽土方 深≤6m 现场抛土	m³	1748.25	1748.25	1995.00	1995.00
2	53-9-1-1	施工排水、降水 湿土排水	m³	1359.75	1359.75	1596.00	1596.00
3	52-1-4-3	管道砾石砂垫层	m³	34.15	34.15	35.07	35.07
4	52-1-4-1	管道黄砂垫层	m³	17.08	17.08	17.54	17.54
5	52-1-6-46	玻璃纤维增强塑料夹砂管(FRPM) 每节 3m 以下 DN2000	100m	0.0973	0.0973	0.0973	0.0973
6	52-1-6-63	玻璃纤维增强塑料夹砂管(FRPM) 每节 3m 以上 DN2000	100m	0.8753	0.8753	0.8753	0.8753
7	52-1-3-4	沟槽回填 黄砂	m³	446.11	637.63	467.60	664.36
8	52-1-3-1	沟槽回填 夯填土	m³	861.62	670.10	1082.58	885.82
9	53-9-1-3	施工排水、降水 筑拆竹箩滤井	座	2.5	2.5	2.5	2.5
序号	定额编号	调整组合项目名称	单位	数量	数量	数量	数量
		井点降水					
1	53-9-1-5	施工排水、降水 轻型井点安装	根	83	83	83	83
2	53-9-1-6	施工排水、降水 轻型井点拆除	根	83	83	83	83
3	53-9-1-7	施工排水、降水 轻型井点使用	套·天	40	40	40	40
4	53-9-1-1	施工排水、降水 湿土排水	m³	−1359.75	−1359.75	−1596	−1596
		围护支撑					
1	52-4-3-2	打槽型钢板桩 长 6.01～9.00m,单面	100m	2	2	2	2
2	52-4-3-7	拔槽型钢板桩 长 6.01～9.00m,单面	100m	2	2	2	2
3	52-4-4-5	安拆钢板桩支撑 槽宽≤3.8m 深 4.01～6.00m	100m	1	1	1	1
4	52-4-3-11	槽型钢板桩使用费	t·d	5762	5762	5762	5762
5	52-4-4-14	钢板桩支撑使用费	t·d	460	460	460	460
		砾石砂垫层厚度增加 5cm					
1	52-1-4-3	管道砾石砂垫层	m³	17.08	17.08	17.54	17.54
2	52-1-3-1	沟槽回填 夯填土	m³	−17.08	−17.08	−17.54	−17.54

单位：100m

序号	定额编号	基本组合项目名称	单位	Z52-1-5-129A 5.5m	Z52-1-5-129B 5.5m	Z52-1-5-130A ≤6.0m	Z52-1-5-130B ≤6.0m
1	52-1-2-3	机械挖沟槽土方 深≤6m 现场抛土	m³	2194.50	2194.50	2344.13	2344.13
2	53-9-1-1	施工排水、降水 湿土排水	m³	1795.50	1795.50	1945.13	1945.13
3	52-1-4-3	管道砾石砂垫层	m³	35.07	35.07	35.07	35.07
4	52-1-4-1	管道黄砂垫层	m³	17.54	17.54	17.54	17.54
5	52-1-6-46	玻璃纤维增强塑料夹砂管(FRPM) 每节 3m 以下 DN2000	100m	0.0973	0.0973	0.0973	0.0973
6	52-1-6-63	玻璃纤维增强塑料夹砂管(FRPM) 每节 3m 以上 DN2000	100m	0.8753	0.8753	0.8753	0.8753
7	52-1-3-4	沟槽回填 黄砂	m³	467.60	664.36	467.60	664.36
8	52-1-3-1	沟槽回填 夯填土	m³	1276.97	1080.21	1421.45	1224.69
9	53-9-1-3	施工排水、降水 筑拆竹箩滤井	座	2.5	2.5	2.5	2.5

序号	定额编号	调整组合项目名称	单位	数量	数量	数量	数量
		井点降水					
1	53-9-1-5	施工排水、降水 轻型井点安装	根	83	83	83	83
2	53-9-1-6	施工排水、降水 轻型井点拆除	根	83	83	83	83
3	53-9-1-7	施工排水、降水 轻型井点使用	套·天	40	40	40	40
4	53-9-1-1	施工排水、降水 湿土排水	m³	−1795.5	−1795.5	−1945.13	−1945.13
		围护支撑					
1	52-4-3-2	打槽型钢板桩 长 6.01～9.00m，单面	100m	2	2	2	2
2	52-4-3-7	拔槽型钢板桩 长 6.01～9.00m，单面	100m	2	2	2	2
3	52-4-4-5	安拆钢板桩支撑 槽宽≤3.8m 深 4.01～6.00m	100m	1	1	1	1
4	52-4-3-11	槽型钢板桩使用费	t·d	5762	5762	5762	5762
5	52-4-4-14	钢板桩支撑使用费	t·d	460	460	460	460
		砾石砂垫层厚度增加 5cm					
1	52-1-4-3	管道砾石砂垫层	m³	17.54	17.54	17.54	17.54
2	52-1-3-1	沟槽回填 夯填土	m³	−17.54	−17.54	−17.54	−17.54

单位：100m

序号	定额编号	基本组合项目名称	单位	Z52-1-5-131A >6.0m	Z52-1-5-131B >6.0m	Z52-1-5-132A 6.5m	Z52-1-5-132B 6.5m
1	52-1-2-3	机械挖沟槽土方 深≤6m 现场抛土	m³	2394.00	2394.00	2394.00	2394.00
2	52-1-2-3系	机械挖沟槽土方 深≤7m 现场抛土	m³	49.88	49.88	199.50	199.50
3	53-9-1-1	施工排水、降水 湿土排水	m³	2044.88	2044.88	2194.50	2194.50
4	52-1-4-3	管道砾石砂垫层	m³	35.07	35.07	35.07	35.07
5	52-1-4-1	管道黄砂垫层	m³	17.54	17.54	17.54	17.54
6	52-1-6-46	玻璃纤维增强塑料夹砂管(FRPM) 每节 3m 以下 DN2000	100m	0.0973	0.0973	0.0973	0.0973
7	52-1-6-63	玻璃纤维增强塑料夹砂管(FRPM) 每节 3m 以上 DN2000	100m	0.8753	0.8753	0.8753	0.8753
8	52-1-3-4	沟槽回填 黄砂	m³	467.60	664.36	467.60	664.36
9	52-1-3-1	沟槽回填 夯填土	m³	1521.20	1324.44	1664.20	1467.44
10	53-9-1-3	施工排水、降水 筑拆竹笼滤井	座	2.5	2.5	2.5	2.5

序号	定额编号	调整组合项目名称	单位	数量	数量	数量	数量
		井点降水					
1	53-9-1-8	施工排水、降水 喷射井点安装 10m	根	40	40	40	40
2	53-9-1-9	施工排水、降水 喷射井点拆除 10m	根	40	40	40	40
3	53-9-1-10	施工排水、降水 喷射井点使用 10m	套·天	28	28	28	28
4	53-9-1-1	施工排水、降水 湿土排水	m³	−2044.88	−2044.88	−2194.5	−2194.5
		围护支撑					
1	52-4-3-3	打槽型钢板桩 长 9.01~12.00m，单面	100m	2	2	2	2
2	52-4-3-8	拔槽型钢板桩 长 9.01~12.00m，单面	100m	2	2	2	2
3	52-4-4-6	安拆钢板桩支撑 槽宽≤3.8m 深 6.01~8.00m	100m	1	1	1	1
4	52-4-3-11	槽型钢板桩使用费	t·d	7984	7984	7984	7984
5	52-4-4-14	钢板桩支撑使用费	t·d	800	800	800	800
		砾石砂垫层厚度增加 5cm					
1	52-1-4-3	管道砾石砂垫层	m³	17.54	17.54	17.54	17.54
2	52-1-3-1	沟槽回填 夯填土	m³	−17.54	−17.54	−17.54	−17.54

单位:100m

序号	定额编号	基本组合项目名称	单位	Z52-1-5-133A	Z52-1-5-133B
				7.0m	7.0m
1	52-1-2-3	机械挖沟槽土方 深≤6m 现场抛土	m³	2394.00	2394.00
2	52-1-2-3系	机械挖沟槽土方 深≤7m 现场抛土	m³	399.00	399.00
3	53-9-1-1	施工排水、降水 湿土排水	m³	2394.00	2394.00
4	52-1-4-3	管道砾石砂垫层	m³	35.07	35.07
5	52-1-4-1	管道黄砂垫层	m³	17.54	17.54
6	52-1-6-46	玻璃纤维增强塑料夹砂管(FRPM)每节3m以下 DN2000	100m	0.0973	0.0973
7	52-1-6-63	玻璃纤维增强塑料夹砂管(FRPM)每节3m以上 DN2000	100m	0.8753	0.8753
8	52-1-3-4	沟槽回填 黄砂	m³	467.60	664.36
9	52-1-3-1	沟槽回填 夯填土	m³	1857.92	1661.16
10	53-9-1-3	施工排水、降水 筑拆竹箩滤井	座	2.5	2.5

序号	定额编号	调整组合项目名称	单位	数量	数量
		井点降水			
1	53-9-1-8	施工排水、降水 喷射井点安装 10m	根	40	40
2	53-9-1-9	施工排水、降水 喷射井点拆除 10m	根	40	40
3	53-9-1-10	施工排水、降水 喷射井点使用 10m	套·天	28	28
4	53-9-1-1	施工排水、降水 湿土排水	m³	−2394	−2394
		围护支撑			
1	52-4-3-3	打槽型钢板桩 长9.01~12.00m,单面	100m	2	2
2	52-4-3-8	拔槽型钢板桩 长9.01~12.00m,单面	100m	2	2
3	52-4-4-6	安拆钢板桩支撑 槽宽≤3.8m 深6.01~8.00m	100m	1	1
4	52-4-3-11	槽型钢板桩使用费	t·d	7984	7984
5	52-4-4-14	钢板桩支撑使用费	t·d	800	800
		砾石砂垫层厚度增加5cm			
1	52-1-4-3	管道砾石砂垫层	m³	17.54	17.54
2	52-1-3-1	沟槽回填 夯填土	m³	−17.54	−17.54

（十五）DN2200 玻璃纤维增强塑料夹砂管(FRPM)

单位：100m

序号	定额编号	基本组合项目名称	单位	Z52-1-5-134A	Z52-1-5-134B	Z52-1-5-135A	Z52-1-5-135B
				3.5m	3.5m	≤4.0m	≤4.0m
1	52-1-2-3	机械挖沟槽土方 深≤6m 现场抛土	m³	1470.00	1470.00	1627.50	1627.50
2	53-9-1-1	施工排水、降水 湿土排水	m³	1050.00	1050.00	1207.50	1207.50
3	52-1-4-3	管道砾石砂垫层	m³	37.16	37.16	37.16	37.16
4	52-1-4-1	管道黄砂垫层	m³	18.58	18.58	18.58	18.58
5	52-1-6-47	玻璃纤维增强塑料夹砂管(FRPM) 每节 3m 以下 DN2200	100m	0.0973	0.0973	0.0973	0.0973
6	52-1-6-64	玻璃纤维增强塑料夹砂管(FRPM) 每节 3m 以上 DN2200	100m	0.8753	0.8753	0.8753	0.8753
7	52-1-3-4	沟槽回填 黄砂	m³	526.04	733.30	526.04	733.30
8	52-1-3-1	沟槽回填 夯填土	m³	437.77	230.51	592.34	385.08
9	53-9-1-3	施工排水、降水 筑拆竹箩滤井	座	2.5	2.5	2.5	2.5
序号	定额编号	调整组合项目名称	单位	数量	数量	数量	数量
		井点降水					
1	53-9-1-5	施工排水、降水 轻型井点安装	根	83	83	83	83
2	53-9-1-6	施工排水、降水 轻型井点拆除	根	83	83	83	83
3	53-9-1-7	施工排水、降水 轻型井点使用	套·天	42	42	42	42
4	53-9-1-1	施工排水、降水 湿土排水	m³	−1050	−1050	−1207.5	−1207.5
		围护支撑					
1	52-4-3-1	打槽型钢板桩 长 4.00～6.00m，单面	100m	2	2	2	2
2	52-4-3-6	拔槽型钢板桩 长 4.00～6.00m，单面	100m	2	2	2	2
3	52-4-4-7	安拆钢板桩支撑 槽宽≤4.5m 深 3.01～4.00m	100m	1	1	1	1
4	52-4-3-11	槽型钢板桩使用费	t·d	2592	2592	2592	2592
5	52-4-4-14	钢板桩支撑使用费	t·d	230	230	230	230
		砾石砂垫层厚度增加 5cm					
1	52-1-4-3	管道砾石砂垫层	m³	18.58	18.58	18.58	18.58
2	52-1-3-1	沟槽回填 夯填土	m³	−18.58	−18.58	−18.58	−18.58

单位：100m

序号	定额编号	基本组合项目名称	单位	Z52-1-5-136A	Z52-1-5-136B	Z52-1-5-137A	Z52-1-5-137B
				＞4.0m	＞4.0m	4.5m	4.5m
1	52-1-2-3	机械挖沟槽土方 深≤6m 现场抛土	m³	1732.50	1732.50	1890.00	1890.00
2	53-9-1-1	施工排水、降水 湿土排水	m³	1312.50	1312.50	1470.00	1470.00
3	52-1-4-3	管道砾石砂垫层	m³	37.16	37.16	36.92	36.92
4	52-1-4-1	管道黄砂垫层	m³	18.58	18.58	18.46	18.46
5	52-1-6-47	玻璃纤维增强塑料夹砂管(FRPM) 每节3m以下 DN2200	100m	0.0973	0.0973	0.0973	0.0973
6	52-1-6-64	玻璃纤维增强塑料夹砂管(FRPM) 每节3m以上 DN2200	100m	0.8753	0.8753	0.8753	0.8753
7	52-1-3-4	沟槽回填 黄砂	m³	526.04	733.30	526.04	733.30
8	52-1-3-1	沟槽回填 夯填土	m³	697.34	490.08	845.14	637.88
9	53-9-1-3	施工排水、降水 筑拆竹箩滤井	座	2.5	2.5	2.5	2.5
序号	定额编号	调整组合项目名称	单位	数量	数量	数量	数量
		井点降水					
1	53-9-1-5	施工排水、降水 轻型井点安装	根	83	83	83	83
2	53-9-1-6	施工排水、降水 轻型井点拆除	根	83	83	83	83
3	53-9-1-7	施工排水、降水 轻型井点使用	套·天	42	42	42	42
4	53-9-1-1	施工排水、降水 湿土排水	m³	−1312.5	−1312.5	−1470	−1470
		围护支撑					
1	52-4-3-2	打槽型钢板桩 长6.01～9.00m，单面	100m	2	2	2	2
2	52-4-3-7	拔槽型钢板桩 长6.01～9.00m，单面	100m	2	2	2	2
3	52-4-4-8	安拆钢板桩支撑 槽宽≤4.5m 深4.01～6.00m	100m	1	1	1	1
4	52-4-3-11	槽型钢板桩使用费	t·d	5762	5762	5762	5762
5	52-4-4-14	钢板桩支撑使用费	t·d	460	460	460	460
		砾石砂垫层厚度增加5cm					
1	52-1-4-3	管道砾石砂垫层	m³	18.58	18.58	18.46	18.46
2	52-1-3-1	沟槽回填 夯填土	m³	−18.58	−18.58	−18.46	−18.46

单位:100m

序号	定额编号	基本组合项目名称	单位	Z52-1-5-138A 5.0m	Z52-1-5-138B 5.0m	Z52-1-5-139A 5.5m	Z52-1-5-139B 5.5m
1	52-1-2-3	机械挖沟槽土方 深≤6m 现场抛土	m³	2152.50	2152.50	2367.75	2367.75
2	53-9-1-1	施工排水、降水 湿土排水	m³	1722.00	1722.00	1937.25	1937.25
3	52-1-4-3	管道砾石砂垫层	m³	37.84	37.84	37.84	37.84
4	52-1-4-1	管道黄砂垫层	m³	18.92	18.92	18.92	18.92
5	52-1-6-47	玻璃纤维增强塑料夹砂管(FRPM) 每节 3m 以下 DN2200	100m	0.0973	0.0973	0.0973	0.0973
6	52-1-6-64	玻璃纤维增强塑料夹砂管(FRPM) 每节 3m 以上 DN2200	100m	0.8753	0.8753	0.8753	0.8753
7	52-1-3-4	沟槽回填 黄砂	m³	549.66	762.17	549.66	762.17
8	52-1-3-1	沟槽回填 夯填土	m³	1079.71	867.20	1290.75	1078.24
9	53-9-1-3	施工排水、降水 筑拆竹箩滤井	座	2.5	2.5	2.5	2.5

序号	定额编号	调整组合项目名称	单位	数量	数量	数量	数量
		井点降水					
1	53-9-1-5	施工排水、降水 轻型井点安装	根	83	83	83	83
2	53-9-1-6	施工排水、降水 轻型井点拆除	根	83	83	83	83
3	53-9-1-7	施工排水、降水 轻型井点使用	套·天	42	42	42	42
4	53-9-1-1	施工排水、降水 湿土排水	m³	−1722	−1722	−1937.25	−1937.25
		围护支撑					
1	52-4-3-2	打槽型钢板桩 长 6.01～9.00m,单面	100m	2	2	2	2
2	52-4-3-7	拔槽型钢板桩 长 6.01～9.00m,单面	100m	2	2	2	2
3	52-4-4-8	安拆钢板桩支撑 槽宽≤4.5m 深 4.01～6.00m	100m	1	1	1	1
4	52-4-3-11	槽型钢板桩使用费	t·d	5762	5762	5762	5762
5	52-4-4-14	钢板桩支撑使用费	t·d	460	460	460	460
		砾石砂垫层厚度增加 5cm					
1	52-1-4-3	管道砾石砂垫层	m³	18.92	18.92	18.92	18.92
2	52-1-3-1	沟槽回填 夯填土	m³	−18.92	−18.92	−18.92	−18.92

单位：100m

序号	定额编号	基本组合项目名称	单位	Z52-1-5-140A ≤6.0m	Z52-1-5-140B ≤6.0m	Z52-1-5-141A >6.0m	Z52-1-5-141B >6.0m
1	52-1-2-3	机械挖沟槽土方 深≤6m 现场抛土	m³	2529.19	2529.19	2583.00	2583.00
2	52-1-2-3系	机械挖沟槽土方 深≤7m 现场抛土	m³			53.81	53.81
3	53-9-1-1	施工排水、降水 湿土排水	m³	2098.69	2098.69	2206.31	2206.31
4	52-1-4-3	管道砾石砂垫层	m³	37.84	37.84	37.84	37.84
5	52-1-4-1	管道黄砂垫层	m³	18.92	18.92	18.92	18.92
6	52-1-6-47	玻璃纤维增强塑料夹砂管(FRPM) 每节 3m 以下 DN2200	100m	0.0973	0.0973	0.0973	0.0973
7	52-1-6-64	玻璃纤维增强塑料夹砂管(FRPM) 每节 3m 以上 DN2200	100m	0.8753	0.8753	0.8753	0.8753
8	52-1-3-4	沟槽回填 黄砂	m³	549.66	762.17	549.66	762.17
9	52-1-3-1	沟槽回填 夯填土	m³	1447.04	1234.53	1554.66	1342.15
10	53-9-1-3	施工排水、降水 筑拆竹笼滤井	座	2.5	2.5	2.5	2.5

序号	定额编号	调整组合项目名称	单位	数量	数量	数量	数量
		井点降水					
1	53-9-1-5	施工排水、降水 轻型井点安装	根	83	83		
2	53-9-1-6	施工排水、降水 轻型井点拆除	根	83	83		
3	53-9-1-7	施工排水、降水 轻型井点使用	套·天	42	42		
4	53-9-1-8	施工排水、降水 喷射井点安装 10m	根			40	40
5	53-9-1-9	施工排水、降水 喷射井点拆除 10m	根			40	40
6	53-9-1-10	施工排水、降水 喷射井点使用 10m	套·天			29	29
7	53-9-1-1	施工排水、降水 湿土排水	m³	−2098.69	−2098.69	−2206.31	−2206.31
		围护支撑					
1	52-4-3-2	打槽型钢板桩 长 6.01～9.00m，单面	100m	2	2		
2	52-4-3-3	打槽型钢板桩 长 9.01～12.00m，单面	100m			2	2
3	52-4-3-7	拔槽型钢板桩 长 6.01～9.00m，单面	100m	2	2		
4	52-4-3-8	拔槽型钢板桩 长 9.01～12.00m，单面	100m			2	2
5	52-4-4-8	安拆钢板桩支撑 槽宽≤4.5m 深 4.01～6.00m	100m	1	1		
6	52-4-4-9	安拆钢板桩支撑 槽宽≤4.5m 深 6.01～8.00m	100m			1	1
7	52-4-3-11	槽型钢板桩使用费	t·d	5762	5762	7984	7984
8	52-4-4-14	钢板桩支撑使用费	t·d	460	460	800	800
		砾石砂垫层厚度增加 5cm					
1	52-1-4-3	管道砾石砂垫层	m³	18.92	18.92	18.92	18.92
2	52-1-3-1	沟槽回填 夯填土	m³	−18.92	−18.92	−18.92	−18.92

单位:100m

序号	定额编号	基本组合项目名称	单位	Z52-1-5-142A	Z52-1-5-142B	Z52-1-5-143A	Z52-1-5-143B
				6.5m	6.5m	7.0m	7.0m
1	52-1-2-3	机械挖沟槽土方 深≤6m 现场抛土	m³	2583.00	2583.00	2583.00	2583.00
2	52-1-2-3系	机械挖沟槽土方 深≤7m 现场抛土	m³	215.25	215.25	430.50	430.50
3	53-9-1-1	施工排水、降水 湿土排水	m³	2367.75	2367.75	2583.00	2583.00
4	52-1-4-3	管道砾石砂垫层	m³	37.84	37.84	37.84	37.84
5	52-1-4-1	管道黄砂垫层	m³	18.92	18.92	18.92	18.92
6	52-1-6-47	玻璃纤维增强塑料夹砂管(FRPM) 每节 3m 以下 DN2200	100m	0.0973	0.0973	0.0973	0.0973
7	52-1-6-64	玻璃纤维增强塑料夹砂管(FRPM) 每节 3m 以上 DN2200	100m	0.8753	0.8753	0.8753	0.8753
8	52-1-3-4	沟槽回填 黄砂	m³	549.66	762.17	549.66	762.17
9	52-1-3-1	沟槽回填 夯填土	m³	1709.48	1496.97	1918.95	1706.44
10	53-9-1-3	施工排水、降水 筑拆竹箩滤井	座	2.5	2.5	2.5	2.5

序号	定额编号	调整组合项目名称	单位	数量	数量	数量	数量
		井点降水					
1	53-9-1-8	施工排水、降水 喷射井点安装 10m	根	40	40	40	40
2	53-9-1-9	施工排水、降水 喷射井点拆除 10m	根	40	40	40	40
3	53-9-1-10	施工排水、降水 喷射井点使用 10m	套·天	29	29	29	29
4	53-9-1-1	施工排水、降水 湿土排水	m³	−2367.75	−2367.75	−2583	−2583
		围护支撑					
1	52-4-3-3	打槽型钢板桩 长 9.01～12.00m, 单面	100m	2	2	2	2
2	52-4-3-8	拔槽型钢板桩 长 9.01～12.00m, 单面	100m	2	2	2	2
3	52-4-4-9	安拆钢板桩支撑 槽宽≤4.5m 深 6.01～8.00m	100m	1	1	1	1
4	52-4-3-11	槽型钢板桩使用费	t·d	7984	7984	7984	7984
5	52-4-4-14	钢板桩支撑使用费	t·d	800	800	800	800
		砾石砂垫层厚度增加 5cm					
1	52-1-4-3	管道砾石砂垫层	m³	18.92	18.92	18.92	18.92
2	52-1-3-1	沟槽回填 夯填土	m³	−18.92	−18.92	−18.92	−18.92

（十六）DN2400 玻璃纤维增强塑料夹砂管(FRPM)

单位:100m

序号	定额编号	基本组合项目名称	单位	Z52-1-5-144A 3.5m	Z52-1-5-144B 3.5m	Z52-1-5-145A ≤4.0m	Z52-1-5-145B ≤4.0m
1	52-1-2-3	机械挖沟槽土方 深≤6m 现场抛土	m³	1543.50	1543.50	1708.88	1708.88
2	53-9-1-1	施工排水、降水 湿土排水	m³	1102.50	1102.50	1267.88	1267.88
3	52-1-4-3	管道砾石砂垫层	m³	39.02	39.02	39.02	39.02
4	52-1-4-1	管道黄砂垫层	m³	19.51	19.51	19.51	19.51
5	52-1-6-48	玻璃纤维增强塑料夹砂管(FRPM) 每节3m以下 DN2400	100m	0.0973	0.0973	0.0973	0.0973
6	52-1-6-65	玻璃纤维增强塑料夹砂管(FRPM) 每节3m以上 DN2400	100m	0.8753	0.8753	0.8753	0.8753
7	52-1-3-4	沟槽回填 黄砂	m³	587.03	804.79	587.03	804.79
8	52-1-3-1	沟槽回填 夯填土	m³	367.09	149.33	529.73	311.97
9	53-9-1-3	施工排水、降水 筑拆竹箅滤井	座	2.5	2.5	2.5	2.5

序号	定额编号	调整组合项目名称	单位	数量	数量	数量	数量
		井点降水					
1	53-9-1-5	施工排水、降水 轻型井点安装	根	83	83	83	83
2	53-9-1-6	施工排水、降水 轻型井点拆除	根	83	83	83	83
3	53-9-1-7	施工排水、降水 轻型井点使用	套·天	42	42	42	42
4	53-9-1-1	施工排水、降水 湿土排水	m³	−1102.5	−1102.5	−1267.88	−1267.88
		围护支撑					
1	52-4-3-1	打槽型钢板桩 长4.00~6.00m，单面	100m	2	2	2	2
2	52-4-3-6	拔槽型钢板桩 长4.00~6.00m，单面	100m	2	2	2	2
3	52-4-4-7	安拆钢板桩支撑 槽宽≤4.5m 深3.01~4.00m	100m	1	1	1	1
4	52-4-3-11	槽型钢板桩使用费	t·d	2592	2592	2592	2592
5	52-4-4-14	钢板桩支撑使用费	t·d	230	230	230	230
		砾石砂垫层厚度增加5cm					
1	52-1-4-3	管道砾石砂垫层	m³	19.51	19.51	19.51	19.51
2	52-1-3-1	沟槽回填 夯填土	m³	−19.51	−19.51	−19.51	−19.51

单位:100m

序号	定额编号	基本组合项目名称	单位	Z52-1-5-146A	Z52-1-5-146B	Z52-1-5-147A	Z52-1-5-147B
				>4.0m	>4.0m	4.5m	4.5m
1	52-1-2-3	机械挖沟槽土方 深≤6m 现场抛土	m³	1819.13	1819.13	1984.50	1984.50
2	53-9-1-1	施工排水、降水 湿土排水	m³	1378.13	1378.13	1543.50	1543.50
3	52-1-4-3	管道砾石砂垫层	m³	39.02	39.02	38.77	38.77
4	52-1-4-1	管道黄砂垫层	m³	19.51	19.51	19.38	19.38
5	52-1-6-48	玻璃纤维增强塑料夹砂管(FRPM) 每节 3m 以下 DN2400	100m	0.0973	0.0973	0.0973	0.0973
6	52-1-6-65	玻璃纤维增强塑料夹砂管(FRPM) 每节 3m 以上 DN2400	100m	0.8753	0.8753	0.8753	0.8753
7	52-1-3-4	沟槽回填 黄砂	m³	587.03	804.79	587.03	804.79
8	52-1-3-1	沟槽回填 夯填土	m³	639.98	422.22	794.66	576.90
9	53-9-1-3	施工排水、降水 筑拆竹箩滤井	座	2.5	2.5	2.5	2.5
序号	定额编号	调整组合项目名称	单位	数量	数量	数量	数量
		井点降水					
1	53-9-1-5	施工排水、降水 轻型井点安装	根	83	83	83	83
2	53-9-1-6	施工排水、降水 轻型井点拆除	根	83	83	83	83
3	53-9-1-7	施工排水、降水 轻型井点使用	套·天	42	42	42	42
4	53-9-1-1	施工排水、降水 湿土排水	m³	−1378.13	−1378.13	−1543.5	−1543.5
		围护支撑					
1	52-4-3-2	打槽型钢板桩 长 6.01～9.00m,单面	100m	2	2	2	2
2	52-4-3-7	拔槽型钢板桩 长 6.01～9.00m,单面	100m	2	2	2	2
3	52-4-4-8	安拆钢板桩支撑 槽宽≤4.5m 深 4.01～6.00m	100m	1	1	1	1
4	52-4-3-11	槽型钢板桩使用费	t·d	5762	5762	5762	5762
5	52-4-4-14	钢板桩支撑使用费	t·d	460	460	460	460
		砾石砂垫层厚度增加 5cm					
1	52-1-4-3	管道砾石砂垫层	m³	19.51	19.51	19.39	19.39
2	52-1-3-1	沟槽回填 夯填土	m³	−19.51	−19.51	−19.39	−19.39

单位:100m

序号	定额编号	基本组合项目名称	单位	Z52-1-5-148A	Z52-1-5-148B	Z52-1-5-149A	Z52-1-5-149B
				5.0m	5.0m	5.5m	5.5m
1	52-1-2-3	机械挖沟槽土方 深≤6m 现场抛土	m³	2257.50	2257.50	2483.25	2483.25
2	53-9-1-1	施工排水、降水 湿土排水	m³	1806.00	1806.00	2031.75	2031.75
3	52-1-4-3	管道砾石砂垫层	m³	39.69	39.69	39.69	39.69
4	52-1-4-1	管道黄砂垫层	m³	19.84	19.84	19.84	19.84
5	52-1-6-48	玻璃纤维增强塑料夹砂管(FRPM)每节 3m 以下 DN2400	100m	0.0973	0.0973	0.0973	0.0973
6	52-1-6-65	玻璃纤维增强塑料夹砂管(FRPM)每节 3m 以上 DN2400	100m	0.8753	0.8753	0.8753	0.8753
7	52-1-3-4	沟槽回填 黄砂	m³	612.79	835.80	612.79	835.80
8	52-1-3-1	沟槽回填 夯填土	m³	1037.59	814.58	1260.42	1037.41
9	53-9-1-3	施工排水、降水 筑拆竹箩滤井	座	2.5	2.5	2.5	2.5
序号	定额编号	调整组合项目名称	单位	数量	数量	数量	数量
		井点降水					
1	53-9-1-5	施工排水、降水 轻型井点安装	根	83	83	83	83
2	53-9-1-6	施工排水、降水 轻型井点拆除	根	83	83	83	83
3	53-9-1-7	施工排水、降水 轻型井点使用	套·天	42	42	42	42
4	53-9-1-1	施工排水、降水 湿土排水	m³	−1806	−1806	−2031.75	−2031.75
		围护支撑					
1	52-4-3-2	打槽型钢板桩 长 6.01~9.00m,单面	100m	2	2	2	2
2	52-4-3-7	拔槽型钢板桩 长 6.01~9.00m,单面	100m	2	2	2	2
3	52-4-4-8	安拆钢板桩支撑 槽宽≤4.5m 深4.01~6.00m	100m	1	1	1	1
4	52-4-3-11	槽型钢板桩使用费	t·d	5762	5762	5762	5762
5	52-4-4-14	钢板桩支撑使用费	t·d	460	460	460	460
		砾石砂垫层厚度增加 5cm					
1	52-1-4-3	管道砾石砂垫层	m³	19.85	19.85	19.85	19.85
2	52-1-3-1	沟槽回填 夯填土	m³	−19.85	−19.85	−19.85	−19.85

单位:100m

序号	定额编号	基本组合项目名称	单位	Z52-1-5-150A	Z52-1-5-150B	Z52-1-5-151A	Z52-1-5-151B
				≤6.0m	≤6.0m	>6.0m	>6.0m
1	52-1-2-3	机械挖沟槽土方 深≤6m 现场抛土	m³	2652.56	2652.56	2709.00	2709.00
2	52-1-2-3系	机械挖沟槽土方 深≤7m 现场抛土	m³			56.44	56.44
3	53-9-1-1	施工排水、降水 湿土排水	m³	2201.06	2201.06	2313.94	2313.94
4	52-1-4-3	管道砾石砂垫层	m³	39.69	39.69	39.69	39.69
5	52-1-4-1	管道黄砂垫层	m³	19.84	19.84	19.84	19.84
6	52-1-6-48	玻璃纤维增强塑料夹砂管(FRPM)每节 3m 以下 DN2400	100m	0.0973	0.0973	0.0973	0.0973
7	52-1-6-65	玻璃纤维增强塑料夹砂管(FRPM)每节 3m 以上 DN2400	100m	0.8753	0.8753	0.8753	0.8753
8	52-1-3-4	沟槽回填 黄砂	m³	612.79	835.80	612.79	835.80
9	52-1-3-1	沟槽回填 夯填土	m³	1424.18	1201.17	1537.06	1314.05
10	53-9-1-3	施工排水、降水 筑拆竹箩滤井	座	2.5	2.5	2.5	2.5

序号	定额编号	调整组合项目名称	单位	数量	数量	数量	数量
		井点降水					
1	53-9-1-5	施工排水、降水 轻型井点安装	根	83	83		
2	53-9-1-6	施工排水、降水 轻型井点拆除	根	83	83		
3	53-9-1-7	施工排水、降水 轻型井点使用	套·天	42	42		
4	53-9-1-8	施工排水、降水 喷射井点安装 10m	根			40	40
5	53-9-1-9	施工排水、降水 喷射井点拆除 10m	根			40	40
6	53-9-1-10	施工排水、降水 喷射井点使用 10m	套·天			29	29
7	53-9-1-1	施工排水、降水 湿土排水	m³	-2201.06	-2201.06	-2313.94	-2313.94
		围护支撑					
1	52-4-3-2	打槽型钢板桩 长 6.01～9.00m,单面	100m	2	2		
2	52-4-3-3	打槽型钢板桩 长 9.01～12.00m,单面	100m			2	2
3	52-4-3-7	拔槽型钢板桩 长 6.01～9.00m,单面	100m	2	2		
4	52-4-3-8	拔槽型钢板桩 长 9.01～12.00m,单面	100m			2	2
5	52-4-4-8	安拆钢板桩支撑 槽宽≤4.5m 深 4.01～6.00m	100m	1	1		
6	52-4-4-9	安拆钢板桩支撑 槽宽≤4.5m 深 6.01～8.00m	100m			1	1
7	52-4-3-11	槽型钢板桩使用费	t·d	5762	5762	7984	7984
8	52-4-4-14	钢板桩支撑使用费	t·d	460	460	800	800
		砾石砂垫层厚度增加 5cm					
1	52-1-4-3	管道砾石砂垫层	m³	19.85	19.85	19.85	19.85
2	52-1-3-1	沟槽回填 夯填土	m³	-19.85	-19.85	-19.85	-19.85

单位:100m

序号	定额编号	基本组合项目名称	单位	Z52-1-5-152A	Z52-1-5-152B	Z52-1-5-153A	Z52-1-5-153B
				6.5m	6.5m	7.0m	7.0m
1	52-1-2-3	机械挖沟槽土方 深≤6m 现场抛土	m³	2709.00	2709.00	2709.00	2709.00
2	52-1-2-3系	机械挖沟槽土方 深≤7m 现场抛土	m³	225.75	225.75	451.50	451.50
3	53-9-1-1	施工排水、降水 湿土排水	m³	2483.25	2483.25	2709.00	2709.00
4	52-1-4-3	管道砾石砂垫层	m³	39.69	39.69	39.69	39.69
5	52-1-4-1	管道黄砂垫层	m³	19.84	19.84	19.84	19.84
6	52-1-6-48	玻璃纤维增强塑料夹砂管(FRPM) 每节 3m 以下 DN2400	100m	0.0973	0.0973	0.0973	0.0973
7	52-1-6-65	玻璃纤维增强塑料夹砂管(FRPM) 每节 3m 以上 DN2400	100m	0.8753	0.8753	0.8753	0.8753
8	52-1-3-4	沟槽回填 黄砂	m³	612.79	835.80	612.79	835.80
9	52-1-3-1	沟槽回填 夯填土	m³	1699.66	1476.65	1919.63	1696.62
10	53-9-1-3	施工排水、降水 筑拆竹箩滤井	座	2.5	2.5	2.5	2.5

序号	定额编号	调整组合项目名称	单位	数量	数量	数量	数量
		井点降水					
1	53-9-1-8	施工排水、降水 喷射井点安装 10m	根	40	40	40	40
2	53-9-1-9	施工排水、降水 喷射井点拆除 10m	根	40	40	40	40
3	53-9-1-10	施工排水、降水 喷射井点使用 10m	套·天	29	29	29	29
4	53-9-1-1	施工排水、降水 湿土排水	m³	−2483.25	−2483.25	−2709	−2709
		围护支撑					
1	52-4-3-3	打槽型钢板桩 长 9.01~12.00m，单面	100m	2	2	2	2
2	52-4-3-8	拔槽型钢板桩 长 9.01~12.00m，单面	100m	2	2	2	2
3	52-4-4-9	安拆钢板桩支撑 槽宽≤4.5m 深 6.01~8.00m	100m	1	1	1	1
4	52-4-3-11	槽型钢板桩使用费	t·d	7984	7984	7984	7984
5	52-4-4-14	钢板桩支撑使用费	t·d	800	800	800	800
		砾石砂垫层厚度增加 5cm					
1	52-1-4-3	管道砾石砂垫层	m³	19.85	19.85	19.85	19.85
2	52-1-3-1	沟槽回填 夯填土	m³	−19.85	−19.85	−19.85	−19.85

（十七）DN2500 玻璃纤维增强塑料夹砂管（FRPM）

单位：100m

序号	定额编号	基本组合项目名称	单位	Z52-1-5-154A	Z52-1-5-154B	Z52-1-5-155A	Z52-1-5-155B
				3.5m	3.5m	≤4.0m	≤4.0m
1	52-1-2-3	机械挖沟槽土方 深≤6m 现场抛土	m³	1580.25	1580.25	1749.56	1749.56
2	53-9-1-1	施工排水、降水 湿土排水	m³	1128.75	1128.75	1298.06	1298.06
3	52-1-4-3	管道砾石砂垫层	m³	39.69	39.69	39.69	39.69
4	52-1-4-1	管道黄砂垫层	m³	19.84	19.84	19.84	19.84
5	52-1-6-49	玻璃纤维增强塑料夹砂管（FRPM）每节 3m 以下 DN2500	100m	0.0973	0.0973	0.0973	0.0973
6	52-1-6-66	玻璃纤维增强塑料夹砂管（FRPM）每节 3m 以上 DN2500	100m	0.8753	0.8753	0.8753	0.8753
7	52-1-3-4	沟槽回填 黄砂	m³	608.50	831.52	608.50	831.52
8	52-1-3-1	沟槽回填 夯填土	m³	322.84	99.82	489.41	266.39
9	53-9-1-3	施工排水、降水 筑拆竹笆滤井	座	2.5	2.5	2.5	2.5
序号	定额编号	调整组合项目名称	单位	数量	数量	数量	数量
		井点降水					
1	53-9-1-5	施工排水、降水 轻型井点安装	根	83	83	83	83
2	53-9-1-6	施工排水、降水 轻型井点拆除	根	83	83	83	83
3	53-9-1-7	施工排水、降水 轻型井点使用	套·天	43	43	43	43
4	53-9-1-1	施工排水、降水 湿土排水	m³	−1128.75	−1128.75	−1298.06	−1298.06
		围护支撑					
1	52-4-3-1	打槽型钢板桩 长 4.00～6.00m，单面	100m	2	2	2	2
2	52-4-3-6	拔槽型钢板桩 长 4.00～6.00m，单面	100m	2	2	2	2
3	52-4-4-7	安拆钢板桩支撑 槽宽≤4.5m 深3.01～4.00m	100m	1	1	1	1
4	52-4-3-11	槽型钢板桩使用费	t·d	3114	3114	3114	3114
5	52-4-4-14	钢板桩支撑使用费	t·d	322	322	322	322
		砾石砂垫层厚度增加 5cm					
1	52-1-4-3	管道砾石砂垫层	m³	19.85	19.85	19.85	19.85
2	52-1-3-1	沟槽回填 夯填土	m³	−19.85	−19.85	−19.85	−19.85

单位:100m

序号	定额编号	基本组合项目名称	单位	Z52-1-5-156A	Z52-1-5-156B	Z52-1-5-157A	Z52-1-5-157B
				>4.0m	>4.0m	4.5m	4.5m
1	52-1-2-3	机械挖沟槽土方 深≤6m 现场抛土	m³	1862.44	1862.44	2031.75	2031.75
2	53-9-1-1	施工排水、降水 湿土排水	m³	1410.94	1410.94	1580.25	1580.25
3	52-1-4-3	管道砾石砂垫层	m³	39.69	39.69	39.69	39.69
4	52-1-4-1	管道黄砂垫层	m³	19.84	19.84	19.84	19.84
5	52-1-6-49	玻璃纤维增强塑料夹砂管(FRPM) 每节 3m 以下 DN2500	100m	0.0973	0.0973	0.0973	0.0973
6	52-1-6-66	玻璃纤维增强塑料夹砂管(FRPM) 每节 3m 以上 DN2500	100m	0.8753	0.8753	0.8753	0.8753
7	52-1-3-4	沟槽回填 黄砂	m³	608.50	831.52	608.50	831.52
8	52-1-3-1	沟槽回填 夯填土	m³	599.56	376.54	766.13	543.11
9	53-9-1-3	施工排水、降水 筑拆竹笼滤井	座	2.5	2.5	2.5	2.5

序号	定额编号	调整组合项目名称	单位	数量	数量	数量	数量
		井点降水					
1	53-9-1-5	施工排水、降水 轻型井点安装	根	83	83	83	83
2	53-9-1-6	施工排水、降水 轻型井点拆除	根	83	83	83	83
3	53-9-1-7	施工排水、降水 轻型井点使用	套·天	43	43	43	43
4	53-9-1-1	施工排水、降水 湿土排水	m³	−1410.94	−1410.94	−1580.25	−1580.25
		围护支撑					
1	52-4-3-2	打槽型钢板桩 长 6.01～9.00m,单面	100m	2	2	2	2
2	52-4-3-7	拔槽型钢板桩 长 6.01～9.00m,单面	100m	2	2	2	2
3	52-4-4-8	安拆钢板桩支撑 槽宽≤4.5m 深 4.01～6.00m	100m	1	1	1	1
4	52-4-3-11	槽型钢板桩使用费	t·d	6230	6230	6230	6230
5	52-4-4-14	钢板桩支撑使用费	t·d	840	840	840	840
		砾石砂垫层厚度增加 5cm					
1	52-1-4-3	管道砾石砂垫层	m³	19.85	19.85	19.85	19.85
2	52-1-3-1	沟槽回填 夯填土	m³	−19.85	−19.85	−19.85	−19.85

单位:100m

序号	定额编号	基本组合项目名称	单位	Z52-1-5-158A	Z52-1-5-158B	Z52-1-5-159A	Z52-1-5-159B
				5.0m	5.0m	5.5m	5.5m
1	52-1-2-3	机械挖沟槽土方 深≤6m 现场抛土	m³	2310.00	2310.00	2541.00	2541.00
2	53-9-1-1	施工排水、降水 湿土排水	m³	1848.00	1848.00	2079.00	2079.00
3	52-1-4-3	管道砾石砂垫层	m³	40.61	40.61	40.61	40.61
4	52-1-4-1	管道黄砂垫层	m³	20.31	20.31	20.31	20.31
5	52-1-6-49	玻璃纤维增强塑料夹砂管(FRPM) 每节 3m 以下 DN2500	100m	0.0973	0.0973	0.0973	0.0973
6	52-1-6-66	玻璃纤维增强塑料夹砂管(FRPM) 每节 3m 以上 DN2500	100m	0.8753	0.8753	0.8753	0.8753
7	52-1-3-4	沟槽回填 黄砂	m³	635.33	863.59	635.33	863.59
8	52-1-3-1	沟槽回填 夯填土	m³	1013.24	784.98	1241.31	1013.05
9	53-9-1-3	施工排水、降水 筑拆竹箩滤井	座	2.5	2.5	2.5	2.5

序号	定额编号	调整组合项目名称	单位	数量	数量	数量	数量
		井点降水					
1	53-9-1-5	施工排水、降水 轻型井点安装	根	83	83	83	83
2	53-9-1-6	施工排水、降水 轻型井点拆除	根	83	83	83	83
3	53-9-1-7	施工排水、降水 轻型井点使用	套·天	43	43	43	43
4	53-9-1-1	施工排水、降水 湿土排水	m³	−1848	−1848	−2079	−2079
		围护支撑					
1	52-4-3-2	打槽型钢板桩 长 6.01～9.00m,单面	100m	2	2	2	2
2	52-4-3-7	拔槽型钢板桩 长 6.01～9.00m,单面	100m	2	2	2	2
3	52-4-4-8	安拆钢板桩支撑 槽宽≤4.5m 深 4.01～6.00m	100m	1	1	1	1
4	52-4-3-11	槽型钢板桩使用费	t·d	6230	6230	6230	6230
5	52-4-4-14	钢板桩支撑使用费	t·d	840	840	840	840
		砾石砂垫层厚度增加 5cm					
1	52-1-4-3	管道砾石砂垫层	m³	20.31	20.31	20.31	20.31
2	52-1-3-1	沟槽回填 夯填土	m³	−20.31	−20.31	−20.31	−20.31

单位:100m

序号	定额编号	基本组合项目名称	单位	Z52-1-5-160A ≤6.0m	Z52-1-5-160B ≤6.0m	Z52-1-5-161A >6.0m	Z52-1-5-161B >6.0m
1	52-1-2-3	机械挖沟槽土方 深≤6m 现场抛土	m³	2714.25	2714.25	2772.00	2772.00
2	52-1-2-3系	机械挖沟槽土方 深≤7m 现场抛土	m³			57.75	57.75
3	53-9-1-1	施工排水、降水 湿土排水	m³	2252.25	2252.25	2367.75	2367.75
4	52-1-4-3	管道砾石砂垫层	m³	40.61	40.61	40.61	40.61
5	52-1-4-1	管道黄砂垫层	m³	20.31	20.31	20.31	20.31
6	52-1-6-49	玻璃纤维增强塑料夹砂管(FRPM) 每节3m以下 DN2500	100m	0.0973	0.0973	0.0973	0.0973
7	52-1-6-66	玻璃纤维增强塑料夹砂管(FRPM) 每节3m以上 DN2500	100m	0.8753	0.8753	0.8753	0.8753
8	52-1-3-4	沟槽回填 黄砂	m³	635.33	863.59	635.33	863.59
9	52-1-3-1	沟槽回填 夯填土	m³	1410.35	1182.09	1525.85	1297.59
10	53-9-1-3	施工排水、降水 筑拆竹篓滤井	座	2.5	2.5	2.5	2.5

序号	定额编号	调整组合项目名称	单位	数量	数量	数量	数量
		井点降水					
1	53-9-1-5	施工排水、降水 轻型井点安装	根	83	83		
2	53-9-1-6	施工排水、降水 轻型井点拆除	根	83	83		
3	53-9-1-7	施工排水、降水 轻型井点使用	套·天	43	43		
4	53-9-1-8	施工排水、降水 喷射井点安装 10m	根			40	40
5	53-9-1-9	施工排水、降水 喷射井点拆除 10m	根			40	40
6	53-9-1-10	施工排水、降水 喷射井点使用 10m	套·天			31	31
7	53-9-1-1	施工排水、降水 湿土排水	m³	−2252.25	−2252.25	−2367.75	−2367.75
		围护支撑					
1	52-4-3-2	打槽型钢板桩 长6.01~9.00m，单面	100m	2	2		
2	52-4-3-3	打槽型钢板桩 长9.01~12.00m，单面	100m			2	2
3	52-4-3-7	拔槽型钢板桩 长6.01~9.00m，单面	100m	2	2		
4	52-4-3-8	拔槽型钢板桩 长9.01~12.00m，单面	100m			2	2
5	52-4-4-8	安拆钢板桩支撑 槽宽≤4.5m 深4.01~6.00m	100m	1	1		
6	52-4-4-9	安拆钢板桩支撑 槽宽≤4.5m 深6.01~8.00m	100m			1	1
7	52-4-3-11	槽型钢板桩使用费	t·d	6230	6230	8722	8722
8	52-4-4-14	钢板桩支撑使用费	t·d	840	840	1679	1679
		砾石砂垫层厚度增加5cm					
1	52-1-4-3	管道砾石砂垫层	m³	20.31	20.31	20.31	20.31
2	52-1-3-1	沟槽回填 夯填土	m³	−20.31	−20.31	−20.31	−20.31

单位:100m

序号	定额编号	基本组合项目名称	单位	Z52-1-5-162A	Z52-1-5-162B	Z52-1-5-163A	Z52-1-5-163B
				6.5m	6.5m	7.0m	7.0m
1	52-1-2-3	机械挖沟槽土方 深≤6m 现场抛土	m³	2772.00	2772.00	2772.00	2772.00
2	52-1-2-3系	机械挖沟槽土方 深≤7m 现场抛土	m³	231.00	231.00	462.00	462.00
3	53-9-1-1	施工排水、降水 湿土排水	m³	2541.00	2541.00	2772.00	2772.00
4	52-1-4-3	管道砾石砂垫层	m³	40.61	40.61	40.61	40.61
5	52-1-4-1	管道黄砂垫层	m³	20.31	20.31	20.31	20.31
6	52-1-6-49	玻璃纤维增强塑料夹砂管(FRPM) 每节3m以下 DN2500	100m	0.0973	0.0973	0.0973	0.0973
7	52-1-6-66	玻璃纤维增强塑料夹砂管(FRPM) 每节3m以上 DN2500	100m	0.8753	0.8753	0.8753	0.8753
8	52-1-3-4	沟槽回填 黄砂	m³	635.33	863.59	635.33	863.59
9	52-1-3-1	沟槽回填 夯填土	m³	1692.29	1464.03	1917.52	1689.26
10	53-9-1-3	施工排水、降水 筑拆竹箩滤井	座	2.5	2.5	2.5	2.5

序号	定额编号	调整组合项目名称	单位	数量	数量	数量	数量
		井点降水					
1	53-9-1-8	施工排水、降水 喷射井点安装 10m	根	40	40	40	40
2	53-9-1-9	施工排水、降水 喷射井点拆除 10m	根	40	40	40	40
3	53-9-1-10	施工排水、降水 喷射井点使用 10m	套·天	31	31	31	31
4	53-9-1-1	施工排水、降水 湿土排水	m³	−2541	−2541	−2772	−2772
		围护支撑					
1	52-4-3-3	打槽型钢板桩 长9.01~12.00m,单面	100m	2	2	2	2
2	52-4-3-8	拔槽型钢板桩 长9.01~12.00m,单面	100m	2	2	2	2
3	52-4-4-9	安拆钢板桩支撑 槽宽≤4.5m 深6.01~8.00m	100m	1	1	1	1
4	52-4-3-11	槽型钢板桩使用费	t·d	8722	8722	8722	8722
5	52-4-4-14	钢板桩支撑使用费	t·d	1679	1679	1679	1679
		砾石砂垫层厚度增加5cm					
1	52-1-4-3	管道砾石砂垫层	m³	20.31	20.31	20.31	20.31
2	52-1-3-1	沟槽回填 夯填土	m³	−20.31	−20.31	−20.31	−20.31

六、雨 水 连 管

单位:100m

序号	定额编号	基本组合项目名称	单位	Z52-1-6-1	Z52-1-6-2	Z52-1-6-3
				硬聚氯乙烯加筋管(PVC-U)		
				DN225	DN300	DN400
1	52-1-2-1	机械挖沟槽土方 深≤3m 现场抛土	m³	97.50	112.50	127.50
2	53-9-1-1	施工排水、降水 湿土排水	m³	32.50	37.50	42.50
3	52-1-4-1	管道黄砂垫层	m³	6.50	7.50	8.50
4	52-1-6-25	硬聚氯乙烯加筋管(PVC-U) DN225	100m	1		
5	52-1-6-26	硬聚氯乙烯加筋管(PVC-U) DN300	100m		1	
6	52-1-6-27	硬聚氯乙烯加筋管(PVC-U) DN400	100m			1
7	52-1-3-4	沟槽回填 黄砂	m³	11.34	16.31	22.35
8	52-1-3-1	沟槽回填 夯填土	m³	74.75	79.88	80.75

单位:100m

序号	定额编号	基本组合项目名称	单位	Z52-1-6-4	Z52-1-6-5	Z52-1-6-6
				高密度聚乙烯双壁缠绕管(HDPE)		
				DN225	DN300	DN400
1	52-1-2-1	机械挖沟槽土方 深≤3m 现场抛土	m³	97.50	112.50	127.50
2	53-9-1-1	施工排水、降水 湿土排水	m³	32.50	37.50	42.50
3	52-1-4-1	管道黄砂垫层	m³	6.50	7.50	8.50
4	52-1-6-67	高密度聚乙烯双壁缠绕管(HDPE) 每节3m以下 DN225	100m	1		
5	52-1-6-68	高密度聚乙烯双壁缠绕管(HDPE) 每节3m以下 DN300	100m		1	
6	52-1-6-69	高密度聚乙烯双壁缠绕管(HDPE) 每节3m以下 DN400	100m			1
7	52-1-3-4	沟槽回填 黄砂	m³	11.34	16.31	22.35
8	52-1-3-1	沟槽回填 夯填土	m³	74.75	79.88	80.75

单位:100m

序号	定额编号	基本组合项目名称	单位	Z52-1-6-7	Z52-1-6-8
				玻璃纤维增强塑料夹砂管(FRPM)	
				DN300	DN400
1	52-1-2-1	机械挖沟槽土方 深≤3m 现场抛土	m³	112.50	127.50
2	53-9-1-1	施工排水、降水 湿土排水	m³	37.50	42.50
3	52-1-4-1	管道黄砂垫层	m³	7.50	8.50
4	52-1-6-33	玻璃纤维增强塑料夹砂管(FRPM) 每节3m以下 DN300	100m	1	
5	52-1-6-34	玻璃纤维增强塑料夹砂管(FRPM) 每节3m以下 DN400	100m		1
6	52-1-3-4	沟槽回填 黄砂	m³	16.31	22.35
7	52-1-3-1	沟槽回填 夯填土	m³	79.88	80.75

第二章　排水检查井

一、混凝土基础砖砌直线不落底排水检查井

单位:座

序号	定额编号	基本组合项目名称	单位	Z52-2-1-1 600×600 (ϕ300) 1.0m	Z52-2-1-2 600×600 (ϕ300) 1.5m	Z52-2-1-3 600×600 (ϕ300) 2.0m	Z52-2-1-4 600×600 (ϕ300) 2.5m
1	52-1-4-3	砾石砂垫层	m³	0.16	0.16	0.16	0.16
2	52-1-5-1	管道垫层混凝土 C20	m³	0.21	0.21	0.21	0.21
3	52-4-5-1	混凝土底板模板	m²	0.71	0.71	0.71	0.71
4	52-3-1-1	排水检查井 深≤2.5m	m³	0.59	0.99	1.39	1.80
5	52-3-2-1	排水检查井水泥砂浆抹面 WM M15.0	m²	4.59	7.95	11.31	14.67
6	52-3-9-1	安装盖板及盖座	m³	0.11	0.11	0.11	0.11
7	52-3-9-3	安装盖板及盖座 铸铁盖座	套	1	1	1	1
8	36014511	Ⅰ型钢筋混凝土盖板	套	1	1	1	1

序号	定额编号	调整组合项目名称	单位	数量	数量	数量	数量
		防沉降排水检查井盖板					
1	36014511	Ⅰ型钢筋混凝土盖板	块	−1	−1	−1	−1
2	52-3-9-4	防沉降排水检查井 盖板安装	块	1	1	1	1
3	52-3-9-1	安装盖板及盖座	m³	−0.11	−0.11	−0.11	−0.11
		防坠装置					
1	52-3-6-1	安装防坠格板	只	1	1	1	1

单位:座

序号	定额编号	基本组合项目名称	单位	Z52-2-1-5 750×750 (φ450) 1.5m	Z52-2-1-6 750×750 (φ450) 2.0m	Z52-2-1-7 750×750 (φ450) 2.5m	Z52-2-1-8 750×750 (φ450) 3.0m
1	52-1-4-3	砾石砂垫层	m³	0.21	0.21	0.21	0.29
2	52-1-5-1	管道垫层混凝土 C20	m³	0.27	0.27	0.27	0.38
3	52-4-5-1	混凝土底板模板	m²	0.80	0.80	0.80	0.95
4	52-3-1-1	排水检查井 深≤2.5m	m³	1.20	1.67	2.15	
5	52-3-1-2	排水检查井 深≤4m	m³				3.00
6	52-3-2-1	排水检查井水泥砂浆抹面 WMM15.0	m²	9.24	13.20	17.16	22.03
7	52-3-9-1	安装盖板及盖座	m³	0.11	0.11	0.11	0.11
8	52-3-9-3	安装盖板及盖座 铸铁盖座	套	1	1	1	1
9	36014511	Ⅰ型钢筋混凝土盖板	套	1	1	1	1

序号	定额编号	调整组合项目名称	单位	数量	数量	数量	数量
		防沉降排水检查井盖板					
1	36014511	Ⅰ型钢筋混凝土盖板	块	−1	−1	−1	−1
2	52-3-9-4	防沉降排水检查井 盖板安装	块	1	1	1	1
3	52-3-9-1	安装盖板及盖座	m³	−0.11	−0.11	−0.11	−0.11
		防坠装置					
1	52-3-6-1	安装防坠格板	只	1	1	1	1

单位:座

序号	定额编号	基本组合项目名称	单位	Z52-2-1-9 750×750 (φ450) 3.5m	Z52-2-1-10 750×750 (φ450) 4.0m	Z52-2-1-11 1000×1000 (φ600) 1.5m	Z52-2-1-12 1000×1000 (φ600) 2.0m
1	52-1-4-3	砾石砂垫层	m³	0.29	0.29	0.5	0.5
2	52-1-5-1	管道垫层混凝土 C20	m³	0.38	0.38		
3	52-1-5-1	管道基座混凝土 C20	m³			0.83	0.83
4	52-4-5-1	混凝土底板模板	m²	0.95	0.95	1.66	1.66
5	52-3-1-1	排水检查井 深≤2.5m	m³			1.45	2.04
6	52-3-1-2	排水检查井 深≤4m	m³	3.82	4.65		
7	52-3-2-1	排水检查井水泥砂浆抹面 WMM15.0	m²	26.51	30.99	9.72	14.68
8	52-3-9-1	安装盖板及盖座	m³	0.11	0.11	0.23	0.23
9	52-3-9-3	安装盖板及盖座 铸铁盖座	套	1	1	1	1
10	36014511	Ⅰ型钢筋混凝土盖板	套	1	1		
11	36014512	Ⅱ型钢筋混凝土盖板	块			1	1

序号	定额编号	调整组合项目名称	单位	数量	数量	数量	数量
		防沉降排水检查井盖板					
1	36014511	Ⅰ型钢筋混凝土盖板	块	−1	−1		
2	36014512	Ⅱ型钢筋混凝土盖板	块			−1	−1
3	52-3-9-4	防沉降排水检查井盖板安装	块	1	1	1	1
4	52-3-9-1	安装盖板及盖座	m³	−0.11	−0.11	−0.23	−0.23
		防坠装置					
1	52-3-6-1	安装防坠格板	只	1	1	1	1

单位:座

序号	定额编号	基本组合项目名称	单位	Z52-2-1-13 1000×1000 (φ600) 2.5m	Z52-2-1-14 1000×1000 (φ600) 3.0m	Z52-2-1-15 1000×1000 (φ600) 3.5m	Z52-2-1-16 1000×1000 (φ600) 4.0m
1	52-1-4-3	砾石砂垫层	m³	0.5	0.63	0.63	0.63
2	52-1-5-1	管道基座混凝土 C20	m³	0.83	1.06	1.33	1.33
3	52-4-5-1	混凝土底板模板	m²	1.66	1.87	1.87	1.87
4	52-3-1-1	排水检查井 深≤2.5m	m³	2.70			
5	52-3-1-2	排水检查井 深≤4m	m³		3.68	4.67	5.69
6	52-3-2-1	排水检查井水泥砂浆抹面 WM M15.0	m²	20.87	27.26	32.74	38.22
7	52-3-9-1	安装盖板及盖座	m³	0.23	0.23	0.23	0.23
8	52-3-9-3	安装盖板及盖座 铸铁盖座	套	1	1	1	1
9	36014512	Ⅱ型钢筋混凝土盖板	块	1	1	1	1
序号	定额编号	调整组合项目名称	单位	数量	数量	数量	数量
		防沉降排水检查井盖板					
1	36014512	Ⅱ型钢筋混凝土盖板	块	-1	-1	-1	-1
2	52-3-9-4	防沉降排水检查井 盖板安装	块	1	1	1	1
3	52-3-9-1	安装盖板及盖座	m³	-0.23	-0.23	-0.23	-0.23
		防坠装置					
1	52-3-6-1	安装防坠格板	只	1	1	1	1

单位:座

序号	定额编号	基本组合项目名称	单位	Z52-2-1-17 1000×1000 (φ600) 4.5m	Z52-2-1-18 1000×1000 (φ600) 5.0m	Z52-2-1-19 1000×1000 (φ800) 1.5m	Z52-2-1-20 1000×1000 (φ800) 2.0m
1	52-1-4-3	砾石砂垫层	m³	0.63	0.63	0.5	0.5
2	52-1-5-1	管道基座混凝土 C20	m³	1.33	1.33	0.83	0.83
3	52-4-5-1	混凝土底板模板	m²	1.87	1.87	1.66	1.66
4	52-3-1-1	排水检查井 深≤2.5m	m³			1.27	1.87
5	52-3-1-3	排水检查井 深≤6m	m³	6.70	7.71		
6	52-3-2-1	排水检查井水泥砂浆抹面 WM M15.0	m²	43.70	49.18	8.47	13.43
7	52-3-9-1	安装盖板及盖座	m³	0.23	0.23	0.23	0.23
8	52-3-9-3	安装盖板及盖座 铸铁盖座	套	1	1	1	1
9	36014512	Ⅱ型钢筋混凝土盖板	块	1	1	1	1

序号	定额编号	调整组合项目名称	单位	数量	数量	数量	数量
		防沉降排水检查井盖板					
1	36014512	Ⅱ型钢筋混凝土盖板	块	−1	−1	−1	−1
2	52-3-9-4	防沉降排水检查井 盖板安装	块	1	1	1	1
3	52-3-9-1	安装盖板及盖座	m³	−0.23	−0.23	−0.23	−0.23
		防坠装置					
1	52-3-6-1	安装防坠格板	只	1	1	1	1

单位:座

序号	定额编号	基本组合项目名称	单位	Z52-2-1-21	Z52-2-1-22	Z52-2-1-23	Z52-2-1-24
				1000×1000	1000×1000	1000×1000	1000×1000
				(ϕ800) 2.5m	(ϕ800) 3.0m	(ϕ800) 3.5m	(ϕ800) 4.0m
1	52-1-4-3	砾石砂垫层	m³	0.5	0.63	0.63	0.63
2	52-1-5-1	管道基座混凝土 C20	m³	0.83	1.06	1.33	1.33
3	52-4-5-1	混凝土底板模板	m²	1.66	1.87	2.34	2.34
4	52-3-1-1	排水检查井 深≤2.5m	m³	2.58			
5	52-3-1-2	排水检查井 深≤4m	m³		3.55	4.49	5.50
6	52-3-2-1	排水检查井水泥砂浆抹面 WMM15.0	m²	20.12	26.12	31.60	37.08
7	52-3-9-1	安装盖板及盖座	m³	0.23	0.23	0.23	0.23
8	52-3-9-3	安装盖板及盖座 铸铁盖座	套	1	1	1	1
9	36014512	Ⅱ型钢筋混凝土盖板	块	1	1	1	1

序号	定额编号	调整组合项目名称	单位	数量	数量	数量	数量
		防沉降排水检查井盖板					
1	36014512	Ⅱ型钢筋混凝土盖板	块	−1	−1	−1	−1
2	52-3-9-4	防沉降排水检查井 盖板安装	块	1	1	1	1
3	52-3-9-1	安装盖板及盖座	m³	−0.23	−0.23	−0.23	−0.23
		防坠装置					
1	52-3-6-1	安装防坠格板	只	1	1	1	1

单位:座

序号	定额编号	基本组合项目名称	单位	Z52-2-1-25 1000×1000 (φ800) 4.5m	Z52-2-1-26 1000×1000 (φ800) 5.0m	Z52-2-1-27 1000×1000 (φ800) 5.5m	Z52-2-1-28 1000×1000 (φ800) 6.0m
1	52-1-4-3	砾石砂垫层	m³	0.63	0.63	0.63	0.63
2	52-1-5-1	管道基座混凝土 C20	m³	1.33	1.33	1.59	1.59
3	52-4-5-1	混凝土底板模板	m²	2.34	2.34	2.81	3.10
4	52-3-1-3	排水检查井 深≤6m	m³	6.52	7.53	8.55	9.56
5	52-3-2-1	排水检查井水泥砂浆抹面 WM M15.0	m²	42.56	48.04	53.52	59.00
6	52-3-9-1	安装盖板及盖座	m³	0.23	0.23	0.23	0.23
7	52-3-9-3	安装盖板及盖座 铸铁盖座	套	1	1	1	1
8	36014512	Ⅱ型钢筋混凝土盖板	块	1	1	1	1
序号	定额编号	调整组合项目名称	单位	数量	数量	数量	数量
		防沉降排水检查井盖板					
1	36014512	Ⅱ型钢筋混凝土盖板	块	−1	−1	−1	−1
2	52-3-9-4	防沉降排水检查井 盖板安装	块	1	1	1	1
3	52-3-9-1	安装盖板及盖座	m³	−0.23	−0.23	−0.23	−0.23
		防坠装置					
1	52-3-6-1	安装防坠格板	只	1	1	1	1

单位:座

序号	定额编号	基本组合项目名称	单位	Z52-2-1-29 1000×1300 (φ1000) 2.0m	Z52-2-1-30 1000×1300 (φ1000) 2.5m	Z52-2-1-31 1000×1300 (φ1000) 3.0m	Z52-2-1-32 1000×1300 (φ1000) 3.5m
1	52-1-4-3	砾石砂垫层	m³	0.58	0.58	0.72	0.72
2	52-1-5-1	管道基座混凝土 C20	m³	0.98	0.98	1.23	1.53
3	52-4-5-1	混凝土底板模板	m²	1.78	1.78	1.99	2.49
4	52-3-1-1	排水检查井 深≤2.5m	m³	2.18	2.78		
5	52-3-1-2	排水检查井 深≤4m	m³			3.78	4.51
6	52-3-2-1	排水检查井水泥砂浆抹面 WMM15.0	m²	14.09	22.74	29.24	34.72
7	52-3-9-1	安装盖板及盖座	m³	0.29	0.29	0.29	0.29
8	52-3-9-3	安装盖板及盖座 铸铁盖座	套	1	1	1	1
9	36014512	Ⅱ型钢筋混凝土盖板	块	1	1	1	1
10	04290711	钢筋混凝土板 1300×300×160mm	块	1	1	1	1

序号	定额编号	调整组合项目名称	单位	数量	数量	数量	数量
		防沉降排水检查井盖板					
1	36014512	Ⅱ型钢筋混凝土盖板	块	−1	−1	−1	−1
2	52-3-9-4	防沉降排水检查井 盖板安装	块	1	1	1	1
3	52-3-9-1	安装盖板及盖座	m³	−0.23	−0.23	−0.23	−0.23
		防坠装置					
1	52-3-6-1	安装防坠格板	只	1	1	1	1

单位：座

序号	定额编号	基本组合项目名称	单位	Z52-2-1-33 1000×1300 (φ1000) 4.0m	Z52-2-1-34 1000×1300 (φ1000) 4.5m	Z52-2-1-35 1000×1300 (φ1000) 5.0m	Z52-2-1-36 1000×1300 (φ1000) 5.5m
1	52-1-4-3	砾石砂垫层	m³	0.72	0.72	0.72	0.72
2	52-1-5-1	管道基座混凝土 C20	m³	1.53	1.53	1.53	1.85
3	52-4-5-1	混凝土底板模板	m²	2.49	2.49	2.49	2.99
4	52-3-1-2	排水检查井　深≤4m	m³	5.74			
5	52-3-1-3	排水检查井　深≤6m	m³		6.78	7.79	8.80
6	52-3-2-1	排水检查井水泥砂浆抹面 WM M15.0	m²	40.20	45.68	51.16	56.64
7	52-3-9-1	安装盖板及盖座	m³	0.29	0.29	0.29	0.29
8	52-3-9-3	安装盖板及盖座 铸铁盖座	套	1	1	1	1
9	36014512	Ⅱ型钢筋混凝土盖板	块	1	1	1	1
10	04290711	钢筋混凝土板 1300×300×160mm	块	1	1	1	1

序号	定额编号	调整组合项目名称	单位	数量	数量	数量	数量
		防沉降排水检查井盖板					
1	36014512	Ⅱ型钢筋混凝土盖板	块	−1	−1	−1	−1
2	52-3-9-4	防沉降排水检查井 盖板安装	块	1	1	1	1
3	52-3-9-1	安装盖板及盖座	m³	−0.23	−0.23	−0.23	−0.23
		防坠装置					
1	52-3-6-1	安装防坠格板	只	1	1	1	1

单位:座

序号	定额编号	基本组合项目名称	单位	Z52-2-1-37 1000×1300 (φ1000) 6.0m	Z52-2-1-38 1000×1300 (φ1000) 6.5m	Z52-2-1-39 1000×1500 (φ1200) 2.0m	Z52-2-1-40 1000×1500 (φ1200) 2.5m
1	52-1-4-3	砾石砂垫层	m³	0.72	0.85	0.65	0.65
2	52-1-5-1	管道基座混凝土 C20	m³	1.85	2.22	1.11	1.11
3	52-4-5-1	混凝土底板模板	m²	3.28	3.28	1.78	1.78
4	52-3-1-1	排水检查井 深≤2.5m	m³			2.29	2.91
5	52-3-1-3	排水检查井 深≤6m	m³	9.82			
6	52-3-1-4	排水检查井 深≤8m	m³		11.28		
7	52-3-2-1	排水检查井水泥砂浆抹面 WMM15.0	m²	62.12	69.14	14.37	23.48
8	52-3-9-1	安装盖板及盖座	m³	0.29	0.29	0.35	0.35
9	52-3-9-3	安装盖板及盖座 铸铁盖座	套	1	1	1	1
10	36014512	Ⅱ型钢筋混凝土盖板	块	1	1	1	1
11	04290711	钢筋混凝土板 1300×300×160mm	块	1	1	2	2

序号	定额编号	调整组合项目名称	单位	数量	数量	数量	数量
		防沉降排水检查井盖板					
1	36014512	Ⅱ型钢筋混凝土盖板	块	−1	−1	−1	−1
2	52-3-9-4	防沉降排水检查井 盖板安装	块	1	1	1	1
3	52-3-9-1	安装盖板及盖座	m³	−0.23	−0.23	−0.23	−0.23
		防坠装置					
1	52-3-6-1	安装防坠格板	只	1	1	1	1

单位:座

序号	定额编号	基本组合项目名称	单位	Z52-2-1-41 1000×1500 (φ1200) 3.0m	Z52-2-1-42 1000×1500 (φ1200) 3.5m	Z52-2-1-43 1000×1500 (φ1200) 4.0m	Z52-2-1-44 1000×1500 (φ1200) 4.5m
1	52-1-4-3	砾石砂垫层	m³	0.79	0.79	0.79	0.79
2	52-1-5-1	管道基座混凝土 C20	m³	1.36	1.71	1.71	1.71
3	52-4-5-1	混凝土底板模板	m²	1.99	2.49	2.49	2.49
4	52-3-1-2	排水检查井 深≤4m	m³	3.93	4.84	5.86	
5	52-3-1-3	排水检查井 深≤6m	m³				6.91
6	52-3-2-1	排水检查井水泥砂浆抹面 WM M15.0	m²	30.04	35.52	41.00	46.48
7	52-3-9-1	安装盖板及盖座	m³	0.35	0.35	0.35	0.35
8	52-3-9-3	安装盖板及盖座 铸铁盖座	套	1	1	1	1
9	36014512	Ⅱ型钢筋混凝土盖板	块	1	1	1	1
10	04290711	钢筋混凝土板 1300×300×160mm	块	2	2	2	2

序号	定额编号	调整组合项目名称	单位	数量	数量	数量	数量
		防沉降排水检查井盖板					
1	36014512	Ⅱ型钢筋混凝土盖板	块	−1	−1	−1	−1
2	52-3-9-4	防沉降排水检查井 盖板安装	块	1	1	1	1
3	52-3-9-1	安装盖板及盖座	m³	−0.23	−0.23	−0.23	−0.23
		防坠装置					
1	52-3-6-1	安装防坠格板	只	1	1	1	1

单位:座

序号	定额编号	基本组合项目名称	单位	Z52-2-1-45 1000×1500 (φ1200) 5.0m	Z52-2-1-46 1000×1500 (φ1200) 5.5m	Z52-2-1-47 1000×1500 (φ1200) 6.0m	Z52-2-1-48 1000×1500 (φ1200) 6.5m
1	52-1-4-3	砾石砂垫层	m³	0.79	0.79	0.79	0.93
2	52-1-5-1	管道基座混凝土 C20	m³	2.04	2.04	2.04	2.44
3	52-4-5-1	混凝土底板模板	m²	2.99	2.99	3.28	3.28
4	52-3-1-3	排水检查井 深≤6m	m³	7.93	8.94	9.95	
5	52-3-1-4	排水检查井 深≤8m	m³				11.85
6	52-3-2-1	排水检查井水泥砂浆抹面 WMM15.0	m²	51.96	57.44	62.92	70.00
7	52-3-9-1	安装盖板及盖座	m³	0.35	0.35	0.35	0.35
8	52-3-9-3	安装盖板及盖座 铸铁盖座	套	1	1	1	1
9	36014512	Ⅱ型钢筋混凝土盖板	块	1	1	1	1
10	04290711	钢筋混凝土板 1300×300×160mm	块	2	2	2	2

序号	定额编号	调整组合项目名称	单位	数量	数量	数量	数量
		防沉降排水检查井盖板					
1	36014512	Ⅱ型钢筋混凝土盖板	块	−1	−1	−1	−1
2	52-3-9-4	防沉降排水检查井 盖板安装	块	1	1	1	1
3	52-3-9-1	安装盖板及盖座	m³	−0.23	−0.23	−0.23	−0.23
		防坠装置					
1	52-3-6-1	安装防坠格板	只	1	1	1	1

单位:座

序号	定额编号	基本组合项目名称	单位	Z52-2-1-49 1100×1750 (φ1350) 2.5m	Z52-2-1-50 1100×1750 (φ1350) 3.0m	Z52-2-1-51 1100×1750 (φ1350) 3.5m	Z52-2-1-52 1100×1750 (φ1350) 4.0m
1	52-1-4-3	砾石砂垫层	m³	0.87	0.87	0.87	0.87
2	52-1-5-1	管道基座混凝土 C20	m³	1.90	1.90	1.90	1.90
3	52-4-5-1	混凝土底板模板	m²	2.51	2.77	2.77	2.89
4	52-3-1-1	排水检查井 深≤2.5m	m³	3.43			
5	52-3-1-2	排水检查井 深≤4m	m³		4.41	5.35	6.64
6	52-3-2-1	排水检查井水泥砂浆抹面 WMM15.0	m²	21.49	31.75	37.43	44.34
7	52-3-9-1	安装盖板及盖座	m³	0.45	0.45	0.45	0.45
8	52-3-9-3	安装盖板及盖座 铸铁盖座	套	1	1	1	1
9	36014512	Ⅱ型钢筋混凝土盖板	块	1	1	1	1
10	04290711	钢筋混凝土板 1300×300×160mm	块	4	4	4	4

序号	定额编号	调整组合项目名称	单位	数量	数量	数量	数量
		防沉降排水检查井盖板					
1	36014512	Ⅱ型钢筋混凝土盖板	块	−1	−1	−1	−1
2	52-3-9-4	防沉降排水检查井 盖板安装	块	1	1	1	1
3	52-3-9-1	安装盖板及盖座	m³	−0.23	−0.23	−0.23	−0.23
		防坠装置					
1	52-3-6-1	安装防坠格板	只	1	1	1	1

单位:座

序号	定额编号	基本组合项目名称	单位	Z52-2-1-53 1100×1750 (φ1350) 4.5m	Z52-2-1-54 1100×1750 (φ1350) 5.0m	Z52-2-1-55 1100×1750 (φ1350) 5.5m	Z52-2-1-56 1100×1750 (φ1350) 6.0m
1	52-1-4-3	砾石砂垫层	m³	0.94	0.94	0.94	0.94
2	52-1-5-1	管道基座混凝土 C20	m³	2.48	2.48	2.48	2.48
3	52-4-5-1	混凝土底板模板	m²	3.46	3.46	3.46	3.46
4	52-3-1-3	排水检查井 深≤6m	m³	7.55	8.90	10.31	14.10
5	52-3-2-1	排水检查井水泥砂浆抹面 WMM15.0	m²	48.68	55.60	62.52	66.76
6	52-3-9-1	安装盖板及盖座	m³	0.45	0.47	0.47	0.47
7	52-3-9-3	安装盖板及盖座 铸铁盖座	套	1	1	1	1
8	36014512	Ⅱ型钢筋混凝土盖板	块	1	1	1	1
9	04290712	钢筋混凝土板 1400×250×160mm	块	4	2	2	2
10	04290713	钢筋混凝土板 1400×300×160mm	块		2	2	2
序号	定额编号	调整组合项目名称	单位	数量	数量	数量	数量
		防沉降排水检查井盖板					
1	36014512	Ⅱ型钢筋混凝土盖板	块	−1	−1	−1	−1
2	52-3-9-4	防沉降排水检查井 盖板安装	块	1	1	1	1
3	52-3-9-1	安装盖板及盖座	m³	−0.23	−0.23	−0.23	−0.23
		防坠装置					
1	52-3-6-1	安装防坠格板	只	1	1	1	1

单位:座

序号	定额编号	基本组合项目名称	单位	Z52-2-1-57 1100×1750 (ϕ1350) 6.5m	Z52-2-1-58 1100×1750 (ϕ1350) 7.0m	Z52-2-1-59 1100×1750 (ϕ1350) 7.5m	Z52-2-1-60 1100×1950 (ϕ1500) 3.0m
1	52-1-4-3	砾石砂垫层	m³	1.02	1.02	1.02	0.93
2	52-1-5-1	管道基座混凝土 C20	m³	2.78	2.78	2.78	2.05
3	52-4-5-1	混凝土底板模板	m²	3.61	3.61	3.61	2.87
4	52-3-1-2	排水检查井 深≤4m	m³				4.70
5	52-3-1-4	排水检查井 深≤8m	m³	15.59	17.08	18.56	
6	52-3-2-1	排水检查井水泥砂浆抹面 WMM15.0	m²	73.68	80.60	87.52	33.11
7	52-3-9-1	安装盖板及盖座	m³	0.47	0.47	0.47	0.47
8	52-3-9-3	安装盖板及盖座 铸铁盖座	套	1	1	1	1
9	36014512	Ⅱ型钢筋混凝土盖板	块	1	1	1	1
10	04290712	钢筋混凝土板 1400×250×160mm	块	2	2	2	2
11	04290713	钢筋混凝土板 1400×300×160mm	块	2	2	2	2

序号	定额编号	调整组合项目名称	单位	数量	数量	数量	数量
		防沉降排水检查井盖板					
1	36014512	Ⅱ型钢筋混凝土盖板	块	−1	−1	−1	−1
2	52-3-9-4	防沉降排水检查井 盖板安装	块	1	1	1	1
3	52-3-9-1	安装盖板及盖座	m³	−0.23	−0.23	−0.23	−0.23
		防坠装置					
1	52-3-6-1	安装防坠格板	只	1	1	1	1

单位:座

序号	定额编号	基本组合项目名称	单位	Z52-2-1-61 1100×1950 (φ1500) 3.5m	Z52-2-1-62 1100×1950 (φ1500) 4.0m	Z52-2-1-63 1100×1950 (φ1500) 4.5m	Z52-2-1-64 1100×1950 (φ1500) 5.0m
1	52-1-4-3	砾石砂垫层	m³	0.93	0.93	1.01	1.01
2	52-1-5-1	管道基座混凝土 C20	m³	2.46	2.46	3.11	3.11
3	52-4-5-1	混凝土底板模板	m²	3.44	3.44	4.18	4.18
4	52-3-1-2	排水检查井 深≤4m	m³	5.64	6.99		
5	52-3-1-3	排水检查井 深≤6m	m³			8.06	9.17
6	52-3-2-1	排水检查井水泥砂浆抹面 WMM15.0	m²	38.79	45.93	51.33	56.64
7	52-3-9-1	安装盖板及盖座	m³	0.47	0.47	0.47	0.47
8	52-3-9-3	安装盖板及盖座 铸铁盖座	套	1	1	1	1
9	36014512	Ⅱ型钢筋混凝土盖板	块	1	1	1	1
10	04290712	钢筋混凝土板 1400×250×160mm	块	2	2	2	2
11	04290713	钢筋混凝土板 1400×300×160mm	块	2	2	2	2

序号	定额编号	调整组合项目名称	单位	数量	数量	数量	数量
		防沉降排水检查井盖板					
1	36014512	Ⅱ型钢筋混凝土盖板	块	−1	−1	−1	−1
2	52-3-9-4	防沉降排水检查井 盖板安装	块	1	1	1	1
3	52-3-9-1	安装盖板及盖座	m³	−0.23	−0.23	−0.23	−0.23
		防坠装置					
1	52-3-6-1	安装防坠格板	只	1	1	1	1

单位:座

序号	定额编号	基本组合项目名称	单位	Z52-2-1-65	Z52-2-1-66	Z52-2-1-67	Z52-2-1-68
				1100×1950	1100×1950	1100×1950	1100×1950
				(φ1500) 5.5m	(φ1500) 6.0m	(φ1500) 6.5m	(φ1500) 7.0m
1	52-1-4-3	砾石砂垫层	m³	1.01	1.01	1.09	1.09
2	52-1-5-1	管道基座混凝土 C20	m³	3.11	3.11	3.37	3.37
3	52-4-5-1	混凝土底板模板	m²	4.18	4.18	4.35	4.35
4	52-3-1-3	排水检查井 深≤6m	m³	10.52	14.88		
5	52-3-1-4	排水检查井 深≤8m	m³			16.26	17.73
6	52-3-2-1	排水检查井水泥砂浆抹面 WM M15.0	m²	63.56	66.76	74.15	81.07
7	52-3-9-1	安装盖板及盖座	m³	0.47	0.47	0.47	0.47
8	52-3-9-3	安装盖板及盖座 铸铁盖座	套	1	1	1	1
9	36014512	Ⅱ型钢筋混凝土盖板	块	1	1	1	1
10	04290712	钢筋混凝土板 1400×250×160mm	块	2	2	2	2
11	04290713	钢筋混凝土板 1400×300×160mm	块	2	2	2	2
序号	定额编号	调整组合项目名称	单位	数量	数量	数量	数量
		防沉降排水检查井盖板					
1	36014512	Ⅱ型钢筋混凝土盖板	块	−1	−1	−1	−1
2	52-3-9-4	防沉降排水检查井 盖板安装	块	1	1	1	1
3	52-3-9-1	安装盖板及盖座	m³	−0.23	−0.23	−0.23	−0.23
		防坠装置					
1	52-3-6-1	安装防坠格板	只	1	1	1	1

单位:座

序号	定额编号	基本组合项目名称	单位	Z52-2-1-69	Z52-2-1-70	Z52-2-1-71	Z52-2-1-72
				1100×1950	1100×2100	1100×2100	1100×2100
				(φ1500) 7.5m	(φ1650) 3.0m	(φ1650) 3.5m	(φ1650) 4.0m
1	52-1-4-3	砾石砂垫层	m³	1.09	0.98	0.98	0.98
2	52-1-5-1	管道基座混凝土 C20	m³	3.37	2.15	2.59	2.59
3	52-4-5-1	混凝土底板模板	m²	4.35	2.94	3.53	3.53
4	52-3-1-2	排水检查井 深≤4m	m³		4.90	5.84	7.23
5	52-3-1-4	排水检查井 深≤8m	m³	19.19			
6	52-3-2-1	排水检查井水泥砂浆抹面 WMM15.0	m²	87.99	34.05	39.73	47.10
7	52-3-9-1	安装盖板及盖座	m³	0.47	0.5	0.5	0.5
8	52-3-9-3	安装盖板及盖座 铸铁盖座	套	1	1	1	1
9	36014512	Ⅱ型钢筋混凝土盖板	块	1	1	1	1
10	04290712	钢筋混凝土板 1400×250×160mm	块	2	4	4	4
11	04290713	钢筋混凝土板 1400×300×160mm	块	2			

序号	定额编号	调整组合项目名称	单位	数量	数量	数量	数量
		防沉降排水检查井盖板					
1	36014512	Ⅱ型钢筋混凝土盖板	块	−1	−1	−1	−1
2	52-3-9-4	防沉降排水检查井 盖板安装	块	1	1	1	1
3	52-3-9-1	安装盖板及盖座	m³	−0.23	−0.23	−0.23	−0.23
		防坠装置					
1	52-3-6-1	安装防坠格板	只	1	1	1	1

单位:座

序号	定额编号	基本组合项目名称	单位	Z52-2-1-73 1100×2100 (φ1650) 4.5m	Z52-2-1-74 1100×2100 (φ1650) 5.0m	Z52-2-1-75 1100×2100 (φ1650) 5.5m	Z52-2-1-76 1100×2100 (φ1650) 6.0m
1	52-1-4-3	砾石砂垫层	m³	1.06	1.06	1.06	1.06
2	52-1-5-1	管道基座混凝土 C20	m³	3.27	3.27	3.27	3.27
3	52-4-5-1	混凝土底板模板	m²	4.28	4.28	4.28	4.28
4	52-3-1-3	排水检查井 深≤6m	m³	8.28	9.31	10.69	15.54
5	52-3-2-1	排水检查井水泥砂浆抹面 WMM15.0	m²	52.50	57.26	64.18	67.02
6	52-3-9-1	安装盖板及盖座	m³	0.5	0.53	0.53	0.53
7	52-3-9-3	安装盖板及盖座 铸铁盖座	套	1	1	1	1
8	36014512	Ⅱ型钢筋混凝土盖板	块	1	1	1	1
9	04290712	钢筋混凝土板 1400×250×160mm	块	4	2	2	2
10	04290713	钢筋混凝土板 1400×300×160mm	块		3	3	3

序号	定额编号	调整组合项目名称	单位	数量	数量	数量	数量
		防沉降排水检查井盖板					
1	36014512	Ⅱ型钢筋混凝土盖板	块	−1	−1	−1	−1
2	52-3-9-4	防沉降排水检查井 盖板安装	块	1	1	1	1
3	52-3-9-1	安装盖板及盖座	m³	−0.23	−0.23	−0.23	−0.23
		防坠装置					
1	52-3-6-1	安装防坠格板	只	1	1	1	1

单位:座

序号	定额编号	基本组合项目名称	单位	Z52-2-1-77	Z52-2-1-78	Z52-2-1-79	Z52-2-1-80
				1100×2100	1100×2100	1100×2100	1100×2300
				(ϕ1650) 6.5m	(ϕ1650) 7.0m	(ϕ1650) 7.5m	(ϕ1800) 3.0m
1	52-1-4-3	砾石砂垫层	m³	1.14	1.14	1.14	1.04
2	52-1-5-1	管道基座混凝土 C20	m³	3.53	3.53	3.53	2.76
3	52-4-5-1	混凝土底板模板	m²	4.45	4.45	4.45	3.65
4	52-3-1-2	排水检查井 深≤4m	m³				5.25
5	52-3-1-4	排水检查井 深≤8m	m³	16.82	18.26	19.71	
6	52-3-2-1	排水检查井水泥砂浆抹面 WMM15.0	m²	74.33	81.25	88.17	35.60
7	52-3-9-1	安装盖板及盖座	m³	0.53	0.53	0.53	0.54
8	52-3-9-3	安装盖板及盖座 铸铁盖座	套	1	1	1	1
9	36014512	Ⅱ型钢筋混凝土盖板	块	1	1	1	1
10	04290712	钢筋混凝土板 1400×250×160mm	块	2	2	2	3
11	04290713	钢筋混凝土板 1400×300×160mm	块	3	3	3	2
序号	定额编号	调整组合项目名称	单位	数量	数量	数量	数量
		防沉降排水检查井盖板					
1	36014512	Ⅱ型钢筋混凝土盖板	块	-1	-1	-1	-1
2	52-3-9-4	防沉降排水检查井 盖板安装	块	1	1	1	1
3	52-3-9-1	安装盖板及盖座	m³	-0.23	-0.23	-0.23	-0.23
		防坠装置					
1	52-3-6-1	安装防坠格板	只	1	1	1	1

单位:座

序号	定额编号	基本组合项目名称	单位	Z52-2-1-81	Z52-2-1-82	Z52-2-1-83	Z52-2-1-84
				1100×2300	1100×2300	1100×2300	1100×2300
				(ϕ1800) 3.5m	(ϕ1800) 4.0m	(ϕ1800) 4.5m	(ϕ1800) 5.0m
1	52-1-4-3	砾石砂垫层	m³	1.04	1.04	1.12	1.12
2	52-1-5-1	管道基座混凝土 C20	m³	2.76	2.76	3.49	3.49
3	52-4-5-1	混凝土底板模板	m²	3.65	3.65	4.42	4.42
4	52-3-1-2	排水检查井 深≤4m	m³	6.18	7.64		
5	52-3-1-3	排水检查井 深≤6m	m³			8.68	9.64
6	52-3-2-1	排水检查井水泥砂浆抹面 WM M15.0	m²	41.28	48.88	54.28	58.49
7	52-3-9-1	安装盖板及盖座	m³	0.54	0.54	0.54	0.56
8	52-3-9-3	安装盖板及盖座 铸铁盖座	套	1	1	1	1
9	36014512	Ⅱ型钢筋混凝土盖板	块	1	1	1	1
10	04290712	钢筋混凝土板 1400×250×160mm	块	3	3	3	5
11	04290713	钢筋混凝土板 1400×300×160mm	块	2	2	2	

序号	定额编号	调整组合项目名称	单位	数量	数量	数量	数量
		防沉降排水检查井盖板					
1	36014512	Ⅱ型钢筋混凝土盖板	块	−1	−1	−1	−1
2	52-3-9-4	防沉降排水检查井 盖板安装	块	1	1	1	1
3	52-3-9-1	安装盖板及盖座	m³	−0.23	−0.23	−0.23	−0.23
		防坠装置					
1	52-3-6-1	安装防坠格板	只	1	1	1	1

单位:座

序号	定额编号	基本组合项目名称	单位	Z52-2-1-85	Z52-2-1-86	Z52-2-1-87	Z52-2-1-88
				1100×2300	1100×2300	1100×2300	1100×2300
				(ϕ1800) 5.5m	(ϕ1800) 6.0m	(ϕ1800) 6.5m	(ϕ1800) 7.0m
1	52-1-4-3	砾石砂垫层	m³	1.12	1.12	1.20	1.20
2	52-1-5-1	管道基座混凝土 C20	m³	3.49	3.49	3.75	3.75
3	52-4-5-1	混凝土底板模板	m²	4.42	4.42	4.59	4.59
4	52-3-1-3	排水检查井 深≤6m	m³	11.02	16.48		
5	52-3-1-4	排水检查井 深≤8m	m³			17.64	19.06
6	52-3-2-1	排水检查井水泥砂浆抹面 WMM15.0	m²	65.41	67.77	75.00	81.92
7	52-3-9-1	安装盖板及盖座	m³	0.56	0.56	0.56	0.56
8	52-3-9-3	安装盖板及盖座 铸铁盖座	套	1	1	1	1
9	36014512	Ⅱ型钢筋混凝土盖板	块	1	1	1	1
10	04290712	钢筋混凝土板 1400×250×160mm	块	5	5	5	5

序号	定额编号	调整组合项目名称	单位	数量	数量	数量	数量
		防沉降排水检查井盖板					
1	36014512	Ⅱ型钢筋混凝土盖板	块	−1	−1	−1	−1
2	52-3-9-4	防沉降排水检查井 盖板安装	块	1	1	1	1
3	52-3-9-1	安装盖板及盖座	m³	−0.23	−0.23	−0.23	−0.23
		防坠装置					
1	52-3-6-1	安装防坠格板	只	1	1	1	1

单位:座

序号	定额编号	基本组合项目名称	单位	Z52-2-1-89 1100×2300 (ϕ1800) 7.5m	Z52-2-1-90 1100×2300 (ϕ1800) 8.0m	Z52-2-1-91 1100×2300 (ϕ1800) 8.5m	Z52-2-1-92 1100×2500 (ϕ2000) 3.0m
1	52-1-4-3	砾石砂垫层	m³	1.20	1.20	1.20	1.10
2	52-1-5-1	管道基座混凝土 C20	m³	3.75	3.75	3.75	2.93
3	52-4-5-1	混凝土底板模板	m²	4.59	4.59	4.59	3.77
4	52-3-1-2	排水检查井 深≤4m	m³				5.20
5	52-3-1-4	排水检查井 深≤8m	m³	20.48	21.91	23.33	
6	52-3-2-1	排水检查井水泥砂浆抹面 WMM15.0	m²	88.84	95.76	102.68	28.03
7	52-3-9-1	安装盖板及盖座	m³	0.56	0.56	0.56	0.59
8	52-3-9-3	安装盖板及盖座 铸铁盖座	套	1	1	1	1
9	36014512	Ⅱ型钢筋混凝土盖板	块	1	1	1	1
10	04290712	钢筋混凝土板 1400×250×160mm	块	5	5	5	2
11	04290713	钢筋混凝土板 1400×300×160mm	块				4

序号	定额编号	调整组合项目名称	单位	数量	数量	数量	数量
		防沉降排水检查井盖板					
1	36014512	Ⅱ型钢筋混凝土盖板	块	−1	−1	−1	−1
2	52-3-9-4	防沉降排水检查井 盖板安装	块	1	1	1	1
3	52-3-9-1	安装盖板及盖座	m³	−0.23	−0.23	−0.23	−0.23
		防坠装置					
1	52-3-6-1	安装防坠格板	只	1	1	1	1

单位:座

序号	定额编号	基本组合项目名称	单位	Z52-2-1-93 1100×2500 (φ2000) 3.5m	Z52-2-1-94 1100×2500 (φ2000) 4.0m	Z52-2-1-95 1100×2500 (φ2000) 4.5m	Z52-2-1-96 1100×2500 (φ2000) 5.0m
1	52-1-4-3	砾石砂垫层	m³	1.10	1.10	1.19	1.19
2	52-1-5-1	管道基座混凝土 C20	m³	2.93	2.93	3.70	3.70
3	52-4-5-1	混凝土底板模板	m²	3.77	3.77	4.56	4.56
4	52-3-1-2	排水检查井 深≤4m	m³	6.50	8.04		
5	52-3-1-3	排水检查井 深≤6m	m³			9.05	10.16
6	52-3-2-1	排水检查井水泥砂浆抹面 WMM15.0	m²	42.75	50.64	56.04	61.44
7	52-3-9-1	安装盖板及盖座	m³	0.59	0.59	0.59	0.59
8	52-3-9-3	安装盖板及盖座 铸铁盖座	套	1	1	1	1
9	36014512	Ⅱ型钢筋混凝土盖板	块	1	1	1	1
10	04290712	钢筋混凝土板 1400×250×160mm	块	2	2	2	2
11	04290713	钢筋混凝土板 1400×300×160mm	块	4	4	4	4

序号	定额编号	调整组合项目名称	单位	数量	数量	数量	数量
		防沉降排水检查井盖板					
1	36014512	Ⅱ型钢筋混凝土盖板	块	−1	−1	−1	−1
2	52-3-9-4	防沉降排水检查井 盖板安装	块	1	1	1	1
3	52-3-9-1	安装盖板及盖座	m³	−0.23	−0.23	−0.23	−0.23
		防坠装置					
1	52-3-6-1	安装防坠格板	只	1	1	1	1

单位:座

序号	定额编号	基本组合项目名称	单位	Z52-2-1-97	Z52-2-1-98	Z52-2-1-99	Z52-2-1-100
				1100×2500	1100×2500	1100×2500	1100×2500
				(φ2000) 5.5m	(φ2000) 6.0m	(φ2000) 6.5m	(φ2000) 7.0m
1	52-1-4-3	砾石砂垫层	m³	1.19	1.19	1.27	1.27
2	52-1-5-1	管道基座混凝土 C20	m³	3.70	3.70	3.96	3.96
3	52-4-5-1	混凝土底板模板	m²	4.56	4.56	4.73	4.73
4	52-3-1-3	排水检查井 深≤6m	m³	11.27	17.53		
5	52-3-1-4	排水检查井 深≤8m	m³			18.66	19.95
6	52-3-2-1	排水检查井水泥砂浆抹面 WM M15.0	m²	66.45	68.32	75.00	82.36
7	52-3-9-1	安装盖板及盖座	m³	0.63	0.63	0.63	0.63
8	52-3-9-3	安装盖板及盖座 铸铁盖座	套	1	1	1	1
9	36014512	Ⅱ型钢筋混凝土盖板	块	1	1	1	1
10	04290712	钢筋混凝土板 1400×250×160mm	块	6	6	6	6

序号	定额编号	调整组合项目名称	单位	数量	数量	数量	数量
		防沉降排水检查井盖板					
1	36014512	Ⅱ型钢筋混凝土盖板	块	−1	−1	−1	−1
2	52-3-9-4	防沉降排水检查井 盖板安装	块	1	1	1	1
3	52-3-9-1	安装盖板及盖座	m³	−0.23	−0.23	−0.23	−0.23
		防坠装置					
1	52-3-6-1	安装防坠格板	只	1	1	1	1

序号	定额编号	基本组合项目名称	单位	Z52-2-1-101 1100×2500 (φ2000) 7.5m	Z52-2-1-102 1100×2500 (φ2000) 8.0m	Z52-2-1-103 1100×2500 (φ2000) 8.5m	Z52-2-1-104 1100×2750 (φ2200) 3.0m
1	52-1-4-3	砾石砂垫层	m³	1.27	1.27	1.27	1.18
2	52-1-5-1	管道基座混凝土 C20	m³	3.96	3.96	3.96	3.66
3	52-4-5-1	混凝土底板模板	m²	4.73	4.73	4.73	4.57
4	52-3-1-2	排水检查井 深≤4m	m³				5.53
5	52-3-1-4	排水检查井 深≤8m	m³	21.35	22.75	24.14	
6	52-3-2-1	排水检查井水泥砂浆抹面 WMM15.0	m²	89.28	96.20	103.12	28.24
7	52-3-9-1	安装盖板及盖座	m³	0.63	0.63	0.63	0.64
8	52-3-9-3	安装盖板及盖座 铸铁盖座	套	1	1	1	1
9	36014512	Ⅱ型钢筋混凝土盖板	块	1	1	1	1
10	04290712	钢筋混凝土板 1400×250×160mm	块	6	6	6	2
11	04290713	钢筋混凝土板 1400×300×160mm	块				5

序号	定额编号	调整组合项目名称	单位	数量	数量	数量	数量
		防沉降排水检查井盖板					
1	36014512	Ⅱ型钢筋混凝土盖板	块	−1	−1	−1	−1
2	52-3-9-4	防沉降排水检查井 盖板安装	块	1	1	1	1
3	52-3-9-1	安装盖板及盖座	m³	−0.23	−0.23	−0.23	−0.23
		防坠装置					
1	52-3-6-1	安装防坠格板	只	1	1	1	1

单位:座

序号	定额编号	基本组合项目名称	单位	Z52-2-1-105	Z52-2-1-106	Z52-2-1-107	Z52-2-1-108
				1100×2750	1100×2750	1100×2750	1100×2750
				(ϕ2200) 3.5m	(ϕ2200) 4.0m	(ϕ2200) 4.5m	(ϕ2200) 5.0m
1	52-1-4-3	砾石砂垫层	m³	1.18	1.18	1.27	1.27
2	52-1-5-1	管道基座混凝土 C20	m³	3.66	3.66	3.97	3.97
3	52-4-5-1	混凝土底板模板	m²	4.57	4.57	4.74	4.74
4	52-3-1-2	排水检查井 深≤4m	m³	7.00	8.62		
5	52-3-1-3	排水检查井 深≤6m	m³			9.61	10.73
6	52-3-2-1	排水检查井水泥砂浆抹面 WMM15.0	m²	44.92	53.12	58.52	63.92
7	52-3-9-1	安装盖板及盖座	m³	0.64	0.64	0.64	0.64
8	52-3-9-3	安装盖板及盖座 铸铁盖座	套	1	1	1	1
9	36014512	Ⅱ型钢筋混凝土盖板	块	1	1	1	1
10	04290712	钢筋混凝土板 1400×250×160mm	块	2	2	2	2
11	04290713	钢筋混凝土板 1400×300×160mm	块	5	5	5	5

序号	定额编号	调整组合项目名称	单位	数量	数量	数量	数量
		防沉降排水检查井盖板					
1	36014512	Ⅱ型钢筋混凝土盖板	块	−1	−1	−1	−1
2	52-3-9-4	防沉降排水检查井 盖板安装	块	1	1	1	1
3	52-3-9-1	安装盖板及盖座	m³	−0.23	−0.23	−0.23	−0.23
		防坠装置					
1	52-3-6-1	安装防坠格板	只	1	1	1	1

单位:座

序号	定额编号	基本组合项目名称	单位	Z52-2-1-109	Z52-2-1-110	Z52-2-1-111	Z52-2-1-112
				1100×2750	1100×2750	1100×2750	1100×2750
				($\phi2200$) 5.5m	($\phi2200$) 6.0m	($\phi2200$) 6.5m	($\phi2200$) 7.0m
1	52-1-4-3	砾石砂垫层	m³	1.27	1.27	1.35	1.35
2	52-1-5-1	管道基座混凝土 C20	m³	3.97	3.97	4.23	4.23
3	52-4-5-1	混凝土底板模板	m²	4.74	4.74	4.91	4.91
4	52-3-1-3	排水检查井 深≤6m	m³	11.74	18.80		
5	52-3-1-4	排水检查井 深≤8m	m³			20.02	21.16
6	52-3-2-1	排水检查井水泥砂浆抹面 WMM15.0	m²	68.20	69.46	76.14	83.40
7	52-3-9-1	安装盖板及盖座	m³	0.64	0.66	0.66	0.66
8	52-3-9-3	安装盖板及盖座 铸铁盖座	套	1	1	1	1
9	36014512	Ⅱ型钢筋混凝土盖板	块	1	1	1	1
10	04290712	钢筋混凝土板 1400×250×160mm	块	2	4	4	4
11	04290713	钢筋混凝土板 1400×300×160mm	块	5	3	3	3
序号	定额编号	调整组合项目名称	单位	数量	数量	数量	数量
		防沉降排水检查井盖板					
1	36014512	Ⅱ型钢筋混凝土盖板	块	−1	−1	−1	−1
2	52-3-9-4	防沉降排水检查井 盖板安装	块	1	1	1	1
3	52-3-9-1	安装盖板及盖座	m³	−0.23	−0.23	−0.23	−0.23
		防坠装置					
1	52-3-6-1	安装防坠格板	只	1	1	1	1

单位:座

序号	定额编号	基本组合项目名称	单位	Z52-2-1-113 1100×2750 (φ2200) 7.5m	Z52-2-1-114 1100×2750 (φ2200) 8.0m	Z52-2-1-115 1100×2750 (φ2200) 8.5m	Z52-2-1-116 1100×2950 (φ2400) 3.5m
1	52-1-4-3	砾石砂垫层	m^3	1.35	1.35	1.35	1.24
2	52-1-5-1	管道基座混凝土 C20	m^3	4.23	4.23	4.23	4.41
3	52-4-5-1	混凝土底板模板	m^2	4.91	4.91	4.91	5.38
4	52-3-1-2	排水检查井　深≤4m	m^3				7.07
5	52-3-1-4	排水检查井　深≤8m	m^3	22.53	23.90	25.27	
6	52-3-2-1	排水检查井水泥砂浆抹面 WMM15.0	m^2	90.32	97.24	104.16	34.93
7	52-3-9-1	安装盖板及盖座	m^3	0.66	0.66	0.66	0.69
8	52-3-9-3	安装盖板及盖座 铸铁盖座	套	1	1	1	1
9	36014512	Ⅱ型钢筋混凝土盖板	块	1	1	1	1
10	04290712	钢筋混凝土板 1400×250×160mm	块	4	4	4	1
11	04290713	钢筋混凝土板 1400×300×160mm	块	3	3	3	7

序号	定额编号	调整组合项目名称	单位	数量	数量	数量	数量
		防沉降排水检查井盖板					
1	36014512	Ⅱ型钢筋混凝土盖板	块	−1	−1	−1	−1
2	52-3-9-4	防沉降排水检查井 盖板安装	块	1	1	1	1
3	52-3-9-1	安装盖板及盖座	m^3	−0.23	−0.23	−0.23	−0.23
		防坠装置					
1	52-3-6-1	安装防坠格板	只	1	1	1	1

单位:座

序号	定额编号	基本组合项目名称	单位	Z52-2-1-117 1100×2950 (ϕ2400) 4.0m	Z52-2-1-118 1100×2950 (ϕ2400) 4.5m	Z52-2-1-119 1100×2950 (ϕ2400) 5.0m	Z52-2-1-120 1100×2950 (ϕ2400) 5.5m
1	52-1-4-3	砾石砂垫层	m³	1.24	1.34	1.34	1.34
2	52-1-5-1	管道基座混凝土 C20	m³	4.41	4.79	4.79	4.79
3	52-4-5-1	混凝土底板模板	m²	5.38	5.58	5.58	5.58
4	52-3-1-2	排水检查井 深≤4m	m³	9.07			
5	52-3-1-3	排水检查井 深≤6m	m³		10.04	11.15	12.30
6	52-3-2-1	排水检查井水泥砂浆抹面 WMM15.0	m²	55.11	60.51	65.91	71.31
7	52-3-9-1	安装盖板及盖座	m³	0.69	0.69	0.69	0.69
8	52-3-9-3	安装盖板及盖座 铸铁盖座	套	1	1	1	1
9	36014512	Ⅱ型钢筋混凝土盖板	块	1	1	1	1
10	04290712	钢筋混凝土板 1400×250×160mm	块	1	1	1	1
11	04290713	钢筋混凝土板 1400×300×160mm	块	7	7	7	7
序号	定额编号	调整组合项目名称	单位	数量	数量	数量	数量
		防沉降排水检查井盖板					
1	36014512	Ⅱ型钢筋混凝土盖板	块	−1	−1	−1	−1
2	52-3-9-4	防沉降排水检查井 盖板安装	块	1	1	1	1
3	52-3-9-1	安装盖板及盖座	m³	−0.23	−0.23	−0.23	−0.23
		防坠装置					
1	52-3-6-1	安装防坠格板	只	1	1	1	1

单位:座

序号	定额编号	基本组合项目名称	单位	Z52-2-1-121 1100×2950 (φ2400) 6.0m	Z52-2-1-122 1100×2950 (φ2400) 6.5m	Z52-2-1-123 1100×2950 (φ2400) 7.0m	Z52-2-1-124 1100×2950 (φ2400) 7.5m
1	52-1-4-3	砾石砂垫层	m³	1.34	1.42	1.42	1.42
2	52-1-5-1	管道基座混凝土 C20	m³	4.79	5.08	5.08	5.08
3	52-4-5-1	混凝土底板模板	m²	5.58	5.77	5.77	5.77
4	52-3-1-3	排水检查井 深≤6m	m³	19.92			
5	52-3-1-4	排水检查井 深≤8m	m³		21.25	22.32	23.59
6	52-3-2-1	排水检查井水泥砂浆抹面 WMM15.0	m²	70.24	76.92	83.60	91.00
7	52-3-9-1	安装盖板及盖座	m³	0.71	0.71	0.71	0.71
8	52-3-9-3	安装盖板及盖座 铸铁盖座	套	1	1	1	1
9	36014512	Ⅱ型钢筋混凝土盖板	块	1	1	1	1
10	04290712	钢筋混凝土板 1400×250×160mm	块	3	3	3	3
11	04290713	钢筋混凝土板 1400×300×160mm	块	5	5	5	5
序号	定额编号	调整组合项目名称	单位	数量	数量	数量	数量
		防沉降排水检查井盖板					
1	36014512	Ⅱ型钢筋混凝土盖板	块	−1	−1	−1	−1
2	52-3-9-4	防沉降排水检查井 盖板安装	块	1	1	1	1
3	52-3-9-1	安装盖板及盖座	m³	−0.23	−0.23	−0.23	−0.23
		防坠装置					
1	52-3-6-1	安装防坠格板	只	1	1	1	1

单位:座

序号	定额编号	基本组合项目名称	单位	Z52-2-1-125	Z52-2-1-126	Z52-2-1-127	Z52-2-1-128
				1100×2950	1100×2950	1100×3300	1100×3300
				(ϕ2400) 8.0m	(ϕ2400) 8.5m	(ϕ2700) 4.5m	(ϕ2700) 5.0m
1	52-1-4-3	砾石砂垫层	m³	1.42	1.42	1.45	1.45
2	52-1-5-1	管道基座混凝土 C20	m³	5.08	5.08	5.87	5.87
3	52-4-5-1	混凝土底板模板	m²	5.77	5.77	6.59	6.59
4	52-3-1-3	排水检查井 深≤6m	m³			10.91	12.02
5	52-3-1-4	排水检查井 深≤8m	m³	24.93	26.28		
6	52-3-2-1	排水检查井水泥砂浆抹面 WM M15.0	m²	97.92	104.84	64.15	69.55
7	52-3-9-1	安装盖板及盖座	m³	0.71	0.71	0.76	0.76
8	52-3-9-3	安装盖板及盖座 铸铁盖座	套	1	1	1	1
9	36014512	Ⅱ型钢筋混凝土盖板	块	1	1	1	1
10	04290712	钢筋混凝土板 1400×250×160mm	块	3	3	8	8
11	04290713	钢筋混凝土板 1400×300×160mm	块	5	5		

序号	定额编号	调整组合项目名称	单位	数量	数量	数量	数量
		防沉降排水检查井盖板					
1	36014512	Ⅱ型钢筋混凝土盖板	块	−1	−1	−1	−1
2	52-3-9-4	防沉降排水检查井 盖板安装	块	1	1	1	1
3	52-3-9-1	安装盖板及盖座	m³	−0.23	−0.23	−0.23	−0.23
		防坠装置					
1	52-3-6-1	安装防坠格板	只	1	1	1	1

单位:座

序号	定额编号	基本组合项目名称	单位	Z52-2-1-129 1100×3300 (φ2700) 5.5m	Z52-2-1-130 1100×3300 (φ2700) 6.0m	Z52-2-1-131 1100×3300 (φ2700) 6.5m	Z52-2-1-132 1100×3300 (φ2700) 7.0m
1	52-1-4-3	砾石砂垫层	m³	1.45	1.45	1.53	1.53
2	52-1-5-1	管道基座混凝土 C20	m³	5.87	5.87	6.20	6.20
3	52-4-5-1	混凝土底板模板	m²	6.59	6.59	6.80	6.80
4	52-3-1-3	排水检查井　深≤6m	m³	13.18	21.97		
5	52-3-1-4	排水检查井　深≤8m	m³			23.33	24.52
6	52-3-2-1	排水检查井水泥砂浆抹面 WMM15.0	m²	74.95	71.98	78.66	85.34
7	52-3-9-1	安装盖板及盖座	m³	0.76	0.76	0.79	0.79
8	52-3-9-3	安装盖板及盖座 铸铁盖座	套	1	1	1	1
9	36014512	Ⅱ型钢筋混凝土盖板	块	1	1	1	1
10	04290712	钢筋混凝土板 1400×250×160mm	块	8	8	5	5
11	04290713	钢筋混凝土板 1400×300×160mm	块			4	4

序号	定额编号	调整组合项目名称	单位	数量	数量	数量	数量
		防沉降排水检查井盖板					
1	36014512	Ⅱ型钢筋混凝土盖板	块	−1	−1	−1	−1
2	52-3-9-4	防沉降排水检查井 盖板安装	块	1	1	1	1
3	52-3-9-1	安装盖板及盖座	m³	−0.23	−0.23	−0.23	−0.23
		防坠装置					
1	52-3-6-1	安装防坠格板	只	1	1	1	1

单位:座

序号	定额编号	基本组合项目名称	单位	Z52-2-1-133 1100×3300 (φ2700) 7.5m	Z52-2-1-134 1100×3300 (φ2700) 8.0m	Z52-2-1-135 1100×3300 (φ2700) 8.5m	Z52-2-1-136 1100×3650 (φ3000) 5.0m
1	52-1-4-3	砾石砂垫层	m³	1.53	1.53	1.53	1.57
2	52-1-5-1	管道基座混凝土 C20	m³	6.20	6.20	6.20	6.36
3	52-4-5-1	混凝土底板模板	m²	6.80	6.80	6.80	6.90
4	52-3-1-3	排水检查井　深≤6m	m³				13.00
5	52-3-1-4	排水检查井　深≤8m	m³	25.57	26.87	28.17	
6	52-3-2-1	排水检查井水泥砂浆抹面 WMM15.0	m²	92.58	99.50	106.42	73.49
7	52-3-9-1	安装盖板及盖座	m³	0.79	0.79	0.79	0.84
8	52-3-9-3	安装盖板及盖座 铸铁盖座	套	1	1	1	1
9	36014512	Ⅱ型钢筋混凝土盖板	块	1	1	1	1
10	04290712	钢筋混凝土板 1400×250×160mm	块	5	5	5	5
11	04290713	钢筋混凝土板 1400×300×160mm	块	4	4	4	4
序号	定额编号	调整组合项目名称	单位	数量	数量	数量	数量
		防沉降排水检查井盖板					
1	36014512	Ⅱ型钢筋混凝土盖板	块	−1	−1	−1	−1
2	52-3-9-4	防沉降排水检查井 盖板安装	块	1	1	1	1
3	52-3-9-1	安装盖板及盖座	m³	−0.23	−0.23	−0.23	−0.23
		防坠装置					
1	52-3-6-1	安装防坠格板	只	1	1	1	1

单位:座

序号	定额编号	基本组合项目名称	单位	Z52-2-1-137 1100×3650 (φ3000) 5.5m	Z52-2-1-138 1100×3650 (φ3000) 6.0m	Z52-2-1-139 1100×3650 (φ3000) 6.5m	Z52-2-1-140 1100×3650 (φ3000) 7.0m
1	52-1-4-3	砾石砂垫层	m³	1.57	1.57	1.64	1.64
2	52-1-5-1	管道基座混凝土 C20	m³	6.36	6.36	6.69	6.69
3	52-4-5-1	混凝土底板模板	m²	6.90	6.90	7.12	7.12
4	52-3-1-3	排水检查井 深≤6m	m³	14.15	24.21		
5	52-3-1-4	排水检查井 深≤8m	m³			25.60	26.93
6	52-3-2-1	排水检查井水泥砂浆抹面 WM M15.0	m²	78.89	74.01	80.69	87.37
7	52-3-9-1	安装盖板及盖座	m³	0.84	0.84	0.86	0.86
8	52-3-9-3	安装盖板及盖座 铸铁盖座	套	1	1	1	1
9	36014512	Ⅱ型钢筋混凝土盖板	块	1	1	1	1
10	04290712	钢筋混凝土板 1400×250×160mm	块	5	5	7	7
11	04290713	钢筋混凝土板 1400×300×160mm	块	4	4	3	3

序号	定额编号	调整组合项目名称	单位	数量	数量	数量	数量
		防沉降排水检查井盖板					
1	36014512	Ⅱ型钢筋混凝土盖板	块	−1	−1	−1	−1
2	52-3-9-4	防沉降排水检查井 盖板安装	块	1	1	1	1
3	52-3-9-1	安装盖板及盖座	m³	−0.23	−0.23	−0.23	−0.23
		防坠装置					
1	52-3-6-1	安装防坠格板	只	1	1	1	1

单位:座

序号	定额编号	基本组合项目名称	单位	Z52-2-1-141 1100×3650 (φ3000) 7.5m	Z52-2-1-142 1100×3650 (φ3000) 8.0m	Z52-2-1-143 1100×3650 (φ3000) 8.5m
1	52-1-4-3	砾石砂垫层	m³	1.64	1.64	1.64
2	52-1-5-1	管道基座混凝土 C20	m³	6.69	6.69	6.69
3	52-4-5-1	混凝土底板模板	m²	7.12	7.12	7.12
4	52-3-1-4	排水检查井 深≤8m	m³	27.96	29.06	30.32
5	52-3-2-1	排水检查井水泥砂浆抹面 WMM15.0	m²	94.05	101.38	108.30
6	52-3-9-1	安装盖板及盖座	m³	0.86	0.86	0.86
7	52-3-9-3	安装盖板及盖座 铸铁盖座	套	1	1	1
8	36014512	Ⅱ型钢筋混凝土盖板	块	1	1	1
9	04290712	钢筋混凝土板 1400×250×160mm	块	7	7	7
10	04290713	钢筋混凝土板 1400×300×160mm	块	3	3	3

序号	定额编号	调整组合项目名称	单位	数量	数量	数量
		防沉降排水检查井盖板				
1	36014512	Ⅱ型钢筋混凝土盖板	块	−1	−1	−1
2	52-3-9-4	防沉降排水检查井 盖板安装	块	1	1	1
3	52-3-9-1	安装盖板及盖座	m³	−0.23	−0.23	−0.23
		防坠装置				
1	52-3-6-1	安装防坠格板	只	1	1	1

二、混凝土基础砖砌直线落底排水检查井

单位:座

序号	定额编号	基本组合项目名称	单位	Z52-2-2-1 600×600 (φ300) 1.0m	Z52-2-2-2 600×600 (φ300) 1.5m	Z52-2-2-3 600×600 (φ300) 2.0m	Z52-2-2-4 600×600 (φ300) 2.5m
1	52-1-4-3	砾石砂垫层	m³	0.16	0.16	0.16	0.16
2	52-1-5-1	管道垫层混凝土 C20	m³	0.21	0.21	0.21	0.21
3	52-4-5-1	混凝土底板模板	m²	0.71	0.71	0.71	0.71
4	52-3-1-1	排水检查井 深≤2.5m	m³	0.76	1.18	1.56	1.97
5	52-3-2-1	排水检查井水泥砂浆抹面 WM M15.0	m²	6.32	9.68	13.04	16.40
6	52-3-9-1	安装盖板及盖座	m³	0.11	0.11	0.11	0.11
7	52-3-9-3	安装盖板及盖座 铸铁盖座	套	1	1	1	1
8	36014511	Ⅰ型钢筋混凝土盖板	套	1	1	1	1

序号	定额编号	调整组合项目名称	单位	数量	数量	数量	数量
		防沉降排水检查井盖板					
1	36014511	Ⅰ型钢筋混凝土盖板	块	−1	−1	−1	−1
2	52-3-9-4	防沉降排水检查井 盖板安装	块	1	1	1	1
3	52-3-9-1	安装盖板及盖座	m³	−0.11	−0.11	−0.11	−0.11
		防坠装置					
1	52-3-6-1	安装防坠格板	只	1	1	1	1

单位:座

序号	定额编号	基本组合项目名称	单位	Z52-2-2-5	Z52-2-2-6	Z52-2-2-7	Z52-2-2-8
				750×750	750×750	750×750	750×750
				(ϕ450) 1.5m	(ϕ450) 2.0m	(ϕ450) 2.5m	(ϕ450) 3.0m
1	52-1-4-3	砾石砂垫层	m³	0.21	0.21	0.21	0.29
2	52-1-5-1	管道垫层混凝土 C20	m³	0.27	0.27	0.27	0.38
3	52-4-5-1	混凝土底板模板	m²	0.80	0.80	0.80	0.95
4	52-3-1-1	排水检查井 深≤2.5m	m³	1.38	1.86	2.33	
5	52-3-1-2	排水检查井 深≤4m	m³				3.34
6	52-3-2-1	排水检查井水泥砂浆抹面 WMM15.0	m²	11.49	15.45	19.41	24.91
7	52-3-9-1	安装盖板及盖座	m³	0.11	0.11	0.11	0.11
8	52-3-9-3	安装盖板及盖座 铸铁盖座	套	1	1	1	1
9	36014511	Ⅰ型钢筋混凝土盖板	套	1	1	1	1

序号	定额编号	调整组合项目名称	单位	数量	数量	数量	数量
		防沉降排水检查井盖板					
1	36014511	Ⅰ型钢筋混凝土盖板	块	−1	−1	−1	−1
2	52-3-9-4	防沉降排水检查井 盖板安装	块	1	1	1	1
3	52-3-9-1	安装盖板及盖座	m³	−0.11	−0.11	−0.11	−0.11
		防坠装置					
1	52-3-6-1	安装防坠格板	只	1	1	1	1

单位:座

序号	定额编号	基本组合项目名称	单位	Z52-2-2-9	Z52-2-2-10	Z52-2-2-11	Z52-2-2-12
				750×750	750×750	1000×1000	1000×1000
				(ϕ450) 3.5m	(ϕ450) 4.0m	(ϕ600) 1.5m	(ϕ600) 2.0m
1	52-1-4-3	砾石砂垫层	m³	0.29	0.29	0.50	0.50
2	52-1-5-1	管道垫层混凝土 C20	m³	0.38	0.38		
3	52-1-5-1	管道基座混凝土 C20	m³			0.83	0.83
4	52-4-5-1	混凝土底板模板	m²	0.95	0.95	1.66	1.66
5	52-3-1-1	排水检查井 深≤2.5m	m³			1.56	2.16
6	52-3-1-2	排水检查井 深≤4m	m³	4.17	5.00		
7	52-3-2-1	排水检查井水泥砂浆抹面 WMM15.0	m²	29.39	33.87	13.01	17.97
8	52-3-9-1	安装盖板及盖座	m³	0.11	0.11	0.23	0.23
9	52-3-9-3	安装盖板及盖座 铸铁盖座	套	1	1	1	1
10	36014511	Ⅰ型钢筋混凝土盖板	套	1	1		
11	36014512	Ⅱ型钢筋混凝土盖板	块			1	1
序号	定额编号	调整组合项目名称	单位	数量	数量	数量	数量
		防沉降排水检查井盖板					
1	36014511	Ⅰ型钢筋混凝土盖板	块	−1	−1		
2	36014512	Ⅱ型钢筋混凝土盖板	块			−1	−1
3	52-3-9-4	防沉降排水检查井 盖板安装	块	1	1	1	1
4	52-3-9-1	安装盖板及盖座	m³	−0.11	−0.11	−0.23	−0.23
		防坠装置					
1	52-3-6-1	安装防坠格板	只	1	1	1	1

单位:座

序号	定额编号	基本组合项目名称	单位	Z52-2-2-13	Z52-2-2-14	Z52-2-2-15	Z52-2-2-16
				1000×1000	1000×1000	1000×1000	1000×1000
				(ϕ600) 2.5m	(ϕ600) 3.0m	(ϕ600) 3.5m	(ϕ600) 4.0m
1	52-1-4-3	砾石砂垫层	m³	0.50	0.63	0.63	0.63
2	52-1-5-1	管道基座混凝土 C20	m³	0.83	1.06	1.33	1.33
3	52-4-5-1	混凝土底板模板	m²	1.66	1.87	1.87	1.87
4	52-3-1-1	排水检查井 深≤2.5m	m³	2.77			
5	52-3-1-2	排水检查井 深≤4m	m³		3.95	4.94	5.96
6	52-3-2-1	排水检查井水泥砂浆抹面 WM M15.0	m²	23.07	29.70	35.18	40.66
7	52-3-9-1	安装盖板及盖座	m³	0.23	0.23	0.23	0.23
8	52-3-9-3	安装盖板及盖座 铸铁盖座	套	1	1	1	1
9	36014512	Ⅱ型钢筋混凝土盖板	块	1	1	1	1

序号	定额编号	调整组合项目名称	单位	数量	数量	数量	数量
		防沉降排水检查井盖板					
1	36014512	Ⅱ型钢筋混凝土盖板	块	−1	−1	−1	−1
2	52-3-9-4	防沉降排水检查井 盖板安装	块	1	1	1	1
3	52-3-9-1	安装盖板及盖座	m³	−0.23	−0.23	−0.23	−0.23
		防坠装置					
1	52-3-6-1	安装防坠格板	只	1	1	1	1

单位:座

序号	定额编号	基本组合项目名称	单位	Z52-2-2-17	Z52-2-2-18	Z52-2-2-19	Z52-2-2-20
				1000×1000	1000×1000	1000×1000	1000×1000
				(ϕ600) 4.5m	(ϕ600) 5.0m	(ϕ800) 1.5m	(ϕ800) 2.0m
1	52-1-4-3	砾石砂垫层	m³	0.63	0.63	0.50	0.50
2	52-1-5-1	管道基座混凝土 C20	m³	1.33	1.33	0.83	0.83
3	52-4-5-1	混凝土底板模板	m²	1.87	1.87	1.66	1.66
4	52-3-1-1	排水检查井 深≤2.5m	m³			1.41	2.00
5	52-3-1-3	排水检查井 深≤6m	m³	6.97	7.98		
6	52-3-2-1	排水检查井水泥砂浆抹面 WM M15.0	m²	46.14	51.62	11.74	16.70
7	52-3-9-1	安装盖板及盖座	m³	0.23	0.23	0.23	0.23
8	52-3-9-3	安装盖板及盖座 铸铁盖座	套	1	1	1	1
9	36014512	Ⅱ型钢筋混凝土盖板	块	1	1	1	1
序号	定额编号	调整组合项目名称	单位	数量	数量	数量	数量
		防沉降排水检查井盖板					
1	36014512	Ⅱ型钢筋混凝土盖板	块	−1	−1	−1	−1
2	52-3-9-4	防沉降排水检查井 盖板安装	块	1	1	1	1
3	52-3-9-1	安装盖板及盖座	m³	−0.23	−0.23	−0.23	−0.23
		防坠装置					
1	52-3-6-1	安装防坠格板	只	1	1	1	1

单位:座

序号	定额编号	基本组合项目名称	单位	Z52-2-2-21	Z52-2-2-22	Z52-2-2-23	Z52-2-2-24
				1000×1000	1000×1000	1000×1000	1000×1000
				(φ800) 2.5m	(φ800) 3.0m	(φ800) 3.5m	(φ800) 4.0m
1	52-1-4-3	砾石砂垫层	m³	0.50	0.63	0.63	0.63
2	52-1-5-1	管道基座混凝土 C20	m³	0.83	1.06	1.33	1.33
3	52-4-5-1	混凝土底板模板	m²	1.66	1.87	2.34	2.34
4	52-3-1-1	排水检查井 深≤2.5m	m³	2.62			
5	52-3-1-2	排水检查井 深≤4m	m³		3.76	4.71	5.72
6	52-3-2-1	排水检查井水泥砂浆抹面 WM M15.0	m²	21.80	28.43	33.91	39.39
7	52-3-9-1	安装盖板及盖座	m³	0.23	0.23	0.23	0.23
8	52-3-9-3	安装盖板及盖座 铸铁盖座	套	1	1	1	1
9	36014512	Ⅱ型钢筋混凝土盖板	块	1	1	1	1

序号	定额编号	调整组合项目名称	单位	数量	数量	数量	数量
		防沉降排水检查井盖板					
1	36014512	Ⅱ型钢筋混凝土盖板	块	−1	−1	−1	−1
2	52-3-9-4	防沉降排水检查井 盖板安装	块	1	1	1	1
3	52-3-9-1	安装盖板及盖座	m³	−0.23	−0.23	−0.23	−0.23
		防坠装置					
1	52-3-6-1	安装防坠格板	只	1	1	1	1

单位:座

序号	定额编号	基本组合项目名称	单位	Z52-2-2-25	Z52-2-2-26	Z52-2-2-27	Z52-2-2-28
				1000×1000	1000×1000	1000×1000	1000×1000
				(ϕ800) 4.5m	(ϕ800) 5.0m	(ϕ800) 5.5m	(ϕ800) 6.0m
1	52-1-4-3	砾石砂垫层	m³	0.63	0.63	0.63	0.63
2	52-1-5-1	管道基座混凝土 C20	m³	1.33	1.33	1.59	1.59
3	52-4-5-1	混凝土底板模板	m²	2.34	2.34	2.81	3.10
4	52-3-1-3	排水检查井 深≤6m	m³	6.73	7.75	8.76	9.78
5	52-3-2-1	排水检查井水泥砂浆抹面 WMM15.0	m²	44.87	50.35	55.83	61.31
6	52-3-9-1	安装盖板及盖座	m³	0.23	0.23	0.23	0.23
7	52-3-9-3	安装盖板及盖座 铸铁盖座	套	1	1	1	1
8	36014512	Ⅱ型钢筋混凝土盖板	块	1	1	1	

序号	定额编号	调整组合项目名称	单位	数量	数量	数量	数量
		防沉降排水检查井盖板					
1	36014512	Ⅱ型钢筋混凝土盖板	块	−1	−1	−1	−1
2	52-3-9-4	防沉降排水检查井 盖板安装	块	1	1	1	1
3	52-3-9-1	安装盖板及盖座	m³	−0.23	−0.23	−0.23	−0.23
		防坠装置					
1	52-3-6-1	安装防坠格板	只	1	1	1	1

单位:座

序号	定额编号	基本组合项目名称	单位	Z52-2-2-29	Z52-2-2-30	Z52-2-2-31	Z52-2-2-32
				1000×1300	1000×1300	1000×1300	1000×1300
				(φ1000) 2.0m	(φ1000) 2.5m	(φ1000) 3.0m	(φ1000) 3.5m
1	52-1-4-3	砾石砂垫层	m³	0.58	0.58	0.72	0.72
2	52-1-5-1	管道基座混凝土 C20	m³	0.98	0.98	1.23	1.53
3	52-4-5-1	混凝土底板模板	m²	1.78	1.78	1.99	2.49
4	52-3-1-1	排水检查井 深≤2.5m	m³	2.09	2.66		
5	52-3-1-2	排水检查井 深≤4m	m³			3.84	4.75
6	52-3-2-1	排水检查井水泥砂浆抹面 WM M15.0	m²	17.59	23.30	30.00	35.48
7	52-3-9-1	安装盖板及盖座	m³	0.29	0.29	0.29	0.29
8	52-3-9-3	安装盖板及盖座 铸铁盖座	套	1	1	1	1
9	36014512	Ⅱ型钢筋混凝土盖板	块	1	1	1	1
10	04290711	钢筋混凝土板 1300×300×160mm	块	1	1	1	1

序号	定额编号	调整组合项目名称	单位	数量	数量	数量	数量
		防沉降排水检查井盖板					
1	36014512	Ⅱ型钢筋混凝土盖板	块	-1	-1	-1	-1
2	52-3-9-4	防沉降排水检查井 盖板安装	块	1	1	1	1
3	52-3-9-1	安装盖板及盖座	m³	-0.23	-0.23	-0.23	-0.23
		防坠装置					
1	52-3-6-1	安装防坠格板	只	1	1	1	1

单位：座

序号	定额编号	基本组合项目名称	单位	Z52-2-2-33	Z52-2-2-34	Z52-2-2-35	Z52-2-2-36
				1000×1300	1000×1300	1000×1300	1000×1300
				(φ1000) 4.0m	(φ1000) 4.5m	(φ1000) 5.0m	(φ1000) 5.5m
1	52-1-4-3	砾石砂垫层	m³	0.72	0.72	0.72	0.72
2	52-1-5-1	管道基座混凝土 C20	m³	1.53	1.53	1.53	1.85
3	52-4-5-1	混凝土底板模板	m²	2.49	2.49	2.49	2.99
4	52-3-1-2	排水检查井 深≤4m	m³	5.80			
5	52-3-1-3	排水检查井 深≤6m	m³		6.84	7.85	8.87
6	52-3-2-1	排水检查井水泥砂浆抹面 WMM15.0	m²	40.96	46.44	51.92	57.40
7	52-3-9-1	安装盖板及盖座	m³	0.29	0.29	0.29	0.29
8	52-3-9-3	安装盖板及盖座 铸铁盖座	套	1	1	1	1
9	36014512	Ⅱ型钢筋混凝土盖板	块	1	1	1	1
10	04290711	钢筋混凝土板 1300×300×160mm	块	1	1	1	1

序号	定额编号	调整组合项目名称	单位	数量	数量	数量	数量
		防沉降排水检查井盖板					
1	36014512	Ⅱ型钢筋混凝土盖板	块	−1	−1	−1	−1
2	52-3-9-4	防沉降排水检查井 盖板安装	块	1	1	1	1
3	52-3-9-1	安装盖板及盖座	m³	−0.23	−0.23	−0.23	−0.23
		防坠装置					
1	52-3-6-1	安装防坠格板	只	1	1	1	1

单位:座

序号	定额编号	基本组合项目名称	单位	Z52-2-2-37 1000×1300 (φ1000) 6.0m	Z52-2-2-38 1000×1300 (φ1000) 6.5m	Z52-2-2-39 1000×1500 (φ1200) 2.0m	Z52-2-2-40 1000×1500 (φ1200) 2.5m
1	52-1-4-3	砾石砂垫层	m³	0.72	0.85	0.65	0.65
2	52-1-5-1	管道基座混凝土 C20	m³	1.85	2.22	1.11	1.11
3	52-4-5-1	混凝土底板模板	m²	3.28	3.28	1.78	1.78
4	52-3-1-1	排水检查井 深≤2.5m	m³			2.03	2.62
5	52-3-1-3	排水检查井 深≤6m	m³	9.88			
6	52-3-1-4	排水检查井 深≤8m	m³		11.53		
7	52-3-2-1	排水检查井水泥砂浆抹面 WMM15.0	m²	62.89	70.10	18.36	23.91
8	52-3-9-1	安装盖板及盖座	m³	0.29	0.29	0.35	0.35
9	52-3-9-3	安装盖板及盖座 铸铁盖座	套	1	1	1	1
10	36014512	Ⅱ型钢筋混凝土盖板	块	1	1	1	1
11	04290711	钢筋混凝土板 1300×300×160mm	块	1	1	2	2

序号	定额编号	调整组合项目名称	单位	数量	数量	数量	数量
		防沉降排水检查井盖板					
1	36014512	Ⅱ型钢筋混凝土盖板	块	−1	−1	−1	−1
2	52-3-9-4	防沉降排水检查井 盖板安装	块	1	1	1	1
3	52-3-9-1	安装盖板及盖座	m³	−0.23	−0.23	−0.23	−0.23
		防坠装置					
1	52-3-6-1	安装防坠格板	只	1	1	1	1

单位:座

序号	定额编号	基本组合项目名称	单位	Z52-2-2-41	Z52-2-2-42	Z52-2-2-43	Z52-2-2-44
				1000×1500	1000×1500	1000×1500	1000×1500
				(φ1200) 3.0m	(φ1200) 3.5m	(φ1200) 4.0m	(φ1200) 4.5m
1	52-1-4-3	砾石砂垫层	m³	0.79	0.79	0.79	0.79
2	52-1-5-1	管道基座混凝土 C20	m³	1.36	1.71	1.71	1.71
3	52-4-5-1	混凝土底板模板	m²	1.99	2.49	2.49	2.49
4	52-3-1-2	排水检查井　深≤4m	m³	3.82	4.73	5.74	
5	52-3-1-3	排水检查井　深≤6m	m³				6.80
6	52-3-2-1	排水检查井水泥砂浆抹面 WMM15.0	m²	30.68	36.16	41.64	47.12
7	52-3-9-1	安装盖板及盖座	m³	0.35	0.35	0.35	0.35
8	52-3-9-3	安装盖板及盖座 铸铁盖座	套	1	1	1	1
9	36014512	Ⅱ型钢筋混凝土盖板	块	1	1	1	1
10	04290711	钢筋混凝土板 1300×300×160mm	块	2	2	2	2

序号	定额编号	调整组合项目名称	单位	数量	数量	数量	数量
		防沉降排水检查井盖板					
1	36014512	Ⅱ型钢筋混凝土盖板	块	−1	−1	−1	−1
2	52-3-9-4	防沉降排水检查井 盖板安装	块	1	1	1	1
3	52-3-9-1	安装盖板及盖座	m³	−0.23	−0.23	−0.23	−0.23
		防坠装置					
1	52-3-6-1	安装防坠格板	只	1	1	1	1

单位:座

序号	定额编号	基本组合项目名称	单位	Z52-2-2-45 1000×1500 (φ1200) 5.0m	Z52-2-2-46 1000×1500 (φ1200) 5.5m	Z52-2-2-47 1000×1500 (φ1200) 6.2m	Z52-2-2-48 1000×1500 (φ1200) 6.5m
1	52-1-4-3	砾石砂垫层	m³	0.79	0.79	0.79	0.93
2	52-1-5-1	管道基座混凝土 C20	m³	2.04	2.04	2.04	2.44
3	52-4-5-1	混凝土底板模板	m²	2.99	2.99	3.28	3.28
4	52-3-1-3	排水检查井 深≤6m	m³	7.81	8.83	9.84	
5	52-3-1-4	排水检查井 深≤8m	m³				11.92
6	52-3-2-1	排水检查井水泥砂浆抹面 WMM15.0	m²	52.60	58.08	63.56	70.83
7	52-3-9-1	安装盖板及盖座	m³	0.35	0.35	0.35	0.35
8	52-3-9-3	安装盖板及盖座 铸铁盖座	套	1	1	1	1
9	36014512	Ⅱ型钢筋混凝土盖板	块	1	1	1	1
10	04290711	钢筋混凝土板 1300×300×160mm	块	2	2	2	2
序号	定额编号	调整组合项目名称	单位	数量	数量	数量	数量
		防沉降排水检查井盖板					
1	36014512	Ⅱ型钢筋混凝土盖板	块	−1	−1	−1	−1
2	52-3-9-4	防沉降排水检查井 盖板安装	块	1	1	1	1
3	52-3-9-1	安装盖板及盖座	m³	−0.23	−0.23	−0.23	−0.23
		防坠装置					
1	52-3-6-1	安装防坠格板	只	1	1	1	1

单位:座

序号	定额编号	基本组合项目名称	单位	Z52-2-2-49 1100×1750 (φ1350) 2.5m	Z52-2-2-50 1100×1750 (φ1350) 3.0m	Z52-2-2-51 1100×1750 (φ1350) 3.5m	Z52-2-2-52 1100×1750 (φ1350) 4.0m
1	52-1-4-3	砾石砂垫层	m³	0.87	0.87	0.87	0.87
2	52-1-5-1	管道基座混凝土 C20	m³	1.90	1.90	1.90	1.90
3	52-4-5-1	混凝土底板模板	m²	2.51	2.77	2.77	2.89
4	52-3-1-1	排水检查井 深≤2.5m	m³	3.10			
5	52-3-1-2	排水检查井 深≤4m	m³		4.08	5.02	6.41
6	52-3-2-1	排水检查井水泥砂浆抹面 WMM15.0	m²	26.41	35.52	41.20	48.15
7	52-3-9-1	安装盖板及盖座	m³	0.45	0.45	0.45	0.45
8	52-3-9-3	安装盖板及盖座 铸铁盖座	套	1	1	1	1
9	36014512	Ⅱ型钢筋混凝土盖板	块	1	1	1	1
10	04290711	钢筋混凝土板 1300×300×160mm	块	4	4	4	4

序号	定额编号	调整组合项目名称	单位	数量	数量	数量	数量
		防沉降排水检查井盖板					
1	36014512	Ⅱ型钢筋混凝土盖板	块	−1	−1	−1	−1
2	52-3-9-4	防沉降排水检查井盖板安装	块	1	1	1	1
3	52-3-9-1	安装盖板及盖座	m³	−0.23	−0.23	−0.23	−0.23
		防坠装置					
1	52-3-6-1	安装防坠格板	只	1	1	1	1

序号	定额编号	基本组合项目名称	单位	Z52-2-2-53 1100×1750 (φ1350) 4.5m	Z52-2-2-54 1100×1750 (φ1350) 5.0m	Z52-2-2-55 1100×1750 (φ1350) 5.5m	Z52-2-2-56 1100×1750 (φ1350) 6.0m
1	52-1-4-3	砾石砂垫层	m³	0.94	0.94	0.94	0.94
2	52-1-5-1	管道基座混凝土 C20	m³	2.48	2.48	2.48	2.48
3	52-4-5-1	混凝土底板模板	m²	3.46	3.46	3.46	3.46
4	52-3-1-3	排水检查井 深≤6m	m³	7.31	8.67	10.07	13.96
5	52-3-2-1	排水检查井水泥砂浆抹面 WMM15.0	m²	52.49	59.41	66.33	70.48
6	52-3-9-1	安装盖板及盖座	m³	0.45	0.47	0.47	0.47
7	52-3-9-3	安装盖板及盖座 铸铁盖座	套	1	1	1	1
8	36014512	Ⅱ型钢筋混凝土盖板	块	1	1	1	1
9	04290712	钢筋混凝土板 1400×250×160mm	块	4	2	2	2
10	04290713	钢筋混凝土板 1400×300×160mm	块		2	2	2

序号	定额编号	调整组合项目名称	单位	数量	数量	数量	数量
		防沉降排水检查井盖板					
1	36014512	Ⅱ型钢筋混凝土盖板	块	−1	−1	−1	−1
2	52-3-9-4	防沉降排水检查井 盖板安装	块	1	1	1	1
3	52-3-9-1	安装盖板及盖座	m³	−0.23	−0.23	−0.23	−0.23
		防坠装置					
1	52-3-6-1	安装防坠格板	只	1	1	1	1

单位:座

序号	定额编号	基本组合项目名称	单位	Z52-2-2-57 1100×1750 (φ1350) 6.5m	Z52-2-2-58 1100×1750 (φ1350) 7.0m	Z52-2-2-59 1100×1750 (φ1350) 7.5m	Z52-2-2-60 1100×1950 (φ1500) 3.0m
1	52-1-4-3	砾石砂垫层	m³	1.02	1.02	1.02	0.93
2	52-1-5-1	管道基座混凝土 C20	m³	2.78	2.78	2.78	2.05
3	52-4-5-1	混凝土底板模板	m²	3.61	3.61	3.61	2.87
4	52-3-1-2	排水检查井　深≤4m	m³				4.17
5	52-3-1-4	排水检查井　深≤8m	m³	15.45	16.93	18.42	
6	52-3-2-1	排水检查井水泥砂浆抹面 WM M15.0	m²	77.40	84.32	91.24	37.12
7	52-3-9-1	安装盖板及盖座	m³	0.47	0.47	0.47	0.47
8	52-3-9-3	安装盖板及盖座 铸铁盖座	套	1	1	1	1
9	36014512	Ⅱ型钢筋混凝土盖板	块	1	1	1	1
10	04290712	钢筋混凝土板 1400×250×160mm	块	2	2	2	2
11	04290713	钢筋混凝土板 1400×300×160mm	块	2	2	2	2

序号	定额编号	调整组合项目名称	单位	数量	数量	数量	数量
		防沉降排水检查井盖板					
1	36014512	Ⅱ型钢筋混凝土盖板	块	−1	−1	−1	−1
2	52-3-9-4	防沉降排水检查井 盖板安装	块	1	1	1	1
3	52-3-9-1	安装盖板及盖座	m³	−0.23	−0.23	−0.23	−0.23
		防坠装置					
1	52-3-6-1	安装防坠格板	只	1	1	1	1

单位:座

序号	定额编号	基本组合项目名称	单位	Z52-2-2-61	Z52-2-2-62	Z52-2-2-63	Z52-2-2-64
				1100×1950	1100×1950	1100×1950	1100×1950
				(φ1500) 3.5m	(φ1500) 4.0m	(φ1500) 4.5m	(φ1500) 5.0m
1	52-1-4-3	砾石砂垫层	m³	0.93	0.93	1.01	1.01
2	52-1-5-1	管道基座混凝土 C20	m³	2.46	2.46	3.11	3.11
3	52-4-5-1	混凝土底板模板	m²	3.44	3.44	4.18	4.18
4	52-3-1-2	排水检查井 深≤4m	m³	5.10	6.55		
5	52-3-1-3	排水检查井 深≤6m	m³			7.61	8.73
6	52-3-2-1	排水检查井水泥砂浆抹面 WMM15.0	m²	42.80	49.97	55.37	60.67
7	52-3-9-1	安装盖板及盖座	m³	0.47	0.47	0.47	0.47
8	52-3-9-3	安装盖板及盖座 铸铁盖座	套	1	1	1	1
9	36014512	Ⅱ型钢筋混凝土盖板	块	1	1	1	1
10	04290712	钢筋混凝土板 1400×250×160mm	块	2	2	2	2
11	04290713	钢筋混凝土板 1400×300×160mm	块	2	2	2	`2

序号	定额编号	调整组合项目名称	单位	数量	数量	数量	数量
		防沉降排水检查井盖板					
1	36014512	Ⅱ型钢筋混凝土盖板	块	−1	−1	−1	−1
2	52-3-9-4	防沉降排水检查井 盖板安装	块	1	1	1	1
3	52-3-9-1	安装盖板及盖座	m³	−0.23	−0.23	−0.23	−0.23
		防坠装置					
1	52-3-6-1	安装防坠格板	只	1	1	1	1

单位:座

序号	定额编号	基本组合项目名称	单位	Z52-2-2-65	Z52-2-2-66	Z52-2-2-67	Z52-2-2-68
				1100×1950	1100×1950	1100×1950	1100×1950
				(φ1500) 5.5m	(φ1500) 6.0m	(φ1500) 6.5m	(φ1500) 7.0m
1	52-1-4-3	砾石砂垫层	m³	1.01	1.01	1.09	1.09
2	52-1-5-1	管道基座混凝土 C20	m³	3.11	3.11	3.37	3.37
3	52-4-5-1	混凝土底板模板	m²	4.18	4.18	4.35	4.35
4	52-3-1-3	排水检查井 深≤6m	m³	10.08	14.53		
5	52-3-1-4	排水检查井 深≤8m	m³			15.90	17.37
6	52-3-2-1	排水检查井水泥砂浆抹面 WMM15.0	m²	67.59	70.72	78.11	85.03
7	52-3-9-1	安装盖板及盖座	m³	0.47	0.47	0.47	0.47
8	52-3-9-3	安装盖板及盖座 铸铁盖座	套	1	1	1	1
9	36014512	Ⅱ型钢筋混凝土盖板	块	1	1	1	1
10	04290712	钢筋混凝土板 1400×250×160mm	块	2	2	2	2
11	04290713	钢筋混凝土板 1400×300×160mm	块	2	2	2	2
序号	定额编号	调整组合项目名称	单位	数量	数量	数量	数量
		防沉降排水检查井盖板					
1	36014512	Ⅱ型钢筋混凝土盖板	块	−1	−1	−1	−1
2	52-3-9-4	防沉降排水检查井 盖板安装	块	1	1	1	1
3	52-3-9-1	安装盖板及盖座	m³	−0.23	−0.23	−0.23	−0.23
		防坠装置					
1	52-3-6-1	安装防坠格板	只	1	1	1	1

单位:座

序号	定额编号	基本组合项目名称	单位	Z52-2-2-69	Z52-2-2-70	Z52-2-2-71	Z52-2-2-72
				1100×1950	1100×2100	1100×2100	1100×2100
				(ϕ1500) 7.5m	(ϕ1650) 3.0m	(ϕ1650) 3.5m	(ϕ1650) 4.0m
1	52-1-4-3	砾石砂垫层	m³	1.09	0.98	0.98	0.98
2	52-1-5-1	管道基座混凝土 C20	m³	3.37	2.15	2.59	2.59
3	52-4-5-1	混凝土底板模板	m²	4.35	2.94	3.53	3.53
4	52-3-1-2	排水检查井 深≤4m	m³		4.18	5.12	6.61
5	52-3-1-4	排水检查井 深≤8m	m³	18.83			
6	52-3-2-1	排水检查井水泥砂浆抹面 WMM15.0	m²	91.95	38.20	43.88	51.25
7	52-3-9-1	安装盖板及盖座	m³	0.47	0.5	0.5	0.5
8	52-3-9-3	安装盖板及盖座 铸铁盖座	套	1	1	1	1
9	36014512	Ⅱ型钢筋混凝土盖板	块	1	1	1	1
10	04290712	钢筋混凝土板 1400×250×160mm	块	2	4	4	4
11	04290713	钢筋混凝土板 1400×300×160mm	块	2			

序号	定额编号	调整组合项目名称	单位	数量	数量	数量	数量
		防沉降排水检查井盖板					
1	36014512	Ⅱ型钢筋混凝土盖板	块	−1	−1	−1	−1
2	52-3-9-4	防沉降排水检查井 盖板安装	块	1	1	1	1
3	52-3-9-1	安装盖板及盖座	m³	−0.23	−0.23	−0.23	−0.23
		防坠装置					
1	52-3-6-1	安装防坠格板	只	1	1	1	1

单位:座

序号	定额编号	基本组合项目名称	单位	Z52-2-2-73 1100×2100 (φ1650) 4.5m	Z52-2-2-74 1100×2100 (φ1650) 5.0m	Z52-2-2-75 1100×2100 (φ1650) 5.5m	Z52-2-2-76 1100×2100 (φ1650) 6.0m
1	52-1-4-3	砾石砂垫层	m³	1.06	1.06	1.06	1.06
2	52-1-5-1	管道基座混凝土 C20	m³	3.27	3.27	3.27	3.27
3	52-4-5-1	混凝土底板模板	m²	4.28	4.28	4.28	4.28
4	52-3-1-3	排水检查井 深≤6m	m³	7.65	8.62	10.06	15.00
5	52-3-2-1	排水检查井水泥砂浆抹面 WM M15.0	m²	56.65	61.42	68.34	71.11
6	52-3-9-1	安装盖板及盖座	m³	0.5	0.53	0.53	0.53
7	52-3-9-3	安装盖板及盖座 铸铁盖座	套	1	1	1	1
8	36014512	Ⅱ型钢筋混凝土盖板	块	1	1	1	1
9	04290712	钢筋混凝土板 1400×250×160mm	块	4	2	2	2
10	04290713	钢筋混凝土板 1400×300×160mm	块		3	3	3

序号	定额编号	调整组合项目名称	单位	数量	数量	数量	数量
		防沉降排水检查井盖板					
1	36014512	Ⅱ型钢筋混凝土盖板	块	−1	−1	−1	−1
2	52-3-9-4	防沉降排水检查井 盖板安装	块	1	1	1	1
3	52-3-9-1	安装盖板及盖座	m³	−0.23	−0.23	−0.23	−0.23
		防坠装置					
1	52-3-6-1	安装防坠格板	只	1	1	1	1

单位:座

序号	定额编号	基本组合项目名称	单位	Z52-2-2-77	Z52-2-2-78	Z52-2-2-79	Z52-2-2-80
				1100×2100	1100×2100	1100×2100	1100×2300
				(φ1650) 6.5m	(φ1650) 7.0m	(φ1650) 7.5m	(φ1800) 3.0m
1	52-1-4-3	砾石砂垫层	m³	1.14	1.14	1.14	1.04
2	52-1-5-1	管道基座混凝土 C20	m³	3.53	3.53	3.53	2.76
3	52-4-5-1	混凝土底板模板	m²	4.45	4.45	4.45	3.65
4	52-3-1-2	排水检查井 深≤4m	m³				4.28
5	52-3-1-4	排水检查井 深≤8m	m³	16.27	17.71	19.16	
6	52-3-2-1	排水检查井水泥砂浆抹面 WM M15.0	m²	78.42	85.34	92.26	40.01
7	52-3-9-1	安装盖板及盖座	m³	0.53	0.53	0.53	0.54
8	52-3-9-3	安装盖板及盖座 铸铁盖座	套	1	1	1	1
9	36014512	Ⅱ型钢筋混凝土盖板	块	1	1	1	1
10	04290712	钢筋混凝土板 1400×250×160mm	块	2	2	2	3
11	04290713	钢筋混凝土板 1400×300×160mm	块	3	3	3	2
序号	定额编号	调整组合项目名称	单位	数量	数量	数量	数量
		防沉降排水检查井盖板					
1	36014512	Ⅱ型钢筋混凝土盖板	块	−1	−1	−1	−1
2	52-3-9-4	防沉降排水检查井 盖板安装	块	1	1	1	1
3	52-3-9-1	安装盖板及盖座	m³	−0.23	−0.23	−0.23	−0.23
		防坠装置					
1	52-3-6-1	安装防坠格板	只	1	1	1	1

单位:座

序号	定额编号	基本组合项目名称	单位	Z52-2-2-81	Z52-2-2-82	Z52-2-2-83	Z52-2-2-84
				1100×2300	1100×2300	1100×2300	1100×2300
				(φ1800) 3.5m	(φ1800) 4.0m	(φ1800) 4.5m	(φ1800) 5.0m
1	52-1-4-3	砾石砂垫层	m³	1.04	1.04	1.12	1.12
2	52-1-5-1	管道基座混凝土 C20	m³	2.76	2.76	3.49	3.49
3	52-4-5-1	混凝土底板模板	m²	3.65	3.65	4.42	4.42
4	52-3-1-2	排水检查井 深≤4m	m³	5.22	6.77		
5	52-3-1-3	排水检查井 深≤6m	m³			7.80	8.76
6	52-3-2-1	排水检查井水泥砂浆抹面 WMM15.0	m²	45.69	53.28	58.68	62.90
7	52-3-9-1	安装盖板及盖座	m³	0.54	0.54	0.54	0.56
8	52-3-9-3	安装盖板及盖座 铸铁盖座	套	1	1	1	1
9	36014512	Ⅱ型钢筋混凝土盖板	块	1	1	1	1
10	04290712	钢筋混凝土板 1400×250×160mm	块	3	3	3	5
11	04290713	钢筋混凝土板 1400×300×160mm	块	2	2	2	
序号	定额编号	调整组合项目名称	单位	数量	数量	数量	数量
		防沉降排水检查井盖板					
1	36014512	Ⅱ型钢筋混凝土盖板	块	−1	−1	−1	−1
2	52-3-9-4	防沉降排水检查井 盖板安装	块	1	1	1	1
3	52-3-9-1	安装盖板及盖座	m³	−0.23	−0.23	−0.23	−0.23
		防坠装置					
1	52-3-6-1	安装防坠格板	只	1	1	1	1

单位:座

序号	定额编号	基本组合项目名称	单位	Z52-2-2-85 1100×2300 (φ1800) 5.5m	Z52-2-2-86 1100×2300 (φ1800) 6.0m	Z52-2-2-87 1100×2300 (φ1800) 6.5m	Z52-2-2-88 1100×2300 (φ1800) 7.0m
1	52-1-4-3	砾石砂垫层	m³	1.12	1.12	1.20	1.20
2	52-1-5-1	管道基座混凝土 C20	m³	3.49	3.49	3.75	3.75
3	52-4-5-1	混凝土底板模板	m²	4.42	4.42	4.59	4.59
4	52-3-1-3	排水检查井 深≤6m	m³	10.15	15.67		
5	52-3-1-4	排水检查井 深≤8m	m³			16.83	18.25
6	52-3-2-1	排水检查井水泥砂浆抹面 WMM15.0	m²	69.82	72.11	79.34	86.26
7	52-3-9-1	安装盖板及盖座	m³	0.56	0.56	0.56	0.56
8	52-3-9-3	安装盖板及盖座 铸铁盖座	套	1	1	1	1
9	36014512	Ⅱ型钢筋混凝土盖板	块	1	1	1	1
10	04290712	钢筋混凝土板 1400×250×160mm	块	5	5	5	5

序号	定额编号	调整组合项目名称	单位	数量	数量	数量	数量
		防沉降排水检查井盖板					
1	36014512	Ⅱ型钢筋混凝土盖板	块	−1	−1	−1	−1
2	52-3-9-4	防沉降排水检查井 盖板安装	块	1	1	1	1
3	52-3-9-1	安装盖板及盖座	m³	−0.23	−0.23	−0.23	−0.23
		防坠装置					
1	52-3-6-1	安装防坠格板	只	1	1	1	1

单位:座

序号	定额编号	基本组合项目名称	单位	Z52-2-2-89 1100×2300 (φ1800) 7.5m	Z52-2-2-90 1100×2300 (φ1800) 8.0m	Z52-2-2-91 1100×2300 (φ1800) 8.5m	Z52-2-2-92 1100×2500 (φ2000) 3.0m
1	52-1-4-3	砾石砂垫层	m³	1.20	1.20	1.20	1.10
2	52-1-5-1	管道基座混凝土 C20	m³	3.75	3.75	3.75	2.93
3	52-4-5-1	混凝土底板模板	m²	4.59	4.59	4.59	3.77
4	52-3-1-2	排水检查井 深≤4m	m³				4.21
5	52-3-1-4	排水检查井 深≤8m	m³	19.67	20.11	22.52	
6	52-3-2-1	排水检查井水泥砂浆抹面 WM M15.0	m²	93.18	100.10	107.03	34.53
7	52-3-9-1	安装盖板及盖座	m³	0.56	0.56	0.56	0.59
8	52-3-9-3	安装盖板及盖座 铸铁盖座	套	1	1	1	1
9	36014512	Ⅱ型钢筋混凝土盖板	块	1	1	1	1
10	04290712	钢筋混凝土板 1400×250×160mm	块	5	5	5	2
11	04290713	钢筋混凝土板 1400×300×160mm	块				4

序号	定额编号	调整组合项目名称	单位	数量	数量	数量	数量
		防沉降排水检查井盖板					
1	36014512	Ⅱ型钢筋混凝土盖板	块	−1	−1	−1	−1
2	52-3-9-4	防沉降排水检查井 盖板安装	块	1	1	1	1
3	52-3-9-1	安装盖板及盖座	m³	−0.23	−0.23	−0.23	−0.23
		防坠装置					
1	52-3-6-1	安装防坠格板	只	1	1	1	1

单位:座

序号	定额编号	基本组合项目名称	单位	Z52-2-2-93 1100×2500 (φ2000) 3.5m	Z52-2-2-94 1100×2500 (φ2000) 4.0m	Z52-2-2-95 1100×2500 (φ2000) 4.5m	Z52-2-2-96 1100×2500 (φ2000) 5.0m
1	52-1-4-3	砾石砂垫层	m³	1.10	1.10	1.19	1.19
2	52-1-5-1	管道基座混凝土 C20	m³	2.93	2.93	3.70	3.70
3	52-4-5-1	混凝土底板模板	m²	3.77	3.77	4.56	4.56
4	52-3-1-2	排水检查井 深≤4m	m³	5.25	6.86		
5	52-3-1-3	排水检查井 深≤6m	m³			7.87	8.99
6	52-3-2-1	排水检查井水泥砂浆抹面 WMM15.0	m²	47.34	55.21	60.61	66.01
7	52-3-9-1	安装盖板及盖座	m³	0.59	0.59	0.59	0.59
8	52-3-9-3	安装盖板及盖座 铸铁盖座	套	1	1	1	1
9	36014512	Ⅱ型钢筋混凝土盖板	块	1	1	1	1
10	04290712	钢筋混凝土板 1400×250×160mm	块	2	2	2	2
11	04290713	钢筋混凝土板 1400×300×160mm	块	4	4	4	4

序号	定额编号	调整组合项目名称	单位	数量	数量	数量	数量
		防沉降排水检查井盖板					
1	36014512	Ⅱ型钢筋混凝土盖板	块	−1	−1	−1	−1
2	52-3-9-4	防沉降排水检查井 盖板安装	块	1	1	1	1
3	52-3-9-1	安装盖板及盖座	m³	−0.23	−0.23	−0.23	−0.23
		防坠装置					
1	52-3-6-1	安装防坠格板	只	1	1	1	1

单位:座

序号	定额编号	基本组合项目名称	单位	Z52-2-2-97	Z52-2-2-98	Z52-2-2-99	Z52-2-2-100
				1100×2500	1100×2500	1100×2500	1100×2500
				(ϕ2000) 5.5m	(ϕ2000) 6.0m	(ϕ2000) 6.5m	(ϕ2000) 7.0m
1	52-1-4-3	砾石砂垫层	m^3	1.19	1.19	1.27	1.27
2	52-1-5-1	管道基座混凝土 C20	m^3	3.70	3.70	3.96	3.96
3	52-4-5-1	混凝土底板模板	m^2	4.56	4.56	4.73	4.73
4	52-3-1-3	排水检查井　深≤6m	m^3	10.10	16.41		
5	52-3-1-4	排水检查井　深≤8m	m^3			17.54	18.83
6	52-3-2-1	排水检查井水泥砂浆抹面 WMM15.0	m^2	71.02	72.84	79.52	86.89
7	52-3-9-1	安装盖板及盖座	m^3	0.63	0.63	0.63	0.63
8	52-3-9-3	安装盖板及盖座 铸铁盖座	套	1	1	1	1
9	36014512	Ⅱ型钢筋混凝土盖板	块	1	1	1	1
10	04290712	钢筋混凝土板 1400×250×160mm	块	6	6	6	6
序号	定额编号	调整组合项目名称	单位	数量	数量	数量	数量
		防沉降排水检查井盖板					
1	36014512	Ⅱ型钢筋混凝土盖板	块	−1	−1	−1	−1
2	52-3-9-4	防沉降排水检查井 盖板安装	块	1	1	1	1
3	52-3-9-1	安装盖板及盖座	m^3	−0.23	−0.23	−0.23	−0.23
		防坠装置					
1	52-3-6-1	安装防坠格板	只	1	1	1	1

单位:座

序号	定额编号	基本组合项目名称	单位	Z52-2-2-101 1100×2500 (φ2000) 7.5m	Z52-2-2-102 1100×2500 (φ2000) 8.0m	Z52-2-2-103 1100×2500 (φ2000) 8.5m	Z52-2-2-104 1100×2750 (φ2200) 3.0m
1	52-1-4-3	砾石砂垫层	m³	1.27	1.27	1.27	1.18
2	52-1-5-1	管道基座混凝土 C20	m³	3.96	3.96	3.96	3.66
3	52-4-5-1	混凝土底板模板	m²	4.73	4.73	4.73	4.57
4	52-3-1-2	排水检查井 深≤4m	m³				4.22
5	52-3-1-4	排水检查井 深≤8m	m³	20.23	21.63	23.03	
6	52-3-2-1	排水检查井水泥砂浆抹面 WMM15.0	m²	93.81	100.73	107.65	35.39
7	52-3-9-1	安装盖板及盖座	m³	0.63	0.63	0.63	0.64
8	52-3-9-3	安装盖板及盖座 铸铁盖座	套	1	1	1	1
9	36014512	Ⅱ型钢筋混凝土盖板	块	1	1	1	1
10	04290712	钢筋混凝土板 1400×250×160mm	块	6	6	6	2
11	04290713	钢筋混凝土板 1400×300×160mm	块				5

序号	定额编号	调整组合项目名称	单位	数量	数量	数量	数量
		防沉降排水检查井盖板					
1	36014512	Ⅱ型钢筋混凝土盖板	块	−1	−1	−1	−1
2	52-3-9-4	防沉降排水检查井 盖板安装	块	1	1	1	1
3	52-3-9-1	安装盖板及盖座	m³	−0.23	−0.23	−0.23	−0.23
		防坠装置					
1	52-3-6-1	安装防坠格板	只	1	1	1	1

单位:座

序号	定额编号	基本组合项目名称	单位	Z52-2-2-105 1100×2750 (φ2200) 3.5m	Z52-2-2-106 1100×2750 (φ2200) 4.0m	Z52-2-2-107 1100×2750 (φ2200) 4.5m	Z52-2-2-108 1100×2750 (φ2200) 5.0m
1	52-1-4-3	砾石砂垫层	m³	1.18	1.18	1.27	1.27
2	52-1-5-1	管道基座混凝土 C20	m³	3.66	3.66	3.97	3.97
3	52-4-5-1	混凝土底板模板	m²	4.57	4.57	4.74	4.74
4	52-3-1-2	排水检查井 深≤4m	m³	5.37	7.05		
5	52-3-1-3	排水检查井 深≤6m	m³			8.05	9.17
6	52-3-2-1	排水检查井水泥砂浆抹面 WM M15.0	m²	49.85	58.00	63.40	68.80
7	52-3-9-1	安装盖板及盖座	m³	0.64	0.64	0.64	0.64
8	52-3-9-3	安装盖板及盖座 铸铁盖座	套	1	1	1	1
9	36014512	Ⅱ型钢筋混凝土盖板	块	1	1	1	1
10	04290712	钢筋混凝土板 1400×250×160mm	块	2	2	2	2
11	04290713	钢筋混凝土板 1400×300×160mm	块	5	5	5	5
序号	定额编号	调整组合项目名称	单位	数量	数量	数量	数量
		防沉降排水检查井盖板					
1	36014512	Ⅱ型钢筋混凝土盖板	块	−1	−1	−1	−1
2	52-3-9-4	防沉降排水检查井 盖板安装	块	1	1	1	1
3	52-3-9-1	安装盖板及盖座	m³	−0.23	−0.23	−0.23	−0.23
		防坠装置					
1	52-3-6-1	安装防坠格板	只	1	1	1	1

单位:座

序号	定额编号	基本组合项目名称	单位	Z52-2-2-109	Z52-2-2-110	Z52-2-2-111	Z52-2-2-112
				1100×2750	1100×2750	1100×2750	1100×2750
				(φ2200) 5.5m	(φ2200) 6.0m	(φ2200) 6.5m	(φ2200) 7.0m
1	52-1-4-3	砾石砂垫层	m³	1.27	1.27	1.35	1.35
2	52-1-5-1	管道基座混凝土 C20	m³	3.97	3.97	4.23	4.23
3	52-4-5-1	混凝土底板模板	m²	4.74	4.74	4.91	4.91
4	52-3-1-3	排水检查井 深≤6m	m³	10.18	17.29		
5	52-3-1-4	排水检查井 深≤8m	m³			18.51	19.64
6	52-3-2-1	排水检查井水泥砂浆抹面 WMM15.0	m²	73.08	74.31	80.99	88.25
7	52-3-9-1	安装盖板及盖座	m³	0.64	0.66	0.66	0.66
8	52-3-9-3	安装盖板及盖座 铸铁盖座	套	1	1	1	1
9	36014512	Ⅱ型钢筋混凝土盖板	块	1	1	1	1
10	04290712	钢筋混凝土板 1400×250×160mm	块	2	4	4	4
11	04290713	钢筋混凝土板 1400×300×160mm	块	5	3	3	3

序号	定额编号	调整组合项目名称	单位	数量	数量	数量	数量
		防沉降排水检查井盖板					
1	36014512	Ⅱ型钢筋混凝土盖板	块	−1	−1	−1	−1
2	52-3-9-4	防沉降排水检查井 盖板安装	块	1	1	1	1
3	52-3-9-1	安装盖板及盖座	m³	−0.23	−0.23	−0.23	−0.23
		防坠装置					
1	52-3-6-1	安装防坠格板	只	1	1	1	1

单位:座

序号	定额编号	基本组合项目名称	单位	Z52-2-2-113	Z52-2-2-114	Z52-2-2-115	Z52-2-2-116
				1100×2750	1100×2750	1100×2750	1100×2950
				(ϕ2200) 7.5m	(ϕ2200) 8.0m	(ϕ2200) 8.5m	(ϕ2400) 3.5m
1	52-1-4-3	砾石砂垫层	m³	1.35	1.35	1.35	1.24
2	52-1-5-1	管道基座混凝土 C20	m³	4.23	4.23	4.23	4.41
3	52-4-5-1	混凝土底板模板	m²	4.91	4.91	4.91	5.38
4	52-3-1-2	排水检查井 深≤4m	m³				5.37
5	52-3-1-4	排水检查井 深≤8m	m³	21.01	22.38	23.75	
6	52-3-2-1	排水检查井水泥砂浆抹面 WM M15.0	m²	95.17	102.09	109.01	42.74
7	52-3-9-1	安装盖板及盖座	m³	0.66	0.66	0.66	0.69
8	52-3-9-3	安装盖板及盖座 铸铁盖座	套	1	1	1	1
9	36014512	Ⅱ型钢筋混凝土盖板	块	1	1	1	1
10	04290712	钢筋混凝土板 1400×250×160mm	块	4	4	4	1
11	04290713	钢筋混凝土板 1400×300×160mm	块	3	3	3	7

序号	定额编号	调整组合项目名称	单位	数量	数量	数量	数量
		防沉降排水检查井盖板					
1	36014512	Ⅱ型钢筋混凝土盖板	块	−1	−1	−1	−1
2	52-3-9-4	防沉降排水检查井 盖板安装	块	1	1	1	1
3	52-3-9-1	安装盖板及盖座	m³	−0.23	−0.23	−0.23	−0.23
		防坠装置					
1	52-3-6-1	安装防坠格板	只	1	1	1	1

单位:座

序号	定额编号	基本组合项目名称	单位	Z52-2-2-117 1100×2950 (ϕ2400) 4.0m	Z52-2-2-118 1100×2950 (ϕ2400) 4.5m	Z52-2-2-119 1100×2950 (ϕ2400) 5.0m	Z52-2-2-120 1100×2950 (ϕ2400) 5.5m
1	52-1-4-3	砾石砂垫层	m³	1.24	1.34	1.34	1.34
2	52-1-5-1	管道基座混凝土 C20	m³	4.41	4.79	4.79	4.79
3	52-4-5-1	混凝土底板模板	m²	5.38	5.58	5.58	5.58
4	52-3-1-2	排水检查井 深≤4m	m³	7.15			
5	52-3-1-3	排水检查井 深≤6m	m³		8.12	9.23	10.38
6	52-3-2-1	排水检查井水泥砂浆抹面 WMM15.0	m²	60.17	65.57	70.97	76.37
7	52-3-9-1	安装盖板及盖座	m³	0.69	0.69	0.69	0.69
8	52-3-9-3	安装盖板及盖座 铸铁盖座	套	1	1	1	1
9	36014512	Ⅱ型钢筋混凝土盖板	块	1	1	1	1
10	04290712	钢筋混凝土板 1400×250×160mm	块	1	1	1	1
11	04290713	钢筋混凝土板 1400×300×160mm	块	7	7	7	7

序号	定额编号	调整组合项目名称	单位	数量	数量	数量	数量
		防沉降排水检查井盖板					
1	36014512	Ⅱ型钢筋混凝土盖板	块	−1	−1	−1	−1
2	52-3-9-4	防沉降排水检查井 盖板安装	块	1	1	1	1
3	52-3-9-1	安装盖板及盖座	m³	−0.23	−0.23	−0.23	−0.23
		防坠装置					
1	52-3-6-1	安装防坠格板	只	1	1	1	1

单位:座

序号	定额编号	基本组合项目名称	单位	Z52-2-2-121	Z52-2-2-122	Z52-2-2-123	Z52-2-2-124
				1100×2950	1100×2950	1100×2950	1100×2950
				(ϕ2400) 6.0m	(ϕ2400) 6.5m	(ϕ2400) 7.0m	(ϕ2400) 7.5m
1	52-1-4-3	砾石砂垫层	m³	1.34	1.42	1.42	1.42
2	52-1-5-1	管道基座混凝土 C20	m³	4.79	5.08	5.08	5.08
3	52-4-5-1	混凝土底板模板	m²	5.58	5.77	5.77	5.77
4	52-3-1-3	排水检查井　深≤6m	m³	18.04			
5	52-3-1-4	排水检查井　深≤8m	m³		19.36	20.44	21.70
6	52-3-2-1	排水检查井水泥砂浆抹面 WM M15.0	m²	75.28	81.96	88.64	96.03
7	52-3-9-1	安装盖板及盖座	m³	0.71	0.71	0.71	0.71
8	52-3-9-3	安装盖板及盖座 铸铁盖座	套	1	1	1	1
9	36014512	Ⅱ型钢筋混凝土盖板	块	1	1	1	1
10	04290712	钢筋混凝土板 1400×250×160mm	块	3	3	3	3
11	04290713	钢筋混凝土板 1400×300×160mm	块	5	5	5	5
序号	定额编号	调整组合项目名称	单位	数量	数量	数量	数量
		防沉降排水检查井盖板					
1	36014512	Ⅱ型钢筋混凝土盖板	块	−1	−1	−1	−1
2	52-3-9-4	防沉降排水检查井 盖板安装	块	1	1	1	1
3	52-3-9-1	安装盖板及盖座	m³	−0.23	−0.23	−0.23	−0.23
		防坠装置					
1	52-3-6-1	安装防坠格板	只	1	1	1	1

单位:座

序号	定额编号	基本组合项目名称	单位	Z52-2-2-125	Z52-2-2-126	Z52-2-2-127	Z52-2-2-128
				1100×2950	1100×2950	1100×3300	1100×3300
				(ϕ2400) 8.0m	(ϕ2400) 8.5m	(ϕ2700) 4.5m	(ϕ2700) 5.0m
1	52-1-4-3	砾石砂垫层	m³	1.42	1.42	1.45	1.45
2	52-1-5-1	管道基座混凝土 C20	m³	5.08	5.08	5.87	5.87
3	52-4-5-1	混凝土底板模板	m²	5.77	5.77	6.59	6.59
4	52-3-1-3	排水检查井 深≤6m	m³			8.41	9.52
5	52-3-1-4	排水检查井 深≤8m	m³	23.05	24.39		
6	52-3-2-1	排水检查井水泥砂浆抹面 WMM15.0	m²	102.95	109.87	69.79	75.19
7	52-3-9-1	安装盖板及盖座	m³	0.71	0.71	0.76	0.76
8	52-3-9-3	安装盖板及盖座 铸铁盖座	套	1	1	1	1
9	36014512	Ⅱ型钢筋混凝土盖板	块	1	1	1	1
10	04290712	钢筋混凝土板 1400×250×160mm	块	3	3	8	8
11	04290713	钢筋混凝土板 1400×300×160mm	块	5	5		

序号	定额编号	调整组合项目名称	单位	数量	数量	数量	数量
		防沉降排水检查井盖板					
1	36014512	Ⅱ型钢筋混凝土盖板	块	−1	−1	−1	−1
2	52-3-9-4	防沉降排水检查井 盖板安装	块	1	1	1	1
3	52-3-9-1	安装盖板及盖座	m³	−0.23	−0.23	−0.23	−0.23
		防坠装置					
1	52-3-6-1	安装防坠格板	只	1	1	1	1

单位:座

序号	定额编号	基本组合项目名称	单位	Z52-2-2-129 1100×3300 (φ2700) 5.5m	Z52-2-2-130 1100×3300 (φ2700) 6.0m	Z52-2-2-131 1100×3300 (φ2700) 6.5m	Z52-2-2-132 1100×3300 (φ2700) 7.0m
1	52-1-4-3	砾石砂垫层	m³	1.45	1.45	1.53	1.53
2	52-1-5-1	管道基座混凝土 C20	m³	5.87	5.87	6.20	6.20
3	52-4-5-1	混凝土底板模板	m²	6.59	6.59	6.80	6.80
4	52-3-1-3	排水检查井 深≤6m	m³	10.67	19.49		
5	52-3-1-4	排水检查井 深≤8m	m³			20.85	22.03
6	52-3-2-1	排水检查井水泥砂浆抹面 WMM15.0	m²	80.59	77.61	84.29	90.97
7	52-3-9-1	安装盖板及盖座	m³	0.76	0.76	0.79	0.79
8	52-3-9-3	安装盖板及盖座 铸铁盖座	套	1	1	1	1
9	36014512	Ⅱ型钢筋混凝土盖板	块	1	1	1	1
10	04290712	钢筋混凝土板 1400×250×160mm	块	8	8	5	5
11	04290713	钢筋混凝土板 1400×300×160mm	块			4	4

序号	定额编号	调整组合项目名称	单位	数量	数量	数量	数量
		防沉降排水检查井盖板					
1	36014512	Ⅱ型钢筋混凝土盖板	块	−1	−1	−1	−1
2	52-3-9-4	防沉降排水检查井 盖板安装	块	1	1	1	1
3	52-3-9-1	安装盖板及盖座	m³	−0.23	−0.23	−0.23	−0.23
		防坠装置					
1	52-3-6-1	安装防坠格板	只	1	1	1	1

单位:座

序号	定额编号	基本组合项目名称	单位	Z52-2-2-133	Z52-2-2-134	Z52-2-2-135	Z52-2-2-136
				1100×3300	1100×3300	1100×3300	1100×3650
				(ϕ2700) 7.5m	(ϕ2700) 8.0m	(ϕ2700) 8.5m	(ϕ3000) 5.0m
1	52-1-4-3	砾石砂垫层	m³	1.53	1.53	1.53	1.57
2	52-1-5-1	管道基座混凝土 C20	m³	6.20	6.20	6.20	6.36
3	52-4-5-1	混凝土底板模板	m²	6.80	6.80	6.80	6.90
4	52-3-1-3	排水检查井 深≤6m	m³				9.84
5	52-3-1-4	排水检查井 深≤8m	m³	23.08	24.39	25.69	
6	52-3-2-1	排水检查井水泥砂浆抹面 WM M15.0	m²	98.20	105.12	112.04	79.75
7	52-3-9-1	安装盖板及盖座	m³	0.79	0.79	0.79	0.84
8	52-3-9-3	安装盖板及盖座 铸铁盖座	套	1	1	1	1
9	36014512	Ⅱ型钢筋混凝土盖板	块	1	1	1	1
10	04290712	钢筋混凝土板 1400×250×160mm	块	5	5	5	5
11	04290713	钢筋混凝土板 1400×300×160mm	块	4	4	4	4
序号	定额编号	调整组合项目名称	单位	数量	数量	数量	数量
		防沉降排水检查井盖板					
1	36014512	Ⅱ型钢筋混凝土盖板	块	−1	−1	−1	−1
2	52-3-9-4	防沉降排水检查井 盖板安装	块	1	1	1	1
3	52-3-9-1	安装盖板及盖座	m³	−0.23	−0.23	−0.23	−0.23
		防坠装置					
1	52-3-6-1	安装防坠格板	只	1	1	1	1

单位:座

序号	定额编号	基本组合项目名称	单位	Z52-2-2-137 1100×3650 (φ3000) 5.5m	Z52-2-2-138 1100×3650 (φ3000) 6.0m	Z52-2-2-139 1100×3650 (φ3000) 6.5m	Z52-2-2-140 1100×3650 (φ3000) 7.0m
1	52-1-4-3	砾石砂垫层	m³	1.57	1.57	1.64	1.64
2	52-1-5-1	管道基座混凝土 C20	m³	6.36	6.36	6.69	6.69
3	52-4-5-1	混凝土底板模板	m²	6.90	6.90	7.12	7.12
4	52-3-1-3	排水检查井　深≤6m	m³	11.00	21.08		
5	52-3-1-4	排水检查井　深≤8m	m³			22.45	23.82
6	52-3-2-1	排水检查井水泥砂浆抹面 WMM15.0	m²	85.15	80.27	86.95	93.63
7	52-3-9-1	安装盖板及盖座	m³	0.84	0.84	0.86	0.86
8	52-3-9-3	安装盖板及盖座 铸铁盖座	套	1	1	1	1
9	36014512	Ⅱ型钢筋混凝土盖板	块	1	1	1	1
10	04290712	钢筋混凝土板 1400×250×160mm	块	5	5	7	7
11	04290713	钢筋混凝土板 1400×300×160mm	块	4	4	3	3
序号	定额编号	调整组合项目名称	单位	数量	数量	数量	数量
		防沉降排水检查井盖板					
1	36014512	Ⅱ型钢筋混凝土盖板	块	−1	−1	−1	−1
2	52-3-9-4	防沉降排水检查井 盖板安装	块	1	1	1	1
3	52-3-9-1	安装盖板及盖座	m³	−0.23	−0.23	−0.23	−0.23
		防坠装置					
1	52-3-6-1	安装防坠格板	只	1	1	1	1

单位:座

序号	定额编号	基本组合项目名称	单位	Z52-2-2-141 1100×3650 (φ3000) 7.5m	Z52-2-2-142 1100×3650 (φ3000) 8.0m	Z52-2-2-143 1100×3650 (φ3000) 8.5m
1	52-1-4-3	砾石砂垫层	m³	1.64	1.64	1.64
2	52-1-5-1	管道基座混凝土 C20	m³	6.69	6.69	6.69
3	52-4-5-1	混凝土底板模板	m²	7.12	7.12	7.12
4	52-3-1-4	排水检查井 深≤8m	m³	24.81	25.92	27.18
5	52-3-2-1	排水检查井水泥砂浆抹面 WM M15.0	m²	100.31	107.63	114.55
6	52-3-9-1	安装盖板及盖座	m³	0.86	0.86	0.86
7	52-3-9-3	安装盖板及盖座 铸铁盖座	套	1	1	1
8	36014512	Ⅱ型钢筋混凝土盖板	块	1	1	1
9	04290712	钢筋混凝土板 1400×250×160mm	块	7	7	7
10	04290713	钢筋混凝土板 1400×300×160mm	块	3	3	3

序号	定额编号	调整组合项目名称	单位	数量	数量	数量
		防沉降排水检查井盖板				
1	36014512	Ⅱ型钢筋混凝土盖板	块	−1	−1	−1
2	52-3-9-4	防沉降排水检查井 盖板安装	块	1	1	1
3	52-3-9-1	安装盖板及盖座	m³	−0.23	−0.23	−0.23
		防坠装置				
1	52-3-6-1	安装防坠格板	只	1	1	1

三、钢筋混凝土基础砖砌直线不落底排水检查井

单位:座

序号	定额编号	基本组合项目名称	单位	Z52-2-3-1 600×600 (ϕ300) 1.0m	Z52-2-3-2 600×600 (ϕ300) 1.5m	Z52-2-3-3 600×600 (ϕ300) 2.0m	Z52-2-3-4 600×600 (ϕ300) 2.5m
1	52-1-4-3	砾石砂垫层	m³	0.16	0.16	0.16	0.16
2	52-1-5-1	管道垫层混凝土 C20	m³	0.08	0.08	0.08	0.08
3	52-1-5-1	管道基座混凝土 C20	m³	0.21	0.21	0.21	0.21
4	52-4-5-1	混凝土底板模板	m²	0.71	0.71	0.71	0.71
5	52-1-5-2	底板钢筋	t	0.012	0.012	0.012	0.012
6	52-3-1-1	排水检查井 深≤2.5m	m³	0.76	1.18	1.56	1.97
7	52-3-2-1	排水检查井水泥砂浆抹面 WM M15.0	m²	6.32	9.68	13.04	16.40
8	52-3-9-1	安装盖板及盖座	m³	0.11	0.11	0.11	0.11
9	52-3-9-3	安装盖板及盖座 铸铁盖座	套	1	1	1	1
10	36014511	Ⅰ型钢筋混凝土盖板	套	1	1	1	1

序号	定额编号	调整组合项目名称	单位	数量	数量	数量	数量
		防沉降排水检查井盖板					
1	36014511	Ⅰ型钢筋混凝土盖板	块	−1	−1	−1	−1
2	52-3-9-4	防沉降排水检查井 盖板安装	块	1	1	1	1
3	52-3-9-1	安装盖板及盖座	m³	−0.11	−0.11	−0.11	−0.11
		防坠装置					
1	52-3-6-1	安装防坠格板	只	1	1	1	1

单位:座

序号	定额编号	基本组合项目名称	单位	Z52-2-3-5 750×750 (φ450) 1.5m	Z52-2-3-6 750×750 (φ450) 2.0m	Z52-2-3-7 750×750 (φ450) 2.5m	Z52-2-3-8 750×750 (φ450) 3.0m
1	52-1-4-3	砾石砂垫层	m³	0.21	0.21	0.21	0.29
2	52-1-5-1	管道垫层混凝土 C20	m³	0.11	0.11	0.11	0.14
3	52-1-5-1	管道基座混凝土 C20	m³	0.27	0.27	0.27	0.38
4	52-4-5-1	混凝土底板模板	m²	0.80	0.80	0.80	0.95
5	52-1-5-2	底板钢筋	t	0.016	0.016	0.016	0.019
6	52-3-1-1	排水检查井 深≤2.5m	m³	1.20	1.67	2.15	
7	52-3-1-2	排水检查井 深≤4m	m³				3.00
8	52-3-2-1	排水检查井水泥砂浆抹面 WMM15.0	m²	9.24	13.20	17.16	22.03
9	52-3-9-1	安装盖板及盖座	m³	0.11	0.11	0.11	0.11
10	52-3-9-3	安装盖板及盖座 铸铁盖座	套	1	1	1	1
11	36014511	Ⅰ型钢筋混凝土盖板	套	1	1	1	1
序号	定额编号	调整组合项目名称	单位	数量	数量	数量	数量
		防沉降排水检查井盖板					
1	36014511	Ⅰ型钢筋混凝土盖板	块	−1	−1	−1	−1
2	52-3-9-4	防沉降排水检查井 盖板安装	块	1	1	1	1
3	52-3-9-1	安装盖板及盖座	m³	−0.11	−0.11	−0.11	−0.11
		防坠装置					
1	52-3-6-1	安装防坠格板	只	1	1	1	1

单位:座

序号	定额编号	基本组合项目名称	单位	Z52-2-3-9 750×750 (φ450) 3.5m	Z52-2-3-10 750×750 (φ450) 4.0m	Z52-2-3-11 1000×1000 (φ600) 1.5m	Z52-2-3-12 1000×1000 (φ600) 2.0m
1	52-1-4-3	砾石砂垫层	m³	0.29	0.29	0.5	0.5
2	52-1-5-1	管道垫层混凝土 C20	m³	0.14	0.14	0.25	0.25
3	52-1-5-1	管道基座混凝土 C20	m³	0.38	0.38	0.83	0.83
4	52-4-5-1	混凝土底板模板	m²	0.95	0.95	1.66	1.66
5	52-1-5-2	底板钢筋	t	0.019	0.019	0.047	0.047
6	52-3-1-1	排水检查井 深≤2.5m	m³			1.45	2.04
7	52-3-1-2	排水检查井 深≤4m	m³	3.82	4.65		
8	52-3-2-1	排水检查井水泥砂浆抹面 WM M15.0	m²	26.51	30.99	9.72	14.68
9	52-3-9-1	安装盖板及盖座	m³	0.11	0.11	0.23	0.23
10	52-3-9-3	安装盖板及盖座 铸铁盖座	套	1	1	1	1
11	36014511	Ⅰ型钢筋混凝土盖板	套	1	1		
12	36014512	Ⅱ型钢筋混凝土盖板	块			1	1

序号	定额编号	调整组合项目名称	单位	数量	数量	数量	数量
		防沉降排水检查井盖板					
1	36014511	Ⅰ型钢筋混凝土盖板	块	−1	−1		
2	36014512	Ⅱ型钢筋混凝土盖板	块			−1	−1
3	52-3-9-4	防沉降排水检查井盖板安装	块	1	1	1	1
4	52-3-9-1	安装盖板及盖座	m³	−0.11	−0.11	−0.23	−0.23
		防坠装置					
1	52-3-6-1	安装防坠格板	只	1	1	1	1

单位:座

序号	定额编号	基本组合项目名称	单位	Z52-2-3-13 1000×1000 (φ600) 2.5m	Z52-2-3-14 1000×1000 (φ600) 3.0m	Z52-2-3-15 1000×1000 (φ600) 3.5m	Z52-2-3-16 1000×1000 (φ600) 4.0m
1	52-1-4-3	砾石砂垫层	m³	0.5	0.63	0.63	0.63
2	52-1-5-1	管道垫层混凝土 C20	m³	0.25	0.32	0.32	0.32
3	52-1-5-1	管道基座混凝土 C20	m³	0.83	1.06	1.33	1.33
4	52-4-5-1	混凝土底板模板	m²	1.66	1.87	1.87	1.87
5	52-1-5-2	底板钢筋	t	0.047	0.059	0.060	0.060
6	52-3-1-1	排水检查井 深≤2.5m	m³	2.70			
7	52-3-1-2	排水检查井 深≤4m	m³		3.68	4.67	5.69
8	52-3-2-1	排水检查井水泥砂浆抹面 WMM15.0	m²	20.87	27.26	32.74	38.22
9	52-3-9-1	安装盖板及盖座	m³	0.23	0.23	0.23	0.23
10	52-3-9-3	安装盖板及盖座 铸铁盖座	套	1	1	1	1
11	36014512	Ⅱ型钢筋混凝土盖板	块	1	1	1	1

序号	定额编号	调整组合项目名称	单位	数量	数量	数量	数量
		防沉降排水检查井盖板					
1	36014512	Ⅱ型钢筋混凝土盖板	块	−1	−1	−1	−1
2	52-3-9-4	防沉降排水检查井 盖板安装	块	1	1	1	1
3	52-3-9-1	安装盖板及盖座	m³	−0.23	−0.23	−0.23	−0.23
		防坠装置					
1	52-3-6-1	安装防坠格板	只	1	1	1	1

单位:座

序号	定额编号	基本组合项目名称	单位	Z52-2-3-17 1000×1000 (φ600) 4.5m	Z52-2-3-18 1000×1000 (φ600) 5.0m	Z52-2-3-19 1000×1000 (φ800) 1.5m	Z52-2-3-20 1000×1000 (φ800) 2.0m
1	52-1-4-3	砾石砂垫层	m³	0.63	0.63	0.5	0.5
2	52-1-5-1	管道垫层混凝土 C20	m³	0.32	0.32	0.25	0.25
3	52-1-5-1	管道基座混凝土 C20	m³	1.33	1.33	0.83	0.83
4	52-4-5-1	混凝土底板模板	m²	1.87	1.87	1.66	1.66
5	52-1-5-2	底板钢筋	t	0.060	0.060	0.047	0.047
6	52-3-1-1	排水检查井　深≤2.5m	m³			1.27	1.87
7	52-3-1-3	排水检查井　深≤6m	m³	6.70	7.71		
8	52-3-2-1	排水检查井水泥砂浆抹面 WMM15.0	m²	43.70	49.18	8.47	13.43
9	52-3-9-1	安装盖板及盖座	m³	0.23	0.23	0.23	0.23
10	52-3-9-3	安装盖板及盖座 铸铁盖座	套	1	1	1	1
11	36014512	Ⅱ型钢筋混凝土盖板	块	1	1	1	1

序号	定额编号	调整组合项目名称	单位	数量	数量	数量	数量
		防沉降排水检查井盖板					
1	36014512	Ⅱ型钢筋混凝土盖板	块	−1	−1	−1	−1
2	52-3-9-4	防沉降排水检查井 盖板安装	块	1	1	1	1
3	52-3-9-1	安装盖板及盖座	m³	−0.23	−0.23	−0.23	−0.23
		防坠装置					
1	52-3-6-1	安装防坠格板	只	1	1	1	1

单位:座

序号	定额编号	基本组合项目名称	单位	Z52-2-3-21	Z52-2-3-22	Z52-2-3-23	Z52-2-3-24
				1000×1000	1000×1000	1000×1000	1000×1000
				(ϕ800) 2.5m	(ϕ800) 3.0m	(ϕ800) 3.5m	(ϕ800) 4.0m
1	52-1-4-3	砾石砂垫层	m³	0.5	0.63	0.63	0.63
2	52-1-5-1	管道垫层混凝土 C20	m³	0.25	0.32	0.32	0.32
3	52-1-5-1	管道基座混凝土 C20	m³	0.83	1.06	1.33	1.33
4	52-4-5-1	混凝土底板模板	m²	1.66	1.87	2.34	2.34
5	52-1-5-2	底板钢筋	t	0.047	0.059	0.060	0.060
6	52-3-1-1	排水检查井 深≤2.5m	m³	2.58			
7	52-3-1-2	排水检查井 深≤4m	m³		3.55	4.49	5.50
8	52-3-2-1	排水检查井水泥砂浆抹面 WM M15.0	m²	20.12	26.12	31.60	37.08
9	52-3-9-1	安装盖板及盖座	m³	0.23	0.23	0.23	0.23
10	52-3-9-3	安装盖板及盖座 铸铁盖座	套	1	1	1	1
11	36014512	Ⅱ型钢筋混凝土盖板	块	1	1	1	1
序号	定额编号	调整组合项目名称	单位	数量	数量	数量	数量
		防沉降排水检查井盖板					
1	36014512	Ⅱ型钢筋混凝土盖板	块	−1	−1	−1	−1
2	52-3-9-4	防沉降排水检查井 盖板安装	块	1	1	1	1
3	52-3-9-1	安装盖板及盖座	m³	−0.23	−0.23	−0.23	−0.23
		防坠装置					
1	52-3-6-1	安装防坠格板	只	1	1	1	1

单位:座

序号	定额编号	基本组合项目名称	单位	Z52-2-3-25 1000×1000 (φ800) 4.5m	Z52-2-3-26 1000×1000 (φ800) 5.0m	Z52-2-3-27 1000×1000 (φ800) 5.5m	Z52-2-3-28 1000×1000 (φ800) 6.0m
1	52-1-4-3	砾石砂垫层	m³	0.63	0.63	0.63	0.63
2	52-1-5-1	管道垫层混凝土 C20	m³	0.32	0.32	0.32	0.32
3	52-1-5-1	管道基座混凝土 C20	m³	1.33	1.33	1.59	1.59
4	52-4-5-1	混凝土底板模板	m²	2.34	2.34	2.81	3.10
5	52-1-5-2	底板钢筋	t	0.060	0.060	0.061	0.061
6	52-3-1-3	排水检查井 深≤6m	m³	6.52	7.53	8.55	9.56
7	52-3-2-1	排水检查井水泥砂浆抹面 WMM15.0	m²	42.56	48.04	53.52	59.00
8	52-3-9-1	安装盖板及盖座	m³	0.23	0.23	0.23	0.23
9	52-3-9-3	安装盖板及盖座 铸铁盖座	套	1	1	1	1
10	36014512	Ⅱ型钢筋混凝土盖板	块	1	1	1	1

序号	定额编号	调整组合项目名称	单位	数量	数量	数量	数量
		防沉降排水检查井盖板					
1	36014512	Ⅱ型钢筋混凝土盖板	块	−1	−1	−1	−1
2	52-3-9-4	防沉降排水检查井 盖板安装	块	1	1	1	1
3	52-3-9-1	安装盖板及盖座	m³	−0.23	−0.23	−0.23	−0.23
		防坠装置					
1	52-3-6-1	安装防坠格板	只	1	1	1	1

单位:座

序号	定额编号	基本组合项目名称	单位	Z52-2-3-29	Z52-2-3-30	Z52-2-3-31	Z52-2-3-32
				1000×1300	1000×1300	1000×1300	1000×1300
				(ϕ1000) 2.0m	(ϕ1000) 2.5m	(ϕ1000) 3.0m	(ϕ1000) 3.5m
1	52-1-4-3	砾石砂垫层	m³	0.58	0.58	0.72	0.72
2	52-1-5-1	管道垫层混凝土 C20	m³	0.29	0.29	0.36	0.36
3	52-1-5-1	管道基座混凝土 C20	m³	0.98	0.98	1.23	1.53
4	52-4-5-1	混凝土底板模板	m²	1.78	1.78	1.99	2.49
5	52-1-5-2	底板钢筋	t	0.055	0.055	0.068	0.069
6	52-3-1-1	排水检查井 深≤2.5m	m³	2.18	2.78		
7	52-3-1-2	排水检查井 深≤4m	m³			3.78	4.51
8	52-3-2-1	排水检查井水泥砂浆抹面 WMM15.0	m²	14.09	22.74	29.24	34.72
9	52-3-9-1	安装盖板及盖座	m³	0.29	0.29	0.29	0.29
10	52-3-9-3	安装盖板及盖座 铸铁盖座	套	1	1	1	1
11	36014512	Ⅱ型钢筋混凝土盖板	块	1	1	1	1
12	04290711	钢筋混凝土板 1300×300×160mm	块	1	1	1	1
序号	定额编号	调整组合项目名称	单位	数量	数量	数量	数量
		防沉降排水检查井盖板					
1	36014512	Ⅱ型钢筋混凝土盖板	块	−1	−1	−1	−1
2	52-3-9-4	防沉降排水检查井 盖板安装	块	1	1	1	1
3	52-3-9-1	安装盖板及盖座	m³	−0.23	−0.23	−0.23	−0.23
		防坠装置					
1	52-3-6-1	安装防坠格板	只	1	1	1	1

单位:座

序号	定额编号	基本组合项目名称	单位	Z52-2-3-33	Z52-2-3-34	Z52-2-3-35	Z52-2-3-36
				1000×1300	1000×1300	1000×1300	1000×1300
				(ϕ1000) 4.0m	(ϕ1000) 4.5m	(ϕ1000) 5.0m	(ϕ1000) 5.5m
1	52-1-4-3	砾石砂垫层	m³	0.72	0.72	0.72	0.72
2	52-1-5-1	管道垫层混凝土 C20	m³	0.36	0.36	0.36	0.36
3	52-1-5-1	管道基座混凝土 C20	m³	1.53	1.53	1.53	1.85
4	52-4-5-1	混凝土底板模板	m²	2.49	2.49	2.49	2.99
5	52-1-5-2	底板钢筋	t	0.069	0.069	0.069	0.070
6	52-3-1-2	排水检查井　深≤4m	m³	5.74			
7	52-3-1-3	排水检查井　深≤6m	m³		6.78	7.79	8.80
8	52-3-2-1	排水检查井水泥砂浆抹面 WM M15.0	m²	40.20	45.68	51.16	56.64
9	52-3-9-1	安装盖板及盖座	m³	0.29	0.29	0.29	0.29
10	52-3-9-3	安装盖板及盖座 铸铁盖座	套	1	1	1	1
11	36014512	Ⅱ型钢筋混凝土盖板	块	1	1	1	1
12	04290711	钢筋混凝土板 1300×300×160mm	块	1	1	1	1
序号	定额编号	调整组合项目名称	单位	数量	数量	数量	数量
		防沉降排水检查井盖板					
1	36014512	Ⅱ型钢筋混凝土盖板	块	−1	−1	−1	−1
2	52-3-9-4	防沉降排水检查井 盖板安装	块	1	1	1	1
3	52-3-9-1	安装盖板及盖座	m³	−0.23	−0.23	−0.23	−0.23
		防坠装置					
1	52-3-6-1	安装防坠格板	只	1	1	1	1

单位:座

序号	定额编号	基本组合项目名称	单位	Z52-2-3-37 1000×1300 (φ1000) 6.0m	Z52-2-3-38 1000×1300 (φ1000) 6.5m	Z52-2-3-39 1000×1500 (φ1200) 2.0m	Z52-2-3-40 1000×1500 (φ1200) 2.5m
1	52-1-4-3	砾石砂垫层	m³	0.72	0.85	0.65	0.65
2	52-1-5-1	管道垫层混凝土 C20	m³	0.36	0.43	0.33	0.33
3	52-1-5-1	管道基座混凝土 C20	m³	1.85	2.22	1.11	1.11
4	52-4-5-1	混凝土底板模板	m²	3.28	3.28	1.78	1.78
5	52-1-5-2	底板钢筋	t	0.070	0.083	0.062	0.062
6	52-3-1-1	排水检查井 深≤2.5m	m³			2.29	2.91
7	52-3-1-3	排水检查井 深≤6m	m³	9.82			
8	52-3-1-4	排水检查井 深≤8m	m³		11.28		
9	52-3-2-1	排水检查井水泥砂浆抹面 WM M15.0	m²	62.12	69.14	14.37	23.48
10	52-3-9-1	安装盖板及盖座	m³	0.29	0.29	0.35	0.35
11	52-3-9-3	安装盖板及盖座 铸铁盖座	套	1	1	1	1
12	36014512	Ⅱ型钢筋混凝土盖板	块	1	1	1	1
13	04290711	钢筋混凝土板 1300×300×160mm	块	1	1	2	2

序号	定额编号	调整组合项目名称	单位	数量	数量	数量	数量
		防沉降排水检查井盖板					
1	36014512	Ⅱ型钢筋混凝土盖板	块	−1	−1	−1	−1
2	52-3-9-4	防沉降排水检查井 盖板安装	块	1	1	1	1
3	52-3-9-1	安装盖板及盖座	m³	−0.23	−0.23	−0.23	−0.23
		防坠装置					
1	52-3-6-1	安装防坠格板	只	1	1	1	1

单位:座

序号	定额编号	基本组合项目名称	单位	Z52-2-3-41	Z52-2-3-42	Z52-2-3-43	Z52-2-3-44
				1000×1500	1000×1500	1000×1500	1000×1500
				(φ1200) 3.0m	(φ1200) 3.5m	(φ1200) 4.0m	(φ1200) 4.5m
1	52-1-4-3	砾石砂垫层	m³	0.79	0.79	0.79	0.79
2	52-1-5-1	管道垫层混凝土 C20	m³	0.40	0.40	0.40	0.40
3	52-1-5-1	管道基座混凝土 C20	m³	1.36	1.71	1.71	1.71
4	52-4-5-1	混凝土底板模板	m²	1.99	2.49	2.49	2.49
5	52-1-5-2	底板钢筋	t	0.075	0.076	0.076	0.076
6	52-3-1-2	排水检查井 深≤4m	m³	3.93	4.84	5.86	
7	52-3-1-3	排水检查井 深≤6m	m³				6.91
8	52-3-2-1	排水检查井水泥砂浆抹面 WM M15.0	m²	30.04	35.52	41.00	46.48
9	52-3-9-1	安装盖板及盖座	m³	0.35	0.35	0.35	0.35
10	52-3-9-3	安装盖板及盖座 铸铁盖座	套	1	1	1	1
11	36014512	Ⅱ型钢筋混凝土盖板	块	1	1	1	1
12	04290711	钢筋混凝土板 1300×300×160mm	块	2	2	2	2
序号	定额编号	调整组合项目名称	单位	数量	数量	数量	数量
		防沉降排水检查井盖板					
1	36014512	Ⅱ型钢筋混凝土盖板	块	−1	−1	−1	−1
2	52-3-9-4	防沉降排水检查井 盖板安装	块	1	1	1	1
3	52-3-9-1	安装盖板及盖座	m³	−0.23	−0.23	−0.23	−0.23
		防坠装置					
1	52-3-6-1	安装防坠格板	只	1	1	1	1

单位:座

序号	定额编号	基本组合项目名称	单位	Z52-2-3-45	Z52-2-3-46	Z52-2-3-47	Z52-2-3-48
				1000×1500	1000×1500	1000×1500	1000×1500
				(φ1200) 5.0m	(φ1200) 5.5m	(φ1200) 6.0m	(φ1200) 6.5m
1	52-1-4-3	砾石砂垫层	m³	0.79	0.79	0.79	0.93
2	52-1-5-1	管道垫层混凝土 C20	m³	0.40	0.40	0.40	0.47
3	52-1-5-1	管道基座混凝土 C20	m³	2.04	2.04	2.04	2.44
4	52-4-5-1	混凝土底板模板	m²	2.99	2.99	3.28	3.28
5	52-1-5-2	底板钢筋	t	0.077	0.077	0.077	0.091
6	52-3-1-3	排水检查井 深≤6m	m³	7.93	8.94	9.95	
7	52-3-1-4	排水检查井 深≤8m	m³				11.85
8	52-3-2-1	排水检查井水泥砂浆抹面 WM M15.0	m²	51.96	57.44	62.92	70.00
9	52-3-9-1	安装盖板及盖座	m³	0.35	0.35	0.35	0.35
10	52-3-9-3	安装盖板及盖座 铸铁盖座	套	1	1	1	1
11	36014512	Ⅱ型钢筋混凝土盖板	块	1	1	1	1
12	04290711	钢筋混凝土板 1300×300×160mm	块	2	2	2	2

序号	定额编号	调整组合项目名称	单位	数量	数量	数量	数量
		防沉降排水检查井盖板					
1	36014512	Ⅱ型钢筋混凝土盖板	块	−1	−1	−1	−1
2	52-3-9-4	防沉降排水检查井 盖板安装	块	1	1	1	1
3	52-3-9-1	安装盖板及盖座	m³	−0.23	−0.23	−0.23	−0.23
		防坠装置					
1	52-3-6-1	安装防坠格板	只	1	1	1	1

单位:座

序号	定额编号	基本组合项目名称	单位	Z52-2-3-49	Z52-2-3-50	Z52-2-3-51	Z52-2-3-52
				1100×1750	1100×1750	1100×1750	1100×1750
				(φ1350) 2.5m	(φ1350) 3.0m	(φ1350) 3.5m	(φ1350) 4.0m
1	52-1-4-3	砾石砂垫层	m³	0.87	0.87	0.87	0.87
2	52-1-5-1	管道垫层混凝土 C20	m³	0.44	0.44	0.44	0.44
3	52-1-5-1	管道基座混凝土 C20	m³	1.90	1.90	1.90	1.90
4	52-4-5-1	混凝土底板模板	m²	2.51	2.77	2.77	2.89
5	52-1-5-2	底板钢筋	t	0.085	0.085	0.085	0.085
6	52-3-1-1	排水检查井　深≤2.5m	m³	3.43			
7	52-3-1-2	排水检查井　深≤4m	m³		4.41	5.35	6.64
8	52-3-2-1	排水检查井水泥砂浆抹面 WMM15.0	m²	21.49	31.75	37.43	44.34
9	52-3-9-1	安装盖板及盖座	m³	0.45	0.45	0.45	0.45
10	52-3-9-3	安装盖板及盖座 铸铁盖座	套	1	1	1	1
11	36014512	Ⅱ型钢筋混凝土盖板	块	1	1	1	1
12	04290711	钢筋混凝土板 1300×300×160mm	块	4	4	4	4
序号	定额编号	调整组合项目名称	单位	数量	数量	数量	数量
		防沉降排水检查井盖板					
1	36014512	Ⅱ型钢筋混凝土盖板	块	−1	−1	−1	−1
2	52-3-9-4	防沉降排水检查井 盖板安装	块	1	1	1	1
3	52-3-9-1	安装盖板及盖座	m³	−0.23	−0.23	−0.23	−0.23
		防坠装置					
1	52-3-6-1	安装防坠格板	只	1	1	1	1

单位:座

序号	定额编号	基本组合项目名称	单位	Z52-2-3-53 1100×1750 (φ1350) 4.5m	Z52-2-3-54 1100×1750 (φ1350) 5.0m	Z52-2-3-55 1100×1750 (φ1350) 5.5m	Z52-2-3-56 1100×1750 (φ1350) 6.0m
1	52-1-4-3	砾石砂垫层	m³	0.94	0.94	0.94	0.94
2	52-1-5-1	管道垫层混凝土 C20	m³	0.47	0.47	0.47	0.47
3	52-1-5-1	管道基座混凝土 C20	m³	2.48	2.48	2.48	2.48
4	52-4-5-1	混凝土底板模板	m²	3.46	3.46	3.46	3.46
5	52-1-5-2	底板钢筋	t	0.093	0.093	0.093	0.093
6	52-3-1-3	排水检查井 深≤6m	m³	7.55	8.90	10.31	14.10
7	52-3-2-1	排水检查井水泥砂浆抹面 WMM15.0	m²	48.68	55.60	62.52	66.76
8	52-3-9-1	安装盖板及盖座	m³	0.45	0.47	0.47	0.47
9	52-3-9-3	安装盖板及盖座 铸铁盖座	套	1	1	1	1
10	36014512	Ⅱ型钢筋混凝土盖板	块	1	1	1	1
11	04290712	钢筋混凝土板 1400×250×160mm	块	4	2	2	2
12	04290713	钢筋混凝土板 1400×300×160mm	块		2	2	2
序号	定额编号	调整组合项目名称	单位	数量	数量	数量	数量
		防沉降排水检查井盖板					
1	36014512	Ⅱ型钢筋混凝土盖板	块	−1	−1	−1	−1
2	52-3-9-4	防沉降排水检查井 盖板安装	块	1	1	1	1
3	52-3-9-1	安装盖板及盖座	m³	−0.23	−0.23	−0.23	−0.23
		防坠装置					
1	52-3-6-1	安装防坠格板	只	1	1	1	1

单位:座

序号	定额编号	基本组合项目名称	单位	Z52-2-3-57 1100×1750 (φ1350) 6.5m	Z52-2-3-58 1100×1750 (φ1350) 7.0m	Z52-2-3-59 1100×1750 (φ1350) 7.5m	Z52-2-3-60 1100×1950 (φ1500) 3.0m
1	52-1-4-3	砾石砂垫层	m³	1.02	1.02	1.02	0.93
2	52-1-5-1	管道垫层混凝土 C20	m³	0.51	0.51	0.51	0.47
3	52-1-5-1	管道基座混凝土 C20	m³	2.78	2.78	2.78	2.05
4	52-4-5-1	混凝土底板模板	m²	3.61	3.61	3.61	2.87
5	52-1-5-2	底板钢筋	t	0.101	0.101	0.101	0.091
6	52-3-1-2	排水检查井 深≤4m	m³				4.70
7	52-3-1-4	排水检查井 深≤8m	m³	15.59	17.08	18.56	
8	52-3-2-1	排水检查井水泥砂浆抹面 WMM15.0	m²	73.68	80.60	87.52	33.11
9	52-3-9-1	安装盖板及盖座	m³	0.47	0.47	0.47	0.47
10	52-3-9-3	安装盖板及盖座 铸铁盖座	套	1	1	1	1
11	36014512	Ⅱ型钢筋混凝土盖板	块	1	1	1	1
12	04290712	钢筋混凝土板 1400×250×160mm	块	2	2	2	2
13	04290713	钢筋混凝土板 1400×300×160mm	块	2	2	2	2

序号	定额编号	调整组合项目名称	单位	数量	数量	数量	数量
		防沉降排水检查井盖板					
1	36014512	Ⅱ型钢筋混凝土盖板	块	−1	−1	−1	−1
2	52-3-9-4	防沉降排水检查井 盖板安装	块	1	1	1	1
3	52-3-9-1	安装盖板及盖座	m³	−0.23	−0.23	−0.23	−0.23
		防坠装置					
1	52-3-6-1	安装防坠格板	只	1	1	1	1

单位:座

序号	定额编号	基本组合项目名称	单位	Z52-2-3-61 1100×1950 (ϕ1500) 3.5m	Z52-2-3-62 1100×1950 (ϕ1500) 4.0m	Z52-2-3-63 1100×1950 (ϕ1500) 4.5m	Z52-2-3-64 1100×1950 (ϕ1500) 5.0m
1	52-1-4-3	砾石砂垫层	m³	0.93	0.93	1.01	1.01
2	52-1-5-1	管道垫层混凝土 C20	m³	0.47	0.47	0.51	0.51
3	52-1-5-1	管道基座混凝土 C20	m³	2.46	2.46	3.11	3.11
4	52-4-5-1	混凝土底板模板	m²	3.44	3.44	4.18	4.18
5	52-1-5-2	底板钢筋	t	0.092	0.092	0.100	0.100
6	52-3-1-2	排水检查井 深≤4m	m³	5.64	6.99		
7	52-3-1-3	排水检查井 深≤6m	m³			8.06	9.17
8	52-3-2-1	排水检查井水泥砂浆抹面 WM M15.0	m²	38.79	45.93	51.33	56.64
9	52-3-9-1	安装盖板及盖座	m³	0.47	0.47	0.47	0.47
10	52-3-9-3	安装盖板及盖座 铸铁盖座	套	1	1	1	1
11	36014512	Ⅱ型钢筋混凝土盖板	块	1	1	1	1
12	04290712	钢筋混凝土板 1400×250×160mm	块	2	2	2	2
13	04290713	钢筋混凝土板 1400×300×160mm	块	2	2	2	2
序号	定额编号	调整组合项目名称	单位	数量	数量	数量	数量
		防沉降排水检查井盖板					
1	36014512	Ⅱ型钢筋混凝土盖板	块	−1	−1	−1	−1
2	52-3-9-4	防沉降排水检查井 盖板安装	块	1	1	1	1
3	52-3-9-1	安装盖板及盖座	m³	−0.23	−0.23	−0.23	−0.23
		防坠装置					
1	52-3-6-1	安装防坠格板	只	1	1	1	1

单位:座

序号	定额编号	基本组合项目名称	单位	Z52-2-3-65 1100×1950 (φ1500) 5.5m	Z52-2-3-66 1100×1950 (φ1500) 6.0m	Z52-2-3-67 1100×1950 (φ1500) 6.5m	Z52-2-3-68 1100×1950 (φ1500) 7.0m
1	52-1-4-3	砾石砂垫层	m³	1.01	1.01	1.09	1.09
2	52-1-5-1	管道垫层混凝土 C20	m³	0.51	0.51	0.55	0.55
3	52-1-5-1	管道基座混凝土 C20	m³	3.11	3.11	3.37	3.37
4	52-4-5-1	混凝土底板模板	m²	4.18	4.18	4.35	4.35
5	52-1-5-2	底板钢筋	t	0.100	0.100	0.108	0.108
6	52-3-1-3	排水检查井 深≤6m	m³	10.52	14.88		
7	52-3-1-4	排水检查井 深≤8m	m³			16.26	17.73
8	52-3-2-1	排水检查井水泥砂浆抹面 WM M15.0	m²	63.56	66.76	74.15	81.07
9	52-3-9-1	安装盖板及盖座	m³	0.47	0.47	0.47	0.47
10	52-3-9-3	安装盖板及盖座 铸铁盖座	套	1	1	1	1
11	36014512	Ⅱ型钢筋混凝土盖板	块	1	1	1	1
12	04290712	钢筋混凝土板 1400×250×160mm	块	2	2	2	2
13	04290713	钢筋混凝土板 1400×300×160mm	块	2	2	2	2
序号	定额编号	调整组合项目名称	单位	数量	数量	数量	数量
		防沉降排水检查井盖板					
1	36014512	Ⅱ型钢筋混凝土盖板	块	−1	−1	−1	−1
2	52-3-9-4	防沉降排水检查井 盖板安装	块	1	1	1	1
3	52-3-9-1	安装盖板及盖座	m³	−0.23	−0.23	−0.23	−0.23
		防坠装置					
1	52-3-6-1	安装防坠格板	只	1	1	1	1

单位：座

序号	定额编号	基本组合项目名称	单位	Z52-2-3-69 1100×1950 (φ1500) 7.5m	Z52-2-3-70 1100×2100 (φ1650) 3.0m	Z52-2-3-71 1100×2100 (φ1650) 3.5m	Z52-2-3-72 1100×2100 (φ1650) 4.0m
1	52-1-4-3	砾石砂垫层	m³	1.09	0.98	0.98	0.98
2	52-1-5-1	管道垫层混凝土 C20	m³	0.55	0.49	0.49	0.49
3	52-1-5-1	管道基座混凝土 C20	m³	3.37	2.15	2.59	2.59
4	52-4-5-1	混凝土底板模板	m²	4.35	2.94	3.53	3.53
5	52-1-5-2	底板钢筋	t	0.108	0.097	0.097	0.097
6	52-3-1-2	排水检查井　深≤4m	m³		4.90	5.84	7.23
7	52-3-1-4	排水检查井　深≤8m	m³	19.19			
8	52-3-2-1	排水检查井水泥砂浆抹面 WMM15.0	m²	87.99	34.05	39.73	47.10
9	52-3-9-1	安装盖板及盖座	m³	0.47	0.5	0.5	0.5
10	52-3-9-3	安装盖板及盖座 铸铁盖座	套	1	1	1	1
11	36014512	Ⅱ型钢筋混凝土盖板	块	1	1	1	1
12	04290712	钢筋混凝土板 1400×250×160mm	块	2	4	4	4
13	04290713	钢筋混凝土板 1400×300×160mm	块	2			

序号	定额编号	调整组合项目名称	单位	数量	数量	数量	数量
		防沉降排水检查井盖板					
1	36014512	Ⅱ型钢筋混凝土盖板	块	−1	−1	−1	−1
2	52-3-9-4	防沉降排水检查井 盖板安装	块	1	1	1	1
3	52-3-9-1	安装盖板及盖座	m³	−0.23	−0.23	−0.23	−0.23
		防坠装置					
1	52-3-6-1	安装防坠格板	只	1	1	1	1

单位:座

序号	定额编号	基本组合项目名称	单位	Z52-2-3-73 1100×2100 (φ1650) 4.5m	Z52-2-3-74 1100×2100 (φ1650) 5.0m	Z52-2-3-75 1100×2100 (φ1650) 5.5m	Z52-2-3-76 1100×2100 (φ1650) 6.0m
1	52-1-4-3	砾石砂垫层	m³	1.06	1.06	1.06	1.06
2	52-1-5-1	管道垫层混凝土 C20	m³	0.53	0.53	0.53	0.53
3	52-1-5-1	管道基座混凝土 C20	m³	2.59	3.27	3.27	3.27
4	52-4-5-1	混凝土底板模板	m²	4.28	4.28	4.28	4.28
5	52-1-5-2	底板钢筋	t	0.105	0.105	0.105	0.105
6	52-3-1-3	排水检查井 深≤6m	m³	8.28	9.31	10.69	15.54
7	52-3-2-1	排水检查井水泥砂浆抹面 WM M15.0	m²	52.50	57.26	64.18	67.02
8	52-3-9-1	安装盖板及盖座	m³	0.5	0.53	0.53	0.53
9	52-3-9-3	安装盖板及盖座 铸铁盖座	套	1	1	1	1
10	36014512	Ⅱ型钢筋混凝土盖板	块	1	1	1	1
11	04290712	钢筋混凝土板 1400×250×160mm	块	4	2	2	2
12	04290713	钢筋混凝土板 1400×300×160mm	块		3	3	3

序号	定额编号	调整组合项目名称	单位	数量	数量	数量	数量
		防沉降排水检查井盖板					
1	36014512	Ⅱ型钢筋混凝土盖板	块	−1	−1	−1	−1
2	52-3-9-4	防沉降排水检查井 盖板安装	块	1	1	1	1
3	52-3-9-1	安装盖板及盖座	m³	−0.23	−0.23	−0.23	−0.23
		防坠装置					
1	52-3-6-1	安装防坠格板	只	1	1	1	1

单位：座

序号	定额编号	基本组合项目名称	单位	Z52-2-3-77	Z52-2-3-78	Z52-2-3-79	Z52-2-3-80
				1100×2100	1100×2100	1100×2100	1100×2300
				(ϕ1650) 6.5m	(ϕ1650) 7.0m	(ϕ1650) 7.5m	(ϕ1800) 3.0m
1	52-1-4-3	砾石砂垫层	m³	1.14	1.14	1.14	1.04
2	52-1-5-1	管道垫层混凝土 C20	m³	0.57	0.57	0.57	0.52
3	52-1-5-1	管道基座混凝土 C20	m³	3.53	3.53	3.53	2.76
4	52-4-5-1	混凝土底板模板	m²	4.45	4.45	4.45	3.65
5	52-1-5-2	底板钢筋	t	0.113	0.113	0.113	0.103
6	52-3-1-2	排水检查井 深≤4m	m³				5.25
7	52-3-1-4	排水检查井 深≤8m	m³	16.82	18.26	19.71	
8	52-3-2-1	排水检查井水泥砂浆抹面 WM M15.0	m²	74.33	81.25	88.17	35.60
9	52-3-9-1	安装盖板及盖座	m³	0.53	0.53	0.53	0.54
10	52-3-9-3	安装盖板及盖座 铸铁盖座	套	1	1	1	1
11	36014512	Ⅱ型钢筋混凝土盖板	块	1	1	1	1
12	04290712	钢筋混凝土板 1400×250×160mm	块	2	2	2	3
13	04290713	钢筋混凝土板 1400×300×160mm	块	3	3	3	2
序号	定额编号	调整组合项目名称	单位	数量	数量	数量	数量
		防沉降排水检查井盖板					
1	36014512	Ⅱ型钢筋混凝土盖板	块	−1	−1	−1	−1
2	52-3-9-4	防沉降排水检查井 盖板安装	块	1	1	1	1
3	52-3-9-1	安装盖板及盖座	m³	−0.23	−0.23	−0.23	−0.23
		防坠装置					
1	52-3-6-1	安装防坠格板	只	1	1	1	1

单位:座

序号	定额编号	基本组合项目名称	单位	Z52-2-3-81	Z52-2-3-82	Z52-2-3-83	Z52-2-3-84
				1100×2300	1100×2300	1100×2300	1100×2300
				(φ1800) 3.5m	(φ1800) 4.0m	(φ1800) 4.5m	(φ1800) 5.0m
1	52-1-4-3	砾石砂垫层	m³	1.04	1.04	1.12	1.12
2	52-1-5-1	管道垫层混凝土 C20	m³	0.52	0.52	0.56	0.56
3	52-1-5-1	管道基座混凝土 C20	m³	2.76	2.76	3.49	3.49
4	52-4-5-1	混凝土底板模板	m²	3.65	3.65	4.42	4.42
5	52-1-5-2	底板钢筋	t	0.103	0.103	0.112	0.112
6	52-3-1-2	排水检查井 深≤4m	m³	6.18	7.64		
7	52-3-1-3	排水检查井 深≤6m	m³			8.68	9.64
8	52-3-2-1	排水检查井水泥砂浆抹面 WM M15.0	m²	41.28	48.88	54.28	58.49
9	52-3-9-1	安装盖板及盖座	m³	0.54	0.54	0.54	0.56
10	52-3-9-3	安装盖板及盖座 铸铁盖座	套	1	1	1	1
11	36014512	Ⅱ型钢筋混凝土盖板	块	1	1	1	1
12	04290712	钢筋混凝土板 1400×250×160mm	块	3	3	3	5
13	04290713	钢筋混凝土板 1400×300×160mm	块	2	2	2	

序号	定额编号	调整组合项目名称	单位	数量	数量	数量	数量
		防沉降排水检查井盖板					
1	36014512	Ⅱ型钢筋混凝土盖板	块	−1	−1	−1	−1
2	52-3-9-4	防沉降排水检查井 盖板安装	块	1	1	1	1
3	52-3-9-1	安装盖板及盖座	m³	−0.23	−0.23	−0.23	−0.23
		防坠装置					
1	52-3-6-1	安装防坠格板	只	1	1	1	1

单位:座

序号	定额编号	基本组合项目名称	单位	Z52-2-3-85 1100×2300 (φ1800) 5.5m	Z52-2-3-86 1100×2300 (φ1800) 6.0m	Z52-2-3-87 1100×2300 (φ1800) 6.5m	Z52-2-3-88 1100×2300 (φ1800) 7.0m
1	52-1-4-3	砾石砂垫层	m³	1.12	1.12	1.20	1.20
2	52-1-5-1	管道垫层混凝土 C20	m³	0.56	0.56	0.60	0.60
3	52-1-5-1	管道基座混凝土 C20	m³	3.49	3.49	3.75	3.75
4	52-4-5-1	混凝土底板模板	m²	4.42	4.42	4.59	4.59
5	52-1-5-2	底板钢筋	t	0.112	0.112	0.120	0.120
6	52-3-1-3	排水检查井 深≤6m	m³	11.02	16.48		
7	52-3-1-4	排水检查井 深≤8m	m³			17.64	19.06
8	52-3-2-1	排水检查井水泥砂浆抹面 WMM15.0	m²	65.41	67.77	75.00	81.92
9	52-3-9-1	安装盖板及盖座	m³	0.56	0.56	0.56	0.56
10	52-3-9-3	安装盖板及盖座 铸铁盖座	套	1	1	1	1
11	36014512	Ⅱ型钢筋混凝土盖板	块	1	1	1	1
12	04290712	钢筋混凝土板 1400×250×160mm	块	5	5	5	5
序号	定额编号	调整组合项目名称	单位	数量	数量	数量	数量
		防沉降排水检查井盖板					
1	36014512	Ⅱ型钢筋混凝土盖板	块	−1	−1	−1	−1
2	52-3-9-4	防沉降排水检查井 盖板安装	块	1	1	1	1
3	52-3-9-1	安装盖板及盖座	m³	−0.23	−0.23	−0.23	−0.23
		防坠装置					
1	52-3-6-1	安装防坠格板	只	1	1	1	1

单位:座

序号	定额编号	基本组合项目名称	单位	Z52-2-3-89 1100×2300 (φ1800) 7.5m	Z52-2-3-90 1100×2300 (φ1800) 8.0m	Z52-2-3-91 1100×2300 (φ1800) 8.5m	Z52-2-3-92 1100×2500 (φ2000) 3.0m
1	52-1-4-3	砾石砂垫层	m³	1.20	1.20	1.20	1.10
2	52-1-5-1	管道垫层混凝土 C20	m³	0.60	0.60	0.60	0.55
3	52-1-5-1	管道基座混凝土 C20	m³	3.75	3.75	3.75	2.93
4	52-4-5-1	混凝土底板模板	m²	4.59	4.59	4.59	3.77
5	52-1-5-2	底板钢筋	t	0.120	0.120	0.120	0.109
6	52-3-1-2	排水检查井 深≤4m	m³				5.20
7	52-3-1-4	排水检查井 深≤8m	m³	20.48	21.91	23.33	
8	52-3-2-1	排水检查井水泥砂浆抹面 WMM15.0	m²	88.84	95.76	102.68	28.03
9	52-3-9-1	安装盖板及盖座	m³	0.56	0.56	0.56	0.59
10	52-3-9-3	安装盖板及盖座 铸铁盖座	套	1	1	1	1
11	36014512	Ⅱ型钢筋混凝土盖板	块	1	1	1	1
12	04290712	钢筋混凝土板 1400×250×160mm	块	5	5	5	2
13	04290713	钢筋混凝土板 1400×300×160mm	块				4

序号	定额编号	调整组合项目名称	单位	数量	数量	数量	数量
		防沉降排水检查井盖板					
1	36014512	Ⅱ型钢筋混凝土盖板	块	−1	−1	−1	−1
2	52-3-9-4	防沉降排水检查井 盖板安装	块	1	1	1	1
3	52-3-9-1	安装盖板及盖座	m³	−0.23	−0.23	−0.23	−0.23
		防坠装置					
1	52-3-6-1	安装防坠格板	只	1	1	1	1

单位:座

序号	定额编号	基本组合项目名称	单位	Z52-2-3-93 1100×2500 (φ2000) 3.5m	Z52-2-3-94 1100×2500 (φ2000) 4.0m	Z52-2-3-95 1100×2500 (φ2000) 4.5m	Z52-2-3-96 1100×2500 (φ2000) 5.0m
1	52-1-4-3	砾石砂垫层	m³	1.10	1.10	1.19	1.19
2	52-1-5-1	管道垫层混凝土 C20	m³	0.55	0.55	0.60	0.60
3	52-1-5-1	管道基座混凝土 C20	m³	2.93	2.93	3.70	3.70
4	52-4-5-1	混凝土底板模板	m²	3.77	3.77	4.56	4.56
5	52-1-5-2	底板钢筋	t	0.109	0.109	0.119	0.119
6	52-3-1-2	排水检查井 深≤4m	m³	6.50	8.04		
7	52-3-1-3	排水检查井 深≤6m	m³			9.05	10.16
8	52-3-2-1	排水检查井水泥砂浆抹面 WM M15.0	m²	42.75	50.64	56.04	61.44
9	52-3-9-1	安装盖板及盖座	m³	0.59	0.59	0.59	0.59
10	52-3-9-3	安装盖板及盖座 铸铁盖座	套	1	1	1	1
11	36014512	Ⅱ型钢筋混凝土盖板	块	1	1	1	1
12	04290712	钢筋混凝土板 1400×250×160mm	块	2	2	2	2
13	04290713	钢筋混凝土板 1400×300×160mm	块	4	4	4	4

序号	定额编号	调整组合项目名称	单位	数量	数量	数量	数量
		防沉降排水检查井盖板					
1	36014512	Ⅱ型钢筋混凝土盖板	块	−1	−1	−1	−1
2	52-3-9-4	防沉降排水检查井 盖板安装	块	1	1	1	1
3	52-3-9-1	安装盖板及盖座	m³	−0.23	−0.23	−0.23	−0.23
		防坠装置					
1	52-3-6-1	安装防坠格板	只	1	1	1	1

单位:座

序号	定额编号	基本组合项目名称	单位	Z52-2-3-97 1100×2500 (φ2000) 5.5m	Z52-2-3-98 1100×2500 (φ2000) 6.0m	Z52-2-3-99 1100×2500 (φ2000) 6.5m	Z52-2-3-100 1100×2500 (φ2000) 7.0m
1	52-1-4-3	砾石砂垫层	m³	1.19	1.19	1.27	1.27
2	52-1-5-1	管道垫层混凝土 C20	m³	0.60	0.60	0.64	0.64
3	52-1-5-1	管道基座混凝土 C20	m³	3.70	3.70	3.96	3.96
4	52-4-5-1	混凝土底板模板	m²	4.56	4.56	4.73	4.73
5	52-1-5-2	底板钢筋	t	0.119	0.119	0.127	0.127
6	52-3-1-3	排水检查井　深≤6m	m³	11.27	17.53		
7	52-3-1-4	排水检查井　深≤8m	m³			18.66	19.95
8	52-3-2-1	排水检查井水泥砂浆抹面 WMM15.0	m²	66.45	68.32	75.00	82.36
9	52-3-9-1	安装盖板及盖座	m³	0.63	0.63	0.63	0.63
10	52-3-9-3	安装盖板及盖座 铸铁盖座	套	1	1	1	1
11	36014512	Ⅱ型钢筋混凝土盖板	块	1	1	1	1
12	04290712	钢筋混凝土板 1400×250×160mm	块	6	6	6	6

序号	定额编号	调整组合项目名称	单位	数量	数量	数量	数量
		防沉降排水检查井盖板					
1	36014512	Ⅱ型钢筋混凝土盖板	块	−1	−1	−1	−1
2	52-3-9-4	防沉降排水检查井 盖板安装	块	1	1	1	1
3	52-3-9-1	安装盖板及盖座	m³	−0.23	−0.23	−0.23	−0.23
		防坠装置					
1	52-3-6-1	安装防坠格板	只	1	1	1	1

单位:座

序号	定额编号	基本组合项目名称	单位	Z52-2-3-101 1100×2500 (φ2000) 7.5m	Z52-2-3-102 1100×2500 (φ2000) 8.0m	Z52-2-3-103 1100×2500 (φ2000) 8.5m	Z52-2-3-104 1100×2750 (φ2200) 3.0m
1	52-1-4-3	砾石砂垫层	m³	1.27	1.27	1.27	1.18
2	52-1-5-1	管道垫层混凝土 C20	m³	0.64	0.64	0.64	0.59
3	52-1-5-1	管道基座混凝土 C20	m³	3.96	3.96	3.96	3.66
4	52-4-5-1	混凝土底板模板	m²	4.73	4.73	4.73	4.57
5	52-1-5-2	底板钢筋	t	0.127	0.127	0.127	0.118
6	52-3-1-2	排水检查井 深≤4m	m³				5.53
7	52-3-1-4	排水检查井 深≤8m	m³	21.35	22.75	24.14	
8	52-3-2-1	排水检查井水泥砂浆抹面 WMM15.0	m²	89.28	96.20	103.12	28.24
9	52-3-9-1	安装盖板及盖座	m³	0.63	0.63	0.63	0.64
10	52-3-9-3	安装盖板及盖座 铸铁盖座	套	1	1	1	1
11	36014512	Ⅱ型钢筋混凝土盖板	块	1	1	1	1
12	04290712	钢筋混凝土板 1400×250×160mm	块	6	6	6	2
13	04290713	钢筋混凝土板 1400×300×160mm	块				5

序号	定额编号	调整组合项目名称	单位	数量	数量	数量	数量
		防沉降排水检查井盖板					
1	36014512	Ⅱ型钢筋混凝土盖板	块	−1	−1	−1	−1
2	52-3-9-4	防沉降排水检查井 盖板安装	块	1	1	1	1
3	52-3-9-1	安装盖板及盖座	m³	−0.23	−0.23	−0.23	−0.23
		防坠装置					
1	52-3-6-1	安装防坠格板	只	1	1	1	1

单位:座

序号	定额编号	基本组合项目名称	单位	Z52-2-3-105	Z52-2-3-106	Z52-2-3-107	Z52-2-3-108
				1100×2750	1100×2750	1100×2750	1100×2750
				(φ2200) 3.5m	(φ2200) 4.0m	(φ2200) 4.5m	(φ2200) 5.0m
1	52-1-4-3	砾石砂垫层	m³	1.18	1.18	1.27	1.27
2	52-1-5-1	管道垫层混凝土 C20	m³	0.59	0.59	0.64	0.64
3	52-1-5-1	管道基座混凝土 C20	m³	3.66	3.66	3.97	3.97
4	52-4-5-1	混凝土底板模板	m²	4.57	4.57	4.74	4.74
5	52-1-5-2	底板钢筋	t	0.118	0.118	0.127	0.127
6	52-3-1-2	排水检查井 深≤4m	m³	7.00	8.62		
7	52-3-1-3	排水检查井 深≤6m	m³			9.61	10.73
8	52-3-2-1	排水检查井水泥砂浆抹面 WMM15.0	m²	44.92	53.12	58.52	63.92
9	52-3-9-1	安装盖板及盖座	m³	0.64	0.64	0.64	0.64
10	52-3-9-3	安装盖板及盖座 铸铁盖座	套	1	1	1	1
11	36014512	Ⅱ型钢筋混凝土盖板	块	1	1	1	1
12	04290712	钢筋混凝土板 1400×250×160mm	块	2	2	2	2
13	04290713	钢筋混凝土板 1400×300×160mm	块	5	5	5	5
序号	定额编号	调整组合项目名称	单位	数量	数量	数量	数量
		防沉降排水检查井盖板					
1	36014512	Ⅱ型钢筋混凝土盖板	块	−1	−1	−1	−1
2	52-3-9-4	防沉降排水检查井 盖板安装	块	1	1	1	1
3	52-3-9-1	安装盖板及盖座	m³	−0.23	−0.23	−0.23	−0.23
		防坠装置					
1	52-3-6-1	安装防坠格板	只	1	1	1	1

单位:座

序号	定额编号	基本组合项目名称	单位	Z52-2-3-109	Z52-2-3-110	Z52-2-3-111	Z52-2-3-112
				1100×2750	1100×2750	1100×2750	1100×2750
				(φ2200) 5.5m	(φ2200) 6.0m	(φ2200) 6.5m	(φ2200) 7.0m
1	52-1-4-3	砾石砂垫层	m³	1.27	1.27	1.35	1.35
2	52-1-5-1	管道垫层混凝土 C20	m³	0.64	0.64	0.68	0.68
3	52-1-5-1	管道基座混凝土 C20	m³	3.97	3.97	4.23	4.23
4	52-4-5-1	混凝土底板模板	m²	4.74	4.74	4.91	4.91
5	52-1-5-2	底板钢筋	t	0.127	0.127	0.135	0.135
6	52-3-1-3	排水检查井 深≤6m	m³	11.74	18.80		
7	52-3-1-4	排水检查井 深≤8m	m³			20.02	21.16
8	52-3-2-1	排水检查井水泥砂浆抹面 WMM15.0	m²	68.20	69.46	76.14	83.40
9	52-3-9-1	安装盖板及盖座	m³	0.64	0.66	0.66	0.66
10	52-3-9-3	安装盖板及盖座 铸铁盖座	套	1	1	1	1
11	36014512	Ⅱ型钢筋混凝土盖板	块	1	1	1	1
12	04290712	钢筋混凝土板 1400×250×160mm	块	2	4	4	4
13	04290713	钢筋混凝土板 1400×300×160mm	块	5	3	3	3
序号	定额编号	调整组合项目名称	单位	数量	数量	数量	数量
		防沉降排水检查井盖板					
1	36014512	Ⅱ型钢筋混凝土盖板	块	−1	−1	−1	−1
2	52-3-9-4	防沉降排水检查井 盖板安装	块	1	1	1	1
3	52-3-9-1	安装盖板及盖座	m³	−0.23	−0.23	−0.23	−0.23
		防坠装置					
1	52-3-6-1	安装防坠格板	只	1	1	1	1

单位:座

序号	定额编号	基本组合项目名称	单位	Z52-2-3-113 1100×2750 (φ2200) 7.5m	Z52-2-3-114 1100×2750 (φ2200) 8.0m	Z52-2-3-115 1100×2750 (φ2200) 8.5m	Z52-2-3-116 1100×2950 (φ2400) 3.5m
1	52-1-4-3	砾石砂垫层	m³	1.35	1.35	1.35	1.24
2	52-1-5-1	管道垫层混凝土 C20	m³	0.68	0.68	0.68	0.62
3	52-1-5-1	管道基座混凝土 C20	m³	4.23	4.23	4.23	4.41
4	52-4-5-1	混凝土底板模板	m²	4.91	4.91	4.91	5.38
5	52-1-5-2	底板钢筋	t	0.135	0.135	0.135	0.125
6	52-3-1-2	排水检查井　深≤4m	m³				7.07
7	52-3-1-4	排水检查井　深≤8m	m³	22.53	23.90	25.27	
8	52-3-2-1	排水检查井水泥砂浆抹面 WMM15.0	m²	90.32	97.24	104.16	34.93
9	52-3-9-1	安装盖板及盖座	m³	0.66	0.66	0.66	0.69
10	52-3-9-3	安装盖板及盖座 铸铁盖座	套	1	1	1	1
11	36014512	Ⅱ型钢筋混凝土盖板	块	1	1	1	1
12	04290712	钢筋混凝土板 1400×250×160mm	块	4	4	4	1
13	04290713	钢筋混凝土板 1400×300×160mm	块	3	3	3	7

序号	定额编号	调整组合项目名称	单位	数量	数量	数量	数量
		防沉降排水检查井盖板					
1	36014512	Ⅱ型钢筋混凝土盖板	块	−1	−1	−1	−1
2	52-3-9-4	防沉降排水检查井 盖板安装	块	1	1	1	1
3	52-3-9-1	安装盖板及盖座	m³	−0.23	−0.23	−0.23	−0.23
		防坠装置					
1	52-3-6-1	安装防坠格板	只	1	1	1	1

单位:座

序号	定额编号	基本组合项目名称	单位	Z52-2-3-117 1100×2950 (φ2400) 4.0m	Z52-2-3-118 1100×2950 (φ2400) 4.5m	Z52-2-3-119 1100×2950 (φ2400) 5.0m	Z52-2-3-120 1100×2950 (φ2400) 5.5m
1	52-1-4-3	砾石砂垫层	m³	1.24	1.34	1.34	1.34
2	52-1-5-1	管道垫层混凝土 C20	m³	0.62	0.67	0.67	0.67
3	52-1-5-1	管道基座混凝土 C20	m³	4.41	4.79	4.79	4.79
4	52-4-5-1	混凝土底板模板	m²	5.38	5.58	5.58	5.58
5	52-1-5-2	底板钢筋	t	0.125	0.135	0.135	0.135
6	52-3-1-2	排水检查井 深≤4m	m³	9.07			
7	52-3-1-3	排水检查井 深≤6m	m³		10.04	11.15	12.30
8	52-3-2-1	排水检查井水泥砂浆抹面 WM M15.0	m²	55.11	60.51	65.91	71.31
9	52-3-9-1	安装盖板及盖座	m³	0.69	0.69	0.69	0.69
10	52-3-9-3	安装盖板及盖座 铸铁盖座	套	1	1	1	1
11	36014512	Ⅱ型钢筋混凝土盖板	块	1	1	1	1
12	04290712	钢筋混凝土板 1400×250×160mm	块	1	1	1	1
13	04290713	钢筋混凝土板 1400×300×160mm	块	7	7	7	7
序号	定额编号	调整组合项目名称	单位	数量	数量	数量	数量
		防沉降排水检查井盖板					
1	36014512	Ⅱ型钢筋混凝土盖板	块	−1	−1	−1	−1
2	52-3-9-4	防沉降排水检查井 盖板安装	块	1	1	1	1
3	52-3-9-1	安装盖板及盖座	m³	−0.23	−0.23	−0.23	−0.23
		防坠装置					
1	52-3-6-1	安装防坠格板	只	1	1	1	1

单位:座

序号	定额编号	基本组合项目名称	单位	Z52-2-3-121	Z52-2-3-122	Z52-2-3-123	Z52-2-3-124
				1100×2950	1100×2950	1100×2950	1100×2950
				(φ2400) 6.0m	(φ2400) 6.5m	(φ2400) 7.0m	(φ2400) 7.5m
1	52-1-4-3	砾石砂垫层	m³	1.34	1.42	1.42	1.42
2	52-1-5-1	管道垫层混凝土 C20	m³	0.67	0.71	0.71	0.71
3	52-1-5-1	管道基座混凝土 C20	m³	4.79	5.08	5.08	5.08
4	52-4-5-1	混凝土底板模板	m²	5.58	5.77	5.77	5.77
5	52-1-5-2	底板钢筋	t	0.135	0.143	0.143	0.143
6	52-3-1-3	排水检查井 深≤6m	m³	19.92			
7	52-3-1-4	排水检查井 深≤8m	m³		21.25	22.32	23.59
8	52-3-2-1	排水检查井水泥砂浆抹面 WM M15.0	m²	70.24	76.92	83.60	91.00
9	52-3-9-1	安装盖板及盖座	m³	0.71	0.71	0.71	0.71
10	52-3-9-3	安装盖板及盖座 铸铁盖座	套	1	1	1	1
11	36014512	Ⅱ型钢筋混凝土盖板	块	1	1	1	1
12	04290712	钢筋混凝土板 1400×250×160mm	块	3	3	3	3
13	04290713	钢筋混凝土板 1400×300×160mm	块	5	5	5	5
序号	定额编号	调整组合项目名称	单位	数量	数量	数量	数量
		防沉降排水检查井盖板					
1	36014512	Ⅱ型钢筋混凝土盖板	块	−1	−1	−1	−1
2	52-3-9-4	防沉降排水检查井盖板安装	块	1	1	1	1
3	52-3-9-1	安装盖板及盖座	m³	−0.23	−0.23	−0.23	−0.23
		防坠装置					
1	52-3-6-1	安装防坠格板	只	1	1	1	1

单位:座

序号	定额编号	基本组合项目名称	单位	Z52-2-3-125 1100×2950 (φ2400) 8.0m	Z52-2-3-126 1100×2950 (φ2400) 8.5m	Z52-2-3-127 1100×3300 (φ2700) 4.5m	Z52-2-3-128 1100×3300 (φ2700) 5.0m
1	52-1-4-3	砾石砂垫层	m³	1.42	1.42	1.45	1.45
2	52-1-5-1	管道垫层混凝土 C20	m³	0.71	0.71	0.73	0.73
3	52-1-5-1	管道基座混凝土 C20	m³	5.08	5.08	5.87	5.87
4	52-4-5-1	混凝土底板模板	m²	5.77	5.77	6.59	6.59
5	52-1-5-2	底板钢筋	t	0.143	0.143	0.158	0.158
6	52-3-1-3	排水检查井 深≤6m	m³			10.91	12.02
7	52-3-1-4	排水检查井 深≤8m	m³	24.93	26.28		
8	52-3-2-1	排水检查井水泥砂浆抹面 WMM15.0	m²	97.92	104.81	64.15	69.55
9	52-3-9-1	安装盖板及盖座	m³	0.71	0.71	0.76	0.76
10	52-3-9-3	安装盖板及盖座 铸铁盖座	套	1	1	1	1
11	36014512	Ⅱ型钢筋混凝土盖板	块	1	1	1	1
12	04290712	钢筋混凝土板 1400×250×160mm	块	3	3	8	8
13	04290713	钢筋混凝土板 1400×300×160mm	块	5	5		

序号	定额编号	调整组合项目名称	单位	数量	数量	数量	数量
		防沉降排水检查井盖板					
1	36014512	Ⅱ型钢筋混凝土盖板	块	−1	−1	−1	−1
2	52-3-9-4	防沉降排水检查井 盖板安装	块	1	1	1	1
3	52-3-9-1	安装盖板及盖座	m³	−0.23	−0.23	−0.23	−0.23
		防坠装置					
1	52-3-6-1	安装防坠格板	只	1	1	1	1

单位:座

序号	定额编号	基本组合项目名称	单位	Z52-2-3-129 1100×3300 (φ2700) 5.5m	Z52-2-3-130 1100×3300 (φ2700) 6.0m	Z52-2-3-131 1100×3300 (φ2700) 6.5m	Z52-2-3-132 1100×3300 (φ2700) 7.0m
1	52-1-4-3	砾石砂垫层	m³	1.45	1.45	1.53	1.53
2	52-1-5-1	管道垫层混凝土 C20	m³	0.73	0.73	0.77	0.77
3	52-1-5-1	管道基座混凝土 C20	m³	5.87	5.87	6.20	6.20
4	52-4-5-1	混凝土底板模板	m²	6.59	6.59	6.80	6.80
5	52-1-5-2	底板钢筋	t	0.158	0.158	0.158	0.158
6	52-3-1-3	排水检查井　深≤6m	m³	13.18	21.97		
7	52-3-1-4	排水检查井　深≤8m	m³			23.33	24.52
8	52-3-2-1	排水检查井水泥砂浆抹面 WMM15.0	m²	74.95	71.98	78.66	85.34
9	52-3-9-1	安装盖板及盖座	m³	0.76	0.76	0.79	0.79
10	52-3-9-3	安装盖板及盖座 铸铁盖座	套	1	1	1	1
11	36014512	Ⅱ型钢筋混凝土盖板	块	1	1	1	1
12	04290712	钢筋混凝土板 1400×250×160mm	块	8	8	5	5
13	04290713	钢筋混凝土板 1400×300×160mm	块			4	4

序号	定额编号	调整组合项目名称	单位	数量	数量	数量	数量
		防沉降排水检查井盖板					
1	36014512	Ⅱ型钢筋混凝土盖板	块	−1	−1	−1	−1
2	52-3-9-4	防沉降排水检查井 盖板安装	块	1	1	1	1
3	52-3-9-1	安装盖板及盖座	m³	−0.23	−0.23	−0.23	−0.23
		防坠装置					
1	52-3-6-1	安装防坠格板	只	1	1	1	1

单位:座

序号	定额编号	基本组合项目名称	单位	Z52-2-3-133	Z52-2-3-134	Z52-2-3-135	Z52-2-3-136
				1100×3300	1100×3300	1100×3300	1100×3650
				(φ2700) 7.5m	(φ2700) 8.0m	(φ2700) 8.5m	(φ3000) 5.0m
1	52-1-4-3	砾石砂垫层	m³	1.53	1.53	1.53	1.57
2	52-1-5-1	管道垫层混凝土 C20	m³	0.77	0.77	0.77	0.79
3	52-1-5-1	管道基座混凝土 C20	m³	6.20	6.20	6.20	6.36
4	52-4-5-1	混凝土底板模板	m²	6.80	6.80	6.80	6.90
5	52-1-5-2	底板钢筋	t	0.158	0.158	0.158	0.170
6	52-3-1-3	排水检查井 深≤6m	m³				13.00
7	52-3-1-4	排水检查井 深≤8m	m³	25.57	26.87	28.17	
8	52-3-2-1	排水检查井水泥砂浆抹面 WMM15.0	m²	92.58	99.50	106.42	73.49
9	52-3-9-1	安装盖板及盖座	m³	0.79	0.79	0.79	0.84
10	52-3-9-3	安装盖板及盖座 铸铁盖座	套	1	1	1	1
11	36014512	Ⅱ型钢筋混凝土盖板	块	1	1	1	1
12	04290712	钢筋混凝土板 1400×250×160mm	块	5	5	5	5
13	04290713	钢筋混凝土板 1400×300×160mm	块	4	4	4	5
序号	定额编号	调整组合项目名称	单位	数量	数量	数量	数量
		防沉降排水检查井盖板					
1	36014512	Ⅱ型钢筋混凝土盖板	块	−1	−1	−1	−1
2	52-3-9-4	防沉降排水检查井 盖板安装	块	1	1	1	1
3	52-3-9-1	安装盖板及盖座	m³	−0.23	−0.23	−0.23	−0.23
		防坠装置					
1	52-3-6-1	安装防坠格板	只	1	1	1	1

单位:座

序号	定额编号	基本组合项目名称	单位	Z52-2-3-137 1100×3650 (ϕ3000) 5.5m	Z52-2-3-138 1100×3650 (ϕ3000) 6.0m	Z52-2-3-139 1100×3650 (ϕ3000) 6.5m	Z52-2-3-140 1100×3650 (ϕ3000) 7.0m
1	52-1-4-3	砾石砂垫层	m³	1.57	1.57	1.64	1.64
2	52-1-5-1	管道垫层混凝土 C20	m³	0.79	0.79	0.82	0.82
3	52-1-5-1	管道基座混凝土 C20	m³	6.36	6.36	6.69	6.69
4	52-4-5-1	混凝土底板模板	m²	6.90	6.90	7.12	7.12
5	52-1-5-2	底板钢筋	t	0.170	0.170	0.170	0.170
6	52-3-1-3	排水检查井 深≤6m	m³	14.15	24.21		
7	52-3-1-4	排水检查井 深≤8m	m³			25.60	26.93
8	52-3-2-1	排水检查井水泥砂浆抹面 WM M15.0	m²	78.89	74.01	80.69	87.37
9	52-3-9-1	安装盖板及盖座	m³	0.84	0.84	0.86	0.86
10	52-3-9-3	安装盖板及盖座 铸铁盖座	套	1	1	1	1
11	36014512	Ⅱ型钢筋混凝土盖板	块	1	1	1	1
12	04290712	钢筋混凝土板 1400×250×160mm	块	5	5	5	7
13	04290713	钢筋混凝土板 1400×300×160mm	块	5	5	5	3
序号	定额编号	调整组合项目名称	单位	数量	数量	数量	数量
		防沉降排水检查井盖板					
1	36014512	Ⅱ型钢筋混凝土盖板	块	−1	−1	−1	−1
2	52-3-9-4	防沉降排水检查井 盖板安装	块	1	1	1	1
3	52-3-9-1	安装盖板及盖座	m³	−0.23	−0.23	−0.23	−0.23
		防坠装置					
1	52-3-6-1	安装防坠格板	只	1	1	1	1

单位:座

序号	定额编号	基本组合项目名称	单位	Z52-2-3-141 1100×3650 (φ3000) 7.5m	Z52-2-3-142 1100×3650 (φ3000) 8.0m	Z52-2-3-143 1100×3650 (φ3000) 8.5m
1	52-1-4-3	砾石砂垫层	m³	1.64	1.64	1.64
2	52-1-5-1	管道垫层混凝土 C20	m³	0.82	0.82	0.82
3	52-1-5-1	管道基座混凝土 C20	m³	6.69	6.69	6.69
4	52-4-5-1	混凝土底板模板	m²	7.12	7.12	7.12
5	52-1-5-2	底板钢筋	t	0.170	0.170	0.170
6	52-3-1-4	排水检查井 深≤8m	m³	27.96	29.06	30.32
7	52-3-2-1	排水检查井水泥砂浆抹面 WM M15.0	m²	94.05	101.38	108.30
8	52-3-9-1	安装盖板及盖座	m³	0.86	0.86	0.86
9	52-3-9-3	安装盖板及盖座 铸铁盖座	套	1	1	1
10	36014512	Ⅱ型钢筋混凝土盖板	块	1	1	1
11	04290712	钢筋混凝土板 1400×250×160mm	块	7	7	7
12	04290713	钢筋混凝土板 1400×300×160mm	块	3	3	3

序号	定额编号	调整组合项目名称	单位	数量	数量	数量
		防沉降排水检查井盖板				
1	36014512	Ⅱ型钢筋混凝土盖板	块	−1	−1	−1
2	52-3-9-4	防沉降排水检查井 盖板安装	块	1	1	1
3	52-3-9-1	安装盖板及盖座	m³	−0.23	−0.23	−0.23
		防坠装置				
1	52-3-6-1	安装防坠格板	只	1	1	1

四、钢筋混凝土基础砖砌直线落底排水检查井

单位:座

序号	定额编号	基本组合项目名称	单位	Z52-2-4-1	Z52-2-4-2	Z52-2-4-3	Z52-2-4-4
				600×600	600×600	600×600	600×600
				(ϕ300) 1.0m	(ϕ300) 1.5m	(ϕ300) 2.0m	(ϕ300) 2.5m
1	52-1-4-3	砾石砂垫层	m³	0.16	0.16	0.16	0.16
2	52-1-5-1	管道垫层混凝土 C20	m³	0.08	0.08	0.08	0.08
3	52-1-5-1	管道基座混凝土 C20	m³	0.21	0.21	0.21	0.21
4	52-4-5-1	混凝土底板模板	m²	0.71	0.71	0.71	0.71
5	52-1-5-2	底板钢筋	t	0.016	0.016	0.016	0.016
6	52-3-1-1	排水检查井 深≤2.5m	m³	0.76	1.18	1.56	1.97
7	52-3-2-1	排水检查井水泥砂浆抹面 WM M15.0	m²	6.32	9.68	13.04	16.40
8	52-3-9-1	安装盖板及盖座	m³	0.11	0.11	0.11	0.11
9	52-3-9-3	安装盖板及盖座 铸铁盖座	套	1	1	1	1
10	36014511	Ⅰ型钢筋混凝土盖板	套	1	1	1	1
序号	定额编号	调整组合项目名称	单位	数量	数量	数量	数量
		防沉降排水检查井盖板					
1	36014511	Ⅰ型钢筋混凝土盖板	块	−1	−1	−1	−1
2	52-3-9-4	防沉降排水检查井 盖板安装	块	1	1	1	1
3	52-3-9-1	安装盖板及盖座	m³	−0.11	−0.11	−0.11	−0.11
		防坠装置					
1	52-3-6-1	安装防坠格板	只	1	1	1	1

单位:座

序号	定额编号	基本组合项目名称	单位	Z52-2-4-5 750×750 (φ450) 1.5m	Z52-2-4-6 750×750 (φ450) 2.0m	Z52-2-4-7 750×750 (φ450) 2.5m	Z52-2-4-8 750×750 (φ450) 3.0m
1	52-1-4-3	砾石砂垫层	m³	0.21	0.21	0.21	0.29
2	52-1-5-1	管道垫层混凝土 C20	m³	0.11	0.11	0.11	0.14
3	52-1-5-1	管道基座混凝土 C20	m³	0.27	0.27	0.27	0.38
4	52-4-5-1	混凝土底板模板	m²	0.80	0.80	0.80	0.95
5	52-1-5-2	底板钢筋	t	0.020	0.020	0.020	0.024
6	52-3-1-1	排水检查井 深≤2.5m	m³	1.38	1.86	2.33	
7	52-3-1-2	排水检查井 深≤4m	m³				3.34
8	52-3-2-1	排水检查井水泥砂浆抹面 WMM15.0	m²	11.49	15.45	19.41	24.91
9	52-3-9-1	安装盖板及盖座	m³	0.11	0.11	0.11	0.11
10	52-3-9-3	安装盖板及盖座 铸铁盖座	套	1	1	1	1
11	36014511	Ⅰ型钢筋混凝土盖板	套	1	1	1	1

序号	定额编号	调整组合项目名称	单位	数量	数量	数量	数量
		防沉降排水检查井盖板					
1	36014511	Ⅰ型钢筋混凝土盖板	块	−1	−1	−1	−1
2	52-3-9-4	防沉降排水检查井 盖板安装	块	1	1	1	1
3	52-3-9-1	安装盖板及盖座	m³	−0.11	−0.11	−0.11	−0.11
		防坠装置					
1	52-3-6-1	安装防坠格板	只	1	1	1	1

单位:座

序号	定额编号	基本组合项目名称	单位	Z52-2-4-9 750×750 (φ450) 3.5m	Z52-2-4-10 750×750 (φ450) 4.0m	Z52-2-4-11 1000×1000 (φ600) 1.5m	Z52-2-4-12 1000×1000 (φ600) 2.0m
1	52-1-4-3	砾石砂垫层	m³	0.29	0.29	0.50	0.50
2	52-1-5-1	管道垫层混凝土 C20	m³	0.14	0.14	0.25	0.25
3	52-1-5-1	管道基座混凝土 C20	m³	0.38	0.38	0.83	0.83
4	52-4-5-1	混凝土底板模板	m²	0.95	0.95	1.66	1.66
5	52-1-5-2	底板钢筋	t	0.024	0.024	0.047	0.047
6	52-3-1-1	排水检查井　深≤2.5m	m³			1.56	2.16
7	52-3-1-2	排水检查井　深≤4m	m³	4.17	5.00		
8	52-3-2-1	排水检查井水泥砂浆抹面 WM M15.0	m²	29.39	33.87	13.01	17.97
9	52-3-9-1	安装盖板及盖座	m³	0.11	0.11	0.23	0.23
10	52-3-9-3	安装盖板及盖座 铸铁盖座	套	1	1	1	1
11	36014511	Ⅰ型钢筋混凝土盖板	套	1	1		
12	36014512	Ⅱ型钢筋混凝土盖板	块			1	1

序号	定额编号	调整组合项目名称	单位	数量	数量	数量	数量
		防沉降排水检查井盖板					
1	36014511	Ⅰ型钢筋混凝土盖板	块	−1	−1		
2	36014512	Ⅱ型钢筋混凝土盖板	块			−1	−1
3	52-3-9-4	防沉降排水检查井 盖板安装	块	1	1	1	1
4	52-3-9-1	安装盖板及盖座	m³	−0.11	−0.11	−0.23	−0.23
		防坠装置					
1	52-3-6-1	安装防坠格板	只	1	1	1	1

单位:座

序号	定额编号	基本组合项目名称	单位	Z52-2-4-13 1000×1000 (φ600) 2.5m	Z52-2-4-14 1000×1000 (φ600) 3.0m	Z52-2-4-15 1000×1000 (φ600) 3.5m	Z52-2-4-16 1000×1000 (φ600) 4.0m
1	52-1-4-3	砾石砂垫层	m³	0.50	0.63	0.63	0.63
2	52-1-5-1	管道垫层混凝土 C20	m³	0.25	0.32	0.32	0.32
3	52-1-5-1	管道基座混凝土 C20	m³	0.83	1.06	1.33	1.33
4	52-4-5-1	混凝土底板模板	m²	1.66	1.87	1.87	1.87
5	52-1-5-2	底板钢筋	t	0.047	0.059	0.060	0.060
6	52-3-1-1	排水检查井 深≤2.5m	m³	2.77			
7	52-3-1-2	排水检查井 深≤4m	m³		3.95	4.94	5.96
8	52-3-2-1	排水检查井水泥砂浆抹面 WMM15.0	m²	23.07	29.20	35.18	40.66
9	52-3-9-1	安装盖板及盖座	m³	0.23	0.23	0.23	0.23
10	52-3-9-3	安装盖板及盖座 铸铁盖座	套	1	1	1	1
11	36014512	Ⅱ型钢筋混凝土盖板	块	1	1	1	1

序号	定额编号	调整组合项目名称	单位	数量	数量	数量	数量
		防沉降排水检查井盖板					
1	36014512	Ⅱ型钢筋混凝土盖板	块	−1	−1	−1	−1
2	52-3-9-4	防沉降排水检查井 盖板安装	块	1	1	1	1
3	52-3-9-1	安装盖板及盖座	m³	−0.23	−0.23	−0.23	−0.23
		防坠装置					
1	52-3-6-1	安装防坠格板	只	1	1	1	1

单位:座

序号	定额编号	基本组合项目名称	单位	Z52-2-4-17	Z52-2-4-18	Z52-2-4-19	Z52-2-4-20
				1000×1000	1000×1000	1000×1000	1000×1000
				(ϕ600) 4.5m	(ϕ600) 5.0m	(ϕ800) 1.5m	(ϕ800) 2.0m
1	52-1-4-3	砾石砂垫层	m³	0.63	0.63	0.50	0.50
2	52-1-5-1	管道垫层混凝土 C20	m³	0.32	0.32	0.25	0.25
3	52-1-5-1	管道基座混凝土 C20	m³	1.33	1.33	0.83	0.83
4	52-4-5-1	混凝土底板模板	m²	1.87	1.87	1.66	1.66
5	52-1-5-2	底板钢筋	t	0.060	0.060	0.047	0.047
6	52-3-1-1	排水检查井　深≤2.5m	m³			1.41	2.00
7	52-3-1-3	排水检查井　深≤6m	m³	6.97	7.98		
8	52-3-2-1	排水检查井水泥砂浆抹面 WMM15.0	m²	46.14	51.62	11.74	16.70
9	52-3-9-1	安装盖板及盖座	m³	0.23	0.23	0.23	0.23
10	52-3-9-3	安装盖板及盖座 铸铁盖座	套	1	1	1	1
11	36014512	Ⅱ型钢筋混凝土盖板	块	1	1	1	1
序号	定额编号	调整组合项目名称	单位	数量	数量	数量	数量
		防沉降排水检查井盖板					
1	36014512	Ⅱ型钢筋混凝土盖板	块	−1	−1	−1	−1
2	52-3-9-4	防沉降排水检查井 盖板安装	块	1	1	1	1
3	52-3-9-1	安装盖板及盖座	m³	−0.23	−0.23	−0.23	−0.23
		防坠装置					
1	52-3-6-1	安装防坠格板	只	1	1	1	1

单位:座

序号	定额编号	基本组合项目名称	单位	Z52-2-4-21 1000×1000 (φ800) 2.5m	Z52-2-4-22 1000×1000 (φ800) 3.0m	Z52-2-4-23 1000×1000 (φ800) 3.5m	Z52-2-4-24 1000×1000 (φ800) 4.0m
1	52-1-4-3	砾石砂垫层	m³	0.50	0.63	0.63	0.63
2	52-1-5-1	管道垫层混凝土 C20	m³	0.25	0.32	0.32	0.32
3	52-1-5-1	管道基座混凝土 C20	m³	0.83	1.06	1.33	1.33
4	52-4-5-1	混凝土底板模板	m²	1.66	1.87	2.34	2.34
5	52-1-5-2	底板钢筋	t	0.047	0.059	0.060	0.060
6	52-3-1-1	排水检查井 深≤2.5m	m³	2.62			
7	52-3-1-2	排水检查井 深≤4m	m³		3.76	4.71	5.72
8	52-3-2-1	排水检查井水泥砂浆抹面 WMM15.0	m²	21.80	28.43	33.91	39.39
9	52-3-9-1	安装盖板及盖座	m³	0.23	0.23	0.23	0.23
10	52-3-9-3	安装盖板及盖座 铸铁盖座	套	1	1	1	1
11	36014512	Ⅱ型钢筋混凝土盖板	块	1	1	1	1

序号	定额编号	调整组合项目名称	单位	数量	数量	数量	数量
		防沉降排水检查井盖板					
1	36014512	Ⅱ型钢筋混凝土盖板	块	—1	—1	—1	—1
2	52-3-9-4	防沉降排水检查井 盖板安装	块	1	1	1	1
3	52-3-9-1	安装盖板及盖座	m³	—0.23	—0.23	—0.23	—0.23
		防坠装置					
1	52-3-6-1	安装防坠格板	只	1	1	1	1

单位:座

序号	定额编号	基本组合项目名称	单位	Z52-2-4-25	Z52-2-4-26	Z52-2-4-27	Z52-2-4-28
				1000×1000	1000×1000	1000×1000	1000×1000
				(ϕ800) 4.5m	(ϕ800) 5.0m	(ϕ800) 5.5m	(ϕ800) 6.0m
1	52-1-4-3	砾石砂垫层	m³	0.63	0.63	0.63	0.63
2	52-1-5-1	管道垫层混凝土 C20	m³	0.32	0.32	0.32	0.32
3	52-1-5-1	管道基座混凝土 C20	m³	1.33	1.33	1.59	1.59
4	52-4-5-1	混凝土底板模板	m²	2.34	2.34	2.81	3.10
5	52-1-5-2	底板钢筋	t	0.060	0.060	0.061	0.061
6	52-3-1-3	排水检查井 深≤6m	m³	6.73	7.75	8.76	9.78
7	52-3-2-1	排水检查井水泥砂浆抹面 WM M15.0	m²	44.87	50.35	55.83	61.31
8	52-3-9-1	安装盖板及盖座	m³	0.23	0.23	0.23	0.23
9	52-3-9-3	安装盖板及盖座 铸铁盖座	套	1	1	1	1
10	36014512	Ⅱ型钢筋混凝土盖板	块	1	1	1	1
序号	定额编号	调整组合项目名称	单位	数量	数量	数量	数量
		防沉降排水检查井盖板					
1	36014512	Ⅱ型钢筋混凝土盖板	块	−1	−1	−1	−1
2	52-3-9-4	防沉降排水检查井 盖板安装	块	1	1	1	1
3	52-3-9-1	安装盖板及盖座	m³	−0.23	−0.23	−0.23	−0.23
		防坠装置					
1	52-3-6-1	安装防坠格板	只	1	1	1	1

单位:座

序号	定额编号	基本组合项目名称	单位	Z52-2-4-29 1000×1300 (φ1000) 2.0m	Z52-2-4-30 1000×1300 (φ1000) 2.5m	Z52-2-4-31 1000×1300 (φ1000) 3.0m	Z52-2-4-32 1000×1300 (φ1000) 3.5m
1	52-1-4-3	砾石砂垫层	m³	0.58	0.58	0.72	0.72
2	52-1-5-1	管道垫层混凝土 C20	m³	0.29	0.29	0.36	0.36
3	52-1-5-1	管道基座混凝土 C20	m³	0.98	0.98	1.23	1.53
4	52-4-5-1	混凝土底板模板	m²	1.78	1.78	1.99	2.49
5	52-1-5-2	底板钢筋	t	0.055	0.055	0.068	0.069
6	52-3-1-1	排水检查井 深≤2.5m	m³	2.09	2.66		
7	52-3-1-2	排水检查井 深≤4m	m³			3.84	4.75
8	52-3-2-1	排水检查井水泥砂浆抹面 WMM15.0	m²	17.59	23.30	30.00	35.48
9	52-3-9-1	安装盖板及盖座	m³	0.29	0.29	0.29	0.29
10	52-3-9-3	安装盖板及盖座 铸铁盖座	套	1	1	1	1
11	36014512	Ⅱ型钢筋混凝土盖板	块	1	1	1	1
12	04290711	钢筋混凝土板 1300×300×160mm	块	1	1	1	1

序号	定额编号	调整组合项目名称	单位	数量	数量	数量	数量
		防沉降排水检查井盖板					
1	36014512	Ⅱ型钢筋混凝土盖板	块	−1	−1	−1	−1
2	52-3-9-4	防沉降排水检查井 盖板安装	块	1	1	1	1
3	52-3-9-1	安装盖板及盖座	m³	−0.23	−0.23	−0.23	−0.23
		防坠装置					
1	52-3-6-1	安装防坠格板	只	1	1	1	1

单位:座

序号	定额编号	基本组合项目名称	单位	Z52-2-4-33 1000×1300 (φ1000) 4.0m	Z52-2-4-34 1000×1300 (φ1000) 4.5m	Z52-2-4-35 1000×1300 (φ1000) 5.0m	Z52-2-4-36 1000×1300 (φ1000) 5.5m
1	52-1-4-3	砾石砂垫层	m³	0.72	0.72	0.72	0.72
2	52-1-5-1	管道垫层混凝土 C20	m³	0.36	0.36	0.36	0.36
3	52-1-5-1	管道基座混凝土 C20	m³	1.53	1.53	1.53	1.85
4	52-4-5-1	混凝土底板模板	m²	2.49	2.49	2.49	2.99
5	52-1-5-2	底板钢筋	t	0.069	0.069	0.069	0.070
6	52-3-1-2	排水检查井 深≤4m	m³	5.80			
7	52-3-1-3	排水检查井 深≤6m	m³		6.84	7.85	8.87
8	52-3-2-1	排水检查井水泥砂浆抹面 WMM15.0	m²	40.96	46.44	51.92	57.40
9	52-3-9-1	安装盖板及盖座	m³	0.29	0.29	0.29	0.29
10	52-3-9-3	安装盖板及盖座 铸铁盖座	套	1	1	1	1
11	36014512	Ⅱ型钢筋混凝土盖板	块	1	1	1	1
12	04290711	钢筋混凝土板 1300×300×160mm	块	1	1	1	1

序号	定额编号	调整组合项目名称	单位	数量	数量	数量	数量
		防沉降排水检查井盖板					
1	36014512	Ⅱ型钢筋混凝土盖板	块	−1	−1	−1	−1
2	52-3-9-4	防沉降排水检查井 盖板安装	块	1	1	1	1
3	52-3-9-1	安装盖板及盖座	m³	−0.23	−0.23	−0.23	−0.23
		防坠装置					
1	52-3-6-1	安装防坠格板	只	1	1	1	1

单位:座

序号	定额编号	基本组合项目名称	单位	Z52-2-4-37 1000×1300 (ϕ1000) 6.0m	Z52-2-4-38 1000×1300 (ϕ1000) 6.5m	Z52-2-4-39 1000×1500 (ϕ1200) 2.0m	Z52-2-4-40 1000×1500 (ϕ1200) 2.5m
1	52-1-4-3	砾石砂垫层	m³	0.72	0.85	0.65	0.65
2	52-1-5-1	管道垫层混凝土 C20	m³	0.36	0.43	0.33	0.33
3	52-1-5-1	管道基座混凝土 C20	m³	1.85	2.22	1.11	1.11
4	52-4-5-1	混凝土底板模板	m²	3.28	3.28	1.78	1.78
5	52-1-5-2	底板钢筋	t	0.070	0.083	0.062	0.062
6	52-3-1-1	排水检查井　深≤2.5m	m³			2.03	2.62
7	52-3-1-3	排水检查井　深≤6m	m³	9.88			
8	52-3-1-4	排水检查井　深≤8m	m³		11.53		
9	52-3-2-1	排水检查井水泥砂浆抹面 WM M15.0	m²	62.89	70.10	18.36	23.91
10	52-3-9-1	安装盖板及盖座	m³	0.29	0.29	0.35	0.35
11	52-3-9-3	安装盖板及盖座 铸铁盖座	套	1	1	1	1
12	36014512	Ⅱ型钢筋混凝土盖板	块	1	1	1	1
13	04290711	钢筋混凝土板 1300×300×160mm	块	1	1	2	2

序号	定额编号	调整组合项目名称	单位	数量	数量	数量	数量
		防沉降排水检查井盖板					
1	36014512	Ⅱ型钢筋混凝土盖板	块	−1	−1	−1	−1
2	52-3-9-4	防沉降排水检查井 盖板安装	块	1	1	1	1
3	52-3-9-1	安装盖板及盖座	m³	−0.23	−0.23	−0.23	−0.23
		防坠装置					
1	52-3-6-1	安装防坠格板	只	1	1	1	1

单位:座

序号	定额编号	基本组合项目名称	单位	Z52-2-4-41	Z52-2-4-42	Z52-2-4-43	Z52-2-4-44
				1000×1500	1000×1500	1000×1500	1000×1500
				(ϕ1200) 3.0m	(ϕ1200) 3.5m	(ϕ1200) 4.0m	(ϕ1200) 4.5m
1	52-1-4-3	砾石砂垫层	m³	0.79	0.79	0.79	0.79
2	52-1-5-1	管道垫层混凝土 C20	m³	0.40	0.40	0.40	0.40
3	52-1-5-1	管道基座混凝土 C20	m³	1.36	1.71	1.71	1.71
4	52-4-5-1	混凝土底板模板	m²	1.99	2.49	2.49	2.49
5	52-1-5-2	底板钢筋	t	0.075	0.076	0.076	0.076
6	52-3-1-2	排水检查井 深≤4m	m³	3.82	4.73	5.74	
7	52-3-1-3	排水检查井 深≤6m	m³				6.80
8	52-3-2-1	排水检查井水泥砂浆抹面 WMM15.0	m²	30.68	36.16	41.64	47.12
9	52-3-9-1	安装盖板及盖座	m³	0.35	0.35	0.35	0.35
10	52-3-9-3	安装盖板及盖座 铸铁盖座	套	1	1	1	1
11	36014512	Ⅱ型钢筋混凝土盖板	块	1	1	1	1
12	04290711	钢筋混凝土板 1300×300×160mm	块	2	2	2	2

序号	定额编号	调整组合项目名称	单位	数量	数量	数量	数量
		防沉降排水检查井盖板					
1	36014512	Ⅱ型钢筋混凝土盖板	块	−1	−1	−1	−1
2	52-3-9-4	防沉降排水检查井 盖板安装	块	1	1	1	1
3	52-3-9-1	安装盖板及盖座	m³	−0.23	−0.23	−0.23	−0.23
		防坠装置					
1	52-3-6-1	安装防坠格板	只	1	1	1	1

单位:座

序号	定额编号	基本组合项目名称	单位	Z52-2-4-45	Z52-2-4-46	Z52-2-4-47	Z52-2-4-48
				1000×1500	1000×1500	1000×1500	1000×1500
				(φ1200) 5.0m	(φ1200) 5.5m	(φ1200) 6.0m	(φ1200) 6.5m
1	52-1-4-3	砾石砂垫层	m³	0.79	0.79	0.79	0.93
2	52-1-5-1	管道垫层混凝土 C20	m³	0.40	0.40	0.40	0.47
3	52-1-5-1	管道基座混凝土 C20	m³	2.04	2.04	2.04	2.44
4	52-4-5-1	混凝土底板模板	m²	2.99	2.99	3.28	3.28
5	52-1-5-2	底板钢筋	t	0.077	0.077	0.077	0.091
6	52-3-1-3	排水检查井 深≤6m	m³	7.81	8.83	9.84	
7	52-3-1-4	排水检查井 深≤8m	m³				11.92
8	52-3-2-1	排水检查井水泥砂浆抹面 WM M15.0	m²	52.60	58.08	63.56	70.83
9	52-3-9-1	安装盖板及盖座	m³	0.35	0.35	0.35	0.35
10	52-3-9-3	安装盖板及盖座 铸铁盖座	套	1	1	1	1
11	36014512	Ⅱ型钢筋混凝土盖板	块	1	1	1	1
12	04290711	钢筋混凝土板 1300×300×160mm	块	2	2	2	2

序号	定额编号	调整组合项目名称	单位	数量	数量	数量	数量
		防沉降排水检查井盖板					
1	36014512	Ⅱ型钢筋混凝土盖板	块	−1	−1	−1	−1
2	52-3-9-4	防沉降排水检查井 盖板安装	块	1	1	1	1
3	52-3-9-1	安装盖板及盖座	m³	−0.23	−0.23	−0.23	−0.23
		防坠装置					
1	52-3-6-1	安装防坠格板	只	1	1	1	1

单位:座

序号	定额编号	基本组合项目名称	单位	Z52-2-4-49	Z52-2-4-50	Z52-2-4-51	Z52-2-4-52
				1100×1750	1100×1750	1100×1750	1100×1750
				(ϕ1350) 2.5m	(ϕ1350) 3.0m	(ϕ1350) 3.5m	(ϕ1350) 4.0m
1	52-1-4-3	砾石砂垫层	m³	0.87	0.87	0.87	0.87
2	52-1-5-1	管道垫层混凝土 C20	m³	0.44	0.44	0.44	0.44
3	52-1-5-1	管道基座混凝土 C20	m³	1.96	1.90	1.90	1.90
4	52-4-5-1	混凝土底板模板	m²	2.51	2.77	2.77	2.89
5	52-1-5-2	底板钢筋	t	0.085	0.085	0.085	0.085
6	52-3-1-1	排水检查井　深≤2.5m	m³	3.10			
7	52-3-1-2	排水检查井　深≤4m	m³		4.08	5.02	6.41
8	52-3-2-1	排水检查井水泥砂浆抹面 WM M15.0	m²	26.41	35.52	41.20	48.15
9	52-3-9-1	安装盖板及盖座	m³	0.45	0.45	0.45	0.45
10	52-3-9-3	安装盖板及盖座 铸铁盖座	套	1	1	1	1
11	36014512	Ⅱ型钢筋混凝土盖板	块	1	1	1	1
12	04290711	钢筋混凝土板 1300×300×160mm	块	4	4	4	4

序号	定额编号	调整组合项目名称	单位	数量	数量	数量	数量
		防沉降排水检查井盖板					
1	36014512	Ⅱ型钢筋混凝土盖板	块	−1	−1	−1	−1
2	52-3-9-4	防沉降排水检查井 盖板安装	块	1	1	1	1
3	52-3-9-1	安装盖板及盖座	m³	−0.23	−0.23	−0.23	−0.23
		防坠装置					
1	52-3-6-1	安装防坠格板	只	1	1	1	1

单位:座

序号	定额编号	基本组合项目名称	单位	Z52-2-4-53 1100×1750 (φ1350) 4.5m	Z52-2-4-54 1100×1750 (φ1350) 5.0m	Z52-2-4-55 1100×1750 (φ1350) 5.5m	Z52-2-4-56 1100×1750 (φ1350) 6.0m
1	52-1-4-3	砾石砂垫层	m³	0.94	0.94	0.94	0.94
2	52-1-5-1	管道垫层混凝土 C20	m³	0.47	0.47	0.47	0.47
3	52-1-5-1	管道基座混凝土 C20	m³	2.48	2.48	2.48	2.48
4	52-4-5-1	混凝土底板模板	m²	3.46	3.46	3.46	3.46
5	52-1-5-2	底板钢筋	t	0.093	0.093	0.093	0.093
6	52-3-1-3	排水检查井 深≤6m	m³	7.31	8.67	10.07	13.96
7	52-3-2-1	排水检查井水泥砂浆抹面 WM M15.0	m²	52.49	59.41	66.33	70.48
8	52-3-9-1	安装盖板及盖座	m³	0.45	0.47	0.47	0.47
9	52-3-9-3	安装盖板及盖座 铸铁盖座	套	1	1	1	1
10	36014512	Ⅱ型钢筋混凝土盖板	块	1	1	1	1
11	04290712	钢筋混凝土板 1400×250×160mm	块	4	2	2	2
12	04290713	钢筋混凝土板 1400×300×160mm	块		2	2	2

序号	定额编号	调整组合项目名称	单位	数量	数量	数量	数量
		防沉降排水检查井盖板					
1	36014512	Ⅱ型钢筋混凝土盖板	块	−1	−1	−1	−1
2	52-3-9-4	防沉降排水检查井 盖板安装	块	1	1	1	1
3	52-3-9-1	安装盖板及盖座	m³	−0.23	−0.23	−0.23	−0.23
		防坠装置					
1	52-3-6-1	安装防坠格板	只	1	1	1	1

单位:座

序号	定额编号	基本组合项目名称	单位	Z52-2-4-57	Z52-2-4-58	Z52-2-4-59	Z52-2-4-60
				1100×1750	1100×1750	1100×1750	1100×1950
				(φ1350) 6.5m	(φ1350) 7.0m	(φ1350) 7.5m	(φ1500) 3.0m
1	52-1-4-3	砾石砂垫层	m³	1.02	1.02	1.02	0.93
2	52-1-5-1	管道垫层混凝土 C20	m³	0.51	0.51	0.51	0.47
3	52-1-5-1	管道基座混凝土 C20	m³	2.78	2.78	2.78	2.05
4	52-4-5-1	混凝土底板模板	m²	3.61	3.61	3.61	2.87
5	52-1-5-2	底板钢筋	t	0.101	0.101	0.101	0.091
6	52-3-1-2	排水检查井 深≤4m	m³				4.17
7	52-3-1-4	排水检查井 深≤8m	m³	15.45	16.93	18.42	
8	52-3-2-1	排水检查井水泥砂浆抹面 WMM15.0	m²	77.40	84.32	91.24	37.12
9	52-3-9-1	安装盖板及盖座	m³	0.47	0.47	0.47	0.47
10	52-3-9-3	安装盖板及盖座 铸铁盖座	套	1	1	1	1
11	36014512	Ⅱ型钢筋混凝土盖板	块	1	1	1	1
12	04290712	钢筋混凝土板 1400×250×160mm	块	2	2	2	2
13	04290713	钢筋混凝土板 1400×300×160mm	块	2	2	2	2

序号	定额编号	调整组合项目名称	单位	数量	数量	数量	数量
		防沉降排水检查井盖板					
1	36014512	Ⅱ型钢筋混凝土盖板	块	−1	−1	−1	−1
2	52-3-9-4	防沉降排水检查井 盖板安装	块	1	1	1	1
3	52-3-9-1	安装盖板及盖座	m³	−0.23	−0.23	−0.23	−0.23
		防坠装置					
1	52-3-6-1	安装防坠格板	只	1	1	1	1

单位：座

序号	定额编号	基本组合项目名称	单位	Z52-2-4-61 1100×1950 (φ1500) 3.5m	Z52-2-4-62 1100×1950 (φ1500) 4.0m	Z52-2-4-63 1100×1950 (φ1500) 4.5m	Z52-2-4-64 1100×1950 (φ1500) 5.0m
1	52-1-4-3	砾石砂垫层	m³	0.93	0.93	1.01	1.01
2	52-1-5-1	管道垫层混凝土 C20	m³	0.47	0.47	0.51	0.51
3	52-1-5-1	管道基座混凝土 C20	m³	2.46	2.46	3.11	3.11
4	52-4-5-1	混凝土底板模板	m²	3.44	3.44	4.18	4.18
5	52-1-5-2	底板钢筋	t	0.092	0.092	0.100	0.100
6	52-3-1-2	排水检查井 深≤4m	m³	5.10	6.55		
7	52-3-1-3	排水检查井 深≤6m	m³			7.61	8.73
8	52-3-2-1	排水检查井水泥砂浆抹面 WMM15.0	m²	42.80	49.97	55.37	60.67
9	52-3-9-1	安装盖板及盖座	m³	0.47	0.47	0.47	0.47
10	52-3-9-3	安装盖板及盖座 铸铁盖座	套	1	1	1	1
11	36014512	Ⅱ型钢筋混凝土盖板	块	1	1	1	1
12	04290712	钢筋混凝土板 1400×250×160mm	块	2	2	2	2
13	04290713	钢筋混凝土板 1400×300×160mm	块	2	2	2	2
序号	定额编号	调整组合项目名称	单位	数量	数量	数量	数量
		防沉降排水检查井盖板					
1	36014512	Ⅱ型钢筋混凝土盖板	块	−1	−1	−1	−1
2	52-3-9-4	防沉降排水检查井盖板安装	块	1	1	1	1
3	52-3-9-1	安装盖板及盖座	m³	−0.23	−0.23	−0.23	−0.23
		防坠装置					
1	52-3-6-1	安装防坠格板	只	1	1	1	1

单位:座

序号	定额编号	基本组合项目名称	单位	Z52-2-4-65 1100×1950 (φ1500) 5.5m	Z52-2-4-66 1100×1950 (φ1500) 6.0m	Z52-2-4-67 1100×1950 (φ1500) 6.5m	Z52-2-4-68 1100×1950 (φ1500) 7.0m
1	52-1-4-3	砾石砂垫层	m³	1.01	1.01	1.09	1.09
2	52-1-5-1	管道垫层混凝土 C20	m³	0.51	0.51	0.55	0.55
3	52-1-5-1	管道基座混凝土 C20	m³	3.11	3.11	3.37	3.37
4	52-4-5-1	混凝土底板模板	m²	4.18	4.18	4.35	4.35
5	52-1-5-2	底板钢筋	t	0.100	0.100	0.108	0.108
6	52-3-1-3	排水检查井　深≤6m	m³	10.08	14.53		
7	52-3-1-4	排水检查井　深≤8m	m³			15.90	17.37
8	52-3-2-1	排水检查井水泥砂浆抹面 WM M15.0	m²	67.59	70.72	78.11	85.03
9	52-3-9-1	安装盖板及盖座	m³	0.47	0.47	0.47	0.47
10	52-3-9-3	安装盖板及盖座 铸铁盖座	套	1	1	1	1
11	36014512	Ⅱ型钢筋混凝土盖板	块	1	1	1	1
12	04290712	钢筋混凝土板 1400×250×160mm	块	2	2	2	2
13	04290713	钢筋混凝土板 1400×300×160mm	块	2	2	2	2
序号	定额编号	调整组合项目名称	单位	数量	数量	数量	数量
		防沉降排水检查井盖板					
1	36014512	Ⅱ型钢筋混凝土盖板	块	−1	−1	−1	−1
2	52-3-9-4	防沉降排水检查井 盖板安装	块	1	1	1	1
3	52-3-9-1	安装盖板及盖座	m³	−0.23	−0.23	−0.23	−0.23
		防坠装置					
1	52-3-6-1	安装防坠格板	只	1	1	1	1

单位:座

序号	定额编号	基本组合项目名称	单位	Z52-2-4-69 1100×1950 (φ1500) 7.5m	Z52-2-4-70 1100×2100 (φ1650) 3.0m	Z52-2-4-71 1100×2100 (φ1650) 3.5m	Z52-2-4-72 1100×2100 (φ1650) 4.0m
1	52-1-4-3	砾石砂垫层	m³	1.09	0.98	0.98	0.98
2	52-1-5-1	管道垫层混凝土 C20	m³	0.55	0.49	0.49	0.49
3	52-1-5-1	管道基座混凝土 C20	m³	3.37	2.15	2.59	2.59
4	52-4-5-1	混凝土底板模板	m²	4.35	2.94	3.53	3.53
5	52-1-5-2	底板钢筋	t	0.108	0.097	0.097	0.097
6	52-3-1-2	排水检查井 深≤4m	m³		4.18	5.12	6.61
7	52-3-1-4	排水检查井 深≤8m	m³	18.83			
8	52-3-2-1	排水检查井水泥砂浆抹面 WMM15.0	m²	91.95	38.20	43.88	51.25
9	52-3-9-1	安装盖板及盖座	m³	0.47	0.5	0.5	0.5
10	52-3-9-3	安装盖板及盖座 铸铁盖座	套	1	1	1	1
11	36014512	Ⅱ型钢筋混凝土盖板	块	1	1	1	1
12	04290712	钢筋混凝土板 1400×250×160mm	块	2	4	4	4
13	04290713	钢筋混凝土板 1400×300×160mm	块	2			

序号	定额编号	调整组合项目名称	单位	数量	数量	数量	数量
		防沉降排水检查井盖板					
1	36014512	Ⅱ型钢筋混凝土盖板	块	−1	−1	−1	−1
2	52-3-9-4	防沉降排水检查井 盖板安装	块	1	1	1	1
3	52-3-9-1	安装盖板及盖座	m³	−0.23	−0.23	−0.23	−0.23
		防坠装置					
1	52-3-6-1	安装防坠格板	只	1	1	1	1

单位:座

序号	定额编号	基本组合项目名称	单位	Z52-2-4-73	Z52-2-4-74	Z52-2-4-75	Z52-2-4-76
				1100×2100	1100×2100	1100×2100	1100×2100
				(φ1650) 4.5m	(φ1650) 5.0m	(φ1650) 5.5m	(φ1650) 6.0m
1	52-1-4-3	砾石砂垫层	m³	1.06	1.06	1.06	1.06
2	52-1-5-1	管道垫层混凝土 C20	m³	0.53	0.53	0.53	0.53
3	52-1-5-1	管道基座混凝土 C20	m³	3.27	3.27	3.27	3.27
4	52-4-5-1	混凝土底板模板	m²	4.28	4.28	4.28	4.28
5	52-1-5-2	底板钢筋	t	0.105	0.105	0.105	0.105
6	52-3-1-3	排水检查井 深≤6m	m³	7.65	8.62	10.06	15.00
7	52-3-2-1	排水检查井水泥砂浆抹面 WM M15.0	m²	56.65	61.42	68.34	71.11
8	52-3-9-1	安装盖板及盖座	m³	0.5	0.53	0.53	0.53
9	52-3-9-3	安装盖板及盖座 铸铁盖座	套	1	1	1	1
10	36014512	Ⅱ型钢筋混凝土盖板	块	1	1	1	1
11	04290712	钢筋混凝土板 1400×250×160mm	块	4	2	2	2
12	04290713	钢筋混凝土板 1400×300×160mm	块		3	3	3

序号	定额编号	调整组合项目名称	单位	数量	数量	数量	数量
		防沉降排水检查井盖板					
1	36014512	Ⅱ型钢筋混凝土盖板	块	−1	−1	−1	−1
2	52-3-9-4	防沉降排水检查井 盖板安装	块	1	1	1	1
3	52-3-9-1	安装盖板及盖座	m³	−0.23	−0.23	−0.23	−0.23
		防坠装置					
1	52-3-6-1	安装防坠格板	只	1	1	1	1

单位:座

序号	定额编号	基本组合项目名称	单位	Z52-2-4-77	Z52-2-4-78	Z52-2-4-79	Z52-2-4-80
				1100×2100	1100×2100	1100×2100	1100×2300
				(ϕ1650) 6.5m	(ϕ1650) 7.0m	(ϕ1650) 7.5m	(ϕ1800) 3.0m
1	52-1-4-3	砾石砂垫层	m³	1.14	1.14	1.14	1.04
2	52-1-5-1	管道垫层混凝土 C20	m³	0.57	0.57	0.57	0.52
3	52-1-5-1	管道基座混凝土 C20	m³	3.53	3.53	3.53	2.76
4	52-4-5-1	混凝土底板模板	m²	4.45	4.45	4.45	3.65
5	52-1-5-2	底板钢筋	t	0.113	0.113	0.113	0.103
6	52-3-1-2	排水检查井 深≤4m	m³				4.28
7	52-3-1-4	排水检查井 深≤8m	m³	16.27	17.71	19.16	
8	52-3-2-1	排水检查井水泥砂浆抹面 WM M15.0	m²	78.42	85.34	92.26	40.01
9	52-3-9-1	安装盖板及盖座	m³	0.53	0.53	0.53	0.54
10	52-3-9-3	安装盖板及盖座 铸铁盖座	套	1	1	1	1
11	36014512	Ⅱ型钢筋混凝土盖板	块	1	1	1	1
12	04290712	钢筋混凝土板 1400×250×160mm	块	2	2	2	3
13	04290713	钢筋混凝土板 1400×300×160mm	块	3	3	3	2
序号	定额编号	调整组合项目名称	单位	数量	数量	数量	数量
		防沉降排水检查井盖板					
1	36014512	Ⅱ型钢筋混凝土盖板	块	−1	−1	−1	−1
2	52-3-9-4	防沉降排水检查井 盖板安装	块	1	1	1	1
3	52-3-9-1	安装盖板及盖座	m³	−0.23	−0.23	−0.23	−0.23
		防坠装置					
1	52-3-6-1	安装防坠格板	只	1	1	1	1

单位:座

序号	定额编号	基本组合项目名称	单位	Z52-2-4-81	Z52-2-4-82	Z52-2-4-83	Z52-2-4-84
				1100×2300	1100×2300	1100×2300	1100×2300
				(φ1800) 3.5m	(φ1800) 4.0m	(φ1800) 4.5m	(φ1800) 5.0m
1	52-1-4-3	砾石砂垫层	m³	1.04	1.04	1.12	1.12
2	52-1-5-1	管道垫层混凝土 C20	m³	0.52	0.52	0.56	0.56
3	52-1-5-1	管道基座混凝土 C20	m³	2.76	2.76	3.49	3.49
4	52-4-5-1	混凝土底板模板	m²	3.65	3.65	4.42	4.42
5	52-1-5-2	底板钢筋	t	0.103	0.103	0.112	0.112
6	52-3-1-2	排水检查井 深≤4m	m³	5.22	6.77		
7	52-3-1-3	排水检查井 深≤6m	m³			7.80	8.76
8	52-3-2-1	排水检查井水泥砂浆抹面 WM M15.0	m²	45.69	53.28	58.68	62.90
9	52-3-9-1	安装盖板及盖座	m³	0.54	0.54	0.54	0.56
10	52-3-9-3	安装盖板及盖座 铸铁盖座	套	1	1	1	1
11	36014512	Ⅱ型钢筋混凝土盖板	块	1	1	1	1
12	04290712	钢筋混凝土板 1400×250×160mm	块	3	3	3	5
13	04290713	钢筋混凝土板 1400×300×160mm	块	2	2	2	

序号	定额编号	调整组合项目名称	单位	数量	数量	数量	数量
		防沉降排水检查井盖板					
1	36014512	Ⅱ型钢筋混凝土盖板	块	−1	−1	−1	−1
2	52-3-9-4	防沉降排水检查井 盖板安装	块	1	1	1	1
3	52-3-9-1	安装盖板及盖座	m³	−0.23	−0.23	−0.23	−0.23
		防坠装置					
1	52-3-6-1	安装防坠格板	只	1	1	1	1

单位:座

序号	定额编号	基本组合项目名称	单位	Z52-2-4-85 1100×2300 (φ1800) 5.5m	Z52-2-4-86 1100×2300 (φ1800) 6.0m	Z52-2-4-87 1100×2300 (φ1800) 6.5m	Z52-2-4-88 1100×2300 (φ1800) 7.0m
1	52-1-4-3	砾石砂垫层	m³	1.12	1.12	1.20	1.20
2	52-1-5-1	管道垫层混凝土 C20	m³	0.56	0.56	0.60	0.60
3	52-1-5-1	管道基座混凝土 C20	m³	3.49	3.49	3.75	3.75
4	52-4-5-1	混凝土底板模板	m²	4.42	4.42	4.59	4.59
5	52-1-5-2	底板钢筋	t	0.112	0.112	0.120	0.120
6	52-3-1-3	排水检查井 深≤6m	m³	10.15	15.67		
7	52-3-1-4	排水检查井 深≤8m	m³			16.83	18.25
8	52-3-2-1	排水检查井水泥砂浆抹面 WM M15.0	m²	69.82	72.11	79.34	86.26
9	52-3-9-1	安装盖板及盖座	m³	0.56	0.56	0.56	0.56
10	52-3-9-3	安装盖板及盖座 铸铁盖座	套	1	1	1	1
11	36014512	Ⅱ型钢筋混凝土盖板	块	1	1	1	1
12	04290712	钢筋混凝土板 1400×250×160mm	块	5	5	5	5

序号	定额编号	调整组合项目名称	单位	数量	数量	数量	数量
		防沉降排水检查井盖板					
1	36014512	Ⅱ型钢筋混凝土盖板	块	−1	−1	−1	−1
2	52-3-9-4	防沉降排水检查井 盖板安装	块	1	1	1	1
3	52-3-9-1	安装盖板及盖座	m³	−0.23	−0.23	−0.23	−0.23
		防坠装置					
1	52-3-6-1	安装防坠格板	只	1	1	1	1

单位:座

序号	定额编号	基本组合项目名称	单位	Z52-2-4-89 1100×2300 (φ1800) 7.5m	Z52-2-4-90 1100×2300 (φ1800) 8.0m	Z52-2-4-91 1100×2300 (φ1800) 8.5m	Z52-2-4-92 1100×2500 (φ2000) 3.0m
1	52-1-4-3	砾石砂垫层	m³	1.12	1.20	1.20	1.10
2	52-1-5-1	管道垫层混凝土 C20	m³	0.60	0.60	0.60	0.55
3	52-1-5-1	管道基座混凝土 C20	m³	3.75	3.75	3.75	2.93
4	52-4-5-1	混凝土底板模板	m²	4.59	4.59	4.59	3.77
5	52-1-5-2	底板钢筋	t	0.120	0.120	0.120	0.109
6	52-3-1-2	排水检查井　深≤4m	m³				4.21
7	52-3-1-4	排水检查井　深≤8m	m³	19.67	20.11	22.52	
8	52-3-2-1	排水检查井水泥砂浆抹面 WMM15.0	m²	93.18	100.10	107.03	34.53
9	52-3-9-1	安装盖板及盖座	m³	0.56	0.56	0.56	0.59
10	52-3-9-3	安装盖板及盖座 铸铁盖座	套	1	1	1	1
11	36014512	Ⅱ型钢筋混凝土盖板	块	1	1	1	1
12	04290712	钢筋混凝土板 1400×250×160mm	块	5	5	5	2
13	04290713	钢筋混凝土板 1400×300×160mm	块				4

序号	定额编号	调整组合项目名称	单位	数量	数量	数量	数量
		防沉降排水检查井盖板					
1	36014512	Ⅱ型钢筋混凝土盖板	块	−1	−1	−1	−1
2	52-3-9-4	防沉降排水检查井 盖板安装	块	1	1	1	1
3	52-3-9-1	安装盖板及盖座	m³	−0.23	−0.23	−0.23	−0.23
		防坠装置					
1	52-3-6-1	安装防坠格板	只	1	1	1	1

单位:座

序号	定额编号	基本组合项目名称	单位	Z52-2-4-93 1100×2500 (ϕ2000) 3.5m	Z52-2-4-94 1100×2500 (ϕ2000) 4.0m	Z52-2-4-95 1100×2500 (ϕ2000) 4.5m	Z52-2-4-96 1100×2500 (ϕ2000) 5.0m
1	52-1-4-3	砾石砂垫层	m³	1.10	1.10	1.19	1.19
2	52-1-5-1	管道垫层混凝土 C20	m³	0.55	0.55	0.60	0.60
3	52-1-5-1	管道基座混凝土 C20	m³	2.93	2.93	3.70	3.70
4	52-4-5-1	混凝土底板模板	m²	3.77	3.77	4.56	4.56
5	52-1-5-2	底板钢筋	t	0.109	0.109	0.119	0.119
6	52-3-1-2	排水检查井 深≤4m	m³	5.25	6.86		
7	52-3-1-3	排水检查井 深≤6m	m³			7.87	8.99
8	52-3-2-1	排水检查井水泥砂浆抹面 WM M15.0	m²	47.34	55.21	60.61	66.01
9	52-3-9-1	安装盖板及盖座	m³	0.59	0.59	0.59	0.59
10	52-3-9-3	安装盖板及盖座 铸铁盖座	套	1	1	1	1
11	36014512	Ⅱ型钢筋混凝土盖板	块	1	1	1	1
12	04290712	钢筋混凝土板 1400×250×160mm	块	2	2	2	2
13	04290713	钢筋混凝土板 1400×300×160mm	块	4	4	4	4
序号	定额编号	调整组合项目名称	单位	数量	数量	数量	数量
		防沉降排水检查井盖板					
1	36014512	Ⅱ型钢筋混凝土盖板	块	-1	-1	-1	-1
2	52-3-9-4	防沉降排水检查井 盖板安装	块	1	1	1	1
3	52-3-9-1	安装盖板及盖座	m³	-0.23	-0.23	-0.23	-0.23
		防坠装置					
1	52-3-6-1	安装防坠格板	只	1	1	1	1

单位:座

序号	定额编号	基本组合项目名称	单位	Z52-2-4-97 1100×2500 (ϕ2000) 5.5m	Z52-2-4-98 1100×2500 (ϕ2000) 6.0m	Z52-2-4-99 1100×2500 (ϕ2000) 6.5m	Z52-2-4-100 1100×2500 (ϕ2000) 7.0m
1	52-1-4-3	砾石砂垫层	m³	1.19	1.19	1.27	1.27
2	52-1-5-1	管道垫层混凝土 C20	m³	0.60	0.60	0.64	0.64
3	52-1-5-1	管道基座混凝土 C20	m³	3.70	3.70	3.96	3.96
4	52-4-5-1	混凝土底板模板	m²	4.56	4.56	4.73	4.73
5	52-1-5-2	底板钢筋	t	0.119	0.119	0.127	0.127
6	52-3-1-3	排水检查井 深≤6m	m³	10.10	16.41		
7	52-3-1-4	排水检查井 深≤8m	m³			17.54	18.83
8	52-3-2-1	排水检查井水泥砂浆抹面 WMM15.0	m²	71.02	72.84	79.52	86.89
9	52-3-9-1	安装盖板及盖座	m³	0.63	0.63	0.63	0.63
10	52-3-9-3	安装盖板及盖座 铸铁盖座	套	1	1	1	1
11	36014512	Ⅱ型钢筋混凝土盖板	块	1	1	1	1
12	04290712	钢筋混凝土板 1400×250×160mm	块	6	6	6	6

序号	定额编号	调整组合项目名称	单位	数量	数量	数量	数量
		防沉降排水检查井盖板					
1	36014512	Ⅱ型钢筋混凝土盖板	块	−1	−1	−1	−1
2	52-3-9-4	防沉降排水检查井 盖板安装	块	1	1	1	1
3	52-3-9-1	安装盖板及盖座	m³	−0.23	−0.23	−0.23	−0.23
		防坠装置					
1	52-3-6-1	安装防坠格板	只	1	1	1	1

单位：座

序号	定额编号	基本组合项目名称	单位	Z52-2-4-101 1100×2500 (φ2000) 7.5m	Z52-2-4-102 1100×2500 (φ2000) 8.0m	Z52-2-4-103 1100×2500 (φ2000) 8.5m	Z52-2-4-104 1100×2750 (φ2200) 3.0m
1	52-1-4-3	砾石砂垫层	m³	1.27	1.27	1.27	1.18
2	52-1-5-1	管道垫层混凝土 C20	m³	0.64	0.64	0.64	0.59
3	52-1-5-1	管道基座混凝土 C20	m³	3.96	3.96	3.96	3.66
4	52-4-5-1	混凝土底板模板	m²	4.73	4.73	4.73	4.57
5	52-1-5-2	底板钢筋	t	0.127	0.127	0.127	0.118
6	52-3-1-2	排水检查井 深≤4m	m³				4.22
7	52-3-1-4	排水检查井 深≤8m	m³	20.23	21.63	23.03	
8	52-3-2-1	排水检查井水泥砂浆抹面 WM M15.0	m²	93.81	100.73	107.65	35.39
9	52-3-9-1	安装盖板及盖座	m³	0.63	0.63	0.63	0.64
10	52-3-9-3	安装盖板及盖座 铸铁盖座	套	1	1	1	1
11	36014512	Ⅱ型钢筋混凝土盖板	块	1	1	1	1
12	04290712	钢筋混凝土板 1400×250×160mm	块	6	6	6	2
13	04290713	钢筋混凝土板 1400×300×160mm	块				5

序号	定额编号	调整组合项目名称	单位	数量	数量	数量	数量
		防沉降排水检查井盖板					
1	36014512	Ⅱ型钢筋混凝土盖板	块	−1	−1	−1	−1
2	52-3-9-4	防沉降排水检查井 盖板安装	块	1	1	1	1
3	52-3-9-1	安装盖板及盖座	m³	−0.23	−0.23	−0.23	−0.23
		防坠装置					
1	52-3-6-1	安装防坠格板	只	1	1	1	1

单位:座

序号	定额编号	基本组合项目名称	单位	Z52-2-4-105 1100×2750 (φ2200) 3.5m	Z52-2-4-106 1100×2750 (φ2200) 4.0m	Z52-2-4-107 1100×2750 (φ2200) 4.5m	Z52-2-4-108 1100×2750 (φ2200) 5.0m
1	52-1-4-3	砾石砂垫层	m³	1.18	1.18	1.27	1.27
2	52-1-5-1	管道垫层混凝土 C20	m³	0.59	0.59	0.64	0.64
3	52-1-5-1	管道基座混凝土 C20	m³	3.66	3.66	3.97	3.97
4	52-4-5-1	混凝土底板模板	m²	4.57	4.57	4.74	4.74
5	52-1-5-2	底板钢筋	t	0.118	0.118	0.127	0.127
6	52-3-1-2	排水检查井 深≤4m	m³	5.37	7.05		
7	52-3-1-3	排水检查井 深≤6m	m³			8.05	9.17
8	52-3-2-1	排水检查井水泥砂浆抹面 WM M15.0	m²	49.85	58.00	63.40	68.80
9	52-3-9-1	安装盖板及盖座	m³	0.64	0.64	0.64	0.64
10	52-3-9-3	安装盖板及盖座 铸铁盖座	套	1	1	1	1
11	36014512	Ⅱ型钢筋混凝土盖板	块	1	1	1	1
12	04290712	钢筋混凝土板 1400×250×160mm	块	2	2	2	2
13	04290713	钢筋混凝土板 1400×300×160mm	块	5	5	5	5

序号	定额编号	调整组合项目名称	单位	数量	数量	数量	数量
		防沉降排水检查井盖板					
1	36014512	Ⅱ型钢筋混凝土盖板	块	−1	−1	−1	−1
2	52-3-9-4	防沉降排水检查井 盖板安装	块	1	1	1	1
3	52-3-9-1	安装盖板及盖座	m³	−0.23	−0.23	−0.23	−0.23
		防坠装置					
1	52-3-6-1	安装防坠格板	只	1	1	1	1

单位:座

序号	定额编号	基本组合项目名称	单位	Z52-2-4-109 1100×2750 (φ2200) 5.5m	Z52-2-4-110 1100×2750 (φ2200) 6.0m	Z52-2-4-111 1100×2750 (φ2200) 6.5m	Z52-2-4-112 1100×2750 (φ2200) 7.0m
1	52-1-4-3	砾石砂垫层	m³	1.27	1.27	1.35	1.35
2	52-1-5-1	管道垫层混凝土 C20	m³	0.64	0.64	0.68	0.68
3	52-1-5-1	管道基座混凝土 C20	m³	3.97	3.97	4.23	4.23
4	52-4-5-1	混凝土底板模板	m²	4.74	4.74	4.91	4.91
5	52-1-5-2	底板钢筋	t	0.127	0.127	0.135	0.135
6	52-3-1-3	排水检查井 深≤6m	m³	10.18	17.29		
7	52-3-1-4	排水检查井 深≤8m	m³			18.51	19.64
8	52-3-2-1	排水检查井水泥砂浆抹面 WMM15.0	m²	73.08	74.31	80.99	88.25
9	52-3-9-1	安装盖板及盖座	m³	0.64	0.66	0.66	0.66
10	52-3-9-3	安装盖板及盖座 铸铁盖座	套	1	1	1	1
11	36014512	Ⅱ型钢筋混凝土盖板	块	1	1	1	1
12	04290712	钢筋混凝土板 1400×250×160mm	块	2	4	4	4
13	04290713	钢筋混凝土板 1400×300×160mm	块	5	3	3	3

序号	定额编号	调整组合项目名称	单位	数量	数量	数量	数量
		防沉降排水检查井盖板					
1	36014512	Ⅱ型钢筋混凝土盖板	块	−1	−1	−1	−1
2	52-3-9-4	防沉降排水检查井 盖板安装	块	1	1	1	1
3	52-3-9-1	安装盖板及盖座	m³	−0.23	−0.23	−0.23	−0.23
		防坠装置					
1	52-3-6-1	安装防坠格板	只	1	1	1	1

单位:座

序号	定额编号	基本组合项目名称	单位	Z52-2-4-113 1100×2750 (φ2200) 7.5m	Z52-2-4-114 1100×2750 (φ2200) 8.0m	Z52-2-4-115 1100×2750 (φ2200) 8.5m	Z52-2-4-116 1100×2950 (φ2400) 3.5m
1	52-1-4-3	砾石砂垫层	m³	1.35	1.35	1.35	1.24
2	52-1-5-1	管道垫层混凝土 C20	m³	0.68	0.68	0.68	0.62
3	52-1-5-1	管道基座混凝土 C20	m³	4.23	4.23	4.23	4.41
4	52-4-5-1	混凝土底板模板	m²	4.91	4.91	4.91	5.38
5	52-1-5-2	底板钢筋	t	0.135	0.135	0.135	0.125
6	52-3-1-2	排水检查井　深≤4m	m³				5.37
7	52-3-1-4	排水检查井　深≤8m	m³	21.01	22.38	23.75	
8	52-3-2-1	排水检查井水泥砂浆抹面 WMM15.0	m²	95.17	102.09	109.01	42.74
9	52-3-9-1	安装盖板及盖座	m³	0.66	0.66	0.66	0.69
10	52-3-9-3	安装盖板及盖座 铸铁盖座	套	1	1	1	1
11	36014512	Ⅱ型钢筋混凝土盖板	块	1	1	1	1
12	04290712	钢筋混凝土板 1400×250×160mm	块	4	4	4	1
13	04290713	钢筋混凝土板 1400×300×160mm	块	3	3	3	7

序号	定额编号	调整组合项目名称	单位	数量	数量	数量	数量
		防沉降排水检查井盖板					
1	36014512	Ⅱ型钢筋混凝土盖板	块	−1	−1	−1	−1
2	52-3-9-4	防沉降排水检查井 盖板安装	块	1	1	1	1
3	52-3-9-1	安装盖板及盖座	m³	−0.23	−0.23	−0.23	−0.23
		防坠装置					
1	52-3-6-1	安装防坠格板	只	1	1	1	1

单位:座

序号	定额编号	基本组合项目名称	单位	Z52-2-4-117 1100×2950 (φ2400) 4.0m	Z52-2-4-118 1100×2950 (φ2400) 4.5m	Z52-2-4-119 1100×2950 (φ2400) 5.0m	Z52-2-4-120 1100×2950 (φ2400) 5.5m
1	52-1-4-3	砾石砂垫层	m³	1.24	1.34	1.34	1.34
2	52-1-5-1	管道垫层混凝土 C20	m³	0.62	0.67	0.67	0.67
3	52-1-5-1	管道基座混凝土 C20	m³	4.41	4.79	4.79	4.79
4	52-4-5-1	混凝土底板模板	m²	5.38	5.58	5.58	5.58
5	52-1-5-2	底板钢筋	t	0.125	0.135	0.135	0.135
6	52-3-1-2	排水检查井 深≤4m	m³	7.15			
7	52-3-1-3	排水检查井 深≤6m	m³		8.12	9.23	10.38
8	52-3-2-1	排水检查井水泥砂浆抹面 WMM15.0	m²	60.17	65.57	70.97	76.37
9	52-3-9-1	安装盖板及盖座	m³	0.69	0.69	0.69	0.69
10	52-3-9-3	安装盖板及盖座 铸铁盖座	套	1	1	1	1
11	36014512	Ⅱ型钢筋混凝土盖板	块	1	1	1	1
12	04290712	钢筋混凝土板 1400×250×160mm	块	1	1	1	1
13	04290713	钢筋混凝土板 1400×300×160mm	块	7	7	7	7
序号	定额编号	调整组合项目名称	单位	数量	数量	数量	数量
		防沉降排水检查井盖板					
1	36014512	Ⅱ型钢筋混凝土盖板	块	−1	−1	−1	−1
2	52-3-9-4	防沉降排水检查井 盖板安装	块	1	1	1	1
3	52-3-9-1	安装盖板及盖座	m³	−0.23	−0.23	−0.23	−0.23
		防坠装置					
1	52-3-6-1	安装防坠格板	只	1	1	1	1

单位:座

序号	定额编号	基本组合项目名称	单位	Z52-2-4-121 1100×2950 (φ2400) 6.0m	Z52-2-4-122 1100×2950 (φ2400) 6.5m	Z52-2-4-123 1100×2950 (φ2400) 7.0m	Z52-2-4-124 1100×2950 (φ2400) 7.5m
1	52-1-4-3	砾石砂垫层	m³	1.34	1.42	1.42	1.42
2	52-1-5-1	管道垫层混凝土 C20	m³	0.67	0.71	0.71	0.71
3	52-1-5-1	管道基座混凝土 C20	m³	4.79	5.08	5.08	5.08
4	52-4-5-1	混凝土底板模板	m²	5.58	5.77	5.77	5.77
5	52-1-5-2	底板钢筋	t	0.135	0.143	0.143	0.143
6	52-3-1-3	排水检查井 深≤6m	m³	18.04			
7	52-3-1-4	排水检查井 深≤8m	m³		19.36	20.44	21.70
8	52-3-2-1	排水检查井水泥砂浆抹面 WM M15.0	m²	75.28	81.96	88.64	96.03
9	52-3-9-1	安装盖板及盖座	m³	0.71	0.71	0.71	0.71
10	52-3-9-3	安装盖板及盖座 铸铁盖座	套	1	1	1	1
11	36014512	Ⅱ型钢筋混凝土盖板	块	1	1	1	1
12	04290712	钢筋混凝土板 1400×250×160mm	块	3	3	3	3
13	04290713	钢筋混凝土板 1400×300×160mm	块	5	5	5	5
序号	定额编号	调整组合项目名称	单位	数量	数量	数量	数量
		防沉降排水检查井盖板					
1	36014512	Ⅱ型钢筋混凝土盖板	块	−1	−1	−1	−1
2	52-3-9-4	防沉降排水检查井 盖板安装	块	1	1	1	1
3	52-3-9-1	安装盖板及盖座	m³	−0.23	−0.23	−0.23	−0.23
		防坠装置					
1	52-3-6-1	安装防坠格板	只	1	1	1	1

单位:座

序号	定额编号	基本组合项目名称	单位	Z52-2-4-125 1100×2950 (ϕ2400) 8.0m	Z52-2-4-126 1100×2950 (ϕ2400) 8.5m	Z52-2-4-127 1100×3300 (ϕ2700) 4.5m	Z52-2-4-128 1100×3300 (ϕ2700) 5.0m
1	52-1-4-3	砾石砂垫层	m³	1.42	1.42	1.45	1.45
2	52-1-5-1	管道垫层混凝土 C20	m³	0.71	0.71	0.73	0.73
3	52-1-5-1	管道基座混凝土 C20	m³	5.08	5.08	5.87	5.87
4	52-4-5-1	混凝土底板模板	m²	5.77	5.77	6.59	6.59
5	52-1-5-2	底板钢筋	t	0.143	0.143	0.158	0.158
6	52-3-1-3	排水检查井 深≤6m	m³			8.41	9.52
7	52-3-1-4	排水检查井 深≤8m	m³	23.05	24.39		
8	52-3-2-1	排水检查井水泥砂浆抹面 WMM15.0	m²	102.95	109.87	69.79	75.19
9	52-3-9-1	安装盖板及盖座	m³	0.71	0.71	0.76	0.76
10	52-3-9-3	安装盖板及盖座 铸铁盖座	套	1	1	1	1
11	36014512	Ⅱ型钢筋混凝土盖板	块	1	1	1	1
12	04290712	钢筋混凝土板 1400×250×160mm	块	3	3	8	8
13	04290713	钢筋混凝土板 1400×300×160mm	块	5	5		
序号	定额编号	调整组合项目名称	单位	数量	数量	数量	数量
		防沉降排水检查井盖板					
1	36014512	Ⅱ型钢筋混凝土盖板	块	−1	−1	−1	−1
2	52-3-9-4	防沉降排水检查井 盖板安装	块	1	1	1	1
3	52-3-9-1	安装盖板及盖座	m³	−0.23	−0.23	−0.23	−0.23
		防坠装置					
1	52-3-6-1	安装防坠格板	只	1	1	1	1

单位:座

序号	定额编号	基本组合项目名称	单位	Z52-2-4-129 1100×3300 (φ2700) 5.5m	Z52-2-4-130 1100×3300 (φ2700) 6.0m	Z52-2-4-131 1100×3300 (φ2700) 6.5m	Z52-2-4-132 1100×3300 (φ2700) 7.0m
1	52-1-4-3	砾石砂垫层	m³	1.45	1.45	1.53	1.53
2	52-1-5-1	管道垫层混凝土 C20	m³	0.73	0.73	0.77	0.77
3	52-1-5-1	管道基座混凝土 C20	m³	5.87	5.87	6.20	6.20
4	52-4-5-1	混凝土底板模板	m²	6.59	6.59	6.80	6.80
5	52-1-5-2	底板钢筋	t	0.158	0.158	0.158	0.158
6	52-3-1-3	排水检查井　深≤6m	m³	10.67	19.49		
7	52-3-1-4	排水检查井　深≤8m	m³			20.85	22.03
8	52-3-2-1	排水检查井水泥砂浆抹面 WM M15.0	m²	80.59	77.61	84.29	90.97
9	52-3-9-1	安装盖板及盖座	m³	0.76	0.76	0.79	0.79
10	52-3-9-3	安装盖板及盖座 铸铁盖座	套	1	1	1	1
11	36014512	Ⅱ型钢筋混凝土盖板	块	1	1	1	1
12	04290712	钢筋混凝土板 1400×250×160mm	块	8	8	5	5
13	04290713	钢筋混凝土板 1400×300×160mm	块			4	4
序号	定额编号	调整组合项目名称	单位	数量	数量	数量	数量
		防沉降排水检查井盖板					
1	36014512	Ⅱ型钢筋混凝土盖板	块	−1	−1	−1	−1
2	52-3-9-4	防沉降排水检查井 盖板安装	块	1	1	1	1
3	52-3-9-1	安装盖板及盖座	m³	−0.23	−0.23	−0.23	−0.23
		防坠装置					
1	52-3-6-1	安装防坠格板	只	1	1	1	1

单位:座

序号	定额编号	基本组合项目名称	单位	Z52-2-4-133	Z52-2-4-134	Z52-2-4-135	Z52-2-4-136
				1100×3300	1100×3300	1100×3300	1100×3650
				(ϕ2700) 7.5m	(ϕ2700) 8.0m	(ϕ2700) 8.5m	(ϕ3000) 5.0m
1	52-1-4-3	砾石砂垫层	m³	1.53	1.53	1.53	1.57
2	52-1-5-1	管道垫层混凝土 C20	m³	0.77	0.77	0.77	0.79
3	52-1-5-1	管道基座混凝土 C20	m³	6.20	6.20	6.20	6.36
4	52-4-5-1	混凝土底板模板	m²	6.80	6.80	6.80	6.90
5	52-1-5-2	底板钢筋	t	0.158	0.158	0.158	0.170
6	52-3-1-3	排水检查井 深≤6m	m³				9.84
7	52-3-1-4	排水检查井 深≤8m	m³	23.08	24.39	25.69	
8	52-3-2-1	排水检查井水泥砂浆抹面 WM M15.0	m²	98.20	105.12	112.04	79.75
9	52-3-9-1	安装盖板及盖座	m³	0.79	0.79	0.79	0.84
10	52-3-9-3	安装盖板及盖座 铸铁盖座	套	1	1	1	1
11	36014512	Ⅱ型钢筋混凝土盖板	块	1	1	1	1
12	04290712	钢筋混凝土板 1400×250×160mm	块	5	5	5	5
13	04290713	钢筋混凝土板 1400×300×160mm	块	4	4	4	5

序号	定额编号	调整组合项目名称	单位	数量	数量	数量	数量
		防沉降排水检查井盖板					
1	36014512	Ⅱ型钢筋混凝土盖板	块	−1	−1	−1	−1
2	52-3-9-4	防沉降排水检查井 盖板安装	块	1	1	1	1
3	52-3-9-1	安装盖板及盖座	m³	−0.23	−0.23	−0.23	−0.23
		防坠装置					
1	52-3-6-1	安装防坠格板	只	1	1	1	1

序号	定额编号	基本组合项目名称	单位	Z52-2-4-137 1100×3650 (φ3000) 5.5m	Z52-2-4-138 1100×3650 (φ3000) 6.0m	Z52-2-4-139 1100×3650 (φ3000) 6.5m	Z52-2-4-140 1100×3650 (φ3000) 7.0m
1	52-1-4-3	砾石砂垫层	m³	1.57	1.57	1.64	1.64
2	52-1-5-1	管道垫层混凝土 C20	m³	0.79	0.79	0.82	0.82
3	52-1-5-1	管道基座混凝土 C20	m³	6.36	6.36	6.69	6.69
4	52-4-5-1	混凝土底板模板	m²	6.90	6.90	7.12	7.12
5	52-1-5-2	底板钢筋	t	0.170	0.170	0.170	0.170
6	52-3-1-3	排水检查井 深≤6m	m³	11.00	21.08		
7	52-3-1-4	排水检查井 深≤8m	m³			22.45	23.82
8	52-3-2-1	排水检查井水泥砂浆抹面 WMM15.0	m²	85.15	80.27	86.95	93.63
9	52-3-9-1	安装盖板及盖座	m³	0.84	0.84	0.86	0.86
10	52-3-9-3	安装盖板及盖座 铸铁盖座	套	1	1	1	1
11	36014512	Ⅱ型钢筋混凝土盖板	块	1	1	1	1
12	04290712	钢筋混凝土板 1400×250×160mm	块	5	5	5	7
13	04290713	钢筋混凝土板 1400×300×160mm	块	5	5	5	3

序号	定额编号	调整组合项目名称	单位	数量	数量	数量	数量
		防沉降排水检查井盖板					
1	36014512	Ⅱ型钢筋混凝土盖板	块	−1	−1	−1	−1
2	52-3-9-4	防沉降排水检查井 盖板安装	块	1	1	1	1
3	52-3-9-1	安装盖板及盖座	m³	−0.23	−0.23	−0.23	−0.23
		防坠装置					
1	52-3-6-1	安装防坠格板	只	1	1	1	1

单位:座

序号	定额编号	基本组合项目名称	单位	Z52-2-4-141	Z52-2-4-142	Z52-2-4-143
				1100×3650	1100×3650	1100×3650
				(φ3000) 7.5m	(φ3000) 8.0m	(φ3000) 8.5m
1	52-1-4-3	砾石砂垫层	m³	1.64	1.64	1.64
2	52-1-5-1	管道垫层混凝土 C20	m³	0.82	0.82	0.82
3	52-1-5-1	管道基座混凝土 C20	m³	6.69	6.69	6.69
4	52-4-5-1	混凝土底板模板	m²	7.12	7.12	7.12
5	52-1-5-2	底板钢筋	t	0.170	0.170	0.170
6	52-3-1-4	排水检查井 深≤8m	m³	24.81	25.92	27.18
7	52-3-2-1	排水检查井水泥砂浆抹面 WMM15.0	m²	100.31	107.63	114.55
8	52-3-9-1	安装盖板及盖座	m³	0.86	0.86	0.86
9	52-3-9-3	安装盖板及盖座 铸铁盖座	套	1	1	1
10	36014512	Ⅱ型钢筋混凝土盖板	块	1	1	1
11	04290712	钢筋混凝土板 1400×250×160mm	块	7	7	7
12	04290713	钢筋混凝土板 1400×300×160mm	块	3	3	3
序号	定额编号	调整组合项目名称	单位	数量	数量	数量
		防沉降排水检查井盖板				
1	36014512	Ⅱ型钢筋混凝土盖板	块	−1	−1	−1
2	52-3-9-4	防沉降排水检查井 盖板安装	块	1	1	1
3	52-3-9-1	安装盖板及盖座	m³	−0.23	−0.23	−0.23
		防坠装置				
1	52-3-6-1	安装防坠格板	只	1	1	1

五、二通转折排水检查井(交汇角为 90°)

单位:座

序号	定额编号	基本组合项目名称	单位	Z52-2-5-1 α＝90° (φ800) 2.5m	Z52-2-5-2 α＝90° (φ800) 3.0m	Z52-2-5-3 α＝90° (φ800) 3.5m	Z52-2-5-4 α＝90° (φ800) 4.0m
1	52-1-4-3	砾石砂垫层	m³	0.73	0.73	0.73	0.73
2	52-1-5-1	流槽混凝土 C20	m³	0.41	0.41	0.41	0.41
3	52-1-5-1	管道基座混凝土 C20	m³	1.00	1.00	1.00	1.00
4	52-4-5-1	混凝土底板模板	m²	1.32	1.32	1.32	1.32
5	52-1-5-2	底板钢筋	t	0.025	0.025	0.030	0.030
6	52-3-3-1	现浇钢筋混凝土排水检查井 C25	m³	0.36	0.36	0.36	0.36
7	52-3-3-2	现浇钢筋混凝土排水检查井钢筋	t	0.029	0.029	0.030	0.030
8	52-3-1-1	排水检查井 深≤2.5m	m³	6.44			
9	52-3-1-2	排水检查井 深≤4m	m³		7.03	7.63	8.22
10	52-3-2-1	排水检查井水泥砂浆抹面 WMM15.0	m²	29.81	34.77	39.73	44.69
11	52-3-9-1	安装盖板及盖座	m³	0.23	0.23	0.23	0.23
12	52-3-9-3	安装盖板及盖座 铸铁盖座	套	1	1	1	1
13	36014512	Ⅱ型钢筋混凝土盖板	块	1	1	1	1

序号	定额编号	调整组合项目名称	单位	数量	数量	数量	数量
		防沉降排水检查井盖板					
1	36014512	Ⅱ型钢筋混凝土盖板	块	−1	−1	−1	−1
2	52-3-9-4	防沉降排水检查井 盖板安装	块	1	1	1	1
3	52-3-9-1	安装盖板及盖座	m³	−0.23	−0.23	−0.23	−0.23
		防坠装置					
1	52-3-6-1	安装防坠格板	只	1	1	1	1

单位:座

序号	定额编号	基本组合项目名称	单位	Z52-2-5-5 α＝90° (φ800) 4.5m	Z52-2-5-6 α＝90° (φ800) ≤5m	Z52-2-5-7 α＝90° (φ1000) 2.5m	Z52-2-5-8 α＝90° (φ1000) 3.0m
1	52-1-4-3	砾石砂垫层	m³	0.73	0.73	0.76	0.76
2	52-1-5-1	流槽混凝土 C20	m³	0.41	0.41	0.54	0.54
3	52-1-5-1	管道基座混凝土 C20	m³	1.00	1.00	1.05	1.05
4	52-4-5-1	混凝土底板模板	m²	1.32	1.32	1.39	1.39
5	52-1-5-2	底板钢筋	t	0.031	0.031	0.027	0.027
6	52-3-3-1	现浇钢筋混凝土排水检查井 C25	m³	0.36	0.36	0.40	0.40
7	52-3-3-2	现浇钢筋混凝土排水检查井钢筋	t	0.029	0.029	0.032	0.032
8	52-3-1-1	排水检查井 深≤2.5m	m³			6.440	
9	52-3-1-2	排水检查井 深≤4m	m³				7.030
10	52-3-1-3	排水检查井 深≤6m	m³	8.850	9.850		
11	52-3-2-1	排水检查井水泥砂浆抹面 WMM15.0	m²	49.70	55.16	29.61	34.57
12	52-3-9-1	安装盖板及盖座	m³	0.23	0.23	0.23	0.23
13	52-3-9-3	安装盖板及盖座 铸铁盖座	套	1	1	1	1
14	36014512	Ⅱ型钢筋混凝土盖板	块	1	1	1	1

序号	定额编号	调整组合项目名称	单位	数量	数量	数量	数量
		防沉降排水检查井盖板					
1	36014512	Ⅱ型钢筋混凝土盖板	块	−1	−1	−1	−1
2	52-3-9-4	防沉降排水检查井 盖板安装	块	1	1	1	1
3	52-3-9-1	安装盖板及盖座	m³	−0.23	−0.23	−0.23	−0.23
		防坠装置					
1	52-3-6-1	安装防坠格板	只	1	1	1	1

单位:座

序号	定额编号	基本组合项目名称	单位	Z52-2-5-9 α=90° (φ1000) 3.5m	Z52-2-5-10 α=90° (φ1000) 4.0m	Z52-2-5-11 α=90° (φ1000) 4.5m	Z52-2-5-12 α=90° (φ1000) ≤5m
1	52-1-4-3	砾石砂垫层	m³	0.76	0.76	0.90	0.90
2	52-1-5-1	流槽混凝土 C20	m³	0.54	0.54	0.54	0.54
3	52-1-5-1	管道基座混凝土 C20	m³	1.05	1.05	1.25	1.25
4	52-4-5-1	混凝土底板模板	m²	1.39	1.39	1.49	1.49
5	52-1-5-2	底板钢筋	t	0.035	0.035	0.047	0.047
6	52-3-3-1	现浇钢筋混凝土排水检查井 C25	m³	0.40	0.40	0.40	0.40
7	52-3-3-2	现浇钢筋混凝土排水检查井钢筋	t	0.030	0.030	0.030	0.030
8	52-3-1-2	排水检查井 深≤4m	m³	7.630	8.220		
9	52-3-1-3	排水检查井 深≤6m	m³			10.920	11.920
10	52-3-2-1	排水检查井水泥砂浆抹面 WM M15.0	m²	39.53	44.49	51.21	56.67
11	52-3-9-1	安装盖板及盖座	m³	0.23	0.23	0.23	0.23
12	52-3-9-3	安装盖板及盖座 铸铁盖座	套	1	1	1	1
13	36014512	Ⅱ型钢筋混凝土盖板	块	1	1	1	1

序号	定额编号	调整组合项目名称	单位	数量	数量	数量	数量
		防沉降排水检查井盖板					
1	36014512	Ⅱ型钢筋混凝土盖板	块	−1	−1	−1	−1
2	52-3-9-4	防沉降排水检查井盖板安装	块	1	1	1	1
3	52-3-9-1	安装盖板及盖座	m³	−0.23	−0.23	−0.23	−0.23
		防坠装置					
1	52-3-6-1	安装防坠格板	只	1	1	1	1

单位:座

序号	定额编号	基本组合项目名称	单位	Z52-2-5-13	Z52-2-5-14	Z52-2-5-15	Z52-2-5-16
				$\alpha=90°$	$\alpha=90°$	$\alpha=90°$	$\alpha=90°$
				(ϕ1200) 2.5m	(ϕ1200) 3.0m	(ϕ1200) 3.5m	(ϕ1200) 4.0m
1	52-1-4-3	砾石砂垫层	m³	0.92	0.92	0.92	0.92
2	52-1-5-1	流槽混凝土 C20	m³	0.96	0.96	0.96	0.96
3	52-1-5-1	管道基座混凝土 C20	m³	1.46	1.46	1.46	1.46
4	52-4-5-1	混凝土底板模板	m²	1.76	1.76	1.76	1.76
5	52-1-5-2	底板钢筋	t	0.044	0.044	0.046	0.046
6	52-3-3-1	现浇钢筋混凝土排水检查井 C25	m³	0.57	0.57	0.57	0.57
7	52-3-3-2	现浇钢筋混凝土排水检查井钢筋	t	0.038	0.038	0.038	0.038
8	52-3-1-1	排水检查井 深≤2.5m	m³	7.220			
9	52-3-1-2	排水检查井 深≤4m	m³		7.810	8.410	9.000
10	52-3-2-1	排水检查井水泥砂浆抹面 WM M15.0	m²	32.94	37.90	42.86	47.82
11	52-3-9-1	安装盖板及盖座	m³	0.23	0.23	0.23	0.23
12	52-3-9-3	安装盖板及盖座 铸铁盖座	套	1	1	1	1
13	36014512	Ⅱ型钢筋混凝土盖板	块	1	1	1	1

序号	定额编号	调整组合项目名称	单位	数量	数量	数量	数量
		防沉降排水检查井盖板					
1	36014512	Ⅱ型钢筋混凝土盖板	块	−1	−1	−1	−1
2	52-3-9-4	防沉降排水检查井 盖板安装	块	1	1	1	1
3	52-3-9-1	安装盖板及盖座	m³	−0.23	−0.23	−0.23	−0.23
		防坠装置					
1	52-3-6-1	安装防坠格板	只	1	1	1	1

单位:座

序号	定额编号	基本组合项目名称	单位	Z52-2-5-17 α＝90° (φ1200) 4.5m	Z52-2-5-18 α＝90° (φ1200) ≤5m	Z52-2-5-19 α＝90° (φ1200) ＞5m	Z52-2-5-20 α＝90° (φ1200) 5.5m
1	52-1-4-3	砾石砂垫层	m³	1.08	1.08		
2	52-1-5-1	管道垫层混凝土 C20	m³			0.73	0.73
3	52-1-5-1	流槽混凝土 C20	m³	0.96	0.96	1.67	1.67
4	52-1-5-1	管道基座混凝土 C20	m³	1.72	1.72	1.25	1.25
5	52-4-5-1	混凝土底板模板	m²	1.88	1.88	1.95	1.95
6	52-1-5-2	底板钢筋	t	0.058	0.058	0.092	0.092
7	52-3-3-1	现浇钢筋混凝土排水检查井 C25	m³	0.57	0.57	3.65	3.65
8	52-3-3-2	现浇钢筋混凝土排水检查井钢筋	t	0.038	0.038	0.342	0.342
9	52-3-1-2	排水检查井 深≤4m	m³			3.590	4.580
10	52-3-1-3	排水检查井 深≤6m	m³	11.920	12.920		
11	52-3-2-1	排水检查井水泥砂浆抹面 WM M15.0	m²	54.49	59.95	29.64	35.10
12	52-3-9-1	安装盖板及盖座	m³	0.23	0.23	0.23	0.23
13	52-3-9-3	安装盖板及盖座 铸铁盖座	套	1	1	1	1
14	36014512	Ⅱ型钢筋混凝土盖板	块	1	1	1	1
序号	定额编号	调整组合项目名称	单位	数量	数量	数量	数量
		防沉降排水检查井盖板					
1	36014512	Ⅱ型钢筋混凝土盖板	块	−1	−1	−1	−1
2	52-3-9-4	防沉降排水检查井 盖板安装	块	1	1	1	1
3	52-3-9-1	安装盖板及盖座	m³	−0.23	−0.23	−0.23	−0.23
		防坠装置					
1	52-3-6-1	安装防坠格板	只	1	1	1	1

单位:座

序号	定额编号	基本组合项目名称	单位	Z52-2-5-21	Z52-2-5-22	Z52-2-5-23	Z52-2-5-24
				α＝90°	α＝90°	α＝90°	α＝90°
				(φ1200) 6.0m	(φ1400) 2.5m	(φ1400) 3.0m	(φ1400) 3.5m
1	52-1-4-3	砾石砂垫层	m³		1.10	1.10	1.27
2	52-1-5-1	管道垫层混凝土 C20	m³	0.73			
3	52-1-5-1	流槽混凝土 C20	m³	1.67	1.52	1.52	1.52
4	52-1-5-1	管道基座混凝土 C20	m³	1.25	1.96	1.96	2.27
5	52-4-5-1	混凝土底板模板	m²	1.95	2.18	2.18	2.31
6	52-1-5-2	底板钢筋	t	0.092	0.053	0.053	0.069
7	52-3-3-1	现浇钢筋混凝土排水检查井 C25	m³	3.65	0.78	0.78	0.78
8	52-3-3-2	现浇钢筋混凝土排水检查井钢筋	t	0.342	0.049	0.049	0.047
9	52-3-1-1	排水检查井 深≤2.5m	m³		7.940		
10	52-3-1-2	排水检查井 深≤4m	m³	5.580		8.530	11.600
11	52-3-2-1	排水检查井水泥砂浆抹面 WM M15.0	m²	40.56	36.03	40.99	47.69
12	52-3-9-1	安装盖板及盖座	m³	0.23	0.23	0.23	0.23
13	52-3-9-3	安装盖板及盖座 铸铁盖座	套	1	1	1	1
14	36014512	Ⅱ型钢筋混凝土盖板	块	1	1	1	1
序号	定额编号	调整组合项目名称	单位	数量	数量	数量	数量
		防沉降排水检查井盖板					
1	36014512	Ⅱ型钢筋混凝土盖板	块	−1	−1	−1	−1
2	52-3-9-4	防沉降排水检查井 盖板安装	块	1	1	1	1
3	52-3-9-1	安装盖板及盖座	m³	−0.23	−0.23	−0.23	−0.23
		防坠装置					
1	52-3-6-1	安装防坠格板	只	1	1	1	1

单位:座

序号	定额编号	基本组合项目名称	单位	Z52-2-5-25	Z52-2-5-26	Z52-2-5-27	Z52-2-5-28
				α＝90°	α＝90°	α＝90°	α＝90°
				(φ1400) 4.0m	(φ1400) 4.5m	(φ1400) ≤5m	(φ1400) ＞5m
1	52-1-4-3	砾石砂垫层	m³	1.27	1.27	1.27	
2	52-1-5-1	管道垫层混凝土 C20	m³				0.88
3	52-1-5-1	流槽混凝土 C20	m³	1.52	1.52	1.52	2.42
4	52-1-5-1	管道基座混凝土 C20	m³	2.27	2.27	2.27	1.53
5	52-4-5-1	混凝土底板模板	m²	2.31	2.31	2.31	2.16
6	52-1-5-2	底板钢筋	t	0.069	0.069	0.069	0.127
7	52-3-3-1	现浇钢筋混凝土排水检查井 C25	m³	0.78	0.78	0.78	4.19
8	52-3-3-2	现浇钢筋混凝土排水检查井钢筋	t	0.047	0.047	0.047	0.390
9	52-3-1-2	排水检查井　深≤4m	m³	12.190			3.590
10	52-3-1-3	排水检查井　深≤6m	m³		12.820	13.820	
11	52-3-2-1	排水检查井水泥砂浆抹面 WM M15.0	m²	52.65	57.52	62.98	29.64
12	52-3-9-1	安装盖板及盖座	m³	0.23	0.23	0.23	0.23
13	52-3-9-3	安装盖板及盖座 铸铁盖座	套	1	1	1	1
14	36014512	Ⅱ型钢筋混凝土盖板	块	1	1	1	1
序号	定额编号	调整组合项目名称	单位	数量	数量	数量	数量
		防沉降排水检查井盖板					
1	36014512	Ⅱ型钢筋混凝土盖板	块	−1	−1	−1	−1
2	52-3-9-4	防沉降排水检查井 盖板安装	块	1	1	1	1
3	52-3-9-1	安装盖板及盖座	m³	−0.23	−0.23	−0.23	−0.23
		防坠装置					
1	52-3-6-1	安装防坠格板	只	1	1	1	1

单位:座

序号	定额编号	基本组合项目名称	单位	Z52-2-5-29 α=90° (φ1400) 5.5m	Z52-2-5-30 α=90° (φ1400) 6.0m	Z52-2-5-31 α=90° (φ1600) 2.5m	Z52-2-5-32 α=90° (φ1600) 3.0m
1	52-1-4-3	砾石砂垫层	m³			1.46	1.46
2	52-1-5-1	管道垫层混凝土 C20	m³	0.88	0.88		
3	52-1-5-1	流槽混凝土 C20	m³	2.42	2.42	2.14	2.14
4	52-1-5-1	管道基座混凝土 C20	m³	1.53	1.53	2.90	2.90
5	52-4-5-1	混凝土底板模板	m²	2.16	2.16	2.76	2.76
6	52-1-5-2	底板钢筋	t	0.127	0.127	0.080	0.080
7	52-3-3-1	现浇钢筋混凝土排水检查井 C25	m³	4.19	4.19	1.23	1.23
8	52-3-3-2	现浇钢筋混凝土排水检查井钢筋	t	0.390	0.390	0.063	0.063
9	52-3-1-1	排水检查井 深≤2.5m	m³			12.200	
10	52-3-1-2	排水检查井 深≤4m	m³	4.580	5.580		12.800
11	52-3-2-1	排水检查井水泥砂浆抹面 WM M15.0	m²	35.30	40.76	42.37	47.33
12	52-3-9-1	安装盖板及盖座	m³	0.23	0.23	0.23	0.23
13	52-3-9-3	安装盖板及盖座 铸铁盖座	套	1	1	1	1
14	36014512	Ⅱ型钢筋混凝土盖板	块	1	1	1	1

序号	定额编号	调整组合项目名称	单位	数量	数量	数量	数量
		防沉降排水检查井盖板					
1	36014512	Ⅱ型钢筋混凝土盖板	块	−1	−1	−1	−1
2	52-3-9-4	防沉降排水检查井 盖板安装	块	1	1	1	1
3	52-3-9-1	安装盖板及盖座	m³	−0.23	−0.23	−0.23	−0.23
		防坠装置					
1	52-3-6-1	安装防坠格板	只	1	1	1	1

单位:座

序号	定额编号	基本组合项目名称	单位	Z52-2-5-33 $\alpha=90°$ ($\phi1600$) 3.5m	Z52-2-5-34 $\alpha=90°$ ($\phi1600$) 4.0m	Z52-2-5-35 $\alpha=90°$ ($\phi1600$) 4.5m	Z52-2-5-36 $\alpha=90°$ ($\phi1600$) ≤5m
1	52-1-4-3	砾石砂垫层	m³	1.46	1.46	1.46	1.46
2	52-1-5-1	流槽混凝土 C20	m³	2.14	2.14	2.14	2.14
3	52-1-5-1	管道基座混凝土 C20	m³	2.90	2.90	2.90	2.90
4	52-4-5-1	混凝土底板模板	m²	2.76	2.76	2.76	2.76
5	52-1-5-2	底板钢筋	t	0.080	0.080	0.080	0.080
6	52-3-3-1	现浇钢筋混凝土排水检查井 C25	m³	1.23	1.23	1.23	1.23
7	52-3-3-2	现浇钢筋混凝土排水检查井钢筋	t	0.062	0.062	0.072	0.072
8	52-3-1-2	排水检查井　深≤4m	m³	13.390	13.990		
9	52-3-1-3	排水检查井　深≤6m	m³			14.580	15.420
10	52-3-2-1	排水检查井水泥砂浆抹面 WM M15.0	m²	52.29	57.25	62.21	67.29
11	52-3-9-1	安装盖板及盖座	m³	0.23	0.23	0.23	0.23
12	52-3-9-3	安装盖板及盖座 铸铁盖座	套	1	1	1	1
13	36014512	Ⅱ型钢筋混凝土盖板	块	1	1	1	1
序号	定额编号	调整组合项目名称	单位	数量	数量	数量	数量
		防沉降排水检查井盖板					
1	36014512	Ⅱ型钢筋混凝土盖板	块	—1	—1	—1	—1
2	52-3-9-4	防沉降排水检查井 盖板安装	块	1	1	1	1
3	52-3-9-1	安装盖板及盖座	m³	—0.23	—0.23	—0.23	—0.23
		防坠装置					
1	52-3-6-1	安装防坠格板	只	1	1	1	1

单位:座

序号	定额编号	基本组合项目名称	单位	Z52-2-5-37 α=90° (ϕ1600) >5m	Z52-2-5-38 α=90° (ϕ1600) 5.5m	Z52-2-5-39 α=90° (ϕ1600) 6.0m	Z52-2-5-40 α=90° (ϕ1800) 3.0m
1	52-1-4-3	砾石砂垫层	m³				1.69
2	52-1-5-1	管道垫层混凝土 C20	m³	1.05	1.05	1.05	
3	52-1-5-1	流槽混凝土 C20	m³	3.42	3.42	3.42	3.03
4	52-1-5-1	管道基座混凝土 C20	m³	2.05	2.05	2.05	3.68
5	52-4-5-1	混凝土底板模板	m²	2.62	2.62	2.62	3.28
6	52-1-5-2	底板钢筋	t	0.135	0.135	0.135	0.093
7	52-3-3-1	现浇钢筋混凝土排水检查井 C25	m³	5.19	5.19	5.19	1.54
8	52-3-3-2	现浇钢筋混凝土排水检查井钢筋	t	0.481	0.481	0.481	0.066
9	52-3-1-2	排水检查井 深≤4m	m³	3.190	4.190	5.180	15.020
10	52-3-2-1	排水检查井水泥砂浆抹面 WM M15.0	m²	27.85	33.31	38.77	53.47
11	52-3-9-1	安装盖板及盖座	m³	0.23	0.23	0.23	0.23
12	52-3-9-3	安装盖板及盖座 铸铁盖座	套	1	1	1	1
13	36014512	Ⅱ型钢筋混凝土盖板	块	1	1	1	1

序号	定额编号	调整组合项目名称	单位	数量	数量	数量	数量
		防沉降排水检查井盖板					
1	36014512	Ⅱ型钢筋混凝土盖板	块	−1	−1	−1	−1
2	52-3-9-4	防沉降排水检查井 盖板安装	块	1	1	1	1
3	52-3-9-1	安装盖板及盖座	m³	−0.23	−0.23	−0.23	−0.23
		防坠装置					
1	52-3-6-1	安装防坠格板	只	1	1	1	1

单位:座

序号	定额编号	基本组合项目名称	单位	Z52-2-5-41	Z52-2-5-42	Z52-2-5-43	Z52-2-5-44
				α=90°	α=90°	α=90°	α=90°
				(φ1800) 3.5m	(φ1800) 4.0m	(φ1800) 4.5m	(φ1800) ≤5m
1	52-1-4-3	砾石砂垫层	m³	1.69	1.69	1.69	1.69
2	52-1-5-1	流槽混凝土 C20	m³	3.03	3.03	3.03	3.03
3	52-1-5-1	管道基座混凝土 C20	m³	3.68	3.68	3.68	3.68
4	52-4-5-1	混凝土底板模板	m²	3.28	3.28	3.28	3.28
5	52-1-5-2	底板钢筋	t	0.093	0.093	0.124	0.124
6	52-3-3-1	现浇钢筋混凝土排水检查井 C25	m³	1.54	1.54	1.54	1.54
7	52-3-3-2	现浇钢筋混凝土排水检查井钢筋	t	0.066	0.066	0.066	0.087
8	52-3-1-2	排水检查井　深≤4m	m³	15.610	16.210		
9	52-3-1-3	排水检查井　深≤6m	m³			16.800	17.470
10	52-3-2-1	排水检查井水泥砂浆抹面 WM M15.0	m²	58.43	63.39	68.35	73.16
11	52-3-9-1	安装盖板及盖座	m³	0.23	0.23	0.23	0.23
12	52-3-9-3	安装盖板及盖座 铸铁盖座	套	1	1	1	1
13	36014512	Ⅱ型钢筋混凝土盖板	块	1	1	1	1

序号	定额编号	调整组合项目名称	单位	数量	数量	数量	数量
		防沉降排水检查井盖板					
1	36014512	Ⅱ型钢筋混凝土盖板	块	−1	−1	−1	−1
2	52-3-9-4	防沉降排水检查井 盖板安装	块	1	1	1	1
3	52-3-9-1	安装盖板及盖座	m³	−0.23	−0.23	−0.23	−0.23
		防坠装置					
1	52-3-6-1	安装防坠格板	只	1	1	1	1

单位:座

序号	定额编号	基本组合项目名称	单位	Z52-2-5-45 α＝90° (φ1800) ＞5m	Z52-2-5-46 α＝90° (φ1800) 5.5m	Z52-2-5-47 α＝90° (φ1800) 6.0m	Z52-2-5-48 α＝90° (φ1800) 6.5m
1	52-1-5-1	管道垫层混凝土 C20	m³	1.24	1.24	1.24	1.24
2	52-1-5-1	流槽混凝土 C20	m³	4.58	4.58	4.58	4.58
3	52-1-5-1	管道基座混凝土 C20	m³	2.66	2.66	2.66	2.66
4	52-4-5-1	混凝土底板模板	m²	3.12	3.12	3.12	3.12
5	52-1-5-2	底板钢筋	t	0.197	0.197	0.197	0.217
6	52-3-3-1	现浇钢筋混凝土排水检查井 C25	m³	6.30	6.30	6.30	6.30
7	52-3-3-2	现浇钢筋混凝土排水检查井钢筋	t	0.590	0.590	0.590	0.631
8	52-3-1-2	排水检查井 深≤4m	m³	2.770	3.770	4.760	
9	52-3-1-3	排水检查井 深≤6m	m³				5.760
10	52-3-2-1	排水检查井水泥砂浆抹面 WM M15.0	m²	25.73	31.19	36.65	42.11
11	52-3-9-1	安装盖板及盖座	m³	0.23	0.23	0.23	0.23
12	52-3-9-3	安装盖板及盖座 铸铁盖座	套	1	1	1	1
13	36014512	Ⅱ型钢筋混凝土盖板	块	1	1	1	1
序号	定额编号	调整组合项目名称	单位	数量	数量	数量	数量
		防沉降排水检查井盖板					
1	36014512	Ⅱ型钢筋混凝土盖板	块	−1	−1	−1	−1
2	52-3-9-4	防沉降排水检查井 盖板安装	块	1	1	1	1
3	52-3-9-1	安装盖板及盖座	m³	−0.23	−0.23	−0.23	−0.23
		防坠装置					
1	52-3-6-1	安装防坠格板	只	1	1	1	1

单位:座

序号	定额编号	基本组合项目名称	单位	Z52-2-5-49 α＝90° (φ1800) 7.0m	Z52-2-5-50 α＝90° (φ2000) 3.0m	Z52-2-5-51 α＝90° (φ2000) 3.5m	Z52-2-5-52 α＝90° (φ2000) 4.0m
1	52-1-4-3	砾石砂垫层	m³		1.90	1.90	1.90
2	52-1-5-1	管道垫层混凝土 C20	m³	1.24			
3	52-1-5-1	流槽混凝土 C20	m³	4.58	3.99	3.99	3.99
4	52-1-5-1	管道基座混凝土 C20	m³	2.66	4.52	4.52	4.52
5	52-4-5-1	混凝土底板模板	m²	3.12	3.82	3.82	3.82
6	52-1-5-2	底板钢筋	t	0.217	0.106	0.106	0.106
7	52-3-3-1	现浇钢筋混凝土排水检查井 C25	m³	6.30	2.32	2.32	2.32
8	52-3-3-2	现浇钢筋混凝土排水检查井钢筋	t	0.631	0.080	0.080	0.080
9	52-3-1-2	排水检查井 深≤4m	m³		17.310	17.910	18.500
10	52-3-1-3	排水检查井 深≤6m	m³	6.760			
11	52-3-2-1	排水检查井水泥砂浆抹面 WMM15.0	m²	47.57	59.55	64.51	69.47
12	52-3-9-1	安装盖板及盖座	m³	0.23	0.23	0.23	0.23
13	52-3-9-3	安装盖板及盖座 铸铁盖座	套	1	1	1	1
14	36014512	Ⅱ型钢筋混凝土盖板	块	1	1	1	1

序号	定额编号	调整组合项目名称	单位	数量	数量	数量	数量
		防沉降排水检查井盖板					
1	36014512	Ⅱ型钢筋混凝土盖板	块	−1	−1	−1	−1
2	52-3-9-4	防沉降排水检查井 盖板安装	块	1	1	1	1
3	52-3-9-1	安装盖板及盖座	m³	−0.23	−0.23	−0.23	−0.23
		防坠装置					
1	52-3-6-1	安装防坠格板	只	1	1	1	1

单位:座

序号	定额编号	基本组合项目名称	单位	Z52-2-5-53 α＝90° (φ2000) 4.5m	Z52-2-5-54 α＝90° (φ2000) ≤5m	Z52-2-5-55 α＝90° (φ2000) ＞5m	Z52-2-5-56 α＝90° (φ2000) 5.5m
1	52-1-4-3	砾石砂垫层	m³	1.90	1.90		
2	52-1-5-1	管道垫层混凝土 C20	m³			1.45	1.45
3	52-1-5-1	流槽混凝土 C20	m³	3.99	3.99	6.05	6.05
4	52-1-5-1	管道基座混凝土 C20	m³	4.52	4.52	3.38	3.38
5	52-4-5-1	混凝土底板模板	m²	3.82	3.82	3.66	3.66
6	52-1-5-2	底板钢筋	t	0.141	0.141	0.232	0.232
7	52-3-3-1	现浇钢筋混凝土排水检查井 C25	m³	2.32	2.32	7.53	7.53
8	52-3-3-2	现浇钢筋混凝土排水检查井钢筋	t	0.097	0.097	0.734	0.734
9	52-3-1-1	排水检查井 深≤2.5m	m³			2.480	
10	52-3-1-2	排水检查井 深≤4m	m³				3.340
11	52-3-1-3	排水检查井 深≤6m	m³	19.100	19.690		
12	52-3-2-1	排水检查井水泥砂浆抹面 WM M15.0	m²	74.43	79.39	22.97	29.05
13	52-3-9-1	安装盖板及盖座	m³	0.23	0.23	0.23	0.23
14	52-3-9-3	安装盖板及盖座 铸铁盖座	套	1	1	1	1
15	36014512	Ⅱ型钢筋混凝土盖板	块	1	1	1	1
序号	定额编号	调整组合项目名称	单位	数量	数量	数量	数量
		防沉降排水检查井盖板					
1	36014512	Ⅱ型钢筋混凝土盖板	块	－1	－1	－1	－1
2	52-3-9-4	防沉降排水检查井 盖板安装	块	1	1	1	1
3	52-3-9-1	安装盖板及盖座	m³	－0.23	－0.23	－0.23	－0.23
		防坠装置					
1	52-3-6-1	安装防坠格板	只	1	1	1	1

单位:座

序号	定额编号	基本组合项目名称	单位	Z52-2-5-57 α＝90° (φ2000) 6.0m	Z52-2-5-58 α＝90° (φ2000) 6.5m	Z52-2-5-59 α＝90° (φ2000) 7.0m	Z52-2-5-60 α＝90° (φ2200) 3.5m
1	52-1-4-3	砾石砂垫层	m³				2.16
2	52-1-5-1	管道垫层混凝土 C20	m³	1.45	1.45	1.45	
3	52-1-5-1	流槽混凝土 C20	m³	6.05	6.05	6.05	5.35
4	52-1-5-1	管道基座混凝土 C20	m³	3.38	3.38	3.38	5.56
5	52-4-5-1	混凝土底板模板	m²	3.66	3.66	3.66	4.43
6	52-1-5-2	底板钢筋	t	0.232	0.266	0.266	0.121
7	52-3-3-1	现浇钢筋混凝土排水检查井 C25	m³	7.53	7.53	7.53	2.79
8	52-3-3-2	现浇钢筋混凝土排水检查井钢筋	t	0.734	0.833	0.833	0.091
9	52-3-1-2	排水检查井 深≤4m	m³	4.330	5.330		20.650
10	52-3-1-3	排水检查井 深≤6m	m³			6.330	
11	52-3-2-1	排水检查井水泥砂浆抹面 WM M15.0	m²	34.51	39.97	45.43	72.24
12	52-3-9-1	安装盖板及盖座	m³	0.23	0.23	0.23	0.23
13	52-3-9-3	安装盖板及盖座 铸铁盖座	套	1	1	1	1
14	36014512	Ⅱ型钢筋混凝土盖板	块	1	1	1	1

序号	定额编号	调整组合项目名称	单位	数量	数量	数量	数量
		防沉降排水检查井盖板					
1	36014512	Ⅱ型钢筋混凝土盖板	块	−1	−1	−1	−1
2	52-3-9-4	防沉降排水检查井 盖板安装	块	1	1	1	1
3	52-3-9-1	安装盖板及盖座	m³	−0.23	−0.23	−0.23	−0.23
		防坠装置					
1	52-3-6-1	安装防坠格板	只	1	1	1	1

单位:座

序号	定额编号	基本组合项目名称	单位	Z52-2-5-61 α＝90° (φ2200) 4.0m	Z52-2-5-62 α＝90° (φ2200) 4.5m	Z52-2-5-63 α＝90° (φ2200) ≤5m	Z52-2-5-64 α＝90° (φ2200) ＞5m
1	52-1-4-3	砾石砂垫层	m³	2.16	2.16	2.16	
2	52-1-5-1	管道垫层混凝土 C20	m³				1.67
3	52-1-5-1	流槽混凝土 C20	m³	5.35	5.35	5.35	7.81
4	52-1-5-1	管道基座混凝土 C20	m³	5.56	5.56	5.56	4.23
5	52-4-5-1	混凝土底板模板	m²	4.43	4.43	4.43	4.25
6	52-1-5-2	底板钢筋	t	0.121	0.162	0.162	0.277
7	52-3-3-1	现浇钢筋混凝土排水检查井 C25	m³	2.79	2.79	2.79	8.87
8	52-3-3-2	现浇钢筋混凝土排水检查井钢筋	t	0.091	0.111	0.111	0.965
9	52-3-1-1	排水检查井 深≤2.5m	m³				2.230
10	52-3-1-2	排水检查井 深≤4m	m³	21.250			
11	52-3-1-3	排水检查井 深≤6m	m³		21.840	22.440	
12	52-3-2-1	排水检查井水泥砂浆抹面 WM M15.0	m²	77.20	82.16	87.12	21.03
13	52-3-9-1	安装盖板及盖座	m³	0.23	0.23	0.23	0.23
14	52-3-9-3	安装盖板及盖座 铸铁盖座	套	1	1	1	1
15	36014512	Ⅱ型钢筋混凝土盖板	块	1	1	1	1

序号	定额编号	调整组合项目名称	单位	数量	数量	数量	数量
		防沉降排水检查井盖板					
1	36014512	Ⅱ型钢筋混凝土盖板	块	−1	−1	−1	−1
2	52-3-9-4	防沉降排水检查井 盖板安装	块	1	1	1	1
3	52-3-9-1	安装盖板及盖座	m³	−0.23	−0.23	−0.23	−0.23
		防坠装置					
1	52-3-6-1	安装防坠格板	只	1	1	1	1

单位:座

序号	定额编号	基本组合项目名称	单位	Z52-2-5-65	Z52-2-5-66	Z52-2-5-67	Z52-2-5-68
				α＝90°	α＝90°	α＝90°	α＝90°
				(φ2200)5.5m	(φ2200)6.0m	(φ2200)6.5m	(φ2200)7.0m
1	52-1-5-1	管道垫层混凝土 C20	m³	1.67	1.67	1.67	1.67
2	52-1-5-1	流槽混凝土 C20	m³	7.81	7.81	7.81	7.81
3	52-1-5-1	管道基座混凝土 C20	m³	4.23	4.23	4.23	4.23
4	52-4-5-1	混凝土底板模板	m²	4.25	4.25	4.25	4.25
5	52-1-5-2	底板钢筋	t	0.277	0.277	0.317	0.317
6	52-3-3-1	现浇钢筋混凝土排水检查井 C25	m³	8.87	8.87	8.87	8.87
7	52-3-3-2	现浇钢筋混凝土排水检查井钢筋	t	0.965	0.965	1.067	1.067
8	52-3-1-2	排水检查井 深≤4m	m³	2.910	3.910	4.900	
9	52-3-1-3	排水检查井 深≤6m	m³				5.900
10	52-3-2-1	排水检查井水泥砂浆抹面 WM M15.0	m²	26.89	32.35	37.81	43.27
11	52-3-9-1	安装盖板及盖座	m³	0.23	0.23	0.23	0.23
12	52-3-9-3	安装盖板及盖座 铸铁盖座	套	1	1	1	1
13	36014512	Ⅱ型钢筋混凝土盖板	块	1	1	1	1
序号	定额编号	调整组合项目名称	单位	数量	数量	数量	数量
		防沉降排水检查井盖板					
1	36014512	Ⅱ型钢筋混凝土盖板	块	－1	－1	－1	－1
2	52-3-9-4	防沉降排水检查井 盖板安装	块	1	1	1	1
3	52-3-9-1	安装盖板及盖座	m³	－0.23	－0.23	－0.23	－0.23
		防坠装置					
1	52-3-6-1	安装防坠格板	只	1	1	1	1

单位:座

序号	定额编号	基本组合项目名称	单位	Z52-2-5-69 α=90° (φ2200) 7.5m	Z52-2-5-70 α=90° (φ2200) 8.0m	Z52-2-5-71 α=90° (φ2200) 8.5m	Z52-2-5-72 α=90° (φ2400) 3.5m
1	52-1-4-3	砾石砂垫层	m³				2.43
2	52-1-5-1	管道垫层混凝土 C20	m³	1.67	1.67	1.67	
3	52-1-5-1	流槽混凝土 C20	m³	7.81	7.81	7.81	7.03
4	52-1-5-1	管道基座混凝土 C20	m³	4.23	4.23	4.23	6.74
5	52-4-5-1	混凝土底板模板	m²	4.25	4.25	4.25	5.08
6	52-1-5-2	底板钢筋	t	0.380	0.380	0.380	0.183
7	52-3-3-1	现浇钢筋混凝土排水检查井 C25	m³	9.52	9.52	9.52	3.30
8	52-3-3-2	现浇钢筋混凝土排水检查井钢筋	t	1.120	1.120	1.120	0.103
9	52-3-1-2	排水检查井 深≤4m	m³				23.700
10	52-3-1-3	排水检查井 深≤6m	m³	6.900	7.890	8.790	
11	52-3-2-1	排水检查井水泥砂浆抹面 WMM15.0	m²	48.73	54.19	59.10	80.83
12	52-3-9-1	安装盖板及盖座	m³	0.23	0.23	0.23	0.23
13	52-3-9-3	安装盖板及盖座 铸铁盖座	套	1	1	1	1
14	36014512	Ⅱ型钢筋混凝土盖板	块	1	1	1	1

序号	定额编号	调整组合项目名称	单位	数量	数量	数量	数量
		防沉降排水检查井盖板					
1	36014512	Ⅱ型钢筋混凝土盖板	块	−1	−1	−1	−1
2	52-3-9-4	防沉降排水检查井 盖板安装	块	1	1	1	1
3	52-3-9-1	安装盖板及盖座	m³	−0.23	−0.23	−0.23	−0.23
		防坠装置					
1	52-3-6-1	安装防坠格板	只	1	1	1	1

单位:座

序号	定额编号	基本组合项目名称	单位	Z52-2-5-73	Z52-2-5-74	Z52-2-5-75	Z52-2-5-76
				α=90°	α=90°	α=90°	α=90°
				(φ2400) 4.0m	(φ2400) 4.5m	(φ2400) ≤5m	(φ2400) >5m
1	52-1-4-3	砾石砂垫层	m³	2.43	2.43	2.43	
2	52-1-5-1	管道垫层混凝土 C20	m³				1.91
3	52-1-5-1	流槽混凝土 C20	m³	7.03	7.03	7.03	9.99
4	52-1-5-1	管道基座混凝土 C20	m³	6.74	6.74	6.74	5.23
5	52-4-5-1	混凝土底板模板	m²	5.08	5.08	5.08	4.89
6	52-1-5-2	底板钢筋	t	0.183	0.183	0.183	0.336
7	52-3-3-1	现浇钢筋混凝土排水检查井 C25	m³	3.30	3.30	3.30	10.36
8	52-3-3-2	现浇钢筋混凝土排水检查井钢筋	t	0.103	0.123	0.123	1.182
9	52-3-1-1	排水检查井 深≤2.5m	m³				1.960
10	52-3-1-2	排水检查井 深≤4m	m³	24.290			
11	52-3-1-3	排水检查井 深≤6m	m³		24.890	25.480	
12	52-3-2-1	排水检查井水泥砂浆抹面 WM M15.0	m²	85.79	90.75	95.71	19.05
13	52-3-9-1	安装盖板及盖座	m³	0.23	0.23	0.23	0.23
14	52-3-9-3	安装盖板及盖座 铸铁盖座	套	1	1	1	1
15	36014512	Ⅱ型钢筋混凝土盖板	块	1	1	1	1
序号	定额编号	调整组合项目名称	单位	数量	数量	数量	数量
		防沉降排水检查井盖板					
1	36014512	Ⅱ型钢筋混凝土盖板	块	−1	−1	−1	−1
2	52-3-9-4	防沉降排水检查井 盖板安装	块	1	1	1	1
3	52-3-9-1	安装盖板及盖座	m³	−0.23	−0.23	−0.23	−0.23
		防坠装置					
1	52-3-6-1	安装防坠格板	只	1	1	1	1

单位：座

序号	定额编号	基本组合项目名称	单位	Z52-2-5-77 α＝90° (φ2400) 5.5m	Z52-2-5-78 α＝90° (φ2400) 6.0m	Z52-2-5-79 α＝90° (φ2400) 6.5m	Z52-2-5-80 α＝90° (φ2400) 7.0m
1	52-1-5-1	管道垫层混凝土 C20	m³	1.91	1.91	1.91	1.91
2	52-1-5-1	流槽混凝土 C20	m³	9.99	9.99	9.99	9.99
3	52-1-5-1	管道基座混凝土 C20	m³	5.23	5.23	5.23	5.23
4	52-4-5-1	混凝土底板模板	m²	4.89	4.89	4.89	4.89
5	52-1-5-2	底板钢筋	t	0.336	0.336	0.365	0.365
6	52-3-3-1	现浇钢筋混凝土排水检查井 C25	m³	10.36	10.36	10.36	10.36
7	52-3-3-2	现浇钢筋混凝土排水检查井钢筋	t	1.182	1.182	1.224	1.224
8	52-3-1-1	排水检查井　深≤2.5m	m³	2.560			
9	52-3-1-2	排水检查井　深≤4m	m³		3.470	4.460	5.460
10	52-3-2-1	排水检查井水泥砂浆抹面 WM M15.0	m²	24.01	30.15	35.61	41.07
11	52-3-9-1	安装盖板及盖座	m³	0.23	0.23	0.23	0.23
12	52-3-9-3	安装盖板及盖座 铸铁盖座	套	1	1	1	1
13	36014512	Ⅱ型钢筋混凝土盖板	块	1	1	1	1
序号	定额编号	调整组合项目名称	单位	数量	数量	数量	数量
		防沉降排水检查井盖板					
1	36014512	Ⅱ型钢筋混凝土盖板	块	－1	－1	－1	－1
2	52-3-9-4	防沉降排水检查井 盖板安装	块	1	1	1	1
3	52-3-9-1	安装盖板及盖座	m³	－0.23	－0.23	－0.23	－0.23
		防坠装置					
1	52-3-6-1	安装防坠格板	只	1	1	1	1

单位:座

序号	定额编号	基本组合项目名称	单位	Z52-2-5-81	Z52-2-5-82	Z52-2-5-83
				α=90°	α=90°	α=90°
				(φ2400) 7.5m	(φ2400) 8.0m	(φ2400) 8.5m
1	52-1-5-1	管道垫层混凝土 C20	m³	1.91	1.91	1.91
2	52-1-5-1	流槽混凝土 C20	m³	9.99	9.99	9.99
3	52-1-5-1	管道基座混凝土 C20	m³	5.23	5.23	5.23
4	52-4-5-1	混凝土底板模板	m²	4.89	4.89	4.89
5	52-1-5-2	底板钢筋	t	0.442	0.442	0.442
6	52-3-3-1	现浇钢筋混凝土排水检查井 C25	m³	11.11	11.11	11.11
7	52-3-3-2	现浇钢筋混凝土排水检查井钢筋	t	1.452	1.452	1.452
8	52-3-1-3	排水检查井 深≤6m	m³	6.460	7.450	8.350
9	52-3-2-1	排水检查井水泥砂浆抹面 WMM15.0	m²	46.53	51.99	56.90
10	52-3-9-1	安装盖板及盖座	m³	0.23	0.23	0.23
11	52-3-9-3	安装盖板及盖座 铸铁盖座	套	1	1	1
12	36014512	Ⅱ型钢筋混凝土盖板	块	1	1	1
序号	定额编号	调整组合项目名称	单位	数量	数量	数量
		防沉降排水检查井盖板				
1	36014512	Ⅱ型钢筋混凝土盖板	块	−1	−1	−1
2	52-3-9-4	防沉降排水检查井 盖板安装	块	1	1	1
3	52-3-9-1	安装盖板及盖座	m³	−0.23	−0.23	−0.23
		防坠装置				
1	52-3-6-1	安装防坠格板	只	1	1	1

六、二通转折排水检查井(交汇角为 115°)

单位:座

序号	定额编号	基本组合项目名称	单位	Z52-2-6-1 α=115° (φ800) 2.5m	Z52-2-6-2 α=115° (φ800) 3.0m	Z52-2-6-3 α=115° (φ800) 3.5m	Z52-2-6-4 α=115° (φ800) 4.0m
1	52-1-4-3	砾石砂垫层	m³	0.56	0.56	0.56	0.68
2	52-1-5-1	流槽混凝土 C20	m³	0.36	0.36	0.36	0.36
3	52-1-5-1	管道基座混凝土 C20	m³	0.76	0.76	0.76	0.94
4	52-4-5-1	混凝土底板模板	m²	1.36	1.36	1.36	1.48
5	52-1-5-2	底板钢筋	t	0.024	0.024	0.024	0.029
6	52-3-3-1	现浇钢筋混凝土排水检查井 C25	m³	0.32	0.32	0.32	0.32
7	52-3-3-2	现浇钢筋混凝土排水检查井钢筋	t	0.026	0.026	0.026	0.028
8	52-3-1-1	排水检查井 深≤2.5m	m³	4.36			
9	52-3-1-2	排水检查井 深≤4m	m³		4.95	5.55	7.93
10	52-3-2-1	排水检查井水泥砂浆抹面 WMM15.0	m²	26.72	31.68	36.64	43.32
11	52-3-9-1	安装盖板及盖座	m³	0.23	0.23	0.23	0.23
12	52-3-9-3	安装盖板及盖座 铸铁盖座	套	1	1	1	1
13	36014512	Ⅱ型钢筋混凝土盖板	块	1	1	1	1

序号	定额编号	调整组合项目名称	单位	数量	数量	数量	数量
		防沉降排水检查井盖板					
1	36014512	Ⅱ型钢筋混凝土盖板	块	−1	−1	−1	−1
2	52-3-9-4	防沉降排水检查井 盖板安装	块	1	1	1	1
3	52-3-9-1	安装盖板及盖座	m³	−0.23	−0.23	−0.23	−0.23
		防坠装置					
1	52-3-6-1	安装防坠格板	只	1	1	1	1

单位:座

序号	定额编号	基本组合项目名称	单位	Z52-2-6-5 α=115° (φ800) 4.5m	Z52-2-6-6 α=115° (φ800) ≤5m	Z52-2-6-7 α=115° (φ1000) 2.5m	Z52-2-6-8 α=115° (φ1000) 3.0m
1	52-1-4-3	砾石砂垫层	m³	0.68	0.68	0.59	0.59
2	52-1-5-1	流槽混凝土 C20	m³	0.36	0.36	0.50	0.50
3	52-1-5-1	管道基座混凝土 C20	m³	0.94	0.94	0.80	0.80
4	52-4-5-1	混凝土底板模板	m²	1.48	1.48	1.40	1.40
5	52-1-5-2	底板钢筋	t	0.029	0.029	0.024	0.024
6	52-3-3-1	现浇钢筋混凝土排水检查井 C25	m³	0.32	0.32	0.35	0.35
7	52-3-3-2	现浇钢筋混凝土排水检查井钢筋	t	0.030	0.030	0.028	0.028
8	52-3-1-1	排水检查井 深≤2.5m	m³			4.360	
9	52-3-1-2	排水检查井 深≤4m	m³				4.950
10	52-3-1-3	排水检查井 深≤6m	m³	8.560	9.560		
11	52-3-2-1	排水检查井水泥砂浆抹面 WM M15.0	m²	48.40	53.86	26.52	31.48
12	52-3-9-1	安装盖板及盖座	m³	0.23	0.23	0.23	0.23
13	52-3-9-3	安装盖板及盖座 铸铁盖座	套	1	1	1	1
14	36014512	Ⅱ型钢筋混凝土盖板	块	1	1	1	1

序号	定额编号	调整组合项目名称	单位	数量	数量	数量	数量
		防沉降排水检查井盖板					
1	36014512	Ⅱ型钢筋混凝土盖板	块	−1	−1	−1	−1
2	52-3-9-4	防沉降排水检查井 盖板安装	块	1	1	1	1
3	52-3-9-1	安装盖板及盖座	m³	−0.23	−0.23	−0.23	−0.23
		防坠装置					
1	52-3-6-1	安装防坠格板	只	1	1	1	1

单位:座

序号	定额编号	基本组合项目名称	单位	Z52-2-6-9 α＝115° (φ1000) 3.5m	Z52-2-6-10 α＝115° (φ1000) 4.0m	Z52-2-6-11 α＝115° (φ1000) 4.5m	Z52-2-6-12 α＝115° (φ1000) ≤5m
1	52-1-4-3	砾石砂垫层	m³	0.59	0.72	0.72	0.72
2	52-1-5-1	流槽混凝土 C20	m³	0.50	0.50	0.50	0.50
3	52-1-5-1	管道基座混凝土 C20	m³	0.80	0.99	0.99	0.99
4	52-4-5-1	混凝土底板模板	m²	1.40	1.51	1.51	1.51
5	52-1-5-2	底板钢筋	t	0.024	0.031	0.031	0.031
6	52-3-3-1	现浇钢筋混凝土排水检查井 C25	m³	0.35	0.35	0.35	0.35
7	52-3-3-2	现浇钢筋混凝土排水检查井钢筋	t	0.028	0.030	0.313	0.313
8	52-3-1-2	排水检查井 深≤4m	m³	5.550	7.930		
9	52-3-1-3	排水检查井 深≤6m	m³			8.560	9.560
10	52-3-2-1	排水检查井水泥砂浆抹面 WM M15.0	m²	36.44	43.14	48.22	53.68
11	52-3-9-1	安装盖板及盖座	m³	0.23	0.23	0.23	0.23
12	52-3-9-3	安装盖板及盖座 铸铁盖座	套	1	1	1	1
13	36014512	Ⅱ型钢筋混凝土盖板	块	1	1	1	1

序号	定额编号	调整组合项目名称	单位	数量	数量	数量	数量
		防沉降排水检查井盖板					
1	36014512	Ⅱ型钢筋混凝土盖板	块	−1	−1	−1	−1
2	52-3-9-4	防沉降排水检查井 盖板安装	块	1	1	1	1
3	52-3-9-1	安装盖板及盖座	m³	−0.23	−0.23	−0.23	−0.23
		防坠装置					
1	52-3-6-1	安装防坠格板	只	1	1	1	1

单位:座

序号	定额编号	基本组合项目名称	单位	Z52-2-6-13	Z52-2-6-14	Z52-2-6-15	Z52-2-6-16
				α＝115°	α＝115°	α＝115°	α＝115°
				(φ1200) 2.5m	(φ1200) 3.0m	(φ1200) 3.5m	(φ1200) 4.0m
1	52-1-4-3	砾石砂垫层	m³	0.77	0.77	0.77	0.77
2	52-1-5-1	流槽混凝土 C20	m³	0.68	0.68	0.68	0.68
3	52-1-5-1	管道基座混凝土 C20	m³	1.20	1.20	1.20	1.20
4	52-4-5-1	混凝土底板模板	m²	1.79	1.79	1.79	1.79
5	52-1-5-2	底板钢筋	t	0.032	0.032	0.032	0.034
6	52-3-3-1	现浇钢筋混凝土排水检查井 C25	m³	0.41	0.41	0.41	0.41
7	52-3-3-2	现浇钢筋混凝土排水检查井钢筋	t	0.033	0.033	0.033	0.037
8	52-3-1-1	排水检查井　深≤2.5m	m³	6.300			
9	52-3-1-2	排水检查井　深≤4m	m³		6.890	7.490	8.080
10	52-3-2-1	排水检查井水泥砂浆抹面 WM M15.0	m²	28.62	33.58	38.54	43.50
11	52-3-9-1	安装盖板及盖座	m³	0.23	0.23	0.23	0.23
12	52-3-9-3	安装盖板及盖座 铸铁盖座	套	1	1	1	1
13	36014512	Ⅱ型钢筋混凝土盖板	块	1	1	1	1

序号	定额编号	调整组合项目名称	单位	数量	数量	数量	数量
		防沉降排水检查井盖板					
1	36014512	Ⅱ型钢筋混凝土盖板	块	−1	−1	−1	−1
2	52-3-9-4	防沉降排水检查井 盖板安装	块	1	1	1	1
3	52-3-9-1	安装盖板及盖座	m³	−0.23	−0.23	−0.23	−0.23
		防坠装置					
1	52-3-6-1	安装防坠格板	只	1	1	1	1

单位:座

序号	定额编号	基本组合项目名称	单位	Z52-2-6-17 α＝115° (φ1200) 4.5m	Z52-2-6-18 α＝115° (φ1200) ≤5m	Z52-2-6-19 α＝115° (φ1200) ＞5m	Z52-2-6-20 α＝115° (φ1200) 5.5m
1	52-1-4-3	砾石砂垫层	m³	0.77	0.77		
2	52-1-5-1	管道垫层混凝土 C20	m³			0.71	0.71
3	52-1-5-1	流槽混凝土 C20	m³	0.68	0.68	1.61	1.61
4	52-1-5-1	管道基座混凝土 C20	m³	1.20	1.20	1.22	1.22
5	52-4-5-1	混凝土底板模板	m²	1.79	1.79	1.92	1.92
6	52-1-5-2	底板钢筋	t	0.034	0.034	0.078	0.078
7	52-3-3-1	现浇钢筋混凝土排水检查井 C25	m³	0.41	0.41	3.57	3.57
8	52-3-3-2	现浇钢筋混凝土排水检查井钢筋	t	0.039	0.039	0.327	0.327
9	52-3-1-2	排水检查井 深≤4m	m³			3.590	4.580
10	52-3-1-3	排水检查井 深≤6m	m³	8.710	9.710		
11	52-3-2-1	排水检查井水泥砂浆抹面 WMM15.0	m²	48.56	54.02	29.64	35.10
12	52-3-9-1	安装盖板及盖座	m³	0.23	0.23	0.23	0.23
13	52-3-9-3	安装盖板及盖座 铸铁盖座	套	1	1	1	1
14	36014512	Ⅱ型钢筋混凝土盖板	块	1	1	1	1

序号	定额编号	调整组合项目名称	单位	数量	数量	数量	数量
		防沉降排水检查井盖板					
1	36014512	Ⅱ型钢筋混凝土盖板	块	−1	−1	−1	−1
2	52-3-9-4	防沉降排水检查井 盖板安装	块	1	1	1	1
3	52-3-9-1	安装盖板及盖座	m³	−0.23	−0.23	−0.23	−0.23
		防坠装置					
1	52-3-6-1	安装防坠格板	只	1	1	1	1

单位:座

序号	定额编号	基本组合项目名称	单位	Z52-2-6-21 α=115° (φ1200) 6.0m	Z52-2-6-22 α=115° (φ1400) 2.5m	Z52-2-6-23 α=115° (φ1400) 3.0m	Z52-2-6-24 α=115° (φ1400) 3.5m
1	52-1-4-3	砾石砂垫层	m³		0.91	0.91	0.91
2	52-1-5-1	管道垫层混凝土 C20	m³	0.71			
3	52-1-5-1	流槽混凝土 C20	m³	1.61	1.08	1.08	1.08
4	52-1-5-1	管道基座混凝土 C20	m³	1.22	1.60	1.60	1.60
5	52-4-5-1	混凝土底板模板	m²	1.92	2.21	2.21	2.21
6	52-1-5-2	底板钢筋	t	0.078	0.040	0.040	0.040
7	52-3-3-1	现浇钢筋混凝土排水检查井 C25	m³	3.57	0.60	0.60	0.60
8	52-3-3-2	现浇钢筋混凝土排水检查井钢筋	t	0.327	0.037	0.037	0.037
9	52-3-1-1	排水检查井 深≤2.5m	m³		6.850		
10	52-3-1-2	排水检查井 深≤4m	m³	5.580		7.440	8.040
11	52-3-2-1	排水检查井水泥砂浆抹面 WM M15.0	m²	40.56	30.87	35.83	40.79
12	52-3-9-1	安装盖板及盖座	m³	0.23	0.23	0.23	0.23
13	52-3-9-3	安装盖板及盖座 铸铁盖座	套	1	1	1	1
14	36014512	Ⅱ型钢筋混凝土盖板	块	1	1	1	1

序号	定额编号	调整组合项目名称	单位	数量	数量	数量	数量
		防沉降排水检查井盖板					
1	36014512	Ⅱ型钢筋混凝土盖板	块	−1	−1	−1	−1
2	52-3-9-4	防沉降排水检查井 盖板安装	块	1	1	1	1
3	52-3-9-1	安装盖板及盖座	m³	−0.23	−0.23	−0.23	−0.23
		防坠装置					
1	52-3-6-1	安装防坠格板	只	1	1	1	1

单位:座

序号	定额编号	基本组合项目名称	单位	Z52-2-6-25	Z52-2-6-26	Z52-2-6-27	Z52-2-6-28
				α＝115°	α＝115°	α＝115°	α＝115°
				(φ1400) 4.0m	(φ1400) 4.5m	(φ1400) ≤5m	(φ1400) ＞5m
1	52-1-4-3	砾石砂垫层	m³	0.91	1.06	1.06	
2	52-1-5-1	管道垫层混凝土 C20	m³				0.73
3	52-1-5-1	流槽混凝土 C20	m³	1.08	1.08	1.08	1.85
4	52-1-5-1	管道基座混凝土 C20	m³	1.60	1.88	1.88	1.26
5	52-4-5-1	混凝土底板模板	m²	2.21	2.35	2.35	1.96
6	52-1-5-2	底板钢筋	t	0.040	0.054	0.054	0.087
7	52-3-3-1	现浇钢筋混凝土排水检查井 C25	m³	0.60	0.60	0.60	3.49
8	52-3-3-2	现浇钢筋混凝土排水检查井钢筋	t	0.037	0.040	0.040	0.338
9	52-3-1-2	排水检查井 深≤4m	m³	8.630			3.590
10	52-3-1-3	排水检查井 深≤6m	m³		11.460	12.460	
11	52-3-2-1	排水检查井水泥砂浆抹面 WM M15.0	m²	45.75	52.55	58.01	29.84
12	52-3-9-1	安装盖板及盖座	m³	0.23	0.23	0.23	0.23
13	52-3-9-3	安装盖板及盖座 铸铁盖座	套	1	1	1	1
14	36014512	Ⅱ型钢筋混凝土盖板	块	1	1	1	1
序号	定额编号	调整组合项目名称	单位	数量	数量	数量	数量
		防沉降排水检查井盖板					
1	36014512	Ⅱ型钢筋混凝土盖板	块	−1	−1	−1	−1
2	52-3-9-4	防沉降排水检查井 盖板安装	块	1	1	1	1
3	52-3-9-1	安装盖板及盖座	m³	−0.23	−0.23	−0.23	−0.23
		防坠装置					
1	52-3-6-1	安装防坠格板	只	1	1	1	1

序号	定额编号	基本组合项目名称	单位	Z52-2-6-29 α=115° (φ1400) 5.5m	Z52-2-6-30 α=115° (φ1400) 6.0m	Z52-2-6-31 α=115° (φ1600) 2.5m	Z52-2-6-32 α=115° (φ1600) 3.0m
1	52-1-4-3	砾石砂垫层	m³			1.05	1.05
2	52-1-5-1	管道垫层混凝土 C20	m³	0.73	0.73		
3	52-1-5-1	流槽混凝土 C20	m³	1.85	1.85	1.51	1.51
4	52-1-5-1	管道基座混凝土 C20	m³	1.26	1.26	2.04	2.04
5	52-4-5-1	混凝土底板模板	m²	1.96	1.96	2.64	2.64
6	52-1-5-2	底板钢筋	t	0.087	0.087	0.047	0.047
7	52-3-3-1	现浇钢筋混凝土排水检查井 C25	m³	3.49	3.49	0.89	0.89
8	52-3-3-2	现浇钢筋混凝土排水检查井钢筋	t	0.338	0.338	0.042	0.042
9	52-3-1-1	排水检查井 深≤2.5m	m³			7.880	
10	52-3-1-2	排水检查井 深≤4m	m³	4.580	5.580		8.480
11	52-3-2-1	排水检查井水泥砂浆抹面 WM M15.0	m²	35.30	40.76	33.92	38.88
12	52-3-9-1	安装盖板及盖座	m³	0.23	0.23	0.23	0.23
13	52-3-9-3	安装盖板及盖座 铸铁盖座	套	1	1	1	1
14	36014512	Ⅱ型钢筋混凝土盖板	块	1	1	1	1

序号	定额编号	调整组合项目名称	单位	数量	数量	数量	数量
		防沉降排水检查井盖板					
1	36014512	Ⅱ型钢筋混凝土盖板	块	−1	−1	−1	−1
2	52-3-9-4	防沉降排水检查井 盖板安装	块	1	1	1	1
3	52-3-9-1	安装盖板及盖座	m³	−0.23	−0.23	−0.23	−0.23
		防坠装置					
1	52-3-6-1	安装防坠格板	只	1	1	1	1

单位:座

序号	定额编号	基本组合项目名称	单位	Z52-2-6-33 α=115° (φ1600) 3.5m	Z52-2-6-34 α=115° (φ1600) 4.0m	Z52-2-6-35 α=115° (φ1600) 4.5m	Z52-2-6-36 α=115° (φ1600) ≤5m
1	52-1-4-3	砾石砂垫层	m³	1.05	1.21	1.21	1.21
2	52-1-5-1	流槽混凝土 C20	m³	1.51	1.51	1.51	1.51
3	52-1-5-1	管道基座混凝土 C20	m³	2.04	2.38	2.38	2.38
4	52-4-5-1	混凝土底板模板	m²	2.64	2.80	2.80	2.80
5	52-1-5-2	底板钢筋	t	0.047	0.054	0.062	0.062
6	52-3-3-1	现浇钢筋混凝土排水检查井 C25	m³	0.89	0.89	0.89	0.89
7	52-3-3-2	现浇钢筋混凝土排水检查井钢筋	t	0.042	0.042	0.047	0.047
8	52-3-1-2	排水检查井 深≤4m	m³	9.070	12.270		
9	52-3-1-3	排水检查井 深≤6m	m³			12.860	13.700
10	52-3-2-1	排水检查井水泥砂浆抹面 WMM15.0	m²	43.84	50.77	55.73	60.96
11	52-3-9-1	安装盖板及盖座	m³	0.23	0.23	0.23	0.23
12	52-3-9-3	安装盖板及盖座 铸铁盖座	套	1	1	1	1
13	36014512	Ⅱ型钢筋混凝土盖板	块	1	1	1	1

序号	定额编号	调整组合项目名称	单位	数量	数量	数量	数量
		防沉降排水检查井盖板					
1	36014512	Ⅱ型钢筋混凝土盖板	块	−1	−1	−1	−1
2	52-3-9-4	防沉降排水检查井 盖板安装	块	1	1	1	1
3	52-3-9-1	安装盖板及盖座	m³	−0.23	−0.23	−0.23	−0.23
		防坠装置					
1	52-3-6-1	安装防坠格板	只	1	1	1	1

单位:座

序号	定额编号	基本组合项目名称	单位	Z52-2-6-37 α=115° (φ1600) >5m	Z52-2-6-38 α=115° (φ1600) 5.5m	Z52-2-6-39 α=115° (φ1600) 6.0m	Z52-2-6-40 α=115° (φ1800) 3.0m
1	52-1-4-3	砾石砂垫层	m³				1.21
2	52-1-5-1	管道垫层混凝土 C20	m³	0.81	0.81	0.81	
3	52-1-5-1	流槽混凝土 C20	m³	2.34	2.34	2.34	2.14
4	52-1-5-1	管道基座混凝土 C20	m³	1.55	1.55	1.55	2.59
5	52-4-5-1	混凝土底板模板	m²	2.29	2.29	2.29	3.15
6	52-1-5-2	底板钢筋	t	0.111	0.111	0.111	0.054
7	52-3-3-1	现浇钢筋混凝土排水检查井 C25	m³	4.00	4.00	4.00	1.12
8	52-3-3-2	现浇钢筋混凝土排水检查井钢筋	t	0.380	0.380	0.380	0.050
9	52-3-1-2	排水检查井 深≤4m	m³	3.190	4.190	5.180	9.810
10	52-3-2-1	排水检查井水泥砂浆抹面 WM M15.0	m²	27.85	33.31	38.77	43.22
11	52-3-9-1	安装盖板及盖座	m³	0.23	0.23	0.23	0.23
12	52-3-9-3	安装盖板及盖座 铸铁盖座	套	1	1	1	1
13	36014512	Ⅱ型钢筋混凝土盖板	块	1	1	1	1

序号	定额编号	调整组合项目名称	单位	数量	数量	数量	数量
		防沉降排水检查井盖板					
1	36014512	Ⅱ型钢筋混凝土盖板	块	−1	−1	−1	−1
2	52-3-9-4	防沉降排水检查井 盖板安装	块	1	1	1	1
3	52-3-9-1	安装盖板及盖座	m³	−0.23	−0.23	−0.23	−0.23
		防坠装置					
1	52-3-6-1	安装防坠格板	只	1	1	1	1

单位:座

序号	定额编号	基本组合项目名称	单位	Z52-2-6-41 α＝115° (φ1800) 3.5m	Z52-2-6-42 α＝115° (φ1800) 4.0m	Z52-2-6-43 α＝115° (φ1800) 4.5m	Z52-2-6-44 α＝115° (φ1800) ≤5m
1	52-1-4-3	砾石砂垫层	m³	1.21	1.38	1.38	1.38
2	52-1-5-1	流槽混凝土 C20	m³	2.14	2.14	2.14	2.14
3	52-1-5-1	管道基座混凝土 C20	m³	2.59	2.99	2.99	2.99
4	52-4-5-1	混凝土底板模板	m²	3.15	3.32	3.32	3.32
5	52-1-5-2	底板钢筋	t	0.054	0.071	0.084	0.084
6	52-3-3-1	现浇钢筋混凝土排水检查井 C25	m³	1.12	1.12	1.12	1.12
7	52-3-3-2	现浇钢筋混凝土排水检查井钢筋	t	0.050	0.050	0.055	0.055
8	52-3-1-2	排水检查井 深≤4m	m³	10.400	14.070		
9	52-3-1-3	排水检查井 深≤6m	m³			14.660	15.330
10	52-3-2-1	排水检查井水泥砂浆抹面 WM M15.0	m²	48.18	55.31	60.27	65.26
11	52-3-9-1	安装盖板及盖座	m³	0.23	0.23	0.23	0.23
12	52-3-9-3	安装盖板及盖座 铸铁盖座	套	1	1	1	1
13	36014512	Ⅱ型钢筋混凝土盖板	块	1	1	1	1

序号	定额编号	调整组合项目名称	单位	数量	数量	数量	数量
		防沉降排水检查井盖板					
1	36014512	Ⅱ型钢筋混凝土盖板	块	−1	−1	−1	−1
2	52-3-9-4	防沉降排水检查井 盖板安装	块	1	1	1	1
3	52-3-9-1	安装盖板及盖座	m³	−0.23	−0.23	−0.23	−0.23
		防坠装置					
1	52-3-6-1	安装防坠格板	只	1	1	1	1

单位:座

序号	定额编号	基本组合项目名称	单位	Z52-2-6-45 α=115° (ϕ1800) >5m	Z52-2-6-46 α=115° (ϕ1800) 5.5m	Z52-2-6-47 α=115° (ϕ1800) 6.0m	Z52-2-6-48 α=115° (ϕ1800) 6.5m
1	52-1-5-1	管道垫层混凝土 C20	m³	0.95	0.95	0.95	0.95
2	52-1-5-1	流槽混凝土 C20	m³	3.12	3.12	3.12	3.12
3	52-1-5-1	管道基座混凝土 C20	m³	1.99	1.99	1.99	1.99
4	52-4-5-1	混凝土底板模板	m²	2.72	2.72	2.72	2.72
5	52-1-5-2	底板钢筋	t	0.131	0.131	0.131	0.131
6	52-3-3-1	现浇钢筋混凝土排水检查井 C25	m³	4.84	4.84	4.84	4.84
7	52-3-3-2	现浇钢筋混凝土排水检查井钢筋	t	0.463	0.463	0.463	0.513
8	52-3-1-2	排水检查井 深≤4m	m³	2.770	3.770	4.760	
9	52-3-1-3	排水检查井 深≤6m	m³				5.760
10	52-3-2-1	排水检查井水泥砂浆抹面 WM M15.0	m²	25.73	31.19	36.65	42.11
11	52-3-9-1	安装盖板及盖座	m³	0.23	0.23	0.23	0.23
12	52-3-9-3	安装盖板及盖座 铸铁盖座	套	1	1	1	1
13	36014512	Ⅱ型钢筋混凝土盖板	块	1	1	1	1

序号	定额编号	调整组合项目名称	单位	数量	数量	数量	数量
		防沉降排水检查井盖板					
1	36014512	Ⅱ型钢筋混凝土盖板	块	−1	−1	−1	−1
2	52-3-9-4	防沉降排水检查井 盖板安装	块	1	1	1	1
3	52-3-9-1	安装盖板及盖座	m³	−0.23	−0.23	−0.23	−0.23
		防坠装置					
1	52-3-6-1	安装防坠格板	只	1	1	1	1

单位:座

序号	定额编号	基本组合项目名称	单位	Z52-2-6-49 α=115° (φ1800) 7.0m	Z52-2-6-50 α=115° (φ2000) 3.0m	Z52-2-6-51 α=115° (φ2000) 3.5m	Z52-2-6-52 α=115° (φ2000) 4.0m
1	52-1-4-3	砾石砂垫层	m³		1.55	1.55	1.55
2	52-1-5-1	管道垫层混凝土 C20	m³	0.95			
3	52-1-5-1	流槽混凝土 C20	m³	3.12	2.82	2.82	2.82
4	52-1-5-1	管道基座混凝土 C20	m³	1.99	3.65	3.65	3.65
5	52-4-5-1	混凝土底板模板	m²	2.72	3.85	3.85	3.85
6	52-1-5-2	底板钢筋	t	0.141	0.080	0.080	0.080
7	52-3-3-1	现浇钢筋混凝土排水检查井 C25	m³	4.84	1.69	1.69	1.69
8	52-3-3-2	现浇钢筋混凝土排水检查井钢筋	t	0.513	0.060	0.060	0.060
9	52-3-1-2	排水检查井 深≤4m	m³		14.690	15.290	15.880
10	52-3-1-3	排水检查井 深≤6m	m³	6.760			
11	52-3-2-1	排水检查井水泥砂浆抹面 WM M15.0	m²	47.57	49.73	54.69	59.65
12	52-3-9-1	安装盖板及盖座	m³	0.23	0.23	0.23	0.23
13	52-3-9-3	安装盖板及盖座 铸铁盖座	套	1	1	1	1
14	36014512	Ⅱ型钢筋混凝土盖板	块	1	1	1	1

序号	定额编号	调整组合项目名称	单位	数量	数量	数量	数量
		防沉降排水检查井盖板					
1	36014512	Ⅱ型钢筋混凝土盖板	块	-1	-1	-1	-1
2	52-3-9-4	防沉降排水检查井 盖板安装	块	1	1	1	1
3	52-3-9-1	安装盖板及盖座	m³	-0.23	-0.23	-0.23	-0.23
		防坠装置					
1	52-3-6-1	安装防坠格板	只	1	1	1	1

单位:座

序号	定额编号	基本组合项目名称	单位	Z52-2-6-53	Z52-2-6-54	Z52-2-6-55	Z52-2-6-56
				α＝115°	α＝115°	α＝115°	α＝115°
				(φ2000) 4.5m	(φ2000) ≤5m	(φ2000) >5m	(φ2000) 5.5m
1	52-1-4-3	砾石砂垫层	m³	1.55	1.55		
2	52-1-5-1	管道垫层混凝土 C20	m³			1.10	1.10
3	52-1-5-1	流槽混凝土 C20	m³	2.82	2.82	4.12	4.12
4	52-1-5-1	管道基座混凝土 C20	m³	3.65	3.65	2.53	2.53
5	52-4-5-1	混凝土底板模板	m²	3.85	3.85	3.18	3.18
6	52-1-5-2	底板钢筋	t	0.094	0.094	0.127	0.127
7	52-3-3-1	现浇钢筋混凝土排水检查井 C25	m³	1.69	1.69	5.78	5.78
8	52-3-3-2	现浇钢筋混凝土排水检查井钢筋	t	0.107	0.107	0.571	0.571
9	52-3-1-1	排水检查井 深≤2.5m	m³			2.480	
10	52-3-1-2	排水检查井 深≤4m	m³				3.340
11	52-3-1-3	排水检查井 深≤6m	m³	16.480	17.070		
12	52-3-2-1	排水检查井水泥砂浆抹面 WMM15.0	m²	64.61	69.57	22.97	29.05
13	52-3-9-1	安装盖板及盖座	m³	0.23	0.23	0.23	0.23
14	52-3-9-3	安装盖板及盖座 铸铁盖座	套	1	1	1	1
15	36014512	Ⅱ型钢筋混凝土盖板	块	1	1	1	1

序号	定额编号	调整组合项目名称	单位	数量	数量	数量	数量
		防沉降排水检查井盖板					
1	36014512	Ⅱ型钢筋混凝土盖板	块	−1	−1	−1	−1
2	52-3-9-4	防沉降排水检查井 盖板安装	块	1	1	1	1
3	52-3-9-1	安装盖板及盖座	m³	−0.23	−0.23	−0.23	−0.23
		防坠装置					
1	52-3-6-1	安装防坠格板	只	1	1	1	1

单位:座

序号	定额编号	基本组合项目名称	单位	Z52-2-6-57	Z52-2-6-58	Z52-2-6-59	Z52-2-6-60
				α＝115°	α＝115°	α＝115°	α＝115°
				(φ2000) 6.0m	(φ2000) 6.5m	(φ2000) 7.0m	(φ2200) 3.5m
1	52-1-4-3	砾石砂垫层	m³				1.75
2	52-1-5-1	管道垫层混凝土 C20	m³	1.10	1.11	1.11	
3	52-1-5-1	流槽混凝土 C20	m³	4.12	4.12	4.12	3.77
4	52-1-5-1	管道基座混凝土 C20	m³	2.53	2.53	2.53	4.45
5	52-4-5-1	混凝土底板模板	m²	3.18	3.18	3.18	4.45
6	52-1-5-2	底板钢筋	t	0.127	0.149	0.149	0.107
7	52-3-3-1	现浇钢筋混凝土排水检查井 C25	m³	5.78	5.78	5.78	2.03
8	52-3-3-2	现浇钢筋混凝土排水检查井钢筋	t	0.571	0.602	0.602	0.070
9	52-3-1-2	排水检查井 深≤4m	m³	4.330	5.330		17.510
10	52-3-1-3	排水检查井 深≤6m	m³			6.330	
11	52-3-2-1	排水检查井水泥砂浆抹面 WMM15.0	m²	34.51	39.97	45.43	60.45
12	52-3-9-1	安装盖板及盖座	m³	0.23	0.23	0.23	0.23
13	52-3-9-3	安装盖板及盖座 铸铁盖座	套	1	1	1	1
14	36014512	Ⅱ型钢筋混凝土盖板	块	1	1	1	1
序号	定额编号	调整组合项目名称	单位	数量	数量	数量	数量
		防沉降排水检查井盖板					
1	36014512	Ⅱ型钢筋混凝土盖板	块	−1	−1	−1	−1
2	52-3-9-4	防沉降排水检查井 盖板安装	块	1	1	1	1
3	52-3-9-1	安装盖板及盖座	m³	−0.23	−0.23	−0.23	−0.23
		防坠装置					
1	52-3-6-1	安装防坠格板	只	1	1	1	1

单位:座

序号	定额编号	基本组合项目名称	单位	Z52-2-6-61 α＝115° (φ2200) 4.0m	Z52-2-6-62 α＝115° (φ2200) 4.5m	Z52-2-6-63 α＝115° (φ2200) ≤5m	Z52-2-6-64 α＝115° (φ2200) ＞5m
1	52-1-4-3	砾石砂垫层	m³	1.75	1.75	1.75	
2	52-1-5-1	管道垫层混凝土 C20	m³				1.26
3	52-1-5-1	流槽混凝土 C20	m³	3.77	3.77	3.77	5.30
4	52-1-5-1	管道基座混凝土 C20	m³	4.45	4.45	4.45	3.14
5	52-4-5-1	混凝土底板模板	m²	4.45	4.45	4.45	3.68
6	52-1-5-2	底板钢筋	t	0.107	0.113	0.113	0.190
7	52-3-3-1	现浇钢筋混凝土排水检查井 C25	m³	2.03	2.03	2.03	6.78
8	52-3-3-2	现浇钢筋混凝土排水检查井钢筋	t	0.070	0.076	0.076	0.739
9	52-3-1-1	排水检查井 深≤2.5m	m³				2.230
10	52-3-1-2	排水检查井 深≤4m	m³	18.110			
11	52-3-1-3	排水检查井 深≤6m	m³		18.700	19.300	
12	52-3-2-1	排水检查井水泥砂浆抹面 WMM15.0	m²	65.41	70.37	75.33	21.03
13	52-3-9-1	安装盖板及盖座	m³	0.23	0.23	0.23	0.23
14	52-3-9-3	安装盖板及盖座 铸铁盖座	套	1	1	1	1
15	36014512	Ⅱ型钢筋混凝土盖板	块	1	1	1	1

序号	定额编号	调整组合项目名称	单位	数量	数量	数量	数量
		防沉降排水检查井盖板					
1	36014512	Ⅱ型钢筋混凝土盖板	块	−1	−1	−1	−1
2	52-3-9-4	防沉降排水检查井 盖板安装	块	1	1	1	1
3	52-3-9-1	安装盖板及盖座	m³	−0.23	−0.23	−0.23	−0.23
		防坠装置					
1	52-3-6-1	安装防坠格板	只	1			1

单位:座

序号	定额编号	基本组合项目名称	单位	Z52-2-6-65 α＝115° (φ2200) 5.5m	Z52-2-6-66 α＝115° (φ2200) 6.0m	Z52-2-6-67 α＝115° (φ2200) 6.5m	Z52-2-6-68 α＝115° (φ2200) 7.0m
1	52-1-5-1	管道垫层混凝土 C20	m³	1.26	1.26	1.26	1.26
2	52-1-5-1	流槽混凝土 C20	m³	5.30	5.30	5.30	5.30
3	52-1-5-1	管道基座混凝土 C20	m³	3.14	3.14	3.14	3.14
4	52-4-5-1	混凝土底板模板	m²	3.68	3.68	3.68	3.68
5	52-1-5-2	底板钢筋	t	0.190	0.190	0.212	0.212
6	52-3-3-1	现浇钢筋混凝土排水检查井 C25	m³	6.78	6.78	6.78	6.78
7	52-3-3-2	现浇钢筋混凝土排水检查井钢筋	t	0.739	0.739	0.840	0.840
8	52-3-1-2	排水检查井 深≤4m	m³	2.910	3.910	4.900	
9	52-3-1-3	排水检查井 深≤6m	m³				5.900
10	52-3-2-1	排水检查井水泥砂浆抹面 WM M15.0	m²	26.89	32.35	37.81	43.27
11	52-3-9-1	安装盖板及盖座	m³	0.23	0.23	0.23	0.23
12	52-3-9-3	安装盖板及盖座 铸铁盖座	套	1	1	1	1
13	36014512	Ⅱ型钢筋混凝土盖板	块	1	1	1	1
序号	定额编号	调整组合项目名称	单位	数量	数量	数量	数量
		防沉降排水检查井盖板					
1	36014512	Ⅱ型钢筋混凝土盖板	块	−1	−1	−1	−1
2	52-3-9-4	防沉降排水检查井 盖板安装	块	1	1	1	1
3	52-3-9-1	安装盖板及盖座	m³	−0.23	−0.23	−0.23	−0.23
		防坠装置					
1	52-3-6-1	安装防坠格板	只	1	1	1	1

单位:座

序号	定额编号	基本组合项目名称	单位	Z52-2-6-69 α=115° (φ2200) 7.5m	Z52-2-6-70 α=115° (φ2200) 8.0m	Z52-2-6-71 α=115° (φ2200) 8.5m	Z52-2-6-72 α=115° (φ2400) 3.5m
1	52-1-4-3	砾石砂垫层	m³				1.95
2	52-1-5-1	管道垫层混凝土 C20	m³	1.26	1.26	1.26	
3	52-1-5-1	流槽混凝土 C20	m³	5.30	5.30	5.30	4.97
4	52-1-5-1	管道基座混凝土 C20	m³	3.14	3.14	3.14	5.36
5	52-4-5-1	混凝土底板模板	m²	3.68	3.68	3.68	5.10
6	52-1-5-2	底板钢筋	t	0.261	0.261	0.261	0.120
7	52-3-3-1	现浇钢筋混凝土排水检查井 C25	m³	7.24	7.24	7.24	2.40
8	52-3-3-2	现浇钢筋混凝土排水检查井钢筋	t	0.911	0.911	0.911	0.078
9	52-3-1-2	排水检查井 深≤4m	m³				19.990
10	52-3-1-3	排水检查井 深≤6m	m³	6.900	7.890	8.790	
11	52-3-2-1	排水检查井水泥砂浆抹面 WM M15.0	m²	48.73	54.19	59.10	66.94
12	52-3-9-1	安装盖板及盖座	m³	0.23	0.23	0.23	0.23
13	52-3-9-3	安装盖板及盖座 铸铁盖座	套	1	1	1	1
14	36014512	Ⅱ型钢筋混凝土盖板	块	1	1	1	1

序号	定额编号	调整组合项目名称	单位	数量	数量	数量	数量
		防沉降排水检查井盖板					
1	36014512	Ⅱ型钢筋混凝土盖板	块	−1	−1	−1	−1
2	52-3-9-4	防沉降排水检查井 盖板安装	块	1	1	1	1
3	52-3-9-1	安装盖板及盖座	m³	−0.23	−0.23	−0.23	−0.23
		防坠装置					
1	52-3-6-1	安装防坠格板	只	1	1	1	1

单位:座

序号	定额编号	基本组合项目名称	单位	Z52-2-6-73 α＝115° (φ2400) 4.0m	Z52-2-6-74 α＝115° (φ2400) 4.5m	Z52-2-6-75 α＝115° (φ2400) ≤5m	Z52-2-6-76 α＝115° (φ2400) ＞5m
1	52-1-4-3	砾石砂垫层	m³	1.95	1.95	1.95	
2	52-1-5-1	管道垫层混凝土 C20	m³				1.43
3	52-1-5-1	流槽混凝土 C20	m³	4.97	4.97	4.97	6.78
4	52-1-5-1	管道基座混凝土 C20	m³	5.36	5.36	5.36	3.86
5	52-4-5-1	混凝土底板模板	m²	5.10	5.10	5.10	4.23
6	52-1-5-2	底板钢筋	t	0.120	0.127	0.127	0.224
7	52-3-3-1	现浇钢筋混凝土排水检查井 C25	m³	2.40	2.40	2.40	7.90
8	52-3-3-2	现浇钢筋混凝土排水检查井钢筋	t	0.078	0.087	0.087	0.938
9	52-3-1-1	排水检查井 深≤2.5m	m³				1.960
10	52-3-1-2	排水检查井 深≤4m	m³	20.580			
11	52-3-1-3	排水检查井 深≤6m	m³		21.180	21.770	
12	52-3-2-1	排水检查井水泥砂浆抹面 WM M15.0	m²	71.90	76.86	81.82	19.05
13	52-3-9-1	安装盖板及盖座	m³	0.23	0.23	0.23	0.23
14	52-3-9-3	安装盖板及盖座 铸铁盖座	套	1	1	1	1
15	36014512	Ⅱ型钢筋混凝土盖板	块	1	1	1	1

序号	定额编号	调整组合项目名称	单位	数量	数量	数量	数量
		防沉降排水检查井盖板					
1	36014512	Ⅱ型钢筋混凝土盖板	块	－1	－1	－1	－1
2	52-3-9-4	防沉降排水检查井 盖板安装	块	1	1	1	1
3	52-3-9-1	安装盖板及盖座	m³	－0.23	－0.23	－0.23	－0.23
		防坠装置					
1	52-3-6-1	安装防坠格板	只	1	1	1	1

单位：座

序号	定额编号	基本组合项目名称	单位	Z52-2-6-77	Z52-2-6-78	Z52-2-6-79	Z52-2-6-80
				α＝115°	α＝115°	α＝115°	α＝115°
				(φ2400) 5.5m	(φ2400) 6.0m	(φ2400) 6.5m	(φ2400) 7.0m
1	52-1-5-1	管道垫层混凝土 C20	m³	1.43	1.43	1.43	1.43
2	52-1-5-1	流槽混凝土 C20	m³	6.78	6.78	6.78	6.78
3	52-1-5-1	管道基座混凝土 C20	m³	3.86	3.86	3.86	3.86
4	52-4-5-1	混凝土底板模板	m²	4.23	4.23	4.23	4.23
5	52-1-5-2	底板钢筋	t	0.224	0.224	0.253	0.253
6	52-3-3-1	现浇钢筋混凝土排水检查井 C25	m³	7.90	7.90	7.90	7.90
7	52-3-3-2	现浇钢筋混凝土排水检查井钢筋	t	0.938	0.938	1.009	1.009
8	52-3-1-1	排水检查井 深≤2.5m	m³	2.560			
9	52-3-1-2	排水检查井 深≤4m	m³		3.470	4.460	5.460
10	52-3-2-1	排水检查井水泥砂浆抹面 WM M15.0	m²	24.01	30.15	35.61	41.07
11	52-3-9-1	安装盖板及盖座	m³	0.23	0.23	0.23	0.23
12	52-3-9-3	安装盖板及盖座 铸铁盖座	套	1	1	1	1
13	36014512	Ⅱ型钢筋混凝土盖板	块	1	1	1	1
序号	定额编号	调整组合项目名称	单位	数量	数量	数量	数量
		防沉降排水检查井盖板					
1	36014512	Ⅱ型钢筋混凝土盖板	块	−1	−1	−1	−1
2	52-3-9-4	防沉降排水检查井 盖板安装	块	1	1	1	1
3	52-3-9-1	安装盖板及盖座	m³	−0.23	−0.23	−0.23	−0.23
		防坠装置					
1	52-3-6-1	安装防坠格板	只	1	1	1	1

单位:座

序号	定额编号	基本组合项目名称	单位	Z52-2-6-81 α＝115° (φ2400) 7.5m	Z52-2-6-82 α＝115° (φ2400) 8.0m	Z52-2-6-83 α＝115° (φ2400) 8.5m
1	52-1-5-1	管道垫层混凝土 C20	m³	1.43	1.43	1.43
2	52-1-5-1	流槽混凝土 C20	m³	6.78	6.78	6.78
3	52-1-5-1	管道基座混凝土 C20	m³	3.86	3.86	3.86
4	52-4-5-1	混凝土底板模板	m²	4.23	4.23	4.23
5	52-1-5-2	底板钢筋	t	0.300	0.300	0.300
6	52-3-3-1	现浇钢筋混凝土排水检查井 C25	m³	8.44	8.44	8.44
7	52-3-3-2	现浇钢筋混凝土排水检查井钢筋	t	1.168	1.168	1.168
8	52-3-1-3	排水检查井 深≤6m	m³	6.460	7.450	8.350
9	52-3-2-1	排水检查井水泥砂浆抹面 WMM15.0	m²	46.53	51.99	56.90
10	52-3-9-1	安装盖板及盖座	m³	0.23	0.23	0.23
11	52-3-9-3	安装盖板及盖座 铸铁盖座	套	1	1	1
12	36014512	Ⅱ型钢筋混凝土盖板	块	1	1	1

序号	定额编号	调整组合项目名称	单位	数量	数量	数量
		防沉降排水检查井盖板				
1	36014512	Ⅱ型钢筋混凝土盖板	块	−1	−1	−1
2	52-3-9-4	防沉降排水检查井 盖板安装	块	1	1	1
3	52-3-9-1	安装盖板及盖座	m³	−0.23	−0.23	−0.23
		防坠装置				
1	52-3-6-1	安装防坠格板	只	1	1	1

七、二通转折排水检查井(交汇角为135°)

单位:座

序号	定额编号	基本组合项目名称	单位	Z52-2-7-1 α＝135° (φ800) 2.5m	Z52-2-7-2 α＝135° (φ800) 3.0m	Z52-2-7-3 α＝135° (φ800) 3.5m	Z52-2-7-4 α＝135° (φ800) 4.0m
1	52-1-4-3	砾石砂垫层	m³	0.52	0.52	0.64	0.64
2	52-1-5-1	流槽混凝土 C20	m³	0.41	0.41	0.41	0.41
3	52-1-5-1	管道基座混凝土 C20	m³	0.41	0.41	0.87	0.87
4	52-4-5-1	混凝土底板模板	m²	1.48	1.48	1.61	1.61
5	52-1-5-2	底板钢筋	t	0.018	0.018	0.026	0.026
6	52-3-3-1	现浇钢筋混凝土排水检查井 C25	m³	0.27	0.27	0.27	0.27
7	52-3-3-2	现浇钢筋混凝土排水检查井钢筋	t	0.025	0.025	0.027	0.027
8	52-3-1-1	排水检查井 深≤2.5m	m³	3.87			
9	52-3-1-2	排水检查井 深≤4m	m³		4.46	6.57	7.16
10	52-3-2-1	排水检查井水泥砂浆抹面 WM M15.0	m²	24.52	29.48	35.72	40.68
11	52-3-9-1	安装盖板及盖座	m³	0.23	0.23	0.23	0.23
12	52-3-9-3	安装盖板及盖座 铸铁盖座	套	1	1	1	1
13	36014512	Ⅱ型钢筋混凝土盖板	块	1	1	1	1

序号	定额编号	调整组合项目名称	单位	数量	数量	数量	数量
		防沉降排水检查井盖板					
1	36014512	Ⅱ型钢筋混凝土盖板	块	−1	−1	−1	−1
2	52-3-9-4	防沉降排水检查井 盖板安装	块	1	1	1	1
3	52-3-9-1	安装盖板及盖座	m³	−0.23	−0.23	−0.23	−0.23
		防坠装置					
1	52-3-6-1	安装防坠格板	只	1	1	1	1

单位：座

序号	定额编号	基本组合项目名称	单位	Z52-2-7-5 α＝135° (φ800) 4.5m	Z52-2-7-6 α＝135° (φ800) ≤5m	Z52-2-7-7 α＝135° (φ1000) 2.5m	Z52-2-7-8 α＝135° (φ1000) 3.0m
1	52-1-4-3	砾石砂垫层	m³	0.64	0.64	0.56	0.56
2	52-1-5-1	流槽混凝土 C20	m³	0.41	0.41	0.58	0.58
3	52-1-5-1	管道基座混凝土 C20	m³	0.87	0.87	0.75	0.75
4	52-4-5-1	混凝土底板模板	m²	1.61	1.61	1.53	1.53
5	52-1-5-2	底板钢筋	t	0.027	0.027	0.022	0.022
6	52-3-3-1	现浇钢筋混凝土排水检查井 C25	m³	0.27	0.27	0.31	0.31
7	52-3-3-2	现浇钢筋混凝土排水检查井钢筋	t	0.028	0.028	0.026	0.026
8	52-3-1-1	排水检查井 深≤2.5m	m³			3.910	
9	52-3-1-2	排水检查井 深≤4m	m³				4.500
10	52-3-1-3	排水检查井 深≤6m	m³	7.790	8.790		
11	52-3-2-1	排水检查井水泥砂浆抹面 WMM15.0	m²	45.82	51.28	24.91	29.87
12	52-3-9-1	安装盖板及盖座	m³	0.23	0.23	0.23	0.23
13	52-3-9-3	安装盖板及盖座 铸铁盖座	套	1	1	1	1
14	36014512	Ⅱ型钢筋混凝土盖板	块	1	1	1	1

序号	定额编号	调整组合项目名称	单位	数量	数量	数量	数量
		防沉降排水检查井盖板					
1	36014512	Ⅱ型钢筋混凝土盖板	块	−1	−1	−1	−1
2	52-3-9-4	防沉降排水检查井 盖板安装	块	1	1	1	1
3	52-3-9-1	安装盖板及盖座	m³	−0.23	−0.23	−0.23	−0.23
		防坠装置					
1	52-3-6-1	安装防坠格板	只	1	1	1	1

单位:座

序号	定额编号	基本组合项目名称	单位	Z52-2-7-9 α=135° (φ1000) 3.5m	Z52-2-7-10 α=135° (φ1000) 4.0m	Z52-2-7-11 α=135° (φ1000) 4.5m	Z52-2-7-12 α=135° (φ1000) ≤5m
1	52-1-4-3	砾石砂垫层	m³	0.68	0.68	0.68	0.68
2	52-1-5-1	流槽混凝土 C20	m³	0.58	0.58	0.58	0.58
3	52-1-5-1	管道基座混凝土 C20	m³	0.93	0.93	0.93	0.93
4	52-4-5-1	混凝土底板模板	m²	1.66	1.66	1.66	1.66
5	52-1-5-2	底板钢筋	t	0.029	0.029	0.029	0.029
6	52-3-3-1	现浇钢筋混凝土排水检查井 C25	m³	0.31	0.31	0.31	0.31
7	52-3-3-2	现浇钢筋混凝土排水检查井钢筋	t	0.028	0.028	0.030	0.030
8	52-3-1-2	排水检查井　深≤4m	m³	6.640	7.230		
9	52-3-1-3	排水检查井　深≤6m	m³			7.860	8.860
10	52-3-2-1	排水检查井水泥砂浆抹面 WMM15.0	m²	36.12	41.08	46.22	51.68
11	52-3-9-1	安装盖板及盖座	m³	0.23	0.23	0.23	0.23
12	52-3-9-3	安装盖板及盖座 铸铁盖座	套	1	1	1	1
13	36014512	Ⅱ型钢筋混凝土盖板	块	1	1	1	1
序号	定额编号	调整组合项目名称	单位	数量	数量	数量	数量
		防沉降排水检查井盖板					
1	36014512	Ⅱ型钢筋混凝土盖板	块	−1	−1	−1	−1
2	52-3-9-4	防沉降排水检查井 盖板安装	块	1	1	1	1
3	52-3-9-1	安装盖板及盖座	m³	−0.23	−0.23	−0.23	−0.23
		防坠装置					
1	52-3-6-1	安装防坠格板	只	1	1	1	1

单位:座

序号	定额编号	基本组合项目名称	单位	Z52-2-7-13 α＝135° (φ1200) 2.5m	Z52-2-7-14 α＝135° (φ1200) 3.0m	Z52-2-7-15 α＝135° (φ1200) 3.5m	Z52-2-7-16 α＝135° (φ1200) 4.0m
1	52-1-4-3	砾石砂垫层	m³	0.59	0.59	0.71	0.71
2	52-1-5-1	流槽混凝土 C20	m³	0.77	0.77	0.77	0.77
3	52-1-5-1	管道基座混凝土 C20	m³	0.90	0.90	1.11	1.11
4	52-4-5-1	混凝土底板模板	m²	1.78	1.78	1.92	1.92
5	52-1-5-2	底板钢筋	t	0.020	0.020	0.028	0.029
6	52-3-3-1	现浇钢筋混凝土排水检查井 C25	m³	0.34	0.34	0.34	0.34
7	52-3-3-2	现浇钢筋混凝土排水检查井钢筋	t	0.027	0.027	0.030	0.030
8	52-3-1-1	排水检查井 深≤2.5m	m³	3.930			
9	52-3-1-2	排水检查井 深≤4m	m³		4.520	6.660	7.250
10	52-3-2-1	排水检查井水泥砂浆抹面 WM M15.0	m²	25.05	30.01	36.27	41.23
11	52-3-9-1	安装盖板及盖座	m³	0.23	0.23	0.23	0.23
12	52-3-9-3	安装盖板及盖座 铸铁盖座	套	1	1	1	1
13	36014512	Ⅱ型钢筋混凝土盖板	块	1	1	1	1

序号	定额编号	调整组合项目名称	单位	数量	数量	数量	数量
		防沉降排水检查井盖板					
1	36014512	Ⅱ型钢筋混凝土盖板	块	−1	−1	−1	−1
2	52-3-9-4	防沉降排水检查井 盖板安装	块	1	1	1	1
3	52-3-9-1	安装盖板及盖座	m³	−0.23	−0.23	−0.23	−0.23
		防坠装置					
1	52-3-6-1	安装防坠格板	只	1	1	1	1

单位:座

序号	定额编号	基本组合项目名称	单位	Z52-2-7-17 α＝135° (φ1200) 4.5m	Z52-2-7-18 α＝135° (φ1200) ≤5m	Z52-2-7-19 α＝135° (φ1200) ＞5m	Z52-2-7-20 α＝135° (φ1200) 5.5m
1	52-1-4-3	砾石砂垫层	m³	0.71	0.71		
2	52-1-5-1	管道垫层混凝土 C20	m³			0.70	0.70
3	52-1-5-1	流槽混凝土 C20	m³	0.77	0.77	1.63	1.63
4	52-1-5-1	管道基座混凝土 C20	m³	1.11	1.11	1.21	1.21
5	52-4-5-1	混凝土底板模板	m²	1.92	1.92	1.91	1.91
6	52-1-5-2	底板钢筋	t	0.035	0.035	0.088	0.088
7	52-3-3-1	现浇钢筋混凝土排水检查井 C25	m³	0.34	0.34	3.51	3.51
8	52-3-3-2	现浇钢筋混凝土排水检查井钢筋	t	0.032	0.032	0.318	0.318
9	52-3-1-2	排水检查井 深≤4m	m³			3.690	4.680
10	52-3-1-3	排水检查井 深≤6m	m³	7.880	8.880		
11	52-3-2-1	排水检查井水泥砂浆抹面 WM M15.0	m²	46.37	51.83	30.26	35.72
12	52-3-9-1	安装盖板及盖座	m³	0.23	0.23	0.23	0.23
13	52-3-9-3	安装盖板及盖座 铸铁盖座	套	1	1	1	1
14	36014512	Ⅱ型钢筋混凝土盖板	块	1	1	1	1

序号	定额编号	调整组合项目名称	单位	数量	数量	数量	数量
		防沉降排水检查井盖板					
1	36014512	Ⅱ型钢筋混凝土盖板	块	−1	−1	−1	−1
2	52-3-9-4	防沉降排水检查井 盖板安装	块	1	1	1	1
3	52-3-9-1	安装盖板及盖座	m³	−0.23	−0.23	−0.23	−0.23
		防坠装置					
1	52-3-6-1	安装防坠格板	只	1	1	1	1

单位:座

序号	定额编号	基本组合项目名称	单位	Z52-2-7-21 α＝135° (φ1200) 6.0m	Z52-2-7-22 α＝135° (φ1400) 2.5m	Z52-2-7-23 α＝135° (φ1400) 3.0m	Z52-2-7-24 α＝135° (φ1400) 3.5m
1	52-1-4-3	砾石砂垫层	m³		0.63	0.63	0.76
2	52-1-5-1	管道垫层混凝土 C20	m³	0.70			
3	52-1-5-1	流槽混凝土 C20	m³	1.63	0.77	0.77	0.77
4	52-1-5-1	管道基座混凝土 C20	m³	1.21	1.08	1.08	1.32
5	52-4-5-1	混凝土底板模板	m²	1.91	2.08	2.08	2.23
6	52-1-5-2	底板钢筋	t	0.088	0.022	0.022	0.029
7	52-3-3-1	现浇钢筋混凝土排水检查井 C25	m³	3.51	0.39	0.39	0.39
8	52-3-3-2	现浇钢筋混凝土排水检查井钢筋	t	0.318	0.027	0.027	0.031
9	52-3-1-1	排水检查井 深≤2.5m	m³		3.960		
10	52-3-1-2	排水检查井 深≤4m	m³	5.680		4.550	6.700
11	52-3-2-1	排水检查井水泥砂浆抹面 WMM15.0	m²	41.18	24.54	29.50	35.79
12	52-3-9-1	安装盖板及盖座	m³	0.23	0.23	0.23	0.23
13	52-3-9-3	安装盖板及盖座 铸铁盖座	套	1	1	1	1
14	36014512	Ⅱ型钢筋混凝土盖板	块	1	1	1	1

序号	定额编号	调整组合项目名称	单位	数量	数量	数量	数量
		防沉降排水检查井盖板					
1	36014512	Ⅱ型钢筋混凝土盖板	块	−1	−1	−1	−1
2	52-3-9-4	防沉降排水检查井 盖板安装	块	1	1	1	1
3	52-3-9-1	安装盖板及盖座	m³	−0.23	−0.23	−0.23	−0.23
		防坠装置					
1	52-3-6-1	安装防坠格板	只	1	1	1	1

单位:座

序号	定额编号	基本组合项目名称	单位	Z52-2-7-25	Z52-2-7-26	Z52-2-7-27	Z52-2-7-28
				α=135°	α=135°	α=135°	α=135°
				(φ1400) 4.0m	(φ1400) 4.5m	(φ1400) ≤5m	(φ1400) >5m
1	52-1-4-3	砾石砂垫层	m³	0.76	0.76	0.76	
2	52-1-5-1	管道垫层混凝土 C20	m³				0.74
3	52-1-5-1	流槽混凝土 C20	m³	0.77	0.77	0.77	1.91
4	52-1-5-1	管道基座混凝土 C20	m³	1.32	1.32	1.32	1.27
5	52-4-5-1	混凝土底板模板	m²	2.23	2.23	2.23	1.96
6	52-1-5-2	底板钢筋	t	0.036	0.038	0.038	0.099
7	52-3-3-1	现浇钢筋混凝土排水检查井 C25	m³	0.39	0.37	0.39	3.48
8	52-3-3-2	现浇钢筋混凝土排水检查井钢筋	t	0.031	0.033	0.033	0.336
9	52-3-1-2	排水检查井 深≤4m	m³	7.290			3.690
10	52-3-1-3	排水检查井 深≤6m	m³		7.920	8.920	
11	52-3-2-1	排水检查井水泥砂浆抹面 WM M15.0	m²	40.75	45.88	51.34	30.46
12	52-3-9-1	安装盖板及盖座	m³	0.23	0.23	0.23	0.23
13	52-3-9-3	安装盖板及盖座 铸铁盖座	套	1	1	1	1
14	36014512	Ⅱ型钢筋混凝土盖板	块	1	1	1	1
序号	定额编号	调整组合项目名称	单位	数量	数量	数量	数量
		防沉降排水检查井盖板					
1	36014512	Ⅱ型钢筋混凝土盖板	块	-1	-1	-1	-1
2	52-3-9-4	防沉降排水检查井 盖板安装	块	1	1	1	1
3	52-3-9-1	安装盖板及盖座	m³	-0.23	-0.23	-0.23	-0.23
		防坠装置					
1	52-3-6-1	安装防坠格板	只	1	1	1	1

单位：座

序号	定额编号	基本组合项目名称	单位	Z52-2-7-29 α＝135° (φ1400) 5.5m	Z52-2-7-30 α＝135° (φ1400) 6.0m	Z52-2-7-31 α＝135° (φ1600) 2.5m	Z52-2-7-32 α＝135° (φ1600) 3.0m
1	52-1-4-3	砾石砂垫层	m³			0.73	0.73
2	52-1-5-1	管道垫层混凝土 C20	m³	0.74	0.74		
3	52-1-5-1	流槽混凝土 C20	m³	1.91	1.91	1.07	1.07
4	52-1-5-1	管道基座混凝土 C20	m³	1.27	1.27	1.38	1.38
5	52-4-5-1	混凝土底板模板	m²	1.96	1.96	2.49	2.49
6	52-1-5-2	底板钢筋	t	0.099	0.099	0.025	0.025
7	52-3-3-1	现浇钢筋混凝土排水检查井 C25	m³	3.48	3.48	0.50	0.50
8	52-3-3-2	现浇钢筋混凝土排水检查井钢筋	t	0.336	0.336	0.034	0.034
9	52-3-1-1	排水检查井 深≤2.5m	m³			4.460	
10	52-3-1-2	排水检查井 深≤4m	m³	4.680	5.680		5.050
11	52-3-2-1	排水检查井水泥砂浆抹面 WM M15.0	m²	35.92	41.38	26.75	31.71
12	52-3-9-1	安装盖板及盖座	m³	0.23	0.23	0.23	0.23
13	52-3-9-3	安装盖板及盖座 铸铁盖座	套	1	1	1	1
14	36014512	Ⅱ型钢筋混凝土盖板	块	1	1	1	1

序号	定额编号	调整组合项目名称	单位	数量	数量	数量	数量
		防沉降排水检查井盖板					
1	36014512	Ⅱ型钢筋混凝土盖板	块	−1	−1	−1	−1
2	52-3-9-4	防沉降排水检查井 盖板安装	块	1	1	1	1
3	52-3-9-1	安装盖板及盖座	m³	−0.23	−0.23	−0.23	−0.23
		防坠装置					
1	52-3-6-1	安装防坠格板	只	1	1	1	1

单位:座

序号	定额编号	基本组合项目名称	单位	Z52-2-7-33	Z52-2-7-34	Z52-2-7-35	Z52-2-7-36
				α＝135°	α＝135°	α＝135°	α＝135°
				(φ1600) 3.5m	(φ1600) 4.0m	(φ1600) 4.5m	(φ1600) ≤5m
1	52-1-4-3	砾石砂垫层	m³	0.87	0.87	0.87	0.87
2	52-1-5-1	流槽混凝土 C20	m³	1.07	1.07	1.07	1.07
3	52-1-5-1	管道基座混凝土 C20	m³	1.66	1.66	1.66	1.66
4	52-4-5-1	混凝土底板模板	m²	2.66	2.66	2.66	2.66
5	52-1-5-2	底板钢筋	t	0.041	0.041	0.046	0.046
6	52-3-3-1	现浇钢筋混凝土排水检查井 C25	m³	0.50	0.50	0.50	0.50
7	52-3-3-2	现浇钢筋混凝土排水检查井钢筋	t	0.036	0.036	0.036	0.036
8	52-3-1-2	排水检查井 深≤4m	m³	7.490	8.090		
9	52-3-1-3	排水检查井 深≤6m	m³			8.680	9.550
10	52-3-2-1	排水检查井水泥砂浆抹面 WMM15.0	m²	38.14	43.10	48.06	53.47
11	52-3-9-1	安装盖板及盖座	m³	0.23	0.23	0.23	0.23
12	52-3-9-3	安装盖板及盖座 铸铁盖座	套	1	1	1	1
13	36014512	Ⅱ型钢筋混凝土盖板	块	1	1	1	1
序号	定额编号	调整组合项目名称	单位	数量	数量	数量	数量
		防沉降排水检查井盖板					
1	36014512	Ⅱ型钢筋混凝土盖板	块	−1	−1	−1	−1
2	52-3-9-4	防沉降排水检查井 盖板安装	块	1	1	1	1
3	52-3-9-1	安装盖板及盖座	m³	−0.23	−0.23	−0.23	−0.23
		防坠装置					
1	52-3-6-1	安装防坠格板	只	1	1	1	1

单位:座

序号	定额编号	基本组合项目名称	单位	Z52-2-7-37 α=135° (φ1600) >5m	Z52-2-7-38 α=135° (φ1600) 5.5m	Z52-2-7-39 α=135° (φ1600) 6.0m	Z52-2-7-40 α=135° (φ1800) 3.0m
1	52-1-4-3	砾石砂垫层	m³				0.84
2	52-1-5-1	管道垫层混凝土 C20	m³	0.76	0.76	0.76	
3	52-1-5-1	流槽混凝土 C20	m³	2.19	2.19	2.19	1.52
4	52-1-5-1	管道基座混凝土 C20	m³	1.45	1.45	1.45	1.75
5	52-4-5-1	混凝土底板模板	m²	2.22	2.22	2.22	2.98
6	52-1-5-2	底板钢筋	t	0.102	0.102	0.102	0.041
7	52-3-3-1	现浇钢筋混凝土排水检查井 C25	m³	3.76	3.76	3.76	0.63
8	52-3-3-2	现浇钢筋混凝土排水检查井钢筋	t	0.378	0.378	0.378	0.041
9	52-3-1-2	排水检查井 深≤4m	m³	3.190	4.190	5.180	5.710
10	52-3-2-1	排水检查井水泥砂浆抹面 WMM15.0	m²	27.92	33.38	38.84	34.70
11	52-3-9-1	安装盖板及盖座	m³	0.23	0.23	0.23	0.23
12	52-3-9-3	安装盖板及盖座 铸铁盖座	套	1	1	1	1
13	36014512	Ⅱ型钢筋混凝土盖板	块	1	1	1	1
序号	定额编号	调整组合项目名称	单位	数量	数量	数量	数量
		防沉降排水检查井盖板					
1	36014512	Ⅱ型钢筋混凝土盖板	块	−1	−1	−1	−1
2	52-3-9-4	防沉降排水检查井 盖板安装	块	1	1	1	1
3	52-3-9-1	安装盖板及盖座	m³	−0.23	−0.23	−0.23	−0.23
		防坠装置					
1	52-3-6-1	安装防坠格板	只	1	1	1	1

单位:座

序号	定额编号	基本组合项目名称	单位	Z52-2-7-41 α=135° (φ1800) 3.5m	Z52-2-7-42 α=135° (φ1800) 4.0m	Z52-2-7-43 α=135° (φ1800) 4.5m	Z52-2-7-44 α=135° (φ1800) ≤5m
1	52-1-4-3	砾石砂垫层	m³	0.99	0.99	1.15	1.15
2	52-1-5-1	流槽混凝土 C20	m³	1.52	1.52	1.52	1.52
3	52-1-5-1	管道基座混凝土 C20	m³	2.09	2.09	2.45	2.45
4	52-4-5-1	混凝土底板模板	m²	3.16	3.16	3.35	3.35
5	52-1-5-2	底板钢筋	t	0.047	0.047	0.062	0.062
6	52-3-3-1	现浇钢筋混凝土排水检查井 C25	m³	0.63	0.63	0.63	0.63
7	52-3-3-2	现浇钢筋混凝土排水检查井钢筋	t	0.044	0.044	0.043	0.043
8	52-3-1-2	排水检查井　深≤4m	m³	8.500	9.100		
9	52-3-1-3	排水检查井　深≤6m	m³			12.090	12.790
10	52-3-2-1	排水检查井水泥砂浆抹面 WM M15.0	m²	41.28	46.24	52.82	57.99
11	52-3-9-1	安装盖板及盖座	m³	0.23	0.23	0.23	0.23
12	52-3-9-3	安装盖板及盖座 铸铁盖座	套	1	1	1	1
13	36014512	Ⅱ型钢筋混凝土盖板	块	1	1	1	1

序号	定额编号	调整组合项目名称	单位	数量	数量	数量	数量
		防沉降排水检查井盖板					
1	36014512	Ⅱ型钢筋混凝土盖板	块	-1	-1	-1	-1
2	52-3-9-4	防沉降排水检查井 盖板安装	块	1	1	1	1
3	52-3-9-1	安装盖板及盖座	m³	-0.23	-0.23	-0.23	-0.23
		防坠装置					
1	52-3-6-1	安装防坠格板	只	1	1	1	1

单位:座

序号	定额编号	基本组合项目名称	单位	Z52-2-7-45 α=135° (φ1800) >5m	Z52-2-7-46 α=135° (φ1800) 5.5m	Z52-2-7-47 α=135° (φ1800) 6.0m	Z52-2-7-48 α=135° (φ1800) 6.5m
1	52-1-5-1	管道垫层混凝土 C20	m³	0.79	0.79	0.79	0.79
2	52-1-5-1	流槽混凝土 C20	m³	2.44	2.44	2.44	2.44
3	52-1-5-1	管道基座混凝土 C20	m³	1.63	1.63	1.63	1.63
4	52-4-5-1	混凝土底板模板	m²	2.49	2.49	2.49	2.49
5	52-1-5-2	底板钢筋	t	0.102	0.102	0.102	0.102
6	52-3-3-1	现浇钢筋混凝土排水检查井 C25	m³	4.02	4.02	4.02	4.02
7	52-3-3-2	现浇钢筋混凝土排水检查井钢筋	t	0.430	0.430	0.430	0.441
8	52-3-1-2	排水检查井 深≤4m	m³	2.770	3.770	4.760	
9	52-3-1-3	排水检查井 深≤6m	m³				5.760
10	52-3-2-1	排水检查井水泥砂浆抹面 WM M15.0	m²	25.80	31.26	36.72	42.18
11	52-3-9-1	安装盖板及盖座	m³	0.23	0.23	0.23	0.23
12	52-3-9-3	安装盖板及盖座 铸铁盖座	套	1	1	1	1
13	36014512	Ⅱ型钢筋混凝土盖板	块	1	1	1	1
序号	定额编号	调整组合项目名称	单位	数量	数量	数量	数量
		防沉降排水检查井盖板					
1	36014512	Ⅱ型钢筋混凝土盖板	块	—1	—1	—1	—1
2	52-3-9-4	防沉降排水检查井 盖板安装	块	1	1	1	1
3	52-3-9-1	安装盖板及盖座	m³	—0.23	—0.23	—0.23	—0.23
		防坠装置					
1	52-3-6-1	安装防坠格板	只	1	1	1	1

单位:座

序号	定额编号	基本组合项目名称	单位	Z52-2-7-49	Z52-2-7-50	Z52-2-7-51	Z52-2-7-52
				α＝135°	α＝135°	α＝135°	α＝135°
				(φ1800) 7.0m	(φ2000) 3.0m	(φ2000) 3.5m	(φ2000) 4.0m
1	52-1-4-3	砾石砂垫层	m³		1.10	1.10	1.10
2	52-1-5-1	管道垫层混凝土 C20	m³	0.79			
3	52-1-5-1	流槽混凝土 C20	m³	2.44	1.99	1.99	1.99
4	52-1-5-1	管道基座混凝土 C20	m³	1.63	2.54	2.54	2.54
5	52-4-5-1	混凝土底板模板	m²	2.49	3.67	3.67	3.67
6	52-1-5-2	底板钢筋	t	0.110	0.053	0.053	0.053
7	52-3-3-1	现浇钢筋混凝土排水检查井 C25	m³	4.02	0.95	0.95	0.95
8	52-3-3-2	现浇钢筋混凝土排水检查井钢筋	t	0.441	0.047	0.047	0.047
9	52-3-1-2	排水检查井 深≤4m	m³		8.880	9.480	10.070
10	52-3-1-3	排水检查井 深≤6m	m³	6.760			
11	52-3-2-1	排水检查井水泥砂浆抹面 WM M15.0	m²	47.64	39.17	44.13	49.09
12	52-3-9-1	安装盖板及盖座	m³	0.23	0.23	0.23	0.23
13	52-3-9-3	安装盖板及盖座 铸铁盖座	套	1	1	1	1
14	36014512	Ⅱ型钢筋混凝土盖板	块	1	1	1	1
序号	定额编号	调整组合项目名称	单位	数量	数量	数量	数量
		防沉降排水检查井盖板					
1	36014512	Ⅱ型钢筋混凝土盖板	块	−1	−1	−1	−1
2	52-3-9-4	防沉降排水检查井 盖板安装	块	1	1	1	1
3	52-3-9-1	安装盖板及盖座	m³	−0.23	−0.23	−0.23	−0.23
		防坠装置					
1	52-3-6-1	安装防坠格板	只	1	1	1	1

单位:座

序号	定额编号	基本组合项目名称	单位	Z52-2-7-53 α＝135° (φ2000) 4.5m	Z52-2-7-54 α＝135° (φ2000) ≤5m	Z52-2-7-55 α＝135° (φ2000) ＞5m	Z52-2-7-56 α＝135° (φ2000) 5.5m
1	52-1-4-3	砾石砂垫层	m³	1.27	1.27		
2	52-1-5-1	管道垫层混凝土 C20	m³			0.86	0.86
3	52-1-5-1	流槽混凝土 C20	m³	1.99	1.99	2.97	2.97
4	52-1-5-1	管道基座混凝土 C20	m³	2.95	2.95	1.94	1.94
5	52-4-5-1	混凝土底板模板	m²	3.87	3.87	2.85	2.85
6	52-1-5-2	底板钢筋	t	0.069	0.069	0.116	0.116
7	52-3-3-1	现浇钢筋混凝土排水检查井 C25	m³	0.95	0.95	4.55	4.55
8	52-3-3-2	现浇钢筋混凝土排水检查井钢筋	t	0.047	0.047	0.473	0.473
9	52-3-1-1	排水检查井 深≤2.5m	m³			2.480	
10	52-3-1-2	排水检查井 深≤4m	m³				3.340
11	52-3-1-3	排水检查井 深≤6m	m³	13.440	14.030		
12	52-3-2-1	排水检查井水泥砂浆抹面 WM M15.0	m²	55.83	60.79	22.97	29.12
13	52-3-9-1	安装盖板及盖座	m³	0.23	0.23	0.23	0.23
14	52-3-9-3	安装盖板及盖座 铸铁盖座	套	1	1	1	1
15	36014512	Ⅱ型钢筋混凝土盖板	块	1	1	1	1

序号	定额编号	调整组合项目名称	单位	数量	数量	数量	数量
		防沉降排水检查井盖板					
1	36014512	Ⅱ型钢筋混凝土盖板	块	−1	−1	−1	−1
2	52-3-9-4	防沉降排水检查井 盖板安装	块	1	1	1	1
3	52-3-9-1	安装盖板及盖座	m³	−0.23	−0.23	−0.23	−0.23
		防坠装置					
1	52-3-6-1	安装防坠格板	只	1	1	1	1

单位:座

序号	定额编号	基本组合项目名称	单位	Z52-2-7-57 α＝135° (φ2000) 6.0m	Z52-2-7-58 α＝135° (φ2000) 6.5m	Z52-2-7-59 α＝135° (φ2000) 7.0m	Z52-2-7-60 α＝135° (φ2200) 3.5m
1	52-1-4-3	砾石砂垫层	m³				1.42
2	52-1-5-1	管道垫层混凝土 C20	m³	0.86	0.86	0.86	
3	52-1-5-1	流槽混凝土 C20	m³	2.97	2.97	2.97	2.66
4	52-1-5-1	管道基座混凝土 C20	m³	1.94	1.94	1.94	3.58
5	52-4-5-1	混凝土底板模板	m²	2.85	2.85	2.85	4.47
6	52-1-5-2	底板钢筋	t	0.116	0.125	0.125	0.078
7	52-3-3-1	现浇钢筋混凝土排水检查井 C25	m³	4.55	4.55	4.55	1.14
8	52-3-3-2	现浇钢筋混凝土排水检查井钢筋	t	0.473	0.528	0.528	0.054
9	52-3-1-2	排水检查井　深≤4m	m³	4.330	5.330		13.960
10	52-3-1-3	排水检查井　深≤6m	m³			6.330	
11	52-3-2-1	排水检查井水泥砂浆抹面 WMM15.0	m²	34.58	40.04	45.50	50.18
12	52-3-9-1	安装盖板及盖座	m³	0.23	0.23	0.23	0.23
13	52-3-9-3	安装盖板及盖座 铸铁盖座	套	1	1	1	1
14	36014512	Ⅱ型钢筋混凝土盖板	块	1	1	1	1

序号	定额编号	调整组合项目名称	单位	数量	数量	数量	数量
		防沉降排水检查井盖板					
1	36014512	Ⅱ型钢筋混凝土盖板	块	−1	−1	−1	−1
2	52-3-9-4	防沉降排水检查井 盖板安装	块	1	1	1	1
3	52-3-9-1	安装盖板及盖座	m³	−0.23	−0.23	−0.23	−0.23
		防坠装置					
1	52-3-6-1	安装防坠格板	只	1	1	1	1

单位:座

序号	定额编号	基本组合项目名称	单位	Z52-2-7-61	Z52-2-7-62	Z52-2-7-63	Z52-2-7-64
				α＝135°	α＝135°	α＝135°	α＝135°
				（φ2200） 4.0m	（φ2200） 4.5m	（φ2200） ≤5m	（φ2200） ＞5m
1	52-1-4-3	砾石砂垫层	m³	1.42	1.42	1.42	
2	52-1-5-1	管道垫层混凝土 C20	m³				0.98
3	52-1-5-1	流槽混凝土 C20	m³	2.66	2.66	2.66	3.83
4	52-1-5-1	管道基座混凝土 C20	m³	3.58	3.58	3.58	2.40
5	52-4-5-1	混凝土底板模板	m²	4.47	4.47	4.47	3.28
6	52-1-5-2	底板钢筋	t	0.078	0.078	0.078	0.130
7	52-3-3-1	现浇钢筋混凝土排水检查井 C25	m³	1.14	1.14	1.14	5.32
8	52-3-3-2	现浇钢筋混凝土排水检查井钢筋	t	0.054	0.054	0.054	0.653
9	52-3-1-1	排水检查井 深≤2.5m	m³				2.230
10	52-3-1-2	排水检查井 深≤4m	m³	14.560			
11	52-3-1-3	排水检查井 深≤6m	m³		15.150	15.750	
12	52-3-2-1	排水检查井水泥砂浆抹面 WM M15.0	m²	55.14	60.10	65.06	21.03
13	52-3-9-1	安装盖板及盖座	m³	0.23	0.23	0.23	0.23
14	52-3-9-3	安装盖板及盖座 铸铁盖座	套	1	1	1	1
15	36014512	Ⅱ型钢筋混凝土盖板	块	1	1	1	1

序号	定额编号	调整组合项目名称	单位	数量	数量	数量	数量
		防沉降排水检查井盖板					
1	36014512	Ⅱ型钢筋混凝土盖板	块	−1	−1	−1	−1
2	52-3-9-4	防沉降排水检查井 盖板安装	块	1	1	1	1
3	52-3-9-1	安装盖板及盖座	m³	−0.23	−0.23	−0.23	−0.23
		防坠装置					
1	52-3-6-1	安装防坠格板	只	1	1	1	1

单位:座

序号	定额编号	基本组合项目名称	单位	Z52-2-7-65 α＝135° (φ2200) 5.5m	Z52-2-7-66 α＝135° (φ2200) 6.0m	Z52-2-7-67 α＝135° (φ2200) 6.5m	Z52-2-7-68 α＝135° (φ2200) 7.0m
1	52-1-5-1	管道垫层混凝土 C20	m³	0.98	0.98	0.98	0.98
2	52-1-5-1	流槽混凝土 C20	m³	3.83	3.83	3.83	3.83
3	52-1-5-1	管道基座混凝土 C20	m³	2.40	2.40	2.40	2.40
4	52-4-5-1	混凝土底板模板	m²	3.28	3.28	3.28	3.28
5	52-1-5-2	底板钢筋	t	0.130	0.130	0.144	0.144
6	52-3-3-1	现浇钢筋混凝土排水检查井 C25	m³	5.32	5.32	5.32	5.32
7	52-3-3-2	现浇钢筋混凝土排水检查井钢筋	t	0.653	0.653	0.673	0.673
8	52-3-1-2	排水检查井 深≤4m	m³	2.910	3.910	4.900	
9	52-3-1-3	排水检查井 深≤6m	m³				5.900
10	52-3-2-1	排水检查井水泥砂浆抹面 WM M15.0	m²	26.96	32.42	37.88	43.34
11	52 3 9 1	安装盖板及盖座	m³	0.23	0.23	0.23	0.23
12	52-3-9-3	安装盖板及盖座 铸铁盖座	套	1	1	1	1
13	36014512	Ⅱ型钢筋混凝土盖板	块	1	1	1	1
序号	定额编号	调整组合项目名称	单位	数量	数量	数量	数量
		防沉降排水检查井盖板					
1	36014512	Ⅱ型钢筋混凝土盖板	块	−1	−1	−1	−1
2	52-3-9-4	防沉降排水检查井 盖板安装	块	1	1	1	1
3	52-3-9-1	安装盖板及盖座	m³	−0.23	−0.23	−0.23	−0.23
		防坠装置					
1	52-3-6-1	安装防坠格板	只	1	1	1	1

单位:座

序号	定额编号	基本组合项目名称	单位	Z52-2-7-69 α＝135° (φ2200) 7.5m	Z52-2-7-70 α＝135° (φ2200) 8.0m	Z52-2-7-71 α＝135° (φ2200) 8.5m	Z52-2-7-72 α＝135° (φ2400) 3.5m
1	52-1-4-3	砾石砂垫层	m³				1.58
2	52-1-5-1	管道垫层混凝土 C20	m³	0.98	0.98	0.98	
3	52-1-5-1	流槽混凝土 C20	m³	3.83	3.83	3.83	3.49
4	52-1-5-1	管道基座混凝土 C20	m³	2.40	2.40	2.40	4.28
5	52-4-5-1	混凝土底板模板	m²	3.28	3.28	3.28	5.11
6	52-1-5-2	底板钢筋	t	0.175	0.175	0.175	0.087
7	52-3-3-1	现浇钢筋混凝土排水检查井 C25	m³	5.32	5.32	5.32	1.36
8	52-3-3-2	现浇钢筋混凝土排水检查井钢筋	t	0.679	0.679	0.679	0.062
9	52-3-1-2	排水检查井 深≤4m	m³				15.880
10	52-3-1-3	排水检查井 深≤6m	m³	6.900	7.890	8.890	
11	52-3-2-1	排水检查井水泥砂浆抹面 WMM15.0	m²	48.80	54.26	59.72	55.05
12	52-3-9-1	安装盖板及盖座	m³	0.23	0.23	0.23	0.23
13	52-3-9-3	安装盖板及盖座 铸铁盖座	套	1	1	1	1
14	36014512	Ⅱ型钢筋混凝土盖板	块	1	1	1	1

序号	定额编号	调整组合项目名称	单位	数量	数量	数量	数量
		防沉降排水检查井盖板					
1	36014512	Ⅱ型钢筋混凝土盖板	块	−1	−1	−1	−1
2	52-3-9-4	防沉降排水检查井 盖板安装	块	1	1	1	1
3	52-3-9-1	安装盖板及盖座	m³	−0.23	−0.23	−0.23	−0.23
		防坠装置					
1	52-3-6-1	安装防坠格板	只	1	1	1	1

单位:座

序号	定额编号	基本组合项目名称	单位	Z52-2-7-73 α=135° (φ2400) 4.0m	Z52-2-7-74 α=135° (φ2400) 4.5m	Z52-2-7-75 α=135° (φ2400) ≤5m	Z52-2-7-76 α=135° (φ2400) >5m
1	52-1-4-3	砾石砂垫层	m³	1.58	1.58	1.58	
2	52-1-5-1	管道垫层混凝土 C20	m³				1.11
3	52-1-5-1	流槽混凝土 C20	m³	3.49	3.49	3.49	4.90
4	52-1-5-1	管道基座混凝土 C20	m³	4.28	4.28	4.28	2.94
5	52-4-5-1	混凝土底板模板	m²	5.11	5.11	5.11	3.76
6	52-1-5-2	底板钢筋	t	0.087	0.087	0.087	0.152
7	52-3-3-1	现浇钢筋混凝土排水检查井 C25	m³	1.36	1.36	1.36	6.19
8	52-3-3-2	现浇钢筋混凝土排水检查井钢筋	t	0.062	0.062	0.062	0.696
9	52-3-1-1	排水检查井 深≤2.5m	m³				1.960
10	52-3-1-2	排水检查井 深≤4m	m³	16.470			
11	52-3-1-3	排水检查井 深≤6m	m³		17.070	17.660	
12	52-3-2-1	排水检查井水泥砂浆抹面 WM M15.0	m²	60.01	64.97	69.93	19.05
13	52-3-9-1	安装盖板及盖座	m³	0.23	0.23	0.23	0.23
14	52-3-9-3	安装盖板及盖座 铸铁盖座	套	1	1	1	1
15	36014512	Ⅱ型钢筋混凝土盖板	块	1	1	1	1

序号	定额编号	调整组合项目名称	单位	数量	数量	数量	数量
		防沉降排水检查井盖板					
1	36014512	Ⅱ型钢筋混凝土盖板	块	−1	−1	−1	−1
2	52-3-9-4	防沉降排水检查井 盖板安装	块	1	1	1	1
3	52-3-9-1	安装盖板及盖座	m³	−0.23	−0.23	−0.23	−0.23
		防坠装置					
1	52-3-6-1	安装防坠格板	只	1	1	1	1

单位:座

序号	定额编号	基本组合项目名称	单位	Z52-2-7-77 α=135° (φ2400) 5.5m	Z52-2-7-78 α=135° (φ2400) 6.0m	Z52-2-7-79 α=135° (φ2400) 6.5m	Z52-2-7-80 α=135° (φ2400) 7.0m
1	52-1-5-1	管道垫层混凝土 C20	m³	1.11	1.11	1.11	1.11
2	52-1-5-1	流槽混凝土 C20	m³	4.90	4.90	4.90	4.90
3	52-1-5-1	管道基座混凝土 C20	m³	2.94	2.94	2.94	2.94
4	52-4-5-1	混凝土底板模板	m²	3.76	3.76	3.76	3.76
5	52-1-5-2	底板钢筋	t	0.152	0.152	0.167	0.167
6	52-3-3-1	现浇钢筋混凝土排水检查井 C25	m³	6.19	6.19	6.19	6.19
7	52-3-3-2	现浇钢筋混凝土排水检查井钢筋	t	0.696	0.696	0.796	0.796
8	52-3-1-1	排水检查井 深≤2.5m	m³	2.560			
9	52-3-1-2	排水检查井 深≤4m	m³		3.470	4.460	5.460
10	52-3-2-1	排水检查井水泥砂浆抹面 WMM15.0	m²	24.01	30.22	35.68	41.14
11	52-3-9-1	安装盖板及盖座	m³	0.23	0.23	0.23	0.23
12	52-3-9-3	安装盖板及盖座 铸铁盖座	套	1	1	1	1
13	36014512	Ⅱ型钢筋混凝土盖板	块	1	1	1	1

序号	定额编号	调整组合项目名称	单位	数量	数量	数量	数量
		防沉降排水检查井盖板					
1	36014512	Ⅱ型钢筋混凝土盖板	块	−1	−1	−1	−1
2	52-3-9-4	防沉降排水检查井 盖板安装	块	1	1	1	1
3	52-3-9-1	安装盖板及盖座	m³	−0.23	−0.23	−0.23	−0.23
		防坠装置					
1	52-3-6-1	安装防坠格板	只	1	1	1	1

单位:座

序号	定额编号	基本组合项目名称	单位	Z52-2-7-81 α＝135° (φ2400) 7.5m	Z52-2-7-82 α＝135° (φ2400) 8.0m	Z52-2-7-83 α＝135° (φ2400) 8.5m
1	52-1-5-1	管道垫层混凝土 C20	m³	1.11	1.11	1.11
2	52-1-5-1	流槽混凝土 C20	m³	4.90	4.90	4.90
3	52-1-5-1	管道基座混凝土 C20	m³	2.94	2.94	2.94
4	52-4-5-1	混凝土底板模板	m²	3.76	3.76	3.76
5	52-1-5-2	底板钢筋	t	0.200	0.200	0.200
6	52-3-3-1	现浇钢筋混凝土排水检查井 C25	m³	6.19	6.19	6.19
7	52-3-3-2	现浇钢筋混凝土排水检查井钢筋	t	0.861	0.861	0.861
8	52-3-1-3	排水检查井 深≤6m	m³	6.460	7.450	8.450
9	52-3-2-1	排水检查井水泥砂浆抹面 WMM15.0	m²	46.60	52.06	57.52
10	52-3-9-1	安装盖板及盖座	m³	0.23	0.23	0.23
11	52-3-9-3	安装盖板及盖座 铸铁盖座	套	1	1	1
12	36014512	Ⅱ型钢筋混凝土盖板	块	1	1	1

序号	定额编号	调整组合项目名称	单位	数量	数量	数量
		防沉降排水检查井盖板				
1	36014512	Ⅱ型钢筋混凝土盖板	块	−1	−1	−1
2	52-3-9-4	防沉降排水检查井 盖板安装	块	1	1	1
3	52-3-9-1	安装盖板及盖座	m³	−0.23	−0.23	−0.23
		防坠装置				
1	52-3-6-1	安装防坠格板	只	1	1	1

八、二通转折排水检查井(交汇角为 155°)

单位:座

序号	定额编号	基本组合项目名称	单位	Z52-2-8-1 α=155° (φ1000) 2.5m	Z52-2-8-2 α=155° (φ1000) 3.0m	Z52-2-8-3 α=155° (φ1000) 3.5m	Z52-2-8-4 α=155° (φ1000) 4.0m
1	52-1-4-3	砾石砂垫层	m³	0.58	0.58	0.58	0.58
2	52-1-5-1	流槽混凝土 C20	m³	0.50	0.50	0.50	0.50
3	52-1-5-1	管道基座混凝土 C20	m³	0.79	0.79	0.79	0.79
4	52-4-5-1	混凝土底板模板	m²	2.00	2.00	2.00	2.00
5	52-1-5-2	底板钢筋	t	0.023	0.023	0.023	0.028
6	52-3-3-1	现浇钢筋混凝土排水检查井 C25	m³	0.34	0.34	0.34	0.34
7	52-3-3-2	现浇钢筋混凝土排水检查井钢筋	t	0.028	0.028	0.028	0.030
8	52-3-1-1	排水检查井 深≤2.5m	m³	4.080			
9	52-3-1-2	排水检查井 深≤4m	m³		4.670	5.270	5.860
10	52-3-2-1	排水检查井水泥砂浆抹面 WMM15.0	m²	25.71	30.67	35.63	40.59
11	52-3-9-1	安装盖板及盖座	m³	0.23	0.23	0.23	0.23
12	52-3-9-3	安装盖板及盖座 铸铁盖座	套	1	1	1	1
13	36014512	Ⅱ型钢筋混凝土盖板	块	1	1	1	1

序号	定额编号	调整组合项目名称	单位	数量	数量	数量	数量
		防沉降排水检查井盖板					
1	36014512	Ⅱ型钢筋混凝土盖板	块	−1	−1	−1	−1
2	52-3-9-4	防沉降排水检查井 盖板安装	块	1	1	1	1
3	52-3-9-1	安装盖板及盖座	m³	−0.23	−0.23	−0.23	−0.23
		防坠装置					
1	52-3-6-1	安装防坠格板	只	1	1	1	1

单位:座

序号	定额编号	基本组合项目名称	单位	Z52-2-8-5 α=155° (φ1000) 4.5m	Z52-2-8-6 α=155° (φ1000) ≤5m	Z52-2-8-7 α=155° (φ1200) 2.5m	Z52-2-8-8 α=155° (φ1200) 3.0m
1	52-1-4-3	砾石砂垫层	m³	0.58	0.58	0.63	0.63
2	52-1-5-1	流槽混凝土 C20	m³	0.50	0.50	0.68	0.68
3	52-1-5-1	管道基座混凝土 C20	m³	0.79	0.79	0.97	0.97
4	52-4-5-1	混凝土底板模板	m²	2.00	2.00	2.32	2.32
5	52-1-5-2	底板钢筋	t	0.030	0.030	0.025	0.025
6	52-3-3-1	现浇钢筋混凝土排水检查井 C25	m³	0.34	0.34	0.39	0.39
7	52-3-3-2	现浇钢筋混凝土排水检查井钢筋	t	0.030	0.030	0.033	0.033
8	52-3-1-1	排水检查井 深≤2.5m	m³			3.650	
9	52-3-1-2	排水检查井 深≤4m	m³				4.240
10	52-3-1-3	排水检查井 深≤6m	m³	6.490	7.490		
11	52-3-2-1	排水检查井水泥砂浆抹面 WMM15.0	m²	45.76	51.22	25.67	30.63
12	52-3-9-1	安装盖板及盖座	m³	0.23	0.23	0.23	0.23
13	52-3-9-3	安装盖板及盖座 铸铁盖座	套	1	1	1	1
14	36014512	Ⅱ型钢筋混凝土盖板	块	1	1	1	1
序号	定额编号	调整组合项目名称	单位	数量	数量	数量	数量
		防沉降排水检查井盖板					
1	36014512	Ⅱ型钢筋混凝土盖板	块	−1	−1	−1	−1
2	52-3-9-4	防沉降排水检查井 盖板安装	块	1	1	1	1
3	52-3-9-1	安装盖板及盖座	m³	−0.23	−0.23	−0.23	−0.23
		防坠装置					
1	52-3-6-1	安装防坠格板	只	1	1	1	1

单位：座

序号	定额编号	基本组合项目名称	单位	Z52-2-8-9 α＝155° (φ1200) 3.5m	Z52-2-8-10 α＝155° (φ1200) 4.0m	Z52-2-8-11 α＝155° (φ1200) 4.5m	Z52-2-8-12 α＝155° (φ1200) ≤5m
1	52-1-4-3	砾石砂垫层	m³	0.63	0.63	0.63	0.63
2	52-1-5-1	流槽混凝土 C20	m³	0.68	0.68	0.68	0.68
3	52-1-5-1	管道基座混凝土 C20	m³	0.97	0.97	0.97	0.97
4	52-4-5-1	混凝土底板模板	m²	2.32	2.32	2.32	2.32
5	52-1-5-2	底板钢筋	t	0.025	0.029	0.032	0.032
6	52-3-3-1	现浇钢筋混凝土排水检查井 C25	m³	0.39	0.39	0.39	0.39
7	52-3-3-2	现浇钢筋混凝土排水检查井钢筋	t	0.033	0.036	0.036	0.036
8	52-3-1-2	排水检查井　深≤4m	m³	4.840	5.430		
9	52-3-1-3	排水检查井　深≤6m	m³			6.060	7.060
10	52-3-2-1	排水检查井水泥砂浆抹面 WM M15.0	m²	35.59	40.55	45.72	51.18
11	52-3-9-1	安装盖板及盖座	m³	0.23	0.23	0.23	0.23
12	52-3-9-3	安装盖板及盖座 铸铁盖座	套	1	1	1	1
13	36014512	Ⅱ型钢筋混凝土盖板	块	1	1	1	1

序号	定额编号	调整组合项目名称	单位	数量	数量	数量	数量
		防沉降排水检查井盖板					
1	36014512	Ⅱ型钢筋混凝土盖板	块	−1	−1	−1	−1
2	52-3-9-4	防沉降排水检查井 盖板安装	块	1	1	1	1
3	52-3-9-1	安装盖板及盖座	m³	−0.23	−0.23	−0.23	−0.23
		防坠装置					
1	52-3-6-1	安装防坠格板	只	1	1	1	1

单位:座

序号	定额编号	基本组合项目名称	单位	Z52-2-8-13 $\alpha=155°$ ($\phi1200$) >5m	Z52-2-8-14 $\alpha=155°$ ($\phi1200$) 5.5m	Z52-2-8-15 $\alpha=155°$ ($\phi1200$) 6.0m	Z52-2-8-16 $\alpha=155°$ ($\phi1400$) 2.5m
1	52-1-4-3	砾石砂垫层	m³				0.68
2	52-1-5-1	管道垫层混凝土 C20	m³	0.64	0.64	0.64	
3	52-1-5-1	流槽混凝土 C20	m³	1.36	1.36	1.36	0.87
4	52-1-5-1	管道基座混凝土 C20	m³	1.08	1.08	1.08	1.15
5	52-4-5-1	混凝土底板模板	m²	1.83	1.83	1.83	2.65
6	52-1-5-2	底板钢筋	t	0.081	0.081	0.081	0.027
7	52-3-3-1	现浇钢筋混凝土排水检查井 C25	m³	3.20	3.20	3.20	0.44
8	52-3-3-2	现浇钢筋混凝土排水检查井钢筋	t	0.296	0.296	0.296	0.034
9	52-3-1-1	排水检查井 深≤2.5m	m³				4.160
10	52-3-1-2	排水检查井 深≤4m	m³	3.690	4.680	5.680	
11	52-3-2-1	排水检查井水泥砂浆抹面 WM M15.0	m²	30.26	35.72	41.18	25.70
12	52-3-9-1	安装盖板及盖座	m³	0.23	0.23	0.23	0.23
13	52-3-9-3	安装盖板及盖座 铸铁盖座	套	1	1	1	1
14	36014512	Ⅱ型钢筋混凝土盖板	块	1	1	1	1
序号	定额编号	调整组合项目名称	单位	数量	数量	数量	数量
		防沉降排水检查井盖板					
1	36014512	Ⅱ型钢筋混凝土盖板	块	−1	−1	−1	−1
2	52-3-9-4	防沉降排水检查井 盖板安装	块	1	1	1	1
3	52-3-9-1	安装盖板及盖座	m³	−0.23	−0.23	−0.23	−0.23
		防坠装置					
1	52-3-6-1	安装防坠格板	只	1	1	1	1

单位:座

序号	定额编号	基本组合项目名称	单位	Z52-2-8-17 α=155° (φ1400) 3.0m	Z52-2-8-18 α=155° (φ1400) 3.5m	Z52-2-8-19 α=155° (φ1400) 4.0m	Z52-2-8-20 α=155° (φ1400) 4.5m
1	52-1-4-3	砾石砂垫层	m³	0.68	0.68	0.68	0.68
2	52-1-5-1	流槽混凝土 C20	m³	0.87	0.87	0.87	0.87
3	52-1-5-1	管道基座混凝土 C20	m³	1.15	1.15	1.15	1.15
4	52-4-5-1	混凝土底板模板	m²	2.65	2.65	2.65	2.65
5	52-1-5-2	底板钢筋	t	0.027	0.027	0.033	0.033
6	52-3-3-1	现浇钢筋混凝土排水检查井 C25	m³	0.44	0.44	0.44	0.44
7	52-3-3-2	现浇钢筋混凝土排水检查井钢筋	t	0.034	0.034	0.037	0.038
8	52-3-1-2	排水检查井 深≤4m	m³	4.750	5.350	5.940	
9	52-3-1-3	排水检查井 深≤6m	m³				6.570
10	52-3-2-1	排水检查井水泥砂浆抹面 WM M15.0	m²	30.66	35.62	40.58	45.75
11	52-3-9-1	安装盖板及盖座	m³	0.23	0.23	0.23	0.23
12	52-3-9-3	安装盖板及盖座 铸铁盖座	套	1	1	1	1
13	36014512	Ⅱ型钢筋混凝土盖板	块	1	1	1	1

序号	定额编号	调整组合项目名称	单位	数量	数量	数量	数量
		防沉降排水检查井盖板					
1	36014512	Ⅱ型钢筋混凝土盖板	块	−1	−1	−1	−1
2	52-3-9-4	防沉降排水检查井 盖板安装	块	1	1	1	1
3	52-3-9-1	安装盖板及盖座	m³	−0.23	−0.23	−0.23	−0.23
		防坠装置					
1	52-3-6-1	安装防坠格板	只	1	1	1	1

单位:座

序号	定额编号	基本组合项目名称	单位	Z52-2-8-21 $\alpha=155°$ ($\phi1400$) $\leqslant5m$	Z52-2-8-22 $\alpha=155°$ ($\phi1400$) $>5m$	Z52-2-8-23 $\alpha=155°$ ($\phi1400$) 5.5m	Z52-2-8-24 $\alpha=155°$ ($\phi1400$) 6.0m
1	52-1-4-3	砾石砂垫层	m³	0.68			
2	52-1-5-1	管道垫层混凝土 C20	m³		0.68	0.68	0.68
3	52-1-5-1	流槽混凝土 C20	m³	0.87	1.64	1.64	1.64
4	52-1-5-1	管道基座混凝土 C20	m³	1.15	1.16	1.16	1.16
5	52-4-5-1	混凝土底板模板	m²	2.65	1.90	1.90	1.90
6	52-1-5-2	底板钢筋	t	0.033	0.089	0.089	0.089
7	52-3-3-1	现浇钢筋混凝土排水检查井 C25	m³	0.44	3.21	3.21	3.21
8	52-3-3-2	现浇钢筋混凝土排水检查井钢筋	t	0.038	0.314	0.314	0.314
9	52-3-1-2	排水检查井　深≤4m	m³		3.690	4.680	5.680
10	52-3-1-3	排水检查井　深≤6m	m³	7.570			
11	52-3-2-1	排水检查井水泥砂浆抹面 WM M15.0	m²	51.21	30.46	35.92	41.38
12	52-3-9-1	安装盖板及盖座	m³	0.23	0.23	0.23	0.23
13	52-3-9-3	安装盖板及盖座 铸铁盖座	套	1	1	1	1
14	36014512	Ⅱ型钢筋混凝土盖板	块	1	1	1	1

序号	定额编号	调整组合项目名称	单位	数量	数量	数量	数量
		防沉降排水检查井盖板					
1	36014512	Ⅱ型钢筋混凝土盖板	块	−1	−1	−1	−1
2	52-3-9-4	防沉降排水检查井 盖板安装	块	1	1	1	1
3	52-3-9-1	安装盖板及盖座	m³	−0.23	−0.23	−0.23	−0.23
		防坠装置					
1	52-3-6-1	安装防坠格板	只	1	1	1	1

单位:座

序号	定额编号	基本组合项目名称	单位	Z52-2-8-25 α＝155° (φ1600) 2.5m	Z52-2-8-26 α＝155° (φ1600) 3.0m	Z52-2-8-27 α＝155° (φ1600) 3.5m	Z52-2-8-28 α＝155° (φ1600) 4.0m
1	52-1-4-3	砾石砂垫层	m³	0.71	0.71	0.71	0.71
2	52-1-5-1	流槽混凝土 C20	m³	1.02	1.02	1.02	1.02
3	52-1-5-1	管道基座混凝土 C20	m³	1.33	1.33	1.33	1.33
4	52-4-5-1	混凝土底板模板	m²	2.99	2.99	2.99	2.99
5	52-1-5-2	底板钢筋	t	0.029	0.029	0.029	0.029
6	52-3-3-1	现浇钢筋混凝土排水检查井 C25	m³	0.47	0.47	0.47	0.47
7	52-3-3-2	现浇钢筋混凝土排水检查井钢筋	t	0.037	0.037	0.037	0.038
8	52-3-1-1	排水检查井 深≤2.5m	m³	4.370			
9	52-3-1-2	排水检查井 深≤4m	m³		4.960	5.560	6.160
10	52-3-2-1	排水检查井水泥砂浆抹面 WMM15.0	m²	26.15	31.11	36.07	41.03
11	52-3-9-1	安装盖板及盖座	m³	0.23	0.23	0.23	0.23
12	52-3-9-3	安装盖板及盖座 铸铁盖座	套	1	1	1	1
13	36014512	Ⅱ型钢筋混凝土盖板	块	1	1	1	1

序号	定额编号	调整组合项目名称	单位	数量	数量	数量	数量
		防沉降排水检查井盖板					
1	36014512	Ⅱ型钢筋混凝土盖板	块	−1	−1	−1	−1
2	52-3-9-4	防沉降排水检查井 盖板安装	块	1	1	1	1
3	52-3-9-1	安装盖板及盖座	m³	−0.23	−0.23	−0.23	−0.23
		防坠装置					
1	52-3-6-1	安装防坠格板	只	1	1	1	1

单位:座

序号	定额编号	基本组合项目名称	单位	Z52-2-8-29 α＝155° (φ1600) 4.5m	Z52-2-8-30 α＝155° (φ1600) ≤5m	Z52-2-8-31 α＝155° (φ1600) ＞5m	Z52-2-8-32 α＝155° (φ1600) 5.5m
1	52-1-4-3	砾石砂垫层	m³	0.71	0.71		
2	52-1-5-1	管道垫层混凝土 C20	m³			0.72	0.72
3	52-1-5-1	流槽混凝土 C20	m³	1.02	1.02	1.93	1.93
4	52-1-5-1	管道基座混凝土 C20	m³	1.33	1.33	1.35	1.35
5	52-4-5-1	混凝土底板模板	m²	2.99	2.99	2.17	2.17
6	52-1-5-2	底板钢筋	t	0.035	0.035	0.085	0.085
7	52-3-3-1	现浇钢筋混凝土排水检查井 C25	m³	0.47	0.47	4.35	4.35
8	52-3-3-2	现浇钢筋混凝土排水检查井钢筋	t	0.039	0.039	0.350	0.350
9	52-3-1-2	排水检查井 深≤4m	m³			3.190	4.190
10	52-3-1-3	排水检查井 深≤6m	m³	6.750	7.620		
11	52-3-2-1	排水检查井水泥砂浆抹面 WM M15.0	m²	45.99	51.47	27.92	33.38
12	52-3-9-1	安装盖板及盖座	m³	0.23	0.23	0.23	0.23
13	52-3-9-3	安装盖板及盖座 铸铁盖座	套	1	1	1	1
14	36014512	Ⅱ型钢筋混凝土盖板	块	1	1	1	1
序号	定额编号	调整组合项目名称	单位	数量	数量	数量	数量
		防沉降排水检查井盖板					
1	36014512	Ⅱ型钢筋混凝土盖板	块	−1	−1	−1	−1
2	52-3-9-4	防沉降排水检查井 盖板安装	块	1	1	1	1
3	52-3-9-1	安装盖板及盖座	m³	−0.23	−0.23	−0.23	−0.23
		防坠装置					
1	52-3-6-1	安装防坠格板	只	1	1	1	1

单位:座

序号	定额编号	基本组合项目名称	单位	Z52-2-8-33	Z52-2-8-34	Z52-2-8-35	Z52-2-8-36
				α＝155°	α＝155°	α＝155°	α＝155°
				(φ1600) 6.0m	(φ1800) 3.0m	(φ1800) 3.5m	(φ1800) 4.0m
1	52-1-4-3	砾石砂垫层	m³		0.75	0.75	0.75
2	52-1-5-1	管道垫层混凝土 C20	m³	0.72			
3	52-1-5-1	流槽混凝土 C20	m³	1.93	1.21	1.21	1.21
4	52-1-5-1	管道基座混凝土 C20	m³	1.35	1.54	1.54	1.54
5	52-4-5-1	混凝土底板模板	m²	2.17	3.35	3.35	3.35
6	52-1-5-2	底板钢筋	t	0.085	0.030	0.030	0.030
7	52-3-3-1	现浇钢筋混凝土排水检查井 C25	m³	4.35	0.51	0.51	0.51
8	52-3-3-2	现浇钢筋混凝土排水检查井钢筋	t	0.350	0.039	0.039	0.041
9	52-3-1-2	排水检查井 深≤4m	m³	5.180	5.250	5.850	6.450
10	52-3-2-1	排水检查井水泥砂浆抹面 WM M15.0	m²	38.84	31.85	36.81	41.77
11	52-3-9-1	安装盖板及盖座	m³	0.23	0.23	0.23	0.23
12	52-3-9-3	安装盖板及盖座 铸铁盖座	套	1	1	1	1
13	36014512	Ⅱ型钢筋混凝土盖板	块	1	1	1	1
序号	定额编号	调整组合项目名称	单位	数量	数量	数量	数量
		防沉降排水检查井盖板					
1	36014512	Ⅱ型钢筋混凝土盖板	块	−1	−1	−1	−1
2	52-3-9-4	防沉降排水检查井 盖板安装	块	1	1	1	1
3	52-3-9-1	安装盖板及盖座	m³	−0.23	−0.23	−0.23	−0.23
		防坠装置					
1	52-3-6-1	安装防坠格板	只	1	1	1	1

单位:座

序号	定额编号	基本组合项目名称	单位	Z52-2-8-37 α＝155° (φ1800) 4.5m	Z52-2-8-38 α＝155° (φ1800) ≤5m	Z52-2-8-39 α＝155° (φ1800) >5m	Z52-2-8-40 α＝155° (φ1800) 5.5m
1	52-1-4-3	砾石砂垫层	m³	0.75	0.75		
2	52-1-5-1	管道垫层混凝土 C20	m³			0.75	0.75
3	52-1-5-1	流槽混凝土 C20	m³	1.21	1.21	2.20	2.20
4	52-1-5-1	管道基座混凝土 C20	m³	1.54	1.54	1.55	1.55
5	52-4-5-1	混凝土底板模板	m²	3.35	3.35	2.45	2.45
6	52-1-5-2	底板钢筋	t	0.032	0.032	0.093	0.093
7	52-3-3-1	现浇钢筋混凝土排水检查井 C25	m³	0.51	0.51	3.84	3.84
8	52-3-3-2	现浇钢筋混凝土排水检查井钢筋	t	0.041	0.041	0.406	0.406
9	52-3-1-2	排水检查井 深≤4m	m³			2.770	3.770
10	52-3-1-3	排水检查井 深≤6m	m³	7.040	7.740		
11	52-3-2-1	排水检查井水泥砂浆抹面 WM M15.0	m²	46.73	52.00	25.80	31.26
12	52-3-9-1	安装盖板及盖座	m³	0.23	0.23	0.23	0.23
13	52-3-9-3	安装盖板及盖座 铸铁盖座	套	1	1	1	1
14	36014512	Ⅱ型钢筋混凝土盖板	块	1	1	1	1
序号	定额编号	调整组合项目名称	单位	数量	数量	数量	数量
		防沉降排水检查井盖板					
1	36014512	Ⅱ型钢筋混凝土盖板	块	−1	−1	−1	−1
2	52-3-9-4	防沉降排水检查井 盖板安装	块	1	1	1	1
3	52-3-9-1	安装盖板及盖座	m³	−0.23	−0.23	−0.23	−0.23
		防坠装置					
1	52-3-6-1	安装防坠格板	只	1	1	1	51

单位:座

序号	定额编号	基本组合项目名称	单位	Z52-2-8-41 α=155° (φ1800) 6.0m	Z52-2-8-42 α=155° (φ1800) 6.5m	Z52-2-8-43 α=155° (φ1800) 7.0m	Z52-2-8-44 α=155° (φ2000) 3.0m
1	52-1-4-3	砾石砂垫层	m³				0.73
2	52-1-5-1	管道垫层混凝土 C20	m³	0.75	0.75	0.75	
3	52-1-5-1	流槽混凝土 C20	m³	2.20	2.20	2.20	1.21
4	52-1-5-1	管道基座混凝土 C20	m³	1.55	1.55	1.55	1.62
5	52-4-5-1	混凝土底板模板	m²	2.45	2.45	2.45	3.57
6	52-1-5-2	底板钢筋	t	0.093	0.100	0.100	0.030
7	52-3-3-1	现浇钢筋混凝土排水检查井 C25	m³	3.84	3.84	3.84	0.48
8	52-3-3-2	现浇钢筋混凝土排水检查井钢筋	t	0.406	0.422	0.422	0.038
9	52-3-1-2	排水检查井 深≤4m	m³	4.760			5.270
10	52-3-1-3	排水检查井 深≤6m	m³		5.760	6.760	
11	52-3-2-1	排水检查井水泥砂浆抹面 WM M15.0	m²	36.72	42.18	47.64	31.02
12	52-3-9-1	安装盖板及盖座	m³	0.23	0.23	0.23	0.23
13	52-3-9-3	安装盖板及盖座 铸铁盖座	套	1	1	1	1
14	36014512	Ⅱ型钢筋混凝土盖板	块	1	1	1	1

序号	定额编号	调整组合项目名称	单位	数量	数量	数量	数量
		防沉降排水检查井盖板					
1	36014512	Ⅱ型钢筋混凝土盖板	块	−1	−1	−1	−1
2	52-3-9-4	防沉降排水检查井 盖板安装	块	1	1	1	1
3	52-3-9-1	安装盖板及盖座	m³	−0.23	−0.23	−0.23	−0.23
		防坠装置					
1	52-3-6-1	安装防坠格板	只	1	1	1	1

单位:座

序号	定额编号	基本组合项目名称	单位	Z52-2-8-45	Z52-2-8-46	Z52-2-8-47	Z52-2-8-48
				α＝155°	α＝155°	α＝155°	α＝155°
				(φ2000) 3.5m	(φ2000) 4.0m	(φ2000) 4.5m	(φ2000) ≤5m
1	52-1-4-3	砾石砂垫层	m³	0.73	0.73	0.88	0.88
2	52-1-5-1	流槽混凝土 C20	m³	1.21	1.21	1.21	1.21
3	52-1-5-1	管道基座混凝土 C20	m³	1.62	1.62	1.97	1.97
4	52-4-5-1	混凝土底板模板	m²	3.57	3.57	3.79	3.79
5	52-1-5-2	底板钢筋	t	0.030	0.030	0.038	0.038
6	52-3-3-1	现浇钢筋混凝土排水检查井 C25	m³	0.48	0.48	0.48	0.48
7	52-3-3-2	现浇钢筋混凝土排水检查井钢筋	t	0.038	0.041	0.039	0.039
8	52-3-1-2	排水检查井 深≤4m	m³	5.860	8.640		
9	52-3-1-3	排水检查井 深≤6m	m³			9.230	9.830
10	52-3-2-1	排水检查井水泥砂浆抹面 WMM15.0	m²	35.98	42.77	47.73	52.69
11	52-3-9-1	安装盖板及盖座	m³	0.23	0.23	0.23	0.23
12	52-3-9-3	安装盖板及盖座 铸铁盖座	套	1	1	1	1
13	36014512	Ⅱ型钢筋混凝土盖板	块	1	1	1	1
序号	定额编号	调整组合项目名称	单位	数量	数量	数量	数量
		防沉降排水检查井盖板					
1	36014512	Ⅱ型钢筋混凝土盖板	块	—1	—1	—1	—1
2	52-3-9-4	防沉降排水检查井 盖板安装	块	1	1	1	1
3	52-3-9-1	安装盖板及盖座	m³	—0.23	—0.23	—0.23	—0.23
		防坠装置					
1	52-3-6-1	安装防坠格板	只	1	1	1	1

单位:座

序号	定额编号	基本组合项目名称	单位	Z52-2-8-49	Z52-2-8-50	Z52-2-8-51	Z52-2-8-52
				α＝155°	α＝155°	α＝155°	α＝155°
				(φ2000) ＞5m	(φ2000) 5.5m	(φ2000) 6.0m	(φ2000) 6.5m
1	52-1-5-1	管道垫层混凝土 C20	m³	0.78	0.78	0.78	0.78
2	52-1-5-1	流槽混凝土 C20	m³	2.51	2.51	2.51	2.51
3	52-1-5-1	管道基座混凝土 C20	m³	1.75	1.75	1.75	1.75
4	52-4-5-1	混凝土底板模板	m²	2.75	2.75	2.75	2.75
5	52-1-5-2	底板钢筋	t	0.098	0.098	0.098	0.106
6	52-3-3-1	现浇钢筋混凝土排水检查井 C25	m³	4.16	4.16	4.16	4.16
7	52-3-3-2	现浇钢筋混凝土排水检查井钢筋	t	0.436	0.436	0.436	0.483
8	52-3-1-1	排水检查井 深≤2.5m	m³	2.480			
9	52-3-1-2	排水检查井 深≤4m	m³		3.340	4.330	5.330
10	52-3-2-1	排水检查井水泥砂浆抹面 WM M15.0	m²	22.97	29.12	34.58	40.04
11	52-3-9-1	安装盖板及盖座	m³	0.23	0.23	0.23	0.23
12	52-3-9-3	安装盖板及盖座 铸铁盖座	套	1	1	1	1
13	36014512	Ⅱ型钢筋混凝土盖板	块	1	1	1	1

序号	定额编号	调整组合项目名称	单位	数量	数量	数量	数量
		防沉降排水检查井盖板					
1	36014512	Ⅱ型钢筋混凝土盖板	块	－1	－1	－1	－1
2	52-3-9-4	防沉降排水检查井 盖板安装	块	1	1	1	1
3	52-3-9-1	安装盖板及盖座	m³	－0.23	－0.23	－0.23	－0.23
		防坠装置					
1	52-3-6-1	安装防坠格板	只	1	1	1	1

单位:座

序号	定额编号	基本组合项目名称	单位	Z52-2-8-53 α=155° (φ2000) 7.0m	Z52-2-8-54 α=155° (φ2200) 3.5m	Z52-2-8-55 α=155° (φ2200) 4.0m	Z52-2-8-56 α=155° (φ2200) 4.5m
1	52-1-4-3	砾石砂垫层	m³		0.97	0.97	0.97
2	52-1-5-1	管道垫层混凝土 C20	m³	0.78			
3	52-1-5-1	流槽混凝土 C20	m³	2.51	1.61	1.61	1.61
4	52-1-5-1	管道基座混凝土 C20	m³	1.75	2.38	2.38	2.38
5	52-4-5-1	混凝土底板模板	m²	2.75	4.38	4.38	4.38
6	52-1-5-2	底板钢筋	t	0.106	0.040	0.040	0.043
7	52-3-3-1	现浇钢筋混凝土排水检查井 C25	m³	4.16	0.73	0.73	0.73
8	52-3-3-2	现浇钢筋混凝土排水检查井钢筋	t	0.483	0.046	0.046	0.044
9	52-3-1-2	排水检查井　深≤4m	m³		8.960	9.560	
10	52-3-1-3	排水检查井　深≤6m	m³	6.330			10.150
11	52-3-2-1	排水检查井水泥砂浆抹面 WMM15.0	m²	45.50	40.17	45.13	50.09
12	52-3-9-1	安装盖板及盖座	m³	0.23	0.23	0.23	0.23
13	52-3-9-3	安装盖板及盖座 铸铁盖座	套	1	1	1	1
14	36014512	Ⅱ型钢筋混凝土盖板	块	1	1	1	1
序号	定额编号	调整组合项目名称	单位	数量	数量	数量	数量
		防沉降排水检查井盖板					
1	36014512	Ⅱ型钢筋混凝土盖板	块	−1	−1	−1	−1
2	52-3-9-4	防沉降排水检查井 盖板安装	块	1	1	1	1
3	52-3-9-1	安装盖板及盖座	m³	−0.23	−0.23	−0.23	−0.23
		防坠装置					
1	52-3-6-1	安装防坠格板	只	1	1	1	51

单位:座

序号	定额编号	基本组合项目名称	单位	Z52-2-8-57	Z52-2-8-58	Z52-2-8-59	Z52-2-8-60
				α＝155°	α＝155°	α＝155°	α＝155°
				(φ2200) ≤5m	(φ2200) ＞5m	(φ2200) 5.5m	(φ2200) 6.0m
1	52-1-4-3	砾石砂垫层	m³	0.97			
2	52-1-5-1	管道垫层混凝土 C20	m³		0.82	0.82	0.82
3	52-1-5-1	流槽混凝土 C20	m³	1.61	2.81	2.81	2.81
4	52-1-5-1	管道基座混凝土 C20	m³	2.38	1.97	1.97	1.97
5	52-4-5-1	混凝土底板模板	m²	4.38	3.06	3.06	3.06
6	52-1-5-2	底板钢筋	t	0.043	0.103	0.103	0.103
7	52-3-3-1	现浇钢筋混凝土排水检查井 C25	m³	0.73	4.48	4.48	4.48
8	52-3-3-2	现浇钢筋混凝土排水检查井钢筋	t	0.044	0.534	0.534	0.534
9	52-3-1-1	排水检查井 深≤2.5m	m³		2.230		
10	52-3-1-2	排水检查井 深≤4m	m³			2.910	3.910
11	52-3-1-3	排水检查井 深≤6m	m³	10.750			
12	52-3-2-1	排水检查井水泥砂浆抹面 WM M15.0	m²	55.05	21.03	26.93	32.42
13	52-3-9-1	安装盖板及盖座	m³	0.23	0.23	0.23	0.23
14	52-3-9-3	安装盖板及盖座 铸铁盖座	套	1	1	1	1
15	36014512	Ⅱ型钢筋混凝土盖板	块	1	1	1	1
序号	定额编号	调整组合项目名称	单位	数量	数量	数量	数量
		防沉降排水检查井盖板					
1	36014512	Ⅱ型钢筋混凝土盖板	块	−1	−1	−1	−1
2	52-3-9-4	防沉降排水检查井 盖板安装	块	1	1	1	1
3	52-3-9-1	安装盖板及盖座	m³	−0.23	−0.23	−0.23	−0.23
		防坠装置					
1	52-3-6-1	安装防坠格板	只	1	1	1	1

单位:座

序号	定额编号	基本组合项目名称	单位	Z52-2-8-61	Z52-2-8-62	Z52-2-8-63	Z52-2-8-64
				α＝155°	α＝155°	α＝155°	α＝155°
				(φ2200) 6.5m	(φ2200) 7.0m	(φ2200) 7.5m	(φ2200) 8.0m
1	52-1-5-1	管道垫层混凝土 C20	m³	0.82	0.82	0.82	0.82
2	52-1-5-1	流槽混凝土 C20	m³	2.81	2.81	2.81	2.81
3	52-1-5-1	管道基座混凝土 C20	m³	1.97	1.97	1.97	1.97
4	52-4-5-1	混凝土底板模板	m²	3.06	3.06	3.06	3.06
5	52-1-5-2	底板钢筋	t	0.105	0.105	0.116	0.116
6	52-3-3-1	现浇钢筋混凝土排水检查井 C25	m³	4.48	4.48	4.48	4.48
7	52-3-3-2	现浇钢筋混凝土排水检查井钢筋	t	0.546	0.546	0.602	0.602
8	52-3-1-2	排水检查井　深≤4m	m³	4.900			
9	52-3-1-3	排水检查井　深≤6m	m³		5.900	6.900	7.890
10	52-3-2-1	排水检查井水泥砂浆抹面 WM M15.0	m²	37.88	43.34	48.80	54.26
11	52-3-9-1	安装盖板及盖座	m³	0.23	0.23	0.23	0.23
12	52-3-9-3	安装盖板及盖座 铸铁盖座	套	1	1	1	1
13	36014512	Ⅱ型钢筋混凝土盖板	块	1	1	1	1
序号	定额编号	调整组合项目名称	单位	数量	数量	数量	数量
		防沉降排水检查井盖板					
1	36014512	Ⅱ型钢筋混凝土盖板	块	−1	−1	−1	−1
2	52-3-9-4	防沉降排水检查井 盖板安装	块	1	1	1	1
3	52-3-9-1	安装盖板及盖座	m³	−0.23	−0.23	−0.23	−0.23
		防坠装置					
1	52-3-6-1	安装防坠格板	只	1	1	1	51

单位:座

序号	定额编号	基本组合项目名称	单位	Z52-2-8-65 α＝155° (φ2200) 8.5m	Z52-2-8-66 α＝155° (φ2400) 3.5m	Z52-2-8-67 α＝155° (φ2400) 4.0m	Z52-2-8-68 α＝155° (φ2400) 4.5m
1	52-1-4-3	砾石砂垫层	m³		1.08	1.08	1.08
2	52-1-5-1	管道垫层混凝土 C20	m³	0.82			
3	52-1-5-1	流槽混凝土 C20	m³	2.81	2.11	2.11	2.11
4	52-1-5-1	管道基座混凝土 C20	m³	1.97	2.84	2.84	2.84
5	52-4-5-1	混凝土底板模板	m²	3.06	5.02	5.02	5.02
6	52-1-5-2	底板钢筋	t	0.116	0.054	0.054	0.054
7	52-3-3-1	现浇钢筋混凝土排水检查井 C25	m³	4.48	0.87	0.87	0.87
8	52-3-3-2	现浇钢筋混凝土排水检查井钢筋	t	0.602	0.049	0.049	0.049
9	52-3-1-2	排水检查井 深≤4m	m³		10.080	10.670	
10	52-3-1-3	排水检查井 深≤6m	m³	8.890			11.270
11	52-3-2-1	排水检查井水泥砂浆抹面 WM M15.0	m²	59.72	43.43	48.39	53.35
12	52-3-9-1	安装盖板及盖座	m³	0.23	0.23	0.23	0.23
13	52-3-9-3	安装盖板及盖座 铸铁盖座	套	1	1	1	1
14	36014512	Ⅱ型钢筋混凝土盖板	块	1	1	1	1

序号	定额编号	调整组合项目名称	单位	数量	数量	数量	数量
		防沉降排水检查井盖板					
1	36014512	Ⅱ型钢筋混凝土盖板	块	−1	−1	−1	−1
2	52-3-9-4	防沉降排水检查井 盖板安装	块	1	1	1	1
3	52-3-9-1	安装盖板及盖座	m³	−0.23	−0.23	−0.23	−0.23
		防坠装置					
1	52-3-6-1	安装防坠格板	只	1	1	1	1

单位:座

序号	定额编号	基本组合项目名称	单位	Z52-2-8-69	Z52-2-8-70	Z52-2-8-71	Z52-2-8-72
				α＝155°	α＝155°	α＝155°	α＝155°
				(φ2400) ≤5m	(φ2400) ＞5m	(φ2400) 5.5m	(φ2400) 6.0m
1	52-1-4-3	砾石砂垫层	m³	1.08			
2	52-1-5-1	管道垫层混凝土 C20	m³		0.85	0.85	0.85
3	52-1-5-1	流槽混凝土 C20	m³	2.11	3.16	3.16	3.16
4	52-1-5-1	管道基座混凝土 C20	m³	2.84	2.19	2.19	2.19
5	52-4-5-1	混凝土底板模板	m²	5.02	3.39	3.39	3.39
6	52-1-5-2	底板钢筋	t	0.054	0.108	0.108	0.108
7	52-3-3-1	现浇钢筋混凝土排水检查井 C25	m³	0.87	4.80	4.80	4.80
8	52-3-3-2	现浇钢筋混凝土排水检查井钢筋	t	0.049	0.558	0.558	0.558
9	52-3-1-1	排水检查井 深≤2.5m	m³		1.960	2.560	
10	52-3-1-2	排水检查井 深≤4m	m³				3.470
11	52-3-1-3	排水检查井 深≤6m	m³	11.860			
12	52-3-2-1	排水检查井水泥砂浆抹面 WM M15.0	m²	58.31	19.05	24.01	30.22
13	52-3-9-1	安装盖板及盖座	m³	0.23	0.23	0.23	0.23
14	52-3-9-3	安装盖板及盖座 铸铁盖座	套	1	1	1	1
15	36014512	Ⅱ型钢筋混凝土盖板	块	1	1	1	1
序号	定额编号	调整组合项目名称	单位	数量	数量	数量	数量
		防沉降排水检查井盖板					
1	36014512	Ⅱ型钢筋混凝土盖板	块	−1	−1	−1	−1
2	52-3-9-4	防沉降排水检查井 盖板安装	块	1	1	1	1
3	52-3-9-1	安装盖板及盖座	m³	−0.23	−0.23	−0.23	−0.23
		防坠装置					
1	52-3-6-1	安装防坠格板	只	1	1	1	1

单位:座

序号	定额编号	基本组合项目名称	单位	Z52-2-8-73	Z52-2-8-74	Z52-2-8-75	Z52-2-8-76
				α＝155°	α＝155°	α＝155°	α＝155°
				(φ2400) 6.5m	(φ2400) 7.0m	(φ2400) 7.5m	(φ2400) 8.0m
1	52-1-5-1	管道垫层混凝土 C20	m³	0.85	0.85	0.85	0.85
2	52-1-5-1	流槽混凝土 C20	m³	3.16	3.16	3.16	3.16
3	52-1-5-1	管道基座混凝土 C20	m³	2.19	2.19	2.19	2.19
4	52-4-5-1	混凝土底板模板	m²	3.39	3.39	3.39	3.39
5	52-1-5-2	底板钢筋	t	0.110	0.110	0.121	0.121
6	52-3-3-1	现浇钢筋混凝土排水检查井 C25	m³	4.80	4.80	4.80	4.80
7	52-3-3-2	现浇钢筋混凝土排水检查井钢筋	t	0.586	0.586	0.644	0.644
8	52-3-1-2	排水检查井 深≤4m	m³	4.460	5.460		
9	52-3-1-3	排水检查井 深≤6m	m³			6.460	7.450
10	52-3-2-1	排水检查井水泥砂浆抹面 WM M15.0	m²	35.68	41.14	46.60	52.06
11	52-3-9-1	安装盖板及盖座	m³	0.23	0.23	0.23	0.23
12	52-3-9-3	安装盖板及盖座 铸铁盖座	套	1	1	1	1
13	36014512	Ⅱ型钢筋混凝土盖板	块	1	1	1	1
序号	定额编号	调整组合项目名称	单位	数量	数量	数量	数量
		防沉降排水检查井盖板					
1	36014512	Ⅱ型钢筋混凝土盖板	块	−1	−1	−1	−1
2	52-3-9-4	防沉降排水检查井 盖板安装	块	1	1	1	1
3	52-3-9-1	安装盖板及盖座	m³	−0.23	−0.23	−0.23	−0.23
		防坠装置					
1	52-3-6-1	安装防坠格板	只	1	1	1	1

单位:座

序号	定额编号	基本组合项目名称	单位	Z52-2-8-77
				α＝155°
				(φ2400) 8.5m
1	52-1-5-1	管道垫层混凝土 C20	m³	0.85
2	52-1-5-1	流槽混凝土 C20	m³	3.16
3	52-1-5-1	管道基座混凝土 C20	m³	2.19
4	52-4-5-1	混凝土底板模板	m²	3.39
5	52-1-5-2	底板钢筋	t	0.121
6	52-3-3-1	现浇钢筋混凝土排水检查井 C25	m³	4.80
7	52-3-3-2	现浇钢筋混凝土排水检查井钢筋	t	0.644
8	52-3-1-3	排水检查井 深≤6m	m³	8.450
9	52-3-2-1	排水检查井水泥砂浆抹面 WM M15.0	m²	57.52
10	52-3-9-1	安装盖板及盖座	m³	0.23
11	52-3-9-3	安装盖板及盖座 铸铁盖座	套	1
12	36014512	Ⅱ型钢筋混凝土盖板	块	1

序号	定额编号	调整组合项目名称	单位	数量
		防沉降排水检查井盖板		
1	36014512	Ⅱ型钢筋混凝土盖板	块	−1
2	52-3-9-4	防沉降排水检查井 盖板安装	块	1
3	52-3-9-1	安装盖板及盖座	m³	−0.23
		防坠装置		
1	52-3-6-1	安装防坠格板	只	1

第三章　雨水口

一、砖砌雨水口

单位:座

序号	定额编号	基本组合项目名称	单位	Z52-3-1-1 400×300 (ϕ300)	Z52-3-1-2 450×400 (ϕ300)
1	52-1-4-3	管道垫层　砾石砂垫层	m³	0.031	0.037
2	52-1-5-1	管道基座　混凝土 C20	m³	0.038	0.047
3	52-4-5-1	模板工程　管道基座	m²	0.220	0.250
4	52-3-1-5	雨水口　湿拌砌筑砂浆	m³	0.291	0.388
5	52-3-2-2	水泥砂浆抹面　雨水口	m²	1.819	2.560
6	52-3-9-1	安装盖板及盖座	m³	0.030	0.030
7	36013021	Ⅰ型雨水雨水口盖	只	1	
8	36013031	Ⅰ型雨水雨水口座	只	1	
9	36013041	Ⅱ型雨水雨水口盖	只		1
10	36013051	Ⅱ型雨水雨水口座	只		1
11	36013061	Ⅱ型进水侧石	块		1
12	36013059	Ⅱ型进水平石	块		1

序号	定额编号	调整组合项目名称	单位	数量	数量
1	52-3-4-1	拦截装置 雨水口拦截装置	只	1	1
1	52-3-5-1	防臭装置 雨水口防臭装置	只	1	1

单位:座

序号	定额编号	基本组合项目名称	单位	Z52-3-1-3 640×500 (ϕ300)	Z52-3-1-4 1450×500 (ϕ450)
1	52-1-4-3	管道垫层　砾石砂垫层	m³	0.081	0.251
2	52-1-5-1	管道基座　混凝土 C20	m³	0.066	0.329
3	52-4-5-1	模板工程　管道基座	m²	0.290	0.930
4	52-3-8-1	预制钢筋混凝土盖板 C20	m³		0.033
5	52-3-8-2	预制钢筋混凝土盖板　钢筋	t		0.003
6	52-3-9-1	安装盖板及盖座	m³		0.033
7	52-3-1-5	雨水口　湿拌砌筑砂浆	m³	0.430	1.654
8	52-3-2-2	水泥砂浆抹面　雨水口	m²	2.973	5.564
9	36013091	Ⅲ型铸铁雨水口盖座	套	1	2

序号	定额编号	调整组合项目名称	单位	数量	数量
1	52-3-4-1	拦截装置 雨水口拦截装置	只	1	1
1	52-3-5-1	防臭装置 雨水口防臭装置	只	1	1

二、预制混凝土雨水口

单位:座

序号	定额编号	基本组合项目名称	单位	Z52-3-2-1	Z52-3-2-2
				立式单算	立式双算
1	52-1-5-1	管道基础 混凝土 C20	m³	0.10	0.20
2	52-3-9-2	安装盖板及盖座 钢筋混凝土盖板（井筒）	m³	0.57	1.14
3	04290961	预制钢筋混凝土井筒1	m³	0.57	1.14
4	52-3-9-1	安装盖板及盖座 钢筋混凝土盖板（井圈）	m³	0.07	0.14
5	04290968	预制钢筋混凝土井圈1	m³	0.07	0.14
6	36011181	立式算子(QT500-7 球墨铸铁 765×298×118)	套	1	2
7	36014018	盖板(750×450)	套	1	2
8	52-3-4-1 换	安装雨水口 截污挂篮（玻璃钢 700×380×303）	套	1	2
9	33012761	截污挂篮（玻璃钢 700×380×303）	套	1	2
10	52-3-3-1 换	细石混凝土嵌实 C30	m³	0.02	0.03
11	52-4-5-5	模板工程 现浇钢筋混凝土排水检查井	m²	0.13	0.31
12	52-3-3-1	细石混凝土填充 C20	m³	0.02	0.04
13	52-4-5-5	模板工程 现浇钢筋混凝土排水检查井	m²	0.22	0.35
14	04-2-4-25	排砌预制平石	m	1	2
15	水 50-9-3-9	胶霸 600 封缝（双组分聚氨酯）	m		4.18

单位:座

序号	定额编号	基本组合项目名称	单位	Z52-3-2-3	Z52-3-2-4
				平式单算	平式无侧石单算
1	52-1-5-1	管道基座 混凝土 C20	m³	0.1	0.1
2	52-3-9-2	安装盖板及盖座 钢筋混凝土盖板（井筒）	m³	0.57	0.57
3	04290961	预制钢筋混凝土井筒1	m³	0.57	0.57
4	52-3-9-1	安装盖板及盖座 钢筋混凝土盖板（井圈）	m³	0.09	0.09
5	04290969	预制钢筋混凝土井圈2	m³	0.09	0.09
6	52-3-4-1 换	安装雨水口 截污挂篮（玻璃钢 700×380×303）	套	1	1
7	33012761	截污挂篮（玻璃钢 700×380×303）	套	1	1
8	36011182	平式算子(QT500-7 球墨铸铁 872×572×100)	套	1	1
9	52-3-3-1 换	细石混凝土嵌实 C30	m³	0.02	0.02
10	52-4-5-5	模板工程 现浇钢筋混凝土排水检查井	m²	0.13	0.13
11	04-2-4-24	排砌预制侧石	m	1	

单位:座

序号	定额编号	基本组合项目名称	单位	Z52-3-2-5 平式双算	Z52-3-2-6 平式无侧石双算
1	52-1-5-1	管道基座 混凝土 C20	m³	0.2	0.2
2	52-3-9-2	安装盖板及盖座 钢筋混凝土盖板（井筒）	m³	1.14	1.14
3	04290962	预制钢筋混凝土井筒2	m³	0.57	0.57
4	04290963	预制钢筋混凝土井筒3	t	0.57	0.57
5	52-3-9-1	安装盖板及盖座 钢筋混凝土盖板（井圈）	m³	0.18	0.18
6	04290969	预制钢筋混凝土井圈2	m³	0.18	0.18
7	52-3-4-1换	安装雨水口 截污挂篮（玻璃钢700×380×303）	套	2	2
8	33012761	截污挂篮（玻璃钢700×380×303）	套	2	2
9	36011182	平式算子(QT500-7球墨铸铁 872×572×100)	套	2	2
10	52-3-3-1换	细石混凝土嵌实 C30	m³	0.03	0.03
11	52-4-5-5	模板工程 现浇钢筋混凝土排水检查井	m²	0.16	0.16
12	52-3-3-1	细石混凝土填充 C20	m³	0.02	0.02
13	52-4-5-5	模板工程 现浇钢筋混凝土排水检查井	m²	0.02	0.02
14	04-2-4-24	排砌预制侧石	m	2	
15	水50-9-3-9	胶霸600封缝(双组分聚氨酯)	m	3.86	3.86

单位:座

序号	定额编号	基本组合项目名称	单位	Z52-3-2-7 联合式单算	Z52-3-2-8 联合式双算
1	52-1-5-1	管道基座 混凝土 C20	m³	0.1	0.2
2	52-3-9-2	安装盖板及盖座 钢筋混凝土盖板（井筒）	m³	0.62	1.25
3	04290964	预制钢筋混凝土井筒4	m³	0.62	
4	04290965	预制钢筋混凝土井筒5	m³		0.62
5	04290966	预制钢筋混凝土井筒6	m³		0.62
6	52-3-9-1	安装盖板及盖座 钢筋混凝土盖板（井圈）	m³	0.10	0.19
7	04290970	预制钢筋混凝土井圈3	m³	0.10	0.19
8	52-3-4-1换	安装雨水口 截污挂篮（玻璃钢700×380×303）	套	1	2
9	33012761	截污挂篮（玻璃钢700×380×303）	套	1	2
10	36011183	联合式算子(QT500-7球墨铸铁)	套	1	2
11	52-3-3-1换	细石混凝土嵌实 C30	m³	0.02	0.03
12	52-4-5-5	模板工程 现浇钢筋混凝土排水检查井	m²	0.13	0.16
13	52-3-3-1	细石混凝土填充 C20	m³	0.03	0.06
14	52-4-5-5	模板工程 现浇钢筋混凝土排水检查井	m²	0.27	0.66
15	04-2-4-24	排砌预制侧石	m		1
16	水50-9-3-9	胶霸600封缝(双组分聚氨酯)	m		3.86

单位:座

序号	定额编号	基本组合项目名称	单位	Z52-3-2-9 立式单算 (串联用)	Z52-3-2-10 平式单算 (串联用)
1	52-1-5-1	管道基座 混凝土 C20	m³	0.1	0.1
2	52-3-9-2	安装盖板及盖座 钢筋混凝土盖板 (井筒)	m³	0.57	0.57
3	04290961	预制钢筋混凝土井筒 1	m³	0.57	0.57
4	04290968	预制钢筋混凝土井圈 1	m³	0.07	
5	52-3-9-1	安装盖板及盖座 钢筋混凝土盖板 (井圈)	m³	0.07	0.09
6	04290969	预制钢筋混凝土井圈 2	m³		0.09
7	52-3-4-1换	安装雨水口 截污挂篮 (玻璃钢 700×380×303)	套	1	1
8	33012761	截污挂篮 (玻璃钢 700×380×303)	套	1	1
9	36011181	立式算子(QT500-7 球墨铸铁 765×298×118)	套	1	
10	36011182	平式算子(QT500-7 球墨铸铁 872×572×100)	套		1
11	36014018	盖板(750×450)	套	1	
12	52-3-3-1换	细石混凝土嵌实 C30	m³	0.04	0.04
13	52-4-5-5	模板工程 现浇钢筋混凝土排水检查井	m²	0.27	0.27
14	52-3-3-1	细石混凝土填充 C20	m³	0.02	
15	52-4-5-5	模板工程 现浇钢筋混凝土排水检查井	m²	0.22	
16	04-2-4-24	排砌预制侧石	m		1

三、预制塑料雨水口

单位:座

序号	定额编号	基本组合项目名称	单位	Z52-3-3-1	Z52-3-3-2
				立式单算	立式双算
1	52-1-4-3	管道砾石砂垫层	m³	0.4	0.6
2	52-1-4-1	管道黄砂垫层	m³	0.06	0.12
3	52-1-5-1	管道基座 混凝土 C20	m³	0.2	0.2
4	52-3-9-1	安装预制钢筋混凝土中板	m³	0.22	0.41
5	04290971	预制钢筋混凝土中板 1	m³	0.22	
6	04290972	预制钢筋混凝土中板 2	m³		0.41
7	52-3-9-1	安装盖板及盖座 钢筋混凝土盖板（井圈）	m³	0.07	0.14
8	04290968	预制钢筋混凝土井圈 1	m³	0.07	0.14
9	33012761	截污挂篮（玻璃钢 700×380×303）	套	1	2
10	36011181	立式箅子(QT500-7 球墨铸铁 765×298×118)	套	1	2
11	36014018	盖板(750×450)	套	1	2
12	36011184	塑料挡圈(内径 800,高 300)	套	1	2
13	52-3-9-1 换	安装预制塑料井	座	1	2
14	36011185	预制塑料井 φ700	座	1	2
15	52-3-3-1	细石混凝土填充 C20	m³	0.02	0.04
16	52-4-5-5	模板工程 现浇钢筋混凝土排水检查井	m²	0.22	0.4

单位:座

序号	定额编号	基本组合项目名称	单位	Z52-3-3-3	Z52-3-3-4
				平式单算	平式无侧石单算
1	52-1-4-3	管道砾石砂垫层	m³	0.4	0.4
2	52-1-4-1	管道黄砂垫层	m³	0.06	0.06
3	52-1-5-1	管道基座 混凝土 C20	m³	0.2	0.2
4	52-3-9-1	安装预制钢筋混凝土中板	m³	0.22	0.22
5	04290971	预制钢筋混凝土中板 1	m³	0.22	0.22
6	52-3-9-1	安装盖板及盖座 钢筋混凝土盖板（井圈）	m³	0.09	0.09
7	04290969	预制钢筋混凝土井圈 2	m³	0.09	0.09
8	33012761	截污挂篮（玻璃钢 700×380×303）	套	1	1
9	36011182	平式箅子(QT500-7 球墨铸铁 872×572×100)	套	1	1
10	36011184	塑料挡圈(内径 800,高 300)	套	1	1
11	52-3-9-1 换	安装预制塑料井	座	1	1
12	36011185	预制塑料井 φ700	座	1	1
13	04-2-4-24	排砌预制侧石	m	1	

单位:座

序号	定额编号	基本组合项目名称	单位	Z52-3-3-5	Z52-3-3-6
				平式双箅	平式无侧石双箅
1	52-1-4-3	管道砾石砂垫层	m³	0.60	0.60
2	52-1-4-1	管道黄砂垫层	m³	0.12	0.12
3	52-1-5-1	管道基座 混凝土 C20	m³	0.2	0.2
4	52-3-9-1	安装预制钢筋混凝土中板	m³	0.41	0.41
5	04290972	预制钢筋混凝土中板 2	m³	0.41	0.41
6	52-3-9-1	安装盖板及盖座 钢筋混凝土盖板(井圈)	m³	0.18	0.18
7	04290969	预制钢筋混凝土井圈 2	m³	0.18	0.18
8	33012761	截污挂篮(玻璃钢 700×380×303)	套	2	2
9	36011182	平式算子(QT500-7 球墨铸铁 872×572×100)	套	2	2
10	36011184	塑料挡圈(内径 800,高 300)	套	2	2
11	52-3-9-1换	安装预制塑料井	座	2	2
12	36011185	预制塑料井 φ700	座	2	2
13	52-3-3-1	细石混凝土填充 C20	m³	0.02	0.02
14	52-4-5-5	模板工程 现浇钢筋混凝土排水检查井	m²	0.02	0.02
15	04-2-4-24	排砌预制侧石	m	2	

单位:座

序号	定额编号	基本组合项目名称	单位	Z52-3-3-7	Z52-3-3-8
				联合式单箅	联合式双箅
1	52-1-4-3	管道砾石砂垫层	m³	0.40	0.60
2	52-1-4-1	管道黄砂垫层	m³	0.06	0.12
3	52-1-5-1	管道基座 混凝土 C20	m³	0.20	0.20
4	52-3-9-1	安装预制钢筋混凝土中板	m³	0.22	0.41
5	04290971	预制钢筋混凝土中板 1	m³	0.22	
6	04290972	预制钢筋混凝土中板 2	m³		0.41
7	52-3-9-1	安装盖板及盖座 钢筋混凝土盖板(井圈)	m³	0.10	0.18
8	04290969	预制钢筋混凝土井圈 2	m³	0.10	0.18
9	33012761	截污挂篮(玻璃钢 700×380×303)	套	1	2
10	36011183	联合式算子(QT500-7 球墨铸铁)	套	1	2
11	36011184	塑料挡圈(内径 800,高 300)	套	1	2
12	52-3-9-1换	安装预制塑料井	座	1	2
13	36011185	预制塑料井 φ700	座	1	2
14	52-3-3-1	细石混凝土填充 C20	m³	0.02	0.05
15	52-4-5-5	模板工程 现浇钢筋混凝土排水检查井	m²	0.18	0.36
16	04-2-4-24	排砌预制侧石	m		1.00

单位:座

序号	定额编号	基本组合项目名称	单位	Z52-3-3-9 （带水封） 立式单算	Z52-3-3-10 （带水封） 立式双算
1	52-1-4-3	管道砾石砂垫层	m³	0.40	0.60
2	52-1-4-1	管道黄砂垫层	m³	0.06	0.12
3	52-1-5-1	管道基座 混凝土 C20	m³	0.20	0.20
4	52-3-9-1	安装预制钢筋混凝土中板	m³	0.22	0.41
5	04290971	预制钢筋混凝土中板 1	m³	0.22	
6	04290972	预制钢筋混凝土中板 2	m³		0.41
7	52-3-9-1	安装盖板及盖座 钢筋混凝土盖板（井圈）	m³	0.07	0.14
8	04290968	预制钢筋混凝土井圈 1	m³	0.07	0.14
9	33012761	截污挂篮（玻璃钢 700×380×303）	套	1	2
10	36011181	立式算子(QT500-7 球墨铸铁 765×298×118)	套	1	2
11	36014018	盖板(750×450)	套	1	2
12	36011184	塑料挡圈(内径 800,高 300)	套	1	2
13	52-3-9-1 换	安装预制塑料井（φ700 带水封）	座	1	2
14	36011186	预制塑料井(φ700 带水封)	座	1	2
15	52-3-3-1	细石混凝土填充 C20	m³	0.02	0.04
16	52-4-5-5	模板工程 现浇钢筋混凝土排水检查井	m²	0.22	0.4

单位:座

序号	定额编号	基本组合项目名称	单位	Z52-3-3-11 （带水封） 平式单算	Z52-3-3-12 （带水封） 平式无侧石单算
1	52-1-4-3	管道砾石砂垫层	m³	0.40	0.40
2	52-1-4-1	管道黄砂垫层	m³	0.06	0.06
3	52-1-5-1	管道基座 混凝土 C20	m³	0.20	0.20
4	52-3-9-1	安装预制钢筋混凝土中板	m³	0.22	0.22
5	04290971	预制钢筋混凝土中板 1	m³	0.22	0.22
6	52-3-9-1	安装盖板及盖座 钢筋混凝土盖板（井圈）	m³	0.09	0.09
7	04290969	预制钢筋混凝土井圈 2	m³	0.09	0.09
8	33012761	截污挂篮（玻璃钢 700×380×303）	套	1.00	1.00
9	36011182	平式算子(QT500-7 球墨铸铁 872×572×100)	套	1.00	1.00
10	36011184	塑料挡圈(内径 800,高 300)	套	1.00	1.00
11	52-3-9-1 换	安装预制塑料井（φ700 带水封）	座	1.00	1.00
12	36011186	预制塑料井(φ700 带水封)	座	1.00	1.00
13	04-2-4-24	排砌预制侧石	m	1.00	

单位:座

序号	定额编号	基本组合项目名称	单位	Z52-3-3-13 (带水封) 平式双算	Z52-3-3-14 (带水封) 平式无侧石双算
1	52-1-4-3	管道砾石砂垫层	m³	0.60	0.60
2	52-1-4-1	管道黄砂垫层	m³	0.12	0.12
3	52-1-5-1	管道基座 混凝土 C20	m³	0.20	0.20
4	52-3-9-1	安装预制钢筋混凝土中板	m³	0.41	0.41
5	04290972	预制钢筋混凝土中板2	m³	0.41	0.41
6	52-3-9-1	安装盖板及盖座 钢筋混凝土盖板(井圈)	m³	0.09	0.09
7	04290969	预制钢筋混凝土井圈2	m³	0.09	0.09
8	33012761	截污挂篮 (玻璃钢700×380×303)	套	2	2
9	36011182	平式算子(QT500-7 球墨铸铁872×572×100)	套	2	2
10	36011184	塑料挡圈(内径800,高300)	套	2	2
11	52-3-9-1换	安装预制塑料井(φ700 带水封)	座	2	2
12	36011186	预制塑料井(φ700 带水封)	座	2	2
13	52-3-3-1	细石混凝土填充 C20	m³	0.02	0.02
14	52-4-5-5	模板工程 现浇钢筋混凝土排水检查井	m²	0.02	0.02
15	04-2-4-24	排砌预制侧石	m	2	

单位:座

序号	定额编号	基本组合项目名称	单位	Z52-3-3-15 (带水封) 联合式单算	Z52-3-3-16 (带水封) 联合式双算
1	52-1-4-3	管道砾石砂垫层	m³	0.40	0.60
2	52-1-4-1	管道黄砂垫层	m³	0.06	0.12
3	52-1-5-1	管道基座 混凝土 C20	m³	0.20	0.20
4	52-3-9-1	安装预制钢筋混凝土中板	m³	0.22	0.41
5	04290971	预制钢筋混凝土中板1	m³	0.22	
6	04290972	预制钢筋混凝土中板2	m³		0.41
7	52-3-9-1	安装盖板及盖座 钢筋混凝土盖板(井圈)	m³	0.10	0.18
8	04290970	预制钢筋混凝土井圈3	m³	0.10	
9	04290969	预制钢筋混凝土井圈2	m³		0.18
10	33012761	截污挂篮 (玻璃钢700×380×303)	套	1	2
11	36011183	联合式算子(球墨铸铁)	套	1	2
12	36011184	塑料挡圈(内径800,高300)	套	1	2
13	52-3-9-1换	安装预制塑料井(φ700 带水封)	座	1	2
14	36011186	预制塑料井(φ700 带水封)	座	1	2
15	52-3-3-1	细石混凝土填充 C20	m³	0.02	0.05
16	52-4-5-5	模板工程 现浇钢筋混凝土排水检查井	m²	0.18	0.36
17	04-2-4-24	排砌预制侧石	m		1

单位:座

序号	定额编号	基本组合项目名称	单位	Z52-3-3-17 立式单算（串联用）	Z52-3-3-18 平式单算（串联用）
1	52-1-4-3	管道砾石砂垫层	m³	0.40	0.40
2	52-1-4-1	管道黄砂垫层	m³	0.06	0.06
3	52-1-5-1	管道基座　混凝土 C20	m³	0.20	0.20
4	52-3-9-1	安装预制钢筋混凝土中板	m³	0.22	0.22
5	04290971	预制钢筋混凝土中板 1	m³	0.22	0.22
6	52-3-9-1	安装盖板及盖座　钢筋混凝土盖板（井圈）	m³	0.07	0.09
7	04290968	预制钢筋混凝土井圈 1	m³	0.07	
8	04290969	预制钢筋混凝土井圈 2	m³		0.09
9	33012761	截污挂篮(玻璃钢 700×380×303)	套	1	1
10	36011181	立式算子(QT500-7 球墨铸铁 765×298×118)	套	1	
11	36011182	平式算子(QT500-7 球墨铸铁 872×572×100)	套		1
12	36014018	盖板(750×450)	套	1	
13	36011184	塑料挡圈(内径 800,高 300)	套	1	1
14	52-3-9-1 换	安装预制塑料井(φ700 串联)	座	1	1
15	36011187	预制塑料井(φ700 串联)	座	1	1
16	52-3-3-1	细石混凝土填充 C20	m³	0.02	
17	52-4-5-5	模板工程　现浇钢筋混凝土排水检查井	m²	0.22	
18	04-2-4-25	排砌预制平石	m		1

单位:座

序号	定额编号	基本组合项目名称	单位	Z52-3-3-19 （带水封）立式单算（串联用）	Z52-3-3-20 （带水封）平式单算（串联用）
1	52-1-4-3	管道砾石砂垫层	m³	0.40	0.40
2	52-1-4-1	管道黄砂垫层	m³	0.06	0.06
3	52-1-5-1	管道基座　混凝土 C20	m³	0.20	0.20
4	52-3-9-1	安装预制钢筋混凝土中板	m³	0.22	0.22
5	04290971	预制钢筋混凝土中板 1	m³	0.22	0.22
6	52-3-9-1	安装盖板及盖座　钢筋混凝土盖板（井圈）	m³	0.07	0.09
7	04290968	预制钢筋混凝土井圈 1	m³	0.07	
8	04290969	预制钢筋混凝土井圈 2	m³		0.09
9	33012761	截污挂篮(玻璃钢 700×380×303)	套	1	1
10	36011181	立式算子(QT500-7 球墨铸铁 765×298×118)	套	1	
11	36011182	平式算子(QT500-7 球墨铸铁 872×572×100)	套		1
12	36014018	盖板(750×450)	套	1	
13	36011184	塑料挡圈(内径 800,高 300)	套	1	1
14	36011188	预制塑料井(φ700 带水封 串联)	座	1	1
15	52-3-9-1 换	安装预制塑料井(φ700 带水封 串联)	座	1	1
16	52-3-3-1	细石混凝土填充 C20	m³	0.02	
17	52-4-5-5	模板工程　现浇钢筋混凝土排水检查井	m²	0.22	
18	04-2-4-25	排砌预制平石	m		1